高校经典教材同步辅导丛书

高等代数（第四版）同步辅导及习题全解

主　编　李坤金

中国水利水电出版社
www.waterpub.com.cn

内 容 提 要

本书是与高等教育出版社出版，北京大学数学系前代数小组编写，王萼芳、石生明修订的《高等代数》（第四版）一书配套的同步辅导及习题全解辅导书。

《高等代数》（第四版）共 10 章，分别介绍多项式、行列式、线性方程组、矩阵、二次型、线性空间、线性变换、λ-矩阵、欧几里得空间、双线性函数与辛空间。本书按教材内容安排全书结构，各章包括知识网络结构图、主要知识内容、经典例题解析、课后习题全解、补充题、考研真题解析六部分内容。全书按教材内容，针对各章节习题给出详细解答，思路清晰，逻辑性强，循序渐进地帮助读者分析并解决问题，内容详尽，简明易懂。

本书可作为高等院校学生学习《高等代数》（第四版）课程的辅导教材，也可作为考研人员复习备考的辅导教材，同时可供教师备课命题作为参考资料。

图书在版编目（CIP）数据

高等代数（第四版）同步辅导及习题全解 / 李坤金主编. -- 北京 : 中国水利水电出版社，2015.9（2018.3 重印）
（高校经典教材同步辅导丛书）
ISBN 978-7-5170-2556-6

Ⅰ. ①高… Ⅱ. ①李… Ⅲ. ①高等代数－高等学校－教学参考资料 Ⅳ. ①015

中国版本图书馆CIP数据核字(2014)第226332号

策划编辑：杨庆川　　责任编辑：陈　洁　　封面设计：李　佳

书　名	高校经典教材同步辅导丛书 高等代数（第四版）同步辅导及习题全解
作　者	主　编　李坤金
出版发行	中国水利水电出版社 （北京市海淀区玉渊潭南路 1 号 D 座　100038） 网址：www.waterpub.com.cn E-mail：mchannel@263.net（万水） sales@waterpub.com.cn 电话：（010）68367658（营销中心）、82562819（万水）
经　售	全国各地新华书店和相关出版物销售网点
排　版	北京万水电子信息有限公司
印　刷	三河航远印刷有限公司
规　格	170mm×227mm　16 开本　23.25 印张　504 千字
版　次	2015 年 9 月第 1 版　2018 年 3 月第 4 次印刷
印　数	17001—25000 册
定　价	38.80 元

前言

北京大学数学系前代数小组编写，王萼芳、石生明修订的《高等代数》(第四版)以体系完整、结构严谨、层次清晰、深入浅出的特点成为这门课程的经典教材，被全国许多院校采用。为了帮助读者更好地学习这门课程，掌握更多的知识，我们根据多年的教学经验编写了这本与此教材配套的《高等代数(第四版)同步辅导及习题全解》。本书旨在使广大读者理解基本概念，掌握基本知识，学会基本解题方法与解题技巧，进而提高应试能力。

本书作为一种辅助性的教材，具有较强的针对性、启发性、指导性和补充性。考虑《高等代数》(第四版)这门课程的特点，我们在内容上做了以下安排：

1. 知识网络结构图。以图的形式概括各章知识点及其之间的联系，使读者对全章内容有一个清晰的脉络。

2. 主要知识内容。对每章知识点做了简练概括，梳理了各知识点之间的脉络联系，突出各章主要定理及重要公式，使读者在各章学习过程中目标明确，有的放矢。

3. 经典例题解析。该部分选取了一些有启发性或综合性较强的经典例题，对所给例题先进行分析，再给出详细解答，并在最后做出点评，意在抛砖引玉。

4. 课后习题全解。教材中课后习题丰富、层次多样，许多基础性问题从多个角度帮助学生理解基本概念和基本理论，促其掌握基本解题方法。我们对教材的课后习题给了详细的解答。

5. 考研真题解析。精选历年研究生入学考试中具有代表性的试题进行了详细的解答，以开拓广大同学的解题思路，使其能更好地掌握该课程的基本内容和解题方法。

由于时间较仓促，编者水平有限，难免书中有疏漏之处，敬请各位同行和读者给予批评、指正。

编者
2015 年 5 月

目录
contents

前言

第一章　多项式 …… 1

知识网络结构图 …… 1

主要知识内容 …… 1

经典例题解析 …… 7

课后习题全解 …… 11

补充题 …… 25

考研题目解析 …… 32

第二章　行列式 …… 34

知识网络结构图 …… 34

主要知识内容 …… 35

经典例题解析 …… 40

课后习题全解 …… 45

补充题 …… 56

考研题目解析 …… 62

第三章　线性方程组 …… 64

知识网络结构图 …… 64

主要知识内容 …… 65

经典例题解析 …… 70

课后习题全解 …… 80

补充题 …… 99

考研题目解析 …… 108

第四章　矩　阵 …… 111

知识网络结构图 …… 111

主要知识内容 …… 112

经典例题解析 …… 116

课后习题全解 …… 121

补充题 …… 145

考研题目解析 …… 150

目录
contents

第五章　二次型 …… 151

知识网络结构图 …… 151

主要知识内容 …… 152

经典例题解析 …… 156

课后习题全解 …… 163

补充题 …… 181

考研题目解析 …… 196

第六章　线性空间 …… 199

知识网络结构图 …… 199

主要知识内容 …… 200

经典例题解析 …… 208

课后习题全解 …… 214

补充题 …… 228

考研题目解析 …… 231

第七章　线性变换 …… 234

知识网络结构图 …… 234

主要知识内容 …… 235

经典例题解析 …… 243

课后习题全解 …… 250

补充题 …… 271

考研题目解析 …… 277

第八章　λ 矩阵 …… 281

知识网络结构图 …… 281

主要知识内容 …… 282

经典例题解析 …… 287

课后习题全解 …… 290

补充题 …… 303

目 录
contents

第九章　欧几里得空间 …… 305

知识网络结构图 …… 305

主要知识内容 …… 306

经典例题解析 …… 313

课后习题全解 …… 319

补充题 …… 340

第十章　双线性函数与辛空间 …… 347

知识网络结构图 …… 347

主要知识内容 …… 347

经典例题解析 …… 353

课后习题全解 …… 355

第一章

多项式

知识网络结构图

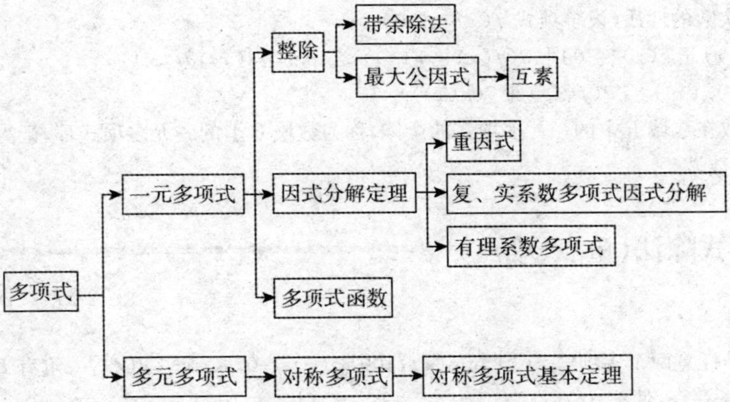

主要知识内容

一、数域

设 P 是由一些复数组成的集合，其中包括 0 与 1. 如果 P 中任意两个数（这两个数可以相同）的和、差、积、商（除数不为零）仍然是 P 中的数（即对上述代数运算封闭），那么 P 就称为一个数域，有理数集、实数集、复数集都是数域，分别记为 Q、R、C 所有的数域都包含有理数作为它的一个部分，即 $P \supset Q$.

二、一元多项式

1. 定义(重点)

设 x 是一个符号(或称文字),n 是一个非负整数,形式表达

$$a_nx^n + a_{n-1}x^{n-1} + \cdots + a_0(a_0, a_1, \cdots\cdots a_n, \text{属于数域 } P),$$

称为系数在数域 P 中的一元多项式,或简称为数域 P 上的一元多项式.

2. 多项式相等

如果在多项式 $f(x)$ 与 $g(x)$ 中,除去系数为零的项外,同次项的系数全相等,那么 $f(x)$ 与 $g(x)$ 就称为相等,记为

$$f(x) = g(x)$$

3. 性质(重点)

(1) 多项式运算的性质

① 多项式可以进行加、减、乘运算,并有与整数相类似的性质;

② 数域 P 上的两个多项式经过加、减、乘等运算后,所得的结果仍是数域 P 上的多项式;

③ 多项式乘积的首项系数就等于因子首项系数的乘积.

(2) 多项式次数的性质(设多项式 $f(x), g(x)$)

① 当 $f(x) \pm g(x) = 0$ 时,$\partial(f(x) \pm g(x)) \leqslant \min\{\partial f(x), \partial g(x)\}$;

②$\partial(f(x)g(x)) = \partial(f(x)) + \partial(g(x))$.

(3) 所有系数在数域 P 中的一元多项式的全体,称为数域 P 上的一元多项式环,记为 $P[x]$,P 称为 $P[x]$ 系数域.

三、多项式除法(重点、难点)

1. 带余除法

对于 $P[x]$ 中任意两个多项式 $f(x)$ 与 $g(x)$,其中 $g(x) \neq 0$,$\partial(g) \leqslant \partial(f)$,一定有 $P[x]$ 中的多项式 $q(x)$,$r(x)$ 存在,使

$$f(x) = q(x)g(x) + r(x)$$

成立,其中 $\partial(r(x)) < \partial(g(x))$ 或者 $r(x) = 0$,并且这样的 $q(x)$,$r(x)$ 是唯一决定的,所得 $q(x)$ 称为 $g(x)$ 除 $f(x)$ 的商,$r(x)$ 称为余式.

2. 综合除法

设 $g(x) = x - a$ 除 $f(x) = a_nx^n + a_{n-1}x^{n-1} + \cdots + a_1x + a_0$ 时,所得的商 $q(x) = b_{n-1}x^{n-1} + \cdots + b_1x + b_0$ 及余式 $r(x) = c_0$,则比较 $f(x) = q(x)g(x) + r(x)$ 两端同次幂的系数得

$$b_{n-1} = a_n, b_{n-2} = a_{n-1} + ab_{n-1} \cdots, b_0 = a_1 + ab_1, c_0 = a_0 + ab_0$$

这种计算可以排成以下格式进行:

$$\begin{array}{c|cccccc} a & a_n & a_{n-1} & a_{n-2} & \cdots & a_1 & a_0 \\ & +) & +)ab_{n-1} & +)ab_{n-2} & \cdots & +)ab_1 & +)ab_0 \\ \hline & b_{n-1}(=a_n) & b_{n-2} & b_{n-3} & \cdots & b_0 & c_0 \end{array}$$

用这种方法求商和余式(的系数)称为综合除法.

3. 整除

① 定义在数域 P 上的多项式 $g(x)$ 称为整除 $f(x)$,如果有数域 P 上的多项式 $q(x)$,使

$$f(x)=g(x)q(x)$$

成立,则 $g(x)\mid f(x)$ 表示 $g(x)$ 整除 $f(x)$.

② 定理对于数域 P 上任意两个多项式 $f(x)$,$g(x)$,其中 $f(x)\neq 0$,$g(x)\mid f(x)$ 的充要条件是 $g(x)$ 除 $f(x)$ 的余式 $r(x)=0$.

③ 性质

a. 若 $f(x)\mid g(x)$,$g(x)\mid f(x)$,则 $f(x)=cg(x)$(c 为非零常数).

b. 若 $f(x)\mid g(x)$,$g(x)\mid h(x)$,则 $f(x)\mid h(x)$(传递性).

c. 若 $f(x)\mid g_i(x)$,$i=1,2,\cdots r$,则 $f(x)$ 整除 $g_i(x)$ 的组合,即

$$f(x)\mid[u_1(x)g_1(x)+u_2(x)g_2(x)+\cdots+u_r(x)g_r(x)]$$

其 $u_i(x)$ 是数域 P 上的任意多项式.

④ 两个多项式之间的整除关系不因数域的扩大而改变.

温馨提示 这是由带余除法定理中的商式和余式的唯一性所确定的.

四、最大公因式

1. 定义(重点)

设 $f(x)$ 与 $g(x)$ 是 $P[x]$ 中两个多项式,$P[x]$ 中多项式 $d(x)$ 称为 $f(x)$ 与 $g(x)$ 的最大公因式,如果它满足下面两个条件:

1)$d(x)$ 是 $f(x)$ 与 $g(x)$ 的公因式;

2)$f(x)$,$g(x)$ 的公因式全是 $d(x)$ 的因式.

我们约定用 $(f(x),g(x))$ 表示首项系数为 1 的那个最大公因式.

2. 定理(重点)

① 如果有等式

$$f(x)=q(x)g(x)+r(x)$$

成立,那么 $f(x)$,$g(x)$ 与 $g(x)$,$r(x)$ 有相同的公因式.

② 对于 $P[x]$ 中任意两个多项式 $f(x)$,$g(x)$,在 $P[x]$ 中存在一个最大公因式 $d(x)$,且 $d(x)$ 可表示成 $f(x)$ 与 $g(x)$ 的组合,即有 $P[x]$ 中的多项式 $u(x)$,$v(x)$,使得

$d(x)=u(x)f(x)+v(x)g(x)$

温馨提示 两个多项式的最大公因式在可以相差一个非零常数倍的意义下是唯一确定的.

3. 辗转相除法求最大公因式(重点、难点)

如果 $f(x)$,$g(x)\in P[x]$,$g(x)\neq 0$,且有 $q_i(x)$,$r_i(x)\in P[x]$,使

$$f(x)=q_1(x)g(x)+r_1(x)$$
$$g(x)=q_2(x)r_1(x)+r_2(x)$$
$$r_1(x)=q_3(x)r_2(x)+r_3(x)$$
$$\cdots\cdots$$
$$r_{s-2}(x)=q_s(x)r_{s-1}(x)+r_s(x)$$
$$r_{s-1}(x)=q_{s+1}(x)r_s(x)+0$$

其中 $\partial(r_i(x))\geqslant 0$,则 $r_s(x)$ 是 $f(x)$ 与 $g(x)$ 的一个最大公因式.

4. 互素

① 定义 $P[x]$ 中两个多项式 $f(x),g(x)$ 称为互素(也称互质),如果 $f(x),g(x)$ 的最大公因式 $(f(x),g(x))=1$.

温馨提示 这个结论是判别两个多项式是否互素的一个重要方法.

② 定理

a. $P[x]$ 中两个多项式 $f(x)$ 与 $g(x)$ 互素的充要条件是 $P[x]$ 中有多项式 $u(x),v(x)$,使

$$u(x)f(x)+v(x)g(x)=1.$$

b. 若 $(f(x),g(x))=1$,且 $f(x)\mid g(x)h(x)$,则 $f(x)\mid h(x)$.

c. 若 $f_1(x)\mid g(x),f_2(x)\mid g(x)$,且 $(f_1(x),f_2(x))=1$,则 $f_1(x)f_2(x)\mid g(x)$.

5. 最大公因式和互素的概念同样适用于任意多个多项式

五、多项式分解

1 . 不可约多项式(重点)

① 定义　数域 P 上次数 $\geqslant 1$ 的多项式 $p(x)$ 称为域 P 上的不可约多项式,那么它不能表示成数域 P 上的两个次数比 $p(x)$ 的次数低的多项式的乘积.

一个多项式是否不可约是依赖于系数域 P 的.

② 定理　如果 $p(x)$ 是不可约多项式,那么对于任意两个多项式 $f(x),g(x)$,由 $p(x)\mid f(x)g(x)$ 一定推出 $p(x)\mid f(x)$ 或者 $p(x)\mid g(x)$.

2. 因式分解及唯一性定理

数域 P 上每一个次数 $\geqslant 1$ 的多项式 $f(x)$ 都可以唯一地分解成数域 P 上一些不可约多项式的乘积.

所谓唯一性是说,如果有两个分解式:

$$f(x)=p_1(x)p_2(x)\cdots p_s(x)=q_1(x)q_2(x)\cdots q_t(x)$$

那么必有 $s=t$,并且适当排列因式的次序后有:

$$p_i(x)=c_iq_i(x),i=1,2,\cdots,s$$

其中 c_i 是一些非零常数.

> **温馨提示** 这个定理虽然在理论上有其基本重要性，但是他并没有给出一个具体的分解多项式的方法，实际上，没有普遍可行的分解一般多项式的方法.

标准分解式为：

$$f(x)=cp_1^{r_1}(x)p_2^{r_2}(x)\cdots p_s^{r_s}(s)$$

其中 c 是 $f(x)$ 的首项系数，$p_i(x)(i=1,2,\cdots,s)$ 是不同的首项系数为 1 的不可约多项式，r_i 是正整数.

六、重因式

1. 定义(重点、难点)

不可约多项式 $p(x)$ 称为多项式 $f(x)$ 的 k **重因式**，如果 $p^k(x)\mid f(x)$，而 $p^{k+1}(x)\nmid f(x)$. 其中 $k\in N_+$，当 $k=1$ 时为单因式，当 $k>1$ 时为重因式.

2. 微商

设有多项式 $f(x)=a_nx^n+a_{n-1}x^{n-1}+\cdots\cdots a_1x+a_0$，我们规定它的微商(也称导数)是

$$f'(x)=a_nnx^{n-1}+a_{n-1}(n-1)x^{x-2}+\cdots\cdots+a_1$$

3. 定理(重点、难点)

① 如果不可约多项式 $p(x)$ 是 $f(x)$ 的 k 重因式($k\geqslant 1$)，那么它是微商 $f'(x)$ 的 $k-1$ 重因式.

② 如果不可约多项式 $p(x)$ 是 $f(x)$ 的 k 重因式($k\geqslant 1$)，那么 $p(x)$ 是 $f(x),f'(x),\cdots,f^{(k-1)}(x)$ 的因式，但不是 $f^{(k)}(x)$ 的因式.

③ 不可约多项式 $p(x)$ 是 $f(x)$ 的重因式的充分必要条件为 $p(x)$ 是 $f(x)$ 与 $f'(x)$ 的公因式.

④ 多项式 $f(x)$ 没有重因式的充要条件是 $f(x)$ 与 $f'(x)$ 互素.

> **温馨提示** 因此，判别一个多项式有没有重因式，可以通过代数运算——辗转相除法来解决.

七、多项式函数

1. 定义(重点、难点)

在 $P[x]$ 中的多项式

$$f(x)=a_nx^n+a_{n-1}x^{n-1}+\cdots+a_1x+a_0$$

中，令 x 取数 $\alpha\in P$，得到：

$$f(x)=a_n\alpha^n+a_{n-1}\alpha^{n-1}+\cdots+a_1\alpha+a_0,$$

称 $f(\alpha)$ 为 $f(x)$ 当 $x=\alpha$ 的值，这样由 $f(x)$ 定义的数域 P 上的函数称为 P 上的**多项式函数**.

2. 定理(重点、难点)

① 余数定理用一次多项式 $x-\alpha$ 去除多项式 $f(x)$，所得余式是一个常数 $f(\alpha)$.

若 $f(\alpha)=0$,则称 α 为 $f(x)$ 的**根**或**零点**.

② α 是 $f(x)$ 的根 $\Leftrightarrow (x-\alpha)\mid f(x)$.

如果 $(x-\alpha)$ 是 $f(x)$ 的 $k(\geqslant 1)$ 重因式,称 α 为 $f(x)$ 的 k **重根**. $k=1$ 时,α 为单根;$k>1$ 时,α 为重根.

③ $P[x]$ 中 n 次多项式($n\geqslant 0$)在数域 P 中的根不可能多于 n 个(重根按重数计算).

④ 如果多项式 $f(x)$,$g(x)$ 的次数都不超过 n,而它们对 $n+1$ 个不同的数 α_i($i=1,2,\cdots,n+1$)有相同的值,即 $f(\alpha_i)=g(\alpha_i)$,则 $f(x)\equiv g(x)$.

八、复系数与实系数多项式的因式分解

1. 复数多项式的因式分解(重点)

① 每个次数 $\geqslant 1$ 的复系数多项式在复数域上都可以唯一地分解成一次因式的乘积,因此复数域上不可约的多项式只能是一次的.

② 每个 n 次复系数多项式恰有 n 个复根(重根按重数计算).

③ 复系数多项式的有无重因式和有无重根是一致的.

④ 分解过程虽然肯定了 n 次多项式有 n 个复根,但是没有给出具体的求法,高次方程求根问题还远远没有解决.

2. 实系数多项式因式分解定理(重点、难点)

① 实数域上多项式 $f(x)$ 不可约的充分必要条件是 $\partial(f(x))=1$,或者 $f(x)=ax^2+bx+c$ 且 $b^2-4ac<0$.

温馨提示 实数域上只有一次和具有一对共轭复根的二次多项式才不可约的.

② 实数域上的奇次多项式必有实根.

③ 每个次数 $\geqslant 1$ 的实系数多项式在实数域上都可以唯一地分解成一次因式与二次不可约因式的乘积.

九、有理系数多项式

1. 整系数多项式的可约性(重点、难点)

① 定义(本原多项式)

若非零整系数多项式 $f(x)$ 的系数互素,则称 $f(x)$ 是一个本原多项式.

② 定理

a. (高斯定理) 两个本原多项式的乘积仍是本原多项式.

b. 如果一非零的整系数多项式能够分解成两个次数较低的有理系数多项式的乘积,那么它一定能分解成两个次数较低的整系数多项式的乘积.

温馨提示　主要说明，有理系数多项式的因式分解问题，可以归结为整系数多项式的因式分解.

2. 整系数多项式的有理根(重点、难点)

① 设 $f(x)=a_nx^n+a_{n-1}x^{n-1}+\cdots+a_1x+a_0$ 是一个整系数多项式，而 $\frac{r}{s}$ 是它的一个有理根，且 $(r,s)=1$，那么必有 $s\mid a_n, r\mid a_0$，特别地，如果 $f(x)$ 的首项系数 $a_n=1$，那么 $f(x)$ 的有理根都是整根，而且是 a_0 的因子.

温馨提示　这个定理给出了一个整系数多项式有理根的范围.

② 艾森斯坦(Eisenstein) 判别法

设 $f(x)=a_nx^n+a_{n-1}x^{n-1}+\cdots+a_0$ 是一个整系数多项式，若存在素数 p 使得

1. $p\nmid a_n$
2. $p\mid a_{n-1},a_{n-2},\cdots,a_0$
3. $p^2\nmid a_0$

则 $f(x)$ 在有理数域上是不可约的.

温馨提示　艾森斯坦判别法只给出了判别一个整系数多项式在有理数域上不可约的充分条件，因此运用时要注意避免将其看做是充要条件.

经典例题解析

题型一：数域、一元多项式以及整除的概念和性质

题型解析　本题型主要考查的是对基本概念的理解，在计算中涉及到多项式的系数或者次数时，可以运用一元多项式的性质来解决.

例 1　设 $f(x),g(x),h(x)\in R[x]$.

(1) 证明：若 $f^2(x)=xg^2(x)+xh^2(x)$，则 $f(x)=g(x)=h(x)=0$

(2) 在复数域上(1)是否成立?

提　示　本题考查的是数域和多项式相等的概念.

解题过程　(1) 证：若 $f(x)=0$，则 $x(g^2(x)+h^2(x))=0$. 从而

$$g^2(x)+h^2(x)=0.$$

于是 $\partial(xg^2(x)+xh^2(x))=\partial(x(g^2(x)+h^2(x)))$ 为奇数，但 $\partial(f^2(x))$ 为偶数，所以 $x(g^2(x)+h^2(x))=f^2(x)$，这与已知矛盾，所以 $f(x)=0$，从而 $h^2(x)+g^2(x)=0$. 又因为 $f(x),g(x)$ 都是实系数多项式，所以有

$g(x)=h(x)=0$,所以 $f(x)=g(x)=h(x)=0$.

(2) 不成立.当 $f(x)=0,g(x)=rx,h(x)=x$ 时,$f^2(x)=xg^2(x)+xh^2(x)$,

例 2 设 $f(x)=(5x-4)^{1993}(4x^2-2x-1)^{1994}(8x^3-11x+2)^{1995}$,求 $f(x)$ 的展开式中各项系数的和.

提　示 运用多项式系数的性质

解题过程 $f(x)$ 的展开式中各项系数的和为 $f(1)$ 的值,

$f(1)=(5-4)^{1993}(4-2-1)^{1994}(8-11+2)^{1995}=1\times1\times(-1)=-1$

所以 $f(x)$ 的展开式中各项系数的和为 -1.

例 3 2 是否是一元函数多项式

$$f(x)=3x^4+4x^3-x^2+4x-4$$
$$g(x)=x^5-6x^4+11x^3-2x^2-12x-8$$

的根,如果是,它是几重根?

提　示 可采用综合除法来验证 2 是否是一元多项式的根.

解题过程 将 2 代入多项式得

$$f(2)=80\neq0,g(2)=0.$$

即知 2 不是 $f(x)$ 的根,但 2 是 $g(x)$ 的根.

进一步考察 2 是 $g(x)$ 的几重根,求 $g(x)$ 的各阶导函数,因为

$$g(x)=x^5-6x^4+11x^3-2x^2-12x+8$$

所以

$$g'(x)=5x^4-24x^3+33x^2-4x-12$$
$$g''(x)=20x^3-72x^2+66x-4$$
$$g'''(x)=60x^2-144x+66$$

于是有 $g(2)=g'(2)=g''(2)=0,g'''(2)=18\neq0$

从而知 2 是 $g(x)$ 的三重根.

题型二:最大公因式的相关计算

题型解析 由最大公因式的存在定理(即定理 2)的证明可以知道.用来求最大公因式的方法通常为辗转相除法.同时,设 $f(x)$ 与 $g(x)$ 不全为零,$d(x)$ 是 $f(x)$ 与 $g(x)$ 的一个最大公因式,则 $cd(x)(c\neq0)$ 也是 $f(x)$ 与 $g(x)$ 的一个最大公因式;并且 $f(x)$ 与 $g(x)$ 的所有最大公因式就差一个非零常数倍 ,故 $f(x)$ 与 $g(x)$ 的全部最大公因式为 $cd(x)(c\neq0)$.

例 4 当 k 为何值时,$f(x)=x^2+(k+6)x+4k+2,g(x)=x^2+(k+2)x+2k$ 的最大公因式是一次的,并求出此时最大的公因式

解题过程 由题意可知,$g(x)=(x+k)(x+2)$,

当 $(f(x),g(x))=x+2$ 时,$f(-2)=4-2(k+6)+4k+2=0$,则 $k=3$;

当 $(f(x),g(x))=x+k$ 时,$f(-k)=k^2-k(k+6)+4k+2=0$,则 $k=1$;

这时，$(f(x),g(x))=x+1$.

例 5 令 F 是有理数域，求 $F[x]$ 的多项式

$$f(x)=x^4-2x^3-4x^2+4x-3,$$
$$g(x)=2x^3-5x^2-4x+3$$

的最大公因式.

解题过程 对 $f(x)$ 与 $g(x)$ 施行辗转相除法，为了避免分数系数，在做除法时，可以用 F 的一个不等于零的数乘被除式或除式. 而且不仅在每一次除法开始时可以这样做，就是在进行除法的过程中也可以这样做. 这样商式自然会受到影响，但每次求得的余式与正确的余式只能差一个零次因式. 这对求最大公因式来说是没有什么关系的.

把 $f(x)$ 先乘以 2，再用 $g(x)$ 来除：

$$\begin{array}{l|l} 2x^4-4x^3-8x^2+8x-6 & 2x^3-5x^2-4x+3 \\ 2x^4-5x^3-4x^2+3x & x+1 \\ \hline x^3-4x^2+5x-6 & \end{array}$$

乘以 2

$$\begin{array}{l} 2x^3-8x^2+10x-12 \\ \underline{2x^3-5x^2-4x+3} \\ -3x^2+14x-15 \end{array}$$

这样，得到第一个余式

$$r_1(x)=-3x^2+14x-15$$

把 $g(x)$ 乘以 3，再用 $r_1(x)$ 来除：

$$\begin{array}{l|l} 6x^3-15x^2-12x+9 & -3x^2+14x-15 \\ 6x^3-28x^2+30x & -2x-13 \\ \hline 13x^2-42x+9 & \end{array}$$

乘以 3

$$\begin{array}{l} 39x^2-126x+27 \\ \underline{39x^2-182x+195} \\ 56x-168 \end{array}$$

约去公因子 56 后，得出第二余式

$$r_2(x)=x-3$$

再以 $r_2(x)$ 除 $r_1(x)$. 计算结果 $r_1(x)$ 被 $r_2(x)$ 整除

$$-3x^2+14x-15=(x-3)(-3x+5)$$

所以 $r_2(x)$ 就是 $f(x)$ 与 $g(x)$ 的最大公因式：

$$(f(x),g(x))=x-3$$

例 6 设 $f(x),g(x),h(x)\in P[x]$. 满足

$$(x^2+1)h(x)+(x-1)f(x)+(x+2)g(x)=0,$$
$$(x^2+1)h(x)+(x+1)f(x)+(x-2)g(x)=0.$$

证明 $(x^2+1)\mid(f(x),g(x))$.

解题过程 两式相加得到 $2(x^2+1)h(x)+2x(f(x)+g(x))=0$，由 $(x^2+1,x)=1$ 可知，$(x^2+1)\mid(f(x),g(x))$.

两式相减得到 $-2f(x)+4g(x)=0, f(x)=2g(x)$，所以 $(x^2+1)\mid f(x),(x^2+1)\mid g(x)$ 即 $(x^2+1)\mid(f(x),g(x))$.

题型三:重因式的判别

题型解析 重因式的确定有两种方法:① 若多项式可以分解成标准分解式，则可以直接从中得到重因式，但一般情况下，求多项式的标准分解式很困难;② 从另一方面来说就是互素. 多项式 $f(x)$ 无重因式的充要条件是 $f(x)$ 与 $f'(x)$ 互素

例 7 求多项式 $f=x^3+px+q$ 有重因式的条件.

提　示 先求出 f'，然后利用辗转相除法求出 f 与 f' 的公因式. 然后根据公因式存在的条件来确定重因式存在的条件.

解题过程 利用辗转相除法，得到

$p\neq 0$　$3-x\frac{9q}{2p}$	$3x^2+p$ $3x^2+\frac{9q}{2p}x$	x^3+px+q $x^3+\frac{p}{3}x$	$\frac{1}{3}x$
	$-\frac{9q}{2p}x+p$ $-\frac{9q}{2p}x-\frac{27q^2}{4p^2}$	$r_1(x)=\frac{2p}{3}x+q$ $\frac{3}{2p}r_1(x)=x+\frac{3q}{2p}$	
	$p+\frac{27q^2}{4p^2}$		

(1) 当 $r_1(x)=0$ 时，即 $p=q=0$，

这时 f 有重因式 x^3

(2) 当 $p\neq 0$ 时，即 $4p^3+27q^2=0$ 时，

欲 $f(x)=x^3+p(x)+q$ 有重因式，

只需 $p+\frac{27q^2}{4\ p^2}=0$，即 $4\ p^3+27q^2=0$，

重因式是 $\left(\frac{2p}{3}x+q\right)^2$.

例 8 求多项式 $f(x)=x^5-3x^4+x^3+5x^2-6x+2$ 在 Q 上的标准分解式.

提　示 可先利用 f 与 f' 的公因式确定出 $f(x)$ 的重因式，然后得出 $f(x)$ 的标准分解式.

解题过程 $f'(x)=5x^4-12x^3+3x^2+10x-6$，

利用辗转相除法求得:

$$(f(x),f'(x))=x^2-2x+1=(x-1)^2$$

把 $f(x)$ 单因式化，得

$$\frac{f(x)}{(f(x),f'(x))}=x^3-x^2-2x+2=(x-1)(x^2-2)$$

由于 $(f(x),f'(x))=(x-1)^2$，

故 $(x-1)$ 是 $f(x)$ 的 3 重因式，x^2-2 是 $f(x)$ 的单因式，
故 $f(x)$ 在 Q 上的标准分解式为

$$f(x)=(x-1)^3(x^2-2)$$

> $\frac{f(x)}{(f(x),f'(x))}$ 与 $f(x)$ 有相同的因式，但是没有任何重因式

题型四：爱森斯坦判别法的应用

题型解析 ①Eisenstein 判别法是判断不可约的充分条件，即只要找到满足条件的素数 p，就可以确定多项式在有理数域上是不可约的. 但是反之不一定成立，如果一个整系数多项式不满足 Eisenstein 判别法条件，则它可能是可约的，也可能是不可约的.

② 有些整系数多项式 $f(x)$ 不能直接由 Eisenstein 判别法来判断其是否可约，此时可考虑用适当的代换 $ax+b(a,b\in Z,a\neq 0)$，使 $f(ay+b)=g(y)$ 满足 Eisenstein 判别法条件，从而来判定原多项式 $f(x)$ 不可约.

例 9 判断 $f(x)=1+x+\frac{x^2}{2!}+\frac{x^3}{3!}+\cdots+\frac{x^p}{p!}$，($p$ 为素数) 在 Q 上是否可约.

提　　示 可将多项式乘上一个常数 $p!$，然后利用爱森斯坦判别法判断其是否可约.

解题过程 令 $g(x)=p!f(x)$，即

$$g(x)=p!+p!x+\frac{p!}{2}x^2+\cdots+\frac{p!}{(p-1)!}x^{p-1}+x^p,$$

则 $g(x)$ 为整系数多项式.

$\because p\nmid 1; p\mid \frac{p!}{(p-1)!},\frac{p!}{(p-2)!},\cdots,p!,$

但 $p^2\nmid p!$，

$\therefore g(x)$ 在 Q 上不可约，从而 $f(x)$ 在 Q 上不可约.

例 10 证明：$f(x)=x^2+1$ 在 Q 上不可约.

提　　示 通过适当的变换，令 $x=y+1$，然后进行判断.

解题过程 作变换 $x=y+1$，则

$$f(x)=y^2+2y+2,$$

取 $p=2$，由 Eisenstein 判别法知，y^2+2y+2 在 Q 上不可约，所以 $f(x)$ 在 Q 上不可约.

课后习题全解

1. **知识点窍** 带余除法的应用

解题过程 (1) 利用带余除法计算可得

$$
\begin{array}{r|r|l}
3x^2-2x+1 & x^3-3x^2-x-1 & \frac{1}{3}x-\frac{7}{9} \\
 & x^3-\frac{2}{3}x^2+\frac{1}{3}x & \\
\hline
 & -\frac{7}{3}x^2-\frac{4}{3}x-1 & \\
 & -\frac{7}{3}x^2+\frac{14}{9}x-\frac{7}{9} & \\
\hline
 & -\frac{26}{9}x-\frac{2}{9} &
\end{array}
$$

于是 $q(x)=\frac{1}{3}x-\frac{7}{9}$，$r(x)=-\frac{26}{9}x-\frac{2}{9}$.

(2) 同样利用带余除法，可得

$$
\begin{array}{r|r|l}
x^2-x+2 & x^4-2x+5 & x^2+x-1 \\
 & x^4-x^3+2x^2 & \\
\hline
 & x^3-2x^2-2x+5 & \\
 & x^3-x^2+2x & \\
\hline
 & -x^2-4x+5 & \\
 & -x^2+x-2 & \\
\hline
 & -5x+7 &
\end{array}
$$

于是 $q(x)=x^2+x-1$，$r(x)=-5x+7$.

2. **知识点窍** 多项式整除.

逻辑推理 由本章定理 1 可知，$g(x)\mid f(x)$ 意味着 $f(x)=g(x)q(x)+r(x)$.

其中，$r(x)=0$. 因此，本题解法是先求出余式，然后令余式等于 0，从而解出各系数之间的关系. 余式的求法同第 1 题.

解题过程 (1) $x^3+px+q=(x^2+mx-1)(x-m)+[(p+m^2+1)x+q-m]$

令 $(p+m^2+1)x+q-m=0$，则有

$$p+m^2+1=0,q-m=0$$

所以 $p=-m^2-1,q=m$.

(2) $x^4+px^2+q=(x^2+mx+1)(x^2-mx+m^2+p-1)+(2m-pm-m^3)x+(q-p-m^2+1)$

令 $(2m-pm-m^3)x+(q-p-m^2+1)=0$，则有

$$\begin{cases}2m-pm-m^3=0\\ q-p-m^2+1=0\end{cases}$$

当 $m=0$ 时，$q+1-p=0$，即 $p=q+1$；

当 $m\neq 0$ 时，得

$$\begin{cases}2-p-m^2=0\\ q-m^2+1-p=0\end{cases}$$

解得 $p=2-m^2, q=1$

所以 $\begin{cases}m=0\\ p=q+1\end{cases}$ 或 $\begin{cases}p=2-m^2\\ q=1\end{cases}$ $(m\neq 0)$.

3. **知识点窍** 综合除法.

逻辑推理 当除式为一次式时，用综合除法比用带余除法来得方便，特别是有些问题需要多次以一次多项式作为除式的运算，综合除法更显示出它的作用. 用综合除法进行计算时，被除式中所缺的项必须补上零，否则计算就错了.

解题过程 (1) 用综合除法. 写出 $f(x)$ 按降幂排列的系数，并注意缺项的系数为 0：

$$\begin{array}{r|rrrrr|r}
-3 & 2 & 0 & -5 & 0 & -8 & 0\\
 & & -6 & 18 & -39 & 117 & 327\\
\hline
 & 2 & -6 & 13 & -39 & 109 & 327
\end{array}$$

注意：缺项的系数要用0补全

所以 $q(x)=2x^4-6x^3+13x^2-39x+109, r(x)=327.$

(2) 因为

$$\begin{array}{r|rrr|r}
1-2i & 1 & -1 & -1 & 0\\
 & & 1-2i & -4-2i & -9+8i\\
\hline
 & 1 & -2i & -5-2i & -9+8i
\end{array}$$

所以 $q(x)=x^2-2ix-5-2i, r(x)=-9+8i.$

4. **知识点窍** 综合除法.

逻辑推理 当 $f(x)$ 表示成 $f(x)=c_0+c_1(x-x_0)+\cdots+c_n(x-x_0)^n$ 的时候，$f(x_0)$ 将 c_0 移到等式的左边，然后等式的两边同时除以 $x-x_0$，就得到

$$\frac{f(x)-f(x_0)}{x-x_0}=c_1+c_2(x-x_0)+\cdots+c_n(x-x_0)^{n-1}$$

所以，$c_1=\left.\frac{f(x)-f(x_0)}{x-x_0}\right|_{x=x_0}$. 以此类推，便可得到 $c_2, c_3\cdots$.

解题过程 (1) 多次运用综合除法，得到

$$\begin{array}{r|cccccc}
1 & 1 & 0 & 0 & 0 & 0 & 0\\
 & & 1 & 1 & 1 & 1 & 1\\
\hline
1 & 1 & 1 & 1 & 1 & 1 & ①\\
 & & 1 & 2 & 3 & 4 & \\
\hline
1 & 1 & 2 & 3 & 4 & ⑤ & \\
 & & 1 & 3 & 6 & & \\
\hline
1 & 1 & 3 & 6 & ⑩ & & \\
 & & 1 & 4 & & & \\
\hline
1 & 1 & 4 & ⑩ & & & \\
 & & 1 & & & & \\
\hline
 & ① & ⑤ & & & &
\end{array}$$

所以 $f(x)=(x-1)^5+5(x-1)^4+10(x-1)^3+10(x-1)^2+5(x-1)+1.$

(2)

-2	1	0	-2	0	3
		-2	4	-4	8
-2	1	-2	2	-4	(11)
		-2	8	-20	
-2	1	-4	10	-24	
		-2	12		
-2	1	-6	(22)		
		-2			
	①	-8			

所以 $f(x)=(x+2)^4-8(x+2)^3+22(x+2)^2-24(x+2)+11.$

(3) 同理 $f(x)=(x+i)^4-2i(x+i)^3-(1+i)(x+i)^2-5(x+i)+7+5i.$

5. **知识点窍** 最大公因式的求法 —— 辗转相除法.

逻辑推理 利用辗转相除法，辗转相除法在计算时常采用竖式除法的格式.

解题过程 1) 用辗转相除法，得

$q_2(x)=-\frac{1}{2}x+\frac{1}{4}$	$g(x)=x^3+x^2-x-1$	$f(x)=x^4+x^3-3x^2-4x-1$	
	$x^3+\frac{3}{2}x^2+\frac{1}{2}x$	$x^4+x^3-x^2-x$	$q_1(x)=x$
	$-\frac{1}{2}x^2-\frac{3}{2}x-1$	$r_1(x)=-2x^2-3x-1$	
	$-\frac{1}{2}x^2-\frac{3}{4}x-\frac{1}{4}$	$-2x^2-2x$	$q_3(x)=\frac{8}{3}x+\frac{4}{3}$
	$r_2(x)=-\frac{3}{4}x-\frac{3}{4}$	$-x-1$	
		$-x-1$	
		0	

用等式写出来就是

$$f(x)=q_1(x)g(x)+r_1(x)=xg(x)+(-2x^2-3x-1)$$

$$g(x)=q_2(x)r_1(x)+r_2(x)$$

$$=\left(-\frac{1}{2}x+\frac{1}{4}\right)r_1(x)+\left(-\frac{3}{4}x-\frac{3}{4}\right)$$

$$r_1(x)=q_3(x)r_2(x)=\left(\frac{8}{3}x+\frac{4}{3}\right)r_2(x)$$

所以 $(f(x),g(x))=x+1.$

2) 用辗转相除法，得

$$(f(x),g(x))=1.$$

> 如果求得的结果与答案相差一个非零常数也是正确的。

3) 因为

$$f(x)=x^4-10x^2+1=(x^2-2\sqrt{2}x-1)(x^2+2\sqrt{2}x-1),$$

$$g(x)=x^4-4\sqrt{2}x^3+6x^2+4\sqrt{2}x+1=(x^2-2\sqrt{2}x-1)^2,$$

所以 $(f(x),g(x))=x^2-2\sqrt{2}x-1$.

> 求两个多项式的最大公因式时也可以利用因式分解法。

6. 知识点窍 求最大公因式的辗转相除法.

逻辑推理 利用辗转相除法求出最大公约数,然后逆向推导.

解题过程 (1) 利用辗转相除法,可得

	$g(x)$	$f(x)$	
$q_2(x)=x+1$	$x^4+x^3-x^2-2x-2$	$x^4+2x^3-x^2-4x-2$	$q_1(x)=1$
	x^4-2x^2	$x^4+x^3-x^2-2x-2$	
	x^3+x^2-2x-2	$r_1(x)x^3-2x$	
	x^3-2x	x^3-2x	$q_3(x)=x$
	$r_2(x)=x^2-2$	0	

于是 $(f(x),g(x))=r_2(x)=x^2-2$,

再由 $\begin{cases}f(x)=q_1(x)g(x)+r_1(x),\\ g(x)=q_2(x)r_1(x)+r_2(x)\end{cases}$

解得 $r_2(x)=g(x)-q_2(x)r_1(x)=g(x)-q_2(x)[f(x)-q_1(x)g(x)]$

$=[-q_2(x)]f(x)+[1+q_1(x)q_2(x)]g(x)$,

于是 $\begin{cases}u(x)=-q_2(x)=-x-1\\ v(x)=1+q_1(x)q_2(x)=1+1\cdot(x+1)=x+2\end{cases}$

(2) 同(1)一样,利用辗转相除法,得到

	$g(x)$	$f(x)$	
$q_2(x)=-\frac{1}{3}x+\frac{1}{3}$	$2x^3-x^2-5x+4$	$4x^4-2x^3-16x^2+5x+9$	$2x=q_1(x)$
	$2x^3+x^2-3x$	$4x^4-2x^3-10x^2+8x$	
	$-2x^2-2x+4$	$r_1(x)=-6x^2-3x+9$	$6x+9=q_3(x)$
	$-2x^2-x+3$	$-6x^2+6x$	
	$r_2(x)=-x+1$	$-9x+9$	
		$-9x+9$	
		0	

于是 $(f(x),g(x))=-r_2(x)=x-1$.

根据 $\begin{cases}f(x)=q_1(x)g(x)+r_1(x),\\ g(x)=q_2(x)r_1(x)+r_2(x),\end{cases}$ 得到

$r_2(x)=g(x)-q_2(x)r_1(x)=g(x)-q_2(x)[f(x)-q_1(x)g(x)]$

$=[-q_2(x)]f(x)+[1+q_1(x)q_2(x)]g(x)$.

即

$$(f(x),g(x))=q_2(x)f(x)+[-1-q_1(x)q_2(x)]g(x),$$

所以

$$u(x)=q_2(x)=-\frac{1}{3}x+\frac{1}{3},v(x)=-[1+q_1(x)q_2(x)]$$
$$=\frac{2}{3}x^2-\frac{2}{3}x-1,$$

(3) 同样利用辗转相除法，可得

	$g(x)$	$f(x)$	
$q_2(x)=-x+1$	x^2-x-1	$f(x)=x^4-x^3-4x^2+4x+1$	$x^2-3=q_1(x)=x$
	x^2-2x	$x^4-x^3-x^2$	
	$x-1$	$-3x^2+4x+1$	
	$x-2$	$-3x^2-3x+3$	
	$r_2(x)=1$	$r_1(x)=x-2$	

于是 $(f(x),g(x))=r_2(x)=1$. 根据 $\begin{cases}f(x)=q_1(x)g(x)+r_1(x),\\ g(x)=q_2(x)r_1(x)+r_2(x),\end{cases}$ 得到

$$r_2(x)=g(x)-q_2(x)r_1(x)=g(x)-q_2(x)[f(x)-q_1(x)g(x)]$$
$$=[-q_2(x)]f(x)+[1+q_1(x)q_2(x)]g(x).$$

所以 $u(x)=-x-1,v(x)=x^3+x^2-3x-2.$

7. **知识点窍** 辗转相除法.

逻辑推理 利用辗转相除法的步骤，因为已知最大公因式是一个二次多项式，所以当计算到某个 $r_i(x)$ 为一次多项式，而 $r_{i-1}(x)$ 为二次多项式时，便可令 $r_i(x)=0$，从而得到 t 和 u 的值.

解题过程 由 $f(x)=q_1(x)g(x)+r_1(x),g(x)=q_2(x)r_1(x)+r_2(x)$

其中 $q_1(x)=1,r_1(x)=(1+t)x^2+(2-t)x+u$

$$q_2(x)=\frac{1}{1+t}x+\frac{t-2}{(1+t)^2},r_2(x)=\left[t-\frac{u}{1+t}+\left(\frac{t-2}{t+1}\right)^2\right]x+u-\frac{(t-2)u}{(t+1)^2}$$

可以看出，如果 $r_2(x)=0$，则 $r_1(x)$ 就是 $f(x)$ 和 $g(x)$ 的最大公因式，令 $r_2(x)=0$ 即

$$\begin{cases}t-\dfrac{u}{1+t}+\left(\dfrac{t-2}{t+1}\right)^2=0\\ u-\dfrac{(t-2)u}{(t+1)^2}=0\end{cases}$$

当 $u=0$ 时，可得 $t=-4,t_{2,3}=\dfrac{1\pm\sqrt{3i}}{2}$

当 $u\neq0$ 时，可得

$$\begin{cases}t=\dfrac{-1+\sqrt{11}i}{2}\\ u=-7-\sqrt{11}i\end{cases} \text{ 和 } \begin{cases}t=\dfrac{-1-\sqrt{11}i}{2}\\ u=-7+\sqrt{11}i\end{cases}$$

根据 $g(x)$ 除 $f(x)$ 的商式和余式也可以确定 t,u 的值

综合上述

$\begin{cases}t=-4\\u=0\end{cases}$, $\begin{cases}t=\frac{1+\sqrt{3}i}{2}\\u=0\end{cases}$, $\begin{cases}t=\frac{1-\sqrt{3}i}{2}\\u=0\end{cases}$, $\begin{cases}t=\frac{-1+\sqrt{11}i}{2}\\u=-7-\sqrt{11}i\end{cases}$, $\begin{cases}t=\frac{-1-\sqrt{11}i}{2}\\u=-7+\sqrt{11}i\end{cases}$

8. **知识点窍** 若 $d(x)=u(x)f(x)+v(x)g(x)$，则 $d(x)$ 是 $f(x)$ 与 $g(x)$ 的一个最大公因式.

逻辑推理 已知 $d(x)$ 是 $f(x)$ 和 $g(x)$ 的一个公因式，只需证明 $f(x)$ 与 $g(x)$ 的任一公因式都是 $d(x)$ 的公因式便可得证.

解题过程 易见 $d(x)$ 是 $f(x)$ 与 $g(x)$ 的公因式.

设 $\varphi(x)$ 是 $f(x)$ 与 $g(x)$ 的任一公因式，下证 $\varphi(x)\mid d(x)$.

> 根据最大公因式的定义证明

由于 $d(x)$ 是 $f(x)$ 与 $g(x)$ 的一个组合，这就是说存在多项式 $s(x)$ 与 $t(x)$，使

$$d(x)=s(x)f(x)+t(x)g(x).$$

从而 $\varphi(x)\mid f(x)$，$\varphi(x)\mid g(x)$，可得 $\varphi(x)\mid d(x)$，得证.

9. **知识点窍** 最大公因式的性质.

逻辑推理 设 $d(x)=(f(x),g(x))$，则

$$d(x)h(x)\mid f(x)h(x),d(x)h(x)\mid g(x)h(x).$$

由第 8 题结论可知 $d(x)h(x)$ 为 $f(x)h(x)$ 与 $g(x)h(x)$ 的一个最大公因式，又 $d(x)$ 与 $h(x)$ 的首项系数为 1，易证等式成立.

解题过程 根据定理 2 可得，存在多项式 $u(x)$，$v(x)$，使 $(f(x),g(x))=u(x)f(x)+v(x)g(x)$，所以 $(f(x),g(x))h(x)=u(x)f(x)h(x)+v(x)g(x)h(x)$，

上式说明 $(f(x),g(x))h(x)$ 是 $f(x)h(x)$ 与 $g(x)h(x)$ 的一个组合.

> 定理2：对于 $P[x]$ 中任意两个多项式 f,g 的最大公因式，有 $P[x]$ 中的多项式 $u[x],v[x]$，使得，$d[x]=u[x]f[x]+v[x]g[x]$

另一方面，由 $(f(x),g(x))h(x)\mid g(x)h(x)$，根据上一题的结论可知 $(f(x),g(x))h(x)$ 是 $f(x)h(x)$ 与 $g(x)h(x)$ 的一个最大公因式，又因为 $(f(x),g(x))h(x)$ 的首项系数为 1，所以 $(f(x)h(x),g(x)h(x))=(f(x),g(x))h(x)$.

10. **逻辑推理** 由本章定理 3 可知，若能找到

$$u(x)\text{ 和 }v(x)\text{ 满足 }u(x)\frac{f(x)}{(f(x),g(x))}+v(x)\frac{g(x)}{(f(x),g(x))}=1,$$

便能证明原等式成立. 又显然存在这样的 $u(x)$ 和 $v(x)$ 能满足

$$(f(x),g(x))=u(x)f(x)+v(x)g(x).$$

解题过程 存在 $u(x)$，$v(x)$ 使 $(f(x),g(x))=u(x)f(x)+v(x)g(x)$

又因为 $f(x)$，$g(x)$ 不全为 0，所以 $(f(x),g(x))\neq 0$，

由消去律可得 $1=u(x)\frac{f(x)}{(f(x),g(x))}+v(x)\frac{g(x)}{(f(x),g(x))}$.

所以 $\left(\frac{f(x)}{(f(x),g(x))},\frac{g(x)}{(f(x),g(x))}\right)=1$

11. 知识点窍 $f(x),g(x)$ 互素 $\Leftrightarrow$ 存在 $u(x),v(x)$，使得 $u(x)f(x)+v(x)g(x)=1$.

逻辑推理 根据上题即可证得

解题过程 由上题可知，存在

$\bar{u}(x)=\dfrac{f(x)}{(f(x),g(x))}$，$\bar{v}(x)=\dfrac{g(x)}{(f(x),g(x))}$ 使得

$\bar{u}(x)u(x)+\bar{v}(x)v(x)=1$

所以，$u(x),v(x)$ 互素，即 $(u(x),v(x))=1$

$f[x]$, $g[x]$互素$\Leftrightarrow$存在 $u[x]$,$v[x]$,使得 $u[x]f[x]+v[x]g[x]=1$

12. 知识点窍 同上题

逻辑推理 由已知和条件找到合适的 $u(x),v(x)$ 使得

$u(x)f(x)+v(x)g(x)h(x)=1$，根据定理 3 即可证得命题.

解题过程 因为 $(f(x),g(x))=1$，$(f(x),h(x))=1$

所以存在 $u_1(x),v_1(x)$ 及 $u_2(x),v_2(x)$ 使

$$u_1(x)f(x)+v_1(x)g(x)=1(1)$$

$$u_2(x)f(x)+v_2(x)h(x)=1(2)$$

将(1)(2) 两式相乘，得

$[u_1(x)u_2(x)f(x)+v_1(x)u_2(x)g(x)+u_1(x)v_2(x)h(x)]f(x)+[v_1(x)v_2(x)]g(x)h(x)=1.$

所以 $(f(x),g(x)h(x))=1$

13. 知识点窍 逻辑推理同上题

解题过程 利用反证法证明，假设 $(f_1(x)f_2(x)\cdots f_m(x),g_1(x)g_2(x)\cdots g_n(x))\neq 1$，则存在不可约多项式 $(\partial(p(x))>0)$ 使得

$$p(x)\mid f_1(x)f_2(x)\cdots f_m(x) \text{ 和 } p(x)\mid g_1(x)g_2(x)\cdots g_n(x)$$

又因为 $p(x)$ 不可约，故存在 i,j，使得

$$p(x)\mid f_i(x),p(x)\mid g_j(x)$$

则有 $(f_i(x),g_j(x))\neq 1.$

这与条件矛盾，故

$$(f_1(x)f_2(x)\cdots f_m(x),g_1(x)g_2(x)\cdots g_n(x))=1.$$

14. 知识点窍 逻辑推理 同题 12.

解题过程 由题设知 $(f(x),g(x))=1$，所以存在 $u(x),v(x)$ 使 $u(x)f(x)+v(x)g(x)=1$，

从而 $u(x)f(x)-v(x)f(x)+v(x)f(x)+v(x)g(x)=1$，

即 $[u(x)-v(x)]f(x)+v(x)[f(x)+g(x)]=1$，

所以 $(f(x),f(x)+g(x))=1$.

同理 $(g(x),f(x)+g(x))=1$.

再由 12 题结论，即证 $(f(x)g(x),f(x)+g(x))=1$.

15. 知识点窍 α 是 $f(x)$ 的根 $\Leftrightarrow(x-\alpha)\mid f(x)$.

逻辑推理 设 α_0 是 $f(x)$ 与 $g(x)$ 的公共根，则 $(x-\alpha_0) \mid f(x)$，$(x-\alpha_0) \mid g(x)$，所以应从 $f(x)$ 与 $g(x)$ 的最大公因式入手.

解题过程 用辗转相除法可求得

由辗转相除，可求得 $(f(x), g(x)) = x^2+x+1$，

令 $x^2+x+1=0$ 所以它们的公共根为 $\dfrac{-1\pm\sqrt{3}i}{2}$.

> 求两个多项式的公共根，就是求两个多项式最大公因式的根

16\. **知识点窍** 多项式 $f(x)$ 没有重因式的充要条件是 $f(x)$ 与 $f'(x)$ 互素.

逻辑推理 先由 $f(x)$ 得到 $f'(x)$，判断 $(f(x), f'(x))$ 是否为 1.

解题过程 (1) $f'(x)=5x^4-20x^3+21x^2-4x+4$，

$(f(x), f'(x))=(x-2)^2$，

所以 $f(x)$ 有 $x-2$ 的三重因式.

(2) $f'(x)=4x^3+8x-4$，

$(f(x), f'(x))=1$，故 $f(x)$ 无重因式.

> 如果不可约多项式 $p(x)$ 是 $f(x)$、$f'(x)$ 的 k 重因式，那么 $p(x)$ 是 $f(x)$ 的 $k+1$ 重因式。

17\. **逻辑推理** 利用辗转相除法，求 $f(x)$ 与 $f'(x)$ 的最大公因式，使得 $r_i(x)$ 为零的 t 值即为所求值.

解题过程 $f'(x)=3x^2-6x+t$，

设 $f(x)=f'(x)\cdot q_1(x)+r_1(x)$，则有

$$\begin{cases} q_1(x)=\dfrac{1}{3}x-\dfrac{1}{3} \\ r_1(x)=\left(\dfrac{2}{3}t-2\right)x-1+\dfrac{t}{3} \end{cases}$$

若 $r_1(x)=0$，则 $f(x)$ 有三重根. 由 $r_1(x)=0$，可得 $t=3$

若 $r_1(x)\neq 0$，继续做辗转相除法.

设 $f'(x)=r_2(x)\cdot q_2(x)+r_2(x)$，则有

$$\begin{cases} q_2(x)=\dfrac{9}{2t-6}x-\dfrac{45}{4t-12} \\ r_2(x)=t+\dfrac{15}{4} \end{cases}$$

当 $r_2(x)=0$ 时，$f(x)$ 有二重根. 由 $r_2(x)=0$，可得 $t=-\dfrac{15}{4}$

综上所述，当 $t=3$ 时 $f(x)$ 有三重根 $x=1$；当 $t=-\dfrac{15}{4}$ 时，$f(x)$ 有二重根 $x=-\dfrac{1}{2}$

18\. **知识点窍** 重因式的判别.

逻辑推理 多项式若有重因式，则 $f(x)$、$f'(x)$ 含有公因式，因此可以利用辗转相除法先求出 $f(x)$、$f'(x)$ 的公因式，然后确定多项式有重因式的条件.

解题过程 令 $f(x)=x^3+px+q$，则 $f'(x)=3x^2+p$

用 $f'(x)$ 去除 $f(x)$ 得到余式

$$r_1(x)=\frac{2}{3}px+q$$

于是，当 $r_2(x)=0$ 即 $p=q=0$ 时，$f(x)$ 有重根.

当 $p\neq 0$ 时，用 $r_1(x)$ 去除 $f'(x)$ 得余式：

$$r_2(x)=\frac{4p^3+27q^3}{4p^3}$$

当 $r_2(x)=0$，即 $4p^3+27q^2=0$ 时，$f(x)$ 有重根.

于是 $f(x)$ 有重根的充分必要条件是 $r_1(x)=0$ 或 $r_2(x)=0$，也即 $4p^3+27q^2=0$

19. **知识点窍** 如果不可约多项式 $p(x)$ 是 $f(x)$ 的 k 重因式($k\geqslant 1$)，那么它是微商 $f'(x)$ 的 $k-1$ 重因式.

逻辑推理 $(x-1)^2 \mid Ax^4+Bx^2+1$，则不可约多项式$(x-1)$是 $f(x)=Ax^4+Bx^2+1$ 的至少 2 重因式.

也是 $f'(x)$ 的一个因式，即有 $f(1)=f'(1)=0$

解题过程 解令 $f(x)=ax^4+bx^2+1$，$f'(x)=4ax^3+2bx$，由题设知，1 是 $f(x)$ 的根，也是 $f'(x)$ 的根，此即

$$\begin{cases}a+b+1=0\\4a+2b=0\end{cases}$$

解得 $a=1,b=-2$

20. **知识点窍** 如果$(x-\alpha)$是 $f(x)$ 的 $k(\geqslant 1)$ 重因式，称 α 为 $f(x)$ 的 k 重根，$g>1$ 时 α 为重根.

逻辑推理 如果 $f(x)=1+x+\frac{x^2}{2!}+\cdots+\frac{x^n}{n!}$ 有重根，则 $f(x)$ 与 $f'(x)$ 有不为 1 的最大公因式，即如果 $f(x)$ 与 $f'(x)$ 互素，则 $f(x)$ 没有重根.

解题过程 因为 $f(x)=1+x+\frac{x^2}{2!}+\cdots+\frac{x^n}{n!}$ 的导函数

$$f'(x)=1+x+\frac{1}{2!}x^2+\cdots+\frac{1}{(n-1)!}x^{n-1}$$

此题也可以利用反证法来证明

所以 $f(x)=f'(x)+\frac{1}{n!}x^n$，从而 $f(x)$ 无重根，

$f(x)$没有重根的充要条件是$f(x)$、$f'(x)$互素

21. **知识点窍** 如果 a 是 $f(x)$ 的 k 重根($k\geqslant 1$)，那么它是 $f'(x)$ 的 $k-1$ 重根.

逻辑推理 显然 $g(a)=0$，已知 a 是 $f'''(x)$ 的一个 k 重根，而 $g''(x)=\frac{x-a}{2}f'''(x)$，则$(x-a)^{k+1} \mid g''(x)$，那 a 是 $g''(x)$ 的一个 $k+1$ 重根.

解题过程 因为 $g(x)=\frac{x-a}{2}[f'(x)+f'(a)]-f(x)+f(a)$，所以

$$g'(x)=\frac{x-a}{2}f''(x)-\frac{1}{2}[f'(x)-f'(a)],$$

$$g''(x)=\frac{1}{2}f''(x)+\frac{x-a}{2}f'''(x)-\frac{1}{2}f''(x)=\frac{x-a}{2}f'''(x).$$

由上面的表达式可知，$g(a)=g'(a)=g''(a)=0$，由于 a 是 $f''(x)$ 的 k 重根，故 a 是 $g''(x)$ 的 $k+1$ 重根，从而 a 是 $g(x)$ 的 $k+3$ 重根.

22. **知识点窍** x_0 是 $f(x)$ 的 k 重根 $\Leftrightarrow f(x)=q(x)\cdot(x-x_0)^k$，且 $q(x_0)\neq 0$.

解题过程 必要性，x_0 是 $f(x)$ 的 k 重根，则 $f(x)=q(x)\cdot(x-x_0)^k$，且 $q(x_0)=0$ 容易验证 $f(x_0)=f'(x_0)=f''(x_0)\cdots f^{k-1}(x_0)=0$，而 $f^{(k)}(x_0)\neq 0$.

充分性：由 $f^{(k-1)}(x_0)=0$，而 $f^{(k)}(x_0)\neq 0$. 知 x_0 是 $f^{(k-1)}(x)$ 的一重根，又由于 $f^{(k-2)}(x_0)=0$，知 x_0 是 $f^{(1-2)}(x)$ 的二重根，依此类推，可知 x_0 是 $f(x)$ 的 k 重根.

23. **解题过程** 例如 $f(x)=x^3+1$. 显然，$x=0$ 是 $f'(x)=3x^2$ 的二重根，但不是 $f(x)$ 的三重根.

（这是由于已知 $f'(x)$，其原函数是不确定的。）

24. **知识点窍** $(x-\alpha)\mid f(x)\Leftrightarrow x=\alpha$ 是 $f(x)$ 的根.

逻辑推理 $(x^n-1)\mid f(x^n)\Leftrightarrow(x-1)\mid f(x)$，即只需要证明 $f(1)=0$，由 $(x-1)\mid f(x^n)$ 可得到 $f(1^n)=f(1)=0$.

解题过程 因为 $(x-1)\mid f(x^n)$，所以，$x=1$ 是 $f(x^n)=0$ 的根，也即

$$f(1^n)=f(1)=0$$

故有

$$(x-1)\mid f(x)$$

将 x^n 代替 x，即有

$$(x^n-1)\mid f(x^n).$$

25. **逻辑推理** $(x-1)(x^2+x+1)=x^3-1$，设 $x^2+x+1=0$ 的两根为 ε_1、ε_2，则 $\varepsilon_i^3=1$. 由 $f_1(1)+\varepsilon_i f_2(1)=0$，便能得到 $f_1(1)=f_2(1)=0$.

解题过程 因为 $(x^2+x+1)\mid f_1(x^3)+xf_2(x^3)$，

从而存在 $g(x)$，使得 $(x^2+x+1)g(x)=f_1(x^3)+xf_2(x^3)$.

设 x^2+x+1 的两个根为 ε_1 和 ε_2，则

$$\begin{cases}f_1(1)+\varepsilon_1 f_2(1)=0\\ f_1(1)+\varepsilon_2 f_2(1)=0\end{cases}$$

（$\varepsilon^3{}_1=\varepsilon^3{}_2$ 且 $\varepsilon_1\neq\varepsilon_2$）

解之得 $f_1(1)=0$，$f_2(1)=0$，即 $(x-1)\mid f_1(x)$，$(x-1)\mid f_2(x)$.

26. **知识点窍** 复系数与实系数多项式的因式分解.

逻辑推理 $f(x)=x^n-1$ 在复数域上有 n 个根（重根按重数计算）$\alpha_1,\alpha_2,\cdots,\alpha_n$，则 $f(x)$ 在复数范围内可以分解为 $f(x)=\prod\limits_{i=1}^{n}(x-\alpha_i)$. 在实数范围内就得对 $f(x)$ 的实根进行讨论.

解题过程 设 $c=r(\cos\theta+\sin\theta)$ 是 x^n-1 的复根，即 $c^n-1=0$，从而

$$r^m(\cos m\theta+\sin m\theta)=\cos\theta+\sin\theta$$

因此 $r^n=1$，且 $m\theta=\theta+2kx$，$k\in\mathbf{Z}$，即 $r=1$ 且 $\theta=\dfrac{2k\pi}{n}$，$k\in\mathbf{Z}$ 显然

$$x_k=\mathrm{com}\frac{2k\pi}{n}+i\sin\frac{2k\pi}{n},k=0,1,\cdots n-1$$

是 x^n-1 的 n 个互不相同的根，于是 $\alpha_0,\alpha_1,\cdots,\alpha_{n-1}$ 是 x^n-1 的全部根，所以在复数范围内分解式为

$$x^n-1=(x-1)(x-\alpha^1)(x-\alpha^2)\cdots(x-\alpha^{n-1}),$$

又因为$\bar{\alpha}^k=\alpha^{n-k}$，从而可知$\alpha^k+\alpha^{n-k}=\alpha^k+\bar{\alpha}^k=2\cos\dfrac{2k\pi}{n}$是一个实数，所以在实数范围内的分解式为：

① n 为奇数

$$x^n-1=(x-1)[x^2-(\alpha^1+\alpha^{n-1})x+1][x^2-(\alpha^2+\alpha^{n-2})x+1]\cdots$$
$$[x^2-(\alpha^{\frac{n-1}{2}}+\alpha^{\frac{n+1}{2}})x+1];$$

② n 为偶数

$$x^n-1=(x-1)[x^2-(\alpha^1+\alpha^{n-1})x+1][x^2-(\alpha^2+\alpha^{n-2})x$$
$$+1]\cdots[x^2-(\alpha^{\frac{n-1}{2}}+\alpha^{\frac{n+1}{2}}x+1]$$

当 $k=\dfrac{n}{2}$ 时，$\alpha^k=$，$\cos\pi+i\sin\pi=-1$

27. 知识点窍　整系数多项式$f(x)=a_nx^n+a_{n-1}x^{n-1}+\cdots+a_0$的有理根$\dfrac{r}{s}$($r,s$互素)满足$s\mid a_n,r\mid a_0$.

逻辑推理　由a_0和a_n可以得到$f(x)$所有可能的有理根，代入检验$f(x)=0$，便可求得$f(x)$的所有有理根.

解题过程　(1) 有一个有理根 2，

(2) 有两个有理根$-\dfrac{1}{2},-\dfrac{1}{2}$(即有 2 重有理根$-\dfrac{1}{2}$)

(3) 有五个有理根 $3,-1,-1,-1,-1$(即一个单有理根 3 和一个 4 重有理根 -1).

28. 知识点窍　爱森斯坦判别法及其应用

逻辑推理　对于(1)，(3)，(4)，(5)，我们可以令$x=y+1$或$x=y-1$，这样使得多项式的每个系数尽量不为 0 或 1，便于判别.

解题过程　(1) 令$x=y+1$，则有$g(y)=f(y+1)=(y+1)^2+1=y^2+2y+2$

取素数$p=2$，由于$2\nmid1,2\mid2$，但是$2^2\nmid2$，故由艾森斯坦判别法可知，$g(y)$在有理数域上不可约，从而x^2+1在有理数域上也不可约.

(2) 取素数$p=2$，则$2\nmid1,2\mid-8,2\mid12,2\mid2$，但是$2^2\nmid2$，故由艾森斯坦判别法可知，该多项式在有理数域上不可约.

(3) 令$x=y+1$，代入$f(x)=x^6+x^3+1$，得

$$g(y)=f(y+1)=y^6+6y^5+15y^4+21y^3+18y^2+9y+3$$

取素数$p=3$. 由于$3\nmid1,3\mid6,3\mid15,3\mid21,3\mid18,3\mid9,3\mid3$，但是$3^2\nmid3$，根据艾森斯坦判别法可知，$g(y)$在有理数域上不可约，从而$f(x)$在有理数域上也不可约.

(4) 设$f(x)=x^p+px+1$，令$x=y+1$. 则$g(y)=f(y+1)$

$$=y^r-c_r^1y^{r-1}+c_r^2y^{r-2}-\cdots-c_r^{r-2}y^2+(c_r^{r-1}+p)y-p.$$

由于p是素数，且$p\nmid1,p\mid C_p^i,(i=1,2,\cdots,p-2)$，所以由艾森斯坦判别法，即证$g(y)$在有理数域上不可约，因而$f(x)$也在有理数域上不可约.

(5) 已知$f(x)=x^4+4kx+1$. 令$x=y+1$. 可得

$$g(y)=f(y+1)=y^4+4y^3+6y^2+(4k+4)y+4k+2.$$

利用艾森斯坦判别法，取$p=2$，即证$g(y)$在有理数域上不可约. 因而$f(x)$也在有理

数域上不可约.

29. **知识点窍** 对称多项式的初等对称多项式表出.

逻辑推理 按照本章定理 15 的证明思路求解.

若 $f(x)$ 的首项是 $ax_1^{l_1}x_2^{l_2}\cdots x_n^{l_n}$，则 $\varphi_1(x)=a\sigma_1^{l_1-l_2}\sigma_2^{l_2-l_3}\cdots\sigma_n^{l_n}$ 与 $f(x)$ 相同的首项.

解题过程 (1) 对称多项式的首项为 $x_1^2x_2$，其方幂为(2,1,0)，即 $\sigma_1^{2-1}\sigma_2^{1-0}\sigma_3^0=\sigma_1\sigma_2$，

又因为 $x_1^2x_2+x_1x_2^2+x_1^2x_3+x_1x_3^2+x_2^2x_3+x_2x_3^2-\sigma_1\sigma_2=-3x_1x_2x_3$.

所以，原式 $=\sigma_1\sigma_2-3\sigma_3$；

(2) 同理可得 $(x_1+x_2)(x_1+x_3)(x_2+x_3)$

$=x_1^2x_2+x_1x_2^2+x_1^2x_3+x_1x_3^2+x_2^2x_3+x_2x_3^2+2x_1x_2x_3$

$=\sigma_1\sigma_2-3\sigma_3+2\sigma_3$

$=\sigma_1\sigma_2-\sigma_3$

(3) 原式 $=(x_1^2-2x_1x_2+x_2^2)(x_1^2-2x_1x_3+x_3^2)(x_2^2-2x_2x_3+x_3^2)$

$=x_1^4x_2^2+\cdots$，

由此可知多项式时六次对称多项式，且首项为 $x_1^4x_2^2$，所以 σ 的方幂之积为

指数组	对应 σ 的方幂乘积
4 2 0	$\sigma_1^2\sigma_2^2$
4 1 1	$\sigma_1^3\sigma_3$
3 3 0	σ_2^3
3 2 1	$\sigma_1\sigma_2\sigma_3$
2 2 2	σ_3^2

原式 $=\sigma_1^2\sigma_2^2+a\sigma^1\sigma_3+b\sigma_2^3+c\sigma_1\sigma_2\sigma_3+d\sigma_3^2$

只要令 $x_1=0,x_2=x_3=0$，则原式左边 $=0$. 另一方面，有 $\sigma_1=2,\sigma_2=1,\sigma_3=0$，

代入(1) 式，得 $b=-4$. 再令 $x_1=x_2=1,x_3=-2$，得 $d=-27$.

令 $x_1=x_2=1,x_3=-1$，得 $-a+c=22$(2)

令 $x_1=x_2=x_3=1$，得 $3a+c=6$(3)

由(2)，(3) 解得 $a=-4,c=18$. 因此

原式 $=\sigma_1^2\sigma_2^2-4\sigma_1^3\sigma_3-4\sigma_2^3+18\sigma_1\sigma_2\sigma_3-27\sigma_3^2$.

(4) 原式 $=x_1^2x_2^2+x_1^2x_3^2+x_1^2x_4^2+x_2^2x_3^2+x_2^2x_4^2+x_4^2+x_3^2x_4^2$

指数组	对应 σ 的方幂乘积
2 2 0 0	σ_2^2
2 1 1 0	$\sigma_1\sigma_3$
1 1 1 1	σ_4

设原式 $=\sigma_2^2+a\sigma_1\sigma_3+b\sigma_4$

令 $x_1=x_2=x_3=1,x_4=0$，得 $a=-2$.

再令 $x_1 = x_2 = x_3 = 1, x_4 = 1$，得 $b = 2$.

因此原式 $= \sigma_2^2 - 2\sigma_1\sigma_3 + 2\sigma_4$.

(5) 原式 $x_1^2x_2^2x_3^2 + (x_1^3x_2x_3 + x_1x_2^3x_3 + x_1x_2x_3{}^3) + (x_1^2x_2^2 + x_2^2x_3^2 + x_1^2x_3^2) + x_1x_2x_3$，

由于 $x_1^3x_2x_3 + x_1x_2^3x_3 + x_2x_2x_3{}^3 = \sigma_1^2\sigma_3 - 2\sigma_2\sigma_3$，

$$x_1^2x_2^2 + x_2^2x_3^2 + x_1^2x_3^2 = \sigma_2^2 - 2\sigma_1\sigma_3,$$

所以原式 $= \sigma_1^2\sigma_3 - 2\sigma_1\sigma_3 + \sigma_2^2 - 2\sigma_2\sigma_3 + \sigma_3^2 + \sigma_3$.

(6) 原式 $= x_1^2x_2^2x_3^2 + 2(x_1^2x_2^2x_3 + x_1^2x_2x_3^2 + x_1x_2^2x_3{}^3)$

$$+ (x_1^2x_2^2 + x_2^2x_3^2 + x_1^2x_3^2 + 3x_1^2x_2x_3 + 3x_1x_2^2x_3 + 3x_1x_2x_3^2)$$

$$+ (x_1^2x_2 + x_1x_2^2 + x_1^2x_3 + x_2^2x_3 + x_1x_3^2 + x_2x_3^2) + 2x_1x_2x_3,$$

其中 $2(x_1^2x_2^2x_3 + x_1^2x_2x_3^2 + x_1x_2^2x_3{}^3) = 2\sigma_2\sigma_3$，

$$x_1^2x_2^2 + x_2^2x_3^2 + \cdots + 3x_1x_2x_3^2 = \sigma_2^2 + \sigma_1\sigma_3,$$

$$x_1^2x_2 + x_1x_2^2 + \cdots + x_2x_3^2 = \sigma_1\sigma_2 - \sigma_3,$$

所以原式 $= \sigma_1\sigma_2 + \sigma_1\sigma_3 + \sigma_2^2 + 2\sigma_2\sigma_3 + \sigma_3^2 - \sigma_3$.

30. 知识点窍 逻辑推理 同题 29.

解题过程 (1) 原式 $= \sigma_1^4 - 4\alpha_1^2\alpha_2 + 2\alpha_2^2 + 4\alpha_1\alpha_3 - 4\alpha_4$；

(2) 当 $n = 3$ 时，原式 $= \sigma_1\sigma_3$；

当 $n \geqslant 4$ 时，原式 $= \sigma_1\sigma_3 - 4\sigma_4$；

(3) 当 $n = 2$ 时，原式 $= \sigma_2^2$；

当 $n = 3$ 时，原式 $= \sigma_1^2 - 2\sigma_1\sigma_3$

当 $n \geqslant 4$ 时，原式 $= \sigma_1^2 - 2\sigma_1\sigma_3 + 2\sigma_4$；

(4) 当 $n = 4$ 时，原式 $= \sigma_2\sigma_4$；

当 $n = 5$ 时，原式 $= \alpha_2\alpha_4 - 4\alpha_1\alpha_5$，

当 $n \geqslant 6$ 时，原式 $= \sigma_2\sigma_4 - 4\sigma_1\alpha_5 + 9\sigma_6$.

31 知识点窍 韦达定理，对称多项式的初等对称多项式表出.

逻辑推理 由韦达定理（根与系数的关系）我们可以得到 $\alpha_1 + \alpha_2 + \alpha_3$，$\alpha_1\alpha_2 + \alpha_2\alpha_3 + \alpha_3\alpha_1$，$\alpha_1\alpha_2\alpha_3$ 的值，将所求的对称多项式用初等对称多项式表出便可计算出结果.

解题过程 因为

$$\boldsymbol{\sigma}_1 = \alpha_1 + \alpha_2 + \alpha_3$$

$$\boldsymbol{\sigma}_2 = \alpha_1\alpha_2 + \alpha_2\alpha_3 + \alpha_1 + \alpha_3,$$

$$\boldsymbol{\sigma}_3 = \alpha_1\alpha_2\alpha_3$$

由根和系数的关系，可得 $\boldsymbol{\sigma}_1 = \dfrac{6}{5}$，$\boldsymbol{\sigma}_2 = \dfrac{7}{5}$，$\boldsymbol{\sigma}_3 = \dfrac{8}{5}$，

再将对称多项式化为初等多项式并计算，可得

$$(\alpha_1^2 + \alpha_1\alpha_2 + \alpha_2^2)(\alpha_2^2 + \alpha_2\alpha_3 + \alpha_3^2)(\alpha_1^2 + \alpha_1\alpha_3 + \alpha_3^2)$$

$$= \boldsymbol{\sigma}_1^2\alpha_1^2 - \alpha_1^3\alpha_3 - \alpha_2^3 = -\frac{1679}{625}$$

32. 知识点窍 韦达定理.

逻辑推理 设原方程 $x^3+a_1x^2+a_2x+a_3=0$ 的三个根为 x_1,x_2 和 x_3，由韦达定理知 $a_1=x_1+x_2+x_3$，$a_2=x_1x_2+x_2x_3+x_3x_1$，$a_3=x_1x_2x_3$，代入 $2a_1^3-9a_1a_2+27a_3$ 中便可以得到结果.

解题过程 设原方程的三个根为 $\delta_1,\delta_2,\delta_3$，则它们成等差数列的充分必要条件为 $(2\delta_1-\delta_2-\delta_3)(2\delta_2-\delta_1-\delta_3)(2\delta_3-\delta_1-\delta_2)=0$.

将上式左端表为初等对称多项式，得

$$(2\delta_1-\delta_2-\delta_3)(2\delta_2-\delta_1+\delta_3)(2\delta_3-\delta_1-\delta_2)=2\delta_1{}^3-9\delta_1\delta_2+27\delta_3,$$

故三根成等差数列的充分必要条件为 $2\alpha_1^3-9\alpha_1\alpha_2+27\alpha_3=0$.

补充题

1. 知识点窍 最大公因式的证明.

逻辑推理 由 $f_1(x)$ 和 $g_1(x)$ 的表达式可以得到 $(f(x),g(x))\mid f_1(x)$，$(f(x),g(x))\mid g_1(x)$，若有 $(f_1(x),g_1(x))\mid f(x)$，$(f_1(x),g_1(x))\mid g(x)$，便能得证.

解题过程 设 $d(x)=(f(x),g(x))$，则由已知，得 $d(x)\mid f_1(x)$，$d(x)\mid g_1(x)$.

其次，设 $\varphi(x)$ 是 $f_1(x)$ 与 $g_1(x)$ 的任一公因式，只需证明 $\varphi(x)\mid d(x)$ 即可.

因为 $f_1(x)=af(x)+bg(x)$，$g_1(x)=cf(x)+dg(x)$，所以

$$\begin{cases} f(x)=\dfrac{d}{ad-bc}f_1(x)-\dfrac{b}{ad-bc}g_1(x) \\ g(x)=-\dfrac{c}{ad-bc}f_1(x)+\dfrac{a}{ad-bc}g_1(x) \end{cases}$$

又因为 $\varphi(x)\mid f_1(x)$，$\varphi(x)\mid g(x)\Rightarrow\varphi(x)\mid f(x)$，$\varphi(x)\mid g(x)$，从而 $\varphi(x)\mid d(x)$，故 $d(x)$ 也是 $f_1(x)$ 与 $g_1(x)$ 的最大公因式.

2. 解题过程 存在多项式 $u_1(x)$，$v_1(x)$，使 $u_1(x)f(x)+v_1(x)g(x)=(f(x),g(x))$，从而

$$u_1(x)\frac{f(x)}{(f(x),g(x))}+v_1(x)\frac{g(x)}{(f(x),g(x))}=1$$

因此 $u_1(x)$ 与 $\dfrac{g(x)}{(f(x),g(x))}$ 互素，由假设 $\partial\left(\dfrac{g(x)}{f(x),g(x)}\right)>0$，故 $\dfrac{g(x)}{(f(x),g(x))}$ 不能整除 $u_1(x)$. 设 $u_1(x)=q(x)\dfrac{g(x)}{(f(x),g(x))}+u(x)$，其中 $\partial(u(x))<\partial\left(\dfrac{g(x)}{(f(x),g(x))}\right)$.

令 $$v(x)=v_1(x)+q(x)\frac{f(x)}{(f(x),g(x))}$$

则 $$u(x)f(x)+v(x)g(x)=(f(x),g(x))$$

又因为$\dfrac{f(x)}{(f(x),g(x))}$的次数大于0,即 $f(x)$ 的次数大于$(f(x),g(x))$的次数,故

$$\partial(u(x))+\partial(f(x))=\partial(v(x))+\partial(g(x)).$$

于是

$$\begin{aligned}\partial(v(x))&=\partial(u(x))+\partial(f(x))-\partial(g(x))\\&<\partial(g(x))-\partial(f(x),g(x))+\partial(f(x))-\partial(g(x))\\&=\partial(f(x),g(x)+\partial(f(x))\\&<\partial\left(\frac{f(x)}{(f(x),g(x))}\right)\end{aligned}$$

所以 $u(x),v(x)$ 即为所求.

3. 知识点窍 $f(x)$ 与 $g(x)$ 互素 $\Leftrightarrow$ 存在 $u(x),v(x)$ 使得 $uf(x)+vg(x)=1$

逻辑推理 $f(x)$ 与 $g(x)$ 互素,则有 $u(x)f(x)+v(x)g(x)=1$,用 x^3 代替 x,有$u(x^3)f(x^3)+v(x^3)g(x^3)=1$.

解题过程 证由假设,存在 $u(x)$ 和 $v(x)$ 使 $u(x)f(x)+v(x)g(x)=1$, (根据定理3进行证明)

于是 $u(x^m)f(x^m)+c(x^m)g(x^m)=1$,即证.

4. 逻辑推理 设$d_1(x)=(f_1(x),f_2(x),\cdots,f_{s-1}(x)),d(x)=(d_1(x),f_s(x))$,只需证明 $f_1(x)$,$f_2(x),\cdots,f_s(x)$的任一公因式都是$d(x)$的公因式便可得证第一小问. 对于第二个问题,当 $s=2$ 时,显然成立,所以想到用数学归纳法 .

解题过程 证因为 $f_1(x),f_2(x),\cdots f_{n-1}(x)$ 的最大公因式存在,设其为 $d_1(x)$,则 $d_1(x)=(f_1(x),f_2(x),\cdots f_{n-1}(x))$,于是 $d_1(x)$ 与 $f_x(x)$ 的最大公因式也存在,不妨设为 $d(x)=(d_1(x),f(x))$,则 $d(x)\mid f_i(x)(i=1,2,\cdots,s)$,

若设 $\varphi(x)$ 是 $f_1(x),f_2(x),\cdots,f_{s-1}(x),f_s(x)$ 的任一公因式,则 $\varphi(x)\mid d_1(x)$,

这样 $\varphi(x)$ 为 $d_1(x)$ 与 $f_s(x)$ 的一个公因式,又可得 $\varphi(x)\mid d(x)$,即证

$$d(x)=(f_1(x),f_2(x),\cdots f_{s-1}(x),f_1(x)).$$

下面用归纳法证明本题第二部分,当 $s=2$ 时结论显然成立,假设命题对 $s-1$ 也成立,即存在 $v_1(x),v_2(x),\cdots,v_{n-1}(x)$,使 $v_1(x)f_1(x)+v_2(x)f_2(x)+\cdots+v_{s-1}(x)f_{x-1}(x)=(f_1(x),f_2(x),\cdots f_{x-1}(x))=d_1(x)$,成立

再证命题对 s 也成立

事实上,存在 $p(x)$ 和$q(x)$,使 $d(x)=(d_1(x),f_n(x))=p(x)d_1(x)+q(x),f(x)=p(x)[v_1(x)f_1(x)+v_2(x)f_2(x)+\cdots+v_{s-1}(x)f_{s-1}(x)]+q(x)f_s(x)$. 令 $u_i(x)=p(x)v_i(x)(i=1,2\cdots s-1),u_i(x)=q(x)$,即证

5. 逻辑推理 根据题目中给出的最小公倍式的定义,先说明 $f(x)\left|\dfrac{f(x)g(x)}{(f(x),g(x))},g(x)\right|\dfrac{f(x)g(x)}{(f(x),g(x))}$,再证明 $f(x),g(x)$ 的任一个公倍式都是$\dfrac{f(x)g(x)}{(f(x),g(x))}$的倍式.

解题过程 证令 $(f(x),g(x))=d(x)$，则 $f(x)=f_1(x)d(x),g(x)=g_1(x)d(x)$，于是

$$\frac{f(x)g(x)}{(f(x),g(x))}=f(x)g_1(x)=g(x)f_1(x),$$

即 $f(x)\mid\frac{f(x)g(x)}{(f(x),g(x))}$，$g(x)\mid\frac{f(x)g(x)}{(f(x),g(x))}$，（由于 $f(x)$、$g(x)$ 的首项系数都为1，所以 $(f(x),\ g(x))\neq0$）

设 $M(x)$ 是 $f(x)$ 与 $g(x)$ 的任一公倍式，下面证明 $\frac{f(x)g(x)}{(f(x),g(x))}\mid M(x)$.

由倍式的定义，有 $M(x)=f(x)s(x)=g(x)t(x)$.

即 $f_1(x)d(x)s(x)=f(x)s(x)=g(x)t(x)$

$=g_1(x)d(x)t(x)$，

消去 $d(x)$，得 $f_1(x)s(x)=g_1(x)t(x)$，

于是 $g_1(x)\mid f_1(x)s(x)$，

由于 $(f_1(x),\ g_1(x))=1$，因而 $g_1(x)\mid\delta(x)$ 或者 $s(x)=g_1(x)q(x)$，所以

$$M(x)=f(x)s(x)=f(x)g_1(x)q(x)=\frac{f_1(x)}{(f(x),g(x))}q(x),$$

$$\Rightarrow\frac{f(x)g(x)}{(f(x),g(x))}\mid M(x)，即证.$$

6. 知识点窍 整除的定义，如果 $f(x)=g(x)q(x)$，则 $g(x)\mid f(x),q(x)\mid f(x)$.

逻辑推理 用反证法，若 $p(x)$ 不是不可约多项式，则 $p(x)=h(x)\varphi(x)$.

解题过程 设 $p(x)$ 可约，则有 $p(x)=p_1(x)\mid p_2(x)$，那么由假设可得 $p(x)\mid p_1(x)$ 或 $p(x)\mid p_2(x)$. 这是不可能的，因为后面两个多项式的次数低于 $p(x)$ 的次数，于是得证.

7. 知识点窍 若 $p(x)$ 为不可约多项式，对任意多项式 $g(x)$ 有 $(p(x),g(x))=1$ 或

$p(x)\mid g(x)$.

逻辑推理 必要性可以直接证用，充分性的证明利用反证法.

解题过程 必要性. 设 $f(x)=p^m(x)$，其中 $p(x)$ 是不可约多项式，则对任意多项式 $g(x)$，有 1) $(p(x),g(x))=1$，或 2) $p(x)\mid g(x)$.

对于 1) 有 $(f(x),g(x))=1$；

对于 2) 有 $p^m(x)\mid g^m(x)$，此即 $f(x)\mid g^m(x)$. 再让 $m=s$，即必要性得证.

充分性. 设 $f(x)$ 不是某一个多项式的方幂，则 $f(x)=p^K(x)g(x)$.

其中 $K\geqslant1(K=1,2,\cdots n)$ 是正整数，

若 $g(x)=p_1(x)$，则由题设如 $(f(x)$ 与 $g(x)$ 满足 $(f(x),g(x))=1$ 或 $f(x)\mid g^m(x)$（m 为某一正整数），但这是不可能的，即证.

8. 知识点窍 同补充题 7.

逻辑推理 充分性的证明可以利用到补充题 7 的结论.

解题过程 证必要性. 设 $f(x)\mid g(x)h(x)$，则对多项式 $h(x)$，有

1) $(f(x),h(x))=1$；于是 $f(x)\mid g(x)$；　2) $f(x)\mid h^m(x)$（m 为某一正整数）.

必要性成立.

充分性:对任意多项式 $g(x)$,有 $(f(x),g(x))=1$ 或 $(f(x),g(x))=d(x)=1$,

若 $f(x)=f_1(x)d(x)$,那么 $f(x)\mid f_1(x)g(x)$,但 $f(x)\mid f_1(x)$,再由充分性假设,可得 $f(x)\mid g^m(x)$,m 为任一正整数. 于是由第 7 题的充分条件,即证.

9. 知识点窍 如果不可约多项式 $p(x)$ 是 $f(x)$ 的 k 重因式($k\geqslant 1$),那么 $p(x)$ 是 $f'(x)$ 的因式.

逻辑推理 $f(x)$ 的重数大于 2 的根,必须是 $f(x),f'(x),f''(x)$ 的公共根,

解题过程 记 $f(x)=x^n+ax^{n-m}+b$,于是

$$\begin{aligned}f'(x)&=nx^{n-1}+a(n-m)x^{n-m-1}\\&=[nx^m+\alpha(n-m)]x^{n-m-1},\\f''(x)&=n(n-1)x^{n-2}+a(n-m)(n-m-1)x^{n-m-2}\\&=[n(n-1)x^m+a(n-m)(n-m-1)]x^{n-m-2},\end{aligned}$$

若 $f(x)$ 有重数大于 2 的非零根,则它必须是 $f(x),f'(x),f''(x)$ 的公共非零根,因此必须是

$$nx^m+a(n-m)$$

与

$$n(n-1)x^m+a(n-m)(n-m-1)$$

的公共非零根,于是 $\alpha(n-m)\neq 0$,由于 $m\neq 0$,这时两个多项式是互素的,不可能有公共根.

所以 $x^n+ax^{n-m}+b$ 不可能有重数大于 2 的非零根.

10. 知识点窍 若 $g(x)\mid f(x)$,则存在多项式 $q(x)$,使 $f(x)=g(x)q(x)$.

逻辑推理 若 $f(x)\mid f(x^n)$,则 $f(x)$ 的根 α 都满足 $f(\alpha^n)=0$,即 α^n 也为 $f(x)$ 的根. 从而 $(\alpha^n)^n$、$[(\alpha^n)^n]^n$,… 都是 $f(x)$ 的根 .

解题过程 因为 $f(x)\mid f(x^n)$,则存在多项式 $q(x)$,使 $f(x^n)=f(x)q(x)$.

如果 α 是 $f(x)$ 的任一个根,则 $f(\alpha^*)=0$,所以 α^* 也是 $f(x)$ 的根,以此类推下去,则,$\boldsymbol{\alpha}^{n^2}$,$\boldsymbol{a}^{n^1}$,… 都是 $\boldsymbol{f(x)}$ 的根. 因为 $\boldsymbol{f(x)}$ 只能有有限个根,故必有正整数 $\boldsymbol{m,l,m>l}$,使 $\boldsymbol{\alpha}^{n^m}=\boldsymbol{\alpha}^{n^l}$,于是得 $\boldsymbol{\alpha}=0$ 或 $\boldsymbol{\alpha}^{n^m-n^l}=1$,即 $\boldsymbol{f(x)}$ 的根只能是零或单位根.

11. 知识点窍 $p[x]$ 中 n 次多项式($n>0$) 在数域 p 中的根不可能多于 n 个(重根按重数计算).

逻辑推理 要证 $f(x)$ 有 n 重根,$n=\partial(f(x))$,则 $f(x)$ 只有一个根,从而 $f'(x)$ 也只能有一个根.

解题过程 设 $a_1,a_2,\cdots,a_s$ 是 $f'(x)$ 的 s 个不同的根,且它们的重数分别为 $\lambda_1,\lambda_2,\cdots,\lambda_s$. 由于 $f'(x)$ 是 $n-1$ 次多项式,因而 $\lambda_1+\lambda_2+\cdots+\lambda_s=n-1$,

其次,由 $f'(x)\mid f(x)$,所以 $a_1,a_2\cdots,a_3$ 分别为 $f(x)$ 的 $\lambda_1+1\lambda_2+1,\cdots\lambda_3+1$ 重根,但

$$(\lambda_1+1)+(\lambda_2+1)+\cdots+(\lambda_3+1)=n,$$

所以 $n-1+s=n$,从而 $s=1$,这就是说,$f'(x)$ 只可能有一个根 a_1,且重数为 $\lambda_1=n-1$,故 $f(x)$ 有 n 重根.

12. 知识点窍 (1) 如果多项式 $f(x),g(x)$ 的次数都不超过 n，而它们对 $n+1$ 个不同的数 $a_i(i=1,2,3,\cdots,n+1)$ 有相同的值，即 $f(a_i)=g(a_i)$，则 $f(x)\equiv g(x)$.

(2) $f(x)=q(x)g(x)+r(x)$，且 $q(x),r(x)$ 是唯一决定的.

逻辑推理 (1) 令 $g(x)=\sum_{i=1}^{n}\frac{F(x)}{(x-a_i)F'(a_i)}$，有 $g(a_1)=g(a_2)=\cdots g(a_n)$，

(2) 令 $g(x)=\sum_{i=1}^{n}\frac{f(a_i)F(x)}{(x-a_i)F'(a_i)}$，有 $r(a_i)=f(a_i)$，$(i=1,2,3,\cdots,n)$，

解题过程 (1) 令 $g(x)=\sum_{i=1}^{n}\frac{F(x)}{(x-a_i)F'(a_i)}$，则 $\partial(g(x))\leqslant n-1$，但 $g(a_1)=g(a_2)=\cdots=g(a_n)=1$，所以 $g(x)=1$，即证得

$$\sum_{i=1}^{n}\frac{F(x)}{(x-\alpha_i)F'(\alpha_i)}=1.$$

(2) 对于任意多项式 $f(x)$，用 $f(x)$ 除得

$$f(x)=q(x)F(x)+r(x),(r(x)=0\text{ 或 }\partial(r(x))\leqslant(n-1),$$

当 $r(x)=0$ 时，结论显然成立，当 $\partial(r(x))\leqslant n-1$ 时，若令

$$k(x)=\sum_{i-1}^{n}\frac{f(a_i)F(x)}{(x-a_i)F'(a_i)},$$

则 $\partial(k(x))\leqslant n-1$，于是 $r(a_1)=f(a_1)=k(a_1)(i=1,2,\cdots,n)$，即证得

$$r(x)=k(x)=\sum_{i-1}^{n}\frac{f(a_i)F(x)}{(x-a_i)F'(a_i)}$$

13. 解题过程 (1) 设 $F(x)=(x-2)(x-3)(x-4)(x-5)$，且

$$f(2)=3,f(3)=-1,f(4)=0,f(5)=2,$$

将它们代入 $L(x)$（即 $f(x)$），可得

$$f(x)=\frac{3(x-2)(x-3)(x-4)(x-5)}{(x-2)(2-3)(2-4)(2-5)}+\frac{(-1)(x-2)(x-3)(x-4)(x-5)}{(x-3)(3-2)(3-4)(3-5)}$$
$$+\frac{0(x-2)(x-3)(x-4)(x-5)}{(x-4)(4-2)(4-3)(4-5)}+\frac{2(x-2)(x-3)(x-4)(x-5)}{(x-5)(5-2)(5-3)(5-4)}$$
$$=-\frac{2}{3}x^3+\frac{17}{2}x^2-\frac{203}{6}x+42$$

已知 $\sin0=0=f(0).\sin\frac{\pi}{2}=1=f(\frac{\pi}{2}),\sin\pi=0=f(\pi)$

设 $F(x)=x(x-\frac{\pi}{2})(x-\pi)$，与上题类似，可得

$$f(x)=-\frac{4}{\pi^2}x(x-\pi)$$

同理，设 $F(x)=x(x-1)(x-2)(x-3)$，可得

$$f(x)=x^2+1$$

14. 知识点窍 α 是 $f(x)$ 的根 $\Leftrightarrow(x-\alpha)\mid f(x)$.

逻辑推理 采用反证法. 若 $f(x)$ 有整数根 m，则 $f(x)=(x-m)g(x)$，推出与 $f(0)$ 和 $f(1)$ 都是

奇数矛盾. 所以原命题成立.

解题过程 证设 α 是 $f(x)$ 的一个整数根，则 $f(x)=(x-\alpha)f_1(x)$，由综合法知商 $f_1(x)$ 也为整系数多项式，于是

若 α 是 $f(x)$ 的一个整数根，则 $\alpha|f(0)$

$$\begin{cases} f(0)=-\alpha f_1(0) \\ f(1)=(1-\alpha)f_1(1) \end{cases}$$

又因为 α 与 $1-\alpha$ 中必有一个为偶数，从而 $f(0)$ 与 $f(1)$ 中至少有一个为偶数，与题设矛盾，故 $f(x)$ 无整数根.

15. **知识点窍** 对称多项式的初等对称多项式表出，韦达定理，

解题过程 设 $f(x_2,\cdots,x_n)$ 是关于 $x_2,\cdots,x_n$ 的任意一个对称多项式，由对称多项式的基本定理，有

$$f(x_2,\cdots,x_n)=g(\sigma'_1,\cdots,\sigma'_{n-1}) \tag{1}$$

其中 $\sigma'_i(i=1,2,\cdots,n-1)$ 是 $x_2,\cdots,x_n$ 的初等对称多项式.

由于

$$\begin{cases} \sigma'_1=\sigma_1-x_1 \\ \sigma'_2=\sigma_2-x_1\sigma'_1 \\ \cdots\cdots\cdots\cdots \\ \sigma'_{n-1}=\sigma_{n-1}-x_1\sigma'_{n-2} \end{cases} \tag{2}$$

其中 σ_i 为 $x_1,x_2,\cdots,x_n$ 的初等对称多项式. 但是

$$\begin{cases} \sigma_1=-a_1 \\ \sigma_2=a_2 \\ \cdots\cdots\cdots\cdots\cdots \\ \sigma_{n-1}=(-1)^{n-1}a_{n-1} \end{cases} \tag{3}$$

将(3)代入(2)可知，σ'_i 是 $x_1,a_1,a_2,\cdots,a_{n-1}$ 的一个多项式，不妨记为

$$\sigma'_i=p_i(x_1,a_1,a_2,\cdots,a_{n-1})(i=1,2,\cdots,n-1) \tag{4}$$

再将(4)代入(1)右端，即证得 $f(x_2,\cdots,x_n)$ 可表为 $x_1,a_1,a_2,\cdots,a_{n-1}$ 的多项式.

16. **解题过程** 1) 由假设 $f'(x)=\sum_{i=1}^{n}\frac{f(x)}{x-x_i}$，$x^{k+1}f'(x)=\sum_{j=1}^{n}\frac{x^{k+1}}{x-x_i}f(x)$

$$=\sum_{i=1}^{n}\frac{x^{k+1}-x_i^{k+1}}{x-x_i}f(x)+\sum_{i=1}^{n}\frac{x^{k+1}-x_i^{k+1}}{x-x_i}f(x)$$

$$=\sum_{i=1}^{n}(x^4+x_1x^{k-1}+\cdots+x_1^k)f(x)+g(x),$$

其中 $g(x)=\sum_{i=1}^{n}\frac{x_i^{k+1}}{x-x_i}f(x)$ 是一个次数 $<n$ 的多项式. 故

$$f^{k+1}f'(x)=(s_0x^k+s_1x^{k-1}+\cdots+s_{k-1}x+s_k)f(x)+g(x)$$

2) 由于 $f(x)=x^n-\sigma_1x^{n-1}+\cdots+(-1)\sigma_n$，

$$x^{k+1}f'(x)=x^{k+1}(nx^{n-1}-(n-1)\sigma_1x^{n-2}+\cdots+(-1)^{n-1}\sigma_{n-1}),$$

因此得等式

$$(s_0x^k+s_1s^{k-1}+\cdots+s_{k-1}x+s_k)(x^n-\sigma_1x^{n-1}+\cdots+(-1)\sigma_0)+g(x)$$
$$=x^{k+1}(nx^n-1-(n-1)\sigma_1x^{n-2}+\cdots+(-1)^{n-1}\sigma_{n-1})(*)$$

① 当$k\leqslant n$时，比较上式两端含x^n的系数，首先由于$\partial(g(x))<n$，$g(x)$不含有x^n的项，所以等式左端含x^n的系数为

$$s_k-\sigma_1s_{k-1}+\sigma_2s_{k-2}+\cdots+(-1)^{k-1}\sigma_{k-1}s_1+(-1)^ks_0\sigma_k=0,$$

而右端含x^m的项只有一项，它的系数为$(-1)^k(n-k)\sigma_k$，所以

$$s_k-\sigma_1s_{k-1}+\sigma_2s_{k-1}+\cdots+(-1)^{k-1}\sigma_{k-1}s_1+(-1)^ks_0\sigma_k=(-1)^k\sigma_k=0.$$

注意到s_0n，即证得

$$s_k-\sigma_1s_{k-1}+\sigma_2s_{k-2}+\cdots+(-1)^{k-1}\sigma_{k-1}s_1+(-1)^k\alpha_k=0.$$

② 当$k>n$时，等式$(*)$右端所有项的次数都大于n，所以含x^n的系数为0，而左端含x^n的项的系数为$s_k-\sigma_1s_{k-1}+\cdots+(-1)^n\sigma_ns_{k-r}$，因此$s_k-\sigma_1s_{k-1}+\cdots+(-1)^n\sigma_ns_{k-n}=0$，得证，

17. 知识点窍 牛顿公式

逻辑推理 直接应用牛顿公式计算.

解题过程 1) 当$n\geqslant 6$时，由上题可得$s_2-s_1\sigma_1+2\sigma_2=0$，而$s_1=\sigma_1$，所以$s_2=\sigma_1^2-2\sigma_2$

同理可得$s_3=\sigma_1^3-3\sigma_1\sigma_2+3\sigma_3$，

$s_4=\sigma_1^4-4\sigma_1^2\sigma_2+4\sigma_1\sigma_3+2\sigma_2^2-4\sigma_4$，

$s_5=\sigma_1^5-5\sigma_1^3\sigma_2+5\sigma_1^2\sigma_3+5\sigma_1\sigma_2^2-5\sigma_1\sigma_4-5\sigma_2\sigma_3+5\sigma_5$，

$s_6=\sigma_1^6-6\sigma_1^4\sigma_2+6\sigma_1^3\sigma_3+9\sigma_1^2\sigma_2^2-6\sigma_1^2\sigma_4-12\sigma_1\sigma_2\sigma_3+6\sigma_1\sigma_5-2\sigma_2^3+6\sigma_2\sigma_4+3\sigma_3^2-6\sigma_6$；

2) 当$n=5$时，s_2,s_3,s_4,s_5同1)，所给，且

$s_6=\sigma_1^6-6\sigma_1^4\sigma_2+6\sigma_1^3\sigma_3+9\sigma_1^2\sigma_2^2-6\sigma_1^2\sigma_4-12\sigma_1\sigma_2\sigma_3+6\sigma_1\sigma_5-2\sigma_2^3+6\sigma_2\sigma_4+3\sigma_3^2$；

3) 当$n=4$时，s_2,s_3,s_4同1)，所给 ，且

$s_5=\sigma_1^5-5\sigma_1^3\sigma_2+5\sigma_1^2\sigma_3+5\sigma_1\sigma_2^2-5\sigma_1\sigma_4-5\sigma_2\sigma_3$，

$s_6=\sigma_1^6-6\sigma_1^4\sigma_2+6\sigma_1^3\sigma_3+9\sigma_1^2\sigma_2^2-6\sigma_1^2\sigma_4-12\sigma_1\sigma_2\sigma_3-2\sigma_2^3+6\sigma_2\sigma_4+3\sigma_3^2$；

4) 当$n=3$时，s_2,s_3同1)，所给，且

$s_4=\sigma_1^4-4\sigma_1^2\sigma_2+4\sigma_1\sigma_3+2\sigma_2^2$，

$s_5=\sigma^5-5\sigma_1^3\sigma_2+5\sigma_1^2\sigma_3+5\sigma_1\sigma_2^2-5\sigma_2\sigma_3$，

$s_6=\sigma_1^6-6\sigma_1^4\sigma_2+6\sigma_1^3\sigma_3+9\sigma_1^2\sigma_2^2-12\sigma_1\sigma_2\sigma_3-2\sigma_2^3+3\sigma_3^2$；

5) 当$n=2$时，s_2同1)，所给，且

$s_3=\sigma_1^3-3\sigma_1\sigma_2$，

$s_4=\sigma_1^4-4\sigma_1^2\sigma_2+2\sigma_2^2$，

$s_5=\sigma_1^5-5\sigma_1^3\sigma_2+5\sigma_1\sigma_2^2$，

$s_6=\sigma_1^6-6\sigma_1^4\sigma_2+9\sigma_1^2\sigma_2^2-2\sigma_2^3$.

18. 知识点窍 牛顿公式,习题 17 结论,

解题过程 这时 $n=6$. 并注意 $s_1=\sigma_1=0$,且 $s_1=3\sigma_3=0$,所以 $\sigma_3=0$,于是 $s_2=-2\sigma_2$,

$s_5=-5\sigma_2\sigma_3+5\sigma_5$,即 $s_5=5\sigma_5$

而 $s_7=\sigma_1 s_6-\sigma_2 s_5+\sigma_3 s_4-\sigma_4 s_3+\sigma_5 s_5-\sigma_6 s_1=-7\sigma_2\sigma_5$,

故 $\frac{s_7}{7}=-\sigma_2\sigma_5=\frac{s_5}{5}\cdot\frac{s_2}{2}$

19. 解题过程 设此方程为 $x^n-\sigma_1 x^{n-1}+\cdots+(-1)^n\sigma_m=0$,由题设及牛顿公式,可得 $\sigma_1=\sigma_2=\cdots\sigma_{n-1}=0$,故所求方程为 $x^n+(-1)^n\sigma_n=0$ 或 $x^n+\alpha=0$.

20. 解题过程 设此方程为 $x^n-\sigma_1 x^{n-1}+\cdots+(-1)^n\sigma_n=0$,由题设及牛顿公式可得

$\sigma_k=\frac{\sigma_{k-1}\sigma_1}{k}(k=2,3\cdots,n)$,即 $\sigma_k=\frac{\sigma_1^k}{k!}(k=2,3,\cdots n)$,

所以 $\sigma_2=\frac{1}{2}\sigma_1^2,\sigma_3=\frac{1}{3!}\sigma_1^3,\cdots,\sigma_n=\frac{1}{n!}\sigma_1{}^n$,

故所求方程为 $x^n-\alpha_1 x^{n-1}+\frac{\sigma_1^2}{2!}x^{n-2}+\cdots+(-1)^n\frac{\sigma_1{}^n}{n!}=0$.

课后习题全解

1 (2013.1) 多项式 $f(x)=2x^3+4x^2+6x+1$ 在有理数域上是________的(注:填可约或不可约).

答 案 不可约

解 析 取素数 $p=2$,则 2 能整除 2、4、6,不能整除 1,2^2 不能整除 2,根据爱森斯坦判别法,得到该多项式在有理数域上不可约.

2 (2013.1) 设 P 是一个数域,$f(x),g(x)\in P[x]$,且 $\partial(g(x))\geqslant 1$. 证明:存在唯一的多项式序列 $f_0(x),f_1(x),\cdots,f_r(x)$,使得对 $0\leqslant i\leqslant r$ 有 $\partial(f_i(x))<\partial(f_i(x))=0$,且

$$f(x)=\sum_{i=0}^{1}f_1(x)g'(x).$$

证 明 由带余除法,

$f(x)q_1(x)\cdots q_{r-1}(x)=f_0(x)+q_1(x)g(x)$,$f_0(x)$ 适合题中条件,且 f_0,q_1 唯一 $q_1(x)=f_1(x)+q_2(x)g(x)$,$f_1(x)$ 适合题中条件,且 f_1,q_2? 唯一 $q_{r-1}=f_{r-1}(x)+f_r(x)g(x)$,$f_{r-1}(x)$ 适合题中条件,且 f_{r-1},f_r?唯一.

于是

$$f(x)=\sum_{i=0}^{r}f_1(x)g'(x).$$

由 $\partial(g)\geqslant 1$ 知可取 $r=[\partial(f)\mid\partial(g)]$,又由

$$\partial(f_1g')<(i+1)\partial(g)<r\partial(g)\leqslant\partial(f),(0\leqslant i\leqslant i-1)$$

知

$$\partial(f)=\partial(f_r g_r)=\partial(f_r)+r\partial(g),$$

$$\partial(f_r)=\partial(f)-r\partial(g)<\partial(g)$$

本题中,我们记 $\partial(0)=-\infty$.

第二章
行列式

知识网络结构图

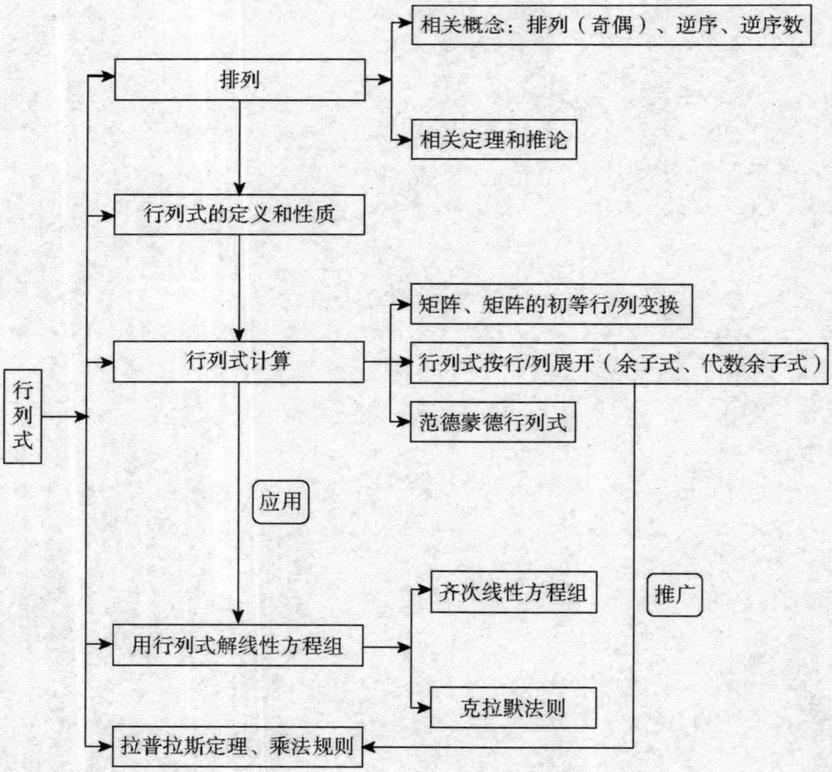

主要知识内容

一、排列

1. 定义

① 由 $1,2,\cdots,n$ 组成的一个有序数组称为一个 n **级排列**. n 级排列的总数是 $n!$(个).

② 在一个排列中,如果某两个数的前后位置与大小顺序相反,那么它们就称为一个**逆序**. 一个排列中逆序的总数就称为这个排列的**逆序数**.

③ 逆序数为偶数的排列称为**偶排列**;逆序数为奇数的排列称为**奇排列**.

把一个排列中某两个数的位置互换,而其余的数不动,就得到另一个排列,这样一个变换称为一个**对换**.

2. 定理

① 对换改变排列的奇偶性.

② 在全部 n 级排列中,奇、偶排列的个数相等,各为$\frac{n!}{2}$ 个.

③ 任意一个 n 级排列与排列 $1,2,\cdots,n$ 都可以经过一系列对换互变,并且所作对换的个数与这个排列有相同的奇偶性.

温馨提示 排列的性质 ② 决定了在行列式的定义中带有正、负号的项数各占一半.

二、行列式的定义及性质

1. 定义(重点)

n 级(或 n 阶) 行列式

$$\begin{vmatrix} a_{11} & a_{12} & \cdots & a_{1n} \\ a_{21} & a_{22} & \cdots & a_{2n} \\ \vdots & \vdots & & \vdots \\ a_{n1} & a_{n2} & \cdots & a_{nn} \end{vmatrix}$$

等于所有取自不同行不同列的 n 个元素的乘积 $a_{1j_1}a_{2j_2}\cdots a_{nj_n}$ 的代数和,这里 $j_1j_2\cdots j_n$ 是 $1,2,\cdots,n$ 的一个排列,每一项都按下列规则带有符号:当 $j_1j_2\cdots j_n$ 是偶排列时带正号,当它是奇排列时带负号. 所以可写成

$$\begin{vmatrix} a_{11} & a_{12} & \cdots & a_{1n} \\ a_{21} & a_{22} & \cdots & a_{2n} \\ \vdots & \vdots & & \vdots \\ a_{n1} & a_{n2} & \cdots & a_{nn} \end{vmatrix} = \sum_{j_1j_2\cdots j_n}(-1)^{\tau(j_1j_2\cdots j_n)}a_{1j_1}a_{2j_2}\cdots a_{nj_n},$$

这里 $\sum\limits_{j_1 j_2 \cdots j_n}$ 表示对所有 n 级排列求和.

温馨提示 (1) 一阶行列式 $|a|=a$，注意这个符号不要与绝对值的符号.(2) 对于二级、三级行列式可以根据行列式定义，按照对角线法则来计算，但对一般的三级以上的行列式不能采用类似的对角线法则.

温馨提示 虽然一般的 n 级行列式很难按定义计算，但是这并不影响我们利用定义计算特殊形式的行列式，上面得到的结论在以后的计算中，可以直接当做公式使用.

2. 性质(重点、难点)

性质 1 行与列互换，行列式的值不变.

温馨提示 此性质说明，行列式中的行与列是对称的，即行和列具有同等的地位，对行成立的性质，对列也成立；反之亦然.

性质 2 某行(列)的公因子可以提到行列式符号外.

推论 如果行列式中有一行为零，那么行列式等于零.

性质 3 如果某行(列)的所有元素都可以写成两项的和，则该行列式可以写成两个行列式的和；这两个行列式的这一行(列)的元素分别为对应的两个加数之一，其余各行(列)元素与原行列式相同.

温馨提示 这个性质可以推广到某一行为多组数和的情形，但需注意，这个性质是针对行列式某一行是两组数的和，如果行列式有多行是两组数的和，则要反复应用这个性质，类似二项式展开一样，求行列式的值.

性质 4 两行(列)对应元素相同，行列式的值为零.

性质 5 两行(列)对应元素成比例，行列式的值为零.

温馨提示 这个性质是性质 2 和性质 4 的直接应用，性质 4 和性质 5 中的两行相同相对应.

性质 6 某行(列)的倍数加到另一行(列)，行列式的值不变.

温馨提示 性质 6 保证了可以将行列式中的一些元素化成零，且使得行列式的值不发生改变.

性质 7 对换行(列)式中两行的位置，行列式反号.

温馨提示 由性质 1：行列互换，行列式不变，这一节所有结论中的"行"换成"列"时，结论仍然成立.这些性质需要熟记.特别是，性质 2、性质 6 和性质 7 是计算具体行列式时最常用的，利用这三个性质就可以将行列式化成上三角形行列式求解，这种方法一般称为化三角形法.

三、行列式的计算

1. 矩阵(重点)

(1) 定义

由 $s\times n$ 个数排成的 s 行 n 列的表

$$\boldsymbol{A}=\begin{bmatrix} a_{11} & a_{12} & \cdots & a_{1n} \\ a_{21} & a_{22} & \cdots & a_{2n} \\ \vdots & \vdots & & \vdots \\ a_{s1} & a_{s2} & \cdots & a_{sn} \end{bmatrix}$$

称为一个 $s\times n$ **矩阵**,简记为$(a_{ij})_{s\times n}$.

当 $a_{ij}\in P$(数域) 时,称$(a_{ij})_{s\times n}$ 为 P 上的矩阵.

当 $s=n$ 时,称 $\boldsymbol{A}=(a_{ij})_{n\times n}$ 为 n 阶**方阵**. 而 $|a_{ij}|_{n\times n}$ 称为方阵$(a_{ij})_{n\times n}$ 的行列式,记作 $|\boldsymbol{A}|$.

(2) 矩阵的初等变换

所谓数域 P 上的矩阵的初等变换是指下列三种变换:

1) 以 P 中一个非零的数乘矩阵的某一行;

2) 把矩阵的某一行的 k 倍加到另一行,这里 $k\in P$(k 指任意一个数);

3) 互换矩阵中两行的位置,

初等行变换与初等列变换统称为矩阵的初等变换. 当矩阵 $\boldsymbol{A}$ 经过初等变换变成矩阵 $\boldsymbol{B}$ 时,记为 $\boldsymbol{A}\rightarrow\boldsymbol{B}$.

任意一个矩阵总可以经过一系列初等行变换化为行阶梯形矩阵.

当方阵 $\boldsymbol{A}$ 经过初等行变换化成阶梯形方阵 $\boldsymbol{J}$ 时,由行列式性质知

$$|\boldsymbol{A}|=k|\boldsymbol{J}|,(k\neq 0)$$

而上三角形行列式 $|\boldsymbol{J}|$ 是容易计算的. 这是计算数字行列式的主要方法之一.

2. 行列式按一行(列) 展开(重点、难点)

(1) 定义

在 n 阶行列式中,将元素 a_{ij} 叫所在的第 i 行第 j 列的元素划去后剩下的元素按照原位置次序构成的 $n-1$ 阶行列式,称为元素 a_{ij} 的**余子式**,记为 $\boldsymbol{M}_{ij}$,即

$$\boldsymbol{M}_{ij}=\begin{vmatrix} a_{11} & \cdots & a_{1,j-1} & a_{1,j+1} & \cdots & a_{1n} \\ \vdots & & \vdots & \vdots & & \vdots \\ a_{i-1,1} & \cdots & a_{i-1,j-1} & a_{i-1,j+1} & \cdots & a_{i-1,n} \\ a_{i+1,1} & \cdots & a_{i+1,j-1} & a_{i+1,j+1} & \cdots & a_{i+1,n} \\ \vdots & & \vdots & \vdots & & \vdots \\ a_{n1} & \cdots & a_{n,j-1} & a_{n,j+1} & \cdots & a_{nn} \end{vmatrix}$$

而 $\boldsymbol{A}_{ij}=(-1)^{i+j}\boldsymbol{M}_{ij}$ 称为元素 a_{ij} 的代数余子式.

(2) 定理

设 $d=|a_{ij}|_{n\times n}$，$\boldsymbol{A}_{ij}=(-1)^{i+j}\boldsymbol{M}_{ij}$，则

$$a_{k1}\boldsymbol{A}_{i1}+a_{k2}\boldsymbol{A}_{i2}+\cdots+a_{kn}\boldsymbol{A}_{in}=\begin{cases}d, & k=i,\\ 0, & k\neq i.\end{cases}$$

温馨提示 在计算具体行列式时，一般将化三角法及按一行(列)展开法结合使用，这样更加简便.

(3) 范德蒙德行列式

行列式

$$d=\begin{vmatrix}1 & 1 & 1 & \cdots & 1\\ a_1 & a_2 & a_3 & \cdots & a_n\\ a_1^2 & a_2^2 & a_3^2 & \cdots & a_n^2\\ \cdots & \cdots & \cdots & \cdots & \cdots\\ a_1^{n-1} & a_2^{n-1} & a_3^{n-1} & \cdots & a_n^{n-1}\end{vmatrix}$$

称为 n 级的范德蒙德行列式(Vandermonde)

对于任意的 $n(n\geqslant 2)$，n 级的范德蒙德行列式等于 $a_1,a_2\cdots,a_n$，这 n 个数的所有可能的差 $a_i-a_j(1\leqslant j<i\leqslant n)$ 的乘积.

温馨提示 (1) 范德蒙德行列式是另一种特殊形式的行列式，它的证明是采用数学归纳法和按一行(列)展开进行的，参考本章“经典题型与解题方法归纳”中例 6.
(2) 范德蒙德行列式的结果是一个重要的公式，可以当成结论直接使用，对于与之类似的行列式一般是利用行列式的性质，化成范德蒙德行列式进行计算.

四、克拉默法则（重点、难点）

(i) 如果线性方程组 $\begin{cases}a_{11}x_1+a_{12}x_2+\cdots+a_{1n}x_n=b_1\\ a_{21}x_1+a_{22}x_2+\cdots+a_{2n}x_n=b_2\\ \qquad\vdots\\ a_{n1}x_1+a_{n2}x_2+\cdots+a_{nn}x_n=b_n\end{cases}$

的系数矩阵 $\boldsymbol{A}=\begin{bmatrix}a_{11} & a_{12} & \cdots & a_{1n}\\ a_{21} & a_{22} & \cdots & a_{2n}\\ \vdots & \vdots & & \vdots\\ a_{n1} & a_{n2} & \cdots & a_{nn}\end{bmatrix}$

的行列式 $d=|\boldsymbol{A}|\neq 0$，

那么线性方程组有解，并且解是唯一的，解可以通过系数表示为 $x_1=\dfrac{d_1}{d},x_2=\dfrac{d_2}{d},\cdots,x_n=\dfrac{d_n}{d}$.

其中 d_j 是把矩阵 $\mathbf{A}$ 中第 j 列换成方程组中的常数项 $b_1,b_2,\cdots,b_n$ 所构成的矩阵的行列式.

(ii) 如果齐次线性方程组 $\begin{cases} a_{11}x_1+a_{12}x_2+\cdots+a_{1n}x_n=0, \\ a_{21}x_1+a_{22}x_2+\cdots+a_{2n}x_n=0, \\ \cdots\cdots \\ a_{n1}x_1+a_{n2}x_2+\cdots a_{nn}x_n=0, \end{cases}$

的系数矩阵的行列式 $|A|\neq 0$ 那么它只有零解,换句话说,如果上面的方程组有非零解,那么必有 $|A|=0$.

温馨提示 这个定理只适合方程个数和未知数个数相等的方程.并且,这个法则的意义,在于它给出了解与系数的明显关系,但是,使用克拉默法则进行计算有时会显得不方便.

五、拉普拉斯(Laplace)定理·行列式的乘法规则

1. 定义

在一个 n 级行列式 D 中任意选定 k 行 k 列 $(k\leqslant n)$,位于这些行和列的交叉点上的 k^2 个元素按照原来次序组成一个 k 级行列式 M,称为行列式 D 的一个 k 级子式;在 D 中划去这 k 行 k 列后余下的元素按照原来的次序组成的 $n-k$ 级行列式 M',称为 k 级子式 M 的余子式;若 k 级子式 M 在 D 中所在的行、列指标分别是 $i_1,i_2,\cdots,i_k;j_1,j_2,\cdots,j_k$,则在 M 的余子式 M' 前加上符号 $(-1)^{i_1+i_2+\cdots i_k+j_1+j_2+\cdots+j_k}$ 后称之为 M 的代数余子式,记为 $A=(-1)^{i_1+i_2+\cdots+i_k+j_1+j_2+\cdots+j_k}M'$.

温馨提示 ① k 级子式不是唯一的.(任一 n 级行列式有 $C_n^kC_n^k$ 个 k 级子式) ② $k=1$ 时,D 中每个元素都是一个 1 级子式;$k=n$ 时,D 本身为一个 n 级子式.

2. 拉普拉斯(Laplace)定理

设在行列式 D 中任意取 $k(1\leqslant k\leqslant n-1)$ 行,由这 k 行元素所组成的一切 k 级子式与它们的代数余子式的乘积和等于 D.

温馨提示 ① $k=1$ 时,$D=M_1A_1+M_2A_2+\cdots+M_tA_t$ 即为行列式 D 按某行展开;

$$②D=\begin{vmatrix} a_{11} & \cdots & a_{1k} & 0 & \cdots & 0 \\ \cdots & \cdots & \cdots & \cdots & \cdots & \cdots \\ a_{k1} & \cdots & a_{kk} & 0 & \cdots & 0 \\ & & & b_{11} & \cdots & b_{1r} \\ & * & & \cdots & \cdots & \cdots \\ & & & b_{r1} & \cdots & b_{rr} \end{vmatrix}=\begin{vmatrix} a_{11} & \cdots & a_{1k} \\ \cdots & \cdots & \cdots \\ a_{k1} & \cdots & a_{kk} \end{vmatrix}\begin{vmatrix} b_{11} & \cdots & b_{1r} \\ \cdots & \cdots & \cdots \\ b_{r1} & \cdots & b_{rr} \end{vmatrix}$$

为行列式 D 取定前 k 行运用 Laplace 定理结果.

3. 行列式乘法规则

设有两个 n 级行列式

$$D_1 = \begin{vmatrix} a_{11} & a_{12} & \cdots & a_{1n} \\ a_{21} & a_{22} & \cdots & a_{2n} \\ \vdots & \vdots & \vdots & \vdots \\ a_{n1} & a_{n2} & \cdots & a_{nn} \end{vmatrix}, D_2 = \begin{vmatrix} b_{11} & b_{12} & \cdots & b_{1n} \\ b_{21} & b_{22} & \cdots & b_{2n} \\ \vdots & \vdots & \vdots & \vdots \\ b_{n1} & b_{n2} & \cdots & b_{nn} \end{vmatrix}$$

则

$$D_1 D_2 = \begin{vmatrix} c_{11} & c_{12} & \cdots & c_{1n} \\ c_{21} & c_{22} & \cdots & c_{2n} \\ \vdots & \vdots & \vdots & \vdots \\ c_{n1} & c_{n2} & \cdots & c_{nn} \end{vmatrix}$$

其中 $C_{ij} = a_{i1}b_{1j} + a_{i2}b_{2j} + \cdots + a_{in}b_{nj} = \sum_{k=1}^{n} a_{ik}b_{kj}, i,j = 1,2,\cdots,n$

经典例题解析

题型一:行列式的相关概念和性质

题型分析　这类题型主要考查对基本概念的理解.

例 1　求 $f(x) = \begin{vmatrix} x & 1 & 1 & 2 \\ 1 & x & 1 & -1 \\ 3 & 2 & x & 1 \\ 1 & 1 & 2x & 1 \end{vmatrix}$ 中 x^3 的系数.

例题解析　含 x^3 的有两项,分别对应于 $(-1)^{\tau(1234)}a_{11}a_{22}a_{33}a_{44}$ 和 $(-1)^{\tau(1234)}a_{11}a_{22}a_{34}a_{43}$ 因为 $(-1)^{\tau(1234)}a_{11}a_{22}a_{33}a_{44} = x^3, (-1)^{\tau(1243)}a_{11}a_{22}a_{34}a_{43} = -2x^3$ 所以 x^3 的系数为 $-2+1 = -1$.

题型二:行列式的计算

题型分析　计算行列式的方法有(1)利用定义计算,这是相对于比较简单的行列式来说的;(2)化为上(下)三角行列式计算;(3)应用一行(列)展开公式计算;(4)利用范德蒙德行列式.

例 2　计算 4 阶行列式 $D = \begin{vmatrix} a_{11} & 0 & 0 & 0 \\ a_{21} & a_{22} & 0 & 0 \\ a_{31} & a_{32} & a_{33} & 0 \\ a_{41} & a_{42} & a_{43} & a_{44} \end{vmatrix}$.

解题过程　根据定义,D 是 $4! = 24$ 项的代数和,但每一项的乘积中只要有一个元素为 0,乘积就等于 0,所以只需要展开式中不

提示:例2 是根据行列式的定义直接计算

明显为 0 的项. 行列式展开式中不为 0 的项只可能是 $a_{11}a_{22}a_{33}a_{44}$，而列标排列 1234 的逆序数为 0，即此项符号为正，因此行列式 $D=a_{11}a_{22}a_{33}a_{44}$.

例 3 求行列式 $\begin{vmatrix} 4 & 1 & 2 & 4 \\ 1 & 2 & 0 & 2 \\ 10 & 5 & 2 & 0 \\ 0 & 1 & 1 & 7 \end{vmatrix}$

解题过程 原式 $\xlongequal{r_1\leftrightarrow r_2} -\begin{vmatrix} 1 & 2 & 0 & 2 \\ 4 & 1 & 2 & 4 \\ 10 & 5 & 2 & 0 \\ 0 & 1 & 1 & 7 \end{vmatrix} \xlongequal[r_3+10r_1]{r_2-4r_1} -\begin{vmatrix} 1 & 2 & 0 & 2 \\ 0 & -7 & 2 & -4 \\ 0 & -15 & 2 & -20 \\ 0 & 1 & 1 & 7 \end{vmatrix}$

提示：例3~例5是利用方法（2）计算的

$$\xlongequal{r_2\leftrightarrow r_4} \begin{vmatrix} 1 & 2 & 0 & 2 \\ 0 & 1 & 1 & 7 \\ 0 & -15 & 2 & -20 \\ 0 & -7 & 2 & -4 \end{vmatrix} \xlongequal[r_4+7r_2]{r_3+15r_2} \begin{vmatrix} 1 & 2 & 0 & 2 \\ 0 & 1 & 1 & 7 \\ 0 & 0 & 17 & 85 \\ 0 & 0 & 9 & 45 \end{vmatrix} = 0$$

最后两行对应成正比例

例 4 设 n 阶行列式 $D_n\begin{vmatrix} 1 & 2 & 3 & \cdots & n \\ 1 & 2 & 0 & \cdots & 0 \\ 1 & 0 & 3 & \cdots & 0 \\ \vdots & \vdots & \vdots & \ddots & \vdots \\ 1 & 0 & 0 & \cdots & n \end{vmatrix}$

求第一行各元素的代数余子式和 $A_{11}+A_{12}+\cdots+A_{1n}$.

解题过程 第一行各元素的代数余子式之和可以表示成

$$A_{11}+A_{12}+\cdots+A_{1n}=\begin{vmatrix} 1 & 1 & 1 & \cdots \\ 1 & 2 & 0 & \cdots \\ 1 & 0 & 3 & \cdots \\ \vdots & \vdots & \vdots & \ddots \\ 1 & 0 & 0 & \cdots \end{vmatrix} \xlongequal{c_1-\sum\limits_{j=2}^{n}\frac{1}{j}} \begin{vmatrix} 1-\frac{1}{2}-\frac{1}{3}\cdots\frac{1}{n} & 1 & 1 & \cdots 1 \\ 0 & 2 & 0 & \cdots \\ 0 & 0 & 3 & \cdots \\ \vdots & \vdots & \vdots & \ddots \\ 0 & 0 & 0 & \cdots \end{vmatrix}$$

$$=n!\left(1-\sum_{j=2}^{n}\frac{1}{j}\right).$$

例 5 若 $\begin{vmatrix} \lambda-3 & -2 & 2 \\ k & \lambda+1 & -k \\ -4 & -2 & \lambda+3 \end{vmatrix}=0$，则 $\lambda=$ ________.

解题过程 把第 3 列加至第 1 列，第 1 列有公因式 $\lambda-1$.

$$\begin{vmatrix} \lambda-3 & -2 & 2 \\ k & \lambda+1 & -k \\ -4 & -2 & \lambda+3 \end{vmatrix} = \begin{vmatrix} \lambda-1 & -2 & 2 \\ 0 & \lambda+1 & -k \\ \lambda-1 & -2 & \lambda+3 \end{vmatrix} = \begin{vmatrix} \lambda-1 & -2 & 2 \\ 0 & \lambda+1 & -k \\ 0 & 0 & \lambda+1 \end{vmatrix}$$

$$= (\lambda-1)(\lambda+1)^2$$

所以 λ 为 $1,-1,-1$.

例6、例7是利用方法（3）计算的

例 6 计算 n 阶行列式 $D_n = \begin{vmatrix} 1 & a_1 & 0 & \cdots & 0 \\ 0 & 1 & a_2 & \cdots & 0 \\ \vdots & \vdots & \vdots & & \vdots \\ 0 & 0 & 0 & \cdots & a_{n-1} \\ a_n & 0 & 0 & \cdots & 1 \end{vmatrix} =$ ______.

解题过程 按第 1 列展开，有

$$D_n = a_{11}A_{11} + a_{n1}A_{nn}$$

$$= (-1)^{1+1}\begin{vmatrix} 1 & a_2 & & \\ & 1 & \ddots & \\ & & \ddots & a_{n-1} \\ & & & 1 \end{vmatrix} + a_{n1}(-1)^{n+1}\begin{vmatrix} a_1 & & & & \\ 1 & a_2 & & & \\ & 1 & \ddots & & \\ & & \ddots & & \\ & & & 1 & a_{n-1} \end{vmatrix}$$

$$= 1 + (-1)^{n+1}a_1a_2\cdots a_n.$$

本题如果按第 1 行展开，有

$$Dn = a_{11}A_{11} + a_{12}A_{12}$$

$$= 1\cdot(-1)^{1+1}\begin{vmatrix} 1 & a_2 & & \\ & 1 & \ddots & \\ & & \ddots & a_{n-1} \\ & & & 1 \end{vmatrix} + a_1(-1)^{1+2}\begin{vmatrix} 0 & a_2 & \cdots & 0 \\ \vdots & \vdots & & \vdots \\ 0 & 0 & \cdots & a_{n-1} \\ a_n & 0 & \cdots & 1 \end{vmatrix}$$

$$= 1 + a_1(-1)^{1+2}a_n(-1)^{1+n-1}\begin{vmatrix} a_2 & & \\ & \ddots & \\ & & a_{n-1} \end{vmatrix}$$

$$= 1 + (-1)^{n+1}a_1a_2\cdots a_n.$$

例 7 计算行列式 $D_n = \begin{vmatrix} a_1 & -1 & 0 & \cdots & 0 & 0 \\ a_2 & x & -1 & \cdots & 0 & 0 \\ a_3 & 0 & x & \cdots & 0 & 0 \\ \vdots & \vdots & \vdots & & \vdots & \vdots \\ a_{n-1} & 0 & 0 & \cdots & x & -1 \\ a_n & 0 & 0 & \cdots & 0 & x \end{vmatrix}$ 之值.

解题过程 按第 n 行展开，有

$$D_n = x\begin{vmatrix} a_1 & -1 & 0 & \cdots & 0 \\ a_2 & x & -1 & \cdots & 0 \\ a_3 & 0 & x & \cdots & 0 \\ \vdots & \vdots & \vdots & & \vdots \\ a_{n-1} & 0 & 0 & \cdots & x \end{vmatrix} + a_n(-1)^{n+1}\begin{vmatrix} -1 & 0 & 0 & \cdots & 0 \\ x & -1 & 0 & \cdots & 0 \\ 0 & x & -1 & \cdots & 0 \\ \vdots & \vdots & \vdots & & \vdots \\ 0 & 0 & 0 & \cdots & -1 \end{vmatrix}$$

$$= xD_{n-1} + a_n(-1)^{n+1}\cdot(-1)^{n-1} = xD_{n-1} + a_n,$$

从而递推地得到

$$D_{n-1} = xD_{n-2} + a_{n-1}(-1)^n\cdot(-1)^{n-2} = xD_{n-2} + a_{n-1},$$

$$D_{n-2} = xD_{n-3} + a_{n-2},$$

……

$$D_2 = a_1x + a_2.$$

对这些等式分别用 $1, x, x^2, \cdots, x^{n-2}$ 相乘，然后相加，得到

$$D_n = a_1x^{n-1} + a_2x^{n-2} + a_2x^{n-3} + a_3x^{n-3} + \cdots + a_{n-1}x + a_n.$$

评注 对于规律性强且零元素多的行列式，可以考虑用按行展开公式建立递推关系式来求行列式的值.

请你用逐行相加的技巧来解本题，提示：将第 i 行的 x 倍加至第 $i+1$ 行，i 由 1 开始.

例8、例9是利用方法（4）计算的，在计算时，有时需要对行列式进行转换才能利用范德蒙德行列式计算

例 8 证明 $D = \begin{vmatrix} 1 & 1 & 1 \\ x_1 & x_2 & x_3 \\ x_1^3 & x_2^3 & x_3^3 \end{vmatrix} = (x_1 + x_2 + x_3)\prod\limits_{1\leqslant j\leqslant i\leqslant 3}(x_i - x_j)$

解题过程 本题的行列式与范德蒙行列式很接近，它缺少的是字母的平方项，可以用加边的方法构成一个4阶的范德蒙行列式，然后分析这两个行列式之间的联系，进而可推导出所需要的结论.

证　　明 构造范德蒙行列式

$$D_1 \xlongequal{\Delta} \begin{vmatrix} 1 & 1 & 1 & 1 \\ x_1 & x_2 & x_3 & y \\ x_1^2 & x_2^2 & x_3^2 & y^2 \\ x_1^3 & x_2^3 & x_3^3 & y^3 \end{vmatrix},$$

一方面，对行列式 D_1 按第4列展开，有

$$D_1 = 1\cdot A_{14} + yA_{24} + y^2A_{34} + y^3A_{44},$$

而 y^2 的系数是

$$A_{34}=(-1)^{3+4}\begin{vmatrix}1 & 1 & 1\\ x_1 & x_2 & x_3\\ x_1^3 & x_2^3 & x_3^3\end{vmatrix}=-D.$$

另一方面，对行列式 D_1 用公式(1,13)，有

$$D_1=(y-x_1)(y-x_2)(y-x_3)\prod_{1\leqslant j<i\leqslant 3}(x_i-x_j),$$

在这里，易见 y^2 的系数是

$$-(x_1+x_2+x_3)\prod_{1\leqslant j<i\leqslant 3}(x_i-x_j).$$

比较 ① 与 ② 得 $D=(x_1+x_2+x_3)\prod\limits_{1\leqslant j<i\leqslant 3}(x_i-x_j)$.

例 9 计算行列式

$$D_n=\begin{vmatrix}1+x_1 & 1+x_2 & \cdots & 1+x_n\\ 1+x_1^2 & 1+x_2^2 & \cdots & 1+x_n^2\\ \vdots & \vdots & & \vdots\\ 1+x_1^n & 1+x_2^n & \cdots & 1+x_n^n\end{vmatrix}$$

题型解析 利用加边法将其转换成范德蒙德行列式计算.

$$D_n=\begin{vmatrix}1 & 1 & 1 & 1 & 1\\ 0 & 1+x_1 & 1+x_2 & \cdots & 1+x_n\\ 0 & 1+x_1^2 & 1+x_2^2 & \cdots & 1+x_n^2\\ \vdots & \vdots & \vdots & & \vdots\\ 0 & 1+x_1^n & 1+x_2^n & \cdots & 1+x_n^n\end{vmatrix}_{(n+1)}=\begin{vmatrix}1 & 1 & 1 & 1 & 1\\ -1 & x_1 & x_2 & \cdots & x_n\\ -1 & x_1^2 & x_2^2 & \cdots & x_n^2\\ \vdots & \vdots & \vdots & & \vdots\\ -1 & x_1^n & x_2^n & \cdots & x_n^n\end{vmatrix}_{(n+1)}$$

$$=\begin{vmatrix}2 & 1 & 1 & 1 & 1\\ 0 & x_1 & x_2 & \cdots & x_n\\ 0 & x_1^2 & x_2^2 & \cdots & x_n\\ \vdots & \vdots & \vdots & & \vdots\\ 0 & x_1^n & x_2^n & \cdots & x_n^n\end{vmatrix}-\begin{vmatrix}1 & 1 & 1 & 1 & 1\\ 1 & x_1 & x_2 & \cdots & x_n\\ 1 & x_1^2 & x_2^2 & \cdots & x_n^2\\ \vdots & \vdots & \vdots & & \vdots\\ 1 & x_1^n & x_2^n & \cdots & x_n^n\end{vmatrix}$$

$$=2\prod_{i=1}^{n}x_i\begin{vmatrix}1 & 1 & 1 & 1\\ x_1 & x_2 & \cdots & x_n\\ x_1^2 & x_2^2 & \cdots & x_n^2\\ x_1^{n-1} & x_2^{n-1} & \cdots & x_n^{n-1}\end{vmatrix}-\prod_{i=1}^{n}(x_1-1)\prod_{1\leqslant j<i\leqslant n}(x_i-x_j)$$

$$=\left[2\prod_{i=1}^{n}x_i-\prod_{i=1}^{n}(x_1-1)\right]\prod_{1\leqslant j<i\leqslant n}(x_i-x_j)$$

例 10 设矩阵 $A=\begin{pmatrix}2 & 1 & 0\\ 1 & 2 & 0\\ 0 & 0 & 1\end{pmatrix}$ 矩阵 B 满足 $ABA^*=2BA^*+E$，其中 A^* 为 A 的伴随矩阵，E 是单位矩阵，则 $|B|=$ ________.

题型过程 由于 $|A|=\begin{pmatrix}2&1&0\\1&2&0\\0&0&1\end{pmatrix}=3$,又 $AA^*=A^*A=|A|E$,则对矩阵方程右乘 A 得

$3AB-6B=A$,即 $3(A-2E)B=A$.

两端取行列式有 $|3(A-2E)|\cdot|B|=|A|=3$,即 $27|A-2E|\cdot|B|=3$.

因为 $|A-2E|=\begin{vmatrix}0&1&0\\1&0&0\\0&0&-1\end{vmatrix}=1$,所以 $|B|=\frac{1}{9}$.

评注 将行列式某一行(列)的公因子可以提到行列式符号外面这一性质(如 $|\alpha_1,k\alpha_2,\alpha_3|=k|\alpha_1,\alpha_2,\alpha_3|$)与 $|kA|=k^n|A|$(n 为矩阵 A 的阶数)很容易相混淆,注意:$|3(A-2E)|\neq 3|A-2E|$.

题型三:克拉默法则的应用

例 11 求解方程组 $\begin{cases}5x_1+6x_2=1,\\x_1+5x_2+6x_3=0,\\x_2+5x_3+6x_4=0,\\x_3+5x_4+6x_5=0,\\x_4+5x_5=1.\end{cases}$

解题过程 由于 $D=665\neq0$,所以方程组有唯一解. 而 $D_1=1057$,$D_2=-1145$,$D_3=703$,$D_4=-395$,$D_5=212$,所以

$$x_1=\frac{1507}{665};x_2=-\frac{1145}{665};x_3=\frac{703}{665};$$

$$x_4=\frac{-395}{665};x_4=\frac{212}{665}$$

课后习题全解

1. **知识点窍** 逆序数的定义.

逻辑推理 由排列中逆序数的定义得到逆序数,逆序数为奇(偶)数的排列为奇(偶)排列.

解题过程 (1) 所给排列,1 前面有 0 个比它大的数,2 前面有 4 个比它大的数,3 前面有 0 个比它大的数,4 前面有 0 个比它大的数,5 前面有 4 个比它大的数,6 前面有 2 个比它大的数,7 前面有 0 个比它大的数,8 前面有 0 个比它大的数,9 前面有 0 个比它大的数,将这些数加起来,即

$$0+4+0+0+4+2+0+0+0=10$$

因此,134782695 的逆序数是 10,偶排列.

(2) 此排列的逆序数是 18,偶排列.

(3) 此排列的逆序数是 36,偶排列.

2. 知识点窍 奇(偶)排列的定义.

逻辑推理 (1) 和(2) 都是 9 级排列,因此 i 和 k 的可能取值是有限的,且已知.分别代入,由奇(偶)排列的定义便可确定 i 和 k 的值.

解题过程 (1) i,k 只能取 3 和 8,不妨设 $i=3,k=8$,代入原排列验证,经验证当 $i=3,k=8$ 时,排列为奇排列,因此,正确的取法应是 $i=8$,$k=3$.

先确定缺失的数字才能进行计算

(2) 同理可得 $i=3,k=6$.

3. 知识点窍 在其他数位置不变的情况下,调换其中两个数的位置称为对换.

逻辑推理 对照排列 12435 和排列 25341 中各数字的位置,按照 1,2,3 的顺序使排列 12435 经过 3 次对换变为 25341.

解题过程 $(12435)\xrightarrow{(1,2)}(21435)\xrightarrow{(1,5)}(25431)\xrightarrow{(4,3)}(25341)$.

4. 知识点窍 逻辑推理 同题 1

解题过程 逆序数 $=(n-1)+(n-2)+\cdots+1=\dfrac{n(n-1)}{2}$.

当 $n=4k(k=1,2,3,\cdots)$ 时,$\dfrac{n(n-1)}{2}=2k(4k-1)$,

逆序数为偶数,这是一个偶排列.

当 $n=4k+1$ 时,$\dfrac{n(n-1)}{2}=2k(4k+1)$,

逆序数为偶数,这是一个偶排列.

当 $n=4k+2$ 时,$\dfrac{n(n-1)}{2}=(2k+1)(4k+1)$,

逆序数为奇数,这是一个奇排列.

当 $n=4k+3$ 时,$\dfrac{n(n-1)}{2}=(2k+1)(4k+3)$,

逆序数为奇数,这是一个奇排列.

5. 知识点窍 逆序数.

逻辑推理 观察排列 $x_1x_2\cdots x_{n-1}x_n$ 和排列 $x_nx_{n-1}\cdots x_2x_1$,对任意 x_i 来说,若第一个排列中 x_i 前面的数中比 x_i 大的数有 m 个,则 x_i 后面的数中比 x_i 大的数有 $(n-i-m)$ 个,即第二个排列中 x_i 前面的数中比 x_i 大的数有 $(n-i-m)$ 个.

解题过程 因为比 x_i 大的数有 $n-x_i$ 个,所以在 $x_nx_{n-1}\cdots x_2x_1$ 与 $x_1x_2\cdots x_{n-1}x_n$ 这两个排列中,由 x_i 与比它的各数构成的逆序数的和为 $n-x_i$,因而,由 x_i 构成的逆序总数恰为 $1+2+$

$\cdots+(n-1)=\dfrac{n(n-1)}{2}$. 而排列 $x_1x_2\cdots x_{n-1}x_n$ 的逆序数为k，故排列 $x_nx_{n-1}\cdots x_2x_1$ 的逆序数为$\dfrac{n(n-1)}{2}-k$.

6. **知识点窍** 在 n 阶行列式中，项 $a_{i_1j_1}a_{i_2j_2}\cdots a_{i_nj_n}$ 的符号为$(-1)^{\tau(i_1i_2\cdots i_n)+\tau(j_1j_2\cdots j_n)}$.

逻辑推理 分别计算出两项中行指标排列和列指标排列的逆序数便可得到两项应带的符号.

解题过程 在6阶行列式中，项 $a_{23}a_{31}a_{42}a_{56}a_{14}a_{65}$ 前面的符号为$(-1)^{\tau(234516)+\tau(312645)}=(-1)^{4+4}=1$，

同理项 $a_{32}a_{43}a_{14}a_{51}a_{66}a_{25}$ 前面的符号为$(-1)^{\tau(341562)+\tau(234165)}=(-1)^{6+4}=1$，

所以这两项都带有正号.

7. **知识点窍** **逻辑推理** 同题 6.

解题过程 包含因子 a_{23} 的项一共有 6 个，分别是

$$a_{11}a_{23}a_{32}a_{44},a_{11}a_{23}a_{34}a_{42},a_{21}a_{23}a_{31}a_{34},$$
$$a_{12}a_{23}a_{34}a_{41},a_{14}a_{23}a_{32}a_{41},a_{14}a_{23}a_{31}a_{42}.$$

其中带负号的项是

$$a_{11}a_{23}a_{32}a_{44},a_{12}a_{23}a_{34}a_{41},a_{14}a_{23}a_{31}a_{42}.$$

8. **知识点窍** 行列式的定义.

逻辑推理 解行列式的关键是利用行列式的基本性质和初等变换进行化简. 按定义计算行列式的关键是找出不为 0 的项和该项的符号.

解题过程 1) 所给行列式的展开式中只含一个非零项 $a_{1n}a_{2,n-1}\cdots a_{n1}$，它前面的符号应为$(-1)^{\tau[n(n-1)\cdots 21]}=(-1)^{\frac{n(n-1)}{2}}$，所以原行列式$=(-1)^{\frac{n(n-1)}{2}}n!$.

> 注意在计算时不要弄错结果的符号

2) 所给行列式的展开式中只含有一个非零项 $a_{12}a_{23}\cdots a_{n-1,n}a_{n1}$，它前面的符号应为$(-1)^{\tau[23,\cdots,n]}=(-1)^{n-1}$，所以原行列式$=(-1)^{n-1}n!$.

3) 所给行列式的展开式中只含有一个非零项 $a_{1,n-1}a_{2,n-2}\cdots a_{n-1,1}a_{nn}$，它前面的符号应为

$$(-1)^{\tau[(n-1)(n-2)\cdots 21n]}=(-1)^{\frac{(n-1)(n-2)}{2}},$$

所以原行列式$=(-1)^{\frac{(n-1)(n-2)}{2}}n!$.

9. **解题过程** 按照行列式的定义，

$$\begin{vmatrix} a_1 & a_2 & a_3 & a_4 & a_5 \\ b_1 & b_2 & b_3 & b_4 & b_5 \\ c_1 & c_2 & 0 & 0 & 0 \\ d_1 & d_2 & 0 & 0 & 0 \\ e_1 & e_2 & 0 & 0 & 0 \end{vmatrix}=\sum(-1)^{\tau(j_1j_2j_3j_4j_5)}a_{1j_1}a_{2j_2}a_{3j_3}a_{4j_4}a_{5j_5},a_{ij}=0,i,j=3,4,5$$

考察会发现 j_3,j_4,j_5 三个数字不能同时取 1 和 2，因此有一个会取 3 或 4 或 5，这样，至少有一个为 0，所以该行列式为 0.

10. 知识点窍 同题 8.

逻辑推理 先找出含有 x^4 和 x^3 的项,然后确定符号.

解题过程 含有 x^4 的展开项只能是 $a_{11}a_{22}a_{33}a_{44}$ 组成,为 $2x^4$,所以 $f(x)$ 的 x^4 的系数为 2. 同理,含有 x^3 的展开项只能是 $a_{12}a_{21}a_{33}a_{44}$ 组成,即 $(1)^{\tau(2134)}x\cdot1\cdot x\cdot x=-x^3$ 所以 $f(x)$ 中 x^3 的系数为 -1.

11. 逻辑推理 原行列式的值为 0,说明带正号的项数和带负号的项数相同,而正负号只与排列为奇排列还是偶排列有关系.

解题过程

$$\begin{vmatrix} 1 & 1 & \cdots & 1 \\ 1 & 1 & \cdots & 1 \\ \vdots & \vdots & \ddots & \vdots \\ 1 & 1 & \cdots & 1 \end{vmatrix} = \sum_{j_1j_2\cdots j_n}(-1)^{\tau(j_1j_2\cdots j_n)}a_{1j_1}a_{2j_2}\cdots a_{nj_n},$$

其中 $a_{ij_i}=1(i=1,2,\cdots,n)$, 所以

$$\begin{vmatrix} 1 & 1 & \cdots & 1 \\ 1 & 1 & \cdots & 1 \\ \vdots & \vdots & \ddots & \vdots \\ 1 & 1 & \cdots & 1 \end{vmatrix} = \sum_{j_1j_2\cdots j_n}(-1)^{\tau(j_1j_2\cdots j_n)}.$$

因为原行列式为 0,故有, $\sum\limits_{j_1j_2\cdots j_n}(-1)^{\tau(j_1j_2\cdots j_n)}=0$

这表明奇排列的个数等于偶排列的个数,即奇偶排列各半.

12. 知识点窍 行列式的计算.

逻辑推理 根据行列式的定义将 $P(x)$ 展开,便可知道 $P(x)$ 的最高次. 由范德蒙德行列式的性质可以得到 $P(x)$ 的另一种便于求根的表达形式.

解题过程 1) 因为所给行列式的展开式中只有第一行含有 x,所以按行列式的第一行展开时,含有 x^{n-1} 的对应项的系数恰为$(-1)^{n+1}$ 乘一个范德蒙行列式

$$\begin{vmatrix} 1 & a_1 & a_1^2 & \cdots & a_1^{n-2} \\ 1 & a_2 & a_2^2 & \cdots & a_2^{n-2} \\ 1 & a_3 & a_3^2 & \cdots & a_3^{n-2} \\ \vdots & \vdots & \vdots & \ddots & \vdots \\ 1 & a_{n-1} & a_{n-3}^2 & \cdots & a_{n-1}^{n-2} \end{vmatrix}$$

如果行列式中有两行相同,那么行列式为0;一个次数等于$n-1$的多项式最多含有$n-1$个根

于是,由 $a_1,a_2\cdots,a_{n-1}$ 为互不相同的数即知含有 x^{n-1} 的对应项的系数不为 0,因而 $P(x)$ 为一个 $n-1$ 次的多项式.

若用 $a_1,a_2,\cdots a_{n-1}$ 分别代替 x 时,则由行列式的性质知所给行列式的值为 0,即 $P(a_i)=0$,故 $P(x)$ 至少有 $n-1$ 个根 $a_1,a_2,\cdots,a_{n-1}$,又因为 $P(x)$ 是一个 $n-1$ 次的多项式,所以 $P(x)=0$ 的根为 $a_1,a_2,\cdots a_{n-1}$.

13. 知识点窍 行列式的计算.

逻辑推理 观察行列式的形式,通过矩阵的初等变换,将某些元素化为零,尽量将行列式变为上(下)三角形;不能化为梯形的,若某一行(列)只有一个非零元素,那么便可按这一行(列)展开,降低行列式的阶.

解题过程 1) $\boldsymbol{D}=\begin{vmatrix}1000 & 427 & 327\\2000 & 543 & 443\\1000 & 721 & 621\end{vmatrix}=\begin{vmatrix}1000 & 100 & 327\\2000 & 100 & 443\\1000 & 100 & 621\end{vmatrix}$

$$=10^5\begin{vmatrix}1 & 1 & 327\\2 & 1 & 443\\1 & 1 & 621\end{vmatrix}=10^5\begin{vmatrix}0 & 1 & 327\\1 & 1 & 443\\0 & 1 & 621\end{vmatrix}=-10^5\begin{vmatrix}1 & 327\\1 & 621\end{vmatrix}$$

$$=-294\times10^5.$$

2) 原式 $=\begin{vmatrix}2x+2y & y & x+y\\2x+2y & x+y & x\\2x+2y & x & y\end{vmatrix}=2(x+y)\begin{vmatrix}1 & y & x+y\\0 & x & -y\\0 & x-y & -x\end{vmatrix}$

$$=2(x+y)\begin{vmatrix}x & -y\\x-y & -x\end{vmatrix}=-2(x^3+y^3).$$

3) 原式 $=\begin{vmatrix}6 & 1 & 1 & 1\\6 & 3 & 1 & 1\\6 & 1 & 3 & 1\\6 & 1 & 1 & 3\end{vmatrix}=6\begin{vmatrix}1 & 1 & 1 & 1\\0 & 2 & 0 & 0\\0 & 0 & 2 & 0\\0 & 0 & 0 & 2\end{vmatrix}=6\times8=48.$

4) 原式 $=\begin{vmatrix}10 & 2 & 3 & 4\\10 & 3 & 4 & 1\\10 & 4 & 1 & 2\\10 & 1 & 2 & 3\end{vmatrix}=10\begin{vmatrix}1 & 2 & 3 & 4\\0 & 1 & 1 & -3\\0 & 2 & -2 & -2\\0 & -1 & -1 & -1\end{vmatrix}=20\begin{vmatrix}1 & 1 & -3\\0 & -2 & 2\\0 & 0 & -4\end{vmatrix}$

$$=20\begin{vmatrix}-2 & 2\\0 & -4\end{vmatrix}=160.$$

5) 原式 $=\begin{vmatrix}x & x & 0 & 0\\1 & 1-x & 1 & 1\\0 & 0 & y & y\\1 & 1 & 1 & 1-y\end{vmatrix}=\begin{vmatrix}x & 0 & 0 & 0\\1 & -x & 1 & 0\\0 & 0 & y & 0\\1 & 0 & 1 & -y\end{vmatrix}=-y\begin{vmatrix}x & 0 & 0\\1 & -x & 1\\0 & 0 & y\end{vmatrix}=x^2y^2.$

6) 原式 $=\begin{vmatrix}a^2 & 2a+1 & 2a+3 & 2a+5\\b^2 & 2b+1 & 2b+3 & 2b+5\\c^2 & 2c+1 & 2c+3 & 2c+5\\d^2 & 2d+1 & 2d+3 & 2d+5\end{vmatrix}=\begin{vmatrix}a^2 & 2a+1 & 2 & 2\\b^2 & 2b+1 & 2 & 2\\c^2 & 2c+1 & 2 & 2\\d^2 & 2d+1 & 2 & 2\end{vmatrix}=0.$

> 如果行列式中有两行对应成比例,则行列式为0.

14. **知识点窍** 同题 13.

逻辑推理 利用行列式的性质 3 对等式左边的行列式进行化简.

解题过程 将等式左端的行列式的第 2 列和第 3 列都加到第 1 列上,并提取公因数,得

$$\text{左端}=2\begin{vmatrix} a+b+c & c+a & a+b \\ a_1+b_1+c_1 & c_1+a_1 & a_1+b_1 \\ a_2+b_2+c_2 & c_2+a_2 & a_2+b_2 \end{vmatrix},$$

再将第 1 列乘以 -1 加到第 2 列和第 3 列,有

$$\text{左端}=2\begin{vmatrix} a+b+c & -b & -c \\ a_1+b_1+c_1 & -b_1 & -c_1 \\ a_2+b_2+c_2 & -b_2 & -c_2 \end{vmatrix},$$

同样,再将上面行列式的第 2 列和第 3 列都加第 1 列上,得

$$\text{左端}=2\begin{vmatrix} a & -b & -c \\ a_1 & -b_3 & -c_1 \\ a_2 & -b_2 & -c_2 \end{vmatrix}=2\begin{vmatrix} a & b & c \\ a_1 & b_1 & c_1 \\ a_2 & b_2 & c_2 \end{vmatrix}=\text{右端}.$$

15. **知识点窍** 代数余子式.

逻辑推理 利用代数余子式的定义计算求解.

解题过程 (1) $A_{11}=-6, A_{12}=0, A_{13}=0, A_{14}=0,$

$A_{21}=-12, A_{22}=6, A_{23}=0, A_{24}=0.$

$A_{31}=15, A_{32}=-6, A_{33}=-3, A_{34}=0.$

$A_{41}=7, A_{42}=0, A_{43}=1, A_{44}=-2.$

(2) $A_{11}=7, A_{12}=-12, A_{13}=3.$

$A_{21}=6, A_{22}=4, A_{23}=-1.$

$A_{31}=-5, A_{32}=5, A_{33}=5.$

16. **知识点窍** **逻辑推理** 同题 13.

解题过程 1) 原式

$$\xlongequal{c_2-c_3}\begin{vmatrix} 1 & 0 & 1 & 1 \\ 2 & 0 & 1 & -3 \\ 1 & 0 & 2 & 5 \\ 4 & 1 & 2 & 1 \end{vmatrix}\xlongequal{\text{按第二列展开}}(-1)^{4+2}\begin{vmatrix} 1 & 1 & 1 \\ 2 & 1 & -3 \\ 1 & 2 & 5 \end{vmatrix}$$

$$\xlongequal[c_3-c_1]{c_2-c_1}\begin{vmatrix} 1 & 0 & 0 \\ 2 & -1 & -5 \\ 1 & 1 & 4 \end{vmatrix}=1.$$

2) 原式

$$\xlongequal[c_4\div\frac{1}{2}]{c_2\div\frac{1}{2},\ c_1\div\frac{1}{3}}\frac{1}{12}\begin{vmatrix} 3 & 1 & 1 & 2 \\ -1 & 2 & 2 & 2 \\ 1 & 2 & -1 & 1 \\ -3 & 2 & 0 & 1 \end{vmatrix}\xlongequal[r_3+r_1]{r_2-2r_1}\frac{1}{12}\begin{vmatrix} 3 & 1 & 1 & 2 \\ -7 & 0 & 0 & -2 \\ 4 & 3 & 0 & 3 \\ -3 & 2 & 0 & 1 \end{vmatrix}$$

$$\xlongequal{\text{按第三列展开}}\frac{1}{12}(-1)^{1+3}\begin{vmatrix} -7 & 0 & -2 \\ 4 & 3 & 3 \\ -3 & 2 & 1 \end{vmatrix}\xlongequal[r_2-3r_3]{r_1+2r_3}\frac{1}{12}\begin{vmatrix} -13 & 4 & 0 \\ 13 & -3 & 0 \\ -3 & 2 & 1 \end{vmatrix}=-\frac{13}{12}.$$

$$3)\ \text{原式}\xlongequal[\substack{c_4+c_2\\ c_4-4c_2}]{c_3-2c_2}\begin{vmatrix}0&1&0&0&0\\2&0&1&2&1\\-1&3&-1&4&-10\\3&3&-5&5&-11\\2&1&-2&4&1\end{vmatrix}\xlongequal{\text{按第一行展开}}(-1)^{1+2}\begin{vmatrix}2&1&2&1\\-1&-1&4&-10\\3&-5&5&-11\\2&-2&4&1\end{vmatrix}$$

$$\xlongequal[\substack{r_3+5r_1\\ r_4+2r_1}]{r_2+r_1}-\begin{vmatrix}2&1&2&1\\1&0&6&-9\\13&0&15&-6\\6&0&8&3\end{vmatrix}\xlongequal{\text{按第 2 列展开}}(-1)^{1+2}\begin{vmatrix}1&6&-9\\13&15&-6\\6&8&3\end{vmatrix}$$

$$\xlongequal[r_2+5r_3]{r_1+3r_3}\begin{vmatrix}19&20&0\\25&31&0\\6&8&3\end{vmatrix}=3\begin{vmatrix}19&30\\25&31\end{vmatrix}=-483.$$

$$4)\ \text{原式}\xlongequal[\substack{r_3\div\frac{1}{2}\\ r_5\div\frac{1}{2}}]{r_1\div\frac{1}{2}}\frac{1}{8}\begin{vmatrix}2&1&0&2&-2\\2&0&-1&1&2\\6&4&2&1&0\\1&-1&0&1&2\\4&2&6&0&1\end{vmatrix}\xlongequal[r_5+6r_2]{r_3+2r_2}\frac{1}{8}\begin{vmatrix}2&1&0&2&-2\\2&0&-1&1&2\\10&4&0&3&4\\1&-1&0&1&2\\16&2&0&6&13\end{vmatrix}$$

$$\xlongequal{\text{按第 3 列展开}}\frac{1}{8}\begin{vmatrix}2&1&2&-2\\10&4&3&4\\1&-1&1&2\\16&2&6&13\end{vmatrix}\xlongequal[\substack{c_3-c_1\\ c_4-2c_1}]{c_2+c_1}\frac{1}{8}\begin{vmatrix}2&3&0&-6\\10&14&-7&-16\\1&0&0&0\\16&18&-10&-19\end{vmatrix}$$

$$\xlongequal{\text{按第 3 行展开}}\frac{1}{8}\begin{vmatrix}3&0&-6\\14&-7&-16\\18&-10&-19\end{vmatrix}\xlongequal{c_3+2c_1}\frac{1}{8}\begin{vmatrix}3&0&0\\14&-7&12\\18&-10&17\end{vmatrix}=\frac{3}{8}.$$

17. 知识点窍 n 阶行列式的计算.

逻辑推理 通过矩阵的初等变换,将矩阵化为梯形或能按行(列)展开来计算,或能得到两行(列)相同的形式,由行列式的性质便能计算出结果.

解题过程 1) 按第 1 列展开,原式 $=x^n+(-1)^{n+1}y^n(n\geqslant 2)$.

2) 当 $n=1$ 时,原式 $=a_1-b_1$;

当 $n=2$,原式 $=(a_2-a_1)(b_2-b_1)$

当 $n\geqslant 3$ 时,

$$\text{原式}=\begin{vmatrix}a_1-b_1&b_1-b_2&\cdots&b_1-b_n\\a_2-b_1&b_1-b_2&\cdots&b_1-b_n\\\vdots&\vdots&\ddots&\vdots\\a_n-b_1&b_1-b_2&\cdots&b_1-b_n\end{vmatrix}=0;$$

(行例式存在对应成比例的列)

$$3)\ 原式=\left(\sum_{i=1}^{n}x_i-m\right)\begin{vmatrix}1 & x_2 & \cdots & x_n\\ 1 & x_2-m & \cdots & x_n\\ \vdots & \vdots & \ddots & \vdots\\ 1 & x_2 & \cdots & x_n-m\end{vmatrix}$$

$$=\left(\sum_{i=1}^{n}x_i-m\right)\begin{vmatrix}1 & x_2 & \cdots & x_n\\ 0 & -m & \cdots & 0\\ \vdots & \vdots & & \vdots\\ 0 & 0 & \cdots & -m\end{vmatrix}$$

将第一列的适当倍加到后面各列

$$=\left(\sum_{i=1}^{n}x_i-m\right)(-m)^{n-1}.$$

$$4)\ 原式=\begin{vmatrix}1 & 2 & 2 & \cdots & 2\\ 1 & 0 & 0 & \cdots & 0\\ 1 & 0 & 1 & \cdots & 0\\ \vdots & \vdots & \vdots & \ddots & \vdots\\ 1 & 0 & 0 & \cdots & n-2\end{vmatrix}=-2\begin{vmatrix}1 & 0 & 0 & \cdots & 0\\ 1 & 1 & 0 & \cdots & 0\\ 1 & 0 & 2 & \cdots & 0\\ \vdots & \vdots & \vdots & \ddots & \vdots\\ 1 & 0 & 0 & \cdots & n-2\end{vmatrix}_{n-1}$$

（n−1）级下三角形行列式

$$=-2(n-2)!\quad (n\geqslant 2).$$

5) 各列加到第 1 列得到

$$原式=\begin{vmatrix}\frac{n(n+1)}{2} & 2 & 3 & \cdots & n-1 & n\\ 0 & -1 & 0 & \cdots & 0 & 0\\ 0 & 2 & -2 & \cdots & 0 & 0\\ \vdots & \vdots & \vdots & \ddots & \vdots & \vdots\\ 0 & 0 & 0 & \cdots & -(n-2) & 0\\ 0 & 0 & 0 & \cdots & n-1 & -(n-1)\end{vmatrix}$$

$$=(-1)^{n-1}\frac{1}{2}[(n+1)!].$$

18. **知识点窍** n 阶行列式的计算.

逻辑推理 同题 17,某些形式的 n 阶行列式还可以通过归纳法得到结果.

解题过程 1) 分别将第 $i(i=2,\cdots,n+1)$ 行乘以 $-\frac{1}{a_{i-1}}$ 加到第 1 行,得

$$左边\xlongequal[c_1-\frac{1}{a_n}c_{n+1}]{c_1-\frac{1}{a_1}c_2\ \cdots}\begin{vmatrix}a_0-\sum_{i=1}^{n}\frac{1}{a_i} & 1 & 1 & \cdots & 1\\ 0 & a_1 & 0 & \cdots & 0\\ 0 & 0 & a_2 & \cdots & 0\\ \vdots & \vdots & \vdots & \ddots & \vdots\\ 0 & 0 & 0 & \cdots & a_n\end{vmatrix}=a_1a_2\cdots a_n\left(a_0-\sum_{i=1}^{n}\frac{1}{a_i}\right)=右边;$$

2) 假设 $n-1$ 时,原等式成立.

$$D_n=\begin{vmatrix} x & 0 & 0 & \cdots & 0 & a_0 \\ -1 & x & 0 & \cdots & 0 & a_1 \\ 0 & -1 & x & \cdots & 0 & a_2 \\ \vdots & \vdots & \vdots & \ddots & \vdots & \vdots \\ 0 & 0 & 0 & \cdots & x & a_{n-2} \\ 0 & 0 & 0 & \cdots & -1 & x+a_{n-1} \end{vmatrix}$$

$$=x\begin{vmatrix} x & 0 & \cdots & 0 & a_1 \\ -1 & x & \cdots & 0 & a_2 \\ \vdots & \vdots & \ddots & \vdots & \vdots \\ 0 & 0 & \cdots & \cdots & a_{n-2} \\ 0 & 0 & \cdots & \cdots & x+a_{n-1} \end{vmatrix}+(-1)^{n+1}a_0\begin{vmatrix} -1 & x & 0 & \cdots & 0 \\ \vdots & \vdots & \vdots & \ddots & \vdots \\ 0 & -1 & x & \cdots & 0 \\ 0 & 0 & 0 & \cdots & -1 \end{vmatrix}$$

$$=x(x^{n-1}+a_{n-1}x^{n-2}+\cdots+a_2x+a_1)+(-1)^{2n}a_0=x^n+a_{n-1}x^{n-1}+\cdots+a_1x+a_0.$$

3) 当 $n=1$ 时,有 $|\alpha+\beta|=\alpha+\beta=\dfrac{\alpha^2-\beta^2}{\alpha-\beta}$.

假设 $n-1$ 阶行列式满足该等式,则

$$D_n=\begin{vmatrix} \alpha+\beta & \alpha\beta & 0 & \cdots & 0 & 0 \\ 1 & \alpha+\beta & \alpha\beta & \cdots & 0 & 0 \\ 0 & 1 & \alpha+\beta & \cdots & 0 & 0 \\ \vdots & \vdots & \vdots & \ddots & \vdots & \vdots \\ 0 & 0 & 0 & \cdots & \alpha+\beta & \alpha\beta \\ 0 & 0 & 0 & \cdots & 1 & \alpha+\beta \end{vmatrix}_{n\times n}$$

$$=(\alpha+\beta)\begin{vmatrix} \alpha+\beta & \alpha\beta & 0 & \cdots & 0 & 0 \\ 1 & \alpha+\beta & \alpha\beta & \cdots & 0 & 0 \\ 0 & 1 & \alpha+\beta & \cdots & 0 & 0 \\ \vdots & \vdots & \vdots & \ddots & \vdots & \vdots \\ 0 & 0 & 0 & \cdots & \alpha+\beta & \alpha\beta \\ 0 & 0 & 0 & \cdots & 1 & \alpha+\beta \end{vmatrix}_{(n-1)\times(n-1)}$$

注意行列式的级数

$$+(-\alpha\beta)\begin{vmatrix} 1 & \alpha\beta & 0 & \cdots & 0 & 0 \\ 0 & \alpha+\beta & \alpha\beta & \cdots & 0 & 0 \\ 0 & 1 & \alpha+\beta & \cdots & 0 & 0 \\ \vdots & \vdots & \vdots & \ddots & \vdots & \vdots \\ 0 & 0 & 0 & \cdots & \alpha+\beta & \alpha\beta \\ 0 & 0 & 0 & \cdots & 1 & \alpha+\beta \end{vmatrix}_{(n-1)\times(n-1)}$$

$$=(\alpha+\beta)\cdot\frac{\alpha^n-\beta^n}{\alpha-\beta}-\alpha\beta\cdot D_{n-2}=(\alpha+\beta)\frac{\alpha^n-\beta^n}{\alpha-\beta}-\alpha\beta\frac{\alpha^{n-1}+\beta^{n-1}}{\alpha-\beta}$$

$$=\frac{\alpha^{n+1}-\beta^{n+1}}{\alpha-\beta}.$$

(4) 当 $n=1$ 时，$|\cos\alpha|=\cos\alpha$.

假设对 $n-1$ 阶行列式满足该等式，下面证明 n 阶行列式情况，对第 n 行展开可得

$$D_n=\begin{vmatrix} \cos\alpha & 1 & 0 & \cdots & 0 & 0 \\ 1 & 2\cos\alpha & 1 & \cdots & 0 & 0 \\ 0 & 1 & 2\cos\alpha & \cdots & 0 & 0 \\ \vdots & \vdots & \vdots & \ddots & \vdots & \vdots \\ 0 & 0 & 0 & \cdots & 2\cos\alpha & 1 \\ 0 & 0 & 0 & \cdots & 1 & 2\cos\alpha \end{vmatrix}_{n\times n}$$

$$=2\cos\alpha\begin{vmatrix} \cos\alpha & 1 & 0 & \cdots & 0 & 0 \\ 1 & 2\cos\alpha & 1 & \cdots & 0 & 0 \\ \vdots & \vdots & \vdots & \ddots & \vdots & \vdots \\ 0 & 0 & 0 & \cdots & 1 & 2\cos\alpha \end{vmatrix}_{(n-1)\times(n-1)}$$

$$-\begin{vmatrix} \cos\alpha & 1 & 0 & \cdots & 0 & 0 \\ 1 & 2\cos\alpha & 1 & \cdots & 0 & 0 \\ 0 & 1 & 2\cos\alpha & \cdots & 0 & 0 \\ \vdots & \vdots & \vdots & \ddots & \vdots & \vdots \\ 0 & 0 & 0 & \cdots & 2\cos\alpha & 0 \\ 0 & 0 & 0 & \cdots & 1 & 1 \end{vmatrix}_{(n-1)\times(n-1)}$$

$$=2\cos\alpha\cdot D_{n-1}-D_{n-2}$$

$$=2\cos\alpha\cdot\cos(n-1)\alpha-\cos(n-2)\alpha$$

对等号右端的第一项利用积化和差公式

$$=\cos n\alpha.$$

由归纳法可知，原等式成立.

5) 左边 $=\begin{vmatrix} 1 & 1 & 1 & \cdots & 1 & 1 \\ 0 & 1+a_1 & 1 & \cdots & 1 & 1 \\ 0 & 1 & 1+a_2 & \cdots & 1 & 1 \\ \vdots & \vdots & \vdots & \ddots & \vdots & \vdots \\ 0 & 1 & 1 & \cdots & 1+a_{n-1} & 1 \\ 1 & 1 & 1 & \cdots & 1 & 1+a_n \end{vmatrix}$

行列式的每一个位置都含有1，因此可以采用升阶法

$$=\begin{vmatrix} 1 & 1 & 1 & \cdots & 1 & 1 \\ -1 & a_1 & 0 & \cdots & 0 & 0 \\ -1 & 0 & a_2 & \cdots & 0 & 0 \\ \vdots & \vdots & \vdots & \ddots & \vdots & \vdots \\ -1 & 0 & 0 & \cdots & a_{n-1} & 0 \\ 0 & 0 & 0 & \cdots & 0 & a_n \end{vmatrix}=\begin{vmatrix} 1+\sum\limits_{i=1}^{n}\dfrac{1}{a_i} & 1 & 1 & \cdots & 1 \\ 0 & a_1 & 0 & \cdots & 0 \\ 0 & 0 & a_2 & \cdots & 0 \\ \vdots & \vdots & \vdots & \ddots & \vdots \\ 0 & 0 & 0 & \cdots & a_n \end{vmatrix}$$

$$=a_1a_2\cdots a_n\left(1+\sum_{i=1}^{n}\frac{1}{a_i}\right)$$

19. 知识点窍 克拉默法则.

逻辑推理 本题考察克拉默法则的应用，主要是进行行列式的计算.

解题过程 (1)$d=-70, d_1=-70, d_2=-70, d_3=-70, d_4=-70$，

所以方程组有唯一解：

$$x_1=\frac{d_1}{d}=1, x_2=\frac{d_2}{d}=1, x_3=\frac{d_3}{d}=1, x_4=\frac{d_4}{d}=1.$$

(2)$d=324, d_1=324, d_2=648, d_3=-324, d_4=-648$，

所以方程组有唯一解：

$$x_1=\frac{d_1}{d}=1, x_2=\frac{d_2}{d}=2, x_3=\frac{d_3}{d}=-1, x_4=\frac{d_4}{d}=-2.$$

(3)$d=24, d_1=96, d_2=-336, d_3=-96, d_4=168, d_5=312$，

所以方程组有唯一解：

$$x_1 \frac{d_1}{d}=4, x_2=\frac{d_2}{d}=-14, x_3=\frac{d_3}{d}=-4, x_4=\frac{d_4}{d}=7, x_5=\frac{d_5}{d}=13.$$

(4)$d=665, d_1=1507, d_2=-1145, d_3=703, d_4=-395, d_5=212$，

所以方程组有唯一解：

$$x_1=\frac{1507}{665}, x_2=-\frac{229}{133}, x_3=\frac{37}{35}, x_4=-\frac{79}{133}, x_5=\frac{212}{665}.$$

20. 知识点窍 克拉默法则，范德蒙德行列式.

逻辑推理 要证明数域 P 上存在唯一的多项式 $f(x)$，即是要证明数域 P 上存在唯一的一组数 $c_0, c_1, \cdots, c_{n-1}$，满足 $c_0a_i^{n-1}+c_1a_i^{n-2}+\cdots+c_{n-1}=b_i, i=1,2,\cdots,n$. 显然可以得到以 c_0，$c_1, \cdots, c_{n-1}$ 为未知变量的含有 n 个方程的一个线性方程组，即是要证明该线性方程组有唯一解.

解题过程 由 $f(a_i)=b_i$ 得

$$\begin{cases} c_0+c_1a_1+c_2a_1^2+\cdots+c_{n-1}a_1^{n+1}=b_1 \\ c_0+c_1a_2+c_2a_2^2+\cdots+c_{n-1}a_2^{n-1}=b_2 \\ \cdots\cdots\cdots\cdots\cdots\cdots\cdots\cdots\cdots\cdots \\ c_0+c_1a_n+c_2a_n^2+\cdots+c_{n-1}a_n^{n-1}=b_n. \end{cases}$$

灵活运用克拉默法则与范德蒙德行列式

将 $c_0, c_1, \cdots, c_{n-1}$ 看做未知数，则这是一个一个 n 元线性方程组，系数矩阵 A 为

$$A=\begin{pmatrix} a_1^{n-1} & a_1^{n-2} & \cdots & a_1 & 1 \\ a_2^{n-1} & a_2^{n-2} & \cdots & a_2 & 1 \\ \vdots & \vdots & \ddots & \vdots & \vdots \\ a_n^{n-1} & a_n^{n-2} & \cdots & a_n & 1 \end{pmatrix}.$$

显然有 $$|A|=|A'|=\begin{vmatrix} 1 & 1 & \cdots & 1 \\ a_1 & a_2 & \cdots & a_n \\ \vdots & \vdots & \ddots & \vdots \\ a_1^{n-1} & a_2^{n-1} & \cdots & a_n^{n-1} \end{vmatrix}.$$

这是一个范得蒙行列式，由于$a_1,a_2,\cdots,a_n$互不相同，故$|A|\neq 0$，故线性方程组只有唯一解，即所求多项式是唯一的.

21. 知识点窍 解线性方程组.

逻辑推理 要由t的值得到h的值，需要确定h与t的关系式$h=a_0+a_1t+a_2t^2+a_3t^3$中a_0,a_1,a_2,a_3的值，而由实验测定的数据可以得到一个线性方程组，解方程组便能得到a_0,a_1,a_2,a_3的值.

解题过程 将t,h的实验数据代入关系式$h=a_0+a_1t+a_2t^2+a_3t^3$，得$a_0=13.60$，且

$$\begin{cases}10a_1+100a_2+1000a_3=-0.03;\\20a_1+400a_2+8000a_3=-0.05;\\30a_1+900a_2+27000a_3=-0.08.\end{cases}$$

因为系数行列式

$$d=\begin{vmatrix}10&100&1000\\20&400&8000\\30&900&27000\end{vmatrix}=12\times10^6\neq 0,$$

$$d_1=-50000,d_2=1800,d_3=-40,$$

由克拉默法则可求得

$$a_1=-0.0042,a_2=0.00015,a_3=-0.0000033,$$

故所求关系式为

$$h=13.60-0.0042t+0.00015t^2-0.0000033t^3.$$

再将$t=15℃$，$t=40°$分别代入上式，其水银密度分别为

$$h_{t=15}=13.56,h_{t=40}=13.46.$$

补充题

1. 知识点窍 在全部n阶排列中，奇、偶排列的个数相等.

逻辑推理 由行列式性质7，交换两列的位置，行列式的值变号，便能找到

$$\begin{vmatrix}a_{1j_1}&a_{1j_2}&\cdots&a_{1j_n}\\a_{2j_1}&a_{2j_2}&\cdots&a_{2j_n}\\\vdots&\vdots&&\vdots\\a_{nj_1}&a_{nj_2}&\cdots&a_{nj_n}\end{vmatrix}\text{与}\begin{vmatrix}a_{11}&a_{12}&\cdots&a_{1n}\\a_{21}&a_{22}&\cdots&a_{2n}\\\vdots&\vdots&&\vdots\\a_{n1}&a_{n2}&\cdots&a_{nn}\end{vmatrix}\text{之间的关系.}$$

解题过程 $$\sum_{j_1j_2\cdots j_n}\begin{vmatrix}a_{1j_1}&a_{1j_2}&\cdots&a_{1j_n}\\a_{2j_1}&a_{2j_2}&\cdots&a_{2j_n}\\\vdots&\vdots&&\vdots\\a_{nj_1}&a_{nj_2}&\cdots&a_{nj_n}\end{vmatrix}=\sum_{j_1j_2\cdots j_n}(-1)^{\tau(j_1j_2\cdots j_n)}\begin{vmatrix}a_{11}&a_{12}&\cdots&a_{1n}\\a_{21}&a_{22}&\cdots&a_{2n}\\\vdots&\vdots&&\vdots\\a_{n1}&a_{n2}&\cdots&a_{nn}\end{vmatrix}$$

根据定理 1 的推论,得

$$\text{原式} = 0 \cdot \begin{vmatrix} a_{11} & a_{12} & \cdots & a_{1n} \\ a_{21} & a_{22} & \cdots & a_{2n} \\ \vdots & \vdots & & \vdots \\ a_{n1} & a_{n2} & \cdots & a_{nn} \end{vmatrix} = 0$$

2. 知识点窍 行列式的计算.

逻辑推理 对等式左边的行列式展开,去掉行列式符号,进行求导,将求导后的式子再化为行列式.

解题过程

$$\begin{aligned} \text{左边} &= \frac{d}{dt}\sum_{i_1\cdots i_j\cdots i_n}(-1)^{\tau(i_1\cdots i_j\cdots i_n)}a_{i_1 1}(t)\cdots a_{i_j j}(t)\cdots a_{i_n n}(t) \\ &= \sum_{i_1\cdots i_j\cdots i_n}(-1)^{\tau(i_1\cdots i_j\cdots i_n)}\frac{d}{dt}(a_{i_1 1}(t)\cdots a_{i_j j}(t)\cdots a_{i_n n}(t)) \\ &= \sum_{i_1\cdots i_j\cdots i_n}(-1)^{\tau(i_1\cdots i_j\cdots i_n)}\sum_{j=1}^{n}a_{i_1 1}(t)\cdots\frac{d}{dt}a_{i_j j}(t)\cdots a_{i_n n}(t) \\ &= \sum_{j=1}^{n}\left[\sum_{i_1\cdots i_j\cdots i_n}(-1)^{\tau(i_1\cdots i_j\cdots i_n)}a_{i_1 1}(t)\cdots\frac{d}{dt}a_{i_j j}(t)\cdots a_{i_n n}(t)\right] \\ &= \sum_{j=1}^{n}\begin{vmatrix} a_{11}(t) & \cdots & \frac{d}{dt}a_{1j}(t) & \cdots & a_{1n}(t) \\ a_{21}(t) & \cdots & \frac{d}{dt}a_{2j}(t) & \cdots & a_{2n}(t) \\ \vdots & & \vdots & & \vdots \\ a_{n1}(t) & \cdots & \frac{d}{dt}a_{nj}(t) & \cdots & a_{nn}(t) \end{vmatrix} = \text{右边}. \end{aligned}$$

(改变连加号的次序不改变结果值)

3. 知识点窍 行列式的性质 3.

逻辑推理 (1) 按照行列式的性质 3,将等式左边写成多项之和;(2) 利用(1) 的结论.

解题过程

$$\text{(1) 左边} \xlongequal{\text{拆 1 列}} \begin{vmatrix} a_{11} & a_{12}+x & \cdots & a_{1n}+x \\ a_{21} & a_{22}+x & \cdots & a_{2n}+x \\ \vdots & \vdots & & \vdots \\ a_{n1} & a_{n2}+x & \cdots & a_{nn}+x \end{vmatrix} + \begin{vmatrix} x & a_{12}+x & \cdots & a_{1n}+x \\ x & a_{22}+x & \cdots & a_{2n}+x \\ \vdots & \vdots & & \vdots \\ x & a_{n2}+x & \cdots & a_{nn}+x \end{vmatrix}$$

$$= \begin{vmatrix} a_{11} & a_{12}+x & \cdots & a_{1n}+x \\ \vdots & \vdots & & \vdots \\ a_{n1} & a_{n2}+x & \cdots & a_{nn}+x \end{vmatrix} + x\begin{vmatrix} 1 & a_{12} & \cdots & a_{1n} \\ \vdots & \vdots & & \vdots \\ 1 & a_{n2} & \cdots & a_{nn} \end{vmatrix}$$

$$\xlongequal{\text{按第 1 列展开}} \begin{vmatrix} a_{11} & a_{12}+x & \cdots & a_{1n}+x \\ \vdots & \vdots & & \vdots \\ a_{n1} & a_{n2}+x & \cdots & a_{nn}+x \end{vmatrix} + x\sum_{i=1}^{n}A_{i1}.$$

类似地,对上式中第一项拆第 2 列可得

$$
左边=\begin{vmatrix} a_{11} & a_{12} & a_{13}+x & \cdots & a_{1n}+x \\ a_{12} & a_{22} & a_{23}+x & \cdots & a_{2n}+x \\ \vdots & \vdots & \vdots & & \vdots \\ a_{n1} & a_{n2} & a_{n3}+x & \cdots & a_{nn}+x \end{vmatrix}+x\sum_{i=1}^{n}A_{i2}+x\sum_{i=1}^{n}A_{i1}=\cdots
$$

$$
=\begin{vmatrix} a_{11} & \cdots & a_{1n} \\ \vdots & & \vdots \\ a_{n1} & \cdots & a_{nn} \end{vmatrix}+x\sum_{i=1}^{n}A_{in}+\cdots+x\sum_{i=1}^{n}A_{i1}=右边.
$$

(2) 令(1) 中 $x=1$，有

$$
\begin{vmatrix} a_{11}+1 & a_{12}+1 & \cdots & a_{1n}+1 \\ a_{21}+1 & a_{22}+1 & \cdots & a_{2n}+1 \\ \vdots & \vdots & & \vdots \\ a_{n1}+1 & a_{n2}+1 & \cdots & a_{nn}+1 \end{vmatrix}=\begin{vmatrix} a_{11} & a_{12} & \cdots & a_{1n} \\ a_{12} & a_{22} & \cdots & a_{2n} \\ \vdots & \vdots & & \vdots \\ a_{n1} & a_{n2} & \cdots & a_{nn} \end{vmatrix}+\sum_{i=1}^{n}\sum_{j=1}^{n}A_{ij}.
$$

又因为

$$
\begin{vmatrix} a_{11}+1 & a_{12}+1 & \cdots & a_{1n}+1 \\ a_{21}+1 & a_{22}+1 & \cdots & a_{2n}+1 \\ \vdots & \vdots & & \vdots \\ a_{n1}+1 & a_{n2}+1 & \cdots & a_{nn}+1 \end{vmatrix}\xlongequal{\text{前一列依次减后 1 列}}
$$

$$
\begin{vmatrix} a_{11}-a_{12} & a_{12}-a_{13} & \cdots & a_{1,n-1}-a_{1n} & a_{1n}+1 \\ a_{21}-a_{22} & a_{22}-a_{23} & \cdots & a_{2,n-1}-a_{2n} & a_{2n}+1 \\ \vdots & \vdots & & \vdots & \\ a_{n1}-a_{n2} & a_{n2}-a_{n3} & \cdots & a_{n,n-1}-a_{nn} & a_{nn}+1 \end{vmatrix}
$$

$$
=\begin{vmatrix} a_{11}-a_{12} & a_{12}-a_{13} & \cdots & a_{1,n-1}-a_{1n} & 1 \\ a_{21}-a_{22} & a_{22}-a_{23} & \cdots & a_{2,n-2}-a_{2n} & 1 \\ \vdots & \vdots & \vdots & \vdots & \vdots \\ a_{n1}-a_{n2} & a_{n2}-a_{n3} & \cdots & a_{n,n-1}-a_{nn} & 1 \end{vmatrix}+\begin{vmatrix} a_{11} & a_{12} & \cdots & a_{1n} \\ a_{21} & a_{22} & \cdots & a_{2n} \\ \vdots & \vdots & & \vdots \\ a_{n1} & a_{n2} & \cdots & a_{nn} \end{vmatrix}.
$$

所以原等式成立.

4. 知识点窍 逻辑推理 同题 17.

解题过程 (1) 从第 n 行起，后行减去前一行，然后各列加入第 1 列，得

考查行列式的特点，然后选择适当的方法进行计算

$$
原式=\begin{vmatrix} 1 & 2 & 3 & \cdots & n-1 & n \\ 1 & 1 & 1 & \cdots & 1 & 1-n \\ 1 & 1 & 1 & \cdots & 1-n & 1 \\ \vdots & \vdots & \vdots & & \vdots & \vdots \\ 1 & 1 & 1-n & \cdots & 1 & 1 \\ 1 & 1-n & 1 & \cdots & 1 & 1 \end{vmatrix}
$$

$$
=\begin{vmatrix}
\frac{n(n+1)}{2} & 2 & 3 & \cdots & n-1 & n \\
0 & 1 & 1 & \cdots & 1 & 1-n \\
0 & 1 & 1 & \cdots & 1-n & 1 \\
\vdots & \vdots & \vdots & & \vdots & \vdots \\
0 & 1 & 1-n & \cdots & 1 & 1 \\
0 & 1-n & 1 & \cdots & 1 & 1
\end{vmatrix}
$$

$$
=\frac{n(n+1)}{2}\begin{vmatrix}
1 & 1 & \cdots & 1 & 1-n \\
0 & 0 & \cdots & -n & n \\
\vdots & \vdots & & \vdots & \vdots \\
0 & -n & \cdots & 0 & n \\
-n & 0 & \cdots & 0 & n
\end{vmatrix}_{n-1}
=\frac{n(n+1)}{2}\begin{vmatrix}
1 & 1 & \cdots & 1 & -1 \\
0 & 0 & \cdots & -n & 0 \\
\vdots & \vdots & & \vdots & \vdots \\
0 & -n & \cdots & 0 & 0 \\
-n & 0 & \cdots & 0 & 0
\end{vmatrix}_{n-1}
$$

$$
=\frac{n(n+1)}{2}\cdot(-1)^{n-1}(-1)^{\frac{(n-1)(n-2)}{2}}n^{n-2}=(-1)^{\frac{n(n-1)}{2}}\ \frac{n+1}{2}n^{n-1}.
$$

(2) 第 2 行以后的各行都减去最后一行，然后，第 2 列以后的各列都加到最后一列，再按第 1 列展开得(不妨设 $n\geqslant 2$)

$$
\text{原式}=\begin{vmatrix}
\lambda & \alpha & \alpha & \cdots & \alpha & \alpha \\
0 & \alpha-\beta & 0 & \cdots & 0 & \beta-\alpha \\
0 & 0 & \alpha-\beta & \cdots & 0 & \beta-\alpha \\
\vdots & \vdots & \vdots & & \vdots & \vdots \\
0 & 0 & 0 & \cdots & \alpha-\beta & \beta-\alpha \\
b & \beta & \beta & \cdots & \beta & \alpha
\end{vmatrix}
$$

$$
=\begin{vmatrix}
\lambda & \alpha & \alpha & \cdots & \alpha & (n-1)\alpha \\
0 & \alpha-\beta & 0 & \cdots & 0 & 0 \\
0 & 0 & \alpha-\beta & \cdots & 0 & 0 \\
\vdots & \vdots & \vdots & & \vdots & \vdots \\
0 & 0 & 0 & \cdots & \alpha-\beta & 0 \\
b & \beta & \beta & \cdots & \beta & \alpha+(n-2)\beta
\end{vmatrix}
$$

$$
=\lambda\begin{vmatrix}
\alpha-\beta & 0 & \cdots & 0 & 0 \\
\vdots & \vdots & & \vdots & \vdots \\
0 & 0 & \cdots & \alpha-\beta & 0 \\
\beta & \beta & \cdots & \beta & \alpha+(n-2)\beta
\end{vmatrix}
$$

$$
+(-1)^{n+1}b\begin{vmatrix}
\alpha & \cdots & \alpha & (n-1)\alpha \\
\alpha-\beta & \cdots & 0 & 0 \\
\vdots & & \vdots & \vdots \\
0 & \cdots & \alpha-\beta & 0
\end{vmatrix}
$$

$$
=\lambda(\alpha-\beta)^{n-2}[\alpha+(n-2)\beta]+(-1)^{n+1}(-1)^{n}(n-1)\alpha b(\alpha-\beta)^{n-2}
$$

$$= (\alpha-\beta)^{n-2}[\lambda\alpha+(n-2)\lambda\beta-(n-1)ab].$$

当 $n=1$ 时，原式为 λ.

(3) 原式记为 D_n，将第 n 行写成两项的和，再分成两个行列式，得

$$D_n = \begin{vmatrix} x & a & a & \cdots & a & a \\ -a & x & a & \cdots & a & a \\ -a & -a & x & \cdots & a & a \\ \vdots & \vdots & \vdots & & \vdots & \vdots \\ -a & -a & -a & \cdots & x & a \\ 0 & 0 & 0 & \cdots & 0 & x-a \end{vmatrix} + \begin{vmatrix} x & a & a & \cdots & a & a \\ -a & x & a & \cdots & a & a \\ -a & -a & x & \cdots & a & a \\ \vdots & \vdots & \vdots & & \vdots & \vdots \\ -a & -a & -a & \cdots & -a & a \end{vmatrix}$$

$$= (x-a)D_{n-1}+a(x+a)^{n-1},$$

同理得 $D_n=(x+a)D_{n-1}-a(x-a)^{n-1}$，

将以上两式联立，得 $D_n=\dfrac{1}{2}[(x+a)^n-(x-a)^n]$.

(4) 当 $y\neq z$ 时，同上题解法得

$$\begin{cases} D_n=(x-z)D_{n-1}+z(x-y)^{n-1} \\ D_n=(x-y)D_{n-1}+y(x-z)^{n-1} \end{cases}$$

联立求解得 $D_n=\dfrac{y(x-z)^n-z(x-y)^n}{y-z}$.

当 $y=z$ 时，

$$D_n = \begin{vmatrix} x & y & \cdots & y \\ y & y & \cdots & y \\ \vdots & \vdots & \ddots & \vdots \\ y & y & \cdots & x \end{vmatrix}$$

$$\xlongequal[\substack{c_1+c_2 \\ \vdots \\ c_1+c_n}]{c_1+c_3} [x+(n-1)y] \begin{vmatrix} 1 & y & y & \cdots & y \\ 1 & x & y & \cdots & y \\ 1 & x & x & \cdots & y \\ \vdots & \vdots & \vdots & & \vdots \\ 1 & y & y & \cdots & x \end{vmatrix}$$

$$\xlongequal[\substack{r_2-r_1 \\ \vdots \\ r_n-r_1}]{r_3-r_1} [x+(n-1)y] \begin{vmatrix} 1 & y & y & \cdots & y \\ 0 & x-y & 0 & \cdots & 0 \\ 0 & 0 & x-y & \cdots & 0 \\ \vdots & \vdots & \vdots & & \vdots \\ 0 & 0 & 0 & \cdots & x-y \end{vmatrix}$$

$$= [x+(n-1)y](x-y)^{n-1}.$$

(5) 引进第 $n+1$ 个量 x_{n+1}，考虑 $1,x_1,x_2,\cdots,x_{n+1}$ 构成的范德蒙德行列式

$$\begin{vmatrix} 1 & 1 & \cdots & 1 & 1 \\ x_1 & x_2 & \cdots & x_n & x_{n+1} \\ x_1^2 & x_2^2 & \cdots & x_n^2 & x_{n+1}^2 \\ \vdots & \vdots & & \vdots & \vdots \\ x_1^{n-1} & x_2^{n-1} & \cdots & x_n^{n-1} & x_{n+1}^{n-1} \\ x_1^n & x_2^n & \cdots & x_n^n & x_{n+1}^n \end{vmatrix},$$

此行列式的展开式中 x_{n+1}^{n-1} 的系数的(－1) 倍正是所求行列式，即

$$\prod_{1\leqslant j<i\leqslant n}(x_i-x_j)\sum_{k=1}^{n}x_k$$

5. **知识点窍** 行列式的计算.

逻辑推理 由行列式的性质先进行行列式的减法运算，再计算行列式的值.

解题过程 $f(x+1)-f(x)=\begin{vmatrix} 1 & 0 & 0 & 0 & \cdots & 0 & x+1-x \\ 1 & 2 & 0 & 0 & \cdots & 0 & (x+1)^2-x^2 \\ 1 & 3 & 3 & 0 & \cdots & 0 & (x+1)^3-x^3 \\ \vdots & \vdots & \vdots & \vdots & & \vdots & \vdots \\ 1 & n & C_n^2 & C_n^3 & \cdots & C_n^{n-1} & (x+1)^n-x^n \\ 1 & n+1 & C_{n+1}^2 & C_{n+1}^3 & \cdots & C_{n+1}^{n-1} & (x+1)^{n+1}-x^{n+1} \end{vmatrix}.$

将第 i 列乘上 $-x^i$ 加到最后一列得

$$\begin{vmatrix} 1 & 0 & 0 & 0 & \cdots & 0 & 0 \\ 1 & 2 & 0 & 0 & \cdots & 0 & 0 \\ 1 & 3 & 3 & 0 & \cdots & 0 & 0 \\ \vdots & \vdots & \vdots & \vdots & & \vdots & \vdots \\ 1 & n & C_n^2 & C_n^3 & \cdots & C_n^{n-1} & 0 \\ 1 & n+1 & C_{n-1}^2 & C_{n+1}^3 & \cdots & C_{n+1}^{n-1} & (n+1)x^n \end{vmatrix}=(n+1)!x^n.$$

6. **知识点窍** 解线性方程组.

逻辑推理 由基尔霍夫定律可以得到一组关于每条线上电流的方程组，再由欧姆定律可以得到每条线上电流与 X,Y,U,Z 四点电位的关系，代入方程组求解便可得到所求四点的电位.

解题过程 设电流如右图所示，由基尔霍夫定律得

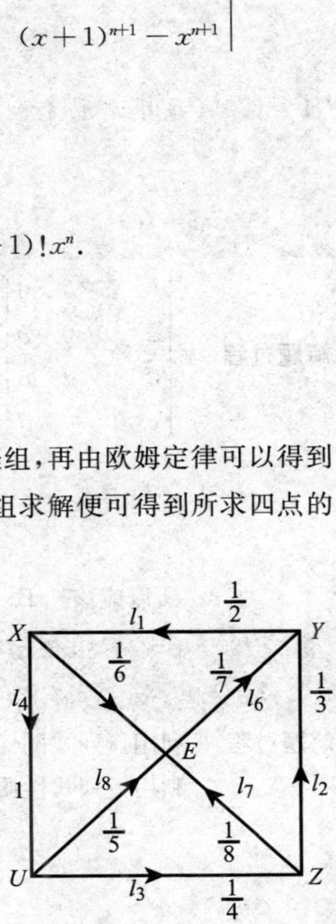

$$\begin{cases} -I_1+I_4+I_5=100 \\ I_1-I_2+I_6=100 \\ I_2-I_3+I_7=100 \\ I_3-I_4+I_8=100 \end{cases} \quad (1)$$

若 X,Y,U,Z 点的电位分别用 X,Y,U,Z 表示，则

由 $I=\dfrac{U}{R}$ 可得

$$
\begin{aligned}
&I_1=2Y-2X, I_5=6X,\\
&I_2=3Z-3Y, I_6=7Y,\\
&I_3=4U-4Z, I_7=8Z,\\
&I_4=X-U, I_8=5U,
\end{aligned}
$$

代入(1)式得

$$
\begin{cases}
9X-2Y-U=100,\\
-2X+12Y-3Z=100,\\
-3Y+15Z-4U=100,\\
-X-4Z+10U=100,
\end{cases}
$$

解得 $X=\dfrac{210100}{12907}(\mathrm{V})$， $Y=\dfrac{188400}{12907}(\mathrm{V})$， $Z=\dfrac{183300}{12907}(\mathrm{V})$， $U=\dfrac{223400}{12907}(\mathrm{V})$.

课后习题全解

1 （2014 年考研题）行列式 $\begin{vmatrix} 0 & a & b & 0\\ a & 0 & 0 & b\\ 0 & c & d & 0\\ c & 0 & 0 & d\end{vmatrix}$ 等于

A. $(ad-bc)^2$　　B. $-(ab-bc)^2$　　C. $a^2d^2-b^2c^2$　　D. $-a^2d^2+b^2c^2$

解题过程

$$
\begin{vmatrix} 0 & a & b & 0\\ a & 0 & 0 & b\\ 0 & c & d & 0\\ c & 0 & 0 & d\end{vmatrix}=-a\begin{vmatrix} a & 0 & b\\ 0 & d & 0\\ c & 0 & d\end{vmatrix}+b\begin{vmatrix} a & 0 & b\\ 0 & c & 0\\ 0 & 0 & d\end{vmatrix}
$$

$$
=-ad\begin{vmatrix} a & b\\ c & d\end{vmatrix}+bc\begin{vmatrix} a & b\\ c & d\end{vmatrix}
$$

$$
=-ad(ad-bc)+bc(ad-bc)=-(ad-bc)^2
$$

所以应该选 B.

2 （2005 年考研题）设 $\alpha_1,\alpha_2,\alpha_3$ 均为 n 维列向量，记矩阵 $A=(\alpha_1,\alpha_2,\alpha_3)$，$B=(\alpha_1+\alpha_2+\alpha_3,\alpha_1+2\alpha_2+4\alpha_3,\alpha_1+3\alpha_+9\alpha_2)$ 如果 $|A|=1$，那么 $|B|=$ ________

解题过程 利用行列式的性质将 B 转化为 $|A|$ 计算，或将 B 的每个列向量用 A 的列向量现行表示.

利用行列式性质.

$$
\begin{aligned}
|B|&=|\alpha_1+\alpha_2+\alpha_3,\alpha_1+2\alpha_2+4\alpha_3,\alpha_1+3\alpha_2+9\alpha_3|\\
&=|\alpha_1+\alpha_2+\alpha_3,\alpha_2+3\alpha_3,2\alpha_2+8\alpha_3|
\end{aligned}
$$

$$=|\alpha_1+\alpha_2+\alpha_3,\alpha_2+3\alpha_3,2\alpha_3|$$
$$=2|\alpha_1+\alpha_2+\alpha_3,\alpha_2+3\alpha_3,\alpha_3|$$
$$=2|\alpha_1+\alpha_2,\alpha_2,\alpha_3|=2|\alpha_1,\alpha_2,\alpha_3|$$

因为 $|A|=1$,所以 $|B|=2$.

3 (2006 年考研题)设矩阵$\begin{pmatrix}2&1\\-1&2\end{pmatrix}$,$E$ 为 2 阶单位矩阵,矩阵 B 满足 $BA=2E+B$,则 $|B|=$ ______.

解题过程 由题设条件 $BA=2E+B$ 得,$BA-B=2E$,即 $B(A-E)=2E$,两边取行列式,每 $|B(A-E)|=|B||(A-E)|=|2E|$,其中

$$A-E=\begin{pmatrix}2&1\\-1&2\end{pmatrix}-\begin{pmatrix}1&0\\0&1\end{pmatrix}=\begin{pmatrix}1&1\\-1&1\end{pmatrix}$$

所以 $|(A-E)|=2$,又

$$|2E|=2^2\begin{vmatrix}1&0\\0&1\end{vmatrix}=4$$

所以 $|B|=2$.

第三章

线性方程组

知识网络结构图

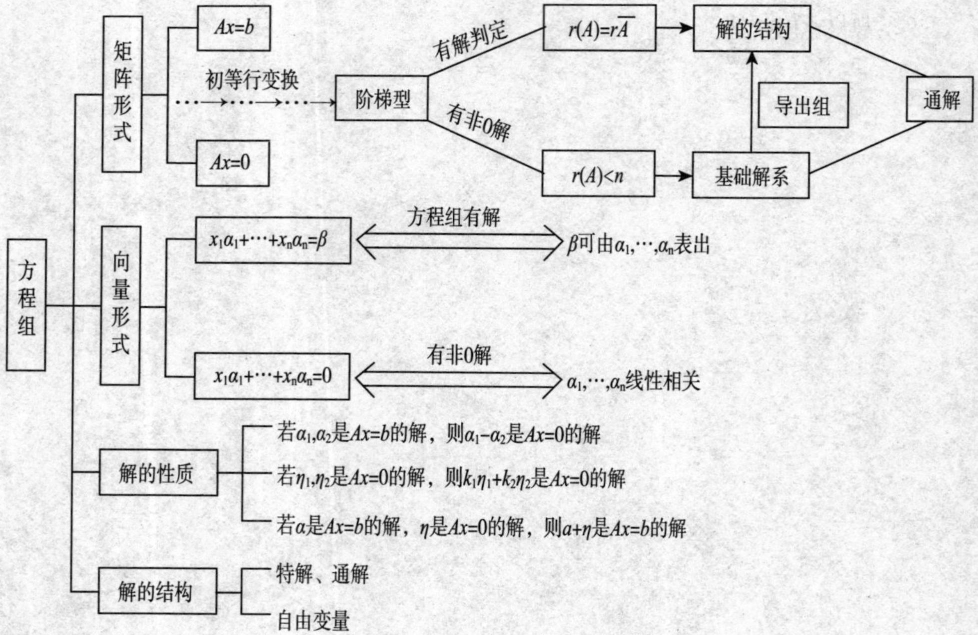

主要知识内容

一、消元法

1. 线性方程组的初等变换(重点)

下列三个变换称为线性方程组的初等变换:

① 用一非零的数乘某一方程;

② 把一个方程的倍数加到另一个方程;

③ 互换两个方程的位置.

初等变换总是把方程组变成**同解的方程组**(有相同的解集合). 消元的过程就是反复施行初等变换的过程,最后得到一个阶梯形(含三角形)方程组,去掉一些“$0=0$”的恒等式,如果剩下的最后一个等式是 $0=c(\neq 0)$,则方程组无解;否则有解. 在有解时,若最后是三角形方程组(方程的个数 $r=$ 未知量的个数 n),则有唯一解;若最后是梯形方程组($r<n$),则有无穷多个解.

2. 定理(重点)

在齐次线性方程组中,若方程个数 $s<n$(未知量个数),那么它必有非零解.

$$\begin{cases} a_{11}x_1+a_{12}x_2+\cdots+a_{1n}x_n=b_1, \\ a_{21}x_1+a_{22}x_2+\cdots+a_{2n}x_n=b_2, \\ \quad\cdots\cdots \\ a_{s1}x_1+a_{s2}x_2+\cdots+a_{sn}x_n=b_n. \end{cases} \tag{3.1}$$

温馨提示 方程组(3.1)中的未知量个数 n 与方程个数 s 不一定相等,第二章中克拉默法则所能解决的方程组,以及中学阶段接触的二元一次、三元一次方程组都是方程个数与未知数个数相等的,这一章将在更一般的情形下进行讨论.

解线性方程组就是通过一定方法寻求其全部的解,并用简洁方式将这些解表达出来,通常情况下,是把一个线性方程组经过同解变形,将其化成一个容易求解的方程组.

二、n 维向量空间

1. 定义

(i) n 维向量的概念

所谓数域 P 上一个 n **维向量**就是由数域 P 中 n 个数组成的有序数组 $(a_1,a_2,\cdots,a_n)$,其中 a_i 称为向量的第 i 个分量.

温馨提示 n 维向量是解析几何中 2 维向量和 3 维向量概念的推广.

(ⅱ) n 维向量的相等

如果 n 维向量 $\boldsymbol{\alpha}=(a_1,a_2,\cdots,a_n)$,$\boldsymbol{\beta}=(b_1,b_2,\cdots b_n)$ 的对应分量都相等,即 $a_i=b_i,i=1,2,\cdots,n$,则称这两个向量是**相等**的,记 $\boldsymbol{\alpha}=\boldsymbol{\beta}$.

(ⅲ) 向量的线性运算

① 加法

如果 $\boldsymbol{\alpha}=(a_1,a_2,\cdots,a_n)$,$\boldsymbol{\beta}=(b_1,b_2,\cdots,b_n)$,则 $\boldsymbol{\alpha}+\boldsymbol{\beta}=(a_1+b_1,a_2+b_2,\cdots,a_n+b_n)$.

② 数乘

如果 $\boldsymbol{\alpha}=(a_1,a_2,\cdots,a_n)$,则 $k\boldsymbol{\alpha}=(ka_1,ka_2,\cdots,ka_n)$.

(ⅳ) 零向量

分量全为零的向量 $(0,0,\cdots,0)$,称为**零向量**,记为 $\mathbf{0}$;向量 $(-a_1,-a_2,\cdots,-a_n)$ 称为向量 $\boldsymbol{\alpha}=(a_1,a_2,\cdots,a_n)$ 的**负向量**,记为 $-\boldsymbol{\alpha}$.

2. 向量的线性运算规律和性质(重点)

①$\boldsymbol{\alpha}+\boldsymbol{\beta}=\boldsymbol{\beta}+\boldsymbol{\alpha}$,②$(\boldsymbol{\alpha}+\boldsymbol{\beta})+\gamma=\boldsymbol{\alpha}+(\boldsymbol{\beta}+\gamma)$,③$\boldsymbol{\alpha}+\mathbf{0}=\boldsymbol{\alpha}$;

④$\boldsymbol{\alpha}+(-\boldsymbol{\alpha})=\mathbf{0}$;⑤$k(\boldsymbol{\alpha}+\boldsymbol{\beta})=k\boldsymbol{\alpha}+k\boldsymbol{\beta}$;⑥$(k+l)\boldsymbol{\alpha}=k\boldsymbol{\alpha}+l\boldsymbol{\alpha}$;⑦$k(l\boldsymbol{\alpha})=(kl)\boldsymbol{\alpha}$;⑧$1\boldsymbol{\alpha}=\boldsymbol{\alpha}$;

⑨$0\boldsymbol{\alpha}=\mathbf{0}$;⑩$-1\boldsymbol{\alpha}=-\boldsymbol{\alpha}$.

温馨提示 (1) 根据上下文要区分向量 $\mathbf{0}$ 和常数 0.

(2) 以数域 P 中的数作为分量的 n 维向量的全体

$$(a_1,a_2,\cdots a_n)\mid a_i\in P,(i=1,2,\cdots n).$$

同时考虑到定义在它们上面的加法和数量乘法,称为数域 P 上的 n 维向量空间,通常记为 P^n.

3. n 维向量空间

以数域 P 中的数作为分量的 n 维向量的全体,$\{(a_1,a_2,\cdots a_n)\mid a_i\in p,i=1,2,\cdots,n\}$,同时考虑到定义在它们上面的加法和数量乘法,称为数域 P 上的 n 维向量空间.

向量通常写成一行(行向量),有时候也写成一列(列向量) 记作 P^n.

三、线性相关性

1. 定义(重点)

(i) 线性表出

① 向量 $\boldsymbol{\alpha}$ 称为向量组 $\boldsymbol{\beta}_1,\boldsymbol{\beta}_2,\cdots,\boldsymbol{\beta}_s$ 的一个**线性组合**,如果有数域 P 中的数 $k_1,k_2,\cdots,k_s$,使 $\boldsymbol{\alpha}=k_1\boldsymbol{\beta}_1+k_2\boldsymbol{\beta}_2+\cdots+k_s\boldsymbol{\beta}_s$,这时我们也说 $\boldsymbol{\alpha}$ 可由 $\boldsymbol{\beta}_1,\boldsymbol{\beta}_2,\cdots,\boldsymbol{\beta}_s$ **线性表出**. 向量 $\boldsymbol{\varepsilon}_1=(1,0,\cdots,0)$,$\boldsymbol{\varepsilon}_2=(0,1,\cdots,0)$,$\cdots$,$\boldsymbol{\varepsilon}_n=(0,0,\cdots,1)$ 称为 n 维**单位向量**.

② 如果向量组 $\boldsymbol{\alpha}_1,\boldsymbol{\alpha}_2,\cdots,\boldsymbol{\alpha}_t$ 中每一个向量 $\boldsymbol{\alpha}_i(i=1,2,\cdots,t)$ 都可以经向量组 $\boldsymbol{\beta}_1,\boldsymbol{\beta}_2,\cdots,\boldsymbol{\beta}_s$ 线性表出,那么向量组 $\boldsymbol{\alpha}_1,\boldsymbol{\alpha}_2,\cdots,\boldsymbol{\alpha}_t$ 就称为可经向量组 $\boldsymbol{\beta}_1,\boldsymbol{\beta}_2,\cdots,\boldsymbol{\beta}_s$ 线性表出. 如果两个向量组互相可以线性表出,它们就称为**等价**.

③ 向量组的等价具有自反性、对称性和传递性.

（ⅱ）线性相关性

① 如果向量组 $\boldsymbol{\alpha}_1,\boldsymbol{\alpha}_2,\cdots,\boldsymbol{\alpha}_s(s\geqslant 2)$ 中有一个向量可以由其余的向量线性表出，那么向量组 $\boldsymbol{\alpha}_1,\boldsymbol{\alpha}_2,\cdots,\boldsymbol{\alpha}_s$ 称为**线性相关**的.

② 向量组 $\boldsymbol{\alpha}_1,\boldsymbol{\alpha}_2,\cdots,\boldsymbol{\alpha}_s(s\geqslant 2)$ 称为**线性相关**，则有数域 P 中不全为零的 $k_1,k_2,\cdots,k_s$，使 $k_1\boldsymbol{\alpha}_1+k_2\boldsymbol{\alpha}_2+\cdots+k_s\boldsymbol{\alpha}_s=\mathbf{0}$.

③ 任意一个包含零向量的向量组一定是线性相关的.

④ 向量组 $\boldsymbol{\alpha}_1,\boldsymbol{\alpha}_2,\cdots,\boldsymbol{\alpha}_s(s\geqslant 2)$ 不线性相关，即没有不全为零的数 $k_1,k_2,\cdots,k_s$，使 $k_1\boldsymbol{\alpha}_1+k_2\boldsymbol{\alpha}_2+\cdots+k_s\boldsymbol{\alpha}_s=\mathbf{0}$，就称为**线性无关**. 即当且仅当 $k_j=0(j=1,2,\cdots,s)$ 时才使上式成立，就称 $\boldsymbol{\alpha}_1,\boldsymbol{\alpha}_2,\cdots,\boldsymbol{\alpha}_s$ 线性无关.

2. 定理(重点、难点)

如果向量组中有一部分向量线性相关，那么这向量组也线性相关. 即如果一向量组线性无关，那么它的任何非空部分向量组也线性无关.

① 设 $\boldsymbol{\alpha}_1,\boldsymbol{\alpha}_2,\cdots,\boldsymbol{\alpha}_r$ 与 $\boldsymbol{\beta}_1,\boldsymbol{\beta}_2,\cdots,\boldsymbol{\beta}_s$ 是两个向量组. 如果

（ⅰ）向量组 $\boldsymbol{\alpha}_1,\boldsymbol{\alpha}_2,\cdots,\boldsymbol{\alpha}_r$ 可由 $\boldsymbol{\beta}_1,\boldsymbol{\beta}_2,\cdots,\boldsymbol{\beta}_s$ 线性表出，

（ⅱ）$r>s$，

那么向量组 $\boldsymbol{\alpha}_1,\boldsymbol{\alpha}_2,\cdots,\boldsymbol{\alpha}_r$ 必线性相关.

② 推论 1. 如果向量组 $\boldsymbol{\alpha}_1,\boldsymbol{\alpha}_2,\cdots,\boldsymbol{\alpha}_r$ 可由 $\boldsymbol{\beta}_1,\boldsymbol{\beta}_2,\cdots,\boldsymbol{\beta}_s$ 线性表出，且 $\boldsymbol{\alpha}_1,\boldsymbol{\alpha}_2,\cdots,\boldsymbol{\alpha}_r$ 线性无关，那么 $r\leqslant s$.

③ 推论 2. 任意 $n+1$ 个 n 维向量必线性相关.

④ 推论 3. 两个线性无关的等价的向量组，必含有两个相同个数的向量.

3. 极大线性无关组(重点、难点)

(1) 定义

① 一个向量组的一个部分组称为一个**极大线性无关组**，如果这个部分组本身是线性无关的，并且从原向量组中任意添一个向量(如果还有的话)，所得的部分向量组都线性相关.

② 任意一个极大线性无关组都与向量组本身等价. 一个向量组的任意两个极大线性无关组都等价.

(2) 定理

一个向量组的极大线性无关组都含有相同个数的向量.

(3) 向量组的秩

① 向量组的极大线性无关组所含向量的个数称为这个向量组的**秩**.

② 一向量组线性无关的充分必要条件是它的秩与它所含向量的个数相同.

③ 等价的向量组必有相同的秩. 含非零向量的向量组一定有极大线性无关组，且任一个线性无关的部分组都能扩充成一个极大线性无关组. 仅含零向量的向量组的秩为零.

温馨提示　等价的向量组有相同的秩，但反之未必；由单个零向量构成的向量组的秩为 0.

四、矩阵的秩

1. 定义(重点)

① 矩阵的**行(列)秩**是指矩阵的行(列)向量组的秩.

温馨提示 一个 $m\times n$ 矩阵 $\boldsymbol{A}$ 的秩 $R(\boldsymbol{A})\leqslant\min(m,n)$.

② 在一个 $s\times n$ 矩阵 $\boldsymbol{A}$ 中任选 k 行和 k 列,位于这 k 行和 k 列交点上的 k^2 个元素按照原来次序所组成的 k 阶行列式,称为 $\boldsymbol{A}$ 的一个 k **阶子式**.

2. 定理(重点、难点)

① 如果齐次线性方程组

$a_{i1}x_1+a_{i2}x_2+\cdots+a_{in}x_n=0(i=1,2,\cdots,s)$ 的系数矩阵 $\boldsymbol{A}=(a_{ij})_{s\times n}$ 的行秩 $r(A)<n$,那么它有非零解.

② 矩阵 $\boldsymbol{A}$ 的行秩与列秩相等.

行秩与列秩统称**矩阵的秩**. $\boldsymbol{A}$ 的秩记为 $R(\boldsymbol{A})$ 或 $r(\boldsymbol{A})$.

③$n\times n$ 矩阵 $\boldsymbol{A}=(a_{ij})_{nn}$ 的行列式为零的充分必要条件是 $\boldsymbol{A}$ 的秩 $r(A)<n$.

④ 齐次线性方程组

$$a_{i1}x_1+a_{i2}x_2+\cdots+a_{in}x_n=0(i=1,2,\cdots,n)$$

有非零解的充分必要条件是:系数矩阵 $\boldsymbol{A}=(a_{ij})_{n\times n}$ 的行列式 $|\boldsymbol{A}|=0$.

⑤ 矩阵的秩是 r 的充要条件是:矩阵中含有一个 r 级子式不为零,而所有 $r+1$ 级子式全为零.

温馨提示 这个也可以作为矩阵的秩的等价定义.

为了计算矩阵 $\boldsymbol{A}$ 的秩,只要用初等行变换把矩阵变为阶梯形 $\widetilde{\boldsymbol{A}}$,$\widetilde{\boldsymbol{A}}$ 中非零的行的个数 r 就是矩阵 $\boldsymbol{A}$ 的秩.

五、线性方程组有解判定定理(重点、难点)

线性方程组
$$\begin{cases}a_{11}x_1+a_{12}x_2+\cdots+a_{1n}x_n=b_1\\a_{21}x_1+a_{22}x_2+\cdots+a_{2n}x_n=b_2\\\quad\cdots\\a_{s1}x_1+a_{s2}x_2+\cdots+a_{sn}x_n=b_s\end{cases}$$

有解的充分必要条件为它的系数矩阵

$$\boldsymbol{A}=\begin{pmatrix}a_{11}&a_{12}&\cdots&a_{1n}\\a_{21}&a_{22}&\cdots&a_{2n}\\\vdots&\vdots&&\vdots\\a_{s1}&a_{s2}&\cdots&a_{sn}\end{pmatrix}$$

与增广矩阵 $\overline{\mathbf{A}} = \begin{pmatrix} a_{11} & a_{12} & \cdots & a_{1n} & b_1 \\ a_{21} & a_{22} & \cdots & a_{2n} & b_2 \\ \vdots & \vdots & & \vdots & \vdots \\ a_{s1} & a_{s2} & \cdots & a_{sn} & b_s \end{pmatrix}$

有相同的秩.

温馨提示 这个判别定理与前面的消元法是一致的.

六、线性方程组解的结构(重点、难点)

1. 定义

齐次线性方程组
$$\begin{cases} a_{11}x_1 + a_{12}x_2 + \cdots + a_{1n}x_n = 0 \\ a_{21}x_1 + a_{22}x_2 + \cdots + a_{2n}x_n = 0 \\ \cdots \\ a_{s1}x_1 + a_{s2}x_2 + \cdots + a_{sn}x_n = 0 \end{cases} \quad \text{(b)}$$

的一组解 $\boldsymbol{\eta}_1, \boldsymbol{\eta}_2, \cdots, \boldsymbol{\eta}_t$ 称为齐次线性方程组(b) 的一个**基础解系**,那么

1) $\boldsymbol{\eta}_1, \boldsymbol{\eta}_2, \cdots, \boldsymbol{\eta}_t$ 线性无关;

2) 齐次线性方程组(b) 的任一个解都能表成 $\boldsymbol{\eta}_1, \boldsymbol{\eta}_2, \cdots, \boldsymbol{\eta}_t$ 的线性组合.

温馨提示 根据向量组极大线性无关组的定义,齐次线性方程组的基础解系实际上是其解集合的一个极大无关组,从而当方程组有非零解时,其基础解系是存在的,但不是唯一的.

引入基础解系,就可以用有限的几个解的线性组合表示出齐次线性方程组的全部解,而且基础解系是满足这个条件的最小个数解向量的集合.

基础解系也就是齐次线性方程组(b) 所有解向量的一个极大线性无关组.

2. 定理

1) 在齐次线性方程组(b) 有非零解的情况下,它有基础解系,且基础解系所含解的个数为 $n-r$($r = R(\mathbf{A})$, $n-r$ 亦为自由未知量的个数).

任一个线性无关的与某一个基础解系等价的向量组都是基础解系.

常称方程组(b) 是(a) 的**导出组**,并有如下性质:

① 方程组(a) 的两个解之差是导出组(b) 的解;

② 方程组(a) 的一个解与导出组(b) 的一个解之和,还是(a) 的解.

2) 如果 $\boldsymbol{\gamma}_0$ 是方程组(a) 的一个特解,那么方程组(a) 的任一个解 $\boldsymbol{\gamma}$ 都可以表成

$$\boldsymbol{\gamma} = \boldsymbol{\gamma}_0 + \boldsymbol{\eta}, \quad (1)$$

其中 $\boldsymbol{\eta}$ 是导出组(b) 的一个解. 对于方程组(b) 的任一个特解 $\boldsymbol{\gamma}_0$,当 $\boldsymbol{\eta}$ 取遍方程组(b) 的全部解时,(1) 就给出方程组(a) 的全部解.

设 $\boldsymbol{\eta}_1, \boldsymbol{\eta}_2, \cdots, \boldsymbol{\eta}_{n-r}$ 是导出组(b) 的一个基础解系,则

$$\boldsymbol{\gamma}=\boldsymbol{\gamma}_0+k_1\boldsymbol{\eta}_1+k_2\boldsymbol{\eta}_2+\cdots+k_{n-r}\boldsymbol{\eta}_{n-r},\tag{2}$$

其中 $k_1,k_2,\cdots,k_{n-r}$ 为任意常数.

3) 当方程组(a) 有解时,解唯一的充要条件是:它的导出组(b) 只有零解.

■ 七、二元高次方程组

1. 定义

① 设

$$f(x)=a_0x^n+a_1x^{n-1}+\cdots+a_{n2}$$
$$g(x)=b_0x^m+b_1x^{n-1}+\cdots+b_{m2}$$

是数域 P 上两个非零的多项式,它们的系数 a_0,b_0 不全为零. 于是 $f(x)$ 与 $g(x)$ 在 $P[x]$ 中有非常数的公因式 $\Leftrightarrow$ 在 $P[x]$ 中存在非零的次数小于 m 的多项式 $u(x)$ 与次数小于 n 的多项式 $v(x)$,使

$$u(x)f(x)=v(x)g(x)$$

② 设

$$f(x)=a_0x^n+a_1x^{n-1}+\cdots+a_n,$$
$$g(x)=b_0x^m+b_1x^{n-1}+\cdots+a_m,$$

是数域 $P[x]$ 中两个多项式,$m,n>0$,于是它们的结式 $R(f,g)=0$ 的充分必要条件是 $f(x),g(x)$ 在 $P[x]$ 中有非常数的公因式或者它们的第一个系数 a_0,b_0 全为零.

温馨提示 注意 $R(f,g)$ 是一个 $m+n$ 级行列式,前 m 行是由 $f(x)$ 的系数构成的,后 n 行是由 $g(x)$ 的系数构成的;并且 $f(x)$ 和 $g(x)$ 可以为零多项式.

③ 如果(x_0,y_0)是方程组

$$\begin{cases}f(x,y)=0\\g(x,y)=0\end{cases}\quad\text{(a)}$$

的一个复数解,那么 y_0 就是 $R_x(f,g)$ 的一个根;反过来,如果 y_0 就是 $R_x(f,g)$ 的一个复根,那么 $a_0(y_0)=b_0(y_0)=0$,或者存在一个复数 x_0 使(x_0,y_0)是方程组(a) 的一个解.

经典例题解析

题型一:线性相关性的判别

题型分析 判断给定的 n 维向量组 $\boldsymbol{\alpha}_1,\boldsymbol{\alpha}_2,\cdots,\boldsymbol{\alpha}_s(s\geqslant 2)$ 是否线性相关的方法通常有以下几种:

(1) 利用定义

① 如果向量组中有一向量可由其余向量线性表出,则向量组为线性相关的.

② 向量组 $\boldsymbol{\alpha}_1,\boldsymbol{\alpha}_2,\cdots\boldsymbol{\alpha}_3(s\geqslant 2)$ 为线性相关的,如果存在不全为零的数 $k_1,k_2,\cdots,k_s$,使

$k_1\boldsymbol{\alpha}_1+k_2\boldsymbol{\alpha}_2+\cdots+k_s\boldsymbol{\alpha}_s=0$

(2) 利用向量组秩

向量组 $\boldsymbol{\alpha}_1,\boldsymbol{\alpha}_2,\cdots\boldsymbol{\alpha}_s$，线性相关（无关）的充分必要条件其秩小于（等于）向量的个数 s.

(3) 利用齐次线性方程组的解

向量组 $\boldsymbol{\alpha}_1,\boldsymbol{\alpha}_2,\cdots,\boldsymbol{\alpha}_s$，线性相关（无关）的充分必要条件是齐次线性方程组

$$\begin{cases}a_{11}k_1+a_{21}k_2+\cdots+a_{s1}k_s=0,\\ a_{12}k_1+a_{22}k_2+\cdots+a_{s2}k_s=0,\\ \quad\cdots\cdots\\ \alpha_{1n}k_1+a_{2n}k_2+\cdots+a_{sn}k_s=0\end{cases}$$

有非零解（只有零解），其中 $\boldsymbol{\alpha}_i=(a_{i1},a_{i2},\cdots,a_{in}),i=1,2,\cdots,s$.

另外，还有一些特殊情况，

1) 向量组 $\boldsymbol{\alpha}_1,\boldsymbol{\alpha}_2$ 线性相关 $\Leftrightarrow\boldsymbol{\alpha}_1,\boldsymbol{\alpha}_2$ 成比例.

2) 任意一个含零向量的向量组必线性相关.

3) 一个向量构成的向量组线性相关，则向量为零向量.

提　示　由于线性相关性与线性无关性是相对的，因此判断线性无关性与判断相关性的方法是一致的.

例 1　证明 $\mathbf{R}^n$ 中的 $e_1,e_2,\cdots e_n$ 是线性无关的.

其中 $e_i=(0,\cdots,0,1,0,\cdots,0)$ 是第 i 个分量为 $1(i=1,2,\cdots,n)$ 其余分量全为零的向量.

解题过程　设 $\lambda_1e_1+\lambda_2e_2+\cdots+\lambda_ne_n=0$　　利用定义证明

可得 $(\lambda_1,\lambda_2,\cdots,\lambda_n)=(0,0,\cdots,0)$，

必有 $\lambda_1=\lambda_2=\cdots=\lambda_n=0$.

所以 $\mathbf{R}^n$ 中的 $e_1,e_2,\cdots e_n$ 是线性无关的.

例 2　(1) 当 a 取何值时，$\boldsymbol{\beta}_1=(1,3,6,2)^T,\boldsymbol{\beta}_2=(2,1,2,-1)^T,\boldsymbol{\beta}_3=(1,-1,a,-2)^T$ 是线性无关.

(2) 当 $a=-2$ 时，$\boldsymbol{\beta}_3$ 可否由 $\boldsymbol{\beta}_1,\boldsymbol{\beta}_2$ 线性表示？若可以，求表达式.

解题过程　(1) 设　$x_1\boldsymbol{\beta}_1+x_2\boldsymbol{\beta}_2+x_3\boldsymbol{\beta}_3=0$.　①

$$[\boldsymbol{\beta}_1,\boldsymbol{\beta}_2,\boldsymbol{\beta}_3]=\begin{bmatrix}1&2&1\\3&1&-1\\6&2&a\\2&-1&-2\end{bmatrix}\to\begin{bmatrix}1&2&1\\0&-5&-4\\0&-10&a-6\\0&-5&-4\end{bmatrix}\to\begin{bmatrix}1&2&1\\0&-5&-4\\0&0&a+2\\0&0&0\end{bmatrix};$$

当 $a\neq-2$ 时，方程组 ① 只有零解 $x_1=x_2=x_3=0$，$\boldsymbol{\beta}_1,\boldsymbol{\beta}_2,\boldsymbol{\beta}_3$，　　利用齐次方程组的解判断

线性无关.

(2) 设 $\boldsymbol{\beta}_3=x_1\boldsymbol{\beta}_1+x_2\boldsymbol{\beta}_2$　②

$$[\boldsymbol{\beta}_1,\boldsymbol{\beta}_2,\boldsymbol{\beta}_3]=\begin{bmatrix}1&2&1\\3&1&-1\\6&2&-2\\2&-1&-2\end{bmatrix}\xrightarrow{\text{行变换}}\begin{bmatrix}1&2&1\\0&-5&-4\\0&0&0\\0&0&0\end{bmatrix}\rightarrow\begin{bmatrix}1&0&\frac{3}{5}\\0&1&\frac{4}{5}\end{bmatrix};$$

得 $x_1=\frac{3}{5},x_2=\frac{4}{5}$

所以 $\boldsymbol{\beta}_3=\frac{3}{5}\boldsymbol{\beta}_1+\frac{4}{5}\boldsymbol{\beta}_2$

例 3 若 $\boldsymbol{\alpha}_1,\boldsymbol{\alpha}_2,\boldsymbol{\alpha}_3$ 线性无关，问 $\boldsymbol{\beta}_1=2\boldsymbol{\alpha}_1-2\boldsymbol{\alpha}_2,\boldsymbol{\beta}_2=2\boldsymbol{\alpha}_1-2\boldsymbol{\alpha}_2+\boldsymbol{\alpha}_3,\boldsymbol{\beta}_3=\boldsymbol{\alpha}_2+4\boldsymbol{\alpha}_3$ 是否线性无关？

解题过程 $x_1\boldsymbol{\beta}_1+x_2\boldsymbol{\beta}_2+x_3\boldsymbol{\beta}_3=0$，则

$$x_1(2\boldsymbol{\alpha}_1-2\boldsymbol{\alpha}_2)+x_2(2\boldsymbol{\alpha}_1-2\boldsymbol{\alpha}_2+\boldsymbol{\alpha}_3)+x_3(\boldsymbol{\alpha}_2+4\boldsymbol{\alpha}_3)=0,$$

即
$$(2x_1+2x_2)\boldsymbol{\alpha}_1+(-2x_1-2x_2+x_3)\boldsymbol{\alpha}_2+(x_2+4x_3)\boldsymbol{\alpha}_3=0,$$

由于 $\boldsymbol{\alpha}_1,\boldsymbol{\alpha}_2,\boldsymbol{\alpha}_3$ 线性无关，所以，它的系数必须全部为 0，即

$$\begin{cases}2x_1+2x_2=0\\-2x_1-2x_2+x_3=0\\x_2+4x_3=0\end{cases}$$

解方程组得 $x_1=x_2=x_3=0$，所以，$\boldsymbol{\beta}_1,\boldsymbol{\beta}_2,\boldsymbol{\beta}_3$ 线性无关

题型二：极大线性无关组和向量组的秩

题型分析 求向量组 $\boldsymbol{\alpha}_1,\boldsymbol{\alpha}_2,\cdots,\boldsymbol{\alpha}_s$ 的极大无关组和向量组的秩的过程为：

第一步：作矩阵 $A=(\boldsymbol{\alpha}_1,\boldsymbol{\alpha}_2,\cdots,\boldsymbol{\alpha}_s)$ $\boldsymbol{\alpha}_i$ 为列向量时

或 $A=(\boldsymbol{\alpha}'_1,\boldsymbol{\alpha}'_2,\cdots\boldsymbol{\alpha}'_s)$ $\boldsymbol{\alpha}'_i$ 为行向量时

第二步：用初等行变换化矩阵 $\boldsymbol{A}$ 为阶梯阵 $\boldsymbol{J}$. 若 $\boldsymbol{J}$ 中有 $\boldsymbol{r}$ 个非零行，则秩$\{\boldsymbol{\alpha}_1,\boldsymbol{\alpha}_2,\cdots,\boldsymbol{\alpha}_s\}=r$. 设 $\boldsymbol{J}$ 中第 i 个非零行第一个非零元所在列标号为 j_i，$i=1,2,\cdots,r$，则 $\boldsymbol{\alpha}_{j1},\boldsymbol{\alpha}_{j2},,\boldsymbol{\alpha}_{jr}$ 就是一个极大无关组.

提　　示 一个向量组的极大线性无关组不一定是唯一的，但是其秩是唯一的.

例 4 求向量组 $\boldsymbol{\alpha}_1=(1,-1,2,4),\boldsymbol{\alpha}_2=(0,3,1,2),\boldsymbol{\alpha}_3=(3,0,7,14),\boldsymbol{\alpha}_4=(1,-1,2,0),\boldsymbol{\alpha}_5=(2,1,5,6)$ 的极大无关组.

解题过程 作矩阵

$$\boldsymbol{A}=\begin{pmatrix}1&0&3&1&2\\-1&3&0&-1&1\\2&1&7&2&5\\4&2&14&0&6\end{pmatrix}$$

对矩阵 $\boldsymbol{A}$ 作初等行变换化阶梯形

$$\boldsymbol{A}\rightarrow\begin{pmatrix}1&0&3&1&2\\0&3&3&0&3\\0&1&1&0&1\\0&2&2&-4&-2\end{pmatrix}\rightarrow\begin{pmatrix}1&0&3&1&2\\0&0&0&0&0\\0&1&1&0&1\\0&0&0&-4&-4\end{pmatrix}\rightarrow\begin{pmatrix}1&0&3&1&2\\0&1&1&0&1\\0&0&0&-4&-4\\0&0&0&0&0\end{pmatrix}=\boldsymbol{B}$$

由矩阵 $\boldsymbol{B}$ 知 $\boldsymbol{\alpha}_1,\boldsymbol{\alpha}_2,\boldsymbol{\alpha}_4;\boldsymbol{\alpha}_1,\boldsymbol{\alpha}_2,\boldsymbol{\alpha}_5;\boldsymbol{\alpha}_1,\boldsymbol{\alpha}_3,\boldsymbol{\alpha}_4;\boldsymbol{\alpha}_1,\boldsymbol{\alpha}_3,\boldsymbol{\alpha}_5$ 线性无关且都为极大无关组.

例 5 求矩阵 $\boldsymbol{A}=\begin{pmatrix}2&1&11&2&3\\1&2&4&-1&2\\11&14&56&5&18\\2&-8&-10&-26&10\end{pmatrix}$ 的秩.

解题过程 $\boldsymbol{A}\to\begin{pmatrix}0&-3&3&4&-1\\1&2&4&-1&2\\0&-8&12&16&-4\\0&-12&-18&-24&6\end{pmatrix}\to\begin{pmatrix}1&2&4&-1&2\\0&-3&3&4&-1\\0&2&-3&-4&1\\0&2&3&4&-1\end{pmatrix}$

$\to\begin{pmatrix}1&0&7&3&1\\0&-1&0&0&0\\0&2&-3&-4&1\\0&0&6&8&-2\end{pmatrix}\to\begin{pmatrix}1&0&7&3&1\\0&1&0&0&0\\0&0&3&4&-1\\0&0&0&0&0\end{pmatrix}$

故 $r(A)=3$.

提示：初等变换不改变矩阵的秩

题型三:线性方程组解的结构

题型分析 设线性方程组

$$\begin{cases}a_{11}x_1+a_{12}x_2+\cdots+a_{1n}x_n=b_1,\\a_{21}x_1+a_{22}x_2+\cdots+a_{2n}x_n=b_2,\\\cdots\cdots\cdots\cdots\cdots\cdots\\a_{s1}x_1+a_{s2}x_2+\cdots+a_{sn}x_n=b_s,\end{cases}\tag{1}$$

和其相对应的齐次方程组

$$\begin{cases}a_{11}x_1+a_{12}x_2+\cdots+a_{1n}x_n=0,\\a_{21}x_1+a_{22}x_2+\cdots+a_{2n}x_n=0,\\\cdots\cdots\cdots\cdots\cdots\cdots\\a_{s1}x_1+a_{s2}x_2+\cdots+a_{sn}x_n=0,\end{cases}\tag{2}$$

(1) 当 $r(A)=r<n$,方程组(2) 的任意 $n-r$ 个线性无关的解向量 $\boldsymbol{\eta}_1,\boldsymbol{\eta}_2,\cdots\boldsymbol{\eta}_{n-r}$ 都是它的基础解系,(2) 的全部解可表示为

$$k_1\boldsymbol{\eta}_1+k_2\boldsymbol{\eta}_2+\cdots+k_{n-r}\boldsymbol{\eta}_{n-r},$$

其中 $k_1,k_2,\cdots k_{n-r}$ 是任意的数.

(2) 当 $r(A)=r(\overline{A})=r<n$ 时,如果 $\boldsymbol{\gamma}_0$ 是线性方程组(1) 的一个特解,$\boldsymbol{\eta}_1,\boldsymbol{\eta}_2,\cdots\boldsymbol{\eta}_{n-r}$ 是(1) 的相应导出组(2) 的基础解系,那么线性方程组(1) 的任一个解 $\boldsymbol{\gamma}$ 都可以表成

$$\boldsymbol{\gamma}=\boldsymbol{\gamma}_0+k_1\boldsymbol{\eta}_1+k_2\boldsymbol{\eta}_2+\cdots+k_{n-r}\boldsymbol{\eta}_{n-r},$$

其中 $k_1,k_2,\cdots,k_{n-r}$ 是任意数.

例 6 求方程组 $\boldsymbol{A}x=O$ 的基础解系和一般解，其中

$$\boldsymbol{A}=\begin{pmatrix}1&3&3&2&-1\\2&6&9&5&4\\-1&-3&3&1&13\\0&0&-3&1&-6\end{pmatrix}$$

解题过程 解对 $\boldsymbol{A}$ 做初等行变换，将 $\boldsymbol{A}$ 化为行简化阶梯形矩阵 U.

$$\boldsymbol{A}\to\begin{bmatrix}1&3&0&0&-7\\0&0&1&0&2\\0&0&0&1&0\\0&0&0&0&0\end{bmatrix}=U,r(\boldsymbol{A})=3,n-r=2$$

选 x_1,x_3,x_4 为主元，x_2,x_5 为自由未知量，

取 $x_2=1,x_5=0$ 得 $\xi_1=(-3,1,0,0,0)^T$

取 $x_2=0,x_5=1$ 得 $\xi_1=(7,0,-2,0,1)^T$

所以，$\boldsymbol{A}x=O$ 的一般解为：$x=k_1x_1+k_2x_2$，即

$x=k_1(-3,1,0,0,0)^T+k_2(7,0,-2,0,1)^T$（$k_1,k_2$ 为任意常数），得（ξ_1,ξ_2）为 $\boldsymbol{A}x=0$ 的一个基础解系.

例 7 设 $\boldsymbol{A}=\begin{bmatrix}\lambda&1&1\\0&\lambda-1&0\\1&1&\lambda\end{bmatrix}$，$\boldsymbol{b}=\begin{bmatrix}a\\1\\1\end{bmatrix}$ 已知线性方程组 $\boldsymbol{Ax}=\boldsymbol{b}$ 存在 2 个不同的解.

（Ⅰ）求 $\boldsymbol{\lambda},a$；

（Ⅱ）求方程组 $\boldsymbol{Ax}=\boldsymbol{b}$ 的通解.

解题过程 （Ⅰ）因为线性方组 $\boldsymbol{Ax}=\boldsymbol{b}$ 有 2 个不同的解，所以 $r(\boldsymbol{A})=r(\overline{\boldsymbol{A}})<n$.

由
$$|\boldsymbol{A}|=\begin{vmatrix}\lambda&1&1\\0&\lambda-1&0\\1&1&\lambda\end{vmatrix}=(\lambda-1)\begin{bmatrix}\lambda&1\\1&\lambda\end{bmatrix}=(\lambda+1)(\lambda-1)^2=0.$$

知 $\lambda=1$ 或 $\lambda=-1$.

当 $\lambda=1$ 时，有 $r(A)=1,r(\overline{A})=2$，此时线性方程组无解

而当 $\lambda=-1$ 时.

$$\overline{\boldsymbol{A}}\to\left[\begin{array}{ccc:c}-1&1&1&a\\0&-2&0&1\\1&1&-1&1\end{array}\right]\to\left[\begin{array}{ccc:c}1&1&-1&1\\0&-2&0&1\\0&0&0&a+2\end{array}\right].$$

若 $a=-2$，则 $r(\boldsymbol{A})=r(\overline{\boldsymbol{A}})=2$，方程组 $\boldsymbol{Ax}=\boldsymbol{b}$ 有无穷多解.

故 $\boldsymbol{\lambda}=-1,a=-2$.

（Ⅱ）当 $\lambda=-1, a=-2$ 时.

$$\bar{A} \rightarrow \left[\begin{array}{ccc:c} 1 & 0 & -1 & \frac{3}{2} \\ 0 & 1 & 0 & -\frac{1}{2} \\ 0 & 0 & 0 & 0 \end{array}\right]$$

所以方程组 $Ax=b$ 的通解为 $\left(\frac{3}{2},-\frac{1}{2},0\right)^T+k(1,0,1)^T$，其中 k 是任意常数.

评注 ① 解本题的出发点是理解非齐次方程组 $Ax=b$ 存在 2 个不同的解这个条件，其解不是唯一的；或 $r(A)=r(\bar{A})<3$，或设 α_1,α_2，为其 2 个不同的解，则 $\alpha_1 \rightarrow \alpha_2$ 是 $Ax=0$ 的一个非零解. 从而均可得出系数行列式 $|A|=0$，进而确定系数 λ 与 a.

② 本题亦可对增广矩阵作初等行变换，有

$$\bar{A} \rightarrow \left[\begin{array}{ccc:c} 1 & 1 & \lambda & 1 \\ 0 & \lambda-1 & 0 & 1 \\ 0 & 0 & 1-\lambda^2 & a-\lambda+1 \end{array}\right],$$

由于 $Ax=b$ 有无穷多解，或 $r(A)=r(\bar{A})<3$，易见 $\lambda=1$ 时无解；$\lambda=-1, a=-2$ 时合乎要求.

例 8 （2002.2）已知 $\alpha=\begin{bmatrix}1\\2\\1\end{bmatrix}, \beta=\begin{bmatrix}1\\\frac{1}{2}\\0\end{bmatrix} \gamma=\begin{bmatrix}0\\0\\8\end{bmatrix}, A=\alpha\beta^T$.

$B=\beta^T\alpha$.

求解方程 $2B^2A^2x=A^2x+B^2x+\gamma$.

解题过程 由于

$$A=\alpha\beta^T=\begin{bmatrix}1\\2\\1\end{bmatrix}\left[1,\frac{1}{2},0\right]=\begin{bmatrix}1 & \frac{1}{2} & 0\\ 2 & 1 & 0\\ 1 & \frac{1}{2} & 0\end{bmatrix}$$

$$B=\beta^T\alpha=\left[1,\frac{1}{2},0\right]\begin{bmatrix}1\\2\\1\end{bmatrix}=2$$

又 $A^2=[\alpha\beta^T][\alpha\beta^T]=\alpha[\beta^T\alpha]\beta^T=2A$，于是 $A^T=8A$ 代入原方程，整理有

$$8(A-2E)x=\gamma$$

即
$$\begin{bmatrix}-1 & \frac{1}{2} & 0\\ 2 & -1 & 0\\ 1 & \frac{1}{2} & -2\end{bmatrix}\begin{bmatrix}x_1\\ x_2\\ x_3\end{bmatrix}=\begin{bmatrix}0\\ 0\\ 1\end{bmatrix}$$

对增广矩阵作初等行变换,有

$$\left[\begin{array}{ccc:c}-1 & \frac{1}{2} & 0 & 0\\ 2 & -1 & 0 & 0\\ 1 & \frac{1}{2} & 1 & 1\end{array}\right]\to\left[\begin{array}{ccc:c}2 & -1 & 0 & 0\\ 0 & 1 & -2 & 1\\ 0 & 0 & 0 & 0\end{array}\right]\to\begin{bmatrix}1 & 0 & -1 & \frac{1}{2}\\ 0 & 1 & -2 & 1\\ 0 & 0 & 0 & 0\end{bmatrix}$$

特解 $\boldsymbol{\alpha}=\left[\frac{1}{2},1,0\right]^T$

基础解系 $\boldsymbol{\eta}=[1,2,1]^T$

故方程组的通解是:$\boldsymbol{\alpha}+k\boldsymbol{\eta}$,$k$ 为任意常数.

题型四:线性方程组有解的判断

题型分析 1. 线性方程组有解的充要条件是它的系数矩阵与增广矩阵有相同的秩.

2. 线性方程组的解的个数:

1) 当 $r(A)=r(\overline{A})=n$,方程组(1) 有唯一解;

2) 当 $r(A)=r(\overline{A})=r<n$,方程组(1) 有无穷多解.

3. 齐次线性方程组(2) 总是有解.

1) 当 $r(A)=n$,方程组(2) 只有零解;

2) 当 $r(A)=r<n$,方程组(2) 有非零解.

例 9 设线性方程组 $\begin{cases}ax_1+x_2+x_3=4\\ x_1+bx_2+x_3=3\\ x_1+2bx_2+x_3=4\end{cases}$,就参数 a,b,讨论方程组的解的情况,有解时并求出解.

解题过程 用初等行变换将增广矩阵 $\overline{A}$ 化为阶梯矩阵,有

$$\overline{\boldsymbol{A}}=\left[\begin{array}{ccc:c}a & 1 & 1 & 4\\ 1 & b & 1 & 3\\ 1 & 2b & 1 & 4\end{array}\right]\xrightarrow{\text{行对换}}\left[\begin{array}{ccc:c}1 & b & 1 & 3\\ 1 & 2b & 1 & 4\\ a & 1 & 1 & 4\end{array}\right]\xrightarrow[(3)+(1)\times(-a)]{(2)+(1)\times(-1)}$$

$$\to\left[\begin{array}{ccc:c}1 & b & 1 & 3\\ 0 & b & 0 & 1\\ 0 & 1-ab & 1-a & 4-3a\end{array}\right]$$

$$\xrightarrow{(3)+(2)\times a}\left[\begin{array}{ccc:c}1 & b & 1 & 3\\ 0 & b & 0 & 1\\ 0 & 1 & 1-a & 4-2a\end{array}\right]\xrightarrow[(2)\leftrightarrow(3)]{(2)+(3)\times(-b)}\left[\begin{array}{ccc:c}1 & b & 1 & 3\\ 0 & 1 & 1-a & 4-2a\\ 0 & 0 & (a-1)b & 1-4b+2ab\end{array}\right]$$

当$(a-1)b\neq 0$时，有唯一解：$x_1=\dfrac{2b-1}{(a-1)b},x_2=\dfrac{1}{b},x_3=\dfrac{1-4b+2ab}{(a-1)b}$；

当$a=1$，且$1-4b+2ab=1-2b=0$，即$b=1/2$时，有无穷多解

$$\bar{\mathbf{A}}=\left[\begin{array}{ccc:c}1 & b & 1 & 3\\ 0 & 1 & 1-a & 4-2a\\ 0 & 0 & (a-1)b & 1-4b+2ab\end{array}\right]$$

$a=1,b=1/2$时，上述增广矩阵化为

$$\bar{\mathbf{A}}=\begin{bmatrix}1 & \frac{1}{2} & 1 & 3\\ 0 & 1 & 0 & 2\\ 0 & 1 & 0 & 0\end{bmatrix}\to\begin{bmatrix}1 & 0 & 1 & 2\\ 0 & 1 & 0 & 2\\ 0 & 0 & 0 & 0\end{bmatrix}$$

于是方程组的一般解为

$x=(2,2,0)^T+k(-1,0,1)^T$（k为任意常数）

当$a=1,b=1/2$时，$1-4b+2ab\neq 0$，方程组无解.

当$b=0$时，$1-4b+2ab=1\neq 0$时，方程组无解.

例 10 设$\mathbf{A}=\begin{bmatrix}1 & 2 & 1\\ 2 & 3 & a+2\\ 1 & a & -2\end{bmatrix},\mathbf{b}=\begin{bmatrix}1\\ 3\\ 0\end{bmatrix},x=\begin{bmatrix}x_1\\ x_2\\ x_3\end{bmatrix}$

已知方程组$\mathbf{Ax}=\mathbf{b}$有无穷多解，求a的值并求其通解.

解题过程 线性方程组$\mathbf{Ax}=\mathbf{b}$有无穷多解$\Leftrightarrow r(\mathbf{A})=r(\bar{\mathbf{A}})<n$对增广矩阵作初等行变换，有

$$\bar{\mathbf{A}}=\left[\begin{array}{ccc:c}1 & 2 & 1 & 1\\ 2 & 3 & a+2 & 3\\ 1 & a & -2 & 0\end{array}\right]\to\left[\begin{array}{ccc:c}1 & 2 & 1 & 1\\ 0 & -1 & a & 1\\ 0 & a-2 & -3 & -1\end{array}\right]\to\left[\begin{array}{ccc:c}1 & 2 & 1 & 1\\ 0 & 1 & -a & -1\\ 0 & 0 & a^2-2a-3 & a+3\end{array}\right]$$

当$a=3$时，$x(\mathbf{A})=r(\bar{\mathbf{A}})=2<3$，此时

$$\bar{\mathbf{A}}=\left[\begin{array}{ccc:c}1 & 2 & 3 & 1\\ 0 & -1 & -3 & -1\\ 0 & 0 & 0 & 0\end{array}\right]\to\left[\begin{array}{ccc:c}1 & 0 & 7 & 3\\ 0 & 1 & -3 & -1\\ 0 & 0 & 0 & 0\end{array}\right].$$

于是方程组的通解为：$x=(3,-1,0)^T+k(-7,3,1)^T$.

例 11 (2014,1) 设有齐次线性方程组.

$$\begin{cases}(1+a)x_1+x_2+\ \cdots\ +x_n=0\\ 2x_1+(2+a)x_2+\cdots+2x_n=0\\ \vdots\qquad\qquad \vdots\qquad\qquad \vdots\\ nx_1+nx_2+\cdots+(n+a)x_n=0\end{cases}(n\geqslant 2)$$

试问a为何值时，该方程组有非零解，并求其通解.

解法一 对系数矩阵作初等行变换

$$\boldsymbol{A}=\begin{bmatrix}1+a & 1 & 1 & \cdots & 1\\ 2 & 2+a & 2 & \cdots & 2\\ 3 & 3 & 3+a & \cdots & 3\\ \vdots & \vdots & \vdots & \vdots & \vdots\\ n & n & n & \cdots & n+a\end{bmatrix}\to\begin{bmatrix}1+a & 1 & 1 & \cdots & 1\\ -2a & a & 0 & \cdots & 0\\ -3a & 0 & a & \cdots & 0\\ \vdots & \vdots & \vdots & & \vdots\\ -na & 0 & 0 & \cdots & a\end{bmatrix}=\boldsymbol{B}$$

(1) 若 $a=0$,秩 $r(\boldsymbol{A})=1$,方程组有非零解,其同解方程组为

$$x_1+x_2+\cdots+x_n=0.$$

由此得基础解系为

$$\boldsymbol{\eta}_1=[-1,1,0,\cdots,0]^T,\boldsymbol{\eta}_2=[-1,0,1,\cdots,0]^T,\cdots,\boldsymbol{\eta}_{n-1}=[-1,0,0,\cdots,1]^T$$

所以方程组的通解是

$$k_1\boldsymbol{\eta}_1+k_2\boldsymbol{\eta}_2+\cdots+k_{n-1}\boldsymbol{\eta}_{n-1}(k_1,k_2,\cdots,k_{n-1}\text{ 为任意常数}).$$

(2) 若 $a\neq0$,对矩阵 $\boldsymbol{B}$ 继续作初等行变换,有

$$\boldsymbol{B}\to\begin{bmatrix}1+a & 1 & 1 & \cdots & 1\\ -2 & 1 & 0 & \cdots & 0\\ -3 & 0 & 1 & \cdots & 0\\ \vdots & \vdots & \vdots & & \vdots\\ -n & 0 & 0 & \cdots & 1\end{bmatrix}\to\begin{bmatrix}a+\frac{1}{2}n(n+1) & 0 & 0 & \cdots & 0\\ -2 & 1 & 0 & \cdots & 0\\ -3 & 0 & 1 & \cdots & 0\\ \vdots & \vdots & \vdots & & \vdots\\ -n & 0 & 0 & \cdots & 1\end{bmatrix}$$

故当 $a=-\frac{1}{2}n(n+1)$ 时,秩 $r(\boldsymbol{A})=n-1<n$ 方程组也有非零解,其同解方程为

$$\begin{cases}-2x_1+x_2=0\\ -3x_1+x_3=0\\ \quad\vdots\qquad\vdots\quad\vdots\\ -nx_1+x_n=0\end{cases}$$

得基础解系 $\quad\boldsymbol{\eta}=[1,2,\cdots,n]^T$

于是方程组的通解为 $k\boldsymbol{\eta}$,k 为任意常数.

解法二 由于系数行列式

$$|\boldsymbol{A}|=\begin{vmatrix}1+a & 1 & \cdots & 1\\ 2 & 2+a & \cdots & 2\\ \vdots & \vdots & & \vdots\\ n & n & \cdots & n+a\end{vmatrix}=a^{n-1}\left[a+\frac{1}{2}(n+1)n\right]$$

那么 $\boldsymbol{Ax}=\boldsymbol{0}$ 有非零解 $\quad\Leftrightarrow|\boldsymbol{A}|=0$

$$\Leftrightarrow a=0\text{ 或 }a=-\frac{1}{2}(n+1)n$$

(1) 若 $a=0$,对系数矩阵作初等行变换,有

$$A=\begin{bmatrix}1&1&1&\cdots&1\\2&2&2&\cdots&2\\\vdots&\vdots&\vdots&&\vdots\\n&n&n&\cdots&n\end{bmatrix}\to\begin{bmatrix}1&1&1&\cdots&1\\0&0&0&\cdots&0\\\vdots&\vdots&\vdots&&\vdots\\0&0&0&\cdots&0\end{bmatrix}$$

故方程组的同解方程组为

$$x_1+x_n+\cdots+x_n=0$$

由此得基础解系为

$\boldsymbol{\eta}_1=[-1,1,0,\cdots,0]^T,\boldsymbol{\eta}_2=[-1,0,1,\cdots,0]^T,\cdots,\boldsymbol{\eta}_{n-1}=[-1,0,0,\cdots,1]^T$.

此时方程组的通解为

$k_1\boldsymbol{\eta}_1+k_2\boldsymbol{\eta}_2+\cdots+k_{n-1}\boldsymbol{\eta}_{n-1}$，其中 $k_1,\cdots,k_{n-1}$ 为任意常数，

(2) 若 $a=-\frac{1}{2}(n+1)n$，对系数矩阵作初等行变换，有

$$A=\begin{bmatrix}1+a&1&1&\cdots&1\\2&2+a&2&\cdots&2\\3&3&3+a&\cdots&3\\\vdots&\vdots&\vdots&&\vdots\\n&n&n&\cdots&n+a\end{bmatrix}\to\begin{bmatrix}1+a&1&1&\cdots&1\\-2a&a&0&\cdots&0\\-3a&0&a&\cdots&0\\\vdots&\vdots&\vdots&&\vdots\\-na&0&0&\cdots&a\end{bmatrix}$$

$$\to\begin{bmatrix}1+a&1&1&\cdots&1\\-2&1&0&\cdots&0\\-3&0&1&\cdots&0\\\vdots&\vdots&\vdots&&\vdots\\-n&0&0&\cdots&1\end{bmatrix}\to\to\begin{bmatrix}0&0&0&\cdots&0\\-2&1&0&\cdots&0\\-3&0&1&\cdots&0\\\vdots&\vdots&\vdots&&\vdots\\-n&0&0&\cdots&1\end{bmatrix}$$

故方程组的同解方程组为

$$\begin{cases}-2x_1+x_2=0\\-3x_1+x_3=0\\\quad\vdots\qquad\vdots\quad\vdots\\-nx_1+x_n=0\end{cases}$$

因为系数矩阵的秩为 $n-1$，可求出基础解系为

$$\boldsymbol{\eta}=[1,2,\cdots,n]^T$$

此时方程组的通解为

$$k\boldsymbol{\eta},k\text{ 为任意常数.}$$

例 12 设 $A=\begin{bmatrix}1&0&3&1&2\\2&1&7&4&3\\-1&2&-1&3&0\end{bmatrix}$，则 $Ax=0$ 的基础解系中所含解向量的个数是________.

解题过程 由于 $Ax=0$ 的基础解系由 $n-r(A)$ 个解向量所构成，故应计算秩 $r(A)$.

$$\boldsymbol{A}=\begin{bmatrix}1&0&3&1&2\\2&1&7&4&3\\-1&2&-1&3&0\end{bmatrix}\to\begin{bmatrix}1&0&3&1&2\\0&1&1&2&-1\\0&2&2&4&2\end{bmatrix}\to\begin{bmatrix}1&0&3&1&2\\0&1&1&2&-1\\0&0&0&0&4\end{bmatrix}$$

由于 $r(\boldsymbol{A})=3$,那么

$$n-r(\boldsymbol{A})=5-3=2$$

所以基础解系中所含解向量个数为 2.

课后习题全解

1. **知识点窍** 消元法.

逻辑推理 消元法是解线性方程组的最基本的方法,关键是利用初等变换将方程组化为阶梯形.本题只给出第 1 个小题的解答过程.

解题过程 (1) 用初等变换消去 x_1,得

$$\begin{cases}x_1+3x_2+5x_3-4x_4=1,\\-x_3+2x_4+x_5=-2,\\-5x_2-4x_3+3x_4-x_5=2,\\-7x_2-4x_3+5x_4-x_5=2,\\-x_2-4x_3+3x_4+x_5=-2,\end{cases}$$

用初等变换消去 x_2,并经适当的初等变换,得

$$\begin{cases}x_1+3x_2+5x_3-4x_4=1,\\x_2+4x_3-3x_4-x_5=2,\\16x_3-12x_4-6x_5=12,\\24x_3-16x_4-8x_5=16,\\-3x_3+2x_4+x_5=-2,\end{cases}$$

再经初等变换消去 x_3 及去掉多余的方程,得

$$\begin{cases}x_1+3x_2+5x_3-4x_4=1,\\x_2+4x_3-3x_4-x_5=2,\\-3x_3+2x_4+x_5=-2,\\2x_4+x_5=-2,\end{cases}\quad\text{即}\begin{cases}x_1+3x_2+5x_3-4x_4=1,\\x_2+4x_3-3x_4=2+x_5,\\-3x_3+2x_4=-2-x_5,\\2x_4=-2-x_5,\end{cases}$$

最后得

$$\begin{cases} x_1 = -\frac{1}{2}x_5, \\ x_2 = -1 - \frac{1}{2}x_5, \\ x_3 = 0, \\ x_4 = -1 - \frac{1}{2}x_5, \end{cases}$$

其中 x_5 是自由未知量.

(2) 对方程组的增广矩阵作行初等变换,有

$$\begin{bmatrix} 1 & 2 & 0 & -3 & 2 & 1 \\ 1 & -1 & -3 & 1 & -3 & 2 \\ 2 & -3 & -4 & -5 & 2 & 7 \\ 9 & -9 & 6 & 16 & 2 & 25 \end{bmatrix} \to \begin{bmatrix} 1 & 2 & 0 & -3 & 2 & 1 \\ 0 & -3 & -3 & 4 & -5 & 1 \\ 0 & -7 & 4 & 1 & -2 & 5 \\ 0 & -27 & 6 & 11 & -16 & 16 \end{bmatrix}$$

$$\to \begin{bmatrix} 1 & 2 & 0 & -3 & 2 & 1 \\ 0 & -3 & -3 & 4 & -5 & 1 \\ 0 & 0 & 11 & -\frac{25}{3} & \frac{29}{3} & \frac{8}{3} \\ 0 & 0 & 33 & -25 & 29 & 7 \end{bmatrix} \to \begin{bmatrix} 1 & 2 & 0 & -3 & 2 & 1 \\ 0 & -3 & -3 & 4 & -5 & 1 \\ 0 & 0 & 11 & -\frac{25}{3} & \frac{29}{3} & \frac{8}{3} \\ 0 & 0 & 0 & 0 & 0 & -1 \end{bmatrix}$$

因为

$$r(\overline{\boldsymbol{A}}) = 4 > r(\boldsymbol{A}) = 3,$$

所以原方程无解.

3) 对方程组的增广矩阵作行初等变换,有

$$\begin{bmatrix} 1 & -2 & 3 & -4 & 4 \\ 0 & 1 & -1 & 1 & -3 \\ 1 & 3 & 0 & 1 & 1 \\ 0 & -7 & 3 & 1 & -3 \end{bmatrix} \to \begin{bmatrix} 1 & -2 & 3 & -4 & 4 \\ 0 & 1 & -1 & 1 & -3 \\ 0 & 5 & -3 & 5 & -3 \\ 0 & -7 & 3 & 1 & -3 \end{bmatrix}$$

$$\to \begin{bmatrix} 1 & 0 & 1 & -2 & -2 \\ 0 & 1 & -1 & 1 & -3 \\ 0 & 0 & 2 & 0 & 12 \\ 0 & 0 & -4 & 8 & -24 \end{bmatrix} \to \begin{bmatrix} 1 & 0 & 0 & 0 & -8 \\ 0 & 1 & 0 & 0 & 3 \\ 0 & 0 & 2 & 0 & 12 \\ 0 & 0 & 0 & 8 & 0 \end{bmatrix},$$

因为

$$r(\overline{\boldsymbol{A}}) = r(\boldsymbol{A}) = 4,$$

所以方程组有惟一解,且其解为

$$\begin{cases} x_1 = -8, \\ x_2 = 3, \\ x_3 = 6, \\ x_4 = 0. \end{cases}$$

4) 对方程组的系数矩阵作行初等变换,有

$$\begin{bmatrix}3&4&-5&7\\2&-3&3&-2\\4&11&-13&16\\7&-2&1&3\end{bmatrix}\to\begin{bmatrix}1&7&-8&9\\2&-3&3&-2\\4&11&-13&16\\7&-2&1&13\end{bmatrix}$$

$$\to\begin{bmatrix}1&7&-8&9\\0&-17&19&-20\\0&17&-19&20\\0&-34&38&-40\end{bmatrix}\to\begin{bmatrix}1&7&-8&9\\0&-17&19&-20\\0&0&0&0\\0&0&0&0\end{bmatrix},$$

即原方程组的同解方程组为

$$\begin{cases}x_1+7x_2-8x_3+9x_4=0\\-17x_2+19x_3-20x_4=0\end{cases},$$

由此可解得

$$\begin{cases}x_1=\dfrac{3}{17}k_1-\dfrac{13}{17}k_2,\\x_2=\dfrac{19}{17}k_1-\dfrac{20}{17}k_2,\\x_3=k_1,\\x_4=k_2,\end{cases}$$

其中 k_1、k_2 是任意常数.

5）对方程组的增广矩阵作行初等变换，有

$$\begin{bmatrix}2&1&-1&1&1\\3&-2&2&-3&2\\5&1&-1&2&-1\\2&-1&1&-3&4\end{bmatrix}\to\begin{bmatrix}2&1&-1&1&1\\7&0&0&-1&4\\3&0&0&1&-2\\4&0&0&-2&5\end{bmatrix}$$

$$\to\begin{bmatrix}2&1&-1&1&1\\7&0&0&-1&4\\10&0&0&0&2\\-10&0&0&0&-3\end{bmatrix}\to\begin{bmatrix}2&1&-1&1&1\\7&0&0&-1&4\\10&0&0&0&-2\\0&0&0&0&-1\end{bmatrix}$$

因为

$$r(\overline{\mathbf{A}})=4\neq r(\mathbf{A})=3,$$

所以原方程无解.

6）对方程组的增广矩阵作行初等变换，有

$$\begin{bmatrix}1&2&3&1&1\\3&2&1&-1&1\\2&3&1&1&1\\2&2&2&-1&1\\5&5&2&0&2\end{bmatrix}\to\begin{bmatrix}3&5&4&0&2\\2&5&2&0&2\\2&3&1&1&1\\4&5&3&0&2\\5&5&2&0&2\end{bmatrix}$$

$$\rightarrow\begin{bmatrix}-2&0&2&0&0\\5&5&2&0&2\\-1&0&-\frac{1}{5}&1&-\frac{1}{5}\\-1&0&1&0&0\\0&0&0&0&0\end{bmatrix}\rightarrow\begin{bmatrix}0&0&0&0&0\\0&5&7&0&2\\0&0&-\frac{6}{5}&1&-\frac{1}{5}\\-1&0&1&0&0\\0&0&0&0&0\end{bmatrix},$$

原方程组的同解方程组为

$$\begin{cases}5x_2+7x_3=2,\\-\frac{6}{5}x_3+x_4=-\frac{1}{5},\\-x_1+x_3=0\end{cases}$$

解之得

$$\begin{cases}x_1=k,\\x_2=\frac{2}{5}-\frac{7}{5}k,\\x_3=k,\\x_4=-\frac{1}{5}+\frac{6}{5}k.\end{cases}$$

其中 k 是任意常数.

2. 知识点窍 线性组合,解线性方程组.

逻辑推理 把 $\boldsymbol{\beta}$ 表示成 $\boldsymbol{\alpha}_1,\boldsymbol{\alpha}_2,\boldsymbol{\alpha}_3,\boldsymbol{\alpha}_4$ 的线性组合,则可设 $\boldsymbol{\beta}=x_1\boldsymbol{\alpha}_1+x_2\boldsymbol{\alpha}_2+x_3\boldsymbol{\alpha}_3+x_4\boldsymbol{\alpha}_4$. 由向量的线性运算和向量相等的定义可以得到关于 x_1,x_2,x_3,x_4 的一个线性方程组,解方程组得到 x_1,x_2,x_3,x_4 的值,便可写出 $\boldsymbol{\beta}$ 的线性组合.

解题过程 (1) 设有线性关系

$$\boldsymbol{\beta}=k_1\boldsymbol{\alpha}_1+k_2\boldsymbol{\alpha}_2+k_3\boldsymbol{\alpha}_3+k_4\boldsymbol{\alpha}_4$$

代入所给向量,可得线性方程组

$$\begin{cases}k_1+k_2+k_3+k_4=1,\\k_1+k_2-k_3-k_4=2,\\k_1-k_2+k_3-k_4=1,\\k_1-k_2-k_3+k_4=1,\end{cases}$$

解之,得

$$k_1=\frac{5}{4},k_2=\frac{1}{4},k_3=-\frac{1}{4},k_4=-\frac{1}{4},$$

因此

$$\boldsymbol{\beta}=\frac{5}{4}\boldsymbol{\alpha}_1+\frac{1}{4}\boldsymbol{\alpha}_2-\frac{1}{4}\boldsymbol{\alpha}_3-\frac{1}{4}\boldsymbol{\alpha}_4.$$

(2) 同理可得

$$\boldsymbol{\beta}=\boldsymbol{\alpha}_1-\boldsymbol{\alpha}_3.$$

3. 知识点窍 线性相关、线性无关的基本性质.

逻辑推理 $\boldsymbol{\alpha}_1,\boldsymbol{\alpha}_2,\cdots,\boldsymbol{\alpha}_r,\boldsymbol{\beta}$线性相关，则$k_1\boldsymbol{\alpha}_1+k_2\boldsymbol{\alpha}_2+\cdots+k_r\boldsymbol{\alpha}_r+k_{r+1}\boldsymbol{\beta}=0$，若$\boldsymbol{\beta}$能表示成$\boldsymbol{\beta}=-\frac{k_1}{k_{r+1}}\boldsymbol{\alpha}_1-\frac{k_2}{k_{r+1}}\boldsymbol{\alpha}_2-\cdots-\frac{k_r}{k_{r+1}}\boldsymbol{\alpha}_r$，则得证$\boldsymbol{\beta}$可以由$\boldsymbol{\alpha}_1,\boldsymbol{\alpha}_2,\cdots,\boldsymbol{\alpha}_r$线性表出，所以需要证明$k_{r+1}\neq 0$.

解题过程 由题设，可以找到不全为零的数$k_1,k_2,\cdots,k_{r+1}$使$k_1\boldsymbol{\alpha}_1+k_2\boldsymbol{\alpha}_2+\cdots+k_r\boldsymbol{\alpha}_r+k_{r+1}\boldsymbol{\beta}=0$.

如果$\boldsymbol{\alpha}_1,\boldsymbol{\alpha}_2,\cdots,\boldsymbol{\alpha}_n$线性相关，则存在不全为0的$k_1,k_2,\cdots,k_n$使得$k_1\boldsymbol{\alpha}_1+k_2\boldsymbol{\alpha}_2+\cdots+k_n\boldsymbol{\alpha}_n=0$

显然$k_{r+1}=0$，事实上，若$k_{r+1}=0$，而$k_1,k_2,\cdots,k_r$不全为零，使$k_1\boldsymbol{\alpha}_1+k_2\boldsymbol{\alpha}_2+\cdots+k_r\boldsymbol{\alpha}_r=0$成立，这与$\boldsymbol{\alpha}_1,\boldsymbol{\alpha}_2,\cdots,\boldsymbol{\alpha}_r$线性无关的假设矛盾，即证$k_{r+1}\neq 0$. 故

$$\boldsymbol{\beta}=\sum_{i=1}^{r}\frac{k_r}{k_{r+1}}\boldsymbol{\alpha}_i,(i=1,2,\cdots r)$$

即向量$\boldsymbol{\beta}$可由$\boldsymbol{\alpha}_1,\boldsymbol{\alpha}_2,\cdots,\boldsymbol{\alpha}_r$线性表出.

4. 知识点窍 齐次线性方程组有非零解$\Leftrightarrow$系数矩阵$\mathbf{A}=(a_{ij})_{n\times n}$的行列式$|\mathbf{A}|=0$.

逻辑推理 设$k_1\boldsymbol{\alpha}_1+k_2\boldsymbol{\alpha}_2+\cdots+k_n\boldsymbol{\alpha}_n=0$，若能证明$k_1=k_2=\cdots=k_n=0$，则$\boldsymbol{\alpha}_1,\boldsymbol{\alpha}_2,\cdots,\boldsymbol{\alpha}_n$线性无关.

解题过程 设有一组数$l_1,l_2,\cdots,l_n$使$l_1\boldsymbol{\alpha}_1+l_2\boldsymbol{\alpha}_2+\cdots+l_n\boldsymbol{\alpha}_n=0$.

按各分量写出等式，得等式组

$$\begin{cases}a_{11}l_1+a_{21}l_2+\cdots+a_{n1}l_n=0,\\ a_{12}l_1+a_{22}l_2+\cdots+a_{n2}l_n=0,\\ \cdots\cdots\cdots\cdots\\ a_{1n}l_1+a_{2n}l_2+\cdots+a_{nn}l_n=0.\end{cases}$$

即$l_1,l_2,\cdots l_n$是齐次方程组

$$\begin{cases}a_{11}x_1+a_{21}x_2+\cdots+a_{n1}x_n=0,\\ a_{12}x_1+a_{22}x_2+\cdots+a_{n2}x_n=0,\\ \cdots\cdots\cdots\cdots\\ a_{1n}x_1+a_{2n}x_2+\cdots+a_{nn}x_n=0.\end{cases}$$

的解，此方程组的系数行列式$|a_n|\neq 0$，只有零解，得$l_1=l_2=\cdots=l_n=0$，故$\boldsymbol{\alpha}_1,\boldsymbol{\alpha}_2,\cdots,\boldsymbol{\alpha}_n$是线性无关的向量组.

利用线性方程组的解来证明无关性。另外本题也可以采用反证法。

5. 知识点窍 逻辑推理　同题4.

解题过程 令
$$\begin{cases}\boldsymbol{\beta}_1=(1,t_1,t_1^2,\cdots,t_2^{r-1})\\ \boldsymbol{\beta}_2=(1,t_2,t_2^2,\cdots,t_2^{r-1})\\ \cdots\cdots\cdots\cdots\cdots\cdots\\ \boldsymbol{\beta}_r=(1,t_r,t_r^2\cdots,t_r^{r-1})\end{cases}$$

由于$t_1,t_2,\cdots,t_n$，互不相同，故r级范德蒙德行列式

$$\begin{vmatrix} 1 & 1 & \cdots & 1 \\ t_1 & t_2 & \cdots & t_n \\ t_1^2 & t_2^2 & \cdots & t_n^2 \\ \vdots & \vdots & & \vdots \\ t_1^{r-1} & t_2^{r-1} & \cdots & t_n^{r-1} \end{vmatrix} = \prod_{1\leqslant i\leqslant j\leqslant r}(t_j - t_i) \neq 0,$$

于是根据第 4 题的结论，可知 $\boldsymbol{\beta}_1,\boldsymbol{\beta}_2,\cdots,\boldsymbol{\beta}_r$ 是线性无关的.

而 $\boldsymbol{\alpha}_1,\boldsymbol{\alpha}_2\cdots\boldsymbol{\alpha}_r$ 分别由 $\boldsymbol{\beta}_1,\boldsymbol{\beta}_2\cdots\boldsymbol{\beta}_r$ 添加 $n-r$ 个分量得到，因此也是线性无关的.

6. 知识点窍 若 $\boldsymbol{\alpha}_1,\boldsymbol{\alpha}_2,\boldsymbol{\alpha}_3$ 线性无关，$k_1\boldsymbol{\alpha}_1+k_2\boldsymbol{\alpha}_2+k_3\boldsymbol{\alpha}_3=\mathbf{0}\Leftrightarrow k_1=k_2=k_3=0$.

逻辑推理 从线性无关的定义入手，设 $k_1(\boldsymbol{\alpha}_1+\boldsymbol{\alpha}_2)+k_2(\boldsymbol{\alpha}_2+\boldsymbol{\alpha}_3)+k_3(\boldsymbol{\alpha}_3+\boldsymbol{\alpha}_1)=\mathbf{0}$，证明 $k_1=k_2=k_3=0$.

解题过程 设由线性关系 $k_1(\boldsymbol{\alpha}_1+\boldsymbol{\alpha}_2)+k_2(\boldsymbol{\alpha}_2+\boldsymbol{\alpha}_3)+k_3(\boldsymbol{\alpha}_3+\boldsymbol{\alpha}_1)=\mathbf{0}$，则

$$(k_1+k_3)\boldsymbol{\alpha}_1+(k_1+k_2)\boldsymbol{\alpha}_2+(k_2+k_3)\boldsymbol{\alpha}_3=\mathbf{0}.$$

由题设知 $\boldsymbol{\alpha}_1,\boldsymbol{\alpha}_2,\boldsymbol{\alpha}_3$ 线性无关，所以

$$\begin{cases} k_1+k_3=0, \\ k_1+k_2=0, \\ k_2+k_3=0, \end{cases}$$

解得 $k_1=k_2=k_3=0$，故 $\boldsymbol{\alpha}_1+\boldsymbol{\alpha}_2,\boldsymbol{\alpha}_2+\boldsymbol{\alpha}_3,\boldsymbol{\alpha}_3+\boldsymbol{\alpha}_1$ 线性无关.

7. 知识点窍 极大线性无关组和向量组的秩.

逻辑推理 先用定理 2 来证明 $\boldsymbol{\alpha}_1,\boldsymbol{\alpha}_2,\cdots,\boldsymbol{\alpha}_s$ 中任取 $r+1$ 个向量(允许重复)都线性相关，任给 $\boldsymbol{\alpha}_1,\cdots,\boldsymbol{\alpha}_s$ 中 r 个线性无关的向量 $\boldsymbol{\alpha}_{i_1},\boldsymbol{\alpha}_{i_2},\cdots,\boldsymbol{\alpha}_{i_r}$，再证任一 $\boldsymbol{\alpha}_i$，都是它们的线性组合.

解题过程 由于 $\boldsymbol{\alpha}_1,\boldsymbol{\alpha}_2,\cdots,\boldsymbol{\alpha}_s$;的秩为 r，必有一个极大线性无关组由 r 个向量组成，不妨设为 $\boldsymbol{\alpha}_1,\boldsymbol{\alpha}_2,\cdots,\boldsymbol{\alpha}_r$，又设 $\boldsymbol{\alpha}_{i_1},\boldsymbol{\alpha}_{i_2},\cdots,\boldsymbol{\alpha}_{i_{r+1}}$ 是 $\boldsymbol{\alpha}_1,\boldsymbol{\alpha}_2,\cdots,\boldsymbol{\alpha}_s$ 中的 $r+1$ 个向量(允许重复)则任一 $\boldsymbol{\alpha}_{i_r}(i=1,\cdots,r+1)$ 是 $\boldsymbol{\alpha}_1,\boldsymbol{\alpha}_2,\cdots\boldsymbol{\alpha}_r$ 的线性组合，又 $r+1>r$，由定理 2，$\boldsymbol{\alpha}_{i_1}\boldsymbol{\alpha}_{i_2},\cdots,\boldsymbol{\alpha}_{i_{r+1}}$ 是线性相关的.

任给 $\boldsymbol{\alpha}_1,\boldsymbol{\alpha}_2,\cdots,\boldsymbol{\alpha}_s$ 中的 r 个线性无关的向量 $\boldsymbol{\alpha}_{i_1},\boldsymbol{\alpha}_{i_2},\cdots\boldsymbol{\alpha}_{i_r}$ 任意 $\boldsymbol{\alpha}_i(i=1,\cdots,s)$ 与它们合成 $r+1$ 个向量，第一段中已证明 $\boldsymbol{\alpha}_i,\boldsymbol{\alpha}_{i_1},\boldsymbol{\alpha}_{i_2},\cdots,\boldsymbol{\alpha}_{in}$ 线性相关，由定义 13 知 $\boldsymbol{\alpha}_{i_1},\boldsymbol{\alpha}_{i_2},\cdots,\boldsymbol{\alpha}_{i_r}$ 是 $\boldsymbol{\alpha}_1,\boldsymbol{\alpha}_2,\cdots,\boldsymbol{\alpha}_s$ 的一个极大线性无关组.

8. 知识点窍 极大线性无关组和向量组的等价.

逻辑推理 只要证明 $\boldsymbol{\alpha}_{i_1},\boldsymbol{\alpha}_{i_2},\cdots,\boldsymbol{\alpha}_{ir}$ 的秩是 r，再由第 7 题就得到.

解题过程 不妨设 $\boldsymbol{\alpha}_1,\cdots\boldsymbol{\alpha}_s$，为一个极大线性无关组，由题设易知 $\boldsymbol{\alpha}_{i_1},\boldsymbol{\alpha}_{i_2},\cdots,\boldsymbol{\alpha}_{i_r}$ 与 $\boldsymbol{\alpha}_1,\boldsymbol{\alpha}_2,\cdots,\boldsymbol{\alpha}_s$ 等价，等价的向量组有相同的秩，故 $\boldsymbol{\alpha}_{i_1},\boldsymbol{\alpha}_{i_2},\cdots,\boldsymbol{\alpha}_{i_r}$ 的秩也是 r，因而是线性无关的. 再由习题 7 可得所要的结论.

9. 知识点窍 同题 7.

逻辑推理 设原向量组的秩为 r，从中取含有 n 个向量的一个线性无关组，若不能扩充，则该线性无关组就是原向量组的一个极大线性无关组.

解题过程 设向量组 $\boldsymbol{\alpha}_1,\boldsymbol{\alpha}_2,\cdots,\boldsymbol{\alpha}_s$ 的秩为 r. 取其中 n 个线性无关的向量,$\boldsymbol{\alpha}_{i_1},\boldsymbol{\alpha}_{i_2},\cdots,\boldsymbol{\alpha}_{i_n}$ $(n\leqslant r)$.

(1) 当 $n=r$ 时,$\boldsymbol{\alpha}_{i_1},\boldsymbol{\alpha}_{i_2},\cdots,\boldsymbol{\alpha}_{i_n}$ 显然就是原向量组的极大线无关组.

(2) 下面讨论 $n<r$ 的情况,首先证明在原向量组中存在一向量 $\boldsymbol{\alpha}_{i_{n+1}}$,使得 $\boldsymbol{\alpha}_{i_1},\boldsymbol{\alpha}_{i_2},\cdots,\boldsymbol{\alpha}_{i_n},\boldsymbol{\alpha}_{i_{n+1}}$ 线性无关.

本题给出一个求极大线性无关组的方法,即通过扩充向量,使新的向量组保持线性无关,但要注意停止扩充的条件

因为若找不到这样的向量,就说明 $\boldsymbol{\alpha}_{i_1},\boldsymbol{\alpha}_{i_2},\cdots,\boldsymbol{\alpha}_{i_n}$ 是一个极大线性组. 这与原向量组的秩为 r 相矛盾. 这样,我们将 $\boldsymbol{\alpha}_{i_1},\boldsymbol{\alpha}_{i_2},\cdots,\boldsymbol{\alpha}_{i_n}$ 扩充成了 $\boldsymbol{\alpha}_{i_1},\boldsymbol{\alpha}_{i_2},\cdots,\boldsymbol{\alpha}_{i_n},\boldsymbol{\alpha}_{i_{n+1}}$.

若 $n+1=r$,则 $\boldsymbol{\alpha}_{i_1},\boldsymbol{\alpha}_{i_2},\cdots,\boldsymbol{\alpha}_{i_n},\boldsymbol{\alpha}_{i_{n+1}}$ 是极大无关组.

若 $n+1<r$,则重复(2),直到所得向量个数等于 r 为止.

10. 知识点窍 线性无关的证明和极大线性无关组的扩充.

逻辑推理 ① 看 $\boldsymbol{\alpha}_1,\boldsymbol{\alpha}_2$ 两个向量对应的分量;② 用消元法求解,保持 $\boldsymbol{\alpha}_1,\boldsymbol{\alpha}_2$ 不变.

解题过程 证(1) 由于 $\boldsymbol{\alpha}_1,\boldsymbol{\alpha}_2$ 的对应分量不成比例,且对于任意常数 λ,都有 $a_1\neq\lambda a_2$ 因而 $\boldsymbol{\alpha}_1,\boldsymbol{\alpha}_2$ 线性无关.

(2) 利用消元法求解,

$$\begin{pmatrix}1&-1&2&4&\boldsymbol{\alpha}_1\\0&3&1&2&\boldsymbol{\alpha}_2\\3&0&7&14&\boldsymbol{\alpha}_3\\1&-1&2&0&\boldsymbol{\alpha}_4\\2&1&5&6&\boldsymbol{\alpha}_5\end{pmatrix}\to\begin{pmatrix}1&-1&2&4&\boldsymbol{\alpha}_1\\0&3&1&2&\boldsymbol{\alpha}_2\\0&3&1&2&\boldsymbol{\alpha}_3-3\boldsymbol{\alpha}_1\\0&0&0&-4&\boldsymbol{\alpha}_4-\boldsymbol{\alpha}_1\\0&3&1&-2&\boldsymbol{\alpha}_5-2\boldsymbol{\alpha}_1\end{pmatrix}$$

$$\to\begin{pmatrix}1&-1&2&4&\boldsymbol{\alpha}_1\\0&3&1&2&\boldsymbol{\alpha}_2\\0&0&0&0&\boldsymbol{\alpha}_3-3\boldsymbol{\alpha}_1-\boldsymbol{\alpha}_2\\0&0&0&-4&\boldsymbol{\alpha}_4-\boldsymbol{\alpha}_1\\0&0&0&-4&\boldsymbol{\alpha}_5-2\boldsymbol{\alpha}_1-\boldsymbol{\alpha}_2\end{pmatrix}\to\begin{pmatrix}1&-1&2&4&\boldsymbol{\alpha}_1\\0&3&1&2&\boldsymbol{\alpha}_2\\0&0&0&0&\boldsymbol{\alpha}_3-3\boldsymbol{\alpha}_1-\boldsymbol{\alpha}_2\\0&0&0&-4&\boldsymbol{\alpha}_4-\boldsymbol{\alpha}_1\\0&0&0&0&\boldsymbol{\alpha}_5-\boldsymbol{\alpha}_1-\boldsymbol{\alpha}_2-\boldsymbol{\alpha}_4\end{pmatrix}$$

所以 $\begin{cases}\boldsymbol{\alpha}_3-3\boldsymbol{\alpha}_1-\boldsymbol{\alpha}_2=0,\\\boldsymbol{\alpha}_5-\boldsymbol{\alpha}_1-\boldsymbol{\alpha}_2-\boldsymbol{\alpha}_4=0,\end{cases}$ 即 $\begin{cases}\boldsymbol{\alpha}_3=3\boldsymbol{\alpha}_1+\boldsymbol{\alpha}_2,\\\boldsymbol{\alpha}_5=\boldsymbol{\alpha}_1+\boldsymbol{\alpha}_2+\boldsymbol{\alpha}_4.\end{cases}$

$\alpha_1,\alpha_2,\alpha_4$ 是 α_1,α_2 的扩充向量组

所以,$\boldsymbol{\alpha}_1,\boldsymbol{\alpha}_2,\boldsymbol{\alpha}_4$ 是一个极大线性无关组.

11. 知识点窍 消元法求极大线性无关组.

逻辑推理 设矩阵 $\mathbf{A}=(\boldsymbol{\alpha}_i{}')$,用初等行变换把矩阵变化成阶梯形 $\widetilde{\mathbf{A}}$,$\widetilde{\mathbf{A}}$ 中非零的行的个数 r 就是矩阵 $\mathbf{A}$ 的秩. 非零行的第一个非零元素所在列为 j,则 $\boldsymbol{\alpha}_j$ 构成极大线性无关组.

解题过程 (1) 设 $\mathbf{A}=[\boldsymbol{\alpha}_1^T,\boldsymbol{\alpha}_2^T,\boldsymbol{\alpha}_3^T,\boldsymbol{\alpha}_4^T]=\begin{pmatrix}6&1&1&7\\4&0&4&1\\1&2&-9&0\\-1&3&-16&-1\\2&-4&22&3\end{pmatrix}$

$$\xrightarrow[\substack{r_4+r_3\\ r_5-2r_3\\ r_1\leftrightarrow r_3}]{\substack{r_1-6r_3\\ r_2-4r_3}}\begin{pmatrix}1&2&-9&0\\0&-8&40&1\\0&-11&55&7\\0&5&-25&-1\\0&-8&40&3\end{pmatrix}\xrightarrow{\substack{r_5-r_2\\ r_3+2r_4}}\begin{pmatrix}1&2&-9&0\\0&-8&40&1\\0&-1&5&5\\0&5&-25&-1\\0&0&0&2\end{pmatrix}$$

$$\xrightarrow[\substack{r_4+5r_3\\ r_2\leftrightarrow r_3}]{r_2-8r_3}\begin{pmatrix}1&2&-9&0\\0&-1&5&5\\0&0&0&-39\\0&0&0&24\\0&0&0&0\end{pmatrix}\xrightarrow[r_4-24r_3]{r_3\times\left(-\frac{1}{39}\right)}\begin{pmatrix}1&2&-9&0\\0&-1&5&5\\0&0&0&1\\0&0&0&0\\0&0&0&0\end{pmatrix}$$

提示：极大线性无关组是不唯一的

所以 $\boldsymbol{\alpha}_1,\boldsymbol{\alpha}_2,\boldsymbol{\alpha}_3,\boldsymbol{\alpha}_4$ 的秩为 3，且 $\boldsymbol{\alpha}_1,\boldsymbol{\alpha}_2,\boldsymbol{\alpha}_4$（或 $\boldsymbol{\alpha}_1,\boldsymbol{\alpha}_3,\boldsymbol{\alpha}_4$）为极大线性无关组.

(2) 同理可得 $\boldsymbol{\alpha}_1,\boldsymbol{\alpha}_2,\boldsymbol{\alpha}_4$,（或 $\boldsymbol{\alpha}_1,\boldsymbol{\alpha}_3,\boldsymbol{\alpha}_4$ 或 $\boldsymbol{\alpha}_1,\boldsymbol{\alpha}_2,\boldsymbol{\alpha}_5$，或 $\boldsymbol{\alpha}_1,\boldsymbol{\alpha}_3,\boldsymbol{\alpha}_5$，）为所求极大线性无关组，且向量组的秩为 3.

12. **知识点窍** 向量组 $\boldsymbol{\alpha}_1,\boldsymbol{\alpha}_2,\cdots,\boldsymbol{\alpha}_s$ 可由向量组 $\boldsymbol{\beta}_1,\boldsymbol{\beta}_2,\cdots,\boldsymbol{\beta}_r$ 线性表出，且 $\boldsymbol{\alpha}_1,\boldsymbol{\alpha}_2,\cdots,\boldsymbol{\alpha}_s$ 线性无关，则 $s\leqslant r$.

逻辑推理 与向量组的秩有关，首先想到向量组的极大线性无关组.

解题过程 不妨设 $\boldsymbol{\alpha}_1,\boldsymbol{\alpha}_2,\cdots,\boldsymbol{\alpha}_s$ 是向量组（Ⅰ）的一个极大线性无关组，而 $\boldsymbol{\beta}_1,\boldsymbol{\beta}_2,\cdots,\boldsymbol{\beta}_r$ 是向量组（Ⅱ）的一个极大线性无关组.

因为向量组（Ⅰ）可由向量组（Ⅱ）线性表出，所以，$\boldsymbol{\alpha}_1,\boldsymbol{\alpha}_2,\cdots,\boldsymbol{\alpha}_s$ 也可以由 $\boldsymbol{\beta}_1,\boldsymbol{\beta}_2,\cdots,\boldsymbol{\beta}_r$ 线性表出.

又由于 $\boldsymbol{\alpha}_1,\boldsymbol{\alpha}_2,\cdots,\boldsymbol{\alpha}_s$ 线性无关，则有 $s\leqslant r$，即（Ⅰ）的秩不超过（Ⅱ）的秩.

13. **知识点窍** 等价向量组有相同的秩.

解题过程 由题设可知，$\boldsymbol{\alpha}_1,\boldsymbol{\alpha}_2,\cdots,\boldsymbol{\alpha}_n$ 与单位向量组 $\boldsymbol{\varepsilon}_1,\boldsymbol{\varepsilon}_2,\cdots,\boldsymbol{\varepsilon}_n$ 等价，故有 $\boldsymbol{\alpha}_1,\boldsymbol{\alpha}_2,\cdots,\boldsymbol{\alpha}_n$ 与 $\boldsymbol{\varepsilon}_1,\boldsymbol{\varepsilon}_2,\cdots,\boldsymbol{\varepsilon}_n$ 有相同的秩. 即 $\boldsymbol{\alpha}_1,\boldsymbol{\alpha}_2,\cdots,\boldsymbol{\alpha}_n$ 的秩为 n，那么，$\boldsymbol{\alpha}_1,\boldsymbol{\alpha}_2,\cdots,\boldsymbol{\alpha}_n$ 线性无关.

若向量组的秩等于其向量的个数，则向量组线性无关

14. **知识点窍** 线性相关性.

逻辑推理 充分性的证明可利用 13 题的结论；说明任一 n 维向量 $\boldsymbol{\beta}=x_1\boldsymbol{\alpha}_1+x_2\boldsymbol{\alpha}_2+\cdots+x_n\boldsymbol{\alpha}_n$，则证明必要性.

解题过程 必要性：设 $\boldsymbol{\alpha}_1,\boldsymbol{\alpha}_2\cdots\boldsymbol{\alpha}_n$ 线性无关，$\boldsymbol{\beta}$ 是任意一个 n 维向量，则任意 $(n+1)$ 个 n 维向量 $\boldsymbol{\alpha}_1,\boldsymbol{\alpha}_2,\cdots,\boldsymbol{\alpha}_n,\boldsymbol{\beta}$ 必线性相关，因此，$\boldsymbol{\beta}$ 它必可由 $\boldsymbol{\alpha}_1,\boldsymbol{\alpha}_2,\cdots,\boldsymbol{\alpha}_n$ 线性表出.

充分性：任意 n 维向量可由 $\boldsymbol{\alpha}_1,\boldsymbol{\alpha}_2,\cdots,\boldsymbol{\alpha}_n$ 线性表出，若单位向量 $\boldsymbol{\varepsilon}_1,\boldsymbol{\varepsilon}_2,\cdots,\boldsymbol{\varepsilon}_n$ 可由 $\boldsymbol{\alpha}_1,\boldsymbol{\alpha}_2,\cdots,\boldsymbol{\alpha}_n$ 线性表出，于是由上题结果，即证 $\boldsymbol{\alpha}_1,\boldsymbol{\alpha}_2,\cdots,\boldsymbol{\alpha}_n$ 线性无关.

15. **知识点窍** $|a_{ij}|\neq 0\Leftrightarrow$ 矩阵 $(a_{ij})_{n\times n}$ 的秩为 n.

逻辑推理 对于方程 $\boldsymbol{\beta}=x_1\boldsymbol{\alpha}_1+x_2\boldsymbol{\alpha}_2+\cdots+x_n\boldsymbol{\alpha}_n$，其中 $\boldsymbol{\alpha}_1,\boldsymbol{\alpha}_2,\cdots,\boldsymbol{\alpha}_n,\boldsymbol{\beta}$ 都是 n 维向量，由 14 题的结论可知，若 $\boldsymbol{\alpha}_1,\boldsymbol{\alpha}_2,\cdots,\boldsymbol{\alpha}_n$ 线性无关，则 $\boldsymbol{\beta}$ 可由 $\boldsymbol{\alpha}_1,\boldsymbol{\alpha}_2,\cdots,\boldsymbol{\alpha}_n$ 线性表出，即方程

有解.

解题过程 记

$$\boldsymbol{\alpha}_r=(a_{1r},a_{2r},\cdots,a_{nr}),(r=1,2,\cdots,n)^T,$$

$$\boldsymbol{\beta}=(b_1,b_2,\cdots b_n)^T,$$

则原方程组可表示为

$$\boldsymbol{\beta}=x_1\boldsymbol{\alpha}_1+x_2\boldsymbol{\alpha}_2+\cdots+x_n\boldsymbol{\alpha}_n \tag{1}$$

我们知道 $|a_{ij}|\neq 0\Leftrightarrow\boldsymbol{\alpha}_1,\boldsymbol{\alpha}_2,\cdots,\boldsymbol{\alpha}_n$ 线性无关.

由第 14 题结论可知，$\boldsymbol{\alpha}_1,\boldsymbol{\alpha}_2,\cdots,\boldsymbol{\alpha}_n$ 线性无关 $\Leftrightarrow$ 任一 n 维向量可由 $\boldsymbol{\alpha}_1,\boldsymbol{\alpha}_2,\cdots,\boldsymbol{\alpha}_n$ 线性表出. 而任一 n 维向量可由 $\boldsymbol{\alpha}_1,\boldsymbol{\alpha}_2,\cdots,\boldsymbol{\alpha}_n$ 线性表出 $\Leftrightarrow$ 方程(1) 有解，所以，$|a_{ij}|\neq 0\Leftrightarrow$ 方程(1) 有解，原命题成立.

16. 知识点窍 等价的向量组有相同的秩.

逻辑推理 显然，$\boldsymbol{\alpha}_1,\boldsymbol{\alpha}_2,\cdots,\boldsymbol{\alpha}_r$ 的极大线性无关组也是 $\boldsymbol{\alpha}_1,\boldsymbol{\alpha}_2,\cdots,\boldsymbol{\alpha}_r,\boldsymbol{\alpha}_{r+1},\cdots,\boldsymbol{\alpha}_s$ 的极大线性无关组，因为两个向量组的秩相同，又任一极大线性无关组与向量组本身等价，向量组的等价具有传递性，所以 $\boldsymbol{\alpha}_1,\boldsymbol{\alpha}_2,\cdots,\boldsymbol{\alpha}_r$ 与 $\boldsymbol{\alpha}_1,\boldsymbol{\alpha}_2,\cdots,\boldsymbol{\alpha}_r,\boldsymbol{\alpha}_{r+1},\cdots,\boldsymbol{\alpha}_s$ 等价.

解题过程 取 $\boldsymbol{\alpha}_1,\boldsymbol{\alpha}_2,\cdots,\boldsymbol{\alpha}_r$ 的一个极大线性无关组 $\boldsymbol{\alpha}_{i_1},\boldsymbol{\alpha}_{i_2},\cdots,\boldsymbol{\alpha}_{i_r}$ 后者也是 $\boldsymbol{\alpha}_1,\boldsymbol{\alpha}_2,\cdots,\boldsymbol{\alpha}_r,\boldsymbol{\alpha}_{r+1},\cdots,\boldsymbol{\alpha}_s$ 的线性无关组. 由题设，其向量数 t 恰为 $\boldsymbol{\alpha}_1,\boldsymbol{\alpha}_2,\cdots,\boldsymbol{\alpha}_r,\boldsymbol{\alpha}_{r+1},\cdots,\boldsymbol{\alpha}_s$ 的秩. 由习题 7，$\boldsymbol{\alpha}_{i_1},\boldsymbol{\alpha}_{i_2},\cdots,\boldsymbol{\alpha}_{i_r}$，是 $\boldsymbol{\alpha}_1,\cdots,\boldsymbol{\alpha}_r,\boldsymbol{\alpha}_{r+1},\cdots,\boldsymbol{\alpha}_r$ 的极大线性无关组，它又是 $\boldsymbol{\alpha}_1,\boldsymbol{\alpha}_2,\cdots,\boldsymbol{\alpha}_r$ 的极大线性无关组，于是它与 $\boldsymbol{\alpha}_1,\boldsymbol{\alpha}_2,\cdots,\boldsymbol{\alpha}_r$，及 $\boldsymbol{\alpha}_1,\boldsymbol{\alpha}_2,\cdots\boldsymbol{\alpha}_r,\boldsymbol{\alpha}_{r+1},\cdots,\boldsymbol{\alpha}_s$ 都等价，因而 $\boldsymbol{\alpha}_1,\boldsymbol{\alpha}_2\cdots,\boldsymbol{\alpha}_r$ 与 $\boldsymbol{\alpha}_1,\boldsymbol{\alpha}_2,\cdots,\boldsymbol{\alpha}r,\boldsymbol{\alpha}_{r+1},\cdots\boldsymbol{\alpha}_s$ 等价.

17. 知识点窍 等价的向量组有相同的秩.

提示：由线性表出可推出线性相关进而可以确定向量组的秩之间的关系

逻辑推理 由条件可以得到，$\boldsymbol{\alpha}_1,\boldsymbol{\alpha}_2,\cdots,\boldsymbol{\alpha}_r$ 与 $\boldsymbol{\beta}_1,\boldsymbol{\beta}_2,\cdots,\boldsymbol{\beta}_r$ 可以相互线性表出，所以这两个向量组等价.

解题过程 由 $\boldsymbol{\beta}_1=\boldsymbol{\alpha}_2+\boldsymbol{\alpha}_3+\cdots+\boldsymbol{\alpha}_r,\boldsymbol{\beta}_2=\boldsymbol{\alpha}_1+\boldsymbol{\alpha}_3+\cdots+\boldsymbol{\alpha}_r,\cdots,\boldsymbol{\beta}_r=\boldsymbol{\alpha}_1+\boldsymbol{\alpha}_2+\cdots+\boldsymbol{\alpha}_r$，可得

$$\frac{1}{r-1}(\boldsymbol{\beta}_1+\boldsymbol{\beta}_2+\cdots+\boldsymbol{\beta}_r)=\boldsymbol{\alpha}_1+\boldsymbol{\alpha}_2+\cdots+\boldsymbol{\alpha}_r$$

$$\boldsymbol{\alpha}_i=\frac{1}{r-1}\boldsymbol{\beta}_1+\frac{1}{r-1}\boldsymbol{\beta}_2+\cdots+\left(\frac{1}{r-1}-1\right)\boldsymbol{\beta}_i+\cdots+\frac{1}{r-1}\boldsymbol{\beta}_r,(i=1,2,\cdots,r)$$

所以向量组 $\boldsymbol{\beta}_1,\boldsymbol{\beta}_2,\cdots,\boldsymbol{\beta}_r$ 与 $\boldsymbol{\alpha}_1,\boldsymbol{\alpha}_2,\cdots,\boldsymbol{\alpha}_r$ 等价. 由第 12 题的结论易知它们的秩相同.

18. 知识点窍 矩阵秩的计算.

逻辑推理 计算矩阵 $\boldsymbol{A}$ 的秩，只要用初等行变换把矩阵变为阶梯形 $\widetilde{\boldsymbol{A}},\widetilde{\boldsymbol{A}}$ 中非零的行的个数 r 就是矩阵 $\boldsymbol{A}$ 的秩.

解题过程

1) $$\begin{pmatrix}0&1&1&-1&2\\0&2&-2&-2&0\\0&-1&-1&1&1\\1&1&0&1&-1\end{pmatrix}\xrightarrow[\substack{r_3+r_2\\ r_1\leftrightarrow r_4}]{\substack{r_2\times\frac{1}{2}\\ r_1-r_2}}\begin{pmatrix}1&1&0&1&-1\\0&1&-1&-1&0\\0&0&-2&0&1\\0&0&2&0&2\end{pmatrix}$$

$$\xrightarrow{r_4+r_3}\begin{pmatrix}1&1&0&1&-1\\0&1&-1&-1&0\\0&0&-2&0&1\\0&0&0&0&3\end{pmatrix},$$

得 $r(\boldsymbol{A})=4.$

2) $r(\boldsymbol{A})=3$;

3) $r(\boldsymbol{A})=2$;

4) $r(\boldsymbol{A})=3$;

5) $r(\boldsymbol{A})=5$.

19. **知识点窍** 线性方程组有解的判别定理.

逻辑推理 首先判断方程组的系数矩阵 $\boldsymbol{A}$ 的行列式 $|\boldsymbol{A}|$ 是否为零,若 $|\boldsymbol{A}|\neq 0$,利用克拉默法则求解;若 $|\boldsymbol{A}|=0$,用判别定理 $r(\boldsymbol{A})$ 是否等于 $r([\boldsymbol{A}:b])$ 判别方程组是否有解.

解题过程 1) 系数行列式为

$$\begin{vmatrix}\lambda&1&1\\1&\lambda&1\\1&1&\lambda\end{vmatrix}=(\lambda+2)(\lambda-1)^2.$$

当 $\lambda\neq-2,1$ 时,方程组有唯一解,用克拉默法则解得

$$x_1=\frac{\begin{vmatrix}1&1&1\\\lambda&\lambda&1\\\lambda^2&1&\lambda\end{vmatrix}}{(\lambda+2)(\lambda-1)^2}=\frac{-(\lambda+1)(\lambda-1)^2}{(\lambda+2)(\lambda-1)^2}=\frac{-(\lambda+1)}{\lambda+2},$$

$$x_2=\frac{\begin{vmatrix}\lambda&1&1\\1&\lambda&1\\1&\lambda^2&\lambda\end{vmatrix}}{(\lambda+2)(\lambda-1)^2}=\frac{(\lambda-1)^2}{(\lambda+2)(\lambda-1)^2}=\frac{1}{\lambda+2},$$

$$x_3=\frac{\begin{vmatrix}\lambda&1&1\\1&\lambda&\lambda\\1&1&\lambda^2\end{vmatrix}}{(\lambda+2)(\lambda-1)^2}=\frac{(\lambda+1)^2(\lambda-1)^2}{(\lambda+2)(\lambda-1)^2}=\frac{(\lambda+1)^2}{\lambda+2}.$$

当 $\lambda=-2$ 时,方程组是

$$\begin{cases}-2x_1+x_2+x_3=1,\\ x_1-2x_2+x_3=-2,\\ x_1+x_2-2x_3=4.\end{cases}$$

对增广矩阵进行初等行变换

$$\begin{pmatrix}-2&1&1&1\\1&-2&1&-2\\1&1&-2&4\end{pmatrix}\rightarrow\begin{pmatrix}1&1&-2&4\\0&-3&3&-6\\0&3&-3&9\end{pmatrix}\rightarrow\begin{pmatrix}1&1&-2&4\\0&-3&3&-6\\0&0&0&3\end{pmatrix},$$

出现矛盾方程"$0=3$"，故原方程组无解.

当 $\lambda=1$ 时，方程组是

$$\begin{cases}x_1+x_2+x_3=1,\\x_1+x_2+x_3=1,\\x_1+x_2+x_3=1.\end{cases}$$

其一般解为

$$x_1=1-x_2-x_3,$$

其中 x_2,x_3 是两个自由未知量.

2) 系数行列式为

$$\begin{vmatrix}3+\lambda & 1 & 2\\ \lambda & \lambda-1 & 1\\ 3\lambda+3 & \lambda & \lambda+3\end{vmatrix}=\lambda^2(\lambda-1).$$

当 $\lambda\neq 0,1$ 时，方程组有唯一解，

$$x_1=\frac{\begin{vmatrix}\lambda & 1 & 2\\ 2\lambda & \lambda-1 & 1\\ 3 & \lambda & \lambda+3\end{vmatrix}}{\lambda^2(\lambda-1)}=\frac{\lambda^3+3\lambda^2-15\lambda+9}{\lambda^2(\lambda-1)},$$

$$x_2=\frac{\begin{vmatrix}3+\lambda & \lambda & 2\\ \lambda & 2\lambda & 1\\ 3\lambda+3 & 3 & \lambda+3\end{vmatrix}}{\lambda^2(\lambda-1)}=\frac{\lambda^3+12\lambda-9}{\lambda^2(\lambda-1)},$$

$$x_3=\frac{\begin{vmatrix}3+\lambda & 1 & \lambda\\ \lambda & \lambda-1 & 2\lambda\\ 3\lambda+3 & \lambda & 3\end{vmatrix}}{\lambda^2(\lambda-1)}=\frac{-4\lambda^3+3\lambda^2+12\lambda-9}{\lambda^2(\lambda-1)}.$$

当 $\lambda=0$ 时，方程组是

$$\begin{cases}3x_1+x_2+2x_3=0,\\ \quad -x_2+x_3=0,\\3x_1\quad +3x_3=3,\end{cases}$$

前两个方程的和为 $3x_1+3x_3=0$，与第三个方程矛盾，故无解.

当 $\lambda=1$ 时，方程组是

$$\begin{cases}4x_1+x_2+2x_3=1,\\x_1\quad +x_3=2,\\6x_1+x_2+4x_3=3,\end{cases}$$

第三个方程减去第二个方程的两倍得 $4x_1+x_2+2x_1=-1$，与第一个方程矛盾，故无解.

3) 系数行列式为

$$\begin{vmatrix} a & 1 & 1 \\ 1 & b & 1 \\ 1 & 2b & 1 \end{vmatrix} = -b(a-1).$$

当 $b \neq 0, a \neq 1$ 时有唯一解.

$$x_1 = \frac{\begin{vmatrix} 4 & 1 & 1 \\ 3 & b & 1 \\ 4 & 2b & 1 \end{vmatrix}}{b(1-a)} = \frac{1-2b}{b(1-a)},$$

$$x_2 = \frac{\begin{vmatrix} a & 4 & 1 \\ 1 & 3 & 1 \\ 1 & 4 & 1 \end{vmatrix}}{b(1-a)} = \frac{1-a}{b(1-a)} = \frac{1}{b},$$

$$x_3 = \frac{\begin{vmatrix} a & 1 & 4 \\ 1 & b & 3 \\ 1 & 2b & 4 \end{vmatrix}}{b(1-a)} = \frac{4b-2ab-1}{b(1-a)}.$$

当 $b=0$ 时,方程组为

$$\begin{cases} ax_1 + x_2 + x_3 = 4, \\ x_1 \qquad\quad + x_3 = 3, \\ x_1 \qquad\quad + x_3 = 4, \end{cases}$$

第二、三方程是矛盾方程,故无解.

当 $a=1$ 时,方程组为

$$\begin{cases} x_1 + x_2 + x_3 = 4, \\ x_1 + bx_2 + x_3 = 3, \\ x_1 + 2bx_2 + x_3 = 4, \end{cases}$$

这时系数行列式为零,对其增广矩阵进行初等行变换,

$$\begin{pmatrix} 1 & 1 & 1 & 4 \\ 1 & b & 1 & 3 \\ 1 & 2b & 1 & 4 \end{pmatrix} \to \begin{pmatrix} 1 & 1 & 1 & 4 \\ 0 & b-1 & 0 & -1 \\ 0 & 2b-1 & 0 & 0 \end{pmatrix}.$$

(ⅰ) $b = \frac{1}{2}$,则 $b-1 = -\frac{1}{2}$. 可得一般解为

$$\begin{cases} x_1 = 2 - x_3, \\ x_2 = 2, \end{cases}$$

其中 x_3 为自由未知量,原方程组有无穷多解.

(ⅱ) $b \neq \frac{1}{2}$,系数矩阵非零的最高阶子式为 $\begin{vmatrix} 1 & 1 \\ 0 & 2b-1 \end{vmatrix} \neq 0$,故秩为 2,而其增广矩阵却有三级非零子式,即

$$\begin{vmatrix} 1 & 1 & 4 \\ 0 & b-1 & -1 \\ 0 & 2b-1 & 0 \end{vmatrix} \neq 0,$$

秩为 3,这时方程组无解.

20. 知识点窍 齐次线性方程组的解的结构.

逻辑推理 若 $\boldsymbol{\eta}_1,\boldsymbol{\eta}_2,\cdots,\boldsymbol{\eta}_n$ 是齐次线性方程组的一个基础解系,则该齐次方程组的全部解为 $\boldsymbol{\eta}=k_1\boldsymbol{\eta}_1+k_2\boldsymbol{\eta}_2+\cdots+k_n\boldsymbol{\eta}_n$,其中 $k_1,k_2,\cdots,k_n$ 为任意常数.

解题过程 (1) 对方程组的系数矩阵作行初等变换,有

$$A=\begin{pmatrix} 1 & 1 & 1 & 1 & 1 \\ 3 & 2 & 1 & 1 & -3 \\ 0 & 1 & 2 & 2 & 6 \\ 5 & 4 & 3 & 3 & -1 \end{pmatrix} \rightarrow \begin{pmatrix} 1 & 1 & 1 & 1 & 1 \\ 0 & -1 & -2 & -2 & -6 \\ 0 & 1 & 2 & 2 & 6 \\ 0 & -1 & -2 & -2 & -6 \end{pmatrix}$$

$$\rightarrow \begin{pmatrix} 1 & 1 & 1 & 1 & 1 \\ 0 & -1 & -2 & -2 & -6 \\ 0 & 0 & 0 & 0 & 0 \\ 0 & 0 & 0 & 0 & 0 \end{pmatrix} \text{由 } r(A)=2<5.$$

所以原方程组的基础解中含有 3 个线性无关的解向量,且原方程组的同解方程组为

$$\begin{cases} x_1 = x_3+x_4+5x_5 \\ x_2 = -2x_3-2x_4-6x_5 \end{cases}$$

令 $x_3=1,x_4=x_5=0$,即得

$\boldsymbol{\eta}_1=(1,-2,1,0,0)^T$

> 求解基础解系时，对系数矩阵作初等变换，变成简化阶梯型，令自由变量为一组无关的向量得出基础解系

同理,令

$x_4=1,x_3=x_5=0$,即得 $\boldsymbol{\eta}_2=(1,-2,0,1,0)^T$,

$x_5=1,x_3=x_4=0$,即得 $\boldsymbol{\eta}_3=(5,-6,0,0,1)^T$,

则 $\boldsymbol{\eta}_1,\boldsymbol{\eta}_2,\boldsymbol{\eta}_3$ 为原方程组的一个基础解系,且该齐次方程组的全部解为

$$\boldsymbol{\eta}_1=k_1\boldsymbol{\eta}_1+k_2\boldsymbol{\eta}_2+k_3\boldsymbol{\eta}_3,$$

其中 k_1,k_2,k_3 为任意常数.

(2) 对方程组的系数矩阵作行初等变换,有

$$\boldsymbol{A}=\begin{pmatrix} 1 & 1 & 0 & -3 & -1 \\ 1 & -1 & 2 & -1 & 0 \\ 4 & -2 & 6 & 3 & -4 \\ 2 & 4 & -2 & 4 & -7 \end{pmatrix} \rightarrow \begin{pmatrix} 1 & 1 & 0 & -3 & -1 \\ 0 & -2 & 2 & 2 & 1 \\ 0 & -6 & 6 & 15 & 0 \\ 0 & 2 & -2 & 10 & -5 \end{pmatrix}$$

$$\rightarrow \begin{pmatrix} 1 & 1 & 0 & -3 & -1 \\ 0 & -2 & 2 & 2 & 1 \\ 0 & 0 & 0 & 9 & -3 \\ 0 & 0 & 0 & 12 & -4 \end{pmatrix} \rightarrow \begin{pmatrix} 1 & 1 & 0 & -3 & -1 \\ 0 & -2 & 2 & 2 & 1 \\ 0 & 0 & 0 & 3 & -1 \\ 0 & 0 & 0 & 0 & 0 \end{pmatrix}$$

因为$R(A)=3<5$,所以原方程组的基础解系中含有2个线性无关的解向量,且原方程组的同解方程组为

$$\begin{cases}x_1+x_2-x_4-x_5=0\\-2x_2+2x_3+2x_4+x_5=0,\\3x_4-x_5=0\end{cases}$$

令

$x_1=1,x_4=0$,得 $\boldsymbol{\eta}_1=(-1,1,1,0,0)^T$,

$x_1=0,x_4=1$,得 $\boldsymbol{\eta}_2=\left(-\frac{7}{2},\frac{5}{2},0,1,3\right)^T$,

则 $\boldsymbol{\eta}_1,\boldsymbol{\eta}_2$ 为原方程组的一个基础解系,且该齐次线性方程组的全部解为

$$\boldsymbol{\eta}=k_1\boldsymbol{\eta}_1+k_2\boldsymbol{\eta}_2.$$

其中 k_1,k_2 为任意常数.

(3) 对方程组的系数矩阵作行初等变换,有

$$\boldsymbol{A}=\begin{pmatrix}1&-2&1&1&-1\\2&1&-1&-1&-1\\1&7&-5&-5&5\\3&-1&-2&1&-1\end{pmatrix}\to\begin{pmatrix}1&-2&1&1&-1\\0&5&-3&-3&1\\0&9&-6&-6&6\\0&5&-5&-2&2\end{pmatrix}$$

$$\to\begin{pmatrix}1&-2&1&1&-1\\0&5&-13&-3&1\\0&-21&12&12&0\\0&-5&1&4&0\end{pmatrix}\to\begin{pmatrix}1&-2&1&1&-2\\0&5&-3&-3&1\\0&-6&9&0&0\\0&-5&1&4&0\end{pmatrix}$$

又因为

$$\begin{vmatrix}1&1&1&-2\\0&-3&-3&1\\0&9&0&0\\0&1&4&0\end{vmatrix}\neq0$$

所以$R(A)=4<5$,方程组的基础解系含有一个线性无关的解向量,且原方程组的同解方程组为

$$\begin{cases}x_1-2x_2+x_3+x_4-2x_5=0\\5x_2-3x_3-3x_4+x_5=0\\-6x_2+9x_3=0\\-5x_2+x_3+4x_4=0\end{cases}$$

于是令 $x_2=1$,可得

$$\boldsymbol{\eta}=\left(\frac{1}{2},1,\frac{2}{3},\frac{13}{12},\frac{1}{4}\right)^T,$$

则 $\boldsymbol{\eta}$ 即为原方程组的一个基础解系,且该齐次线性方程组的全部解为 $k\boldsymbol{\eta}$,其中 k 为任意常数.

(4) 对方程组的系数矩阵作行初等变换，有

$$\boldsymbol{A}=\begin{pmatrix}1&-2&1&-1&1\\2&1&-1&2&-3\\3&-2&-1&1&-2\\2&-5&1&-2&2\end{pmatrix}\to\begin{pmatrix}1&-2&1&-1&1\\0&5&-3&4&-5\\0&4&-4&4&-5\\0&-1&-1&0&0\end{pmatrix}$$

$$\to\begin{pmatrix}1&-2&1&-1&1\\0&1&1&0&0\\0&0&-8&4&-5\\0&0&-8&4&-5\end{pmatrix}\to\begin{pmatrix}1&-2&1&-1&1\\0&1&1&0&0\\0&0&-8&4&5\\0&0&0&0&0\end{pmatrix}$$

$$\to\begin{pmatrix}1&0&0&\frac{1}{2}&-\frac{7}{8}\\0&1&0&\frac{1}{2}&-\frac{5}{8}\\0&0&1&-\frac{1}{2}&\frac{5}{8}\\0&0&0&0&0\end{pmatrix}$$

得

$$\begin{cases}x_1=-\dfrac{1}{2}x_4+\dfrac{7}{8}x_5,\\x_2=-\dfrac{1}{2}x_4+\dfrac{5}{8}x_5,\\x_3=\dfrac{1}{2}x_4-\dfrac{5}{8}x_5,\end{cases}$$

基础解系，为 $\boldsymbol{\eta}_1=(-1,-1,1,2,0)^T$，　$\boldsymbol{\eta}_2=(7,5,-5,0,8)^T$，

则 $\boldsymbol{\eta}_1,\boldsymbol{\eta}_2$ 为原方程组的一个基础解系，且该齐次线性方程组的全部解为

$$\boldsymbol{\eta}=k_1\boldsymbol{\eta}_1+k_2\boldsymbol{\eta}_2.$$

其中 k_1,k_2 为任意常数.

21. **知识点窍** 线性方程组的解的结构.

逻辑推理 设 $\boldsymbol{r}_0$ 是线性方程组的一个特解，$\boldsymbol{\eta}_1,\boldsymbol{\eta}_2,\cdots,\boldsymbol{\eta}_s$ 是其导出组的一个基础解系，则线性方程组的全部解为 $\boldsymbol{r}=\boldsymbol{r}_0+k_1\boldsymbol{\eta}_1+k_2\boldsymbol{\eta}_2+\cdots+k_s\boldsymbol{\eta}_s$.

解题过程 (1) 作初等行变换化增广系数矩阵为

$$\boldsymbol{A}=\begin{bmatrix}1&0&0&0&\frac{1}{2}&0\\0&1&0&0&\frac{1}{2}&-1\\0&0&1&0&0&0\\0&0&0&1&\frac{1}{2}&-1\\0&0&0&0&0&0\end{bmatrix},$$

对应的方程组为$\begin{cases} x_1 + \dfrac{1}{2}x_5 = 0, \\ x_2 + \dfrac{1}{2}x_5 = -1, \\ x_3 = 0, \\ x_4 + \dfrac{1}{2}x_5 = -1, \end{cases}$

令 $x_5 = 2$,得特解 $\boldsymbol{\eta} = (-1,-2,0,-2,2)^T$;由阶梯型系数矩阵,令 $x_5 = -2$,得导出组的基础解系 $\boldsymbol{\eta}_1 = (1,1,0,1,-2)^T$,于是全部解为 $\boldsymbol{\eta} + k\boldsymbol{\eta}_1$,$k$ 为任意常数.

(4) 作初等行变换化,系数矩阵为

$$\boldsymbol{A} = \begin{pmatrix} 1 & 0 & -\dfrac{3}{17} & \dfrac{13}{17} \\ 0 & 1 & -\dfrac{19}{17} & \dfrac{20}{17} \\ 0 & 0 & 0 & 0 \\ 0 & 0 & 0 & 0 \end{pmatrix},$$

齐次线性方程组对应于系数矩阵,而非齐次对应于增广矩阵

得基础解系 $\boldsymbol{\eta}_1 = (3,19,17,0)^T$,$\boldsymbol{\eta}_2 = (-13,-2,0,17)^T$ 全部解为 $k_1\boldsymbol{\eta}_1 + k_2\boldsymbol{\eta}_2$,$k_1, k_2$ 为任意常数.

(6) 作初等行变换化增广系数矩阵

$$\boldsymbol{A} = \begin{pmatrix} 1 & 0 & 0 & -\dfrac{5}{6} & \dfrac{1}{6} \\ 0 & 1 & 0 & \dfrac{7}{6} & \dfrac{1}{6} \\ 0 & 0 & 1 & -\dfrac{5}{6} & \dfrac{1}{6} \\ 0 & 0 & 0 & 0 & 0 \end{pmatrix}$$

对应的线性方程组为$\begin{cases} x_1 - \dfrac{5}{6}x_4 = \dfrac{1}{6}, \\ x_2 + \dfrac{7}{6}x_4 = \dfrac{1}{6}, \\ x_3 - \dfrac{5}{6}x_4 = \dfrac{1}{6}, \end{cases}$

若令 $x_4 = 1$,代入原方程组的导出组,可解得 $\boldsymbol{\eta} = (1,-1,1,1)^T$;由阶梯型系数矩阵令 $x_4 = 6$,得导出组的基础解系 $\boldsymbol{\eta}_1 = (5,-7,5,6)^T$,于是全部解为 $\boldsymbol{\eta} + k\boldsymbol{\eta}_1$,$k_1$ 为任意常数.

22. **知识点窍** 线性方程组有解的判别.

逻辑推理 通过增广矩阵 $\overline{\mathbf{A}}$ 与系数矩阵 $\mathbf{A}$ 的秩判别 a, b 的取值与方程组解的情况,并解方程组.

解题过程 对方程组的增广矩阵行作初等变换:

$$\overline{\mathbf{A}}=\begin{pmatrix}1&1&1&1&1&1\\3&2&1&1&-3&a\\0&1&2&2&6&3\\5&4&3&3&-1&b\end{pmatrix}\rightarrow\begin{pmatrix}1&1&1&1&1&1\\0&-1&-2&-2&-6&a-3\\0&1&2&2&6&3\\0&-1&-2&-2&-6&b-5\end{pmatrix}$$

$$\rightarrow\begin{pmatrix}1&1&1&1&1&1\\0&0&0&0&0&a\\0&1&2&2&6&3\\0&0&0&0&0&b-2\end{pmatrix}$$

于是,只有 $a=0$ 且 $b=2$ 时,增广矩阵的秩与系数的秩都为2,此时原方程组有解;当 $a\neq 0$ 或 $b\neq 2$ 时,原方程组都无解.

增广矩阵与系数矩阵的秩相同时,放重组有解

当 $a=0,b=2$ 时,原方程组与方程组.

$$\begin{cases}x_1+2_2+x_3+x_4+x_5=1,\\x_2+2x_3+2x_4+6x_5=3,\end{cases}$$

同解,且其一般解为

$$\begin{cases}x_1=-2+k_3+k_4+5k_5\\x_2=3-2k_3-2k_4-6k_5\\x_3=k_3\\x_4=k_4\\x_5=k_5\end{cases}$$

其中 k_3,k_4,k_5 为任意常数.

23. **知识点窍** **逻辑推理** 同题22.

解题过程 对方程组的增广矩阵作行初等变换,有

$$\overline{\mathbf{A}}=\begin{pmatrix}1&-1&0&0&0&a_1\\0&1&-1&0&0&a_2\\0&0&1&-1&0&a_3\\0&0&0&1&-1&a_4\\-1&0&0&0&1&a_5\end{pmatrix}\rightarrow\begin{pmatrix}1&-1&0&0&0&a_1\\0&1&-1&0&0&a_2\\0&0&1&-1&0&a_3\\0&0&0&1&-1&a_4\\0&0&0&0&0&\sum\limits_{i=1}^{5}a_i\end{pmatrix}$$

$$\rightarrow\begin{pmatrix}1&0&0&0&-1&a_1+a_2+a_3+a_4\\0&1&0&0&-1&a_2+a_3+a_4\\0&0&1&0&-1&a_3+a_4\\0&0&0&1&-1&a_4\\0&0&0&0&0&\sum\limits_{i=1}^{5}a_i\end{pmatrix}.$$

因此,原方程组有解的充分必要条件是 $\sum\limits_{i=1}^{5}a_i=0$.

有解时,特殊解为$\left(\sum_{i=1}^{4}a_i,\sum_{i=2}^{4}a_i,\sum_{i=3}^{4}a_i,a_4,0\right)^T$.

导出组的基础解系为 $\boldsymbol{\eta}_1=(1,1,1,1,1)^T$.

一般解为$\left(\sum_{i=1}^{4}a_i,\sum_{i=2}^{4}a_i,\sum_{i=3}^{4}a_i,a_4,0\right)^T+k\boldsymbol{\eta}_1$,其中 k 为任意常数.

24. 知识点窍 基础解系是齐次线性方程组所有解向量的一个极大线性无关组.

逻辑推理 线性无关向量组与基础解系等价,则线性无关向量组与基础解系可以相互线性表出.又因为向量组的等价具有传递性,所以方程组的任一个解都可以由线性无关向量组表示.

解题过程 设基础解系的秩为 r,则线性无关向量组的秩和向量的个数都为 r,设基础解系为 $\boldsymbol{\eta}_1$,$\boldsymbol{\eta}_2$,…,$\boldsymbol{\eta}_r$,线性无关向量组为 $\boldsymbol{\alpha}_1,\boldsymbol{\alpha}_2,\cdots,\boldsymbol{\alpha}_r$,由于 $\boldsymbol{\alpha}_1,\boldsymbol{\alpha}_2,\cdots,\boldsymbol{\alpha}_r$ 与 $\boldsymbol{\eta}_1,\boldsymbol{\eta}_2\cdots,\boldsymbol{\eta}_r$ 等价,所以 $\boldsymbol{\alpha}_1,\boldsymbol{\alpha}_2,\cdots,\boldsymbol{\alpha}_r$ 可由 $\boldsymbol{\eta}_1,\boldsymbol{\eta}_2,\cdots\boldsymbol{\eta}_r$ 线性表出,因此 $\boldsymbol{\alpha}_1,\boldsymbol{\alpha}_2,\cdots,\boldsymbol{\alpha}_r$ 是方程组的解.

设 $\boldsymbol{\beta}$ 是方程组的任一个解,$\boldsymbol{\beta}$ 可由 $\boldsymbol{\eta}_1,\boldsymbol{\eta}_2,\cdots,\boldsymbol{\eta}_r$ 线性表出,由于 $\boldsymbol{\eta}_1,\boldsymbol{\eta}_1\cdots,\boldsymbol{\eta}_r$ 与 $\boldsymbol{\alpha}_1,\boldsymbol{\alpha}_2,\cdots,\boldsymbol{\alpha}_r$ 等价,因此也可由 $\boldsymbol{\alpha}_1,\boldsymbol{\alpha}_2,\cdots,\boldsymbol{\alpha}_r$ 线性表出.

另外 $\boldsymbol{\alpha}_1,\boldsymbol{\alpha}_2,\cdots,\boldsymbol{\alpha}_r$ 的秩为 r,因此 $\boldsymbol{\alpha}_1,\boldsymbol{\alpha}_2,\cdots,\boldsymbol{\alpha}_r$ 满足基础解系的条件,$\boldsymbol{\alpha}_1,\boldsymbol{\alpha}_2,\cdots\boldsymbol{\alpha}_r$ 也是基础解系.

25. 知识点窍 基础解系的定义.

逻辑推理 由基础解系的定义可知,只须再证明原方程组的任一个解都可以由这 $n-r$ 个线性无关的解线性表出,即能说明这 $n-r$ 个线性无关的解是一个基础解系.

解题过程 任取 $n-r$ 个线性无关的解 $\boldsymbol{\eta}_1,\boldsymbol{\eta}_2,\cdots,\boldsymbol{\eta}_{n-r}$,要证明它们是原方程组的一个基础解系,只要证明方程组的任一个解都可以由 $\boldsymbol{\eta}_1,\boldsymbol{\eta}_2,\cdots,\boldsymbol{\eta}_{n-r}$ 线性表出.由于线性方程组的系数矩阵的秩是 r,所以这个方程组每个基础解系都包含 $n-r$ 个解向量,因此任意 $n-r+1$ 个解一定是相关的,于是 $\boldsymbol{\eta}_1,\boldsymbol{\eta}_2,\cdots,\boldsymbol{\eta}_{n-r},\boldsymbol{\beta}$ 线性相关,所以 $\boldsymbol{\beta}$ 可以由 $\boldsymbol{\eta}_1,\boldsymbol{\eta}_2,\cdots,\boldsymbol{\eta}_{n-r}$ 线性表出,即 $\boldsymbol{\eta}_1,\boldsymbol{\eta}_2,\cdots,\boldsymbol{\eta}_{n-r}$ 是一个基础解系.

26. 知识点窍 线性方程组的解的结构.

逻辑推理 将 $\mu_1\boldsymbol{\eta}_1+\mu_2\boldsymbol{\eta}_2+\cdots+\mu_t\boldsymbol{\eta}_t$ 代入线性方程组中,证明方程成立.

解题过程 设线性方程组为

$$a_{i1}x_1+a_{i2}x_2+\cdots+a_{in}x_{in}=b(i=1,2,\cdots n)$$

由题设,$\boldsymbol{\eta}_f=(x_1^{(f)},x_2^{(f)},\cdots,x_n^{(f)})(j=1,2,\cdots,t)$ 是该方程组的 t 个解,现将

$$u_1\boldsymbol{\eta}_1+u_2\boldsymbol{\eta}_2+\cdots+u_r\boldsymbol{\eta}_r=\left(\sum_{k=1}^{t}u_kx_1^{(k)},\sum_{k=1}^{t}u_kx_2^{(k)},\cdots,\sum_{k=1}^{t}u_kx_n^{(k)}\right)$$

代入方程组得

$$a_{i1}\left(\sum_{k=1}^{t}u_kx_1^{(k)}\right)+a_{i2}\left(\sum_{k=1}^{t}u_kx_2^{(k)}\right)+\cdots+a_{in}\left(\sum_{k=1}^{t}u_kx_n^{(k)}\right)$$

$$=\sum_{k=1}^{t}u_k(a_{i1}x_1^{(k)}+a_{i2}x_2^{(k)}+\cdots+a_{in}x_n^{(k)})=\sum_{k=1}^{t}u_kb_t$$

$$= b_t \sum_{k=1}^{t} u_k = b_i (i = 1,2,\cdots n)$$

所以 $u_1 \boldsymbol{\eta}_1 + \cdots + u_t \boldsymbol{\eta}_t$ 仍是方程组的一个解，即证.

27. 解题过程 因为 $f(x)$ 与 $g(x)$ 的结式为

$$\boldsymbol{R}_x(f,g) = \begin{vmatrix} 2 & -3 & \lambda & 3 & 0 & 0 \\ 0 & 2 & -3 & \lambda & 3 & 0 \\ 0 & 0 & 2 & -3 & \lambda & 3 \\ 1 & 0 & \lambda & 1 & 0 & 0 \\ 0 & 1 & 0 & \lambda & 1 & 0 \\ 0 & 0 & 1 & 0 & \lambda & 1 \end{vmatrix}$$

$$= (\lambda+2)(2\lambda^2+14\lambda-13) = (\lambda+2)(2\lambda^2+14\lambda-13)$$

所以当 $\lambda = -2, \frac{1}{2}(7+\sqrt{75}), -\frac{1}{2}(7+\sqrt{75})$ 时，$f(x)$，$g(x)$ 有公共根.

当两个多项式的结式为零时，这两个多项式有公共根

28. 知识点窍 二元高次方程组的解.

逻辑推理 先将方程组看成是关于 x 或 y 的两个多项式 $f(x,y)$ 和 $g(x,y)$ 的联立式，然后求结式 $R_y(f,g)$ 或 $R_x(f,g)$ 的根，最后再求另外一个变量的值，从而给出二元高次方程组的解.

解题过程 (1) 由结式

$$\boldsymbol{R}_y(f,g) = \begin{vmatrix} 5 & -6x & 5x^2-16 & 0 \\ 0 & 5 & -6x & 5x^2-16 \\ 1 & -x-1 & 2x^2-x-4 & 0 \\ 0 & 1 & -x-1 & 2x^2-x-4 \end{vmatrix}$$

$$= -32(x^4-3x^3+x^2+3x-2) = 32(x-1)^2(x+1)(x-2) = 0.$$

可解得下 $x_1 = 1,1,2,-1$ 四个根.

代入原方程得，可得

$$\begin{cases} x_1 = 1, \\ y_1 = -1; \end{cases} \quad \begin{cases} x_2 = 1, \\ y_2 = -1; \end{cases} \quad \begin{cases} x_3 = -1, \\ y_3 = 1; \end{cases} \quad \begin{cases} x_4 = 2, \\ y_4 = 2. \end{cases}$$

(2) 同理可得

$$R_y(f,g) = \begin{vmatrix} 1 & 4 & y^2-2y+3 & 0 \\ 0 & 1 & 4 & y^2-2y+3 \\ 1 & 4y & -y^2-10y-9 & 0 \\ 0 & 1 & 4y & -y^2-10y-9 \end{vmatrix}$$

$$= -(2y^2+8y+12)[(4-4y)\cdot 4y-(2y^2+8y+12)] + (-y^2-10y-9)(4-4y)^2 = 0,$$

所以解得

$$y_1 = 0, y_2 = 2, y_3 = \frac{5-\sqrt{5}}{5}, y_4 = \frac{5+\sqrt{5}}{5}.$$

代入原方程组，可得四组公共解为

$$\begin{cases}x_1=-1,\\y_1=2;\end{cases}\quad\begin{cases}x_2=-3,\\y_2=0;\end{cases}$$

$$\begin{cases}x_3=-\dfrac{1}{5}(10+3\sqrt{5}),\\y_3=\dfrac{5-\sqrt{5}}{5};\end{cases}\quad\begin{cases}x_4=-\dfrac{1}{5}(10-3\sqrt{5})\\y_4=\dfrac{5+\sqrt{5}}{5}.\end{cases}$$

(3) 由

$$\boldsymbol{R}_y(f,g)=\begin{vmatrix}1 & x-4 & x^2-2x+3 & 0 & 0\\0 & 1 & x-4 & x^2-2x+3 & 0\\0 & 0 & 1 & x-4 & x^2-2x+3\\1 & -5 & x+7 & x^3+x^2-5x-3 & 0\\0 & 1 & -5 & x+7 & x^3+x^2-5x-3\end{vmatrix}$$

$$=4(x+1)^2x^2(x-2)^2=0,$$

解得 $x_1=0,x_2=-1,x_3=2$.

可解得原方程组的公共解为

$$\begin{cases}x_1=0,\\y_1=1;\end{cases}\quad\begin{cases}x_2=0,\\y_2=3;\end{cases}\quad\begin{cases}x_3=-1,\\y_3=2;\end{cases}\quad\begin{cases}x_4=-1,\\y_4=3;\end{cases}$$

$$\begin{cases}x_5=2,\\y_5=1+\sqrt{2}\mathrm{i};\end{cases}\quad\begin{cases}x_6=2,\\y_6=1-\sqrt{2}\mathrm{i}.\end{cases}$$

补充题

1. 知识点窍 $\boldsymbol{\alpha}_1,\boldsymbol{\alpha}_2,\cdots,\boldsymbol{\alpha}_r$ 线性无关，$k_1\boldsymbol{\alpha}_1+k_2\boldsymbol{\alpha}_2+\cdots+k_r\boldsymbol{\alpha}_r=0\Leftrightarrow k_1=k_2=\cdots=k_r=0$.

逻辑推理 设 $\boldsymbol{\beta}=k_1\boldsymbol{\alpha}_1+k_2\boldsymbol{\alpha}_2+\cdots+k_r\boldsymbol{\alpha}_r$，$l_1\boldsymbol{\alpha}_1+l_2\boldsymbol{\alpha}_2+\cdots+l_r\boldsymbol{\alpha}_r=0$，则 $\boldsymbol{\beta}=(k_1+l_1)\boldsymbol{\alpha}_1+(k_2+l_2)\boldsymbol{\alpha}_2+\cdots+(k_r+l_r)\boldsymbol{\alpha}_r$，表示法唯一$\Leftrightarrow l_1=l_2=\cdots=l_r=0\Leftrightarrow\boldsymbol{\alpha}_1,\boldsymbol{\alpha}_2,\cdots,\boldsymbol{\alpha}_r$ 线性无关.

解题过程 必要性.

令 $\boldsymbol{\beta}=k_1\boldsymbol{\alpha}_1+k_2\boldsymbol{\alpha}_2+\cdots+k_r\boldsymbol{\alpha}_r$，如果 $\boldsymbol{\alpha}_1,\boldsymbol{\alpha}_2,\cdots,\boldsymbol{\alpha}_r$ 是线性相关的，则有不全为0的数 $l_1,l_2,\cdots,l_s$，使得 $\quad l_1\boldsymbol{\alpha}_1+l_2\boldsymbol{\alpha}_2+\cdots+l_s\boldsymbol{\alpha}_s=0$，

这样就有 $\quad\boldsymbol{\beta}=(k_1+l_1)\boldsymbol{\alpha}_1+(k_2+l_2)\boldsymbol{\alpha}_2+\cdots+(k_s+l_s)\boldsymbol{\alpha}_s$.

由于 $l_1,l_2,\cdots,l_s$ 不全为0，所以 $\boldsymbol{\beta}$ 的表示法不唯一，与题设矛盾，所以 $\boldsymbol{\alpha}_1,\boldsymbol{\alpha}_2,\cdots,\boldsymbol{\alpha}_r$ 线性无关.

充分性. 如果表示法不唯一，则有另一种表示法

$$\boldsymbol{\beta}=l_1\boldsymbol{\alpha}_1+l_2\boldsymbol{\alpha}_2+\cdots+l_s\boldsymbol{\alpha}_s,$$

可得 $$(k_1-l_1)\boldsymbol{\alpha}_1+(k_2-l_2)\boldsymbol{\alpha}_2+\cdots+(k_s-l_s)\boldsymbol{\alpha}_s=0.$$

由于两种表示方法不同,所以 $k_i-l_i(i=1,\cdots s)$ 不全为0,这样 $\boldsymbol{\alpha}_1,\boldsymbol{\alpha}_2,\cdots,\boldsymbol{\alpha}_r$ 相关的,与题设矛盾,因此表示法唯一.

2. 知识点窍 齐次线性方程组有非零解 $\Leftrightarrow |\boldsymbol{A}|=0$.

逻辑推理 设 $k_1\boldsymbol{\beta}_1+k_2\boldsymbol{\beta}_2+\cdots+k_r\boldsymbol{\beta}_r=0,\boldsymbol{\beta}_1,\boldsymbol{\beta}_2,\cdots,\boldsymbol{\beta}_r$ 线性无关 $\Leftrightarrow k_1=k_2=\cdots=k_r=0 \Leftrightarrow$ 方程组

$$\begin{cases}a_{11}x_1+a_{21}x_2+\cdots+a_{r1}x_r=0\\a_{12}x_1+a_{22}x_2+\cdots+a_{r2}x_r=0\\\cdots\cdots\cdots\cdots\cdots\cdots\cdots\cdots\cdots\cdots\\a_{1r}x_1+a_{2r}x_2+\cdots+a_{rr}x_r=0\end{cases}$$ 只有零解 $\Leftrightarrow |\boldsymbol{A}|\neq 0$.

解题过程 充分性,设 $k_1\boldsymbol{\beta}_1+k_2\boldsymbol{\beta}_2+\cdots+k_r\boldsymbol{\beta}_r=0$,

则将 $\boldsymbol{\beta}_i=\sum\limits_{j=1}^{r}a_{ij}\boldsymbol{\alpha}_j$ 代入到上式,并整理得

交换连加号求和次序,不改变其值

$$\sum_{i=1}^{r}\boldsymbol{\alpha}_i\boldsymbol{\beta}_i=\sum_{i=1}^{r}\sum_{j=1}^{r}k_ia_{ij}\boldsymbol{\alpha}_j=\sum_{j=1}^{r}\Big(\sum_{i=1}^{r}k_ia_{ij}\Big)\boldsymbol{\alpha}_j=0.$$

由于 $\boldsymbol{\alpha}_1,\boldsymbol{\alpha}_2,\cdots,\boldsymbol{\alpha}_r$ 是线性无关的,故 $\sum\limits_{i=1}^{r}k_ia_{ij}=0,j=1,2,\cdots,r$,即

$$\begin{cases}a_{11}k_1+a_{21}k_2+\cdots+a_{r1}k_r=0,\\a_{12}k_1+a_{22}k_2+\cdots+a_{r2}k_r=0,\\\qquad\cdots\cdots\\a_{1r}x_1+a_{2r}k_2+\cdots+a_{rr}k_r=0\end{cases}$$

根据题意,这个齐次线性方程组的系数行列式不等于零,从而只有零解 $k_1=k_2\cdots=k_r=0$,于是 $\boldsymbol{\beta}_1,\boldsymbol{\beta}_2,\cdots,\boldsymbol{\beta}_r$ 是线性无关的.

必要性,(反证法)如果 $\begin{vmatrix}a_{11}&a_{21}&\cdots&a_{r1}\\a_{12}&a_{21}&\cdots&a_{r2}\\\vdots&\vdots&&\vdots\\a_{1r}&a_{2r}&\cdots&a_{rr}\end{vmatrix}=0$,那么矩阵 $\begin{bmatrix}a_{11}&a_{12}&\cdots&a_{1r}\\a_{21}&a_{22}&\cdots&a_{2r}\\\vdots&\vdots&&\vdots\\a_{r1}&a_{r2}&\cdots&a_{rr}\end{bmatrix}$ 的秩小于 r,故上面矩阵的行向量组

$$(a_{11},a_{12},\cdots a_{1r}),(a_{21},a_{22},\cdots a_{2r}),\cdots(a_{r1},a_{r2},\cdots,a_{rr})$$

是线性相关的,从而,存在一组不全为零的数 $k_1,k_2,\cdots k_r$,使得

$$k_1(a_{11},a_{12},\cdots,a_{1r})+k_2(a_{21},a_{22},\cdots,a_{2r})+\cdots+k_r(a_{r1},a_{r2},\cdots,a_rr)=0,$$

即 $\sum\limits_{i=1}^{r}k_ia_{ij}=0,j=1,2,\cdots,r$. 于是,存在一组不全为零的数 $k_1,k_2,\cdots,k_r$,使得

$$\sum_{i=1}^{r}k_i\boldsymbol{\beta}_1=\sum_{i=1}^{r}\Big(\sum_{j=1}^{r}k_ia_{ij}\Big)\boldsymbol{\alpha}_j=\sum_{j=1}^{r}\Big(\sum_{i=1}^{r}k_ia_{ij}\Big)\boldsymbol{\alpha}_j=0,$$

这与 $\boldsymbol{\alpha}_1,\boldsymbol{\alpha}_2,\cdots,\boldsymbol{\alpha}_r$ 是线性无关的矛盾,因此原行列式不等零.

3. 知识点窍 $\boldsymbol{\alpha}_1,\boldsymbol{\alpha}_2,\cdots,\boldsymbol{\alpha}_s$ 线性相关 $\Leftrightarrow$ 不全为零的 $k_1,k_2,\cdots,k_s$ 满足 $k_1\boldsymbol{\alpha}_1+k_2\boldsymbol{\alpha}_2+\cdots+k_s\boldsymbol{\alpha}_s=0$.

解题过程 必要性.

由于 $\boldsymbol{\alpha}_1,\boldsymbol{\alpha}_2,\cdots,\boldsymbol{\alpha}_s$ 线性相关,因此存在不全为 0 的数 $k_1,k_2,\cdots,k_s$ 使得

$$k_1\boldsymbol{\alpha}_1+k_2\boldsymbol{\alpha}_2+\cdots+k_s\boldsymbol{\alpha}_s=0.$$

假设 k_t 是 $k_1,k_2,\cdots,k_ss$ 中最后一个不为 0 的数,则 $\boldsymbol{\alpha}_t$ 可以由 $k_1,k_2,\cdots,k_{s-1}$ 线性表示.

充分性. 如果 $\boldsymbol{\alpha}_i$ 可由 $\boldsymbol{\alpha}_1,\boldsymbol{\alpha}_2,\cdots,\boldsymbol{\alpha}_{i-1}$ 线性表示,则存在不全为 0 的数 $k_j(j=1,\cdots,i)$,

使得 $$k_1\boldsymbol{\alpha}_1+k_2\boldsymbol{\alpha}_2+\cdots+k_i\boldsymbol{\alpha}_i=0,$$

即 $$k_1\boldsymbol{\alpha}_1+k_2\boldsymbol{\alpha}_2+\cdots+k_i\boldsymbol{\alpha}_i+0\cdot\boldsymbol{\alpha}_{i+1}+\cdots+0\cdot\boldsymbol{\alpha}_s=0,$$

所以 $\boldsymbol{\alpha}_1,\boldsymbol{\alpha}_2,\cdots,\boldsymbol{\alpha}_s$ 线性相关.

从而得到“部分相关,则整体相关”的结论

4. 知识点窍 向量组的等价.

逻辑推理 设两向量组分别为 $\boldsymbol{\alpha}_1,\boldsymbol{\alpha}_2,\cdots,\boldsymbol{\alpha}_s$ 和 $\boldsymbol{\beta}_1,\boldsymbol{\beta}_2,\cdots,\boldsymbol{\beta}_t$;且 $\boldsymbol{\alpha}_i$ 可由 $\boldsymbol{\beta}_1,\boldsymbol{\beta}_2,\cdots,\boldsymbol{\beta}_t$ 线性表出. 因为向量组 $\boldsymbol{\alpha}_1,\boldsymbol{\alpha}_2,\cdots,\boldsymbol{\alpha}_s,\boldsymbol{\beta}_1,\boldsymbol{\beta}_2,\cdots,\boldsymbol{\beta}_t$ 与 $\boldsymbol{\beta}_1,\boldsymbol{\beta}_2,\cdots,\boldsymbol{\beta}_t$ 等价,所以 $\boldsymbol{\beta}_1,\boldsymbol{\beta}_2,\cdots,\boldsymbol{\beta}_t$ 可由 $\boldsymbol{\alpha}_1,\boldsymbol{\alpha}_2,\cdots,\boldsymbol{\alpha}_s$ 的极大线性无关组线性表出,即 $\boldsymbol{\beta}_1,\boldsymbol{\beta}_2,\cdots,\boldsymbol{\beta}_t$ 可由 $\boldsymbol{\alpha}_1,\boldsymbol{\alpha}_2,\cdots,\boldsymbol{\alpha}_s$ 线性表出.

解题过程 设向量组为 $\boldsymbol{\alpha}_1,\boldsymbol{\alpha}_2,\cdots,\boldsymbol{\alpha}_s$ 和 $\boldsymbol{\beta}_1,\boldsymbol{\beta}_2,\cdots,\boldsymbol{\beta}_t$,它们的秩为 r,$\boldsymbol{\alpha}_1,\boldsymbol{\alpha}_2,\cdots,\boldsymbol{\alpha}_s$ 可由 $\boldsymbol{\beta}_1,\boldsymbol{\beta}_2,\cdots,\boldsymbol{\beta}_t$ 线性表出. 要证明的是 $\boldsymbol{\beta}_1,\boldsymbol{\beta}_2,\cdots,\boldsymbol{\beta}_t$ 可由 $\boldsymbol{\alpha}_1,\boldsymbol{\alpha}_2,\cdots,\boldsymbol{\alpha}_s$ 线性表出.

考虑向量组 $\boldsymbol{\alpha}_1,\boldsymbol{\alpha}_2,\cdots,\boldsymbol{\alpha}_s,\boldsymbol{\beta}_1,\boldsymbol{\beta}_2,\cdots,\boldsymbol{\beta}_t$

由于 $\boldsymbol{\alpha}_i(i=1,2,\cdots,s)$ 可由 $\boldsymbol{\beta}_j(j=1,2,\cdots,t)$ 线性表出,因此这个向量组与 $\boldsymbol{\beta}_j(j=1,2,\cdots t)$ 等价. 取 $\boldsymbol{\alpha}_1(i=1,2,\cdots,s)$ 的一个极大线性无关组 $\boldsymbol{\alpha}_{i_1},\boldsymbol{\alpha}_{i_2},\cdots,\boldsymbol{\alpha}_{i_r}$,这 r 个向量是 $\boldsymbol{\alpha}_1,\boldsymbol{\alpha}_2,\cdots\boldsymbol{\alpha}_s,\boldsymbol{\beta}_1,\boldsymbol{\beta}_2,\cdots,\boldsymbol{\beta}_t$ 极大线性无关组,所以 $\boldsymbol{\beta}_j(j=1,2,\cdots t)$ 可由 $\boldsymbol{\alpha}_{i_1},\boldsymbol{\alpha}_{i_2},\cdots,\boldsymbol{\alpha}_{i_r}$ 线性表出,也就可以由 $\boldsymbol{\alpha}_1,\boldsymbol{\alpha}_2,\cdots,\boldsymbol{\alpha}_s$ 线性表出,即证明这两个向量组等价.

5. 知识点窍 向量组的秩.

逻辑推理 由向量组的秩的定义可知,只需证明 $\boldsymbol{\alpha}_{i_1},\boldsymbol{\alpha}_{i_2},\cdots,\boldsymbol{\alpha}_{i_m}$ 线性无关的向量的个数 $\geqslant r+m-s$ 即可.

向量组的秩即为极大线性无关组所含向量的个数

解题过程 设 $\boldsymbol{\alpha}_{j_1},\boldsymbol{\alpha}_{j_2},\cdots,\boldsymbol{\alpha}_{j_r}$ 是 $\boldsymbol{\alpha}_i(i=1,2,\cdots s)$ 的一个极大线性无关组,由于 $\boldsymbol{\alpha}_{i_1},\boldsymbol{\alpha}_{i_2},\cdots,\boldsymbol{\alpha}_{i_m}$ 与 $\boldsymbol{\alpha}_{j_1},\boldsymbol{\alpha}_{j_2},\cdots,\boldsymbol{\alpha}_{j_r}$ 互少有 $r+m-s$ 个公共向量,所以 $\boldsymbol{\alpha}_{i_1},\boldsymbol{\alpha}_{i_2},\cdots,\boldsymbol{\alpha}_{i_m}$ 中至少有 $r+m-s$ 个线性无关的向量,即有秩$\{\boldsymbol{\alpha}_{i_1},\boldsymbol{\alpha}_{i_2},\cdots,\boldsymbol{\alpha}_{i_m}\}\geqslant r+m-s$.

6. 解题过程 设 $\boldsymbol{\alpha}_{i_1},\boldsymbol{\alpha}_{i_2},\cdots,\boldsymbol{\alpha}_{i_{r_1}}$ 和 $\boldsymbol{\beta}_{j_1},\boldsymbol{\beta}_{j_2},\cdots,\boldsymbol{\beta}_{j_{r_2}}$ 分别是 $\boldsymbol{\alpha}_i(i=1,2,\cdots,s)$ 及 $\boldsymbol{\beta}_j(j=1,2,\cdots,t)$ 的极大线性无关组,由于向量组 $\boldsymbol{\alpha}_1,\boldsymbol{\alpha}_2,\cdots,\boldsymbol{\alpha}_s,\boldsymbol{\beta}_1,\boldsymbol{\beta}_2,\cdots,\boldsymbol{\beta}_t$ 与向量组 $\boldsymbol{\alpha}_{i_1},\boldsymbol{\alpha}_{i_2},\cdots\boldsymbol{\alpha}_{i_{r_1}};\boldsymbol{\beta}_{j_1},\boldsymbol{\beta}_{j_2}\cdots,\boldsymbol{\beta}_{j_{r_2}}$ 等价,因此有

$$r_3=R\{\boldsymbol{\alpha}_{i_1},\boldsymbol{\alpha}_{i_2}\cdots,\boldsymbol{\alpha}_{i_{r_1}};\boldsymbol{\beta}_{j_1},\boldsymbol{\beta}_{j_2},\cdots\boldsymbol{\beta}_{j_{r_2}}\}\leqslant r_1+r_2.$$

又由于 $\boldsymbol{\alpha}_{i_1},\boldsymbol{\alpha}_{i_2},\cdots,\boldsymbol{\alpha}_{i_{r_1}}$ 和 $\boldsymbol{\beta}_{j_1},\boldsymbol{\beta}_{j_2},\cdots\boldsymbol{\beta}_{j_{r_2}}$ 都是向量组 $\boldsymbol{\alpha}_1,\boldsymbol{\alpha}_2,\cdots,\boldsymbol{\alpha}_s,\boldsymbol{\beta}_1,\boldsymbol{\beta}_2,\cdots\boldsymbol{\beta}_t$ 的线性无关的部分组,因此 $\max(r_1,r_2)\leqslant r_3\leqslant r_1+r_2$.

习题6给出了向量组和部分组的秩之间的关系

7. 解题过程 （1）作 n 阶行列式 $\boldsymbol{C}_i=\begin{vmatrix} a_{i1} & a_{i2} & \cdots & a_{in} \\ a_{11} & a_{12} & \cdots & a_{1n} \\ \vdots & \vdots & & \vdots \\ a_{n-1,1} & a_{n-1,2} & \cdots & a_{n-1,n} \end{vmatrix}$，$i=1,2,\cdots,n.$

$\boldsymbol{C}_i$ 是在矩阵 $\boldsymbol{A}$ 中添上第一行而得到的. 由于 $\boldsymbol{C}_i$ 的第 1 行与第 $i+1$ 行相同，所以 $\boldsymbol{C}_i=0$，$\boldsymbol{C}_i$ 的第一行元素的代数余子式为 $\boldsymbol{M}_1,-\boldsymbol{M}_2,\cdots(-1)^{n-1}\boldsymbol{M}_n$，因此，将 $\boldsymbol{C}_i$ 按第一行展开得 $a_{i1}\boldsymbol{M}_1+a_{i2}(-\boldsymbol{M}_2)+\cdots+a_{in}[(-1)^{n-1}\boldsymbol{M}_n]=0$. 这说明 $(\boldsymbol{M}_1,-\boldsymbol{M}_2,\cdots(-1)^{n-1}\boldsymbol{M}_n)$ 是方程组的一个解.

（2）由于 $r(\boldsymbol{A})=n-1$，所以方程组的基础解系由 1 个向量构成，而由于 $r(\boldsymbol{A})=n-1$，所以 $\boldsymbol{M}_1,\boldsymbol{M}_2,\cdots\boldsymbol{M}_n$ 中至少有 1 个不为 0，因此 $(\boldsymbol{M}_1,-\boldsymbol{M}_2,\cdots,(-1)^{n-1}\boldsymbol{M}_n)$ 是非零解，也是方程组的基础解系，其他任何解都是它的倍数.

8. 逻辑推理 如果题目中的方程组的解全是方程 $b_1x_1+b_2x_2+\cdots+b_nx_n=0$ 的解，那么可以将这个方程添加到方程组中，得到一个含有 $s+1$ 个方程的方程组，且这个方程组与原方程组是同样的，从而这两个方程组的系数矩阵的秩也相同，这两个矩阵的行秩也相同.

解题过程 根据题意，题目中的方程组与方程组

$$\begin{cases} a_{11}x_1+a_{12}x_2+\cdots+a_{1n}x_n=0, \\ a_{21}x_1+a_{22}x_2+\cdots+a_{2n}x_n=0, \\ \cdots\cdots \\ a_{s1}x_1+a_{s2}x_2+\cdots+a_{sn}x_n=0, \\ b_1x_1+b_2x_2+\cdots+b_nx_n=0 \end{cases}$$

是同解的，从而有相同的基础解系，于是这两个方程组的系数矩阵等价.

> 该题利用了两个同解方程组的系数矩阵的秩和行秩是相等的，从而将该题的问题转化成证明向量组等价的问题

因此这两个矩阵的行向量组 $\boldsymbol{\alpha}_1,\boldsymbol{\alpha}_2,\cdots,\boldsymbol{\alpha}_s$ 与 $\boldsymbol{\alpha}_1\boldsymbol{\alpha}_2,\cdots,\boldsymbol{\alpha}_s,\boldsymbol{\beta}$ 的秩也相同，根据本章习题第 16 题的结论，可知 $\boldsymbol{\beta}$ 可以由 $\boldsymbol{\alpha}_1,\boldsymbol{\alpha}_2,\cdots,\boldsymbol{\alpha}_s$ 线性表出.

9. 解题过程 $\boldsymbol{\gamma}=\boldsymbol{\eta}_0+k_1\boldsymbol{\eta}_1+\cdots+k_t\boldsymbol{\eta}_t$，令

$$\mu_1=1-k_1-k_2-\cdots-k_t,\mu_i=k_{i-1},(i=2,\cdots,t+1),$$

则有 $\boldsymbol{\gamma}=\mu_1\boldsymbol{\gamma}_1+\mu_2\boldsymbol{r}_2+\cdots+\mu_{t+1}\boldsymbol{\gamma}_{t+1}$，

其中 $\mu_1+\mu_2+\cdots\mu_{t+1}=1.$

10. 解题过程 （1）要证明此结论，只需证明齐次线性方程组

$$\begin{cases} a_{11}x_1+a_{12}x_2+\cdots+a_{1n}x_n=0, \\ a_{21}x_1+a_{22}x_2+\cdots+a_{2n}x_n=0, \\ \cdots\cdots\cdots\cdots\cdots\cdots\cdots\cdots \\ a_{n1}x_1+a_{n2}x_2+\cdots+a_{nn}x_n=0 \end{cases}$$

只有零解，这等于证明：对任一非零实向量 $\boldsymbol{\beta}=(c_1,c_2,\cdots,c_n)$ 恒可找到某一个向量 $\boldsymbol{\alpha}_i=(a_{i1},a_{i2},\cdots,a_{in})$ 使得

$$a_{i1}c_1+a_{i2}c_2+\cdots+a_{in}c_n\neq 0.$$

对于给定的实向量 $\boldsymbol{\beta}$，若其中 $|c_i|$ 最大，那么我们可以取 $\boldsymbol{A}$ 中第 j 行的向量，这样则有 $\left|\sum_{i=1}^{n}a_{ji}c_i\right|>|a_{jj}|\cdot|c_j|-\sum_{i\neq j}|a_{ji}||c_i|>(|a_{jj}|-\sum_{i\neq j}|a_{ji}|)|c_j|>0.$

所以上面改写过的命题成立，原命题也成立.

(2) 应用数学归纳法.

对于 1 阶矩阵，$|\boldsymbol{A}|=a_{11}>0$，命题成立.

对于 2 阶矩阵，$|\boldsymbol{A}|=a_{11}a_{22}-a_{12}a_{12}>0$，命题成立.

假设对于 $n-1$ 阶矩阵命题也成立.

对于 n 阶矩阵，设 $\boldsymbol{A}_{11},\boldsymbol{A}_{12},\cdots,\boldsymbol{A}_{1n}$ 是行列式 $|\boldsymbol{A}|$ 的第一行元素的代数余子式，则有 $\sum_{j=1}^{n}a_{ij}\boldsymbol{A}_{1j}$，$(i=2,3,\cdots n)$.

由(1) 中的证明可知，绝对值 $|\boldsymbol{A}_{11}|,|\boldsymbol{A}_{12}|,\cdots|\boldsymbol{A}_{1n}|$ 中的最大值只可能是 $|\boldsymbol{A}_{11}|$，即

$$|\boldsymbol{A}_{11}|>|\boldsymbol{A}_{1i}|,i=2,\cdots,n.$$

由归纳法假设知，$A_{11}>0$.

$$\begin{aligned}|\boldsymbol{A}|&=\sum_{i=1}^{n}a_{1i}\boldsymbol{A}_{1i}=a_{11}\boldsymbol{A}_{11}+\sum_{i=2}^{n}a_{1i}\boldsymbol{A}_{1i}\\&\geqslant a_{11}\boldsymbol{A}_{11}-\sum_{i=2}^{n}|a_{1i}||\boldsymbol{A}_{1i}|>(a_{11}-\sum_{i=2}^{n}|a_{1i}|)\boldsymbol{A}_{11}>0.\end{aligned}$$

命题得证.

11. 解题过程 设球面方程为 $x^2+y^2+z^2+Ax+By+Cz+D=0$，代入各点坐标得

$$\begin{cases}A+D=-1,\\A+B+D=-2,\\A+B+C+D=-3,\\B+C+D=-2,\end{cases}$$

用待定系数法

解得 $A=-1,B=-1,C=-1,D=0$.

所以球面方程为 $x^2+y^2+z^2-x-y-z=0$.

12. 解题过程 设二次曲线的方程为 $x^2+Axy+By^2+Cx+Dy+E=0$，代入各点坐标得

$$\begin{cases}E=0,\\C+E=-1,\\2A+B+2C+D+E=-4,\\A+B+C+D+E=-1,\\4A+16B+C+4D+E=-1,\end{cases}$$

解得　$A=-2,B=0,C=-1,D=2,E=0$.

故二次曲线的方程为 $x^2-2xy-x+2y=0$.

13. 解题过程 (1) 原式化为 $\begin{cases}t^2-t+1-x=0,\\t^2+t-3-y=0,\end{cases}$

$$\boldsymbol{R}_t(f,g)=\begin{vmatrix}1&-1&1-x&0\\0&1&-1&1-x\\2&1&-3-y&0\\0&2&1&-3-y\end{vmatrix}=\begin{vmatrix}1&-1&1-x\\3&2x-y-5&0\\2&1&-3-y\end{vmatrix}$$

$$=\begin{vmatrix}2x-y-2&3x-3\\3&x-5-y\end{vmatrix}=(2x-y)^2-7(2x-y)+10-9x+9$$

$$=4x^2-4xy+y^2-23x+7y+19=0.$$

(2) 原式化为 $\begin{cases}xt^2-2t+x+1=0,\\(1-y)t^2+2t-1-y=0,\end{cases}$

$$\boldsymbol{R}_t(f,g)=\begin{vmatrix}x&-2&x+1&0\\0&x&-2&x+1\\1-y&2&-1-y&0\\0&1-y&2&-1-y\end{vmatrix}$$

$$=8x^2+5y^2-4xy-8x+2y-7=0.$$

14. 解题过程 (1) 令 $f(x)=\dfrac{x^5-1}{x-1}=x^4+x^3+x^2+x+1.$

$g(x)=\dfrac{x^7-1}{x-1}=x^6+x^5+x^4+x^3+x^2+x+1.$

那么

行列式中的空白位置为零

$$R(f,g)=\begin{vmatrix}1&1&1&1&1&&&&&\\&1&1&1&1&1&&&&\\&&1&1&1&1&1&&&\\&&&1&1&1&1&1&&\\&&&&1&1&1&1&1&1\\&&&&&1&1&1&1&1\\1&1&1&1&1&1&1&&&\\&1&1&1&1&1&1&1&&\\&&1&1&1&1&1&1&1&\\&&&1&1&1&1&1&1&1\end{vmatrix}$$

$$
=\begin{vmatrix}
1 & 1 & 1 & 1 & 1 & & & & & \\
 & 1 & 1 & 1 & 1 & 1 & & & & \\
 & & 1 & 1 & 1 & 1 & 1 & & & \\
 & & & 1 & 1 & 1 & 1 & 1 & & \\
 & & & & 1 & 1 & 1 & 1 & 1 & 1 \\
 & & & & & 1 & 1 & 1 & 1 & 1 \\
 & & & & & 1 & 1 & & & \\
 & & & & & & 1 & 1 & & \\
 & & & & & & & 1 & 1 & \\
 & & & & & & & & 1 & 1
\end{vmatrix}
$$

$$
=\begin{vmatrix}
1 & 1 & 1 & 1 & 1 & & & & & \\
 & 1 & 1 & 1 & 1 & 1 & & & & \\
 & & 1 & 1 & 1 & 1 & 1 & & & \\
 & & & 1 & 1 & 1 & 1 & 1 & & \\
 & & & & 1 & 1 & 1 & 1 & 1 & 1 \\
 & & & & & 1 & 1 & 1 & 1 & 1 \\
 & & & & & & & & & -1 \\
 & & & & & & 1 & 1 & & \\
 & & & & & & & 1 & 1 & \\
 & & & & & & & & 1 &
\end{vmatrix}
$$

$$
=-\begin{vmatrix}
1 & 1 & 1 & 1 & 1 & & & & & \\
 & 1 & 1 & 1 & 1 & 1 & & & & \\
 & & 1 & 1 & 1 & 1 & 1 & & & \\
 & & & 1 & 1 & 1 & 1 & 1 & & \\
 & & & & 1 & 1 & 1 & 1 & 1 & \\
 & & & & & 1 & 1 & 1 & 1 & 1 \\
 & & & & & & 1 & 1 & & \\
 & & & & & & & 1 & 1 & \\
 & & & & & & & & 1 & \\
 & & & & & & & & & -1
\end{vmatrix}=1.
$$

(2) 令 $f(x)=x^n+x+1, g(x)=x^n-3x+2$. 那么

$$R(f,g)=\begin{vmatrix}1&0&0&0&0&\cdots&0&1&1&0\\0&1&0&0&0&\cdots&0&0&1&1\\1&-3&2&&&&&&&\\&1&-3&2&&&&&&\\&&1&-3&2&&&&&\\&&&\ddots&\ddots&\ddots&&&&\\&&&&\ddots&\ddots&2&&&\\&&&&&\ddots&-3&2&&\\&&&&&&1&-3&2&\\&&&&&&&1&-3&2\end{vmatrix}$$

这是一个$n+2$级行列式，将各列都加到第1列，并提取公因数

$$=3\begin{vmatrix}1&0&0&0&0&\cdots&0&1&1&0\\1&1&0&0&0&\cdots&0&0&1&1\\0&-3&2&&&&&&&\\&1&-3&2&&&&&&\\&&1&-3&2&&&&&\\&&&\ddots&\ddots&\ddots&&&&\\&&&&\ddots&\ddots&2&&&\\&&&&&\ddots&-3&2&&\\&&&&&&1&-3&2&\\&&&&&&&1&-3&2\end{vmatrix}$$

$$=3\begin{vmatrix}1&0&0&0&0&\cdots&0&1&1&0\\0&1&0&0&0&\cdots&0&0&1&1\\0&-3&2&&&&&&&\\&1&-3&2&&&&&&\\&&1&-3&2&&&&&\\&&&\ddots&\ddots&\ddots&&&&\\&&&&\ddots&\ddots&2&&&\\&&&&&\ddots&-3&2&&\\&&&&&&1&-3&2&\\&&&&&&&1&-3&2\end{vmatrix}$$

$$
=3\begin{vmatrix}
1 & 0 & 0 & 0 & 0 & \cdots & 0 & -1 & 0 & 1 \\
-3 & 2 & 0 & 0 & 0 & \cdots & 0 & 0 & 0 & 0 \\
1 & -3 & 2 & & & & & & & \\
 & 1 & -3 & 2 & & & & & & \\
 & & \ddots & \ddots & \ddots & & & & & \\
 & & & \ddots & \ddots & & & & & \\
 & & & & \ddots & -3 & 2 & & & \\
 & & & & & 1 & -3 & 2 & & \\
 & & & & & & 1 & -3 & 2 &
\end{vmatrix}
$$

这是一个$n+1$级行列式，从最后一列开始，每一列都加到前一列

$$
=3\begin{vmatrix}
1 & 0 & 0 & 0 & 0 & \cdots & 0 & 0 & 0 & 1 \\
-1 & 2 & 0 & 0 & 0 & \cdots & 0 & 0 & 0 & 0 \\
0 & -1 & 2 & & & & & & & \\
 & 0 & -1 & 2 & & & & & & \\
 & & \ddots & \ddots & \ddots & & & & & \\
 & & & \ddots & \ddots & 2 & & & & \\
 & & & & \ddots & -1 & 2 & & & \\
 & & & & & 0 & -1 & 2 & & \\
 & & & & & & 0 & -1 & 2 &
\end{vmatrix}
$$

按第1列展开

$$
=3\cdot 2^n+3\begin{vmatrix}
0 & 0 & 0 & \cdots & 0 & 0 & 1 & 1 \\
-1 & 2 & 0 & \cdots & 0 & 0 & 0 & 0 \\
 & -1 & 2 & & & & & \\
 & & \ddots & \ddots & & & & \\
 & & & \ddots & 2 & & & \\
 & & & & -1 & 2 & & \\
 & & & & & -1 & 2 & \\
 & & & & & & -1 & 2
\end{vmatrix}
$$

将行列式从最后一列开始，逐次加到前一列上

$$
=3\cdot 2^n+3\begin{vmatrix}
\frac{3}{2^{n-1}} & \frac{3}{2^{n-2}} & \frac{3}{2^{n-3}} & \cdots & \frac{3}{2^3} & \frac{3}{2^2} & \frac{3}{2} & 1 \\
0 & 2 & 0 & \cdots & 0 & 0 & 0 & 0 \\
 & 0 & 2 & & & & & \\
 & & \ddots & \ddots & & & & \\
 & & & \ddots & 2 & & & \\
 & & & & 0 & 2 & & \\
 & & & & & 0 & 2 & \\
 & & & & & & 0 & 2
\end{vmatrix}
$$

$$=3\cdot 2^n+3^2=3(2^n+3).$$

(3) $R((x^n+1)(x-1)^n)=(-1)^n 2^n$.

课后习题全解

1 （2012年考研题）设 $\boldsymbol{\alpha}_1=\begin{pmatrix}0\\0\\C_1\end{pmatrix}$，$\boldsymbol{\alpha}_2=\begin{pmatrix}0\\1\\C_2\end{pmatrix}$，$\boldsymbol{\alpha}_3=\begin{pmatrix}1\\-1\\C_3\end{pmatrix}$，$\boldsymbol{\alpha}_4=\begin{pmatrix}-1\\1\\C_4\end{pmatrix}$，其中 C_1,C_2,C_3,C_4，为任意常数.则下列向量组线性相关的为（　　）

A. $\boldsymbol{\alpha}_1,\boldsymbol{\alpha}_2,\boldsymbol{\alpha}_3$　　B. $\boldsymbol{\alpha}_1,\boldsymbol{\alpha}_2,\boldsymbol{\alpha}_4$　　C. $\boldsymbol{\alpha}_1,\boldsymbol{\alpha}_3,\boldsymbol{\alpha}_4$　　D. $\boldsymbol{\alpha}_2,\boldsymbol{\alpha}_3,\boldsymbol{\alpha}_4$

答　　案　C

解题过程　利用排除法，判断各个选项中的向量组是否相关.

2 （2014年考研题）设 $\boldsymbol{\alpha}_1,\boldsymbol{\alpha}_2,\boldsymbol{\alpha}_3$ 是三维向量，则对任意的常数 k,l，向量 $\boldsymbol{\alpha}_1+k\boldsymbol{\alpha}_3,\boldsymbol{\alpha}_2+l\boldsymbol{\alpha}_3$ 线性无关是向量 $\boldsymbol{\alpha}_1,\boldsymbol{\alpha}_2,\boldsymbol{\alpha}_3$ 线性无关.

A. 必要而非充分条件；　　B. 充分而非必要条件；

C. 充分必要条件；　　D. 非充分非必要条件.

答　　案　A

解题过程　若向量 $\boldsymbol{\alpha}_1,\boldsymbol{\alpha}_2,\boldsymbol{\alpha}_3$ 线性无关，则

$(\boldsymbol{\alpha}_1+k\boldsymbol{\alpha}_3,\boldsymbol{\alpha}_2+l\boldsymbol{\alpha}_3)=(\boldsymbol{\alpha}_1,\boldsymbol{\alpha}_2,\boldsymbol{\alpha}_3)\begin{pmatrix}1&0\\0&1\\k&1\end{pmatrix}=(\boldsymbol{\alpha}_1,\boldsymbol{\alpha}_2,\boldsymbol{\alpha}_3)K$，对任意的常数 k,l，矩阵 K 的秩都等于2，所以向量 $\boldsymbol{\alpha}_1+k\boldsymbol{\alpha}_3,\boldsymbol{\alpha}_2+l\boldsymbol{\alpha}_3$ 一定线性无关.

而当 $\boldsymbol{\alpha}_1=\begin{pmatrix}1\\0\\0\end{pmatrix}$，$\boldsymbol{\alpha}_2=\begin{pmatrix}0\\1\\0\end{pmatrix}$，$\boldsymbol{\alpha}_3=\begin{pmatrix}0\\0\\0\end{pmatrix}$ 时，对任意的常数 k,l，向量 $\boldsymbol{\alpha}_1+k\boldsymbol{\alpha}_3,\boldsymbol{\alpha}_2+l\boldsymbol{\alpha}_3$ 线性无关，但 $\boldsymbol{\alpha}_1,\boldsymbol{\alpha}_2,\boldsymbol{\alpha}_3$ 线性相关；故选择A.

3 （2010年考研题）(5) 设向量组 $I:\boldsymbol{\alpha}_1,\boldsymbol{\alpha}_2,\cdots\boldsymbol{\alpha}_r$ 可由向量组 $II:\boldsymbol{\beta}_1,\boldsymbol{\beta}_2,\cdots,\boldsymbol{\beta}_r$ 线性表示，下列命题正确的是（　　）

(A) 若向量组 I 线无关，则 $r\leqslant s$　　(B) 若向量组 I 线性相关，则 $r>s$

(C) 若向量组 II 线性无关，则 $r\leqslant s$　　(D) 若向量组 II 线性相，则 $r>s$.

答　　案　A

解题过程　本题考察的知识点是向量组的线性相关性的性质以及向量组的线性表示，直接运用定理就能得到结论，记向量组 $I=$ 向量组 A. 向量组 $II=$ 向量组 B，则

A. 若向量组 A 线性无关，则 $r=r\{A\}\leqslant r\{B\}\leqslant s$；

B. 若向量组 A 线性相关，则 $r\geqslant r\{A\},r\{A\}\leqslant r\{B\}\leqslant s$；

C. 若向量组 B 线性相关，则 $r\geqslant r\{A\},r\{A\}\leqslant r\{B\}=s$.

D. 若向量组 B 线性相关，则 $r \geqslant r\{A\}, r(A) \leqslant r\{B\} \leqslant s$.

4 （2010 年）设 $A=\begin{bmatrix}\lambda & 1 & 1\\ 0 & \lambda-1 & 0\\ 1 & 1 & \lambda\end{bmatrix}, b=\begin{pmatrix}a\\1\\1\end{pmatrix}$，已知线性方程组 $Ax=b$ 存在两个不同的解.

（Ⅰ）求 λ, a；（Ⅱ）求 $Ax=b$ 的通解.

解题过程 （Ⅰ）设 $\boldsymbol{\eta}_1, \boldsymbol{\eta}_2$ 为 $Ax=b$ 的 2 个不同的解，则 $\boldsymbol{\eta}_1-\boldsymbol{\eta}_2$ 是 $Ax=0$ 的一个非零解，故 $|A|$ $(\boldsymbol{\lambda}-1)^2(\boldsymbol{\lambda}+1)=0$. 于是 $\boldsymbol{\lambda}=1$ 或 $\boldsymbol{\lambda}=-1$.

当 $\boldsymbol{\lambda}=1$ 时，因为 $r(A) \neq r(A \vdots b)$，所以 $Ax=b$ 无解，舍去.

当 $\boldsymbol{\lambda}=-1$ 时，对 $Ax=b$ 的增广矩阵施以初等行变化

$$(A \vdots b)=\left(\begin{array}{ccc:c}-1 & 1 & 1 & a\\ 0 & -2 & 0 & 1\\ 1 & 1 & -1 & 1\end{array}\right) \to \left(\begin{array}{ccc:c}-1 & 0 & -1 & \frac{3}{2}\\ 0 & 1 & 0 & -\frac{1}{2}\\ 0 & 0 & 0 & a+2\end{array}\right)=B$$

因为 $Ax=b$ 有解，所以 $a=-2$；

（Ⅱ）当 $\boldsymbol{\lambda}=-1, a=-2$ 时 $B=\left(\begin{array}{ccc:c}-1 & 0 & -1 & \frac{3}{2}\\ 0 & 1 & 0 & -\frac{1}{2}\\ 0 & 0 & 0 & 0\end{array}\right)$，所以 $Ax=b$ 的通解为 $x=$

$\frac{1}{2}\begin{pmatrix}3\\-1\\0\end{pmatrix}+k\begin{pmatrix}1\\0\\1\end{pmatrix}$，其中 k 为任意常数.

5 （2012 年考研题）设 $A=\begin{bmatrix}1 & a & 0 & 0\\ 0 & 1 & a & 0\\ 0 & 0 & 1 & a\\ a & 0 & 0 & 1\end{bmatrix}, \beta=\begin{pmatrix}1\\-1\\0\\0\end{pmatrix}$

（Ⅰ）计算行列式 $|A|$；

（Ⅱ）当实数 a 为何值时，方程组 $Ax=\boldsymbol{\beta}$ 有无穷多解，并求其通解.

解题过程 （Ⅰ）

$$|A|=\begin{vmatrix}1 & a & 0 & 0\\ 0 & 1 & a & 0\\ 0 & 0 & 1 & a\\ a & 0 & 0 & 1\end{vmatrix}=1\times\begin{vmatrix}1 & a & 0\\ 0 & 1 & a\\ 0 & 0 & 1\end{vmatrix}+a\times(-1)^{4+1}\begin{vmatrix}a & 0 & 0\\ 1 & a & 0\\ 0 & 1 & a\end{vmatrix}=1-a^4$$

（Ⅱ）对方程组 $Ax=\boldsymbol{\beta}$ 的增广矩阵初等行变换；

$$\begin{bmatrix}1&a&0&0&1\\0&1&a&0&-1\\0&0&1&a&0\\a&0&0&1&0\end{bmatrix}\to\begin{bmatrix}1&a&0&0&1\\0&1&a&0&-1\\0&0&1&a&0\\0&-a^2&0&1&-a\end{bmatrix}\to\begin{bmatrix}1&a&0&0&1\\0&1&a&0&-1\\0&0&1&a&0\\0&0&a^3&1&-a-a^2\end{bmatrix}$$

$$\to\begin{bmatrix}1&a&0&0&1\\0&1&a&0&-1\\0&0&1&a&0\\0&0&0&1-a^4&-a-a^2\end{bmatrix}$$

可知，要使方程组 $Ax=\boldsymbol{\beta}$ 有无穷多解，则有 $1-a^4=0$ 且 $-a-a^2=0$，可知 $a=-1$

此时，方程组 $Ax=\boldsymbol{\beta}$ 的增广矩阵变为 $\begin{bmatrix}1&-1&0&0&1\\0&1&-1&0&-1\\0&0&1&-1&0\\0&0&0&0&0\end{bmatrix}$，进一步化为最简形得

$\begin{bmatrix}1&0&0&-1&0\\0&1&0&-1&-1\\0&0&1&-1&0\\0&0&0&0&0\end{bmatrix}$ 可知导出组的基础解系为 $\begin{pmatrix}1\\1\\1\\1\end{pmatrix}$，非齐次方程组的特解为 $\begin{pmatrix}0\\-1\\0\\0\end{pmatrix}$，

故其通解为 $k\begin{pmatrix}1\\1\\1\\1\end{pmatrix}+\begin{pmatrix}0\\-1\\0\\0\end{pmatrix}$

第四章

矩 阵

知识网络结构图

- 矩阵
  - 概念——$m \times n$个数排成的m行n列的表格
  - 运算
    - $A+B, kA$；AB；A^{T}
      - 方阵的幂
      - 分块矩阵
  - 初等交换
    - 初等矩阵
      - 初等矩阵P左乘A所得PA就是A作了一次与P同样的行变换
      - $E_i^{-1}(k)=E_i(\frac{1}{k})$，$E_{i,j}^{1}=E_{i,j}$，$E_{i,j}^{1}(k)=E_{i,j}(-k)$
    - 等价 $A\to\cdots\to B \Leftrightarrow PAQ=B$，其中$P,Q$可逆
  - 逆矩阵
    - 求法
      - 用定义
      - $(A|E)\xrightarrow{行}\cdots\to(E|A^{-1})$
      - 用伴随$A^{-1}=\frac{1}{|A|}A^{*}$
      - 用分块 $\begin{bmatrix}A & O\\ O & B\end{bmatrix}^{-1}=\begin{bmatrix}A^{-1} & O\\ O & B^{-1}\end{bmatrix}$，$\begin{bmatrix}O & A\\ B & O\end{bmatrix}^{-1}=\begin{bmatrix}O & B^{-1}\\ A^{-1} & O\end{bmatrix}$
    - 证法
      - $|A|\neq 0$
      - $r(A)=n$
      - 特征值
      - 反证法
  - 秩
    - 计算 初等交换法 定义法
    - 公式 参看（2.5）
  - 特殊矩阵
    - 伴随矩阵$A^{*}=\begin{bmatrix}A_{11} & A_{11} & \cdots & A_{n1}\\ A_{12} & A_{22} & \cdots & A_{n2}\\ \vdots & \vdots & & \vdots\\ A_{1n} & A_{2n} & \cdots & A_{nn}\end{bmatrix}$，$AA^{*}=A^{*}A=|A|E$
    - 对称矩阵$A^{T}=A \Leftrightarrow a_{ij}=a_{ji}$
    - 反对称矩阵$A^{T}=-A \Leftrightarrow a_{ij}=0, a_{ji}=-a_{ji}$
    - 正交矩阵$AA^{T}=A^{T}A=E \Leftrightarrow A^{-1}=A^{T}$
    - 对角矩阵$\begin{bmatrix}a_1 & & & \\ & a_2 & & \\ & & \ddots & \\ & & & a_n\end{bmatrix}$，$\begin{bmatrix}a_1 & & \\ & a_2 & \\ & & a_3\end{bmatrix}\begin{bmatrix}b_1 & & \\ & b_2 & \\ & & b_3\end{bmatrix}=\begin{bmatrix}a_1b_1 & & \\ & a_2b_2 & \\ & & a_3b_3\end{bmatrix}$，

$A_1A_2=A_2A_1$，$\begin{bmatrix}a_1 & & \\ & a_2 & \\ & & a_3\end{bmatrix}^{*}=\begin{bmatrix}a^{n}_1 & & \\ & a^{n}_2 & \\ & & a^{n}_3\end{bmatrix}$，$\begin{bmatrix}a_1 & & \\ & a_2 & \\ & & a_3\end{bmatrix}^{-1}=\begin{bmatrix}\frac{1}{a_1} & & \\ & \frac{1}{a_2} & \\ & & \frac{1}{a_3}\end{bmatrix}$，

其中a_1, a_2, a_3非0_n

主要知识内容

一、矩阵的运算

1. 矩阵的加法

设 $\boldsymbol{A}=(a_{ij})_{sn}=\begin{pmatrix} a_{11} & a_{12} & \cdots & a_{1n} \\ a_{21} & a_{22} & \cdots & a_{2n} \\ \vdots & \vdots & & \vdots \\ a_{s1} & a_{s2} & \cdots & a_{sn} \end{pmatrix}$，$\boldsymbol{B}=(b_{ij})_{sn}=\begin{pmatrix} b_{11} & b_{12} & \cdots & b_{1n} \\ b_{21} & b_{22} & \cdots & b_{2n} \\ \vdots & \vdots & & \vdots \\ b_{s1} & b_{s2} & \cdots & b_{sn} \end{pmatrix}$ 是两个 $s\times n$ 矩阵，则矩阵 $\boldsymbol{C}$

$$=(c_{ij})_{sn}=(a_{ij}+b_{ij})_{sn}=\begin{pmatrix} a_{11}+b_{11} & a_{12}+b_{12} & \cdots & a_{1n}+b_{1n} \\ a_{21}+b_{21} & a_{22}+b_{22} & \cdots & a_{2n}+b_{2n} \\ \vdots & \vdots & & \vdots \\ a_{s1}+b_{s1} & a_{s2}+b_{s2} & \cdots & a_{sn}+b_{sn} \end{pmatrix}$$

称为 $\boldsymbol{A}$ 和 $\boldsymbol{B}$ 的和，记为

$$\boldsymbol{C}=\boldsymbol{A}+\boldsymbol{B}$$

运算规律：

①$\boldsymbol{A}+\boldsymbol{B}=\boldsymbol{B}+\boldsymbol{A}$，　②$(\boldsymbol{A}+\boldsymbol{B})+\boldsymbol{C}=\boldsymbol{A}+(\boldsymbol{B}+\boldsymbol{C})$，

③$\boldsymbol{A}+\boldsymbol{O}=\boldsymbol{A}$，　④$\boldsymbol{A}+(-\boldsymbol{A})=\boldsymbol{O}$.

2. 乘法(重点、难点)

> **温馨提示**　在本书中，涉及两个矩阵相乘，都是不加说明地指这两个矩阵能够满足相乘的条件.

设 $\boldsymbol{A}=(a_{ik})_{sn}$，$\boldsymbol{B}(b_{kj})_{nm}$，那么矩阵 $C=(c_{ij})_{sm}$，其中

$$c_{ij}=a_{i1}b_{1j}+a_{i2}b_{2j}+\cdots+a_{in}b_{nj}=\sum_{k=1}^{n}a_{ik}b_{kj}$$

称为 $\boldsymbol{A}$ 和 $\boldsymbol{B}$ 的乘积，记为

$$\boldsymbol{C}=\boldsymbol{AB}$$

> **温馨提示**　由于矩阵乘法不满足交换律，所以提到两个矩阵相乘时，要说明乘的位置是左乘，还是右乘；另外，与交换律有关的性质，在矩阵乘法中都不再成立.

运算规律：

①$(\boldsymbol{AB})\boldsymbol{C}=\boldsymbol{A}(\boldsymbol{BC})$，　②$\boldsymbol{A}(\boldsymbol{B}+\boldsymbol{C})=\boldsymbol{AB}+\boldsymbol{AC}$，

③$(\boldsymbol{B}+\boldsymbol{C})\boldsymbol{A}=\boldsymbol{BA}+\boldsymbol{CA}$，　④$k(\boldsymbol{AB})=\boldsymbol{A}(k\boldsymbol{B})=(k\boldsymbol{A})\boldsymbol{B}$

3. 数乘

矩阵 $\begin{pmatrix} ka_{11} & ka_{12} & \cdots & ka_{1n} \\ ka_{21} & ka_{22} & \cdots & ka_{2n} \\ \vdots & \vdots & & \vdots \\ ka_{s1} & ka_{s2} & \cdots & ka_{sn} \end{pmatrix}$ 称为矩阵 $\boldsymbol{A}=(a_{ij})_{sn}$ 与数 k 的数量乘积，记作 $k\boldsymbol{A}$ 运算规律：

①$(k+1)\boldsymbol{A}=k\boldsymbol{A}+l\boldsymbol{A}$，　　②$k(\boldsymbol{A}+\boldsymbol{B})=k\boldsymbol{A}+k\boldsymbol{B}$，

③$k(l\boldsymbol{A})=(kl)\boldsymbol{A}$，　　④$1\cdot\boldsymbol{A}=\boldsymbol{A}$

4. 矩阵的转置(重点)

设 $\boldsymbol{A}=\begin{pmatrix} a_{11} & a_{12} & \cdots & a_{1n} \\ a_{21} & a_{22} & \cdots & a_{2n} \\ \vdots & \vdots & & \vdots \\ a_{s1} & a_{s2} & \cdots & a_{sn} \end{pmatrix}$，

$\boldsymbol{A}$ 的转置就是指矩阵 $\boldsymbol{A}'=\begin{pmatrix} a_{11} & a_{21} & \cdots & a_{s1} \\ a_{12} & a_{22} & \cdots & a_{s2} \\ \vdots & \vdots & & \vdots \\ a_{1n} & a_{2n} & \cdots & a_{sn} \end{pmatrix}$.

运算规律：

①$(\boldsymbol{A}')'=\boldsymbol{A}$，　　②$(\boldsymbol{A}+\boldsymbol{B})'=\boldsymbol{A}'+\boldsymbol{B}'$，

③$(\boldsymbol{AB})'=\boldsymbol{B}'\boldsymbol{A}'$，　　④$(k\boldsymbol{A})'=k\boldsymbol{A}'$

温馨提示　对称矩阵 $\boldsymbol{A}=(a_{ij})$ 的对称性体现为 $a_{ji}=a_{ij}\,(i,j=1,2,\cdots,n)$；而反对称矩阵 $A=(a_{ij})$ 的反对称性在元素中体现为 $a_{ji}=-a_{ij}$，$i\neq j$；$a_{ii}=0$.

二、矩阵乘积的行列式与秩

1. 矩阵乘积的行列式(重点)

定理 1　设 $\boldsymbol{A},\boldsymbol{B}$ 是数域 P 上的 $n\times n$ 矩阵，则 $|\boldsymbol{AB}|=|\boldsymbol{A}|\cdot|\boldsymbol{B}|$.

推论 1　设 $\boldsymbol{A}_1,\boldsymbol{A}_2,\cdots,\boldsymbol{A}_m$ 是数域 P 上的 $n\times n$ 矩阵，则 $|\boldsymbol{A}_1\boldsymbol{A}_2\cdots\boldsymbol{A}_m|=|\boldsymbol{A}_1||\boldsymbol{A}_2|\cdots|\boldsymbol{A}_m|$.

(非)退化矩阵

定义 6　数域 P 上的矩阵 $\boldsymbol{A}$ 称为**非退化的**(或**满秩的**)，如果 $|\boldsymbol{A}|\neq 0$；否则称为退化的(或**降秩的**).

推论 2　设 $\boldsymbol{A},\boldsymbol{B}$ 是数域 P 上的 $n\times n$ 矩阵，矩阵 $\boldsymbol{AB}$ 为退化的充要条件是 $\boldsymbol{A}$、$\boldsymbol{B}$ 中至少有一个是退化的.

温馨提示　只有方阵才能进行取行列式运算，其他矩阵进行这种运算都是没意义的。

2. 矩阵乘积的秩(重点、难点)

定理 2　设 $\boldsymbol{A}_{n\times m},\boldsymbol{B}_{m\times s}$ 是数域 P 上的矩阵，则 $R(\boldsymbol{AB})\leqslant\min(R(\boldsymbol{A}),R(\boldsymbol{B}))$.

推论 $R(\boldsymbol{A}_1\boldsymbol{A}_2\cdots\boldsymbol{A}_t)\leqslant\min\limits_{1\leqslant j\leqslant t}(R(\boldsymbol{A}_j))$.

温馨提示 事实上,这里已经用到了矩阵分块的思想.

三、矩阵的逆

1. 定义

①n 阶方阵 $\boldsymbol{A}$ 称为**可逆的**,如果有 n 阶方阵 $\boldsymbol{B}$,使得

$$\boldsymbol{AB}=\boldsymbol{BA}=\boldsymbol{E}(n\text{ 阶单位方阵}). \tag{1}$$

②若矩阵 $\boldsymbol{B}$ 适合式(1),$\boldsymbol{B}$ 就称为 $\boldsymbol{A}$ 的**逆矩阵**,记为 $\boldsymbol{A}^{-1}$.

③设 $\boldsymbol{A}_{ij}$ 是 $\boldsymbol{A}=(a_{ij})_{nn}$ 中 a_{ij} 的代数余子式,矩阵

$$\boldsymbol{A}^*=\begin{pmatrix}A_{11} & A_{21} & \cdots & A_{n1}\\ A_{12} & A_{22} & \cdots & A_{n2}\\ \vdots & \vdots & & \vdots\\ A_{1n} & A_{2n} & \cdots & A_{nn}\end{pmatrix}$$

称为矩阵 $\boldsymbol{A}$ 的**伴随矩阵**. 且$\boldsymbol{AA}^*=\boldsymbol{A}^*\boldsymbol{A}=|\boldsymbol{A}|\boldsymbol{E}$.

温馨提示 伴随矩阵也是针对一个方阵而言的.

2. 定理(重点、难点)

阵 $\boldsymbol{A}$ 是可逆的充要条件是 $\boldsymbol{A}$ 是非退化的,而

$$\boldsymbol{A}^{-1}=\frac{\boldsymbol{A}^*}{d}(d=|\boldsymbol{A}|\neq 0);|\boldsymbol{A}^{-1}|=d^{-1}.$$

温馨提示 由这个公式可以导出求可逆矩阵的逆矩阵的公式.

3. 推论如果矩阵 $\boldsymbol{A}$,$\boldsymbol{B}$ 可逆,则 $\boldsymbol{A}'$与 $\boldsymbol{AB}$ 也可逆,且

$$(\boldsymbol{A}')^{-1}=(\boldsymbol{A}^{-1})',(\boldsymbol{AB})^{-1}=\boldsymbol{B}^{-1}\boldsymbol{A}^{-1}.$$

克拉默法则可简写为

$$\boldsymbol{AX}=\boldsymbol{B}\Rightarrow\boldsymbol{X}=\boldsymbol{A}^{-1}\boldsymbol{B}.$$

设矩阵 $\boldsymbol{A}_{s\times n}$,$\boldsymbol{P}_{s\times n}$可逆,$\boldsymbol{Q}_{s\times n}$可逆,则 $R(\boldsymbol{A})=R(\boldsymbol{PA})=R(\boldsymbol{AQ})$.

四、分块矩阵(重点、难点)

对于两个有相同分块的准对角矩阵

$$\boldsymbol{A}=\begin{pmatrix}\boldsymbol{A}_1 & \boldsymbol{O} & \cdots & \boldsymbol{O}\\ \boldsymbol{O} & \boldsymbol{A}_2 & \cdots & \boldsymbol{O}\\ \vdots & \vdots & & \vdots\\ \boldsymbol{O} & \boldsymbol{O} & \cdots & \boldsymbol{A}_l\end{pmatrix},\boldsymbol{B}=\begin{pmatrix}\boldsymbol{B}_1 & \boldsymbol{O} & \cdots & \boldsymbol{O}\\ \boldsymbol{O} & \boldsymbol{B}_2 & \cdots & \boldsymbol{O}\\ \vdots & \vdots & & \vdots\\ \boldsymbol{O} & \boldsymbol{O} & \cdots & \boldsymbol{B}_l\end{pmatrix},$$

如果它们相应的分块是同级的，则

(1) $\boldsymbol{AB}=\begin{pmatrix}\boldsymbol{A}_1\boldsymbol{B}_1 & \boldsymbol{O} & \cdots & \boldsymbol{O}\\ \boldsymbol{O} & \boldsymbol{A}_2\boldsymbol{B}_2 & \cdots & \boldsymbol{O}\\ \vdots & \vdots & & \vdots\\ \boldsymbol{O} & \boldsymbol{O} & \cdots & \boldsymbol{A}_l\boldsymbol{B}_l\end{pmatrix}$.

(2) $\boldsymbol{A}+\boldsymbol{B}=\begin{pmatrix}\boldsymbol{A}_1+\boldsymbol{B}_1 & \boldsymbol{O} & \cdots & \boldsymbol{O}\\ \boldsymbol{O} & \boldsymbol{A}_2+\boldsymbol{B}_2 & \cdots & \boldsymbol{O}\\ \vdots & \vdots & & \vdots\\ \boldsymbol{O} & \boldsymbol{O} & \cdots & \boldsymbol{A}_l+\boldsymbol{B}_l\end{pmatrix}$.

(3) $|\boldsymbol{A}|=|\boldsymbol{A}_1||\boldsymbol{A}_2|\cdots|\boldsymbol{A}_l|$.

(4) $\boldsymbol{A}$ 可逆的充要条件为 $\boldsymbol{A}_1,\boldsymbol{A}_2,\cdots,\boldsymbol{A}_l$ 可逆，且此时，$\boldsymbol{A}^{-1}=\begin{pmatrix}\boldsymbol{A}_1^{-1} & \boldsymbol{O} & \cdots & \boldsymbol{O}\\ \boldsymbol{O} & \boldsymbol{A}_2^{-1} & \cdots & \boldsymbol{O}\\ \vdots & \vdots & & \vdots\\ \boldsymbol{O} & \boldsymbol{O} & \cdots & \boldsymbol{A}_l^{-1}\end{pmatrix}$.

五、初等矩阵

1. 定义（重点、难点）

①由单位矩阵 $\boldsymbol{E}$ 经过一次初等变换得到的矩阵称为**初等矩阵**.

②矩阵 $\boldsymbol{A}$ 与 $\boldsymbol{B}$ 称为**等价的**，如果 $\boldsymbol{B}$ 可以由 $\boldsymbol{A}$ 经过一系列初等变换得到.

2. 定理（重点、难点）

①**引理**　对一个 $s\times n$ 矩阵 $\boldsymbol{A}$ 作一个初等行（列）变换，就相当于对 $\boldsymbol{A}$ 左（右）乘相应的 $s\times s$（或 $n\times n$）初等矩阵.

$$\boldsymbol{P}(i,j)^{-1}=\boldsymbol{P}(i,j),\boldsymbol{P}(i(c))^{-1}=\boldsymbol{P}(i(c^{-1})),\boldsymbol{P}(i,j(k))^{-1}=\boldsymbol{P}(i,j(-k)).$$

②任意一个 $s\times n$ 矩阵 $\boldsymbol{A}$ 都与一个形式为 $\begin{pmatrix}1 & & & & O\\ & \ddots & & & \\ & & 1 & & \\ & & & 0 & \\ & & & & \ddots \\ O & & & & 0\end{pmatrix}$

的矩阵等价，称它为矩阵的**标准形**，主对角线上 1 的个数（含 0 个）等于矩阵 $\boldsymbol{A}$ 的秩. 矩阵 $\boldsymbol{A},\boldsymbol{B}$ 等价的充要条件是有初等矩阵 $\boldsymbol{P}_1,\boldsymbol{P}_2,\cdots,\boldsymbol{P}_l,Q_1,Q_2,\cdots,Q_t$，使

$$\boldsymbol{A}=P_1P_2\cdots P_l\boldsymbol{B}Q_1Q_2\cdots Q_t.$$

方阵可逆的充要条件是其标准形为单位矩阵.

③n 级矩阵 $\boldsymbol{A}$ 为可逆的充要条件是 $\boldsymbol{A}$ 能表成一些初等矩阵的乘积：

$$\boldsymbol{A}=Q_1Q_2\cdots Q_m.$$

推论 1 两个 $s\times n$ 矩阵 $\boldsymbol{A},\boldsymbol{B}$ 等价的充要条件为,存在可逆的 s 级矩阵 $\boldsymbol{P}$ 与可逆的 n 级矩阵 $\boldsymbol{Q}$,使 $\boldsymbol{A}=PBQ$.

推论 2 可逆矩阵总可经过一系列初等行变换化成单位矩阵.

求 A^{-1} 新方法:$(A\mid E)\to(E\mid A^{-1})$.

温馨提示 $P(i,j(k))$表示将E的j行乘k加到第i行,也表示将E的i列乘k加到第j列.

■ 六、分块乘法的初等变换及应用举例(重点、难点)

对单位矩阵进行分块 $\boldsymbol{E}=\begin{pmatrix}\boldsymbol{E}_m & 0\\ \boldsymbol{O} & \boldsymbol{E}_n\end{pmatrix}$,再对它进行两行(列)对换,某一行(列)左乘(右乘)一个矩阵 $\boldsymbol{P}$,一行(列)加上另一行(列)的 $\boldsymbol{P}$(矩阵)倍数,就可得到如下类型的一些矩阵:

$$\begin{pmatrix}\boldsymbol{O} & \boldsymbol{E}_n\\ \boldsymbol{E}_m & \boldsymbol{O}\end{pmatrix},\begin{pmatrix}\boldsymbol{P} & \boldsymbol{O}\\ \boldsymbol{O} & \boldsymbol{E}_n\end{pmatrix},\begin{pmatrix}\boldsymbol{E}_m & \boldsymbol{O}\\ \boldsymbol{O} & \boldsymbol{P}\end{pmatrix},\begin{pmatrix}\boldsymbol{E}_m & \boldsymbol{P}\\ \boldsymbol{O} & \boldsymbol{E}_n\end{pmatrix},\begin{pmatrix}\boldsymbol{E}_m & \boldsymbol{O}\\ \boldsymbol{P} & \boldsymbol{E}_n\end{pmatrix}.$$

对一个分块矩阵进行初等行变换相当于左乘相应的分块初等矩阵,进行初等列变换相当于右乘相应的分块初等矩阵.这一结论在求一些求矩阵的逆的题目中经常使用.

温馨提示 由于矩阵乘法不满足交的换律,具体操作时,一定要注意矩阵相乘的次序.

经典例题解析

题型一:矩阵的运算

题型分析 矩阵的运算包括加法、乘法、数乘、以及矩阵的转置、矩阵的逆等,在计算时,要注意矩阵满足的运算规律,不要与常数运算混淆,例如矩阵的乘法不满足交换律.

例 1 若 $\boldsymbol{A}=\begin{bmatrix}0&0&0\\2&0&0\\1&3&0\end{bmatrix}$,则 $\boldsymbol{A}^2=$________,$\boldsymbol{A}^3=$________.

解题过程 由矩阵乘法,有

$$\boldsymbol{A}^2=\begin{bmatrix}0&0&0\\2&0&0\\1&3&0\end{bmatrix}\begin{bmatrix}0&0&0\\2&0&0\\1&3&0\end{bmatrix}=\begin{bmatrix}0&0&0\\0&0&0\\6&0&0\end{bmatrix}$$

$$\boldsymbol{A}^3=\begin{bmatrix}0&0&0\\0&0&0\\6&0&0\end{bmatrix}\begin{bmatrix}0&0&0\\2&0&0\\1&3&0\end{bmatrix}=\begin{bmatrix}0&0&0\\0&0&0\\0&0&0\end{bmatrix}=\boldsymbol{O}.$$

评注 对这类 4 阶矩阵，有 $\begin{bmatrix}0&1&2&3\\0&0&4&5\\0&0&0&6\\0&0&0&0\end{bmatrix}^2=\begin{bmatrix}0&0&4&17\\0&0&0&24\\0&0&0&0\\0&0&0&0\end{bmatrix}$，$\begin{bmatrix}0&1&2&3\\0&0&4&5\\0&0&0&6\\0&0&0&0\end{bmatrix}^3=\begin{bmatrix}0&0&0&24\\0&0&0&0\\0&0&0&0\\0&0&0&0\end{bmatrix}$，而 $\boldsymbol{A}^4=\boldsymbol{O}$.

例 2 已知 $\boldsymbol{A}=\begin{bmatrix}2&0&1\\0&3&0\\2&0&2\end{bmatrix}$，$\boldsymbol{B}=\begin{bmatrix}1&0&0\\0&-1&0\\0&0&0\end{bmatrix}$，若 $\boldsymbol{X}$ 满足 $\boldsymbol{AX}+2\boldsymbol{B}=\boldsymbol{BA}+2\boldsymbol{X}$，则 $\boldsymbol{X}^4=$________.

提　　示 先求出 $\boldsymbol{X}$ 的表达式，再计算

解题过程 由矩阵方程，有

$$\boldsymbol{AX}-2\boldsymbol{X}=\boldsymbol{BX}-2\boldsymbol{B}$$

即

$$(\boldsymbol{A}-2\boldsymbol{E})\boldsymbol{X}=\boldsymbol{B}(\boldsymbol{A}-2\boldsymbol{E})$$

因为 $\boldsymbol{A}-2\boldsymbol{E}=\begin{bmatrix}0&0&1\\0&1&0\\2&0&0\end{bmatrix}$ 可逆

故

$$\boldsymbol{X}=(\boldsymbol{A}-2\boldsymbol{E})^{-1}\boldsymbol{B}(\boldsymbol{A}-2\boldsymbol{E})$$

那么

$$\boldsymbol{X}^4=(\boldsymbol{A}-2\boldsymbol{E})^{-1}\boldsymbol{B}^4(\boldsymbol{A}-2\boldsymbol{E})$$

$$=\begin{bmatrix}0&0&\frac{1}{2}\\0&1&0\\1&0&0\end{bmatrix}\begin{bmatrix}1&0&0\\0&1&0\\0&0&0\\0&0&0\end{bmatrix}\begin{bmatrix}0&0&1\\0&1&0\\2&0&0\end{bmatrix}=\begin{bmatrix}0&0&0\\0&1&0\\0&0&1\end{bmatrix}.$$

例 3 已知 $2\boldsymbol{CA}-2\boldsymbol{AB}=\boldsymbol{C}-\boldsymbol{B}$，其中 $\boldsymbol{A}=\begin{bmatrix}\frac{1}{2}&\frac{1}{2}&0\\-\frac{1}{2}&\frac{1}{2}&0\\0&0&1\end{bmatrix}$，$\boldsymbol{B}=\begin{bmatrix}3&2&1\\0&0&0\\0&0&0\end{bmatrix}$ 则 $C^3=$________

解题过程 由 $2\boldsymbol{CA}-2\boldsymbol{AB}=\boldsymbol{C}-\boldsymbol{B}$ 得 $2\boldsymbol{CA}-\boldsymbol{C}=2\boldsymbol{AB}-\boldsymbol{B}$，故有 $\boldsymbol{C}(2\boldsymbol{A}-\boldsymbol{E})=(2\boldsymbol{A}-\boldsymbol{E})\boldsymbol{B}$.

因为 $2\boldsymbol{A}-\boldsymbol{E}=\begin{bmatrix}1&1&0\\-1&1&0\\0&0&2\end{bmatrix}-\begin{bmatrix}1&0&0\\0&1&0\\0&0&1\end{bmatrix}=\begin{bmatrix}0&1&0\\-1&0&0\\0&0&1\end{bmatrix}$ 可逆，所以

$$\boldsymbol{C}=(2\boldsymbol{A}-\boldsymbol{E})\boldsymbol{B}(2\boldsymbol{A}-\boldsymbol{E})^{-1}.$$

那么

$$\boldsymbol{C}^6=(2\boldsymbol{A}-\boldsymbol{E})\boldsymbol{B}^3(2\boldsymbol{A}-\boldsymbol{E})^{-1}$$

$$=\begin{bmatrix}0&1&0\\-1&0&0\\0&0&1\end{bmatrix}\begin{bmatrix}3&2&1\\0&0&0\\0&0&0\end{bmatrix}^3\begin{bmatrix}0&-1&0\\1&0&0\\0&0&1\end{bmatrix}$$

$$=\begin{bmatrix}0&1&0\\-1&0&0\\0&0&1\end{bmatrix}\begin{bmatrix}27&18&9\\0&0&0\\0&0&0\end{bmatrix}\begin{bmatrix}0&-1&0\\1&0&0\\0&0&1\end{bmatrix}=\begin{bmatrix}0&0&0\\-18&27&-9\\0&0&0\end{bmatrix}.$$

评注 本题求 $\begin{bmatrix}0&1&0\\-1&0&0\\0&0&1\end{bmatrix}^{-1}$ 时，可用分块求逆公式 $\begin{bmatrix}\boldsymbol{A}&0\\0&\boldsymbol{B}\end{bmatrix}^{-1}=\begin{bmatrix}\boldsymbol{A}^{-1}&0\\0&\boldsymbol{B}^{-1}\end{bmatrix}$.

因此秩 $r(\boldsymbol{B})=1$，所以 $\boldsymbol{B}^3=3^2\boldsymbol{B}$.

例 4 (1998,2)设 $\boldsymbol{A}$ 是任一 $n(n\geqslant 3)$ 阶方阵，$\boldsymbol{A}^*$ 是其伴随矩阵，又 k 为常数，且 $k\neq 0,\pm 1$，则必有 $(k\boldsymbol{A})^*=$________

A. $k\boldsymbol{A}^*$　　B. $k^{n-1}\boldsymbol{A}^*$　　C. $k^n\boldsymbol{A}^*$　　D. $k^{-1}\boldsymbol{A}^*$

解题过程 对任何 n 阶矩阵都要成立的关系式，对特殊的 n 阶矩阵自然也要成立，那么当 A 可逆时，由 $\boldsymbol{A}^*=|\boldsymbol{A}|\boldsymbol{A}^{-1}$ 有

$$(k\boldsymbol{A})^*=|k\boldsymbol{A}|(k\boldsymbol{A})^{-1}=k^n|\boldsymbol{A}|\cdot\frac{1}{k}\boldsymbol{A}^{-1}=k^{n-1}\boldsymbol{A}^*$$

故应选 B.

题型二：可逆矩阵的判别和证明

题型解析 除了可逆矩阵的定义外，我们也可以利用可逆矩阵的性质来证明和求得可逆矩阵，在应用时，应根据所求矩阵的具体形式和特点选择合适的方法.

例 5 设 $\boldsymbol{H}=\begin{bmatrix}\boldsymbol{A}&\boldsymbol{C}\\\boldsymbol{O}&\boldsymbol{B}\end{bmatrix}$，其中 $\boldsymbol{A},\boldsymbol{B}$ 分别是 m 阶和 n 阶可逆矩，证明矩阵 $\boldsymbol{H}$ 可逆，并求其逆.

提　示 利用矩阵的行列式证明

解题过程 因为 $\boldsymbol{A},\boldsymbol{B}$ 可逆，由拉普拉斯展开式(1.9)有

$$|\boldsymbol{H}|=\begin{vmatrix}\boldsymbol{A}&\boldsymbol{C}\\\boldsymbol{O}&\boldsymbol{B}\end{vmatrix}=|\boldsymbol{A}||\boldsymbol{B}|\neq 0$$

> n级方阵$\boldsymbol{A}$可逆的充分必要条件是$|\boldsymbol{A}|\neq 0$.

所以矩阵 $\boldsymbol{H}$ 可逆.

设 $\boldsymbol{H}^{-1}=\begin{bmatrix}\boldsymbol{X}&\boldsymbol{Y}\\\boldsymbol{Z}&\boldsymbol{W}\end{bmatrix}$，则 $\begin{bmatrix}\boldsymbol{A}&\boldsymbol{C}\\\boldsymbol{O}&\boldsymbol{B}\end{bmatrix}\begin{bmatrix}\boldsymbol{X}&\boldsymbol{Y}\\\boldsymbol{Z}&\boldsymbol{W}\end{bmatrix}=\begin{bmatrix}\boldsymbol{E}&\boldsymbol{O}\\\boldsymbol{O}&\boldsymbol{E}\end{bmatrix}$ 即

$$\begin{cases}\boldsymbol{AX}+\boldsymbol{CZ}=\boldsymbol{E}\\\boldsymbol{AY}+\boldsymbol{CW}=\boldsymbol{O}\\\boldsymbol{BZ}=\boldsymbol{O}\\\boldsymbol{BW}=\boldsymbol{E}\end{cases}\quad \text{解出}\begin{cases}\boldsymbol{X}=\boldsymbol{A}^{-1}\\\boldsymbol{Y}=-\boldsymbol{A}^{-1}\boldsymbol{CB}^{-1}\\\boldsymbol{Z}=\boldsymbol{O}\\\boldsymbol{W}=\boldsymbol{B}^{-1}\end{cases}$$

故 $$\begin{bmatrix}A & C\\O & B\end{bmatrix}^{-1}=\begin{bmatrix}A^{-1} & -A^{-1}CB^{-1}\\O & B^{-1}\end{bmatrix}.$$

例 6 设 A 是 n 阶矩阵，若 $A^2=A$，证明 $A+E$ 可逆.

证法一 由于 $A^2=A$，故 $A^2-A-2E=-2E$，那么

$(A+E)(A-2E)=-2E$，

$(A+E)\cdot\dfrac{2E-A}{2}=E$，按定义可知 $A+B$ 可逆.

> n级方阵A可逆的充分必要条件是存在B，使得$AB=E$.

证法二 因为 $A^2=A$，知 A 的特征值只能是 0 或 1，那么，$A+E$ 的特征值只能是 1 或 2，所以，0 不是 $A+E$ 的特征值，故 $A+E$ 可逆.

例 7 设 A,B 均为 n 阶矩阵，且 $AB=A+B$，证明 $A-E$ 可逆.

证明 由 $AB=A+B$ 有 $AB-B-A+E=E$，于是 $(A-E)B-(A-E)=E$.

故 $(A-E)(B-E)=E$，所以按定义知 $A-E$ 可逆.

例 8 已知 X,Y 是相互正交的 n 维列向量，证明 $E+XY^T$ 可逆.

证法一 记 $A=XY^T$，则 $A^2=(XY^T)(XY^T)=X(Y^TX)Y^T=0$，于是 A 的特征值全是 0，那么 $E+A$ 的特征值全是 1，所以 $E+XY^T$ 可逆.

证法二 令 $A=E+XY^T$，$B=XY^T$，由 $B^2=0$ 有 $(A-E)^2=0$，则 $A(2E-A)=E$，即 A 可逆.

题型三：分场矩阵及其应用

题型解析 有的矩阵整体来看没有规律，但是其某些部分计算起来很简单，这时我们就可以将矩阵分块，利用分块矩阵进行计算，但是要注意分块矩阵的初等变换.

例 9 已知 $A=\begin{bmatrix}3&1&0&0&0\\0&3&1&0&0\\0&0&3&0&0\\0&0&0&3&-1\\0&0&0&-9&3\end{bmatrix}$，则 $A^*=$________.

提　示 直接计算的计算量比较大，可利用矩阵的分块进行计算

分　析 对 A 分块为 $\begin{bmatrix}B&0\\0&C\end{bmatrix}$，则 $A^n=\begin{bmatrix}B^n&0\\0&C^n\end{bmatrix}$，其中 $B=\begin{bmatrix}3&1&\\&3&1\\&&3\end{bmatrix}$，$C=\begin{bmatrix}3&-1\\-9&3\end{bmatrix}$

$B=3E+J$，由于 $J^3=J^4=\cdots=0$，于是

$$B^n=(3E+J)^n=3^nE+C_n^1\,3^{n-1}J+C_n^2 3^{n-2}J^2.$$

而 $$C=\begin{bmatrix}1\\-3\end{bmatrix}(3,-1),C^2=6C,\cdots,C^n=6^{n-1}C.$$

所以 $$A^n=\begin{bmatrix}3^n & C_n^1\cdot 3^{n-1} & C_n^2\cdot 3^{n-2} & 0 & 0\\ 0 & 3^n & C_n^1\cdot 3^{n-1} & 0 & 0\\ 0 & 0 & 3^n & 0 & 0\\ 0 & 0 & 0 & 3\cdot 6^{n-1} & -6^{n-1}\\ 0 & 0 & 0 & -9\cdot 6^{n-1} & 3\cdot 6^{n-1}\end{bmatrix}$$

例 10 证明上三角矩阵的乘积仍是上三角矩阵.

证法一 设 $\boldsymbol{A}=(a_{ij})$，$\boldsymbol{B}=(b_{ij})$都是 n 阶上三角矩阵，对 $\boldsymbol{AB}=\boldsymbol{C}=(c_{ij})$，按矩阵乘法定义，有 $c_{ij}=a_{ij}b_{ij}+\cdots+a_{i(i-1)}b_{(i-1)j}+a_{ij}b_{ij}+a_{i(i+1)}b_{(i+1)j}+\cdots+a_{in}b_{nj}$.

由于 $\boldsymbol{A}$ 是上三角矩阵，则 $a_{i1}=a_{i2}=\cdots=a_{i(i-1)}=0$.

因为 $\boldsymbol{B}$ 是上三角矩阵，当 $i>j$ 时，有 $b_{ij}=b_{(i+1)j}=\cdots=b_{nj}=0$. 因此，当 $i>j$ 时，c_{ij} 中的每一项都为 0，从而 $c_{ij}=0$，即 $\boldsymbol{AB}$ 是上三角矩阵.

证法二 （对 n 的阶数用数学归纳法）

当 $n=1$ 时命题显然成立，假设当 $n-1$ 时命题也成立，对于 n，把矩阵 A，$\boldsymbol{B}$ 分块如下：

$$\boldsymbol{A}=\begin{bmatrix}a_{11} & \boldsymbol{\alpha}\\ 0 & \boldsymbol{A}_1\end{bmatrix},\boldsymbol{B}=\begin{bmatrix}b_{11} & \boldsymbol{\beta}\\ 0 & \boldsymbol{B}_1\end{bmatrix},$$

其中 $\boldsymbol{A}_1$，$\boldsymbol{B}_1$ 是 $n-1$ 阶上三角矩阵 $\boldsymbol{\alpha}$，$\boldsymbol{\beta}$ 是 $1\times(n-1)$矩阵，0 是 $(n-1)\times 1$ 零矩阵，由于

$$\boldsymbol{AB}=\begin{bmatrix}a_{11} & \boldsymbol{\alpha}\\ 0 & \boldsymbol{A}_1\end{bmatrix}\begin{bmatrix}b_{11} & \boldsymbol{\beta}\\ 0 & \boldsymbol{B}_1\end{bmatrix}=\begin{bmatrix}a_{11}b_{11} & a_{11}\boldsymbol{\beta}+\boldsymbol{\alpha}\boldsymbol{B}_1\\ 0 & \boldsymbol{A}_1\boldsymbol{B}_1\end{bmatrix}.$$

按归纳法假设 $\boldsymbol{A}_1\boldsymbol{B}_1$ 是 $n-1$ 阶上三角矩阵，从而 $\boldsymbol{AB}$ 是上三角矩阵.

题型四：矩阵的实际应用

题型分析 在解决实际问题时，将已知条件用矩阵表示出来，进而利用矩阵的运算来计算未知量有时会让问题变得更简单.

例 11 某企业对其职工进行分批脱产技术培训，每年从在岗人员中抽调 30%的人参加培训，而参加培训的职工中有 60%的人结业回岗，假设现有在岗职工 800 人，参加培训人员是 200 人，试问两年后在岗与脱产培训职工各有多少人(假设职工人数不变)？

解题过程 用 x_1，y_1 分别表示 i 年后在岗与脱产职工的人数 x_0，y_0 为且前在岗与脱产的人数，则

$$\begin{cases}x_i=0.7x_{i-1}+0.6y_{i-1},\\ y_i=0.3x_{i-1}+0.4y_{i-1},\end{cases}\text{用矩阵表示，有}\begin{bmatrix}x_i\\ y_i\end{bmatrix}=\begin{bmatrix}0.7 & 0.6\\ 0.3 & 0.4\end{bmatrix}\begin{bmatrix}x_{i-1}\\ y_{i-1}\end{bmatrix}.$$

因此 $$\begin{bmatrix}x_2\\ y_2\end{bmatrix}=\begin{bmatrix}0.7 & 0.6\\ 0.3 & 0.4\end{bmatrix}\begin{bmatrix}x_1\\ y_1\end{bmatrix}=\begin{bmatrix}0.7 & 0.6\\ 0.3 & 0.4\end{bmatrix}^2\begin{bmatrix}x_0\\ y_0\end{bmatrix}$$

$$=\begin{bmatrix}0.67 & 0.66\\ 0.33 & 0.34\end{bmatrix}\begin{bmatrix}800\\ 200\end{bmatrix}=\begin{bmatrix}668\\ 332\end{bmatrix}.$$

所以，两年后在岗职工 668 人，培训人员 332 人.

课后习题全解

1. 知识点窍 矩阵的运算.

逻辑推理 按照矩阵的乘法和减法运算的定义计算.

解题过程 1)$\boldsymbol{AB}=\begin{pmatrix}3&1&1\\2&1&2\\1&2&3\end{pmatrix}\begin{pmatrix}1&1&-1\\2&-1&0\\1&0&1\end{pmatrix}=\begin{pmatrix}6&2&-2\\6&1&0\\8&-1&2\end{pmatrix}$,

$$\boldsymbol{AB}-\boldsymbol{BA}=\begin{pmatrix}6&2&-2\\6&1&0\\8&-1&2\end{pmatrix}-\begin{pmatrix}1&1&-1\\2&-1&0\\1&0&1\end{pmatrix}\begin{pmatrix}3&1&1\\2&1&2\\1&2&3\end{pmatrix}$$

$$=\begin{pmatrix}6&2&-2\\6&1&0\\8&-1&2\end{pmatrix}-\begin{pmatrix}4&0&0\\4&1&0\\4&3&4\end{pmatrix}=\begin{pmatrix}2&2&-2\\2&0&0\\4&-4&-2\end{pmatrix};$$

2)$\boldsymbol{AB}=\begin{pmatrix}a+b+c&a^2+b^2+c^2&2ac+b^2\\a+b+c&2ac+b^2&a^2+b^2+c^2\\3&a+b+c&a+b+c\end{pmatrix}$,

提示：在计算矩阵的乘法时，注意其不满足交换律

$$\boldsymbol{BA}=\begin{pmatrix}a+ac+c&b+ab+c&2c+a^2\\a+b+bc&2b+b^2&c+ab+b\\2a+c^2&b+bc+c&c+ac+a\end{pmatrix},$$

$$\boldsymbol{AB}-\boldsymbol{BA}=\begin{pmatrix}b-ac&a^2+b^2+c^2-ab-b-c&b^2+2ac-a^2-2c\\c-bc&2(ac-b)&a^2+b^2+c^2-ab-b-c\\3-2a-c^2&a+b+bc&b-ac\end{pmatrix}.$$

2. 知识点窍 矩阵的运算.

逻辑推理 按照矩阵的乘法和减法运算的定义计算.

解题过程 1)$\begin{pmatrix}2&1&1\\3&1&0\\0&1&2\end{pmatrix}^2=\begin{pmatrix}2&1&1\\3&1&0\\0&1&2\end{pmatrix}\begin{pmatrix}2&1&1\\3&1&0\\0&1&2\end{pmatrix}=\begin{pmatrix}7&4&4\\9&4&3\\3&3&4\end{pmatrix}$

2)$\begin{pmatrix}3&2\\-4&-2\end{pmatrix}^5=\begin{pmatrix}3&2\\-4&-2\end{pmatrix}^2\begin{pmatrix}3&2\\-4&-2\end{pmatrix}^2\begin{pmatrix}3&2\\-4&-2\end{pmatrix}=\begin{pmatrix}3&-2\\4&8\end{pmatrix}$;

3)$\begin{pmatrix}1&1\\0&1\end{pmatrix}^n=\begin{pmatrix}1&2\\0&1\end{pmatrix}\begin{pmatrix}1&1\\0&1\end{pmatrix}^{n-2}$

采用数学归纳法,可证

$$\begin{pmatrix}1&1\\0&1\end{pmatrix}^n=\begin{pmatrix}1&n\\0&1\end{pmatrix};$$

4) $\begin{pmatrix}\cos\varphi & -\sin\varphi\\ \sin\varphi & \cos\varphi\end{pmatrix}^n=\begin{pmatrix}\cos2\varphi & -\sin2\varphi\\ \sin2\varphi & \cos2\varphi\end{pmatrix}\begin{pmatrix}\cos\varphi & -\sin\varphi\\ \sin\varphi & \cos\varphi\end{pmatrix}^{n-2}$

采用数学归纳法，可证

$$\begin{pmatrix}\cos\varphi & -\sin\varphi\\ \sin\varphi & \cos\varphi\end{pmatrix}^n=\begin{pmatrix}\cos n\varphi & -\sin n\varphi\\ \sin n\varphi & \cos n\varphi\end{pmatrix}$$

> 利用了三角公式
> $\cos\alpha\cos\beta-\sin\alpha\sin\beta-\cos(\alpha+\beta)$.
> $\sin\alpha\cos\beta-\cos\alpha\sin\beta-\sin(\alpha+\beta)$.

5) $(2,3,-1)\begin{pmatrix}1\\-1\\-1\end{pmatrix}=0,\ \begin{pmatrix}1\\-1\\-1\end{pmatrix}(2,3,-1)=\begin{pmatrix}2&3&-1\\-2&-3&1\\-2&-3&1\end{pmatrix}$;

6) $(x,y,1)\begin{pmatrix}a_{11}&a_{12}&b_1\\a_{12}&a_{22}&b_2\\b_1&b_2&c\end{pmatrix}\begin{pmatrix}x\\y\\1\end{pmatrix}$

$=(a_{11}x+a_{12}y+b_1,a_{12}x+a_{22}y+b_2,b_1x+b_2y+c)\begin{pmatrix}x\\y\\1\end{pmatrix}$

$=a_{11}x^2+2a_{12}xy+a_{22}y^2+2b_1x+2b_2y+c$;

7) $\begin{pmatrix}1&-1&-1&-1\\-1&1&-1&-1\\-1&-1&1&-1\\-1&-1&-1&1\end{pmatrix}^2=\begin{pmatrix}4&0&0&0\\0&4&0&0\\0&0&4&0\\0&0&0&4\end{pmatrix}=4\begin{pmatrix}1&0&0&0\\0&1&0&0\\0&0&1&0\\0&0&0&1\end{pmatrix}$

①当 n 为偶数，即 $n=2k$ 时，原式$=\left(\begin{pmatrix}1&-1&-1&-1\\-1&1&-1&-1\\-1&-1&1&-1\\-1&-1&-1&1\end{pmatrix}^2\right)^k=4^k\begin{pmatrix}1&0&0&0\\0&1&0&0\\0&0&1&0\\0&0&0&1\end{pmatrix}$;

②当 n 为奇数，即 $n=2k+1$ 时，

原式$=\left(\begin{pmatrix}1&-1&-1&-1\\-1&1&-1&-1\\-1&-1&1&-1\\-1&-1&-1&1\end{pmatrix}^2\right)^k\begin{pmatrix}1&-1&-1&-1\\-1&1&-1&-1\\-1&-1&1&-1\\-1&-1&-1&1\end{pmatrix}$

$=4^k\begin{pmatrix}1&0&0&0\\0&1&0&0\\0&0&1&0\\0&0&0&1\end{pmatrix}\begin{pmatrix}1&-1&-1&-1\\-1&1&-1&-1\\-1&-1&1&-1\\-1&-1&-1&1\end{pmatrix}$

$=4^k\begin{pmatrix}1&-1&-1&-1\\-1&1&-1&-1\\-1&-1&1&-1\\-1&-1&-1&1\end{pmatrix}$

8)采用数学归纳法,可证

$$\begin{pmatrix}\lambda & 1 & 0\\ 0 & \lambda & 1\\ 0 & 0 & \lambda\end{pmatrix}=\begin{pmatrix}\lambda^n & n\lambda^{n-1} & n\dfrac{(n-1)}{2}\lambda^{n-2}\\ 0 & \lambda^n & n\lambda^{n-1}\\ 0 & 0 & \lambda^n\end{pmatrix},$$

计算n阶矩阵时,也可以采用数学归纳法

事实上,当 $n=1$ 时,结论显然成立,现在归纳假设

$$\begin{pmatrix}\lambda & 1 & 0\\ 0 & \lambda & 1\\ 0 & 0 & \lambda\end{pmatrix}^{n-1}=\begin{pmatrix}\lambda^{n-1} & (n-1)\lambda^{n-2} & \dfrac{(n-1)(n-2)}{2}\lambda^{n-3}\\ 0 & \lambda^{n-1} & (n-1)\lambda^{n-2}\\ 0 & 0 & \lambda^{n-1}\end{pmatrix}$$

于是

$$\begin{pmatrix}\lambda & 1 & 0\\ 0 & \lambda & 1\\ 0 & 0 & \lambda\end{pmatrix}=\begin{pmatrix}\lambda^{n-1} & (n-1)\lambda^{n-2} & \dfrac{(n-1)(n-2)}{2}\lambda^{n-3}\\ 0 & \lambda^{n-1} & (n-1)\lambda^{n-2}\\ 0 & 0 & \lambda^{n-1}\end{pmatrix}\begin{pmatrix}\lambda & 1 & 0\\ 0 & \lambda & 1\\ 0 & 0 & \lambda\end{pmatrix},$$

$$=\begin{pmatrix}\lambda^n & n\lambda^{n-1} & \dfrac{n(n-1)}{2}\lambda^{n-2}\\ 0 & \lambda^n & n\lambda^{n-1}\\ 0 & 0 & \lambda^n\end{pmatrix}.$$

即证结论成立.

3. **知识点窍** 矩阵的运算.

逻辑推理 将 $\lambda=\boldsymbol{A}$ 代入 $f(\lambda)$中,经过矩阵的运算最后得到 $f(\boldsymbol{A})$的值.

解题过程 (1)$f(\boldsymbol{A})=\begin{pmatrix}2 & 1 & 1\\ 3 & 1 & 2\\ 1 & -1 & 0\end{pmatrix}^2-\begin{pmatrix}2 & 1 & 1\\ 3 & 1 & 2\\ 1 & -1 & 0\end{pmatrix}-\begin{pmatrix}1 & 0 & 0\\ 0 & 1 & 0\\ 0 & 0 & 1\end{pmatrix}$

$$=\begin{pmatrix}8 & 2 & 4\\ 11 & 2 & 5\\ -1 & 0 & -1\end{pmatrix}-\begin{pmatrix}2 & 1 & 1\\ 3 & 2 & 2\\ 1 & -1 & 1\end{pmatrix}-\begin{pmatrix}1 & 0 & 0\\ 0 & 1 & 0\\ 0 & 0 & 1\end{pmatrix}=\begin{pmatrix}5 & 1 & 3\\ 8 & 0 & 3\\ -2 & 1 & -2\end{pmatrix}.$$

(2)$f(\boldsymbol{A})=\begin{pmatrix}2 & -1\\ -3 & 3\end{pmatrix}-5\begin{pmatrix}2 & -1\\ -3 & 3\end{pmatrix}+3\begin{pmatrix}1 & 0\\ 0 & 1\end{pmatrix}$

$$=\begin{pmatrix}7 & -5\\ -15 & 12\end{pmatrix}-\begin{pmatrix}10 & -5\\ -15 & 15\end{pmatrix}+\begin{pmatrix}3 & 0\\ 0 & 3\end{pmatrix}$$

$$=\begin{pmatrix}0 & 0\\ 0 & 0\end{pmatrix}.$$

4. **知识点窍** 矩阵相等的定义,解线性方程组.

逻辑推理 两个矩阵相等即对应的每个元素都相等. 设 $\boldsymbol{B}=\begin{pmatrix}x_{11} & x_{12}\\ x_{21} & x_{22}\end{pmatrix}$,由$\boldsymbol{AB}=\boldsymbol{BA}$ 可以得到关于

$x_{11},x_{12},x_{21},x_{22}$的一个线性方程组，解方程组便能得到 $\boldsymbol{B}$.

解题过程 1)令 $\boldsymbol{B}=\begin{pmatrix}x_{11}&x_{12}\\x_{21}&x_{22}\end{pmatrix}$，与 A 可交换，即

$$\begin{pmatrix}1&1\\0&1\end{pmatrix}=\begin{pmatrix}x_{11}&x_{12}\\x_{21}&x_{22}\end{pmatrix}=\begin{pmatrix}x_{11}&x_{12}\\x_{21}&x_{22}\end{pmatrix}\begin{pmatrix}1&1\\0&1\end{pmatrix},$$

所以

$$\begin{pmatrix}x_{11}+x_{21}&x_{12}+x_{22}\\x_{21}&x_{22}\end{pmatrix}=\begin{pmatrix}x_{11}&x_{11}+x_{12}\\x_{21}&x_{21}+x_{22}\end{pmatrix}\text{解得}\begin{cases}x_{21}=0,\\x_{22}=x_{11}\end{cases}$$

从而所有与 $\boldsymbol{A}$ 可交换的矩阵为 $\boldsymbol{B}=\begin{pmatrix}x_{11}&x_{12}\\0&x_{11}\end{pmatrix}$，其中 x_{11},x_{12}，为任意常数.

2)记 $\boldsymbol{A}=\boldsymbol{E}+\boldsymbol{C}$，其中 $\boldsymbol{C}=\begin{pmatrix}0&0&0\\0&0&2\\3&1&1\end{pmatrix}$，并设 $\boldsymbol{B}=\begin{pmatrix}x_{11}&x_{12}&x_{13}\\x_{21}&x_{22}&x_{23}\\x_{31}&x_{32}&x_{33}\end{pmatrix}$ 与 $\boldsymbol{A}$ 可交换，直接验证可得：$\boldsymbol{AB}=\boldsymbol{BA}$ 当且仅当 $\boldsymbol{CB}=\boldsymbol{BC}$.

引入辅助矩阵 C 会简化计算

因此

$$\begin{pmatrix}0&0&0\\2x_{31}&2x_{32}&2x_{33}\\3x_{11}+x_{21}+x_{31}&3x_{12}+x_{22}+x_{32}&3x_{13}+x_{23}+x_{33}\end{pmatrix}=\begin{pmatrix}3x_{13}&x_{13}&2x_{12}+x_{13}\\3x_{23}&x_{23}&2x_{22}+x_{23}\\3x_{33}&x_{33}&2x_{32}+x_{33}\end{pmatrix},$$

比较矩阵两边的对应元素，可得

$$x_{12}=x_{13}=0.\ x_{31}=\frac{3}{2}x_{23},x_{32}=\frac{1}{2}x_{23},x_{33}=x_{22}+\frac{1}{2}x_{23},x_{21}=3x_{22}-3x_{11}.$$

于是所有与 $\boldsymbol{A}$ 可交换的矩阵为

$$\boldsymbol{B}=\begin{pmatrix}x_{11}&0&0\\3x_{22}-3x_{11}&x_{22}&x_{23}\\\frac{3}{2}x_{23}&\frac{1}{2}x_{23}&x_{22}+\frac{1}{2}x_{23}\end{pmatrix},\text{其中 }x_{11},x_{22},x_{23}\text{ 为任意常数.}$$

3)设 $\boldsymbol{B}=\begin{pmatrix}x_{11}&x_{12}&x_{13}\\x_{21}&x_{22}&x_{23}\\x_{31}&x_{32}&x_{33}\end{pmatrix}$ 与 $\boldsymbol{A}$ 可交换，即

$$\begin{pmatrix}0&1&0\\0&0&1\\0&0&0\end{pmatrix}\begin{pmatrix}x_{11}&x_{12}&x_{13}\\x_{21}&x_{22}&x_{23}\\x_{31}&x_{32}&x_{33}\end{pmatrix}=\begin{pmatrix}x_{11}&x_{12}&x_{13}\\x_{21}&x_{22}&x_{23}\\x_{31}&x_{32}&x_{33}\end{pmatrix}\begin{pmatrix}0&1&0\\0&0&1\\0&0&0\end{pmatrix}.$$

因此

$$\begin{pmatrix}x_{21}&x_{22}&x_{23}\\x_{31}&x_{32}&x_{33}\\0&0&0\end{pmatrix}=\begin{pmatrix}0&x_{11}&x_{12}\\0&x_{21}&x_{22}\\0&x_{31}&x_{32}\end{pmatrix},$$

于是

$$x_{21}=x_{31}=x_{32}=0.\ x_{11}=x_{22}=x_{33},x_{12}=x_{23}.$$

所以所有与 **A** 可交换的矩阵为

$$\boldsymbol{B}=\begin{pmatrix} x_{11} & x_{12} & x_{13} \\ 0 & x_{11} & x_{12} \\ 0 & 0 & x_{11} \end{pmatrix},\text{其中 } x_{11},x_{12},x_{13} \text{为任意常数.}$$

5. 知识点窍 逻辑推理 同题 4.

解题过程 设 $\boldsymbol{B}=\begin{pmatrix} x_{11} & x_{12} & \cdots & x_{1n} \\ x_{21} & x_{22} & \cdots & x_{2n} \\ \vdots & \vdots & \ddots & \vdots \\ x_{n1} & x_{n2} & \cdots & x_{nn} \end{pmatrix}$ 与 **A** 可交换，于是由

$$\boldsymbol{AB}=\begin{pmatrix} a_1x_{11} & a_1x_{12} & \cdots & a_1x_{1n} \\ a_2x_{21} & a_2x_{22} & \cdots & a_2x_{2n} \\ \vdots & \vdots & \ddots & \vdots \\ a_nx_{n1} & a_nx_{n2} & \cdots & a_nx_{nn} \end{pmatrix}=\boldsymbol{BA}\begin{pmatrix} a_1x_{11} & a_1x_{12} & \cdots & a_1x_{1n} \\ a_2x_{21} & a_2x_{22} & \cdots & a_2x_{2n} \\ \vdots & \vdots & \ddots & \vdots \\ a_nx_{n1} & a_nx_{n2} & \cdots & a_nx_{nn} \end{pmatrix},$$

有 $\qquad a_ix_{ij}=a_jx_{ij}(i,j=1,\cdots,n)$,

即$(a_i-a_j)x_{ij}=0$(当 $a_i=a_j$ 时)，有因为 $a_i\neq a_j$，所以 $x_{ij}=0(i\neq j)$. 于是，与 **A** 可交换的矩阵 **B** 只能是对角矩阵

$$\begin{pmatrix} a_{11} & & & \\ & a_{22} & & \\ & & \ddots & \\ & & & a_{nn} \end{pmatrix}$$

6. 知识点窍 分块矩阵，矩阵相等的定义.

逻辑推理 将矩阵 **B** 也进行分块，按分块矩阵的乘法计算 **AB** 和 **BA**，再由矩阵相等的定义得到矩阵 **B**.

解题过程 设矩阵

$$\boldsymbol{B}=\begin{pmatrix} \boldsymbol{B}_{11} & \boldsymbol{B}_{12} & \cdots & \boldsymbol{B}_{1n} \\ \boldsymbol{B}_{21} & \boldsymbol{B}_{22} & \cdots & B_{2n} \\ \vdots & \vdots & \ddots & \vdots \\ \boldsymbol{B}_{r1} & \boldsymbol{B}_{r2} & \cdots & \boldsymbol{B}_{rr} \end{pmatrix}$$

与 **A** 可交换(其中 $\boldsymbol{B}_{ij}$ 是 $n_i\times n_j$ 阶矩阵)则由 **AB**=**BA** 可得

$$a_i\boldsymbol{E}_i\boldsymbol{B}_{ij}=\boldsymbol{B}_{ij}a_j\boldsymbol{E}_i(i,j=1\cdots,r)$$

当 $i\neq j$ 时，由 $a_i\boldsymbol{B}_{ij}=\boldsymbol{B}_{ij}a_j$ 及 $a_i\neq a_j$，因而必有 $\boldsymbol{B}_{ij}=\boldsymbol{0}$.

于是，与 **A** 可交换的矩阵 **B** 只能是准对角矩阵

$$\begin{pmatrix} \boldsymbol{B}_{11} & & & \\ & \boldsymbol{B}_{22} & & \\ & & \ddots & \\ & & & \boldsymbol{B}_{rr} \end{pmatrix},$$

其中 $\boldsymbol{B}_{rr}$ 是 n_r 阶矩阵$(i,j=1,2,\cdots,r)$.

7. 知识点窍 矩阵的乘法，矩阵的相等.

解题过程 (1)因为

$$\boldsymbol{AE}_{12}=\begin{pmatrix}0 & a_{12} & \cdots & 0\\ 0 & a_{21} & \cdots & 0\\ \vdots & \vdots & \ddots & \vdots\\ 0 & a_{n1} & \cdots & 0\end{pmatrix}=\boldsymbol{E}_{12}\boldsymbol{A}=\begin{pmatrix}a_{21} & a_{22} & \cdots & a_{2n}\\ 0 & 0 & \cdots & 0\\ \vdots & \vdots & \ddots & \vdots\\ 0 & 0 & \cdots & 0\end{pmatrix},$$

矩阵相等，则其对应元素分别相等

所以 $a_{21}=a_{22}=\cdots=a_{2n}=0,a_{21}=a_{31}=\cdots=a_{n1}=0.$

即当 $k\neq1$ 时 $a_{k1}=0$，当 $k\neq2$ 时 $a_{2k}=0$；

2)因为

$$\boldsymbol{AE}_{ij}=\begin{pmatrix}0 & 0 & \cdots & a_{1r} & \cdots & 0\\ 0 & 0 & \cdots & a_{21} & \cdots & 0\\ \vdots & \vdots & \vdots & \vdots & \vdots & \vdots\\ 0 & 0 & \cdots & a_{n1} & \cdots & 0\end{pmatrix}=\boldsymbol{E}_{ij}\boldsymbol{A}=\begin{pmatrix}0 & 0 & \cdots & 0\\ \vdots & \vdots & \vdots & \vdots\\ a_{j1} & a_{j2} & \cdots & a_{jn}\\ \vdots & \vdots & \vdots & \vdots\\ 0 & 0 & \cdots & 0\end{pmatrix}$$

所以当 $k\neq i$ 时 $a_{kj}=0$，当 $k\neq$时 $a_{jk}=0$ 且 $a_{ii}=a_{jj}$；

3)如果 n 级矩阵 $\boldsymbol{B}$ 能与 $\boldsymbol{A}$ 交换，$\boldsymbol{B}=\sum\limits_{i=1}^{n}\sum\limits_{j=1}^{n}b_{ij}\boldsymbol{E}_{ij}$，其中 b_{ij} 为 $\boldsymbol{B}$ 的(i,j)元素，因为 $\boldsymbol{AB}=\boldsymbol{BA}$，所以 $\sum\limits_{i=1}^{n}\sum\limits_{j=1}^{n}b_{ij}\boldsymbol{AE}_{ij}=\sum\limits_{i=1}^{n}\sum\limits_{j=1}^{n}b_{ij}\boldsymbol{E}_{ij}\boldsymbol{A}$. 由(2)中的证明可知，$\boldsymbol{A}$ 一定为数量矩阵.

8. 知识点窍 矩阵乘法的运算规律.

逻辑推理 由矩阵乘法的运算规律分别将等式的左边和右边变形，再由已知的条件证明变形后左边=右边.

解题过程

$$\boldsymbol{A}(\boldsymbol{B}+\boldsymbol{C})=\boldsymbol{AB}+\boldsymbol{AC}=\boldsymbol{BA}+\boldsymbol{CA}=(\boldsymbol{B}+\boldsymbol{C})\boldsymbol{A};$$

注意BC不一定等于

$$\boldsymbol{A}(\boldsymbol{BC})=(\boldsymbol{AB})\boldsymbol{C}=(\boldsymbol{BA})\boldsymbol{C}=\boldsymbol{B}(\boldsymbol{AC})=\boldsymbol{B}(\boldsymbol{CA})=(\boldsymbol{BC})\boldsymbol{A}.$$

9. 知识点窍 矩阵的运算，矩阵的相等.

逻辑推理 $\boldsymbol{A}^2=\boldsymbol{A}$，即 $\boldsymbol{A}(\boldsymbol{A}-\boldsymbol{E})=\boldsymbol{O}$，将 $\boldsymbol{A}=\frac{1}{2}(\boldsymbol{B}+\boldsymbol{E})$代入，得到 $\boldsymbol{B}^2=\boldsymbol{E}$.

解题过程

$$\boldsymbol{A}^2=\boldsymbol{A}\Leftrightarrow\boldsymbol{A}^2-\boldsymbol{A}=\boldsymbol{0}$$

$$\Leftrightarrow\boldsymbol{A}(\boldsymbol{A}-\boldsymbol{E})=\boldsymbol{0}$$

$$\Leftrightarrow\frac{1}{2}(\boldsymbol{B}+\boldsymbol{E})\frac{1}{2}(\boldsymbol{B}-\boldsymbol{E})=\boldsymbol{0}$$

$$\Leftrightarrow\boldsymbol{B}^2-\boldsymbol{E}^2=\boldsymbol{0}$$

$$\Leftrightarrow\boldsymbol{B}^2=\boldsymbol{E}.$$

10. 知识点窍 矩阵的转置和乘法运算.

逻辑推理 设 $A=(a_{ij})$，$A^2=AA^{\mathrm{T}}=O$，而 AA^{T} 的第 i 行第 j 行的元素为 $\sum_{k=1}^{n}a_{ik}a_{jk}$，对角线上元素为 $\sum_{k=1}^{n}a_{ik}^2=0$，所以 $a_{ik}=0,i,k=1,2,\cdots,n$.

解题过程 设

$$A=\begin{pmatrix} a_{11} & a_{12} & \cdots & a_{1n} \\ a_{21} & a_{22} & \cdots & a_{2n} \\ \vdots & \vdots & \ddots & \vdots \\ a_{n1} & a_{n2} & \cdots & a_{nn} \end{pmatrix}$$

由 $A=A^{\mathrm{T}}$ 得 $O=A^2=AA^{\mathrm{T}}=\begin{pmatrix} a_{11} & a_{12} & \cdots & a_{1n} \\ a_{21} & a_{22} & \cdots & a_{2n} \\ \vdots & \vdots & \ddots & \vdots \\ a_{n1} & a_{n2} & \cdots & a_{nn} \end{pmatrix}\begin{pmatrix} a_{11} & a_{21} & \cdots & a_{1n} \\ a_{12} & a_{22} & \cdots & a_{2n} \\ \vdots & \vdots & \ddots & \vdots \\ a_{n1} & a_{n2} & \cdots & a_{nn} \end{pmatrix}$

$$=\begin{pmatrix} a_{11}^2+a_{12}^2+\cdots+a_{1n}^2 & * & \cdots & * \\ * & a_{21}^2+a_{22}^2+\cdots+a_{2n}^2 & \cdots & * \\ \vdots & \vdots & \ddots & \vdots \\ * & * & \cdots & a_{n1}^2+a_{n2}^2+\cdots+a_{nn}^2 \end{pmatrix},$$

由 $A^2=O$ 有

不用计算AA'的所有元素

$$a_{1i}^2+a_{2i}^2+\cdots+a_{in}^2+a_{ij+1}^2+a_{in}^2=0(i=1,2,\cdots,n).$$

因而必须

$$a_{ij}=a_{2j}+\cdots+a_{ij}+a_{ij+1}+\cdots+a_{in}=0(i=1,2,\cdots n),$$

即证.

11. 解题过程 当 AB 对称时，由题设，$A=A^{\mathrm{T}}$，$B=B^{\mathrm{T}}$. 即 $AB=(AB)^{\mathrm{T}}$，即

$$AB^{\mathrm{T}}=(AB)^{\mathrm{T}} \text{ 而}(AB)^{\mathrm{T}}=B^{\mathrm{T}}A^{\mathrm{T}}=BA.\text{ 所以 } AB=BA.$$

即 AB 是对性矩阵.

反之，当 $AB=(AB)^{\mathrm{T}}$ 时，有

矩形转置的性质

$$AB=(AB)^{\mathrm{T}}=B^{\mathrm{T}}A^{\mathrm{T}}=BA.$$

12. 知识点窍 矩阵的加法.

逻辑推理 对任意矩阵 A，可以将其写成$\frac{1}{2}(A+A')+\frac{1}{2}(A-A')$的形式，然后利用(反)对称矩阵的性质证明$\frac{1}{2}(A+A')$为对称矩阵，而$\frac{1}{2}(A-A')$为反对称矩阵.

解题过程

$$A=\frac{1}{2}A+\frac{1}{2}A=\frac{1}{2}(A+A')+\frac{1}{2}(A-A').$$

又

$$\left[\frac{1}{2}(A+A')\right]'=\frac{1}{2}[A'+(A')']=\frac{1}{2}(A+A')$$

$$\left[\frac{1}{2}(\boldsymbol{A}-\boldsymbol{A}')\right]'=\frac{1}{2}[\boldsymbol{A}'-(\boldsymbol{A}')']=-\frac{1}{2}(\boldsymbol{A}-\boldsymbol{A}')$$

分别为对称矩阵和反对称矩阵. 得证.

13. 知识点窍 $|\boldsymbol{AB}|=|\boldsymbol{A}||\boldsymbol{B}|$,范德蒙德行列式.

逻辑推理 从所需证明的结论 $\prod\limits_{i<j}(x_i-x_j)^2$ 的形式上想到是否能利用范德蒙德行列式,再看 a_{ij} 的形式,(a_{ij}) 正好能分解成两个矩阵的乘积.

解题过程 由题设知 $|a_{ij}|=\begin{vmatrix} s_0 & s_1 & \cdots & s_{n-1} \\ s_1 & s_2 & \cdots & s_n \\ \vdots & \vdots & \ddots & \vdots \\ s_{n-1} & s_n & \cdots & s_{2n-1} \end{vmatrix}$

$$=\begin{vmatrix} n & x_1+\cdots+x_n & \cdots & x_1^{n-1}+\cdots+x_n^{n-1} \\ x_1+\cdots+x_n & x_1^2+\cdots+x_n^2 & \cdots & x_1^n+\cdots+x_n^n \\ \vdots & \vdots & \ddots & \vdots \\ x_1^{n-1}+\cdots+x_n^{n-1} & x_1^n+\cdots+x_n^n & \cdots & x_1^{2n-2}+\cdots+x_n^{2n-2} \end{vmatrix}$$

$$=\begin{vmatrix} 1 & 1 & \cdots & 1 \\ x_1 & x_2 & \cdots & x_n \\ \vdots & \vdots & \ddots & \vdots \\ x_1^{n-1} & x_2^{n-1} & \cdots & x_n^{n-1} \end{vmatrix}\begin{vmatrix} 1 & x_1 & \cdots & x_1^{n-1} \\ 1 & x_2 & \cdots & x_2^{n-1} \\ \vdots & \vdots & \ddots & \vdots \\ 1 & x_n & \cdots & x_n^{n-1} \end{vmatrix}$$

$$=\prod_{i<j}(x_j-x_i)\prod_{i<j}(x_j-x_i)=\prod_{i<j}(x_i-x_j)^2.$$

14. 知识点窍 $\boldsymbol{A}x=\boldsymbol{0}$ 有非零解$\Leftrightarrow|\boldsymbol{A}|=0$.

根据$AB=O$的形式想到其次方程组

逻辑推理 设 $\boldsymbol{B}=(b_1,b_2,\cdots,b_n)\neq\boldsymbol{0}$,则至少有一个 $b_i\neq 0$;$\boldsymbol{AB}=\boldsymbol{0}$ 说明方程$\boldsymbol{AX}=\boldsymbol{0}$有非零解.

解题过程 充分性. 若$|\boldsymbol{A}|=0$,则齐次方程组 $\boldsymbol{AX}=0$ 有非零解 b_1,设 $\boldsymbol{B}=(b_1,b_2,\cdots,b_n)\neq 0$,其中 $b_2,\cdots,b_n$ 均为零向量,则 $\boldsymbol{A}b_i=\boldsymbol{0},i=1,2,\cdots,n$,于是 $\boldsymbol{AB}=\boldsymbol{O}$.

必要性. 设 $\boldsymbol{B}=(b_1,b_2,\cdots,b_n)\neq 0$,其中 b_j 是 $\boldsymbol{B}$ 的第 j 列. 由 $\boldsymbol{B}\neq\boldsymbol{O}$,有 i_0,使 $b_{i_0}\neq 0$. 又 $\boldsymbol{AB}=\boldsymbol{O}$,即 $\boldsymbol{A}(b_1,b_2,\cdots,b_n)=(0,0,\cdots,0)$,也即 $\boldsymbol{A}b_i=0,i=1,2,\cdots n$,于是 $\boldsymbol{AX}=0$ 有非零解 b_{i_0},故$|\boldsymbol{A}|=0$.

15. 解题过程 分别取 $\boldsymbol{x}$ 为 $\boldsymbol{e}_i=(0,\cdots,0,i,0,\cdots,0)^{\mathrm{T}},(i=1,2,\cdots,n)$,

由 $\boldsymbol{Ae}_i=\boldsymbol{0}$,得 $\begin{pmatrix} a_{1i} \\ \vdots \\ a_{ni} \end{pmatrix}=\begin{pmatrix} 0 \\ \vdots \\ 0 \end{pmatrix},(i=1,2,\cdots,n)$,故 $\boldsymbol{A}=\boldsymbol{O}$.

16. 知识点窍 $|\boldsymbol{AB}|=|\boldsymbol{A}||\boldsymbol{B}|$.

逻辑推理 $r(\boldsymbol{C})=r$,则 $\boldsymbol{C}$ 中必有一 r 级子式不为零,$|\boldsymbol{C}_i|\neq 0$,而 $\boldsymbol{BC}_i=\boldsymbol{O}$,所以 $\boldsymbol{B}=\boldsymbol{0}$. (2)问中$(\boldsymbol{B}-\boldsymbol{E})\boldsymbol{C}=\boldsymbol{O}$,利用(1)的结论,即有 $\boldsymbol{B}=\boldsymbol{E}$.

解题过程 (1)或 $BC=0$,设 $B=(b_{ij})_{r\times r}$,$C=(c_{ij})_{r\times n}$. 因 $r(C)=r$,不失一般性,设

$$\begin{vmatrix} c_{11} & \cdots & c_{1r} \\ \vdots & \ddots & \vdots \\ c_{r1} & \cdots & c_{rr} \end{vmatrix} \neq 0,$$

由 $BC=O$,得

$$\begin{cases} b_{i1}c_{11}+b_{i2}c_{21}+\cdots+b_{ir}c_{r1}=0, \\ b_{i1}c_{12}+b_{i2}c_{22}+\cdots+b_{ir}c_{r2}=0, \\ \cdots\cdots\cdots\cdots\cdots\cdots \\ b_{i1}c_{1r}+b_{i2}c_{2r}+\cdots+b_{ir}c_{rr}=0, \end{cases} (i=1,2,\cdots,r).$$

因为该齐次方程组的系数行列式不等于零,故它只有惟一零解,即

$$b_{i1}=b_{i2}=\cdots=b_{ir}=0(i=1,2,\cdots,r),$$

因而 $B=0$. 〈由i的任意性得到〉

若 $BC=C$,则 $(B-E)C=0$.

由(1)知 $B-E=0$,故 $B=E$.

17. 知识点窍 矩阵的秩.

逻辑推理 $A+B$ 的每一个列向量都可由 A 的极大线性无关组和 B 的极大线性无关组线性表出.

解题过程 设 $A=(A_1,A_2,\cdots A_n)$,$B=(B_1,B_2,\cdots,B_n)$,则

$$(A+B)=(A_1+B_1,A_2+B_2,\cdots,A_n+B_n).$$

若 $A_{i_1},A_{i_2},\cdots,A_{i_n}$ 与 $B_{j_1}B_{j_2},\cdots,B_{j_n}$ 分别是 A 与 B 的列向量组的极大线性无关组,则有

$$\begin{matrix} A_i=k_{i_1}A_{i_1}+k_{i_2}A_{i_2}+\cdots+k_{i_{r1}}A_{i_{r1}} \\ B_i=1_{i_1}B_{j_1}+l_{i_2}B_{j_2}+\cdots+l_{i_{r1}}B_{j_{r1}} \end{matrix} (i=1,2,\cdots,n)$$

于是

$$A_i+B_i=k_{i_1}A_{i_1}+\cdots+k_{i_{r1}}A_{i_{r2}}+l_{1_2}B\,j_{r1}+\cdots+l_{i_{r2}}B_{j_{r2}}\,(i,j=1,2,\cdots,n)$$

即 $A+B$ 的列向量组可由 $A_{i_1}A_{i_2},\cdots,A_i+B_{ji},B_{j2},\cdots,B_{j_{i2}}$ 线性表出. 故

$$r(A+B)\leqslant r(A)+r(B)$$

18. 知识点窍 若 $r(A)=r$,方程组 $Ax=0$ 的一组基解的个数为 $n-r$.

逻辑推理 $AB=0$,B 的列向量是方程组 $Ax=0$ 的解,则 $r(B)\leqslant n-r(A)$.

解题过程 设 B 的列向量组为 $B_1,B_2,\cdots,B_n$,则

$$AB=A(B_1,B_2,\cdots,B_n)=(AB_1,AB_2,\cdots AB_n)=0.$$

故有

$$AB_1=AB_2=\cdots=AB_n=0.$$

即方程组 $Ax=0$ 有 n 组解 $B_1,B_2,\cdots B_n$.

〈设秩$(A)=r$,则$AX=O$的基础解系含有n-r个解向量.〉

若 $r(A)=r$,则 $B_1,B_2,\cdots,B_n$ 可由 $n-r$ 个线性无关的解向

量线性表出，即 $r(\boldsymbol{B})=n-r$. 因此 $r(\boldsymbol{A})+r(\boldsymbol{B})\leqslant r+(n-r)=n$.

19. 知识点窍 矩阵的逆，$\boldsymbol{A}^{-1}\boldsymbol{A}=\boldsymbol{E}$.

逻辑推理 $(\boldsymbol{E}-\boldsymbol{A})(\boldsymbol{E}+\boldsymbol{A}+\boldsymbol{A}^2+\cdots+\boldsymbol{A}^{k-1})=\boldsymbol{E}-\boldsymbol{A}^k=\boldsymbol{E}$.

解题过程
$$\begin{aligned}(\boldsymbol{E}+\boldsymbol{A}+\boldsymbol{A}^2+\cdots+\boldsymbol{A}^{k-1})(\boldsymbol{E}-\boldsymbol{A})&=\boldsymbol{E}+\boldsymbol{A}+\boldsymbol{A}^2+\cdots+\boldsymbol{A}^{k-1}-\boldsymbol{A}-\boldsymbol{A}^2-\cdots-\boldsymbol{A}^k\\&=\boldsymbol{E}-\boldsymbol{A}^k=\boldsymbol{E},\end{aligned}$$

即证

$$(\boldsymbol{E}-\boldsymbol{A})^{-1}=\boldsymbol{E}+\boldsymbol{A}+\boldsymbol{A}^2+\cdots+\boldsymbol{A}^{k-1}.$$

20. 知识点窍 求矩阵的逆.

逻辑推理 求矩阵的逆矩阵有两种方法（ⅰ）$\boldsymbol{A}^{-1}=\frac{1}{|\boldsymbol{A}|}\cdot\boldsymbol{A}^*$；（ⅱ）$(\boldsymbol{A}\vdots\boldsymbol{E})\longrightarrow(\boldsymbol{E}\vdots\boldsymbol{A}^{-1})$.

解题过程 (1)由于 $|\boldsymbol{A}|=ad-bc=1\neq0$，故根据公式 $\boldsymbol{A}^{-1}=\frac{1}{|\boldsymbol{A}|}\boldsymbol{A}^*$ 可得

$$\boldsymbol{A}^{-1}=\frac{1}{ad-bc}\begin{pmatrix}d&-b\\-c&a\end{pmatrix}=\begin{pmatrix}d&-b\\-c&a\end{pmatrix}.$$

(2)利用初等变换法，对 $(\boldsymbol{A}\mid\boldsymbol{E})$ 作初等行变换，得到

$$(\boldsymbol{A}\mid\boldsymbol{E})=\left(\begin{array}{ccc|ccc}1&1&-1&1&0&0\\2&1&0&0&1&0\\1&-1&0&0&0&1\end{array}\right)\to\left(\begin{array}{ccc|ccc}1&1&-1&1&0&0\\0&-1&2&-2&1&0\\0&-2&1&-1&0&1\end{array}\right)$$

$$\to\left(\begin{array}{ccc|ccc}1&0&1&-1&1&0\\0&-1&2&-2&1&0\\0&0&-3&3&-2&1\end{array}\right)\to\left(\begin{array}{ccc|ccc}1&0&1&-1&1&0\\0&-1&2&-2&1&0\\0&0&1&-1&\frac{2}{3}&-\frac{1}{3}\end{array}\right),$$

$$\to\left(\begin{array}{ccc|ccc}1&0&0&0&\frac{1}{3}&\frac{1}{3}\\0&-1&0&0&-\frac{1}{3}&\frac{2}{3}\\0&0&1&-1&\frac{2}{3}&-\frac{1}{3}\end{array}\right)\to\left(\begin{array}{ccc|ccc}1&0&0&0&\frac{1}{3}&\frac{1}{3}\\0&1&0&0&\frac{1}{3}&-\frac{2}{3}\\0&0&1&-1&\frac{2}{3}&-\frac{1}{3}\end{array}\right),$$

因此

$$\boldsymbol{A}^{-1}=\frac{1}{3}\begin{pmatrix}0&1&1\\0&1&-2\\-3&2&-1\end{pmatrix}.$$

(3)对 $(\boldsymbol{A}\mid\boldsymbol{E})$ 作初等行变换，得到

$$(\boldsymbol{A}\mid\boldsymbol{E})=\left(\begin{array}{ccc|ccc}2&2&3&1&0&0\\1&-1&0&0&1&0\\-1&2&1&0&0&1\end{array}\right)\to\left(\begin{array}{ccc|ccc}0&4&3&1&-2&0\\1&-1&0&0&1&0\\0&1&1&0&1&1\end{array}\right)$$

$$\to\left(\begin{array}{ccc|ccc}0&0&-1&1&-6&-4\\1&0&1&0&2&1\\0&1&1&0&1&1\end{array}\right)\to\left(\begin{array}{ccc|ccc}0&0&-1&1&-6&-4\\1&0&0&1&-4&-3\\0&1&0&1&-5&-3\end{array}\right)$$

$$\rightarrow\begin{pmatrix}1&0&0&\vdots&1&-4&-3\\0&1&0&\vdots&1&-5&-3\\0&0&1&\vdots&-1&6&4\end{pmatrix},$$

因此

$$\boldsymbol{A}^{-1}=\begin{pmatrix}1&-4&-3\\1&-5&-3\\-1&6&4\end{pmatrix}.$$

(4)对$(\boldsymbol{A}\mid\boldsymbol{E})$作初等变换,得到

$$(\boldsymbol{A}\mid\boldsymbol{E})=\begin{pmatrix}1&2&3&4&\vdots&1&0&0&0\\2&3&1&2&\vdots&0&1&0&0\\1&1&1&-1&\vdots&0&0&1&0\\1&0&-2&-6&\vdots&0&0&0&1\end{pmatrix}$$

$$\rightarrow\begin{pmatrix}1&2&3&4&\vdots&1&0&0&0\\0&-1&-5&-6&\vdots&-2&1&0&0\\0&-1&-2&-5&\vdots&-1&0&1&0\\0&-2&-5&-10&\vdots&-1&0&0&1\end{pmatrix}$$

$$\rightarrow\begin{pmatrix}1&0&-7&-8&\vdots&-3&2&0&0\\0&-1&-5&-6&\vdots&-2&1&0&0\\0&0&3&1&\vdots&1&-1&1&0\\0&0&5&2&\vdots&3&-2&0&1\end{pmatrix}$$

将第3行乘-2加到第4行

$$\rightarrow\begin{pmatrix}1&0&-7&-8&\vdots&-3&2&0&0\\0&-1&-5&-6&\vdots&-2&1&0&0\\0&0&3&1&\vdots&1&-1&1&0\\0&0&-1&0&\vdots&1&0&-2&1\end{pmatrix}$$

$$\rightarrow\begin{pmatrix}1&0&0&-8&\vdots&-10&2&14&-7\\0&-1&0&-6&\vdots&-7&1&10&-5\\0&0&0&1&\vdots&4&-1&-5&3\\0&0&-1&0&\vdots&1&0&-2&1\end{pmatrix}$$

$$\rightarrow\begin{pmatrix}1&0&0&0&\vdots&22&-6&-26&17\\0&-1&0&0&\vdots&17&-5&-20&13\\0&0&0&-1&\vdots&4&-1&-5&3\\0&0&-1&0&\vdots&1&0&-2&1\end{pmatrix}$$

$$\rightarrow\begin{pmatrix}1&0&0&0&\vdots&22&-6&-26&17\\0&1&0&0&\vdots&-17&5&20&-13\\0&0&1&0&\vdots&-1&0&2&-1\\0&0&0&1&\vdots&4&-1&-5&3\end{pmatrix}.$$

因此

$$A^{-1}=\begin{pmatrix}22&-6&-26&17\\-17&5&20&-13\\-1&0&2&-1\\4&-1&-5&3\end{pmatrix}$$

(5)对$(A\vdots E)$作初等行变换，得到

$$(A\vdots E)=\left(\begin{array}{cccc:cccc}1&1&1&1&1&0&0&0\\1&1&-1&-1&0&1&0&0\\1&-1&1&-1&0&0&1&0\\1&-1&-1&1&0&0&0&1\end{array}\right)$$

$$\to\left(\begin{array}{cccc:cccc}1&1&1&1&1&0&0&0\\0&0&-2&-2&-1&1&0&0\\0&-2&0&-2&-1&0&1&0\\0&-2&-2&0&-1&0&0&1\end{array}\right)$$

$$\to\left(\begin{array}{cccc:cccc}1&1&1&1&1&0&0&0\\0&0&-2&-2&-1&1&0&0\\0&-2&0&-2&-1&0&1&0\\0&0&-2&2&0&0&-1&1\end{array}\right)$$

$$\to\left(\begin{array}{cccc:cccc}1&1&1&1&1&0&0&0\\0&0&-2&-2&-1&1&0&0\\0&-2&0&-2&-1&0&1&0\\0&0&0&4&1&-1&-1&1\end{array}\right)$$

$$\to\left(\begin{array}{cccc:cccc}1&1&1&0&\frac{3}{4}&\frac{1}{4}&\frac{1}{4}&-\frac{1}{4}\\0&0&-2&0&-\frac{1}{2}&\frac{1}{2}&-\frac{1}{2}&\frac{1}{2}\\0&-2&0&0&-\frac{1}{2}&-\frac{1}{2}&\frac{1}{2}&\frac{1}{2}\\0&0&0&1&\frac{1}{4}&-\frac{1}{4}&-\frac{1}{4}&\frac{1}{4}\end{array}\right)$$

$$\to\left(\begin{array}{cccc:cccc}1&0&0&0&\frac{1}{4}&\frac{1}{4}&\frac{1}{4}&\frac{1}{4}\\0&0&1&0&\frac{1}{4}&-\frac{1}{4}&\frac{1}{4}&-\frac{1}{4}\\0&1&0&0&\frac{1}{4}&\frac{1}{4}&-\frac{1}{4}&-\frac{1}{4}\\0&0&0&1&\frac{1}{4}&-\frac{1}{4}&-\frac{1}{4}&\frac{1}{4}\end{array}\right)$$

$$\rightarrow\left(\begin{array}{cccc:cccc}1&0&0&0&\frac{1}{4}&\frac{1}{4}&\frac{1}{4}&\frac{1}{4}\\0&1&0&0&\frac{1}{4}&\frac{1}{4}&-\frac{1}{4}&-\frac{1}{4}\\0&0&1&0&\frac{1}{4}&-\frac{1}{4}&\frac{1}{4}&-\frac{1}{4}\\0&0&0&1&\frac{1}{4}&-\frac{1}{4}&-\frac{1}{4}&\frac{1}{4}\end{array}\right)$$

因此

$$\boldsymbol{A}^{-1}=\frac{1}{4}\begin{pmatrix}1&1&1&1\\1&1&-1&-1\\1&-1&1&-1\\1&-1&-1&1\end{pmatrix}.$$

(6)对$(\boldsymbol{A}\mid\boldsymbol{E})$作初等行变换,得到

$$(\boldsymbol{A}\mid\boldsymbol{E})=\left(\begin{array}{cccc:cccc}3&3&-4&-3&1&0&0&0\\0&6&1&1&0&1&0&0\\5&4&2&1&0&0&1&0\\2&3&3&2&0&0&0&1\end{array}\right)$$

$$\rightarrow\left(\begin{array}{cccc:cccc}1&0&-7&-5&1&0&0&-1\\0&6&1&1&0&1&0&0\\5&4&2&1&0&0&1&0\\2&3&3&2&0&0&0&1\end{array}\right)$$

$$\rightarrow\left(\begin{array}{cccc:cccc}1&0&-7&-5&1&0&0&-1\\0&6&1&1&0&1&0&0\\0&4&37&26&-5&0&1&5\\0&3&17&12&-2&0&0&3\end{array}\right)$$

$$\rightarrow\left(\begin{array}{cccc:cccc}1&0&-7&-5&1&0&0&-1\\0&6&1&1&0&1&0&0\\0&1&20&14&-3&0&1&2\\0&3&17&12&-2&0&0&3\end{array}\right)$$

$$\rightarrow\left(\begin{array}{cccc:cccc}1&0&-7&-5&1&0&0&-1\\0&0&-33&-23&4&1&0&-6\\0&1&20&14&-3&0&1&2\\0&3&17&12&-2&0&0&3\end{array}\right)$$

$$\rightarrow\left(\begin{array}{cccc:cccc}1&0&-7&-5&1&0&0&-1\\0&0&-33&-23&4&1&0&-6\\0&1&20&14&-3&0&1&2\\0&0&-43&-30&7&0&-3&-3\end{array}\right)$$

$$\xrightarrow{r_4-r_2}\left(\begin{array}{cccc:cccc}1&0&-7&-5&1&0&0&-1\\0&0&-33&-23&4&1&0&-6\\0&1&20&14&-3&0&1&2\\0&0&-10&-7&3&-1&-3&3\end{array}\right)$$

$$\xrightarrow[r_3+2r_4]{r_2-3r_4}\left(\begin{array}{cccc:cccc}1&0&-7&-5&1&0&0&-1\\0&0&-3&-2&-5&4&9&-15\\0&1&0&0&3&-2&-5&8\\0&0&-10&-7&3&-1&-3&3\end{array}\right)$$

$$\xrightarrow{r_2-3r_2}\left(\begin{array}{cccc:cccc}1&0&-7&-5&1&0&0&-1\\0&0&-3&-2&-5&4&9&-15\\0&1&0&0&3&-2&-5&8\\0&0&-1&-1&18&-13&-30&48\end{array}\right)$$

$$\rightarrow\left(\begin{array}{cccc:cccc}1&0&0&2&-125&91&210&-337\\0&0&0&1&-59&43&99&-159\\0&1&0&0&3&-2&-5&8\\0&0&-1&-1&18&-13&-30&48\end{array}\right)$$

$$\rightarrow\left(\begin{array}{cccc:cccc}1&0&0&0&-7&5&12&-19\\0&0&0&1&-59&43&99&-159\\0&1&0&0&3&-2&-5&8\\0&0&-1&0&-41&30&69&-111\end{array}\right)$$

$$\rightarrow\left(\begin{array}{cccc:cccc}1&0&0&0&-7&5&12&-19\\0&1&0&0&3&-2&-5&8\\0&0&1&0&41&-30&-69&111\\0&0&0&1&-59&43&99&-159\end{array}\right),$$

因此

$$\boldsymbol{A}^{-1}=\begin{pmatrix}-7&5&12&-19\\3&-2&-5&8\\41&-30&-69&111\\-59&43&99&-159\end{pmatrix}.$$

(7)对$(\boldsymbol{A}\,\vdots\,\boldsymbol{E})$作初等行变换,得到

$$(\boldsymbol{A}\,\vdots\,\boldsymbol{E})=\left(\begin{array}{cccc:cccc}1&3&-5&7&1&0&0&0\\0&1&2&-3&0&1&0&0\\0&0&1&2&0&0&1&0\\0&0&0&1&0&0&0&1\end{array}\right)\rightarrow\left(\begin{array}{cccc:cccc}1&0&-11&16&1&-3&0&0\\0&1&2&-3&0&1&0&0\\0&0&1&2&0&0&1&0\\0&0&0&1&0&0&0&1\end{array}\right)$$

$$\rightarrow\left(\begin{array}{cccc:cccc}1&0&0&38&1&-3&11&0\\0&1&0&-7&0&1&-2&0\\0&0&1&2&0&0&1&0\\0&0&0&1&0&0&0&1\end{array}\right)\rightarrow\left(\begin{array}{cccc:cccc}1&0&0&0&1&-3&11&-38\\0&1&0&0&0&1&-2&7\\0&0&1&0&0&0&1&-2\\0&0&0&1&0&0&0&1\end{array}\right)$$

因此

$$\boldsymbol{A}^{-1}=\begin{pmatrix}1&-3&11&-38\\0&1&-2&7\\0&0&1&-2\\0&0&0&1\end{pmatrix}.$$

特别提示 上三角形矩阵的逆矩阵还是上三角形矩阵.

(8)对$(\boldsymbol{A} \vdots \boldsymbol{B})$作初等行变换,得到

$$(\boldsymbol{A} \vdots \boldsymbol{E})=\left(\begin{array}{cccc:cccc}2&1&0&0&1&0&0&0\\3&2&0&0&0&1&0&0\\5&7&1&8&0&0&1&0\\-1&-3&-1&-6&0&0&0&1\end{array}\right)$$

$$\rightarrow\left(\begin{array}{cccc:cccc}0&-5&-2&-12&1&0&0&2\\0&-7&-3&-18&0&1&0&3\\0&-8&-4&-22&0&0&1&5\\-1&-3&-1&-6&0&0&0&1\end{array}\right)$$

$$\xrightarrow{r_3-r_2}\left(\begin{array}{cccc:cccc}0&-5&-2&-12&1&0&0&2\\0&-7&-3&-18&0&1&0&3\\0&-1&-1&-4&0&-1&1&2\\-1&-3&-1&-6&0&0&0&1\end{array}\right)$$

$$\rightarrow\left(\begin{array}{cccc:cccc}0&0&3&8&1&5&-5&-8\\0&0&4&10&0&8&-7&-11\\0&-1&-1&-4&0&-1&1&2\\-1&0&2&6&0&3&-3&-5\end{array}\right)$$

$$\xrightarrow{r_2-r_1}\left(\begin{array}{cccc:cccc}0&0&3&8&1&5&-5&-8\\0&0&1&2&-1&3&-2&-3\\0&-1&-1&-4&0&-1&1&2\\-1&0&2&6&0&3&-3&-5\end{array}\right)$$

$$\rightarrow\left(\begin{array}{cccc:cccc}0&0&0&2&4&-4&1&1\\0&0&1&2&-1&3&-2&-3\\0&-1&0&-2&-1&2&-1&-1\\-1&0&0&2&2&-3&1&1\end{array}\right)$$

$$\rightarrow\left(\begin{array}{cccc:cccc}0&0&0&2&4&-4&1&1\\0&0&1&0&-5&7&-3&4\\0&-1&0&0&3&-2&0&0\\-1&0&0&0&-2&1&0&0\end{array}\right)$$

$$\rightarrow\left(\begin{array}{cccc:cccc}1&0&0&0&2&-1&0&0\\0&1&0&0&-3&2&0&0\\0&0&1&0&-5&7&-3&-4\\0&0&0&1&2&-2&\frac{1}{2}&\frac{1}{2}\end{array}\right)$$

因此

$$\boldsymbol{A}^{-1}=\begin{pmatrix}2&-1&0&0\\-3&2&0&0\\-5&7&-3&-4\\2&-2&\frac{1}{2}&\frac{1}{2}\end{pmatrix}.$$

(9)对$(\boldsymbol{A}\mid\boldsymbol{E})$作初等变换，得到

$$(\boldsymbol{A}\mid\boldsymbol{E})=\left(\begin{array}{cccc:cccc}0&0&1&-1&1&0&0&0\\0&3&1&4&0&1&0&0\\2&7&6&-1&0&0&1&0\\1&2&2&-1&0&0&0&1\end{array}\right)$$

$$\rightarrow\left(\begin{array}{cccc:cccc}0&0&1&-1&1&0&0&0\\0&3&1&4&0&1&0&0\\0&3&2&1&0&0&1&-2\\1&2&2&-1&0&0&0&1\end{array}\right)$$

$$\rightarrow\left(\begin{array}{cccc:cccc}0&0&1&-1&1&0&0&0\\0&0&-1&3&0&1&-1&2\\0&3&2&1&0&0&1&-2\\1&2&2&-1&0&0&0&1\end{array}\right)$$

$$\rightarrow\left(\begin{array}{cccc:cccc}0&0&0&2&1&1&-1&2\\0&0&-1&3&0&1&-1&2\\0&3&2&1&0&0&1&-2\\1&2&2&-1&0&0&0&1\end{array}\right)$$

$$\rightarrow\left(\begin{array}{cccc:cccc}0&0&0&1&\frac{1}{2}&\frac{1}{2}&-\frac{1}{2}&1\\0&0&-1&3&0&1&-1&2\\0&3&2&1&0&0&1&-2\\1&2&2&-1&0&0&0&1\end{array}\right)$$

$$\rightarrow\begin{pmatrix}0&0&0&1&\vdots&\frac{1}{2}&\frac{1}{2}&-\frac{1}{2}&1\\0&0&-1&0&\vdots&-\frac{3}{2}&-\frac{1}{2}&\frac{1}{2}&-1\\0&3&0&0&\vdots&-\frac{7}{2}&-\frac{3}{2}&\frac{5}{2}&-5\\1&2&0&0&\vdots&-\frac{5}{2}&-\frac{1}{2}&\frac{1}{2}&0\end{pmatrix}$$

$$\rightarrow\begin{pmatrix}0&0&0&1&\vdots&\frac{1}{2}&\frac{1}{2}&-\frac{1}{2}&1\\0&0&-1&0&\vdots&-\frac{3}{2}&-\frac{1}{2}&\frac{1}{2}&-1\\0&1&0&0&\vdots&-\frac{7}{6}&-\frac{3}{6}&\frac{5}{6}&-\frac{5}{3}\\1&0&0&0&\vdots&-\frac{1}{6}&\frac{1}{2}&-\frac{7}{6}&\frac{10}{3}\end{pmatrix}$$

$$\rightarrow\begin{pmatrix}1&0&0&0&\vdots&-\frac{1}{6}&\frac{1}{2}&-\frac{7}{6}&\frac{10}{3}\\0&1&0&0&\vdots&-\frac{7}{6}&-\frac{1}{2}&\frac{5}{6}&-\frac{5}{3}\\0&0&1&0&\vdots&\frac{3}{2}&\frac{1}{2}&-\frac{1}{2}&1\\0&0&0&1&\vdots&\frac{1}{2}&\frac{1}{2}&-\frac{1}{2}&1\end{pmatrix},$$

因此

$$\boldsymbol{A}^{-1}=\frac{1}{6}\begin{pmatrix}-1&3&-7&20\\-7&-3&5&-10\\9&3&-3&6\\3&3&-3&6\end{pmatrix}.$$

(10)对$(\boldsymbol{A}\mid\boldsymbol{E})$作初等行变换，得到

$$(\boldsymbol{A}\mid\boldsymbol{E})=\begin{pmatrix}2&1&0&0&0&\vdots&1&0&0&0&0\\0&2&1&0&0&\vdots&0&1&0&0&0\\0&0&2&1&0&\vdots&0&0&1&0&0\\0&0&0&2&1&\vdots&0&0&0&1&0\\0&0&0&0&2&\vdots&0&0&0&0&1\end{pmatrix}$$

$$
\rightarrow\left(\begin{array}{ccccc:ccccc}
2 & 1 & 0 & 0 & 0 & 1 & 0 & 0 & 0 & 0 \\
0 & 2 & 1 & 0 & 0 & 0 & 1 & 0 & 0 & 0 \\
0 & 0 & 2 & 1 & 0 & 0 & 0 & 1 & 0 & 0 \\
0 & 0 & 0 & 2 & 0 & 0 & 0 & 0 & 1 & -\frac{1}{2} \\
0 & 0 & 0 & 0 & 1 & 0 & 0 & 0 & 0 & \frac{1}{2}
\end{array}\right)
$$

$$
\rightarrow\left(\begin{array}{ccccc:ccccc}
2 & 1 & 0 & 0 & 0 & 1 & 0 & 0 & 0 & 0 \\
0 & 2 & 1 & 0 & 0 & 0 & 1 & 0 & 0 & 0 \\
0 & 0 & 2 & 0 & 0 & 0 & 0 & 1 & -\frac{1}{2} & \frac{1}{4} \\
0 & 0 & 0 & 1 & 0 & 0 & 0 & 0 & \frac{1}{2} & -\frac{1}{4} \\
0 & 0 & 0 & 0 & 1 & 0 & 0 & 0 & 0 & \frac{1}{2}
\end{array}\right)
$$

$$
\rightarrow\left(\begin{array}{ccccc:ccccc}
2 & 1 & 0 & 0 & 0 & 1 & 0 & 0 & 0 & 0 \\
0 & 2 & 0 & 0 & 0 & 0 & 1 & -\frac{1}{2} & -\frac{1}{4} & \frac{1}{8} \\
0 & 0 & 1 & 0 & 0 & 0 & 0 & \frac{1}{2} & -\frac{1}{4} & \frac{1}{8} \\
0 & 0 & 0 & 1 & 0 & 0 & 0 & 0 & \frac{1}{2} & -\frac{1}{4} \\
0 & 0 & 0 & 0 & 1 & 0 & 0 & 0 & 0 & \frac{1}{2}
\end{array}\right)
$$

$$
\rightarrow\left(\begin{array}{ccccc:ccccc}
2 & 0 & 0 & 0 & 0 & 1 & -\frac{1}{2} & \frac{1}{4} & -\frac{1}{8} & \frac{1}{16} \\
0 & 1 & 0 & 0 & 0 & 0 & \frac{1}{2} & -\frac{1}{4} & \frac{1}{8} & -\frac{1}{16} \\
0 & 0 & 1 & 0 & 0 & 0 & 0 & \frac{1}{2} & -\frac{1}{4} & \frac{1}{8} \\
0 & 0 & 0 & 1 & 0 & 0 & 0 & 0 & \frac{1}{2} & -\frac{1}{4} \\
0 & 0 & 0 & 0 & 1 & 0 & 0 & 0 & 0 & \frac{1}{2}
\end{array}\right)
$$

$$
\rightarrow\left(\begin{array}{ccccc:ccccc}
1 & 0 & 0 & 0 & 0 & \frac{1}{2} & -\frac{1}{4} & \frac{1}{8} & -\frac{1}{16} & \frac{1}{32} \\
0 & 1 & 0 & 0 & 0 & 0 & \frac{1}{2} & -\frac{1}{4} & \frac{1}{8} & -\frac{1}{16} \\
0 & 0 & 1 & 0 & 0 & 0 & 0 & \frac{1}{2} & -\frac{1}{4} & \frac{1}{8} \\
0 & 0 & 0 & 1 & 0 & 0 & 0 & 0 & \frac{1}{2} & -\frac{1}{4} \\
0 & 0 & 0 & 0 & 1 & 0 & 0 & 0 & 9 & \frac{1}{2}
\end{array}\right),
$$

因此

$$
\boldsymbol{A}^{-1}=\frac{1}{32}\begin{pmatrix}
16 & -8 & 4 & -2 & 1 \\
0 & 16 & -8 & 4 & -2 \\
0 & 0 & 16 & -8 & 4 \\
0 & 0 & 0 & 16 & -8 \\
0 & 0 & 0 & 0 & 16
\end{pmatrix}.
$$

特别提示 求一个具体矩阵的逆，一般只对 2 级的矩阵采用公式法，其余一般都使用初等变换法.

21. **知识点窍** 分块矩阵的乘法.

逻辑推理 设 $\boldsymbol{X}^{-1}=\begin{pmatrix}\boldsymbol{B}_{11} & \boldsymbol{B}_{12}\\ \boldsymbol{B}_{21} & \boldsymbol{B}_{22}\end{pmatrix}$，由 $\boldsymbol{X}\boldsymbol{X}^{-1}=\boldsymbol{E}$，求出 $\boldsymbol{B}_{11},\boldsymbol{B}_{12},\boldsymbol{B}_{21},\boldsymbol{B}_{22}$.

利用上题中的结论

解题过程 设 $\boldsymbol{X}^{-1}=\begin{pmatrix}\boldsymbol{B}_{11} & \boldsymbol{B}_{12}\\ \boldsymbol{B}_{21} & \boldsymbol{B}_{22}\end{pmatrix}$，则 $\begin{pmatrix}\boldsymbol{O} & \boldsymbol{A}\\ \boldsymbol{C} & \boldsymbol{O}\end{pmatrix}\begin{pmatrix}\boldsymbol{B}_{11} & \boldsymbol{B}_{12}\\ \boldsymbol{B}_{21} & \boldsymbol{B}_{22}\end{pmatrix}=\begin{pmatrix}\boldsymbol{A}\boldsymbol{B}_{21} & \boldsymbol{A}\boldsymbol{B}_{22}\\ \boldsymbol{C}\boldsymbol{B}_{11} & \boldsymbol{C}\boldsymbol{B}_{12}\end{pmatrix}=\begin{pmatrix}\boldsymbol{E} & \boldsymbol{O}\\ \boldsymbol{O} & \boldsymbol{E}\end{pmatrix}$，

因此

$$\boldsymbol{A}\boldsymbol{B}_{21}=\boldsymbol{E},\boldsymbol{A}\boldsymbol{B}_{22}=\boldsymbol{O}.$$

左乘 $\boldsymbol{A}^{-1}$，得

$$\boldsymbol{B}_{21}=\boldsymbol{A}^{-1},\boldsymbol{B}_{22}=\boldsymbol{O},$$

又由于

$$\boldsymbol{C}\boldsymbol{B}_{11}=\boldsymbol{O},\boldsymbol{C}\boldsymbol{B}_{12}=\boldsymbol{E}.$$

左乘 $\boldsymbol{C}^{-1}$ 得

$$\boldsymbol{B}_{11}=\boldsymbol{O},\boldsymbol{B}_{12}=\boldsymbol{C}^{-1}.$$

故

$$\boldsymbol{X}^{-1}=\begin{pmatrix}\boldsymbol{O} & \boldsymbol{C}^{-1}\\ \boldsymbol{A}^{-1} & \boldsymbol{O}\end{pmatrix}.$$

22. 知识点窍 对角矩阵 $\begin{pmatrix} a_{11} & 0 & \cdots & 0 \\ 0 & a_{22} & \cdots & 0 \\ \vdots & \vdots & & \vdots \\ 0 & 0 & \cdots & a_{nn} \end{pmatrix}^{-1} = \begin{pmatrix} a_{11}^{-1} & 0 & \cdots & 0 \\ 0 & a_{22}^{-1} & \cdots & 0 \\ \vdots & \vdots & & \vdots \\ 0 & 0 & \cdots & a_{nn}^{-1} \end{pmatrix}$.

解题过程 若 $\boldsymbol{X}=\begin{pmatrix} \boldsymbol{O} & \boldsymbol{A} \\ a_n & \boldsymbol{O} \end{pmatrix}$,其中

$$\boldsymbol{A}=\begin{pmatrix} a_1 & 0 & \cdots & 0 \\ 0 & a_2 & \cdots & 0 \\ \vdots & \vdots & \ddots & \vdots \\ 0 & 0 & \cdots & a_{n-1} \end{pmatrix},$$

则
$$\boldsymbol{X}^{-1}=\begin{pmatrix} \boldsymbol{O} & a_n^{-1} \\ \boldsymbol{A}^{-1} & \boldsymbol{O} \end{pmatrix}$$

而
$$\boldsymbol{A}^{-1}=\begin{pmatrix} a_1^{-1} & 0 & \cdots & 0 \\ 0 & a_2^{-1} & \cdots & 0 \\ \vdots & \vdots & \ddots & \vdots \\ 0 & 0 & \cdots & a_{n-1}^{-1} \end{pmatrix}.$$

故
$$\boldsymbol{X}^{-1}=\begin{bmatrix} 0 & 0 & \cdots & 0 & \frac{1}{a_n} \\ \frac{1}{a_1} & 0 & \cdots & 0 & 0 \\ \vdots & \vdots & \ddots & \vdots & \vdots \\ 0 & 0 & \cdots & 0 & 0 \\ 0 & 0 & \cdots & \frac{1}{a_{n-1}} & 0 \end{bmatrix}.$$

23. 知识点窍 求逆矩阵,矩阵的乘法.

逻辑推理 $\boldsymbol{AX}=\boldsymbol{B}$,则 $\boldsymbol{X}=\boldsymbol{A}^{-1}\boldsymbol{B}$;$\boldsymbol{XA}=\boldsymbol{B}$,则 $\boldsymbol{X}=\boldsymbol{BA}^{-1}$.

解题过程 1)$\boldsymbol{X}=\begin{pmatrix} 2 & 5 \\ 1 & 3 \end{pmatrix}^{-1}\begin{pmatrix} 4 & -6 \\ 2 & 1 \end{pmatrix}=\begin{pmatrix} 3 & -5 \\ -1 & 2 \end{pmatrix}\begin{pmatrix} 4 & -6 \\ 2 & 1 \end{pmatrix}=\begin{pmatrix} 2 & -23 \\ 0 & 8 \end{pmatrix}$.

$$2)\boldsymbol{X}=\begin{pmatrix} 1 & 1 & -1 \\ 0 & 2 & 2 \\ 1 & -1 & 0 \end{pmatrix}^{-1}\begin{pmatrix} 1 & -1 & 1 \\ 1 & 1 & 0 \\ 2 & 1 & 1 \end{pmatrix}=\begin{pmatrix} \frac{1}{3} & \frac{1}{6} & \frac{2}{3} \\ \frac{1}{3} & \frac{1}{6} & -\frac{1}{3} \\ -\frac{1}{3} & \frac{1}{3} & \frac{1}{3} \end{pmatrix}\begin{pmatrix} 1 & -1 & 1 \\ 1 & 1 & 0 \\ 2 & 1 & 1 \end{pmatrix}$$

$$=\begin{pmatrix}\frac{11}{6} & \frac{1}{2} & 1\\ -\frac{1}{6} & -\frac{1}{2} & 0\\ \frac{2}{3} & 1 & 0\end{pmatrix}$$

利用公式$(A\vdots E)\to(A\vdots E)^{-1}$求解逆矩阵

$$3)X=\begin{pmatrix}1&1&1&\cdots&1\\0&1&1&\cdots&1\\0&0&1&\cdots&1\\\vdots&\vdots&\vdots&\ddots&\vdots\\0&0&0&\cdots&1\end{pmatrix}^{-1}\begin{pmatrix}2&1&0&\cdots&0&0\\1&2&1&\cdots&0&0\\0&1&2&\cdots&0&0\\\vdots&\vdots&\vdots&\ddots&\vdots&\vdots\\0&0&0&\cdots&2&1\\0&0&0&\cdots&1&2\end{pmatrix}$$

$$=\begin{pmatrix}1&-1&0&\cdots&0&0\\0&1&-1&\cdots&0&0\\\vdots&\vdots&\vdots&\ddots&\vdots&\vdots\\0&0&0&\cdots&1&-1\\0&0&0&\cdots&0&1\end{pmatrix}\begin{pmatrix}2&1&0&\cdots&0&0\\1&2&1&\cdots&0&0\\0&1&2&\cdots&0&0\\\vdots&\vdots&\vdots&\ddots&\vdots&\vdots\\0&0&0&\cdots&2&1\\0&0&0&\cdots&1&2\end{pmatrix}$$

$$=\begin{pmatrix}1&-1&-1&0&\cdots&0&0\\1&1&-1&-1&\cdots&0&0\\\vdots&\vdots&\vdots&\vdots&\ddots&\vdots&\vdots\\0&0&0&0&\cdots&1&-1\\0&0&0&0&\cdots&1&2\end{pmatrix};$$

$$4)X=\begin{pmatrix}1&-1&1\\1&1&0\\2&1&1\end{pmatrix}\begin{pmatrix}1&1&-1\\0&2&2\\1&-1&0\end{pmatrix}^{-1}=\begin{pmatrix}-\frac{1}{3}&\frac{1}{3}&\frac{4}{3}\\\frac{2}{3}&\frac{1}{3}&\frac{1}{3}\\\frac{2}{3}&\frac{5}{6}&\frac{4}{3}\end{pmatrix}=\frac{1}{6}\begin{pmatrix}-2&2&8\\4&2&2\\4&5&8\end{pmatrix}.$$

24. 知识点窍 逆矩阵,(反)对称矩阵的性质.

解题过程 (1)若 $A=A'$,且 A 是可逆对称的,则

$$A^{-1}=(A')^{-1}=(A^{-1})'$$

命题得证.

(2)若 A 是奇数级的可逆对称矩阵,由 $A=-A'$,知

$$|A|=(-1)^n|A'|=(-1)^n|A|,$$

所以当 n 为奇数时,有

$$|A|=-|A|\Rightarrow|A|=0.$$

命题得证.

25. 知识点窍 矩阵的乘积，逆矩阵.

逻辑推理 (1)利用矩阵的乘法定义说明；

(2)$A^{-1}=\frac{1}{|A|}A^*$，上(下)三角形矩阵的伴随矩阵仍是上(下)三角矩阵.

解题过程 (1)设

$$A=\begin{pmatrix} a_{11} & a_{12} & \cdots & a_{1n} \\ & a_{22} & \cdots & a_{2n} \\ & & \ddots & \vdots \\ & & & a_{nn} \end{pmatrix}, B=\begin{pmatrix} b_{11} & b_{12} & \cdots & b_{1n} \\ & b_{22} & \cdots & b_{2n} \\ & & \ddots & \vdots \\ & & & b_{nn} \end{pmatrix}$$

假定

$$AB=\begin{pmatrix} c_{11} & c_{12} & \cdots & c_{1n} \\ c_{21} & c_{22} & \cdots & c_{2n} \\ \vdots & \vdots & \ddots & \vdots \\ c_{n1} & c_{n2} & \cdots & c_{nn} \end{pmatrix}$$

其中

$$c_{ij}=a_{ij}b_{ij}+\cdots+a_{ij-1}b_{ij-1}+a_nb_n+a_{ij+1}b_{ij+1}+\cdots+b_{4in}b_{ir}.$$

当 $i>j$ 时 $a_{ij}=b_{ij}=0$，显然 c_{ij} 中各项均有因子零，故 $c_{ij}=0$，所以 AB 是上三角矩阵.

对于 A,B 是下三角阵情形同法可证.

从而 $AB=C=(c_{ij})$ 是下三角形矩阵.

(2)设上三角形矩阵 $A=(a_{ij})$ 是可逆的，那么 $|A|=a_{11}a_{22}\cdots a_{nn}\neq 0$，从而 $a_{ii}\neq 0(i=1,2,\cdots,n)$. 设 $B=(b_{ij})$ 是 A 的逆矩阵，即

$$\begin{pmatrix} a_{11} & a_{12} & \cdots & a_{1n} \\ 0 & a_{22} & \cdots & a_{2n} \\ \vdots & \vdots & & \vdots \\ 0 & 0 & \cdots & a_{nn} \end{pmatrix}\begin{pmatrix} b_{11} & b_{12} & \cdots & b_{1n} \\ b_{21} & b_{22} & \cdots & b_{2n} \\ \vdots & \vdots & & \vdots \\ b_{n1} & b_{n2} & \cdots & b_{nn} \end{pmatrix}=\begin{pmatrix} 1 & 0 & \cdots & 0 \\ 0 & 1 & \cdots & 0 \\ \vdots & \vdots & & \vdots \\ 0 & 0 & \cdots & 1 \end{pmatrix}.$$

比较上式两端的第 n 行的元素，得到 $a_{nn}b_{nn}=1$；$a_{nn}b_{nn}=0,j<n$，由 $a_{nn}\neq 0$，即有

$$b_{nn}=a_{nn}^{-1}, b_{n1}=b_{n2}=\cdots=b_{n,n-1}=0;$$

再比较上面 $AB=E$ 中的第 $n-1$ 行元素，得到 $a_{n-1,n-1}b_{n-1,n-1}=1$；$a_{n-1,n-1}b_{nj}=0$，$j<n-1$，由 $a_{n-1,n-1}\neq 0$，即有

$$b_{n-1,n-1}=a_{n-1,n-1}b_{n-1,1}=b_{n-1,2}=\cdots=b_{n-1,n-2}=0;$$

继续下去，可以得到

$$b_{ii}=a_{ii}^{-1}; b_{ij}=0, i>j.$$

因此 B 也是上三角形矩阵.

同样可以证明，A 是下三角形矩阵时，其逆矩阵也是下三角形矩阵.

26. 知识点窍 $A^{-1}=\frac{1}{|A|}A^*$，$|AB|=|A||B|$.

逻辑推理 $A^*A=|A|E \Rightarrow |A^*||A|=|A|^n$.

解题过程 因为 $A^*A=|A|^n$，$|AA^*|=|A||A^*|$，

所以当$|A|=0$时有$|A^*|=\dfrac{|A|^n}{|A|}=|A|^{n-1}$.

当$|A|=0$时，①$r(A)=0$，有$A=\boldsymbol{0}$，$A^*=\boldsymbol{0}$，于是$|A^*|=|A|^{n-1}$.

②$r(A)>0$，由于$A^*A=|A|E=\boldsymbol{0}$. 于是$A^*A=\boldsymbol{0}$有非零解，故$r(A)<n$，于是$|A^*|=0$，所以此时也有，$|A^*|=|A|^{n-1}$，即证.

27. 知识点窍 由$A^*A=|A|E$；$AB=O$，则$r(A)+r(B)\leqslant n$.

逻辑推理 秩$(A)=n$，由$\dfrac{AA^*}{|A|}=E$知，A^*存在逆，则$|A^*|\neq 0$，秩$(A^*)=n$；秩$(A)=n-1$，由$AA^*=O$知，秩$(A^*)\leqslant n-$秩$(A)=1$，又可得秩$(A^*)\geqslant 1$. 秩$(A)<n-1$，$A^*=O$.

解题过程 ①当$r(A)=n$时，故$|A^*|=|A|^{n-1}\neq 0$，所以

$$r(A^*)=n.$$

②当$r(A)=n-1$时，A至少有一个$n-1$阶子式不为0，所以

$$r(A^*)\geqslant 1.$$

另一方面，由$|A|=0$，得

$$A^*A=|A|E=\boldsymbol{0}.$$

于是

$$r(A)+r(A^*)\leqslant n.$$

所以，$r(A)\leqslant 1$，故$r(A^*)=1$.

③当$r(A)<n-1$时，A的一切$n-1$阶子式全为0，所以，因而$r(A^*)=0$，即证.

28. 解题过程 (1)

$$(A\ \vdots\ E)=\left(\begin{array}{cccc:cccc}1&1&1&1&1&&&\\1&-1&1&-1&&1&&\\1&1&-1&-1&&&1&\\1&-1&-1&1&&&&1\end{array}\right)\xrightarrow[(i=2,3,4)]{r_i-r_1}$$

$$\left(\begin{array}{cccc:cccc}1&1&1&1&1&&&\\0&-2&0&-2&-1&1&&\\0&0&-2&-2&-1&&1&\\0&-2&-2&0&-1&&&1\end{array}\right)\to\cdots\to$$

$$\left(\begin{array}{cccc:cccc}1&&&&1/4&1/4&1/4&1/4\\&1&&&1/4&-1/4&1/4&-1/4\\&&1&&1/4&1/4&-1/4&-1/4\\&&&1&1/4&-1/4&-1/4&1/4\end{array}\right)=(E\ \vdots\ A^{-1}),$$

所以$A^{-1}=\dfrac{1}{4}A=\dfrac{1}{4}\begin{pmatrix}1&1&1&1\\1&-1&1&-1\\1&1&-1&-1\\1&-1&-1&1\end{pmatrix}$.

(2)记 $\boldsymbol{A}=\begin{pmatrix}\boldsymbol{B} & \boldsymbol{B}\\ \boldsymbol{B} & -\boldsymbol{B}\end{pmatrix}$，其中 $\boldsymbol{B}=\begin{pmatrix}1 & 1\\ 1 & -1\end{pmatrix}$，则 $\boldsymbol{B}^{-1}=-\frac{1}{2}\begin{pmatrix}-1 & -1\\ -1 & 1\end{pmatrix}=\frac{1}{2}\boldsymbol{B}.$

利用教材上的知识，有

$$\boldsymbol{A}^{-1}=\begin{pmatrix}\boldsymbol{B} & \boldsymbol{B}\\ \boldsymbol{B} & -\boldsymbol{B}\end{pmatrix}^{-1}$$

$$=\begin{pmatrix}[\boldsymbol{B}-\boldsymbol{B}(-\boldsymbol{B})^{-1}\boldsymbol{B}]^{-1} & -[\boldsymbol{B}-\boldsymbol{B}(-\boldsymbol{B})^{-1}\boldsymbol{B}]^{-1}\boldsymbol{B}(-\boldsymbol{B})^{-1}\\ -(-\boldsymbol{B})^{-1}\boldsymbol{B}[\boldsymbol{B}-\boldsymbol{B}(-\boldsymbol{B})^{-1}\boldsymbol{B}]^{-1} & (-\boldsymbol{B})^{-1}\boldsymbol{B}[\boldsymbol{B}-\boldsymbol{B}(-\boldsymbol{B})^{-1}\boldsymbol{B}]^{-1}\boldsymbol{B}(-\boldsymbol{B})^{-1}+(-\boldsymbol{B})^{-1}\end{pmatrix},$$

其中

$$[\boldsymbol{B}-\boldsymbol{B}(-\boldsymbol{B})^{-1}\boldsymbol{B}]^{-1}=\frac{1}{2}\boldsymbol{B}^{-1}.$$

于是

$$\boldsymbol{A}^{-1}=\begin{pmatrix}\frac{1}{2}\boldsymbol{B}^{-1} & \frac{1}{2}\boldsymbol{B}^{-1}\\ \frac{1}{2}\boldsymbol{B}^{-1} & -\frac{1}{2}\boldsymbol{B}^{-1}\end{pmatrix}=\frac{1}{2}\begin{pmatrix}\boldsymbol{B}^{-1} & \boldsymbol{B}^{-1}\\ \boldsymbol{B}^{-1} & -\boldsymbol{B}^{-1}\end{pmatrix}$$

$$=\frac{1}{2}\begin{pmatrix}\frac{1}{2}\boldsymbol{B} & \frac{1}{2}\boldsymbol{B}\\ \frac{1}{2}\boldsymbol{B} & -\frac{1}{2}\boldsymbol{B}\end{pmatrix}=\frac{1}{4}\begin{pmatrix}\boldsymbol{B} & \boldsymbol{B}\\ \boldsymbol{B} & -\boldsymbol{B}\end{pmatrix}=\frac{1}{4}\boldsymbol{A}.$$

29. 知识点窍 $|\boldsymbol{AB}|=|\boldsymbol{A}||\boldsymbol{B}|$.

逻辑推理 $\begin{pmatrix}\boldsymbol{E}_m & \boldsymbol{O}\\ -\boldsymbol{A} & \boldsymbol{E}_n\end{pmatrix}\begin{pmatrix}\boldsymbol{E}_m & \boldsymbol{B}\\ \boldsymbol{A} & \boldsymbol{E}_n\end{pmatrix}=\begin{pmatrix}\boldsymbol{E}_m & \boldsymbol{B}\\ \boldsymbol{O} & \boldsymbol{E}_n-\boldsymbol{AB}\end{pmatrix}$;

$$\begin{pmatrix}\boldsymbol{E}_m & \boldsymbol{B}\\ \boldsymbol{A} & \boldsymbol{E}_n\end{pmatrix}\begin{pmatrix}\boldsymbol{E}_m & \boldsymbol{O}\\ -\boldsymbol{A} & \boldsymbol{E}_n\end{pmatrix}=\begin{pmatrix}\boldsymbol{E}_m-\boldsymbol{BA} & \boldsymbol{B}\\ \boldsymbol{O} & \boldsymbol{E}_n\end{pmatrix}.$$

解题过程 由于 $\begin{pmatrix}\boldsymbol{E}_m & \boldsymbol{O}\\ -\boldsymbol{A} & \boldsymbol{E}_n\end{pmatrix}\begin{pmatrix}\boldsymbol{E}_m & \boldsymbol{B}\\ \boldsymbol{A} & \boldsymbol{E}_n\end{pmatrix}=\begin{pmatrix}\boldsymbol{E}_m & \boldsymbol{B}\\ \boldsymbol{O} & \boldsymbol{E}_n-\boldsymbol{AB}\end{pmatrix}$,

所以 $\begin{vmatrix}\boldsymbol{E}_m & \boldsymbol{B}\\ \boldsymbol{A} & \boldsymbol{E}_n\end{vmatrix}=\begin{vmatrix}\boldsymbol{E}_m & \boldsymbol{O}\\ -\boldsymbol{A} & \boldsymbol{E}_n\end{vmatrix}\begin{vmatrix}\boldsymbol{E}_m & \boldsymbol{B}\\ \boldsymbol{A} & \boldsymbol{E}_n\end{vmatrix}$

$$=\begin{vmatrix}\boldsymbol{E}_m & \boldsymbol{B}\\ \boldsymbol{O} & \boldsymbol{E}_n-\boldsymbol{AB}\end{vmatrix}=|\boldsymbol{E}_m||\boldsymbol{E}_n-\boldsymbol{AB}|=|\boldsymbol{E}_n-\boldsymbol{AB}|$$

又由 $\begin{pmatrix}\boldsymbol{E}_m & \boldsymbol{B}\\ \boldsymbol{A} & \boldsymbol{E}_n\end{pmatrix}\begin{pmatrix}\boldsymbol{E}_m & \boldsymbol{O}\\ -\boldsymbol{A} & \boldsymbol{E}_n\end{pmatrix}=\begin{pmatrix}\boldsymbol{E}_m-\boldsymbol{BA} & \boldsymbol{B}\\ \boldsymbol{O} & \boldsymbol{E}_n\end{pmatrix}$，得

$$\begin{vmatrix}\boldsymbol{E}_m & \boldsymbol{B}\\ \boldsymbol{A} & \boldsymbol{E}_n\end{vmatrix}=\begin{vmatrix}\boldsymbol{E}_m & \boldsymbol{B}\\ \boldsymbol{A} & \boldsymbol{E}_n\end{vmatrix}\begin{vmatrix}\boldsymbol{E}_m & \boldsymbol{O}\\ -\boldsymbol{A} & \boldsymbol{E}_n\end{vmatrix}=\begin{vmatrix}\boldsymbol{E}_m-\boldsymbol{BA} & \boldsymbol{B}\\ \boldsymbol{O} & \boldsymbol{E}_n\end{vmatrix}=|\boldsymbol{E}_m-\boldsymbol{AB}||\boldsymbol{E}_n|=|\boldsymbol{E}_m-\boldsymbol{AB}|.$$

30. 知识点窍 分块矩阵乘法的初等变换及其应用

解题过程 由于 $\begin{pmatrix}\boldsymbol{E}_m & \boldsymbol{O}\\ -\boldsymbol{A} & \boldsymbol{E}_n\end{pmatrix}=\begin{pmatrix}\lambda\boldsymbol{E}_m & \boldsymbol{B}\\ \lambda\boldsymbol{A} & \lambda\boldsymbol{E}_n\end{pmatrix}\begin{pmatrix}\lambda\boldsymbol{E}_m & \boldsymbol{B}\\ \boldsymbol{O} & \lambda\boldsymbol{E}_n-\boldsymbol{AB}\end{pmatrix}$

故

$$\begin{vmatrix} \lambda \boldsymbol{E}_m & \boldsymbol{B} \\ \lambda_{\boldsymbol{A}} & \lambda \boldsymbol{E}_n \end{vmatrix} = \begin{vmatrix} \boldsymbol{E}_m & \boldsymbol{O} \\ -\boldsymbol{A} & \boldsymbol{E}_n \end{vmatrix} \begin{vmatrix} \lambda \boldsymbol{E}_m & \boldsymbol{B} \\ \lambda \boldsymbol{A} & \lambda \boldsymbol{E}_n \end{vmatrix} = \begin{vmatrix} \lambda \boldsymbol{E}_m & \boldsymbol{B} \\ \boldsymbol{O} & \lambda \boldsymbol{E}_n - \boldsymbol{AB} \end{vmatrix} = \lambda^m |\lambda \boldsymbol{E}_n - \boldsymbol{AB}|.$$

另一方面,可得

$$\begin{vmatrix} \lambda \boldsymbol{E}_m & \boldsymbol{B} \\ \lambda \boldsymbol{A} & \lambda \boldsymbol{E}_n \end{vmatrix} = \begin{vmatrix} \lambda \boldsymbol{E}_m & \boldsymbol{B} \\ \lambda \boldsymbol{A} & \lambda \boldsymbol{E}_n \end{vmatrix} \begin{vmatrix} \boldsymbol{E}_m & \boldsymbol{O} \\ -\boldsymbol{A} & \boldsymbol{E}_n \end{vmatrix} = \begin{vmatrix} \lambda \boldsymbol{E}_m - \boldsymbol{BA} & \boldsymbol{B} \\ \boldsymbol{O} & \lambda \boldsymbol{E}_n \end{vmatrix} = \lambda^n |\lambda \boldsymbol{E}_m - \boldsymbol{BA}|.$$

因此

$$|\lambda \boldsymbol{E} n - \boldsymbol{AB}| = \lambda^{n-m} |\lambda \boldsymbol{E}_m - \boldsymbol{BA}|.$$

补充题

1. 知识点窍 矩阵与向量关系.

逻辑推理 $\boldsymbol{A}_m$ 可看成含有 n 个向量的向量组,秩$(\boldsymbol{A})=1$,即该向量组的极大线性无关组只含一个向量 $\boldsymbol{\beta}$,将 $\boldsymbol{A}$ 用 $\boldsymbol{\beta}$ 表示.

解题过程 (1)由于秩$(\boldsymbol{A})=1$,因此 $\boldsymbol{A}$ 的极大线性无关组可表为 $\boldsymbol{\beta}$,$\boldsymbol{\beta}$ 为行向量.

则 $\boldsymbol{A}=\begin{pmatrix} a_1 \\ a_2 \\ \vdots \\ a_n \end{pmatrix}\boldsymbol{\beta}$,令 $\boldsymbol{\beta}=(b_1,b_2,\cdots,b_n)$,则 $\boldsymbol{A}=\begin{pmatrix} a_1 \\ a_2 \\ \vdots \\ a_n \end{pmatrix}(b_1,b_2,\cdots,b_n)$.

利用(1)的结论和乘法结合律

$$(2)\boldsymbol{A}^2 = \begin{pmatrix} a_1 \\ a_2 \\ \vdots \\ a_n \end{pmatrix}(b_1,b_2,\cdots b_n)\begin{pmatrix} a_1 \\ a_2 \\ \vdots \\ a_n \end{pmatrix}(b_1,b_2,\cdots,b_n)$$

$$= \left(\sum_{i=1}^{n} a_i b_i\right)\begin{pmatrix} a_1 \\ a_2 \\ \vdots \\ a_n \end{pmatrix}(b_1,b_2,\cdots b_n) = \left(\sum_{i=1}^{n} a_i b_i\right)\boldsymbol{A}.$$

令 $k=\sum_{i=1}^{n} a_i b_i$,得 $\boldsymbol{A}^2=k\boldsymbol{A}$.

2. 知识点窍 $|\boldsymbol{A}^l|=|\boldsymbol{A}|^l$.

逻辑推理 $\boldsymbol{A}^l=\boldsymbol{O}$,则 $|\boldsymbol{A}|=0$,所以秩$(\boldsymbol{A})=0$ 或 1. 秩$(\boldsymbol{A})=0$,则 $\boldsymbol{A}=\boldsymbol{O}$;秩$(\boldsymbol{A})=1$,可利用上一题结论证明 $\boldsymbol{A}^2=\boldsymbol{O}$.

解题过程 由 $\boldsymbol{A}^l=\boldsymbol{O}$,得 $0=|\boldsymbol{A}^l|=|\boldsymbol{A}|^l$,即 $|\boldsymbol{A}|=0$,那么秩$(\boldsymbol{A})=0$ 或 1.

若秩$(\boldsymbol{A})=0$,则 $\boldsymbol{A}=\boldsymbol{O}$,此时 $\boldsymbol{A}^2=\boldsymbol{O}$.

若秩$(\boldsymbol{A})=1$,由上题$\boldsymbol{A}=\begin{pmatrix}a_1\\a_2\end{pmatrix}(b_1,b_2)$,

从而$\boldsymbol{A}^2=k\boldsymbol{A},\boldsymbol{A}^l=k^{l-1}\boldsymbol{A}\quad(l\geqslant 2)$,

因为$\boldsymbol{A}\neq\boldsymbol{O}$,由$\boldsymbol{A}^l=k^{l-1}\boldsymbol{A}=\boldsymbol{O}$,得$k=0$,故$\boldsymbol{A}^2=k\boldsymbol{A}=\boldsymbol{O}$.

3. 知识点窍 $\boldsymbol{AB}=\boldsymbol{O}$,则秩$(\boldsymbol{A})+$秩$(\boldsymbol{B})\leqslant n$;秩$(\boldsymbol{A}-\boldsymbol{B})\leqslant$秩$(\boldsymbol{A})+$秩$(\boldsymbol{B})$.

逻辑推理 $\boldsymbol{A}^2=\boldsymbol{E}\Rightarrow(\boldsymbol{A}+\boldsymbol{E})(\boldsymbol{A}-\boldsymbol{E})=\boldsymbol{O}\Rightarrow$秩$(\boldsymbol{A}+\boldsymbol{E})+$秩$(\boldsymbol{A}-\boldsymbol{E})\leqslant n$. 同时秩$(\boldsymbol{A}+\boldsymbol{E}-\boldsymbol{A}+\boldsymbol{E})\leqslant$秩$(\boldsymbol{A}+\boldsymbol{E})+$秩$(\boldsymbol{A}-\boldsymbol{E})$.

解题过程 $\boldsymbol{A}^2=\boldsymbol{E}\Rightarrow(\boldsymbol{A}+\boldsymbol{E})(\boldsymbol{A}-\boldsymbol{E})=0$,秩$(\boldsymbol{A}+\boldsymbol{E})+$秩$(\boldsymbol{A}-\boldsymbol{E})\leqslant n$,

> $\boldsymbol{AB}=\boldsymbol{O}$,则秩$(\boldsymbol{A})+$秩$(\boldsymbol{B})\leqslant n$,秩$(\boldsymbol{A}-\boldsymbol{B})\leqslant$秩$(\boldsymbol{A})+$秩$(\boldsymbol{B})$

因为秩$(\boldsymbol{A}+\boldsymbol{E})+$秩$(\boldsymbol{A}-\boldsymbol{E})\geqslant$秩$(\boldsymbol{A}+\boldsymbol{E}-\boldsymbol{A}+\boldsymbol{E})=$秩$(\boldsymbol{E})=n$

所以,$r(\boldsymbol{A}+\boldsymbol{E})+r(\boldsymbol{A}-\boldsymbol{E})=n$.

4. 知识点窍 逻辑推理 同上题.

解题过程 $\boldsymbol{A}^2=\boldsymbol{A}\Rightarrow\boldsymbol{A}^2-\boldsymbol{A}=\boldsymbol{O}\Rightarrow\boldsymbol{A}(\boldsymbol{A}-\boldsymbol{E})=\boldsymbol{O}$,得

秩$(\boldsymbol{A})+$秩$(\boldsymbol{A}-\boldsymbol{E})\leqslant n$,

因为,秩$(\boldsymbol{A})+$秩$(\boldsymbol{A}-\boldsymbol{E})\geqslant$秩$[\boldsymbol{A}-(\boldsymbol{A}-\boldsymbol{E})]=$秩$(\boldsymbol{E})=n$,

所以,秩$(\boldsymbol{A})+$秩$(\boldsymbol{A}-\boldsymbol{E})=n$.

5. 知识点窍 伴随矩阵.

逻辑推理 利用$\boldsymbol{AA}^*=|\boldsymbol{A}|\boldsymbol{E}$及习题26,27.

解题过程 当$|\boldsymbol{A}|\neq 0$时,$|\boldsymbol{A}^*|\neq 0$. $(\boldsymbol{A}^*)^{-1}=|\boldsymbol{A}^*|^{-1}(\boldsymbol{A}^*)^*$

及$(\boldsymbol{A}^*)^{-1}=\dfrac{1}{|\boldsymbol{A}|}\boldsymbol{A}$,得$|\boldsymbol{A}^*|^{-1}(\boldsymbol{A}^*)^*=\dfrac{1}{|\boldsymbol{A}|}\boldsymbol{A}$. 由习题26,$|\boldsymbol{A}^*|=|\boldsymbol{A}|^{n-1}$. 故$(\boldsymbol{A}^*)^*=\dfrac{|\boldsymbol{A}^*|}{|\boldsymbol{A}|}\boldsymbol{A}=|\boldsymbol{A}|^{n-2}\boldsymbol{A}$.

当$|\boldsymbol{A}|=0$时,由习题27秩$(\boldsymbol{A}^*)\leqslant 1$. 又$n>2$,秩$(\boldsymbol{A}^*)<n-1$. 于是$\boldsymbol{A}^*$的任何$n-1$级子式$=0$,故$(\boldsymbol{A}^*)^*=\boldsymbol{O}$,所以$(\boldsymbol{A}^*)^*=|\boldsymbol{A}|^{n-2}\boldsymbol{A}$.

6. 知识点窍 分块矩阵的初等变换.

解题过程 对分块矩阵$\begin{pmatrix}\boldsymbol{A}&\boldsymbol{B}\\\boldsymbol{C}&\boldsymbol{D}\end{pmatrix}$施行初等变换,$\begin{pmatrix}\boldsymbol{E}&\boldsymbol{O}\\-\boldsymbol{CA}^{-1}&\boldsymbol{E}\end{pmatrix}\begin{pmatrix}\boldsymbol{A}&\boldsymbol{B}\\\boldsymbol{C}&\boldsymbol{D}\end{pmatrix}=\begin{pmatrix}\boldsymbol{A}&\boldsymbol{B}\\\boldsymbol{O}&\boldsymbol{D}-\boldsymbol{CA}^{-1}\boldsymbol{B}\end{pmatrix}$,

上式两端取行列式,得

$$\begin{pmatrix}\boldsymbol{A}&\boldsymbol{B}\\\boldsymbol{C}&\boldsymbol{D}\end{pmatrix}=|\boldsymbol{A}||\boldsymbol{D}-\boldsymbol{CA}^{-1}\boldsymbol{B}|=|\boldsymbol{AD}-\boldsymbol{ACA}^{-1}\boldsymbol{B}|=|AD-CB|.$$

7. 知识点窍 任意一个$s\times n$矩阵$\boldsymbol{A}$都与一个形式为$\begin{bmatrix}1&&&&&0\\&\ddots&&&&\\&&1&&&\\&&&0&&\\&&&&\ddots&\\0&&&&&0\end{bmatrix}$的矩阵等价,主对角线

上 1 的个数等于矩阵 $\boldsymbol{A}$ 的秩.

解题过程 因秩$(\boldsymbol{A})=r$,故存在 $n\times n$ 可逆矩阵 $\boldsymbol{P},\boldsymbol{Q}$,使 $\boldsymbol{PAQ}=\begin{pmatrix}\boldsymbol{E}_r & \boldsymbol{O}\\ \boldsymbol{O} & \boldsymbol{O}\end{pmatrix}$,$\boldsymbol{E}_r$ 为 $r\times r$ 单位矩阵

$$\boldsymbol{PAP}^{-1}=\begin{pmatrix}\boldsymbol{E}_r & \boldsymbol{O}\\ \boldsymbol{O} & \boldsymbol{O}\end{pmatrix}\boldsymbol{Q}^{-1}\boldsymbol{P}^{-1}.$$

令
$$\boldsymbol{Q}^{-1}\boldsymbol{P}^{-1}=\begin{pmatrix}\boldsymbol{X}_1 & \boldsymbol{X}_2\\ \boldsymbol{X}_3 & \boldsymbol{X}_4\end{pmatrix},$$

其中 $\boldsymbol{X}_1$ 为 $r\times r$ 矩阵,$\boldsymbol{X}_2$ 为 $r\times(n-r)$矩阵,$\boldsymbol{X}_3$ 为$(n-r)\times r$ 矩阵,$\boldsymbol{X}_4$ 为$(n-r)\times(n-r)$矩阵.

$$\boldsymbol{PAP}^{-1}=\begin{pmatrix}\boldsymbol{E}_r & \boldsymbol{O}\\ \boldsymbol{O} & \boldsymbol{O}\end{pmatrix}\begin{pmatrix}\boldsymbol{X}_1 & \boldsymbol{X}_2\\ \boldsymbol{X}_3 & \boldsymbol{X}_4\end{pmatrix}=\begin{pmatrix}\boldsymbol{X}_1 & \boldsymbol{X}_2\\ \boldsymbol{O} & \boldsymbol{O}\end{pmatrix}.$$

因此,$\boldsymbol{PAP}^{-1}$的后 $n-r$ 行全为零.

8. 知识点窍 初等变换与初等矩阵之间的关系.

解题过程 (1)对$\begin{pmatrix}a & 0\\ 0 & a^{-1}\end{pmatrix}$作行(或列)的倍加变换(相当于左(或右)乘形如$\begin{pmatrix}1 & x\\ 0 & 1\end{pmatrix}$,$\begin{pmatrix}1 & 0\\ x & 1\end{pmatrix}$的矩阵),化为$\begin{pmatrix}1 & x\\ 0 & 1\end{pmatrix}$或$\begin{pmatrix}1 & 0\\ x & 1\end{pmatrix}$的矩阵.

$$\begin{pmatrix}a & 0\\ 0 & a^{-1}\end{pmatrix}\xrightarrow{c_2+\frac{1}{a}c_1}\begin{pmatrix}a & 1\\ 0 & a^{-1}\end{pmatrix}\xrightarrow{r_2+(1-a^{-1})r_1}\begin{pmatrix}a & 1\\ a-1 & 1\end{pmatrix}\xrightarrow{c_1+(1-a)c_2}\begin{pmatrix}1 & 1\\ 0 & 1\end{pmatrix},$$

从而
$$\begin{pmatrix}1 & 0\\ 1-a^{-1} & 1\end{pmatrix}\begin{pmatrix}a & 0\\ 0 & a^{-1}\end{pmatrix}\begin{pmatrix}1 & a^{-1}\\ 0 & 1\end{pmatrix}\begin{pmatrix}1 & 0\\ 1-a & 1\end{pmatrix}=\begin{pmatrix}1 & 1\\ 0 & 1\end{pmatrix},$$

注意到
$$\begin{pmatrix}1 & 0\\ x & 1\end{pmatrix}^{-1}=\begin{pmatrix}1 & 0\\ -x & 1\end{pmatrix},\begin{pmatrix}1 & x\\ 0 & 1\end{pmatrix}^{-1}=\begin{pmatrix}1 & -x\\ 0 & 1\end{pmatrix},$$

故
$$\begin{aligned}\begin{pmatrix}a & 0\\ 0 & a^{-1}\end{pmatrix}&=\begin{pmatrix}1 & 0\\ 1-a^{-1} & 1\end{pmatrix}^{-1}\begin{pmatrix}1 & 1\\ 0 & 1\end{pmatrix}\begin{pmatrix}1 & 0\\ 1-a & 1\end{pmatrix}^{-1}\begin{pmatrix}1 & a^{-1}\\ 0 & 1\end{pmatrix}^{-1}\\&=\begin{pmatrix}1 & 0\\ a^{-1}-1 & 1\end{pmatrix}\begin{pmatrix}1 & 1\\ 0 & 1\end{pmatrix}\begin{pmatrix}1 & 0\\ a-1 & 1\end{pmatrix}\begin{pmatrix}1 & -a^{-1}\\ 0 & 1\end{pmatrix}.\end{aligned}$$

(2)
$$\begin{pmatrix}a & b\\ c & d\end{pmatrix}\xrightarrow{r_2-\frac{c}{a}r_1}\begin{bmatrix}a & b\\ 0 & \dfrac{ad-cd}{a}\end{bmatrix}=\begin{pmatrix}a & b\\ 0 & a^{-1}\end{pmatrix}\xrightarrow{c_2-\frac{b}{a}c_1}\begin{pmatrix}a & 0\\ 0 & a^{-1}\end{pmatrix},$$

从而
$$\begin{bmatrix}1 & 0\\ -\dfrac{c}{a} & 1\end{bmatrix}\begin{pmatrix}a & b\\ c & d\end{pmatrix}\begin{bmatrix}1 & -\dfrac{b}{a}\\ 0 & 1\end{bmatrix}=\begin{pmatrix}a & 0\\ 0 & a^{-1}\end{pmatrix},$$

故
$$\begin{pmatrix}a & b\\ c & d\end{pmatrix}=\begin{bmatrix}1 & 0\\ -\dfrac{c}{a} & 1\end{bmatrix}^{-1}\begin{pmatrix}a & 0\\ 0 & a^{-1}\end{pmatrix}\begin{bmatrix}1 & -\dfrac{b}{a}\\ 0 & 1\end{bmatrix}^{-1}$$

$$=\begin{pmatrix}1&0\\ \frac{c}{a}&1\end{pmatrix}\begin{pmatrix}a&0\\0&a^{-1}\end{pmatrix}\begin{pmatrix}1&\frac{b}{a}\\0&1\end{pmatrix}.$$

再利用(1)，有

$$\begin{pmatrix}a&b\\c&d\end{pmatrix}=\begin{pmatrix}1&0\\ \frac{c}{a}&1\end{pmatrix}\begin{pmatrix}1&0\\a^{-1}-1&1\end{pmatrix}\begin{pmatrix}1&1\\0&1\end{pmatrix}\begin{pmatrix}1&0\\a-1&1\end{pmatrix}\begin{pmatrix}1&-a^{-1}\\0&1\end{pmatrix}\begin{pmatrix}1&\frac{b}{a}\\0&1\end{pmatrix}.$$

9. **知识点窍** 同题 8.

逻辑推理 用 $\boldsymbol{P}(i,j(k))$ 所代表的类型的初等行变换把 $\boldsymbol{A}$ 化成形状：

$$\begin{pmatrix}1&0&\cdots&0\\0&&&\\ \vdots&&\boldsymbol{B}_1&\\0&&&\end{pmatrix}$$

再用数学归纳法.

解题过程 对 $\boldsymbol{A}$ 的级数作数学归纳法来证明可逐步用 $\boldsymbol{P}(i,j(k))$ 类型的矩阵左或右乘 $\boldsymbol{A}$ 使其变成位单位矩阵 $\boldsymbol{E}$.

$n=1$ 时，显然已是所要的形式.

假设 $n-1$ 时结论已成立，下证 n 时结论也成立.

由 $|\boldsymbol{A}|=1$ 它的第 1 列必有某 $a_{i1}\neq 0$. 若 $i\geqslant 2$，选 l，使 $a_{11}+la_{i1}=1$. 用 $\boldsymbol{P}(1,i(l))$ 右乘 $\boldsymbol{A}$. 则所得矩阵的 1 行 1 列元素为 $a_{11}+la_{i1}=1$. 若 $a_{21}=\cdots=a_{n1}=0$，$a_{11}\neq 0$，则可用 $\boldsymbol{P}(2,1(a_{11}^{-1}))$ 右乘 $\boldsymbol{A}$，则得到的矩阵的 1 行 1 列处仍是 a_{11}，但 2 行 1 列处的元是 1，再用 $\boldsymbol{P}(1,2(1-a_{11}))$ 右乘它，则所得矩阵的 1 行 1 列处的元是 1. 对于以上两种情形，不妨仍记所得的最后矩阵为 $\boldsymbol{A}$，这时 $a_{11}=1$；

$$\boldsymbol{A}=\begin{pmatrix}1&a_{12}&\cdots&a_{1n}\\a_{21}&a_{22}&\cdots&a_{2n}\\ \vdots&\vdots&&\vdots\\a_{n1}&a_{n2}&\cdots&a_{nn}\end{pmatrix}$$

易知它可用一系列 $\boldsymbol{P}(i,1(k))$ 型的矩阵右乘或左乘它，将它变成

$$\boldsymbol{B}=\begin{pmatrix}1&0&\cdots&0\\0&&&\\ \vdots&&\boldsymbol{B}_1&\\0&&&\end{pmatrix}$$

由于前面各变换皆保持行列式不变，故

$$1=|\boldsymbol{A}|=|\boldsymbol{B}|=|\boldsymbol{B}_1|.$$

$\boldsymbol{B}_1$ 是 $(n-1)\times(n-1)$ 矩阵，又有 $|\boldsymbol{B}_1|=1$，由归纳假设，能在 $\boldsymbol{B}_1$ 上用一系列 $\boldsymbol{P}(i,j(k))$ 型矩阵左乘或右乘它，将 $\boldsymbol{B}_1$ 变成 $\boldsymbol{E}_{n-1}$，其结果也是在 $\boldsymbol{B}$ 上用一系列 $\boldsymbol{P}(i,j(k))$ 型矩阵左乘或右乘它，将 $\boldsymbol{B}_1$ 变成 $\boldsymbol{E}_{n-1}$，其结果也是在 $\boldsymbol{B}$ 上用一系列 $\boldsymbol{P}(i,j(k))$ 型矩阵左乘或

右乘它,并将 $\boldsymbol{B}$ 变成 $\boldsymbol{E}_n$,这就完成了归纳法.

10. 解题过程 设秩 $\boldsymbol{A}=r_1$,秩 $\boldsymbol{B}=r_2$,秩$(\boldsymbol{AB})=r$,则存在可逆矩阵 $\boldsymbol{P},\boldsymbol{Q}$,使

$\boldsymbol{PAQ}=\begin{pmatrix}\boldsymbol{E}_{r_1} & \boldsymbol{O}\\ \boldsymbol{O} & \boldsymbol{O}\end{pmatrix}$,记 $\boldsymbol{Q}^{-1}\boldsymbol{B}=\begin{pmatrix}\boldsymbol{B}_{r_1\times m}\\ \boldsymbol{B}_{(n-r_1\times m)}\end{pmatrix}$,有 $r=$秩$(\boldsymbol{AB})=$秩$(\boldsymbol{PAQQ}^{-1}\boldsymbol{B})$,而

$$\boldsymbol{PAQQ}^{-1}\boldsymbol{B}=\begin{pmatrix}\boldsymbol{E}_{r_1} & \boldsymbol{O}\\ \boldsymbol{O} & \boldsymbol{O}\end{pmatrix}\begin{pmatrix}\boldsymbol{B}_{r_1\times m}\\ \boldsymbol{B}_{(n-r_1)\times m}\end{pmatrix}=\begin{pmatrix}\boldsymbol{B}_{r_1\times m}\\ \boldsymbol{O}\end{pmatrix}.$$

于是,秩$(\boldsymbol{B}_{r_1\times m})=$秩$(\boldsymbol{AB})=r$,但秩$(\boldsymbol{Q}^{-1}\boldsymbol{B})=r_2$,说明在 $\boldsymbol{B}_{(n-r_1)\times m}$ 中线性无关的行数为 r_2-r,而总行数为 $n-r_1$,故 $r_2-r\leqslant n-r_1$,即 $r\geqslant r_1+r_2-n$.

11. 解题过程 必要性. 由于 $\boldsymbol{A}$ 是列满秩矩阵,所以秩$(\boldsymbol{A})=r$,则 $\boldsymbol{A}$ 的行秩也为 r. 经过有限次初等行变换以后,$\boldsymbol{A}$ 可变为 $\begin{pmatrix}\boldsymbol{A}_1\\ \boldsymbol{O}\end{pmatrix}$,其中 $\boldsymbol{A}_1$ 为满秩矩阵,秩为 r,即

$$\boldsymbol{P}_s\boldsymbol{P}_{s-1}\cdots\boldsymbol{P}_1\boldsymbol{A}=\begin{pmatrix}\boldsymbol{A}_1\\ 0\end{pmatrix},\boldsymbol{P}_i\,(i=1,2,\cdots,s)\text{是初等矩阵.}$$

由于 $\boldsymbol{A}_1$ 是满秩矩阵,因此可经过有限次初等行变换化为单次矩阵,因此

$$\boldsymbol{A}=\boldsymbol{Q}_t\boldsymbol{Q}_{t-1}\cdots\boldsymbol{Q}_1\boldsymbol{P}_s\boldsymbol{P}_{s-1}\cdots\boldsymbol{P}_1\begin{pmatrix}\boldsymbol{E}_r\\ \boldsymbol{O}\end{pmatrix}.$$

令 $\boldsymbol{P}=\boldsymbol{Q}_t\boldsymbol{Q}_{t-1}\cdots\boldsymbol{Q}_1\boldsymbol{P}_s\boldsymbol{P}_{s-1}\cdots\boldsymbol{P}_1$,则 $\boldsymbol{P}$ 是可逆矩阵,

$$\boldsymbol{A}=\boldsymbol{P}\cdot\begin{pmatrix}\boldsymbol{E}_r\\ \boldsymbol{O}\end{pmatrix}.$$

充分性. 秩$(\boldsymbol{A})=$秩$\left(\boldsymbol{P}\cdot\begin{pmatrix}\boldsymbol{E}_r\\ \boldsymbol{O}\end{pmatrix}\right)=$秩$\begin{pmatrix}\boldsymbol{E}_r\\ \boldsymbol{O}\end{pmatrix}=r$,

所以 $\boldsymbol{A}$ 是列满秩矩阵. 同理可证行满秩.

12. 解题过程 因秩$(\boldsymbol{A})=r$,故存在 m 级可逆矩阵 $\boldsymbol{B}$ 和 n 级可逆矩阵 $\boldsymbol{C}$,使

$$\boldsymbol{A}=\boldsymbol{B}\begin{pmatrix}\boldsymbol{E}_r & \boldsymbol{O}\\ \boldsymbol{O} & \boldsymbol{O}\end{pmatrix}\boldsymbol{C}=\boldsymbol{B}\begin{pmatrix}\boldsymbol{E}_r\\ \boldsymbol{O}\end{pmatrix}_{m\times r}(\boldsymbol{E}_r\boldsymbol{O})_{r\times n}\boldsymbol{C}.$$

令 $$\boldsymbol{P}=\boldsymbol{B}\begin{pmatrix}\boldsymbol{E}_r\\ \boldsymbol{O}\end{pmatrix}_{m\times r},\boldsymbol{Q}=(\boldsymbol{E}_r\boldsymbol{O})_{r\times n}\boldsymbol{C},$$

则 $\boldsymbol{A}=\boldsymbol{PQ}$,且 $\boldsymbol{P}$ 是 $m\times r$ 列满秩矩阵,$\boldsymbol{Q}$ 是 $r\times n$ 行满秩矩阵.

本题的关键在于寻找列满秩矩阵和行满秩矩阵,注意利用上题的结论

课后习题全解

1 (1996,3)设 n 阶矩阵 $\boldsymbol{A}$ 非奇异($n\geqslant 2$)，$\boldsymbol{A}^*$ 是 $\boldsymbol{A}$ 的伴随矩阵，则 （ ）

(A)$(\boldsymbol{A}^*)^*=|\boldsymbol{A}|^{n-1}\boldsymbol{A}$　　(B)$(\boldsymbol{A}^*)^*=|\boldsymbol{A}|^{n+1}\boldsymbol{A}$

(C)$(\boldsymbol{A}^*)^*=|\boldsymbol{A}|^{n-2}\boldsymbol{A}$　　(D)$(\boldsymbol{A}^*)^*=|\boldsymbol{A}|^{n+2}\boldsymbol{A}$

分　析　因为 $\boldsymbol{A}$ 可逆，由 $\boldsymbol{A}^*=|\boldsymbol{A}|\boldsymbol{A}^{-1}$ 有

$$(\boldsymbol{A}^*)^*=|\boldsymbol{A}^*|(\boldsymbol{A}^*)^{-1}=|\boldsymbol{A}|^{n-1}\cdot\frac{\boldsymbol{A}}{|\boldsymbol{A}|}=|\boldsymbol{A}|^{n-2}\boldsymbol{A}$$

故应选(C).

2 (1998,2)设 $\boldsymbol{A}$ 是任一 $n(n\geqslant 3)$ 阶方阵，$\boldsymbol{A}^*$ 是其伴随矩阵，又 k 为常数，且 $k\neq 0,\pm 1$，则必有 $(k\boldsymbol{A})^n=$ （ ）

(A)$k\boldsymbol{A}^*$　　(B)$k^{n-1}\boldsymbol{A}^*$　　(C)$k^n\boldsymbol{A}^*$　　(D)$k^{-1}\boldsymbol{A}^*$

分　析　对任何 n 阶矩阵都要成立的关系式，对特殊的 n 阶矩阵自然也要成立，那么当 $\boldsymbol{A}$ 可逆时，由 $\boldsymbol{A}^*=|\boldsymbol{A}|\boldsymbol{A}^{-1}$ 有

$$(k\boldsymbol{A})^*=|k\boldsymbol{A}|(k\boldsymbol{A})^{-1}=k^n|\boldsymbol{A}|\cdot\frac{1}{k}\boldsymbol{A}^{-1}=k^{n-1}\boldsymbol{A}^n.$$

故应选(B).

3 (2004,4)设 $\boldsymbol{A}=\begin{pmatrix}0&-1&0\\1&0&0\\0&0&-1\end{pmatrix}$，$\boldsymbol{B}=\boldsymbol{P}^{-1}\boldsymbol{A}\boldsymbol{P}$，其中 $\boldsymbol{P}$ 为 3 阶可逆矩阵，则 $\boldsymbol{B}^{2004}-2\boldsymbol{A}^2=$______.

分　析　由于
$$\begin{bmatrix}\boldsymbol{A}&\boldsymbol{O}\\\boldsymbol{O}&\boldsymbol{B}\end{bmatrix}^n=\begin{bmatrix}\boldsymbol{A}^n&\boldsymbol{O}\\\boldsymbol{O}&\boldsymbol{B}^n\end{bmatrix}$$

又
$$\begin{bmatrix}a_1&&\\&a_2&\\&&a_3\end{bmatrix}^n=\begin{bmatrix}a_1^n&&\\&a_2^n&\\&&a_3^n\end{bmatrix}$$

易见
$$\begin{bmatrix}0&-1\\1&0\end{bmatrix}^2=\begin{bmatrix}-1&0\\0&-1\end{bmatrix}$$

所以
$$\boldsymbol{A}^2=\begin{bmatrix}0&-1&0\\1&0&0\\0&0&-1\end{bmatrix}=\begin{bmatrix}-1&0&0\\0&-1&0\\0&0&1\end{bmatrix}$$

那么　$\boldsymbol{A}^{2004}=(\boldsymbol{A}^2)^{1002}=\boldsymbol{E}$

又因　$\boldsymbol{B}=\boldsymbol{P}^{-1}\boldsymbol{A}\boldsymbol{P}$ 有 $\boldsymbol{B}^{2004}=\boldsymbol{P}^{-1}\boldsymbol{A}^{2004}\boldsymbol{P}=\boldsymbol{P}^{-1}\boldsymbol{E}\boldsymbol{P}=\boldsymbol{E}.$

故
$$\boldsymbol{B}^{2004}-2\boldsymbol{A}^2=\boldsymbol{E}-2\boldsymbol{A}^2=\begin{bmatrix}3&0&0\\0&3&0\\0&0&-1\end{bmatrix}.$$

第五章

二次型

知识网络结构图

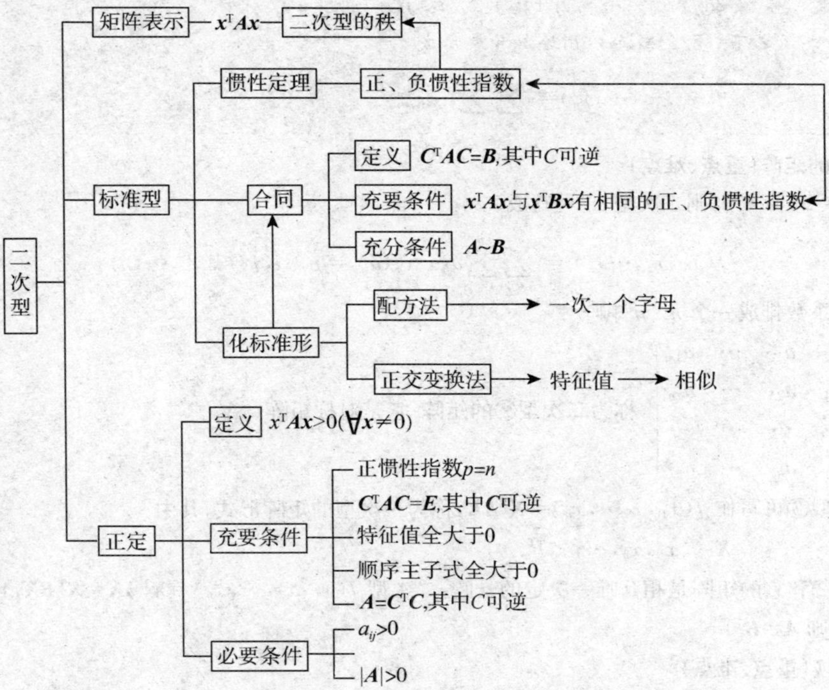

主要知识内容

一、二次型及其矩阵表示

1. 二次型的定义

设 P 是一数域，一个系数在数域 P 中的 $x_1,x_2,\cdots,x_n$ 的二次齐次多项式

$$f(x_1,x_2,\cdots,x_n)=a_{11}x_1^2+2a_{12}x_1x_2+\cdots+2a_{1n}x_1x_n+a_{22}x_2^2+\cdots+2a_{2n}x_2x_n+\cdots+a_{nn}x_n^2 \quad ①$$

称为**数域 P 上的一个 n 元二次型**，简称**二次型**（在不致引起混淆的情况下）.

温馨提示 为了方便引入二次型的矩阵表示，在上式中，$x_ix_j\,(i<j)$ 的系数写成了 $2a_{ij}$ 的形式，而不是简单地写成 a_{ij}，这是由于在二次型中 $x_ix_j=x_jx_i$，当 $i<j$ 时，令 $a_{ji}=a_{ij}$ 则

$$2a_{ij}x_ix_j=a_{ij}x_ix_j+a_{ji}x_jx_i,i\leqslant j. \quad (5.2)$$

在这种表示之下，(5.1)或可以用连加号表示成

$$f(x_1,x_2,\cdots,x_n)=\sum_{i=1}^{n}\sum_{j=1}^{n}a_{ij}x_ix_j. \quad (5.3)$$

2. 二次型的矩阵（重点、难点）

令 $a_{ij}=a_{ji},i<j$，则二次型 ① 可写成

$$f(x_1,x_2,\cdots x_n)=\sum_{i=1}^{n}\sum_{j=1}^{n}a_{ij}x_ix_j(a_{ij}=a_{ji};i,j=1,2,\cdots,n) \quad ②$$

把②的系数排成一个 $n\times n$ 矩阵

$$\boldsymbol{A}=\begin{pmatrix} a_{11} & a_{12} & \cdots & a_{1n}\\ a_{21} & a_{22} & \cdots & a_{2n}\\ \cdots & \cdots & \cdots & \cdots\\ a_{n1} & a_{n2} & \cdots & a_{nn}\end{pmatrix}$$，称为**二次型②的矩阵**. 它是对称矩阵，

则二次型②可写作 $f(x_1,x_2\cdots,x_n)=\boldsymbol{X}^{\mathrm{T}}\boldsymbol{A}\boldsymbol{X}$，称为二次型的矩阵形式，其中

$$\boldsymbol{X}=(x_1,x_2,\cdots,x_n)^{\mathrm{T}}.$$

二次型②和它的矩阵是相互唯一决定的，即若二次型 $f(x_1,x_2,\cdots,x_n)=\boldsymbol{X}^{\mathrm{T}}\boldsymbol{A}\boldsymbol{X}=\boldsymbol{X}^{\mathrm{T}}\boldsymbol{B}\boldsymbol{X}$，且 $\boldsymbol{A}^{\mathrm{T}}=\boldsymbol{A}$，$\boldsymbol{B}^{\mathrm{T}}=\boldsymbol{B}$，则 $\boldsymbol{A}=\boldsymbol{B}$.

3. 线性替换（重点、难点）

设 $x_1,x_2,\cdots,x_n;y_1,y_2,\cdots,y_n$ 是两组文字，系数在数域 P 中的一组关系式

$$\begin{cases} x_1=c_{11}y_1+c_{12}y_2+\cdots+c_{1n}y_n,\\ \qquad\vdots\\ x_n=c_{n1}y_1+c_{n2}y_2+\cdots+c_{nn}y_n\end{cases} \quad ③$$

称为由 $x_1, x_2, \cdots, x_n$ 到 $y_1, y_2, \cdots, y_n$ 的一个**线性替换**. 如果系数行列式

$$|c_{ij}|_{nn} \neq 0,$$

那么这线性替换就称为**非退化的**. 可将线性替换式③写成

$$\begin{pmatrix} x_1 \\ \vdots \\ x_n \end{pmatrix} = \begin{pmatrix} c_{11} & \cdots & c_{1n} \\ \vdots & & \vdots \\ c_{n1} & \cdots & c_{nn} \end{pmatrix} \begin{pmatrix} y_1 \\ \vdots \\ y_n \end{pmatrix}$$

温馨提示　非退化线性替换即系数矩阵为非退化的线性替换.

$$\boldsymbol{X} = \boldsymbol{CY}, \boldsymbol{C} = (c_{ij})_{nn}.$$

线性替换将二次型变成二次型.

4. 合同矩阵(重点、难点)

(1)定义数域 P 上 $n \times n$ 矩阵称为**合同的**,如果有数域 P 上可逆的 $n \times n$ 矩阵 $\boldsymbol{C}$,使 $\boldsymbol{B} = \boldsymbol{C}'\boldsymbol{A}\boldsymbol{C}$.

(2)合同矩阵的性质

①反身性:$\boldsymbol{A}$ 与 $\boldsymbol{A}$ 合同;

②对称性:若 $\boldsymbol{A}$ 与 $\boldsymbol{B}$ 合同,则 $\boldsymbol{B}$ 与 $\boldsymbol{A}$ 合同;

③传递性:若 $\boldsymbol{A}$ 与 $\boldsymbol{B}$ 合同,$\boldsymbol{B}$ 与 $\boldsymbol{C}$ 合同,则 $\boldsymbol{A}$ 与 $\boldsymbol{C}$ 合同;

④若 $\boldsymbol{A}$ 与 $\boldsymbol{B}$ 合同,则 $\boldsymbol{A}$ 的秩与 $\boldsymbol{B}$ 的秩相等.

(3)经过非退化线性替换,新二次型的矩阵与原二次型矩阵合同.

二、标准形

1. 二次型的标准形(重点)

数域 P 上任意一个二次型都可以经过非退化的线性替换变成平方和①的形式(即标准形):

$$f(x_1, x_2, \cdots, x_n) = d_1 x_1^2 + d_2 x_2^2 + \cdots + d_n x_n^2 \qquad ①$$

二次型①的矩阵是对角矩阵 $\mathrm{diag}(d_1, d_2, \cdots, d_n)$.

在数域 P 上,任意一个对称矩阵都合同于一对角矩阵. 也就是说,对于任意一个对称矩阵 $\boldsymbol{A}$ 都可以找到一个可逆矩阵 $\boldsymbol{C}$,使 $\boldsymbol{C}'\boldsymbol{A}\boldsymbol{C}$ 成对角矩阵.

2. 化二次型为标准形的方法(重点、难点)

①配方法:用配方法化二次型为标准形的关键是消去交叉项,分如下两种情形处理:

温馨提示　这种方法简单易行,但是要记录所作的线性替换.

情形 1　如果二次型 $f(x_1, x_2, \cdots, x_n)$ 含平方项,例如 x_1 的平方项,而 $a_{11} \neq 0$,则集中二次型中含 x_1 的所有交叉项,然后与 x_1^2 配方,并作非退化线性替换

$$\begin{cases} y_1 = c_{11} x_1 + c_{12} x_2 + \cdots + c_{1n} x_n \\ y_2 = x_2 \\ \cdots\cdots \\ y_n = x_n \end{cases} \qquad (c_{ij} \in P)$$

得 $f=d_1y_1^2+g(y_2,\cdots,y_n)$,其中 $g(y_2,\cdots,y_n)$ 是 $y_2,\cdots,y_n$ 的二次型.对 $g(y_2,\cdots,y_n)$ 重复上述方法直到化二次型 f 为标准形为止.

情形 2　如果二次型 $f(x_1,x_2,\cdots,x_n)$ 不含平方项,即 $a_{ii}=0(i=1,2,\cdots,n)$,但含某一个 $a_{ij}\neq 0$ $(i\neq j)$,则可先作非退化线性替换 $\begin{cases}x_i=y_i+y_j\\x_j=y_i-y_j\\x_k=y_k\end{cases}$ $(k=1,2,\cdots,n;k\neq i,j)$

把 f 化为一个含平方项 y_i^2 的二次型,再用情形 1 的方法化为标准形.

温馨提示　利用初等矩阵与初等变换的对应就可以证明这个方法的可行性.

②初等变换法:这种方法是先写出二次型的矩阵 $\boldsymbol{A}$,然后在 $\boldsymbol{A}$ 的下方拼写一个同级的单位矩阵 $\boldsymbol{E}$,即写出 $\begin{pmatrix}\boldsymbol{A}\\\boldsymbol{E}\end{pmatrix}$;再对 $\boldsymbol{A}$ 作先列后行的"同步"初等变换,将 $\boldsymbol{A}$ 化为对角阵.这时 $\boldsymbol{A}$ 下面的 $\boldsymbol{E}$ 记录了 $\boldsymbol{A}$ 的列初等变换的情况,设 $\boldsymbol{E}$ 变为 $\boldsymbol{C}$,则 $\boldsymbol{C}$ 即为可逆初等变换的系数矩阵,而 $\boldsymbol{A}$ 变成的对角矩阵即为新二次型(即标准形)的矩阵.

三、唯一性

1. 经过非退化线性替换之后,二次型矩阵的秩不变,即合同矩阵等秩.二次型矩阵的秩称为二次型的秩.在一个二次型的标准形中,系数不为 0 的平方项的个数是由二次型的秩唯一确定的,与所作的线性替换无关.

温馨提示　复系数二次型的规范形完全被二次型的秩决定.

2. 复系数二次型的规范形(难点)

任意一个复系数的二次型,经过一适当的非退化线性替换可化成规范形 $z_1^2+z_2^2+\cdots+z_r^2$,且规范形是唯一的.

任一复数对称矩阵 $\boldsymbol{A}$ 都合同于一个下述形式的对角矩阵 $\mathrm{diag}(1,\cdots1,0,\cdots,0)$,其中对角线上 1 的个数 r 等于 $\boldsymbol{A}$ 的秩.

3. 正(负)惯性指数

在实系数二次型 $f(x_1,x_2,\cdots,x_n)$ 的规范形中,正平方项的个数 p 称为 $f(x_1,x_2,\cdots,x_n)$ 的**正惯性指数**;负平方项的个数 $r-p$ 称为 $f(x_1,x_2,\cdots,x_n)$ 的**负惯性指数**;它们的差 $p-(r-p)=2p-r$ 称为 $f(x_1,x_2,\cdots,x_n)$ 的**符号差**.

温馨提示　也将上面的分块矩阵称为对称矩阵 $\boldsymbol{A}$ 的合同标准形.

4. 实系数二次型的规范形(重点、难点)

任意一个实数域上的二次型,经过一适当的非退化的线性替换可以化成规范形 $z_1^2+\cdots+z_p^2-z_{p+1}^2-\cdots-z_{p+q}^2$,且规范形是唯一的.这个定理通常称为**惯性定理**.

任一实数对称矩阵都合同于一个对角矩阵 $d\ \mathrm{diag}(1,\cdots,1,-1,\cdots,-1,0,\cdots,0)$，其中对角线上 1 的个数 p，-1 的个数 $r-p(R(\boldsymbol{A})=r)$，0 的个数 $n-r$ 都是唯一确定的，p 与 $r-p$ 分别称 $\boldsymbol{A}$ 的正、负惯性指数，它们的差 $2p-r$ 称为 $\boldsymbol{A}$ 的符号差.

温馨提示 实系数二次型的规范形完全被二次型的秩 r 和正惯性指数 p 所决定，惯性定理也说明，虽然二次型的标准形不是唯一的，但是标准型中正平方项的个数(等于正惯性指数)，负平方项的个数(等于负惯性指数)总是不变的.

四、正定二次型(重点、难点)

1. 正定二次型的定义及相关概念

(1)实二次型 $f(x_1,x_2,\cdots,x_n)$ 称为**正定的**，如果对于任意一组不全为零的实数 $c_1,c_2,\cdots,c_n$ 都有 $f(c_1,c_2,\cdots,c_n)>0$.

由此可知：

①实系数二次型 $f=d_1x_1^2+d_2x_2^2+\cdots+d_nx_n^2$ 是正定的充要条件是 $d_i>0(i=1,2,\cdots,n)$.

②非退化实线性替换保持二次型的正定性不变.

(2)实对称矩阵 $\boldsymbol{A}$ 称为正定的，如果二次型 $f(x_1,x_2,\cdots,x_n)=\boldsymbol{X}'\boldsymbol{A}\boldsymbol{X}$ 正定.

由此可知：

对称矩阵是正定的充要条件是它与单位矩阵合同.

正定矩阵的行列式大于 0.

(3)子式：$\boldsymbol{H}_i=\begin{vmatrix} a_{11} & a_{12} & \cdots & a_{1i} \\ a_{21} & a_{22} & \cdots & a_{2i} \\ \vdots & \vdots & & \vdots \\ a_{i1} & a_{i2} & \cdots & a_{ii} \end{vmatrix}(i=1,2,\cdots,n)$

称为矩阵 $\boldsymbol{A}=(a_{ij})_{n\times n}$ 的**顺序主子式**.

(4)设 $f(x_1,x_2,\cdots,x_n)$ 是一实系数二次型，对于任意一组不全为零的实数 $c_1,c_2,\cdots,c_n$，如果都有 $f(c_1,c_2,\cdots,c_n)<0$，那么 $f(x_1,x_2,\cdots,x_n)$ 称为**负定的**；如果都有 $f(c_1,c_2,\cdots,c_n)\geqslant0$，那么 $f(x_1,x_2,\cdots,x_n)$ 称为**半正定的**；如果都有 $f(c_1,c_2,\cdots,c_n)\leqslant0$，那么 $f(x_1,x_2,\cdots,x_n)$ 称为**半负定的**；如果它既不是半正定又不是半负定，那么 $f(x_1,x_2,\cdots,x_n)$ 就称为**不定的**.

由此可知：若 $f(x_1,x_2,\cdots,x_n)$ 正定，则 $-f(x_1,x_2,\cdots,x_n)$ 为负定的.

2. 正定二次型的判定及相关定理

①n 元实系数二次型 $f(x_1,x_2,\cdots,x_n)$ 是正定的充分必要条件是它的正惯性指数等于 n.

由此可知：正定二次型 $f(x_1,x_2,\cdots,x_n)$ 的规范形为 $y_1^2+y_2^2+\cdots+y_n^2$.

② 实系数二次型 $f(x_1,x_2,\cdots,x_n)=\sum\limits_{i=1}^{n}\sum\limits_{j=1}^{n}a_{ij}x_ix_j=\boldsymbol{X}'\boldsymbol{A}\boldsymbol{X}$ 是正定的充要条件为 $\boldsymbol{A}$ 的顺序主子式全大于 0.

③对于实系数二次型 $f(x_1,x_2,\cdots,x_n)=\boldsymbol{X}'\boldsymbol{A}\boldsymbol{X}$（$\boldsymbol{A}$ 为实对称矩阵），下列条件等价：

1）$f(x_1,x_2,\cdots,x_n)$ 是半正定的；

2）它的正惯性指数与秩相等；

3）有可逆实矩阵 $\boldsymbol{C}$，使 $\boldsymbol{C}'\boldsymbol{A}\boldsymbol{C}=\mathrm{diag}(d_1,d_2,\cdots,d_n)$，$d_i\geqslant 0,(i=1,2,\cdots,n)$；

4）有实矩阵 $\boldsymbol{C}$，使 $\boldsymbol{A}=\boldsymbol{C}'\boldsymbol{C}$；

5）$\boldsymbol{A}$ 的所有主子式（行指标与列指标相同的子式）皆大于或等于 0.

经典例题解析

题型一：二次型矩阵

题型解析　二次型与它的矩阵相互唯一确定，即若 $\boldsymbol{X}'\boldsymbol{A}\boldsymbol{X}=\boldsymbol{X}'\boldsymbol{B}\boldsymbol{X}$ 且 $\boldsymbol{A}'=\boldsymbol{A},\boldsymbol{B}'=\boldsymbol{B}$，则 $\boldsymbol{A}=\boldsymbol{B}$. 这表明在选定文字 $x_1,x_2,\cdots x_n$ 下，二次型 $f(x_1,x_2,\cdots,x_n)=\boldsymbol{X}'\boldsymbol{A}\boldsymbol{X}$ 完全由对称矩阵 $\boldsymbol{A}$ 决定. 因此讨论二次型矩阵是一个有力的工具.

例 1　用矩阵记号表示下列二次型：

（1）$f=x^2+4xy+4y^2+2xz+z^2+4_{yz}$；

（2）$f=x^2+y^2-7z^2-2xy-4xz-4yz$；

（3）$f=x_1^2+x_2^2+x_3^2+x_4^2-2x_1x_2+4x_1x_3-2x_1x_4+6x_2x_3-4x_2x_4$.

解题过程　（1）$f=(x,y,z)\begin{pmatrix}1&2&1\\2&4&2\\1&2&1\end{pmatrix}\begin{pmatrix}x\\y\\z\end{pmatrix}$.

（2）$f=(x,y,z)\begin{pmatrix}1&-1&-2\\-1&1&-2\\-2&-2&-7\end{pmatrix}\begin{pmatrix}x\\y\\z\end{pmatrix}$，

二次型矩阵总是对称的

（3）$f=(x_1,x_2,x_3,x_4)\begin{pmatrix}1&-1&2&-1\\-1&1&3&-2\\2&3&1&0\\-1&-2&0&1\end{pmatrix}\begin{pmatrix}x_1\\x_2\\x_3\\x_4\end{pmatrix}$

题型二　化二次型为标准型

题型分析　数域 P 上任意一个二次型都可以经过非退化的线性替换化为标准形. 化为标准形的方法通常有配方法、矩阵的合同变换法以及正交变换法.

合同变换法的步骤为

（1）写出二次型的矩阵 $\boldsymbol{A}$

(2)在矩阵 $\boldsymbol{A}$ 的下面写出单位矩阵 $\boldsymbol{E}$，构成 $2n\times n$ 阶矩阵 $\begin{pmatrix}\boldsymbol{A}\\ \boldsymbol{E}\end{pmatrix}$

(3)对矩阵 $\begin{pmatrix}\boldsymbol{A}\\ \boldsymbol{E}\end{pmatrix}$ 施行对称初等变换，即每一步先对列进行初等变换，然后对行施行同样的初等变换(注：对 E 只能施行相应的列变换)

(4)当 $\boldsymbol{A}$ 变成对角矩阵 Λ 时，$\boldsymbol{E}$ 就变成可逆矩阵 $\boldsymbol{C}$，即 $\begin{pmatrix}\boldsymbol{A}\\ \boldsymbol{E}\end{pmatrix}\to\begin{pmatrix}\Lambda\\ \boldsymbol{C}\end{pmatrix}$

正交变换法的步骤为

(1)由 $|\lambda\boldsymbol{E}-\boldsymbol{A}|=0$，求 $\boldsymbol{A}$ 的 n 个特征值 $\lambda_1,\lambda_2,\cdots,\lambda_n$；

(2)对 λ_i，求 $\boldsymbol{A}$ 的关于 λ_i 的线性无关的特征向量($i=1,2,\cdots,n$)；

(3)对 $k(k>1)$ 重特征值 λ_1，用施密特正交化方法，将其 k 个线性无关的特征向量正交化；

(4)将所求的 $\boldsymbol{A}$ 和 n 个正交的特征向量单位化；

(5)以 $\boldsymbol{A}$ 的正交单位化后的特征向量为列向量构成正交矩阵 $\boldsymbol{C}$，并写出相应的正交变换 $\boldsymbol{X}=\boldsymbol{CY}$ 和二次型的标准型.

例 2 用配方法化二次型 $x_1x_2+2x_2x_3$ 为标准形，并写出所用满秩线性变换.

分　析 二次型中不含平方项，故应先作一次坐标变换构造出平方项，再按前例实数配方.

解题过程 令 $\begin{cases}x_1=y_1+y_2,\\ x_2=y_1-y_2,\\ x_3=y_3,\end{cases}$ 则

$$\begin{aligned}f&=(y_1+y_2)(y_1-y_2)+2(y_1-y_2)y_3\\&=y_1^2-y_2^2+2y_1y_3-2y_2y_3=(y_1+y_3)^2-(y_2+y_3)^2.\end{aligned}$$

再令 $\begin{cases}z_1=y_1+y_3\\ z_2=y_2+y_3,\\ z_3=y_3,\end{cases}$ 即 $\begin{cases}y_1=z_1-z_3\\ y_2=z_2-z_3\\ y_3=z_3\end{cases}$，则二次型的标准形是 $f=z_1^2-z_2^2$，而所用坐标变换为

$$\begin{bmatrix}x_1\\x_2\\x_3\end{bmatrix}=\begin{bmatrix}1&1&0\\1&-1&0\\0&0&1\end{bmatrix}\begin{bmatrix}y_1\\y_2\\y_3\end{bmatrix}=\begin{bmatrix}1&1&0\\1&-1&0\\0&0&1\end{bmatrix}\begin{bmatrix}1&0&-1\\0&1&-1\\0&0&1\end{bmatrix}\begin{bmatrix}z_1\\z_2\\z_3\end{bmatrix}=\begin{bmatrix}1&1&-2\\1&-1&0\\0&0&1\end{bmatrix}\begin{bmatrix}z_1\\z_2\\z_3\end{bmatrix}$$

例 3 用初等变换法化二次型 $f(x_1,x_2,x_3)=2x_1x_2+2x_1x_3+2x_2x_3$ 为标准形，并求出相应的非退化线性变换

解题过程 二次型 $2x_1x_2+2x_1x_3+2x_2x_3$ 的矩阵 $\boldsymbol{A}=\begin{pmatrix}0&1&1\\1&0&1\\1&1&0\end{pmatrix}$

$$\begin{pmatrix}A\\E\end{pmatrix}=\begin{bmatrix}0&1&1\\1&0&1\\1&1&0\\1&0&0\\0&1&0\\0&0&1\end{bmatrix}\xrightarrow{c_1+c_2}\begin{bmatrix}1&1&1\\1&0&1\\2&1&0\\1&0&0\\1&1&0\\0&0&1\end{bmatrix}\xrightarrow{r_1+r_2}\begin{bmatrix}2&1&2\\1&0&1\\2&1&0\\1&0&0\\1&1&0\\0&0&1\end{bmatrix}$$

$$\xrightarrow[c_3-c_1]{c_2-\frac{1}{2}c_1}\begin{bmatrix}2&0&0\\1&-\frac{1}{2}&0\\2&0&-2\\1&-\frac{1}{2}&-1\\1&\frac{1}{2}&-1\\0&0&1\end{bmatrix}\xrightarrow[r_3-r_1]{r_2-\frac{1}{2}r_1}\begin{bmatrix}2&0&0\\0&-\frac{1}{2}&0\\0&0&-2\\1&-\frac{1}{2}&-1\\1&\frac{1}{2}&-1\\0&0&1\end{bmatrix}$$

$$C=\begin{bmatrix}1&-\frac{1}{2}&-1\\1&\frac{1}{2}&-1\\0&0&1\end{bmatrix}$$

令

$$\begin{bmatrix}x_1\\x_2\\x_3\end{bmatrix}=\begin{bmatrix}1&-\frac{1}{2}&-1\\1&\frac{1}{2}&-1\\0&0&1\end{bmatrix}\begin{bmatrix}y_1\\y_2\\y_3\end{bmatrix}$$

原二次型 $2x_1x_2+2x_1x_3+2x_2x_3$ 化为 $2y_1^2-\frac{1}{2}y_2^2-2y_3^2$

例 4 求一正交变换将下列二次型化成标准形；

(1) $f=2x_1^2+3x_2^2+3x_3^2+4x_2x_3$；

(2) $f=x_1^2+x_2^2+x_3^2+x_4^2+2x_1x_2-2x_1x_4-2x_2x_3+2x_3x_4$.

解题过程 (1)二次型的矩阵为 $A=\begin{bmatrix}2&0&0\\0&3&2\\0&2&3\end{bmatrix}$

$$|A-\lambda E|=\begin{vmatrix}2-\lambda&0&0\\0&3-\lambda&2\\0&2&3-\lambda\end{vmatrix}=(2-\lambda)(5-\lambda)(1-\lambda)$$

故 A 的特征值为 $\lambda_1=2,\lambda_2=5,\lambda_3=1$.

当 $\lambda_1=2$ 时，解方程 $(A-2E)X=0$，由

$$A-2E=\begin{pmatrix}0&0&0\\0&1&2\\0&2&1\end{pmatrix}\sim\begin{pmatrix}0&1&2\\0&0&1\\0&0&0\end{pmatrix}$$ 得基础解系 $\xi_1=\begin{pmatrix}1\\0\\0\end{pmatrix}$ 取 $P_1=\begin{pmatrix}1\\0\\0\end{pmatrix}$

当 $\lambda_2=5$ 时，解方程 $(A-5E)X=0$，由

$$A-5E=\begin{pmatrix}-3&0&0\\0&-2&2\\0&2&-2\end{pmatrix}\sim\begin{pmatrix}1&0&0\\0&1&-1\\0&0&0\end{pmatrix}$$ 得基础解系 $\xi_2=\begin{pmatrix}0\\1\\1\end{pmatrix}$ 取 $P_2=\begin{pmatrix}0\\1/\sqrt{2}\\1/\sqrt{2}\end{pmatrix}$.

当 $\lambda_3=1$ 时，解方程 $(A-E)X=0$，由

$$A-E=\begin{pmatrix}1&0&0\\0&2&2\\0&2&2\end{pmatrix}\sim\begin{pmatrix}1&0&0\\0&1&1\\0&0&0\end{pmatrix}$$ 得基础解系 $\xi_3=\begin{pmatrix}0\\-1\\1\end{pmatrix}$ 取 $P_3=\begin{pmatrix}0\\-1/\sqrt{2}\\1/\sqrt{2}\end{pmatrix}$.

于是正交变换为

$$\begin{pmatrix}x_1\\x_2\\x_3\end{pmatrix}=\begin{pmatrix}1&0&0\\0&1/\sqrt{2}&-1/\sqrt{2}\\0&1/\sqrt{2}&1/\sqrt{2}\end{pmatrix}\begin{pmatrix}y_1\\y_2\\y_3\end{pmatrix}$$ 且有 $f=2y_1^2+5y_2^2+y_3^2$.

(2)二次矩阵为 $A=\begin{pmatrix}1&1&0&-1\\1&1&-1&0\\0&-1&1&1\\-1&0&1&1\end{pmatrix}$

$$|A-\lambda E|=\begin{vmatrix}1-\lambda&1&0&-1\\1&1-\lambda&-1&0\\0&-1&1-\lambda&1\\-1&0&1&1-\lambda\end{vmatrix}=(\lambda+1)(\lambda-3)(\lambda-1)^2.$$

故 A 的特征值为 $\lambda_1=-1,\lambda_2=3,\lambda_3=\lambda_4=1$

当 $\lambda_1=-1,\lambda_2=3.\ \lambda_3=\lambda_4=1$ 时，分别可得单位特征向量

$$P_1\begin{pmatrix}\frac{1}{2}\\-\frac{1}{2}\\-\frac{1}{2}\\\frac{1}{2}\end{pmatrix},P_2=\begin{pmatrix}\frac{1}{2}\\\frac{1}{2}\\-\frac{1}{2}\\-\frac{1}{2}\end{pmatrix},P_3\begin{pmatrix}\frac{1}{\sqrt{2}}\\0\\\frac{1}{\sqrt{2}}\\0\end{pmatrix},P_4=\begin{pmatrix}0\\\frac{1}{\sqrt{2}}\\0\\\frac{1}{\sqrt{2}}\end{pmatrix}.$$

于是正交变换为 $\begin{pmatrix} x_1 \\ x_2 \\ x_3 \\ x_4 \end{pmatrix} = \begin{pmatrix} \frac{1}{2} & \frac{1}{2} & \frac{1}{\sqrt{2}} & 0 \\ -\frac{1}{2} & \frac{1}{2} & 0 & \frac{1}{\sqrt{2}} \\ -\frac{1}{2} & -\frac{1}{2} & \frac{1}{\sqrt{2}} & 0 \\ \frac{1}{2} & -\frac{1}{2} & 0 & \frac{1}{\sqrt{2}} \end{pmatrix} \begin{pmatrix} y_1 \\ y_2 \\ y_3 \\ y_4 \end{pmatrix}$

且有 $f = y_1^2 + 3y_2^2 + y_3^2 + y_4^2$.

例 5 求正交变换化二次型 $2x_3^2 - 2x_1x_2 + 2x_1x_3 - 2x_2x_3$ 为标准形，并写出所用正交变换.

解题过程 二次型矩阵是 $\boldsymbol{A} = \begin{bmatrix} 0 & -1 & 1 \\ -1 & 0 & -1 \\ 1 & -1 & 2 \end{bmatrix}$，由特征多项式

$$|\lambda \boldsymbol{E} - \boldsymbol{A}| = \begin{vmatrix} \lambda & 1 & -1 \\ 1 & \lambda & 1 \\ -1 & 1 & \lambda-2 \end{vmatrix} = \begin{vmatrix} \lambda+1 & \lambda+1 & 0 \\ 1 & \lambda & 1 \\ -1 & 1 & \lambda-2 \end{vmatrix} = (\lambda+1)(\lambda^2-3\lambda).$$

得到 $\boldsymbol{A}$ 的特征值是 $3, -1, 0$.

对 $\lambda = 3$，由 $(3\boldsymbol{E} - \boldsymbol{A})\boldsymbol{X} = 0$，即 $\begin{bmatrix} 3 & 1 & -1 \\ 1 & 3 & 1 \\ -1 & 1 & 1 \end{bmatrix} \to \begin{bmatrix} 1 & 3 & 1 \\ & 2 & 1 \\ & & 0 \end{bmatrix}$，解得 $\boldsymbol{\alpha}_1 = (1, -1, 2)^{\mathrm{T}}$.

类似地，对 $\lambda = -1$，$\boldsymbol{\alpha}_2 = (1, 1, 0)^{\mathrm{T}}$；$\lambda = 0$ 时，$\boldsymbol{\alpha}_3 = (-1, 1, 1)^{\mathrm{T}}$，特征值无重根，仅需单位化.

$$\boldsymbol{\gamma}_1 = \frac{\boldsymbol{\alpha}_1}{|\boldsymbol{\alpha}_1|} = \frac{1}{\sqrt{6}} \begin{bmatrix} 1 \\ -1 \\ 2 \end{bmatrix}, \boldsymbol{\gamma}_2 = \frac{\boldsymbol{\alpha}_2}{|\boldsymbol{\alpha}_2|} = \frac{1}{\sqrt{2}} \begin{bmatrix} 1 \\ 1 \\ 0 \end{bmatrix}, \boldsymbol{\gamma}_3 = \frac{\boldsymbol{\alpha}_3}{|\boldsymbol{\alpha}_3|} = \frac{1}{\sqrt{3}} \begin{bmatrix} -1 \\ 1 \\ 1 \end{bmatrix}.$$

构造正交矩阵 $\boldsymbol{C} = \begin{bmatrix} \frac{1}{\sqrt{6}} & \frac{1}{\sqrt{2}} & -\frac{1}{\sqrt{3}} \\ -\frac{1}{\sqrt{6}} & \frac{1}{\sqrt{2}} & \frac{1}{\sqrt{3}} \\ \frac{2}{\sqrt{6}} & 0 & \frac{1}{\sqrt{3}} \end{bmatrix}$，那么令 $\boldsymbol{x} = \boldsymbol{C}\boldsymbol{y}$，二次型 $\boldsymbol{x}^{\mathrm{T}}\boldsymbol{A}\boldsymbol{x} = 3y_1^2 - y_2^2$ 为所求标准形.

题型三：正定二次型和正定矩阵

题型分析 正定二次型是一类特殊的实二次型，涉及的问题主要是正定二次型的判别和证明，以及利用正定二次型的特有性质解决一些问题. 判别一些 $f = \boldsymbol{X}'\boldsymbol{A}\boldsymbol{X}$ 是正定二次型的方法有：

(1) 应用定义；

(2) $f(x_1, \cdots, x_n)$ 的规范形为 $y_1^2 + y_2^2 + \cdots + y_n^2$（充要条件）；

(3)$f(x_1,\cdots,x_n)$的正惯性指数$=n$(充要条件)；

(4)$\boldsymbol{A}$与单位矩阵合同，即有可逆矩阵$\boldsymbol{C}$使$\boldsymbol{C}'\boldsymbol{A}\boldsymbol{C}=\boldsymbol{B}$(充要条件)；

(5)存在可逆矩阵$\boldsymbol{C}$使$\boldsymbol{A}=\boldsymbol{C}'\boldsymbol{C}$(充要条件)；

(6)$\boldsymbol{A}$的顺序主子式全大于0(充要条件)；

(7)$|\boldsymbol{A}|>0$(必要条件).

例 6 判别下列二次型的正定性；

(1)$f=-2x_2^2-6x_2^2-4x_3^2+2x_1x_2+2x_1x_3$；

(2)$f=x_1^2+3x_2^2+9x_3^2+19x_4^2-2x_1x_2+4x_1x_3+2x_1x_4-6x_2x_4-12x_3x_4$

解题过程 (1)$\boldsymbol{A}=\begin{pmatrix}-2&1&1\\1&-6&0\\1&0&-4\end{pmatrix}$，$a_{11}=-2<0$，

$$\begin{vmatrix}-2&1\\1&-6\end{vmatrix}=11>0,\begin{vmatrix}-2&1&1\\1&-6&0\\1&0&-4\end{vmatrix}=-38<0,\text{故 } f \text{ 为负定.}$$

(2)$\boldsymbol{A}=\begin{pmatrix}1&-1&2&1\\-1&3&0&-3\\2&0&9&-6\\1&-3&-6&19\end{pmatrix}$，$a_{11}=1>0$，$\begin{vmatrix}1&-1\\-1&3\end{vmatrix}=4>0$，

$$\begin{vmatrix}1&-1&2\\-1&3&0\\2&0&9\end{vmatrix}=6>0,|\boldsymbol{A}|=24>0,\text{故 } f \text{ 为正定.}$$

例 7 设$\boldsymbol{U}$为可逆矩阵，$\boldsymbol{A}=U^{\mathrm{T}}U$，证明$f=\boldsymbol{x}^{\mathrm{T}}\boldsymbol{A}\boldsymbol{x}$为正定二次型.

解题过程 设$\boldsymbol{U}=\begin{pmatrix}a_{11}&a_{12}&\cdots&a_{1n}\\\cdots&\cdots&\cdots&\cdots\\a_{n1}&a_{n2}&\cdots&a_{n3}\end{pmatrix}=(\boldsymbol{\alpha}_1,\boldsymbol{\alpha}_2,\cdots,\boldsymbol{\alpha}_n)$，$x=\begin{pmatrix}x_1\\x_1\\\vdots\\x_n\end{pmatrix}$，

$$\begin{aligned}f&=\boldsymbol{x}^{\mathrm{T}}\boldsymbol{A}\boldsymbol{x}=\boldsymbol{x}^{\mathrm{T}}\boldsymbol{U}^{\mathrm{T}}\boldsymbol{U}\boldsymbol{x}=(\boldsymbol{U}\boldsymbol{x})^{\mathrm{T}}(\boldsymbol{U}\boldsymbol{x})\\&=a(a_{11}x_1+\cdots+a_{1n}x_n,a_{21}x_1+\cdots+a_{2n}x_n,\cdots,a_{n1}x_1+\cdots+a_{m}x_n)\end{aligned}$$

$$\begin{pmatrix}a_{11}x_1+\cdots+a_{1n}x_n\\a_{21}x_1+\cdots+a_{2n}x_n\\\vdots\\a_{n1}x_1+\cdots+a_{m}x_n\end{pmatrix}=(a_{11}x_1+\cdots+a_{1n}x_n)^2+(a_{21}x_1+\cdots+a_{2n}x_n)^2$$

$$+\cdots+(a_{n1}x_1+\cdots+a_{m}x_n)^2\geqslant0.$$

若“$=0$”成立，则$\begin{cases}a_{11}x_1+\cdots+a_{1n}x_n=0\\\qquad\vdots\\a_{n1}x_1+\cdots+a_{m}x_n=0\end{cases}$ 成立.

即对任意 $x=\begin{pmatrix}x_1\\x_1\\\vdots\\x_n\end{pmatrix}$ 使 $\boldsymbol{\alpha}_1x_1+\boldsymbol{\alpha}_2x_2+\cdots+\boldsymbol{\alpha}_nx_n=0$ 成立.

则 $\boldsymbol{\alpha}_1,\boldsymbol{\alpha}_2,\cdots,\boldsymbol{\alpha}_n$ 线性相关,$\boldsymbol{U}$ 的秩小于 n,则 $\boldsymbol{U}$ 不可逆,与题意产生矛盾.

于是 $f>0$ 成立.

故 $f=\boldsymbol{x}^{\mathrm{T}}\boldsymbol{A}\boldsymbol{x}$ 为正定二次型.

例 8 设对称矩阵 $\boldsymbol{A}$ 为正定矩阵,证明:存在可逆矩阵 $\boldsymbol{U}$,使 $\boldsymbol{A}=\boldsymbol{U}^{\mathrm{T}}\boldsymbol{U}$,

证 明 $\boldsymbol{A}$ 正定,则矩阵 $\boldsymbol{A}$ 满秩,且其特征值全为正.

不妨设 $\lambda_1,\cdots,\lambda_n$ 为其特征值,$\lambda_i>0\quad i=1,\cdots,n$

由定理 8 知,存在一正交矩阵 $\boldsymbol{P}$ 使 $\boldsymbol{P}^{\mathrm{T}}\boldsymbol{A}\boldsymbol{P}=\Lambda=\begin{pmatrix}\lambda_1&&&\\&\lambda_2&&\\&&\ddots&\\&&&\lambda_n\end{pmatrix}$

$$=\begin{pmatrix}\sqrt{\lambda_1}&&&\\&\sqrt{\lambda_2}&&\\&&\ddots&\\&&&\sqrt{\lambda_n}\end{pmatrix}\times\begin{pmatrix}\sqrt{\lambda_1}&&&\\&\sqrt{\lambda_2}&&\\&&\ddots&\\&&&\sqrt{\lambda_n}\end{pmatrix}$$

又因 P 为正交矩阵,则 P 可逆,$P^{-1}=P^{\mathrm{T}}$.

所以 $\boldsymbol{A}=\boldsymbol{PQQ}^{\mathrm{T}}\boldsymbol{PQ}=\boldsymbol{PQ}\cdot(\boldsymbol{PQ})^{\mathrm{T}}$.

令 $(\boldsymbol{PQ})^{\mathrm{T}}=\boldsymbol{U}$,$\boldsymbol{U}$ 可逆,则 $\boldsymbol{A}=\boldsymbol{U}^{\mathrm{T}}\boldsymbol{U}$.

例 9 二次型 $x_1^2+4x_2^2+4x_3^2+2tx_1x_1-2x_1x_3+4x_2x_3$ 正定,则 $t=$________.

分 析 二次型矩阵

$$\boldsymbol{A}=\begin{bmatrix}1&t&-1\\t&4&2\\-1&2&4\end{bmatrix}$$

的顺序主子式应大于,0 即

$$\Delta_1=1>0$$

$$\Delta_2=\begin{vmatrix}1&t\\t&4\end{vmatrix}=4-t^2>0\Rightarrow t\in(-2,2)$$

$$\Delta_3=|\boldsymbol{A}|=-4t^2-4t+8>0\Rightarrow t\in(-2,1)$$

可见 $t\in(-2,1)$时,二次型正定.

课后习题全解

1. 知识点窍 化二次型为标准形的方法有三种:配方法、矩阵的合同变换法和正交变换法

逻辑推理 针对不同的情况采用配方法的不同情形进行处理,将各次线性替换的矩阵相乘即得到变换矩阵.

解题过程 (1)设 $f(x_1,x_2,x_3)=-4x_1x_2+2x_1x_3+2x_2x_3$,此二次型不含有平方项,故作非退化线性替换

$$\begin{cases}x_1=y_1+y_2,\\x_2=y_1-y_2,,\\x_3=y_3\end{cases}$$

并配方,得到

$$\begin{aligned}f(x_1,x_2,x_3)&=-4y_1^2+4y_2^2+4y_1y_3\\&=-4y_1^2+4y_1y_3-y_3^2+y_3^2+4y_2^2\\&=-(2y_1-y_3)^2+y_3^2+4y_2^2\end{aligned}$$

再作非退化线性替换

$$\begin{cases}z_1=2y_1-y_3,\\z_2=y_2,\\z_3=y_3,\end{cases}\quad 即\begin{cases}y_1=\frac{1}{2}z_1+\frac{1}{2}z_3,\\y_2=z_2,\\y_3=z_3,\end{cases}$$

于是,原二次型的标准形为 $f(x_1,x_2,x_3)=-z_1^2+4z_2^2+z_3^2$,

并且,所经过的非退化线性替换为

$$\begin{cases}x_1=\frac{1}{2}z_1+z_2+\frac{1}{2}z_3,\\x_2=\frac{1}{2}z_1-z_2+\frac{1}{2}z_3,\\x_3=z_3,\end{cases}$$

前面两个非退化线性替换的复合

写成矩阵形式为 $\boldsymbol{X}=\boldsymbol{CZ}$,其中 $\boldsymbol{C}=\begin{pmatrix}\frac{1}{2}&1&\frac{1}{2}\\\frac{1}{2}&-1&\frac{1}{2}\\0&0&1\end{pmatrix}$,根据矩阵验算,得

$$\boldsymbol{C'AC}=\begin{pmatrix}\frac{1}{2}&\frac{1}{2}&0\\1&-1&0\\\frac{1}{2}&\frac{1}{2}&1\end{pmatrix}\begin{pmatrix}0&-2&1\\-2&0&1\\1&1&0\end{pmatrix}\begin{pmatrix}\frac{1}{2}&1&\frac{1}{2}\\\frac{1}{2}&-1&\frac{1}{2}\\0&0&1\end{pmatrix}=\begin{pmatrix}-1&0&0\\0&4&0\\0&0&1\end{pmatrix},$$

(2)设 $f(x_1,x_2,x_3)=x_1^2+2x_1x_2+2x_2^2+4x_2x_3+4x_3^2$.

方法 1 配方法，对原二次型进行配方，得

$$f(x_1,x_2,x_3)=(x_1^2+2x_1x_2+x_2^2)+(x_2^2+4x_2x_3+4x_3^2)=(x_1+x_2)^2+(x_2+2x_3)^2,$$

于是，令 $\begin{cases}y_1=x_1+x_2,\\y_2=x_2+2x_3,\\y_3=x_3,\end{cases}$ 则原二次型的标准形为 $f(x_1,x_2,x_3)=y_1^2+y_2^2$，

且所作的非退化线性替换为 $\begin{cases}x_1=y_1-y_2+2y_3,\\x_2=y_2-2y_3,\\x_3=y_3,\end{cases}$ 相应的替换矩阵为

$\boldsymbol{C}=\begin{pmatrix}1&-1&2\\0&1&-2\\0&0&1\end{pmatrix}$，验算，得

$$\boldsymbol{C}'\boldsymbol{A}\boldsymbol{C}=\begin{pmatrix}1&0&0\\-1&1&0\\2&-2&1\end{pmatrix}\begin{pmatrix}1&1&0\\1&2&2\\0&2&4\end{pmatrix}\begin{pmatrix}1&-1&2\\0&1&-2\\0&0&1\end{pmatrix}=\begin{pmatrix}1&0&0\\0&1&0\\0&0&0\end{pmatrix}.$$

方法 2 矩阵的合同变换法(见“本章教材内容全解”之标准形的求法).

对 $\begin{pmatrix}\boldsymbol{A}\\ \hline \boldsymbol{E}\end{pmatrix}$ 施行初等变换，得

$$\begin{pmatrix}\boldsymbol{A}\\ \hline \boldsymbol{E}\end{pmatrix}=\begin{pmatrix}1&1&0\\1&2&2\\0&2&4\\ \hline 1&0&0\\0&1&0\\0&0&1\end{pmatrix}\to\begin{pmatrix}1&0&0\\0&1&2\\0&2&4\\ \hline 1&-1&0\\0&1&0\\0&0&1\end{pmatrix}\to\begin{pmatrix}1&0&0\\0&1&0\\0&0&0\\ \hline 1&-1&2\\0&1&-2\\0&0&1\end{pmatrix}=\begin{pmatrix}\boldsymbol{A}\\ \hline \boldsymbol{C}\end{pmatrix}.$$

则原二次型的标准形为

$$f(x_1,x_2,x_3)=\boldsymbol{Y}'\boldsymbol{A}\boldsymbol{Y}=y_1^2+y_2^2,$$

所作的非退化线性替换为 $\boldsymbol{X}=\boldsymbol{C}\boldsymbol{Y}$，即

$$\begin{cases}x_1=y_1-y_2+2y_3,\\x_2=y_2-2y_3,\\x_3=y_3,\end{cases}$$

矩阵验证同方法 1.

(3)设 $f(x_1,x_2,x_3)=x_1^2-3x_2^2-2x_1x_2+2x_1x_3-6x_2x_3$.

对原二次型进行配方，得

$$f(x_1,x_2,x_3)=(x_1^2-2x_1x_2+2x_1x_3-2x_2x_3+x_2^2+x_3^2)-(4x_2^2+4x_2x_3+x_3^2)=(x_1-x_2+x_3)^2-(2x_2+x_3)^2,$$

于是，令$\begin{cases}y_1=x_1-x_2+x_3,\\ y_2=2x_2+x_3,\\ y_3=x_3,\end{cases}$ 则原二次型的标准形为

$$f(x_1,x_2,x_3)=y_1^2-y_2^2,$$

且所作的非退化线性替换为$\begin{cases}x_1=y_1+\dfrac{1}{2}y_2-\dfrac{3}{2}y_3,\\ x_2=\dfrac{1}{2}y_2-\dfrac{1}{2}y_3,\\ x_3=y_3,\end{cases}$

相应的替换矩阵为

$$C=\begin{pmatrix}1 & \frac{1}{2} & -\frac{3}{2}\\ 0 & \frac{1}{2} & -\frac{1}{2}\\ 0 & 0 & 1\end{pmatrix}.$$

验算，得

$$C'AC=\begin{pmatrix}1 & 0 & 0\\ \frac{1}{2} & \frac{1}{2} & 0\\ -\frac{3}{2} & -\frac{1}{2} & 1\end{pmatrix}\begin{pmatrix}1 & -1 & 1\\ -1 & -3 & -3\\ 1 & -3 & 0\end{pmatrix}\begin{pmatrix}1 & \frac{1}{2} & -\frac{3}{2}\\ 0 & \frac{1}{2} & -\frac{1}{2}\\ 0 & 0 & 1\end{pmatrix}=\begin{pmatrix}1 & 0 & 0\\ 0 & -1 & 0\\ 0 & 0 & 0\end{pmatrix}.$$

(4)设 $f(x_1,x_2,x_3,x_4)=8x_1x_4+2x_3x_4+2x_2x_3+8x_2x_4$，由于该二次型没有平方项，

故先作线性替换$\begin{cases}x_1=y_1+y_4,\\ x_2=y_2,\\ x_3=y_3,\\ x_4=y_4,\end{cases}$

则

$$\begin{aligned}f(x_1,x_2,x_3,x_4)&=8y_1y_4+8y_4^2+2y_3y_4+2y_2y_3+8y_2y_4\\&=8\left[y_4^2+2y_4\left(\frac{1}{2}y_1+\frac{1}{2}y_2+\frac{1}{8}y_3\right)+\left(\frac{1}{2}y_1+\frac{1}{2}y_2+\frac{1}{8}y_3\right)^2\right]-\\&\quad 8\left(\frac{1}{2}y_1+\frac{1}{2}y_2+\frac{1}{8}y_3\right)^2+2y_2y_3\\&=8\left(\frac{1}{2}y_1+\frac{1}{2}y_2+\frac{1}{8}y_3+y_4\right)^2-2\left(y_1+y_2+\frac{1}{4}y_3\right)^2+2y_2y_3,\end{aligned}$$

再作非退化线性替换

$$\begin{cases}y_1=z_1,\\ y_2=z_2+z_3,\\ y_3=z_3-z_3,\\ y_4=x_4,\end{cases}$$

原二次型化为

$$f(x_1,x_2,x_3,x_4)=8\left(\frac{1}{2}z_1+\frac{5}{8}z_2+\frac{3}{8}z_3+z_4\right)^2-2\left(z_1+\frac{5}{4}z_2+\frac{3}{4}z_3\right)^2+2x_2^2-2x_3^2,$$

再作非退化线性替换

$$\begin{cases}w_1=\frac{1}{2}z_1+\frac{5}{8}z_2+\frac{3}{8}z_3+z_4,\\ w_2=z_2,\\ w_3=z_3,\\ w_4=z_1+\frac{5}{4}z_2+\frac{3}{4}z_3,\end{cases} \text{即}\begin{cases}z_1=-\frac{5}{4}w_2-\frac{3}{4}w_3+w_4,\\ z_2=w_2,\\ z_3=w_3,\\ z_4=w_1-\frac{1}{2}w_4.\end{cases}$$

得原二次型的标准形为

$$f(x_1,x_2,x_3,x_4)=8w_1^2+2w_2^2-2w_3^2-2w_4^2.$$

所作的非退化线性替换为

$$\begin{cases}x_1=w_1-\frac{5}{4}w_2-\frac{3}{4}w_3+\frac{1}{2}w_4,\\ x_2=w_2+w_3,\\ x_3=w_2-w_3,\\ x_4=w_1-\frac{1}{2}w_4.\end{cases}$$

对应的矩阵

$$\boldsymbol{C}=\begin{pmatrix}1&-\frac{5}{4}&-\frac{3}{4}&\frac{1}{2}\\0&1&1&0\\0&1&-1&0\\1&0&0&-\frac{1}{2}\end{pmatrix}$$

验算，得

$$\boldsymbol{C}'\boldsymbol{AC}=\begin{pmatrix}1&0&0&1\\-\frac{5}{4}&1&1&0\\-\frac{3}{4}&1&-1&0\\\frac{1}{2}&0&0&-\frac{1}{2}\end{pmatrix}\begin{pmatrix}0&0&0&4\\0&0&1&4\\0&1&0&1\\4&4&1&0\end{pmatrix}\begin{pmatrix}1&-\frac{5}{4}&-\frac{3}{4}&\frac{1}{2}\\0&1&1&0\\0&1&-1&0\\1&0&0&-\frac{1}{2}\end{pmatrix}$$

$$=\begin{pmatrix}8&0&0&0\\0&2&0&0\\0&0&-2&0\\0&0&0&-2\end{pmatrix}$$

(5)设 $f(x_1,x_2,x_3,x_4)=x_1x_2+x_1x_3+x_1x_4+x_2x_3+x_2x_4+x_3x_4$，由于该二次型没有完全平方项，故作线性替换

$$\begin{cases}x_1=y_1+y_2,\\x_2=y_1-y_2,\\x_3=y_3+y_4,\\x_4=y_3-y_4,\end{cases}$$

则 $f(x_1,x_2,x_3,x_4)=y_1^2-y_2^2+4y_1y_3+y_3^2-y_4^2=(y_1+2y_3)^2-y_2^2-3y_3^2-y_4^2$.

令

$$\begin{cases}z_1=y_1+2y_3,\\z_2=y_2,\\z_3=y_3,\\z_4=y_4,\end{cases}\text{即}\begin{cases}y_1=z_1-2z_3,\\y_2=z_2,\\y_3=z_3,\\y_4=z_4,\end{cases}$$

则原二次型的标准形为 $f(x_1,x_2,x_3,x_4)=z_1^2-z_2^2-3z_3^2-z_4^2$,

且所作的非退化线性替换为

$$\begin{cases}x_1=z_1+z_2-2z_3,\\x_2=z_1-z_2-2z_3,\\x_3=z_3+z_4,\\x_4=z_3-z_4,\end{cases}$$

相应的替换矩阵为

$$\boldsymbol{C}=\begin{pmatrix}1&1&-2&0\\1&-1&-2&0\\0&0&1&1\\0&0&1&-1\end{pmatrix},$$

验算,得

$$\boldsymbol{C}'\boldsymbol{A}\boldsymbol{C}=\begin{pmatrix}1&1&0&0\\1&-1&0&0\\-2&-2&1&1\\0&0&1&-1\end{pmatrix}\frac{1}{2}\begin{pmatrix}0&1&1&1\\1&0&1&1\\1&1&0&1\\1&1&1&0\end{pmatrix}\begin{pmatrix}1&1&-2&0\\1&-1&-2&0\\0&0&1&1\\0&0&1&-1\end{pmatrix}$$

$$=\begin{pmatrix}1&0&0&0\\0&-1&0&0\\0&0&-3&0\\0&0&0&-1\end{pmatrix}$$

(6)设 $f(x_1,x_2,x_3,x_4)=x_1^2+2x_2^2+x_4^2+4x_1x_2+4x_1x_3+2x_1x_4+2x_2x_3+2x_2x_4+2x_3x_4$,对原二次型进行配方,可得

$$\begin{aligned}f(x_1,x_2,x_4)=&[x_1^2+2x_1(2x_2+2x_3+x_4)+(2x_2+2x_3+x_4)^2]-\\&(2x_2+2x_3+x_4)^2+2x_2^2+x_4^2+2x_2x_3+2x_2x_4+2x_3x_4\\=&(x_1+2x_2+2x_3+x_4)^2-2\left(x_2+\frac{3}{2}x_3+\frac{1}{2}x_4\right)^2+\frac{1}{2}(x_3+x_4)^2,\end{aligned}$$

于是,令

$$\begin{cases} y_1=x_1+2x_2+2x_3+x_4, \\ y_2=x_2+\dfrac{3}{2}x_3+\dfrac{1}{2}x_4, \\ y_3=x_3+x_4, \\ y_4=x_4, \end{cases}$$

则原二次型的标准形为 $f(x_1,x_2,x_3,x_4)=y_1^2-2y_2^2+\frac{1}{2}y_3^2$，

且所作的非退化线性替换为$\begin{cases} x_1=y_1-2y_2+y_3-y_4, \\ x_2=y_2-\dfrac{3}{2}y_3+y_4, \\ x_3=y_4-y_4, \\ x_4=y_4, \end{cases}$ 故替换矩阵为

$$C=\begin{pmatrix} 1 & -2 & 1 & -1 \\ 0 & 1 & -\frac{3}{2} & 1 \\ 0 & 0 & 1 & -1 \\ 0 & 0 & 0 & 1 \end{pmatrix},$$

且有

$$C'AC=\begin{pmatrix} 1 & 0 & 0 & 0 \\ -2 & 1 & 0 & 0 \\ 1 & -\frac{3}{2} & 1 & 0 \\ -1 & 1 & -1 & 1 \end{pmatrix}\begin{pmatrix} 1 & 2 & 2 & 1 \\ 2 & 2 & 1 & 1 \\ 2 & 1 & 0 & 1 \\ 1 & 1 & 1 & 1 \end{pmatrix}\begin{pmatrix} 1 & -2 & 1 & -1 \\ 0 & 1 & -\frac{3}{2} & 1 \\ 0 & 0 & 1 & -1 \\ 0 & 0 & 0 & 1 \end{pmatrix}$$

$$=\begin{pmatrix} 1 & 0 & 0 & 0 \\ 0 & -2 & 0 & 0 \\ 0 & 0 & \frac{1}{2} & 0 \\ 0 & 0 & 0 & 0 \end{pmatrix}.$$

(7)设 $f(x_1,x_2,x_3,x_4)=x_1^2+x_2^2+x_3^2+x_4^2+2x_1x_2+2x_2x_3+2x_3x_4$.

对原二次型进行配方，得

$$f(x_1,x_2,x_3,x_4)=x_1^2+(x_1+x_2+x_3)^2+(x_3+x_4)^2-(x_1+x_3)^2,$$

于是，令

$$\begin{cases} y_1=x_1, \\ y_2=x_1+x_2+x_3, \\ y_3=x_3+x_4, \\ y_4=x_1+x_3, \end{cases}$$

则原二次型的标准形为 $f(x_1,x_2,x_3,x_4)=y_1^2+y_2^2+y_3^2-y_4^2$，

且所作的非退化线性替换为

$$\begin{cases} x_1 = y_1, \\ x_2 = y_2 - y_4, \\ x_3 = -y_1 + y_4, \\ x_4 = y_1 + y_3 - y_4, \end{cases}$$

相应的替换矩阵为

$$\boldsymbol{C} = \begin{pmatrix} 1 & 0 & 0 & 0 \\ 0 & 1 & 0 & -1 \\ -1 & 0 & 0 & 1 \\ 1 & 0 & 1 & -1 \end{pmatrix},$$

验算,得

$$\boldsymbol{C}'\boldsymbol{AC} = \begin{pmatrix} 1 & 0 & -1 & 1 \\ 0 & 1 & 0 & 0 \\ 0 & 0 & 0 & 1 \\ 0 & -1 & 1 & -1 \end{pmatrix} \begin{pmatrix} 1 & 1 & 0 & 0 \\ 1 & 1 & 1 & 0 \\ 0 & 1 & 1 & 1 \\ 0 & 0 & 1 & 1 \end{pmatrix} \begin{pmatrix} 1 & 0 & 0 & 0 \\ 0 & 1 & 0 & -1 \\ -1 & 0 & 0 & 1 \\ 1 & 0 & 1 & -1 \end{pmatrix}$$

$$= \begin{pmatrix} 1 & 0 & 0 & 0 \\ 0 & 1 & 0 & 0 \\ 0 & 0 & 1 & 0 \\ 0 & 0 & 0 & -1 \end{pmatrix}.$$

(Ⅱ)(1)根据(Ⅰ)已求得二次型 $f(x_1, x_2, x_3) = -4x_1x_2 + 2x_1x_3 + 2x_2x_3$ 标准形为 $f(x_1, x_2, x_3) = -z_1^2 + 4z_2^2 + z_3^2$,且非退化线性替换为

$$\begin{cases} x_1 = \frac{1}{2}z_1 + z_2 + \frac{1}{2}z_3, \\ x_2 = \frac{1}{2}z_1 - z_2 + \frac{1}{2}z_3, \\ x_3 = z_3, \end{cases}$$

①在实数域上,再作非退化线性替换 $\begin{cases} z_1 = w_3, \\ z_2 = \frac{1}{2}w_2, \\ z_3 = w_1, \end{cases}$ 则有 $\begin{cases} x_1 = \frac{1}{2}w_1 + \frac{1}{2}w_2 + \frac{1}{2}w_3, \\ x_2 = \frac{1}{2}w_1 - \frac{1}{2}w_2 + \frac{1}{2}w_3, \\ x_3 = w_1, \end{cases}$

可得原二次型的规范形为 $f(x_1, x_2, x_3) = w_1^2 + w_2^2 - w_3^2$.

②在复数域上,再作非退化线性替换 $\begin{cases} z_1 = iw_1, \\ z_2 = \frac{1}{2}w_2, \\ z_3 = w_3, \end{cases}$ 则有

$$\begin{cases}x_1=\frac{i}{2}w_1+\frac{1}{2}w_2+\frac{1}{2}w_3,\\ x_2=\frac{i}{2}w_1-\frac{1}{2}w_2+\frac{1}{2}w_3,\\ x_3=w_3,\end{cases}$$

可得原二次型的规范形为 $f(x_1,x_2,x_3)=w_1^2+w_2^2+w_3^2$.

(2)根据(Ⅰ)已求得二次型 $f(x_1,x_2,x_3)=x_1^2+2x_1x_2+2x_2^2+4x_2x_3+4x_3^2$ 的标准形为

$f(x_1,x_2,x_3)=y_1^2+y_2^2$,且非退化线性替换为

$$\begin{cases}x_1=y_1-y_2+2y_3,\\ x_2=y_2-2y_3,\\ x_3=y_3,\end{cases}$$

此时,该非退化线性替换已将原二次型化为实数域上的规范形和复数域上的规范形

$$f(x_1,x_2,x_3)=y_1^2+y_2^2.$$

(3)根据(Ⅰ)已求得二次型 $f(x_1,x_2,x_3)=x_1^2-3x_2^2-2x_1x_2+2x_1x_3-6x_2x_3$ 的标准形为 $f(x_1,x_2,x_3)=y_1^2-y_2^2$,且非退化线性替换为

$$\begin{cases}x_1=y_1+\frac{1}{2}y_2-\frac{3}{2}y_2,\\ x_2=\frac{1}{2}y_2-\frac{1}{2}y_3,\\ x_3=y_3,\end{cases}$$

①在实数域上,上面所作非退化线性替换已将二次型化为规范形,即

$$f(x_1,x_2,x_3)=y_1^2-y_2^2.$$

②在复数域上,再作非退化线性替换 $\begin{cases}y_1=z_1,\\ y_2=iz_2,\\ y_3=z_3,\end{cases}$ 则有 $\begin{cases}x_1=z_1+\frac{i}{2}z_2-\frac{3}{2}z_3,\\ x_2=\frac{i}{2}z_2-\frac{1}{2}z_3,\\ x_3=z_3,\end{cases}$

且原二次型的规范形为 $f(x_1,x_2,x_3)=z_1^2+z_2^2$,

(4)根据(Ⅰ)已求得二次型 $f(x_1,x_2,x_3,x_4)=8x_1x_4+2x_3x_4+2x_2x_3+8x_2x_4$ 的标准形为 $f(x_1,x_2,x_3,x_4)=8w_1^2+2w_2^2-2w_3^2-2w_4^2$,所作的非退化线性替换为

$$\begin{cases}x_1=w_1-\frac{5}{4}w_2-\frac{3}{4}w_3+\frac{1}{2}w_4,\\ x_2=w_2+w_3,\\ x_3=w_2-w_3,\\ x_4=w_1-\frac{1}{2}w_4,\end{cases}$$

①在实数域上，再作非退化线性替换$\begin{cases} t_1 = 2\sqrt{2}w_1, \\ t_2 = \sqrt{2}w_2, \\ t_3 = \sqrt{2}w_3, \\ t_4 = \sqrt{2}w_4, \end{cases}$ 则有

$$\begin{cases} x_1 = \dfrac{\sqrt{2}}{4}\left(t_1 - \dfrac{5}{2}t_2 - \dfrac{3}{2}t_3 + t_4\right), \\ x_2 = \dfrac{\sqrt{2}}{2}(t_2 + t_3), \\ x_3 = \dfrac{\sqrt{2}}{2}(t_2 - t_3), \\ x_4 = \dfrac{\sqrt{2}}{4}(t_1 - t_4), \end{cases}$$

可得原二次型的规范形为

$$f(x_1, x_2, x_3, x_4) = t_1^2 + t_2^2 - t_3^2 - t_4^2,$$

②在复数域上，再作非退化线性替换$\begin{cases} t_1 = 2\sqrt{2}w_1, \\ t_2 = \sqrt{2}w_2, \\ t_3 = \sqrt{2}\mathrm{i}w_3, \\ t_4 = \sqrt{2}\mathrm{i}w_4, \end{cases}$ 则有

$$\begin{cases} x_1 = \dfrac{\sqrt{2}}{4}\left(t_1 - \dfrac{5}{2}t_2 + \dfrac{3\mathrm{i}}{2}t_3 - it_4\right), \\ x_2 = \dfrac{\sqrt{2}}{2}(t_2 - it_3), \\ x_3 = \dfrac{\sqrt{2}}{2}(t_2 + \mathrm{i}t_3), \\ x_4 = \dfrac{\sqrt{2}}{4}(t_1 + it_4). \end{cases}$$

可得二次型的规范形为

$$f(x_1, x_2, x_3, x_4) = t_1^2 + t_2^2 + t_3^2 + t_4^2.$$

(5)根据(Ⅰ)已求得二次函数 $f(x_1, x_2, x_3, x_4) = x_1x_2 + x_1x_3 + x_1x_4 + x_2x_3 + x_2x_4 + x_3x_4$ 的标准为

$$f(x_1, x_2, x_3, x_4) = z_1^2 - z_2^2 - 3z_3^2 - z_4^2,$$

且所作的非退化线性替换为

$$\begin{cases} x_1 = z_1 + z_2 - 2z_3, \\ x_2 = z_1 - z_2 - 2z_3, \\ x_3 = z_3 + z_4, \\ x_4 = z_3 + z_4. \end{cases}$$

①在实数域上,再作非退化线性替换$\begin{cases} w_1=z_1, \\ w_2=z_2, \\ w_3=\sqrt{3}z_3, \\ w_4=z_4, \end{cases}$ 则有$\begin{cases} x_1=w_1+w_2-\dfrac{2\sqrt{3}}{3}w_3, \\ x_2=w_1-w_2-\dfrac{2\sqrt{3}}{3}w_3, \\ x_3=\dfrac{\sqrt{3}}{3}w_3+w_4, \\ x_4=\dfrac{\sqrt{3}}{3}w_3-w_4. \end{cases}$

可得原二次型的规范形为

$$f(x_1,x_2,x_3,x_4)=w_1^2-w_2^2-w_3^2-w_4^2.$$

②在复数域上,再作非退化线性替换$\begin{cases} w_1=z_1, \\ w_2=iz_2, \\ w_3=\sqrt{3}\mathrm{i}z_3 \\ w_4=iz_4, \end{cases}$ 则有

$$\begin{cases} x_1=w_1-iw_2+\dfrac{2\sqrt{3}}{3}\mathrm{i}w_3, \\ x_2=w_1+\mathrm{i}w_2+\dfrac{2\sqrt{3}}{3}\mathrm{i}w_3, \\ x_3=-\dfrac{\sqrt{3}}{3}\mathrm{i}w_3-\mathrm{i}w_4, \\ x_4=-\dfrac{\sqrt{3}}{3}\mathrm{i}w_3+iw_4. \end{cases}$$

可得原二次型的规范形为

$$f(x_1,x_2,x_3,x_4)=w_1^2+w_2^2+w_3^2+w_4^2.$$

(6)根据(Ⅰ)已求得二次型 $f(x_1,x_2,x_3,x_4)=x_1^2+2x_2^2+x_4^2+4x_1x_2+4x_1x_3+2x_1x_4+2x_2x_3+2x_2x_4+2x_3x_4$ 的标准形为

$$f(x_1,x_2,x_3,x_4)=y_1^2-2y_2^2+\frac{1}{2}y_3^2,$$

且所作的非退化线性替换为

$$\begin{cases} x_1=y_1-2y_2+y_3-y_4, \\ x_2=y_2-\dfrac{3}{2}y_3+y_4, \\ x_3=y_3-y_4, \\ x_4=y_4. \end{cases}$$

①在实数域上,再作非退化线性替换$\begin{cases} y_1=z_1, \\ y_2=\dfrac{1}{\sqrt{2}}z_3, \\ y_3=\sqrt{2}z_2 \\ y_4=z_4, \end{cases}$ 则有$\begin{cases} x_1=z_1+\sqrt{2}z_2-\sqrt{2}z_3-z_4, \\ x_2=-\dfrac{3\sqrt{2}}{2}z_2+\dfrac{\sqrt{2}}{2}z_3+z_4, \\ x_3=\sqrt{2}z_2-z_4, \\ x_4=z_4, \end{cases}$

可得原二次型的规范形为 $f(x_1,x_2,x_3,x_4)=z_1^2+z_2^2-z_3^2$.

②在复数域上，再作非退化线性替换 $\begin{cases} y_1=z_1, \\ y_2=\dfrac{\mathrm{i}}{\sqrt{2}}z_2, \\ y_3=\sqrt{2}z_3, \\ y_4=z_4, \end{cases}$ 则有 $\begin{cases} x_1=z_1-\sqrt{2}\mathrm{i}z_2+\sqrt{2}z_3-z_4, \\ x_2=\dfrac{\sqrt{2}\mathrm{i}}{2}z_2-\dfrac{3\sqrt{2}}{2}z_3+z_4, \\ x_3=\sqrt{2}z_3-z_4, \\ x_4=z_4, \end{cases}$

可得原二次型的规范形为

$$f(x_1,x_2,x_3,x_4)=z_1^2+z_2^2+z_3^2.$$

(7)根据(Ⅰ)已求得二次型

$$f(x_1,x_2,x_3,x_4)=x_1^2+x_2^2+x_3^2+x_4^2+2x_1x_2+2x_2x_3+2x_3x_4$$

的标准形为

$$f(x_1,x_2,x_3,x_4)=y_1^2+y_2^2+y_3^2-y_4^2,$$

且所作的非退化线性替换为

$$\begin{cases} x_1=y_1, \\ x_2=y_2-y_4, \\ x_3=-y_1+y_4, \\ x_3=-y_1+y_4, \\ x_4=y_1+y_3-y_4. \end{cases}$$

①在实数域上，上面所作非退化线性替换已将二次型化为规范形，即

$$f=y_1^2+y_2^2+y_3^2-y_4^2.$$

②在复数域上，再作非退化线性替换 $\begin{cases} y_1=z_1, \\ y_2=z_2, \\ y_3=z_3, \\ y_4=iz_4, \end{cases}$ 则有 $\begin{cases} x_1=z_1, \\ x_2=z_2-iz_4, \\ x_3=-z_i+\mathrm{i}z_4 \\ x_4=z_1+z_3-iz_4. \end{cases}$

可得原二次型的规范形为

$$f=z_1^2+z_2^2+z_3^2+z_4^2.$$

2. **知识点窍** 对称矩阵与合同矩阵间的关系.

逻辑推理 将秩等于 r 的对称矩阵按行拆分，构造出 r 个秩等于 1 的对称矩阵.

解题过程 设 $\boldsymbol{A}$ 是秩为 r 的对称矩阵，则 $\boldsymbol{A}=\boldsymbol{C}^{\mathrm{T}}\begin{bmatrix} \boldsymbol{A}_r & 0 \\ 0 & 0 \end{bmatrix}\boldsymbol{C}$，其中 $\boldsymbol{C}$ 是可逆矩阵，$\boldsymbol{A}_r$ 是 r 阶的对角矩阵.

对角矩阵合同于一个对角矩阵，即存在一个可逆矩阵 $\boldsymbol{C}$，使 $\boldsymbol{C}^{\mathrm{T}}\boldsymbol{AC}$ 成对角矩阵

而 $$\begin{vmatrix} A_r & 0 \\ 0 & 0 \end{vmatrix} = \sum_{i=1}^{r} \begin{pmatrix} 0 & 0 & \cdots & 0 & \cdots & 0 & \cdots & 0 \\ 0 & 0 & \cdots & 0 & \cdots & 0 & \cdots & 0 \\ \vdots & \vdots & & \vdots & \vdots & \vdots & \vdots & \vdots \\ 0 & \cdots & \cdots & a_i & \cdots & 0 & \cdots & 0 \\ \vdots & & & \vdots & & \vdots & & \vdots \\ 0 & 0 & \cdots & 0 & \cdots & 0 & \cdots & 0 \end{pmatrix} i\text{行} = \sum_{i=1}^{r} A^i$$

易知 $C^T A^i C$ 仍是对称矩阵,

所以 $A = \sum_{i=1}^{r} C^T A^i C$,命题得证.

3. 知识点窍 合同矩阵的定义;线性替换与二次型矩阵的关系.

解题过程 两个矩阵可通过一线性替换联系起来,这样可找到两个矩阵分别对应的二次型之间的联系.

解题过程 设两个矩阵分别为 A,B,与它们相应的二次型分别为

$$f_A = \lambda_1 x_1^2 + \lambda_2 x_2^2 + \cdots + \lambda_n x_n^2,$$

$$f_B = \lambda_{i_1} y_1^2 + \lambda_{i_2} y_2^2 + \cdots + \lambda_{i_n} y_n^2,$$

经过非退化线性替换前后两个二次型的矩阵是合同的

作非退化的线性替换:

$$y_t = x_{i_t} \quad (t=1,2,\cdots,n),$$

则 f_B 化成 f_A,故 A 与 B 合同.

4. (1) 知识点窍 反对称矩阵的性质 $a_{ij}+a_{ji}=0$.

逻辑推理 利用反对称矩阵的性质 $a_{ij}+a_{ji}=0$ 可证得必要性.

通过构造出矩阵中元素 a_{ij} 和 a_{ji} 求和的关系式可证得充分性.

解题过程 必要性:

设 $A=-A'$,且 $A=(a_{ij})$ 是反对称矩阵,即 $a_{ij}=0, a_{ij}=-a_{ji}(i\neq j)$,可得,

$$X'AX = \sum_{i=1} \sum_{j=1} a_{ij} x_i x_j = \sum_{i<1} (a_{ij}+a_{ji}) x_i x_j$$

由于 $a_{ij}+a_{ji}=0$,故

$$X'AX = \sum_{i=1} (a_{ij}+a_{ji}) x_i x_j = 0.$$

充分利用对称矩阵和反对称矩阵的性质

充分性:

因为对任意 n 维向量 X,即 $X \in \boldsymbol{R}^*$,有 $X'AX=\boldsymbol{0}$,即

$a_{11}x_1^2 + (a_{12}+a_{21})x_1x_2 + \cdots + (x_{a1n}+a_{n1})x_1x_n + a_{22}x_2^2.$

$+\cdots+(a_{2n}+a_{n2})x_2x_n+\cdots+a_{m}x_n^2=0.$

这说明原式是一个多元零多项式,故有

$a_{11}=a_{22}=\cdots=a_{m}=0, \qquad a_{ij}=-a_{ji}(i\neq j).$

即 $A=-A''$.

(2) 知识点窍 对称矩阵的性质 $a_{ij}=a_{ji}$.

逻辑推理 利用对称矩阵的性质 $a_{ij}=a_{ji}$,并且通过构造 a_{ij} 和 $a_{ij}+a_{ji}$ 的关系式,可证得结论.

解题过程 假设 $\boldsymbol{A}$ 是对称的，且 $\boldsymbol{X'AX}=\boldsymbol{0}$，即

$$a_{11}x_1^2+2a_{12}x_1x_2+\cdots+2a_{1n}x_1x_n+a_{22}x_2^2+\cdots+2a_{2n}x_2x_n+\cdots+a_{nn}x_n^2=0,$$

这说明 $\boldsymbol{X'AX}$ 为一个多元零多项式，故有

$$a_{11}=a_{22}=\cdots=a_{nn}=0.$$

$$2a_{ij}=0\Rightarrow a_{ij}=a_{ji}=0.$$

即 $\boldsymbol{A}=\boldsymbol{0}$.

5. 知识点窍 两个对称矩阵合同的充分必要条件是它们有相同的秩和正惯性指数.

逻辑推理 通过对 n 级对称矩阵的秩和正惯性指数不同时的情况进行分析、求和，可得结果.

解题过程 因为两个对称矩阵合同的充分必要条件为它们有相同的秩和正惯性指数，n 阶对称矩阵的秩有 $n+1$ 种可能：$0,1,2,\cdots,n$；而秩为 r 的对称矩阵的正惯性指数有 $r+1$ 种可能：$0,1,2,\cdots,r$. 因此 n 阶对称矩阵的合同类总数为

$$1+2+3+\cdots+n+(n+1)=\frac{(n+1)(n+2)}{2}$$

6. 知识点窍 秩、线性替换、符号差的概念和相互联系.

逻辑推理 根据题意，对两种情况下不同的结构分别进行分析，可证得结果.

解题过程 必要性：设 $f(x_1,x_2,\cdots,x_n)=(a_1x_1+a_2x_2+\cdots+a_nx_n)(b_1x_1+b_2x_2+\cdots+b_nx_n)$，其中 $a_i,b_i(i=1,2,\cdots,n)$ 均为实数.

若上式右边的两个一次齐次式系数成比例，即

$$b_i=ka_i\quad(i=1,2,\cdots,n)$$

不失一般性，可设 $a_1\neq0$，则可作非退化线性替换

$$\begin{cases}y_1=a_1x_1+a_2x_2+\cdots+a_nx_n\\y_i=x_i\quad(i=2,\cdots,n)\end{cases}$$

使二次型化为

$$f(x_1,x_2,\cdots,x_n)=ky_1^2,$$

故二次型 $f(x_1,x_2,\cdots,x_n)$ 的秩为 1.

若两个一次式系数不成比例，不妨设 $\frac{a_1}{b_1}\neq\frac{a_2}{b_2}$，则可作非退化线性替换

$$\begin{cases}y_1=a_1x_1+a_2x_2+\cdots+a_nx_n\\y_2=b_1x_1+b_2x_2+\cdots+b_nx_n,\\y_i=x_i\quad(i=3,\cdots,n)\end{cases}$$

使

$$f(x_1,x_2,\cdots x_n)=y_1y_2.$$

再令

$$\begin{cases}y_1=z_1+z_2\\y_2=z_1-z_2\\y_i=z_i\quad(i=3,\cdots,n)\end{cases}$$

则二次型可化为

$$f(x_1,x_2,\cdots x_n)=y_1y_2=z_1^2-z_2^2,$$

故二次型 $f(x_1,x_2\cdots,x_n)$ 的秩为 2，且符号差为 0.

充分性：(1)若 $f(x_1,x_2,\cdots,x_n)$ 的秩为 1，则可经非退化线性替换 $\boldsymbol{Z}=\boldsymbol{CY}$ 使二次型化为

$$f(x_1,x_2,\cdots,x_n)=ky_1^2,$$

其中 y_1 为 $x_1,x_2,\cdots,x_n$ 的一次齐式，即

$$y_1=a_1x_1+a_2x_2+\cdots+a_nx_n,$$

所以

$$\begin{aligned}f(x_1,x_2,\cdots,x_n)&=k(a_1x_1+a_2x_2+\cdots+a_nx_n)^2\\&=(ka_1x_1+ka_2x_2+\cdots+ka_nx_n)(a_1x_1+a_2x_2+\cdots+a_nx_n).\end{aligned}$$

(2)若 $f(x_1,x_2,\cdots,x_n)$ 的秩为 2，且符号差为 0，则可经非退化线性替换 $Z=CY$ 使二次型化为

$$\begin{aligned}f(x_1,x_2,\cdots,x_n)&=y_1^2-y_2^2=(y_1+y_2)(y_1-y_2)\\&=(a_1x_1+a_2x_2+\cdots+a_nx_n)(b_1x_1+b_2x_2+\cdots+b_nx_n).\end{aligned}$$

故 $f(x_1,x_2,\cdots,x_n)$ 可表成两个一次齐次式的乘积.

7. **知识点窍** 正定二次型的判定.

逻辑推理 正定二次型的判定主要看二次型矩阵的各阶顺序主子式是否全大于 0.

解题过程 (1)二次型的矩阵为

$$\boldsymbol{A}=\begin{pmatrix}99&-6&24\\-6&130&-30\\24&-30&71\end{pmatrix}$$

二次型的各阶顺序主子式都大于0，则它是正定的.

因为顺序主子式为

$$P_1=99>0,\quad P_2=\begin{vmatrix}99&-6\\-6&130\end{vmatrix}>0,\quad P_3=|\boldsymbol{A}|>0,$$

故原二次型为正定二次型.

(2)二次型的矩阵为

$$\boldsymbol{A}=\begin{pmatrix}10&4&12\\4&2&-14\\12&-14&1\end{pmatrix}$$

因为 $|\boldsymbol{A}|<0$，所以原二次型非正定.

(3)记二次型的矩阵 $\boldsymbol{A}=(a_{ij})_{n\times n}$，其中

$$a_{ij}=\begin{cases}1, & i=j\\ \dfrac{1}{2}, & i\neq j\end{cases},$$

即

$$A=\begin{pmatrix}1&\frac{1}{2}&\frac{1}{2}&\cdots&\frac{1}{2}\\ \frac{1}{2}&1&\frac{1}{2}&\cdots&\frac{1}{2}\\ \frac{1}{2}&\frac{1}{2}&1&\cdots&\frac{1}{2}\\ \vdots&\vdots&\vdots&\ddots&\vdots\\ \frac{1}{2}&\frac{1}{2}&\frac{1}{2}&\cdots&1\end{pmatrix}$$

由于 $\boldsymbol{A}$ 的任意 n 阶顺序主子式所对应的矩阵 $\boldsymbol{A}_k$ 与 $\boldsymbol{A}$ 为同类型的对称矩阵，且

$$|\boldsymbol{A}_k|=\left(\frac{1}{2}\right)^k(k+1)>0\qquad(k=1,2,\cdots,n).$$

故原二次型为正定二次型.

记二次型的矩阵 $\boldsymbol{A}=(a_{ij})_{n\times n}$，则 $\boldsymbol{A}$ 的 k 级顺序主子式为

$$|\boldsymbol{A}_k|=\begin{vmatrix}1&\frac{1}{2}&&&\\ \frac{1}{2}&1&\ddots&&\\ &\ddots&\ddots&\ddots&\\ &&\ddots&1&\frac{1}{2}\\ &&&\frac{1}{2}&1\end{vmatrix}=\left(\frac{1}{2}\right)^k\begin{vmatrix}2&1&&&\\ 1&2&\ddots&&\\ &\ddots&\ddots&\ddots&\\ &&\ddots&2&1\\ &&&1&2\end{vmatrix}$$

$$=\left(\frac{1}{2}\right)^k\begin{vmatrix}2&1&0&\cdots&0\\ 0&\frac{3}{2}&1&\cdots&0\\ 0&0&\frac{4}{3}&\cdots&0\\ \vdots&\vdots&\vdots&\ddots&\vdots\\ 0&0&0&\cdots&\frac{k+1}{k}\end{vmatrix}=\left(\frac{1}{2}\right)^k(k+1)>0,$$

故原二次型为正定二次型

8. 知识点窍 正定二次型的判定.

逻辑推理 确定 t 的范围使二次型矩阵的各阶顺序主子式全大于 0.

解题过程 (1)二次型的矩阵为

$$\boldsymbol{A}=\begin{pmatrix}1&t&-1\\ t&1&2\\ -1&2&5\end{pmatrix},$$

由于 A 的各阶顺序主子式为

$$M_1=1>0,$$

$$M_2=\begin{vmatrix}1 & t\\ t & 1\end{vmatrix}>0,$$

$$M_3=|\boldsymbol{A}|=\begin{vmatrix}1 & t & -1\\ t & 1 & 2\\ -1 & 2 & 5\end{vmatrix}>0,$$

当原二次型为正定时,有

$$\begin{cases}1-t^2>0\\ -5t^2-4t>0\end{cases}$$

解上面不等式组,可得$-\frac{4}{5}<t<0$.

(2)二次型的矩阵为

$$\boldsymbol{A}=\begin{pmatrix}1 & t & 5\\ t & 4 & 3\\ 5 & 3 & 1\end{pmatrix},$$

当 A 的所有顺序主子式都大于零时,即

$$M_1=1>0,$$

$$M_2=\begin{vmatrix}1 & t\\ t & 4\end{vmatrix}=4-t^2>0.$$

$$M_3=|A|=\begin{vmatrix}1 & t & 5\\ t & 4 & 3\\ 5 & 3 & 1\end{vmatrix}=-t^2+30t-105>0.$$

由原二次型为正定得

$$\begin{cases}4-t^2>0\\ -t^2+30t-105>0\end{cases}$$

但此不等式组无解,即不存在 t 值使原二次型为正定.

9. **知识点窍** 正定矩阵的性质.

逻辑推理 任一个主子式都可经过原二次型的一个适当的可逆线性替换,成为新表法的一个顺序主子式.

通过对 $\boldsymbol{A}$ 进行初等变换,得到一个新的正定矩阵 $\boldsymbol{B}$,使得 $\boldsymbol{B}$ 的顺序主子式与 $\boldsymbol{A}$ 的对应主子式相同.

解题过程 对任意 $i_1,i_2,\cdots,i_k$ 行,$i_1,i_2,\cdots,i_k$ 列的主子式.补充 $i_{k+1},\cdots,i_n$ 使 $i_1,i_2,\cdots,i_n$ 是 $1,2,\cdots,n$ 的一个排列,作可逆线性替换:$y_1=x_{i_1},y_2=x_{i_2},\cdots,y_n=x_{i_n}$,则

$$f(x_1,\cdots,x_n)=\boldsymbol{X}'\boldsymbol{A}\boldsymbol{X}=\boldsymbol{Y}'\boldsymbol{B}\boldsymbol{Y}$$

$$=\boldsymbol{Y}'\begin{pmatrix} a_{i_1i_1} & a_{i_1i_2} & \cdots & a_{i_1i_k} & \cdots & a_{i_ti_n} \\ a_{i_2i_1} & a_{i_2i_2} & \cdots & a_{i_2i_k} & \cdots & a_{i_2i_n} \\ \vdots & \vdots & & \vdots & & \vdots \\ a_{i_ki_1} & a_{i_ki_2} & \cdots & a_{i_ki_k} & \cdots & a_{i_ki_n} \\ \vdots & \vdots & & \vdots & & \vdots \\ a_{i_ni_1} & a_{i_ni_2} & \cdots & a_{i_ni_k} & \cdots & a_{i_ni_n} \end{pmatrix}\boldsymbol{Y}.$$

这时 $\boldsymbol{Y'BY}$ 仍正定，它的顺序主子式

$$\begin{vmatrix} a_{i_1i_1} & a_{i_1i_2} & \cdots & a_{i_1i_1} \\ a_{i_2i_1} & a_{i_2i_2} & \cdots & a_{i_2i_k} \\ \vdots & \vdots & & \vdots \\ a_{i_ki_1} & a_{i_ki_2} & \cdots & a_{i_ki_k} \end{vmatrix}>0.$$

这是原矩阵 $\boldsymbol{A}$ 的任意 $i_1,i_2,\cdots,i_k$ 行，$i_1,i_2,\cdots,i_k$ 列的主子式.

10. **知识点窍** 正定矩阵的判定.

逻辑推理 构造出正定矩阵的各阶顺序主子式，证明其大于 0.

解题过程

$$t\boldsymbol{E}+\boldsymbol{A}=\begin{bmatrix} t+a_{11} & a_{12} & \cdots & a_{1n} \\ a_{21} & t+a_{22} & \cdots & a_{2n} \\ \vdots & \vdots & \ddots & \vdots \\ a_{n1} & a_{n2} & \cdots & t+a_{nn} \end{bmatrix}$$

它的 k 级顺序主子式为

$$\Delta_k(t)=\begin{vmatrix} t+a_{11} & a_{12} & \cdots & a_{1k} \\ a_{21} & t+a_{22} & \cdots & a_{2k} \\ \vdots & \vdots & \ddots & \vdots \\ a_{k1} & a_{k2} & \cdots & t+a_{kk} \end{vmatrix}$$

当 t 充分大时，$\Delta_t(t)$ 为严格主对角占优矩阵的行列式，且

$$t+a_{11}>\sum_{j=1}|a_{ij}|(i=1,2,\cdots n),$$

故 $\Delta_k(t)>0(k=2,2,\cdots n)$，从而 $t\boldsymbol{E}+\boldsymbol{A}$ 是正定的.

11. **知识点窍** 正定矩阵的判定.

逻辑推理 通过综合运用可逆关系，合同关系和正定矩阵的性质，得到 $\boldsymbol{A}^{-1}$ 与单位矩阵合同的结论.

解题过程 如果 $\boldsymbol{A}$ 是正定矩阵，那么有可逆矩阵 C 使

$$\boldsymbol{C'AC}=\boldsymbol{E}.$$

> 若A为正定矩阵，则 $\boldsymbol{A}$ 与单位矩阵合同，即有可逆矩阵 $\boldsymbol{C}$ 使 $\boldsymbol{CAC}=\boldsymbol{E}$

则

$$\boldsymbol{C}^{-1}\boldsymbol{A}^{-1}(\boldsymbol{C}^{-1})'=E,$$

即 $\boldsymbol{A}^{-1}$ 也是正定矩阵.

12. 知识点窍 半正定二次型的定义及判定.

逻辑推理 通过与 $\boldsymbol{A}$ 对应的二次型 $\boldsymbol{X'AX}$ 的规范形进行思考

解题过程 因为 $|\boldsymbol{A}|<0$,于是 $|\boldsymbol{A}|\neq 0$,所以 $r(\boldsymbol{A})=n$,且 $\boldsymbol{A}$ 不是正定矩阵. 故必存在非退化线性替换 $\boldsymbol{X}=\boldsymbol{C}^{-1}\boldsymbol{Y}$ 使

$$\begin{aligned}\boldsymbol{X'AX}&=\boldsymbol{Y}'(\boldsymbol{C}^{-1})'\boldsymbol{ACY}=\boldsymbol{Y'BY}\\&=y_1^2+y_2^2+\cdots+y_p^2-y_{p+1}^2-y_{p+2}^2-\cdots-y_n^2,\end{aligned}$$

且在规范形中必含带负号的平方项.

令 $y_1=y_2=\cdots=y_{n-1}=0;y_n=1$,即取 $\boldsymbol{Y}_1=(0,\cdots,0,1)'$,则 $\boldsymbol{X}_1=\boldsymbol{CY}_1\neq 0$,且

$$\boldsymbol{X}'_1\boldsymbol{AX}_1=Y'_1(\boldsymbol{C'AC})\boldsymbol{Y}_1=-1<0.$$

因此,存在实 n 维向量 $\boldsymbol{X}_1\neq 0$,使 $\boldsymbol{X}'_1\boldsymbol{AX}_1<0$.

13. 知识点窍 正定矩阵的判定.

逻辑推理 正定性的判定除了采用充要条件外,还可以采用正定二次型或正定矩阵的定义来判定

解题过程 因为 $\boldsymbol{A}$、$\boldsymbol{B}$ 都是 n 级正定矩阵,所以,对任意 n 维非零实向量 $\boldsymbol{X}$,都有

$$\boldsymbol{X'AX}>0,\boldsymbol{X'BX}>0,$$

于是

$$\boldsymbol{X}'(\boldsymbol{A}+\boldsymbol{B})\boldsymbol{X}=\boldsymbol{X'AX}+\boldsymbol{X'BX}>0.$$

又由 $\boldsymbol{A},\boldsymbol{B}$ 都是 n 级实数对称矩阵,知 $\boldsymbol{A}+\boldsymbol{B}$ 也是实对称矩阵,所以 $\boldsymbol{A}+\boldsymbol{B}$ 是正定矩阵.

14. 知识点窍 半正定二次型的判定.

逻辑推理 根据半正定二次型的定义和正惯性指数的定义,利用反证法可证得命题.

解题过程 必要性:采用反证法,若正惯性指数 $p\neq$ 秩 r,则 $p<r$,即

$$f(x_1,x_2,\cdots,x_n)=y_1^2+y_2^2+\cdots+y_p^2-y_{p+1}^2-\cdots-y_r^2,$$

若令

$$y_1=y_2=\cdots=y_p=0,\quad y_{p+1}=\cdots=y_r=1,$$

则可得非零解 $(x_1,x_2,\cdots,x_n)$,使 $f(x_1,x_2,\cdots,x_n)<0$,这与所给条件 $f(x_1,x_2,\cdots,x_n)\geqslant 0$ 矛盾,故 $p=r$.

充分性. 由 $p=r$,知

$$f(x_1,x_2,\cdots,x_n)=y_1^2+y_2^2+\cdots+y_p^2,$$

故有 $f(x_1,x_2,\cdots,x_n)\geqslant 0$,即证二次型半正定.

15. 知识点窍 半正定二次型的判定.

逻辑推理 通过化简成二次型的规范形,运用半正定二次型的定义得到结果.

解题过程

$$n\sum_{i=1}^{n}x_i^2-\left(\sum_{i=1}^{n}x_i\right)^2=\sum_{1\leqslant i<j\leqslant n}(x_i-x_j)^2$$

由于 $f(x_1,x_2,\cdots,x_n)=\sum\limits_{1\leqslant i<j\leqslant n}(x_i-x_j)^2$ 恒大于等于 0.

所以原二次型 $f(x_1,x_2,\cdots,x_n)$ 是半正定的.

16. **知识点窍** 二次型的规范形及其唯一性.

逻辑推理 通过把二次型化成规范形来构造符合命题的向量 $\boldsymbol{X}_0$，进而证得结论.

解题过程 不妨设经过非退化的线性替换 $\boldsymbol{X}=\boldsymbol{CY}$，可以将 $f(x_1,x_2,\cdots,x_n)=\boldsymbol{X}'\boldsymbol{AX}$ 化成规范形如下

$f(x_1,x_2,\cdots,x_n)=\boldsymbol{X}'\boldsymbol{AX}=\boldsymbol{Y}(\boldsymbol{C}'\boldsymbol{AC})\boldsymbol{Y}=y_1^2+y_2^2+\cdots+y_p^2-y_{p+1}^3-\cdots-y_r^2$，其中 r 为二次型的秩，p 为正惯性指数，$r-p$ 为负惯性指数，由于存在实 n 维向量 X_1,X_2 使

$$\boldsymbol{X}'_1\boldsymbol{AX}_1>0,\boldsymbol{X}'_2\boldsymbol{AX}_2<0,$$

故 $p>0$ 且 $r-p>0$.

> 否则,对所有非零向量X,$X'AX$或者全大于0,或全小于0

令 $y_1=y_{p+1}=1$，其余的分量全取 0，即取

$\boldsymbol{Y}_0=(1,0,\cdots0,1,0,\cdots,0)'$，则 $\boldsymbol{X}_0=\boldsymbol{CY}_0\neq0$，且

$$\boldsymbol{X}'_0\boldsymbol{AX}_0=\boldsymbol{Y}'_0(\boldsymbol{C}'\boldsymbol{AC})\boldsymbol{Y}_0=1-1=0.$$

17. **知识点窍** 系数矩阵的秩与线性方程组基础解系所含向量个数相等.

逻辑推理 将命题转化为证线性方程组 $\boldsymbol{A}'\boldsymbol{AX}=0$ 与 $\boldsymbol{AX}=0$ 同解.

解题过程 设 $\boldsymbol{A}=(a_{ij})_{m\times n}$，只要证线性方程组 $\boldsymbol{A}'\boldsymbol{Ax}=0$ 与 $\boldsymbol{Ax}=0$ 同解，便可得基础解系含向量个数相等，即 $n-r(\boldsymbol{A}'\boldsymbol{A})=n-r(\boldsymbol{A})$，从而 $r(\boldsymbol{A}'\boldsymbol{A})=r(\boldsymbol{A})$.

设 $\boldsymbol{x}$ 是 $\boldsymbol{A}'\boldsymbol{AX}=0$ 的解，左乘 $\boldsymbol{x}'$ 得

$$\boldsymbol{0}=\boldsymbol{x}'\boldsymbol{A}'\boldsymbol{Ax}\xrightarrow{\text{令 }\boldsymbol{y}=\boldsymbol{Ax}}\boldsymbol{y}'\boldsymbol{y}=y_1^2+y_2^2+\cdots+y_n^2$$

故 $\boldsymbol{y}=\boldsymbol{0}$，即 $\boldsymbol{x}$ 是 $\boldsymbol{Ax}=\boldsymbol{0}$ 的解.

反之，设 $\boldsymbol{x}$ 是 $\boldsymbol{Ax}=\boldsymbol{0}$ 的解，左乘 $\boldsymbol{A}'$ 得 $\boldsymbol{A}'\boldsymbol{Ax}=\boldsymbol{0}$，即 $\boldsymbol{x}$ 是 $\boldsymbol{A}'\boldsymbol{Ax}=\boldsymbol{0}$ 的解，故 $\boldsymbol{A}'\boldsymbol{Ax}=\boldsymbol{0}$ 与 $\boldsymbol{Ax}=\boldsymbol{0}$ 同解，即秩$(\boldsymbol{A}'\boldsymbol{A})=$秩$(\boldsymbol{A})$.

补充题

1. **知识点窍** 二次型化标准型的方法.

逻辑推理 运用各种变形技巧，消去交叉项，化为平方项.

解题过程

(1)作非退化线性替换
$$\begin{cases} x_1=y_1+y_{2n} \\ x_2=y_2+y_{2n-1} \\ \cdots\cdots\cdots\cdots\cdots\cdots \\ x_n=y_n+y_{n+1} \\ y_{n+1}=y_n-y_{n+1} \\ \cdots\cdots\cdots\cdots\cdots\cdots \\ x_{2n-1}=y_2-y_{2n-1} \\ x_{2n}=y_1-y_{2n} \end{cases}$$

即 $\boldsymbol{X}=\boldsymbol{TY}$，则原二次型的标准形为

$$f=y_1^2+y_2^2+\cdots+y_n^2-y_{n+1}^2-\cdots-y_{2n-1}^2-y_{2n}^2,$$

且替换矩阵

$$\boldsymbol{T}=\begin{pmatrix} 1 & 0 & & & & & 0 & 1 \\ 0 & 1 & & & & & 1 & 0 \\ & & \ddots & & & \iddots & & \\ & & & 1 & 1 & & & \\ & & & 1 & -1 & & & \\ & & \iddots & & & \ddots & & \\ 0 & 1 & & & & & -1 & 0 \\ 1 & 0 & & & & & 0 & -1 \end{pmatrix}$$

使

$$\boldsymbol{T'AT}=\begin{pmatrix} 1 & & & & & \\ & \ddots & & & & \\ & & 1 & & & \\ & & & -1 & & \\ & & & & \ddots & \\ & & & & & -1 \end{pmatrix},$$

其中

$$\boldsymbol{A}=\begin{pmatrix} & & & & \frac{1}{2} \\ & & & \frac{1}{2} & \\ & & \iddots & & \\ & \frac{1}{2} & & & \\ \frac{1}{2} & & & & \end{pmatrix},$$

(2)若

$$y_1=\frac{x_1+x_2+x_3}{2},\qquad y_2=\frac{x_1-x_2+x_3}{2},$$

则 $$\begin{aligned} y_1^2-y_2^2&=(y_1+y_2)(y_1-y_2)\\ &=x_1x_2+x_2x_3, \end{aligned}$$

于是当 n 为奇数时,作变换

$$\begin{cases} y_1=\dfrac{x_1+x_{i+1}+x_{i+2}}{2} \\ y_{1+1}=\dfrac{x_1-x_{i+1}+x_{i+2}}{2} \\ y_n=x_n \end{cases}\qquad (i=1,3,5,\cdots,n-2).$$

则

$$x_1x_2+x_2x_3+\cdots+x_{n-1}x_n=y_1^2-y_2^2+y_3^2-y_4^2+\cdots+y_{n-2}^2-y_{n-1}^2.$$

当 $n=4k+1$ 时,得非退化替换矩阵为

$$\boldsymbol{T}=\begin{pmatrix} 1 & 1 & -1 & -1 & \cdots & -1 & -1 & 1 \\ 1 & -1 & 0 & 0 & \cdots & 0 & 0 & 0 \\ & & 1 & 1 & \cdots & 1 & 1 & -1 \\ & & 1 & -1 & \cdots & 0 & 0 & 0 \\ \cdots & \cdots & \cdots & \cdots & \cdots & \cdots & \cdots & \cdots \\ & & & & & 1 & -1 & 0 \\ & & & & & & & 1 \end{pmatrix}$$

当 $n=4k+3$ 时,得非退化替换矩阵为

$$\boldsymbol{T}=\begin{pmatrix} 1 & 1 & -1 & -1 & \cdots & 1 & 1 & -1 \\ 1 & -1 & 0 & 0 & \cdots & 0 & 0 & 0 \\ & & 1 & 1 & \cdots & -1 & -1 & 1 \\ & & 1 & -1 & \cdots & 0 & 0 & 0 \\ \cdots & \cdots & \cdots & \cdots & \cdots & \cdots & \cdots & \cdots \\ & & & & & 1 & -1 & 0 \\ & & & & & & & 1 \end{pmatrix}$$

当 n 为奇数时,则

$$
T'AT=\begin{pmatrix}1&&&&&&&\\&-1&&&&&&\\&&1&&&&&\\&&&-1&&&&\\&&&&\ddots&&&\\&&&&&1&&\\&&&&&&-1&\\&&&&&&&0\end{pmatrix}
$$

当 n 为偶数时，作非退化线性替换

$$
\begin{cases}
y_1=\dfrac{x_1+x_{i+1}+x_{i+2}}{2}\\
y_{i+1}=\dfrac{x_i-x_{i+1}+x_{i+2}}{2}\\
y_{n-1}=\dfrac{x_{n-1}+x_n}{2}\\
y_n=\dfrac{x_{n-1}-x_n}{2}
\end{cases}\quad (i=1,3,5,\cdots,n-3),
$$

则

$$
x_1x_2+x_2x_3+\cdots+x_{n-1}x_n=y_1^2-y_2^2+y_3^2-y_4^2+\cdots+y_{n-1}^2-y_n^2.
$$

于是当 $n=4k$ 和 $n=4k+2$ 时，得非退化替换矩阵为

$$
T=\begin{pmatrix}
1&1&-1&-1&\cdots&-1&-1\\
1&-1&0&0&\cdots&0&0\\
&&1&1&\cdots&1&1\\
&&1&-1&\cdots&0&0\\
\cdots&\cdots&\cdots&\cdots&\cdots&\cdots&\cdots\\
&&&&&1&1\\
&&&&&1&-1
\end{pmatrix}
$$

故当 n 为偶数时，都有

$$
T'AT=\begin{pmatrix}1&&&&&&\\&-1&&&&&\\&&1&&&&\\&&&-1&&&\\&&&&\ddots&&\\&&&&&1&\\&&&&&&-1\end{pmatrix}
$$

(3) 令 $f(n,k)=\sum\limits_{i=1}^{n}x_i^2+\dfrac{2}{k}\sum\limits_{1\leqslant i<j\leqslant n}x_ix_j$.（$k$ 为正整数），

则原二次型为 $f(n,2)$，$f(n,k)$ 可变为

$$f(n,k)=\left(x_n+\frac{1}{k}\sum_{i=1}^{n-1}x_i\right)^2+\left(1-\frac{1}{k^2}\right)f(n-1,k+1),k\geqslant 2,$$

令 $y_i=x_{n+1-i}+\frac{1}{1+i}\sum_{j=1}^{n-i}x_j$，则原二次型的标准形为

$$f=y_1^2+\frac{3}{4}y_2^2+\cdots+\frac{n}{2(n-1)}y_{n-1}^2+\frac{n+1}{2n}y_n^2.$$

相应的替换矩阵为

$$\boldsymbol{T}=\begin{pmatrix}1 & -\frac{1}{2} & -\frac{1}{3} & \cdots & -\frac{1}{n-1} & -\frac{1}{n}\\ 0 & 1 & -\frac{1}{3} & \cdots & -\frac{1}{n-1} & -\frac{1}{n}\\ 0 & 0 & 1 & \cdots & -\frac{1}{n-1} & -\frac{1}{n}\\ \cdots & \cdots & \cdots & \cdots & \cdots & \cdots\\ 0 & 0 & 0 & \cdots & 1 & -\frac{1}{n}\\ 0 & 0 & 0 & \cdots & 0 & 1\end{pmatrix}$$

又因为

$$\boldsymbol{A}=\begin{pmatrix}1 & \frac{1}{2} & \cdots & \frac{1}{2} & \frac{1}{2}\\ \frac{1}{2} & 1 & \cdots & \frac{1}{2} & \frac{1}{2}\\ \cdots & \cdots & \cdots & \cdots & \cdots\\ \frac{1}{2} & \frac{1}{2} & \cdots & 1 & \frac{1}{2}\\ \frac{1}{2} & \frac{1}{2} & \cdots & \frac{1}{2} & 1\end{pmatrix}$$

所以

$$\boldsymbol{T}'\boldsymbol{A}\boldsymbol{T}=\begin{pmatrix}1 & 0 & 0 & \cdots & 0 & 0\\ 0 & \frac{3}{4} & 0 & \cdots & 0 & 0\\ 0 & 0 & \frac{4}{6} & \cdots & 0 & 0\\ \cdots & \cdots & \cdots & \cdots & \cdots & \cdots\\ 0 & 0 & 0 & \cdots & \frac{n}{2(n-1)} & 0\\ 0 & 0 & 0 & \cdots & 0 & \frac{n+1}{2n}\end{pmatrix}$$

(4)令

$$\begin{cases} y_1 = x_1 - \overline{x} \\ y_2 = x_2 - \overline{x} \\ \cdots\cdots\cdots\cdots \\ y_{n-1} = x_{n-1} - \overline{x} \\ y_n = x_n \end{cases}$$

则 $\begin{cases} x_1 - 2y_1 + \sum\limits_{i=2}^{n} y_1 \\ x_2 - y_1 + 2y_2 + \sum\limits_{i=3}^{n} y_4 \\ \cdots\cdots\cdots\cdots\cdots\cdots\cdots\cdots \\ x_{n-1} = \sum\limits_{n=1}^{n-2} y_1 + 2y_{n-1} + y_n \\ x_n - y_n \end{cases}$

代入原方程式得

$$\begin{aligned} 原式 &= \sum_{i=1}^{n-1} y_1^2 + (y_n - \sum_{i=1}^{n} y_1)^2 = \sum_{i=1}^{n-1} y_i^2 + (\sum_{i=1}^{n-1} y_i)^2 \\ &= 2(\sum_{i=1}^{n-1} y_1^2 + \sum_{1 \leqslant t < j \leqslant n-1} y_i y_j) \\ &= 2\left(2_1^2 + \frac{3}{4} z_2^2 + \cdots + \frac{n}{2(n-1)} z_{n-1}^2\right) \\ &= 2z_1^2 + \frac{3}{2} z_2^2 + \cdots + \frac{n}{n-1} z_{n-1}^2. \end{aligned}$$

其中所作非退化的线性替换为

$$\begin{cases} y_1 = z_1 - \frac{1}{2} z_2 - \frac{1}{3} z_3 - \cdots - \frac{1}{n-1} z_{n-1} \\ y_2 = z_3 - \frac{1}{3} z_3 - \frac{1}{4} z_4 - \cdots - \frac{1}{n-1} z_{n-1} \\ \cdots\cdots\cdots\cdots\cdots\cdots\cdots\cdots\cdots\cdots\cdots\cdots \\ y_{n-1} = z_{n-1} \\ y_n = z_n \end{cases}$$

故非退化的替换矩阵为

$$T=\begin{pmatrix}2&1&1&\cdots&1&1\\1&2&1&\cdots&1&1\\1&1&2&\cdots&1&1\\\cdots&\cdots&\cdots&\cdots&\cdots&\cdots\\1&1&1&\cdots&2&1\\0&0&0&\cdots&0&1\end{pmatrix}\begin{pmatrix}1&-\frac{1}{2}&-\frac{1}{3}&\cdots&-\frac{1}{n-1}&0\\0&1&-\frac{1}{3}&\cdots&-\frac{1}{n-1}&0\\0&0&1&\cdots&-\frac{1}{n-1}&0\\\cdots&\cdots&\cdots&\cdots&\cdots&\cdots\\0&0&0&\cdots&1&0\\0&0&0&\cdots&0&1\end{pmatrix}$$

$$=\begin{pmatrix}2&0&0&\cdots&0&1\\1&\frac{3}{2}&0&\cdots&0&1\\1&\frac{1}{2}&\frac{4}{3}&\cdots&0&1\\\cdots&\cdots&\cdots&\cdots&\cdots&\cdots\\0&\frac{1}{2}&\frac{1}{3}&\cdots&\frac{n}{n-1}&1\\0&0&0&\cdots&0&1\end{pmatrix}$$

因为

$$\sum_{i=1}^{n}(x_i-\bar{x})^2=(x_1-\bar{x},x_2-\bar{x},\cdots,x_n-\bar{x})\begin{pmatrix}x_1-\bar{x}\\x_2-\bar{x}\\\vdots\\x_n-\bar{x}\end{pmatrix}$$

$$=(x_1,x_2,\cdots x_n)\begin{pmatrix}\frac{n-1}{n}&-\frac{1}{n}&\cdots&-\frac{1}{n}\\-\frac{1}{n}&\frac{n-1}{n}&\cdots&-\frac{1}{n}\\\vdots&\vdots&\ddots&\vdots\\-\frac{1}{n}&-\frac{1}{n}&\cdots&\frac{n-1}{n}\end{pmatrix}$$

$$\begin{pmatrix}\frac{n-1}{n}&-\frac{1}{n}&\cdots&-\frac{1}{n}\\-\frac{1}{n}&\frac{n-1}{n}&\cdots&-\frac{1}{n}\\\vdots&\vdots&\ddots&\vdots\\-\frac{1}{n}&-\frac{1}{n}&\cdots&\frac{n-1}{n}\end{pmatrix}\begin{pmatrix}x_1\\x_2\\\vdots\\x_n\end{pmatrix}$$

$$=(x_1,x_2,\cdots,x_x)\begin{pmatrix}\frac{n-1}{n} & -\frac{1}{n} & \cdots & -\frac{1}{n}\\ -\frac{1}{n} & \frac{n-1}{n} & \cdots & -\frac{1}{n}\\ \vdots & \vdots & \ddots & \vdots\\ -\frac{1}{n} & -\frac{1}{n} & \cdots & \frac{n-1}{n}\end{pmatrix}\begin{pmatrix}x_1\\x_2\\\vdots\\x_n\end{pmatrix}=\boldsymbol{Z'AZ},$$

所以

$$\boldsymbol{T'AT}=\begin{pmatrix}2 & 0 & 0 & \cdots & 0 & 0\\ 0 & \frac{3}{2} & 0 & \cdots & 0 & 0\\ 0 & 0 & \frac{4}{3} & \cdots & 0 & 0\\ \cdots & \cdots & \cdots & \cdots & \cdots & \cdots\\ 0 & 0 & 0 & \cdots & \frac{n}{n-1} & 0\\ 0 & 0 & 0 & \cdots & 0 & 0\end{pmatrix}$$

2. **知识点窍** 二次型的秩与矩阵的秩的相互联系.

逻辑推理 运用习题 17 的结论秩($\boldsymbol{AA'}$)＝秩($\boldsymbol{A}$)，通过化简可得结论.

解题过程 $f(x_1,x_2,\cdots,x_n)=\sum\limits_{i=1}^{s}(a_{i1}x_1+\cdots+a_{in}x_n)^2$　　（利用了秩($\boldsymbol{AA'}$)=秩($\boldsymbol{A}$)）

$$=\sum_{i=1}^{s}\left[(x_1,x_2,\cdots,x_n)\begin{pmatrix}a_{i1}\\a_{i2}\\\vdots\\a_{in}\end{pmatrix}\right]\left[(a_{i1},a_{i2},\cdots,a_{in})\begin{pmatrix}x_1\\x_2\\\vdots\\x_n\end{pmatrix}\right]$$

$$=(x_1,x_2,\cdots,x_n)\left[\sum_{i=1}^{s}\begin{pmatrix}a_{i1}\\a_{i2}\\\vdots\\a_{in}\end{pmatrix}(a_{i1},a_{i2},\cdots,a_{in})\right]\begin{pmatrix}x_1\\x_2\\\vdots\\x_n\end{pmatrix}$$

$$=\boldsymbol{X'}(\boldsymbol{A'A})\boldsymbol{X},$$

其中 $\boldsymbol{X}=\begin{pmatrix}x_1\\x_2\\\vdots\\x_n\end{pmatrix},\boldsymbol{A}=\begin{pmatrix}a_{11} & a_{12} & \cdots & a_{1n}\\ a_{21} & a_{22} & \cdots & a_{2n}\\ \cdots & \cdots & & \cdots\\ a_{s1} & a_{s2} & \cdots & a_{sn}\end{pmatrix}$.

因为 $f(x_1,x_2,\cdots,x_n)$的矩阵为 $\boldsymbol{A'A}$，由习题 17 已证结论可知，秩($\boldsymbol{A'A}$)＝秩($\boldsymbol{A}$)，从而得出 f 的秩为 $\boldsymbol{A}$ 的秩.

3. **知识点窍** 正、负惯性指数的定义；二次型的化简.

逻辑推理 一般可采用与线性方程组的解的个数进行联系的方法来讨论不等关系.

解题过程 设 $l_i=b_{i1}x_1+b_{i2}x_2+\cdots+b_{in}x_n(i=1,2,\cdots,p+q)$,

$f(x_1,x_2,\cdots,x_n)$的正惯性指数为 s,秩为 r,则存在非退化线性替换

$$y_i=c_{i1}x_1+c_{i2}x_2+\cdots+c_{in}x_n\quad(i=1,2,\cdots,n)$$

使得

$$\begin{aligned}f(x_1,x_2,\cdots,x_n)&=l_1^2+l_2^2+\cdots+l_p^2-l_{p+1}^2-\cdots-l_{p+q}^2\\&=y_1^2+\cdots+y_s^2-y_{s+1}^2-\cdots-y_r^2\end{aligned}$$

下面证明 $s\leqslant p$. 采用反证法设 $s>p$,考虑线性方程组

$$\begin{cases}b_{11}x_1+\cdots+b_{1n}x_n=0\\\cdots\cdots\cdots\cdots\cdots\cdots\\b_{p1}x_1+\cdots+b_{pn}x_n=0\\c_{s+1,1}x_1+\cdots+c_{s+1,n}x_n=0\\\cdots\cdots\cdots\cdots\cdots\cdots\\c_{n1}x_1+\cdots+c_{nn}x_n=0\end{cases}$$

本题的关键是构造方程个数小于未知量个数的线性方程组

该方程组含 $p+n-s$ 个方程,小于未知量的个数 n,故它必有非零解$(a_1,a_2,\cdots,a_n)$,于是

$$f(a_1,a_2,\cdots,a_n)=-l_{p+1}^2-\cdots-l_{p+q}^2=y_1^2+\cdots+y_s^2$$

上式成立,必有

$$l_{p+1}=\cdots=l_{p+q}=0,y_1=\cdots=y_s=0,$$

这就是说,对于 $x_1=a_1,x_2=a_2,\cdots,x_n=a_n$ 这组非零数,有

$$y_1=0,y_2=0,\cdots,y_n=0,$$

这与线性替换 $\boldsymbol{Y}=\boldsymbol{CX}$ 的系数矩阵非退化的条件矛盾,所以

$$s\leqslant p.$$

同理可证负惯性指数 $r-s\leqslant p$. 即证.

4. 知识点窍 对称矩阵、分块矩阵的相关性质.

逻辑推理 通过构造出符合条件的 $\boldsymbol{T}$ 可证得结论.

解题过程 只要令 $\boldsymbol{T}'=\begin{pmatrix}\boldsymbol{E}&\boldsymbol{O}\\-\boldsymbol{A}_{21}\boldsymbol{A}_{11}^{-1}&\boldsymbol{E}\end{pmatrix}$,则 $\boldsymbol{T}=\begin{pmatrix}\boldsymbol{E}&-(\boldsymbol{A}_{11}^{-1})'\boldsymbol{A}'_{12}\\\boldsymbol{O}&\boldsymbol{E}\end{pmatrix}$,

由$\boldsymbol{A}$是对称矩阵可以得到$\boldsymbol{A}_{11}$、$\boldsymbol{A}_{12}$是对称矩阵,同时$\boldsymbol{A}_{12}=\boldsymbol{A}'_{21}$

注意到

$$\boldsymbol{A}_{12}=\boldsymbol{A}'_{21},\quad(\boldsymbol{A}_{11}^{-1})'=\boldsymbol{A}_{11}^{-1},$$

则有

$$\boldsymbol{T}'\boldsymbol{A}\boldsymbol{T}=\begin{pmatrix}\boldsymbol{E}&\boldsymbol{O}\\-\boldsymbol{A}_{21}\boldsymbol{A}_{11}^{-1}&E\end{pmatrix}\begin{pmatrix}\boldsymbol{A}_{11}&\boldsymbol{A}_{12}\\\boldsymbol{A}_{21}&\boldsymbol{A}_{22}\end{pmatrix}\begin{pmatrix}\boldsymbol{E}&-\boldsymbol{A}_{11}^{-1}\boldsymbol{A}_{12}\\\boldsymbol{O}&\boldsymbol{E}\end{pmatrix}$$

$$=\begin{pmatrix} A_{11} & A_{12} \\ O & -A_{-21}A_{11}^{-1}A_{12}+A_{22} \end{pmatrix}\begin{pmatrix} E & -A_{11}^{-1}A_{12} \\ O & E \end{pmatrix}$$

$$=\begin{pmatrix} A_{11} & O \\ O & * \end{pmatrix}.$$

即证.

5. **知识点窍** 合同矩阵的定义和性质.

逻辑推理 对反对称矩阵的级数应用数学归纳法,同时应用合同矩阵的定义和性质可证得结论.

解题过程 采用归纳法,当 $n=1$ 时,$\boldsymbol{A}=(0)$合同于(0),结论成立,下面设 $\boldsymbol{A}$ 为非零反对称矩阵.

当 $n=2$ 时

$$\boldsymbol{A}=\begin{pmatrix} 0 & a_{12} \\ -a_{12} & 0 \end{pmatrix}\xrightarrow[\text{第 2 列乘 } a_{12}^{-1}]{\text{第 2 行乘 } a_{12}^{-1}}\begin{pmatrix} 0 & 1 \\ -1 & 0 \end{pmatrix},$$

故 $\boldsymbol{A}$ 与$\begin{pmatrix} 0 & 1 \\ -1 & 0 \end{pmatrix}$合同,结论成立.

假设 $n\leqslant k$ 时结论成立,今考察 $n=k+1$ 的情形,这时

$$\boldsymbol{A}=\begin{pmatrix} 0 & \cdots & a_{1k} & a_{1,k+1} \\ \vdots & \ddots & \vdots & \vdots \\ -a_{1k} & \cdots & 0 & a_{k,k+1} \\ -a_{1,k+1} & \cdots & -a_{k,k+1} & 0 \end{pmatrix}$$

如果最后一行(列)元素全为零,则由归纳假设,结论已证.若不然,经过行列同时对换,不妨设 $a_{k,k+1}\neq 0$,并将最后一行和最后一列都乘以$\dfrac{1}{a_{k,k+1}}$,则 $\boldsymbol{A}$ 可化成

$$\begin{pmatrix} 0 & \cdots & a_{1k} & b_1 \\ \vdots & \ddots & \vdots & \vdots \\ -a_{1k} & \cdots & 0 & 1 \\ -b_1 & \cdots & -1 & 0 \end{pmatrix}$$

再将最后两行两列的其他零元 $b_1, a_{ik}(i=1,2,\cdots,k)$化成零,则有

$$\begin{pmatrix} 0 & \cdots & b_{1,k-1} & 0 & 0 \\ \vdots & \ddots & \vdots & \vdots & \vdots \\ -b_{1,k-1} & \cdots & 0 & 0 & 0 \\ 0 & \cdots & 0 & 0 & 1 \\ 0 & \cdots & 0 & -1 & 0 \end{pmatrix}$$

由归纳假设知的矩阵$\begin{pmatrix} 0 & \cdots & b_{1,k-1} \\ \vdots & & \vdots \\ -b_{1,k-1} & \cdots & 0 \end{pmatrix}$与$\begin{pmatrix} 0 & -1 & & \\ -1 & 0 & & \\ & & \ddots & \\ & & & \ddots \end{pmatrix}$的矩阵合同,

从而 $\boldsymbol{A}$ 合同于矩阵

$$\begin{pmatrix} 0 & 1 & & & & & & & \\ -1 & 0 & & & & & & & \\ & & \ddots & & & & & & \\ & & & 0 & 1 & & & & \\ & & & -1 & 0 & & & & \\ & & & & & 0 & & & \\ & & & & & & \ddots & & \\ & & & & & & & 0 & 1 \\ & & & & & & & -1 & 0 \end{pmatrix}.$$

再对上面矩阵作行交换和列交换，便知结论对 $k+1$ 级矩阵也成立，即证.

6. 知识点窍 正定矩阵的定义和性质.

逻辑推理 运用已证结论，通过不等式化简可证得结论.

解题过程 $$|\boldsymbol{X'AX}| = \left|\sum_{j=1}^{n}\sum_{j=1}^{n} a_{ij}x_ix_j\right| \leqslant \sum_{i=1}^{n}\sum_{j=1}^{n} |a_{ij}||x_i||x_j|,\text{(其中 } i=1, j=1)$$

若 $a = \max\limits_{i,j} |a_{ij}|$，则

$$|\boldsymbol{X'AX}| \leqslant a\sum_{ij} |x_i||x_j|$$

利用 $|x_i||x_j| \leqslant \dfrac{x_1^2 + x_1^2}{2}$ 可得

$$|\boldsymbol{X'AX}| \leqslant a\sum_{i,j} \frac{x_i^2 + x_j^2}{2} = an\sum_{i} x_i^2 = c\boldsymbol{X'X},$$

注意 $\sum\limits_{i=1}^{n} x_i^2 = \boldsymbol{X'X}$

其中 $c=an$，即证.

7. (1) 知识点窍 矩阵分块的定义和性质

逻辑推理 通过对 $\boldsymbol{A}$、$\boldsymbol{T}$ 进行矩阵分块，构造出 $\boldsymbol{A}$ 与 $\boldsymbol{B}$ 的对应顺序主子式的相互关系

解题过程 令 $\boldsymbol{T}=\begin{pmatrix} \boldsymbol{T}_{11} & \boldsymbol{T}_{12} \\ \boldsymbol{O} & \boldsymbol{T}_{22} \end{pmatrix}, \boldsymbol{A}=\begin{pmatrix} \boldsymbol{A}_{11} & \boldsymbol{A}_{12} \\ \boldsymbol{A}_{21} & \boldsymbol{A}_{22} \end{pmatrix}$，则

其中 $\boldsymbol{A}_{11}$ 和 $\boldsymbol{T}_{11}$ 是 k 级方阵，且 $\boldsymbol{T}_{11}$ 是上三角矩阵

$$\boldsymbol{B}=\boldsymbol{T'AT}=\begin{pmatrix} \boldsymbol{T'}_{11} & \boldsymbol{O} \\ \boldsymbol{T'}_{12} & \boldsymbol{T'}_{22} \end{pmatrix}\begin{pmatrix} \boldsymbol{A}_{11} & \boldsymbol{A}_{12} \\ \boldsymbol{A}_{21} & \boldsymbol{A}_{22} \end{pmatrix}\begin{pmatrix} \boldsymbol{T}_{11} & \boldsymbol{T}_{21} \\ \boldsymbol{O} & \boldsymbol{T}_{22} \end{pmatrix}$$

$$=\begin{pmatrix} \boldsymbol{T'}_{11}\boldsymbol{A}_{11}\boldsymbol{T}_{11} & * \\ * & * \end{pmatrix}$$

由于 $|\boldsymbol{T'}_{11}\boldsymbol{A}_{11}\boldsymbol{T}_{11}| = |\boldsymbol{T}_{11}||\boldsymbol{A}_{11}||\boldsymbol{T}_{11}| = 1\times|\boldsymbol{A}_{11}|\times 1 = |\boldsymbol{A}_{11}|$ 命题得证.

(2) 知识点窍 矩阵分块的定义和性质.

逻辑推理 运用数学归纳法，推导出特殊上三角矩阵了所满足的条件.

解题过程 应用数学归纳法.

对 $\boldsymbol{A}$ 的级数作数学归纳法.

$n=1$ 时,结论显然,设对 $n=1$ 级实对称矩阵结论已成立. 设 $\boldsymbol{A}$ 是 n 级实对称矩阵且 $a_{11}\neq 0$. 令

$$\boldsymbol{T}_1=\begin{pmatrix}1 & -\frac{a_{12}}{a_{11}} & \cdots & -\frac{a_{1n}}{a_{11}}\\ 0 & 1 & \cdots & 0\\ \vdots & \vdots & & \vdots\\ 0 & 0 & \cdots & 1\end{pmatrix}=\begin{pmatrix}1 & -\frac{a_{21}}{a_{11}} & \cdots & -\frac{a_{n1}}{a_{11}}\\ 0 & 1 & \cdots & 0\\ \vdots & \vdots & & \vdots\\ 0 & 0 & \cdots & 1\end{pmatrix}$$

则 $\boldsymbol{T}_1$ 是一个特殊上三角形矩阵,而 $\boldsymbol{T}''_1$ 是特殊下三角形矩阵.

$$\boldsymbol{T}'_1\boldsymbol{A}\boldsymbol{T}_1=\boldsymbol{T}'_1\begin{pmatrix}a_{11} & 0 & \cdots & 0\\ a_{21} & & & \\ \vdots & & \boldsymbol{B}_1 & \\ a_{n1} & & & \end{pmatrix}=\begin{pmatrix}a_{11} & 0 & \cdots & 0\\ 0 & & & \\ \vdots & & \boldsymbol{A}_1 & \\ 0 & & & \end{pmatrix},$$

其中 $\boldsymbol{A}_1$ 是一个实对称矩阵且其顺序主子式全不为 0,因此,根据数学归纳法假设,有 $n-1$级特殊上三角形矩阵 $\boldsymbol{T}_2$,使得

$$\boldsymbol{T}'_2\boldsymbol{A}_1\boldsymbol{T}_2=\begin{pmatrix}b_2 & & & \\ & b_3 & & \\ & & \ddots & \\ & & & b_n\end{pmatrix}$$

为对角矩阵,令 $\boldsymbol{T}=\boldsymbol{T}_1\begin{pmatrix}1 & 0\\ 0 & \boldsymbol{T}_2\end{pmatrix}$,则

$$\boldsymbol{T}'\boldsymbol{A}\boldsymbol{T}=\begin{pmatrix}a_{11} & & & & \\ & b_2 & & & \\ & & b_3 & & \\ & & & \ddots & \\ & & & & b_n\end{pmatrix}$$

是一个对角矩阵,而 $\boldsymbol{T}$ 是两个特殊上三角形矩阵的乘积,仍是特殊上三角形矩阵.

根据归纳法原理,结论对一切 n 级实对称矩阵都成立.

(3) **知识点窍** 正定二次型和顺序主子式的定义.

逻辑推理 运用已证的两个结论可直接证出命题的充分性.

解题过程 设 $\boldsymbol{A}$ 的顺序主子式全大于 0,于是由 2)有特殊上三角形矩阵 $\boldsymbol{T}$ 使 $\boldsymbol{T}'\boldsymbol{A}\boldsymbol{T}$ 为对角矩阵:

$$\boldsymbol{T}'\boldsymbol{A}\boldsymbol{T}=\begin{pmatrix}b_1 & & & \\ & b_2 & & \\ & & \ddots & \\ & & & b_n\end{pmatrix}$$

由 1)$T'AT$ 的顺序主子式与 A 的对应顺序主子式相同,也都大于 0,因此有

$$b_1>0,b_1b_2>0,\cdots,b_1b_2\cdots b_n>0,$$

由此得

$$b_i>0,i=1,2,\cdots,n,$$

所以 A 是一个正定矩阵.

8. (1) 知识点窍 正定二次型的判定.

逻辑推理 运用线性替换及矩阵分块,构造出所证二次型与给定二次型间的关系式.

解题过程 作变换 $Y=AZ$,即

$$\begin{pmatrix} y_1 \\ y_2 \\ \vdots \\ y_n \end{pmatrix}=\begin{pmatrix} a_{11} & a_{12} & \cdots & a_{1n} \\ a_{21} & a_{22} & \cdots & a_{2n} \\ \cdots & \cdots & \cdots & \cdots \\ a_{n1} & a_{n2} & \cdots & a_{nn} \end{pmatrix}\begin{pmatrix} z_1 \\ z_2 \\ \vdots \\ z_n \end{pmatrix}$$

则

$$\begin{aligned} f(y_1,y_2,\cdots,y_n)&=\begin{vmatrix} a_{11} & \cdots & a_{1n} & 0 \\ \cdots & \cdots & \cdots & \\ a_{n1} & \cdots & a_{nn} & 0 \\ y_1 & \cdots & y_n & -(y_1z_1+\cdots+y_nz_n) \end{vmatrix} \\ &=-|A|(y_1z_1+\cdots+y_nz_n) \\ &=-|A|Y'Z=-|A|Z'A'Z \\ &=-|A|Z'AZ, \end{aligned}$$

因为 A 是正定矩阵,所以 $f(y_1,y_2,\cdots,y_n)$ 为负定二次型.

(2) 知识点窍 正定矩阵的定义.

逻辑推理 直接构造所证不等式两端项的差,运用已证得的结论可证得命题.

解题过程 A 为正定矩阵,故 H_{n-1} 对应的 $n-1$ 阶矩阵也是正定矩阵,由(1)知

$$f_{n-1}(y_1,\cdots,y_{n-1})=\begin{pmatrix} a_{11} & \cdots & a_{1n-1} & y_1 \\ \vdots & \ddots & \vdots & \vdots \\ a_{n-1,1} & \cdots & a_{n-1,n-1} & y_{n-1} \\ y_1 & \cdots & y_{n-1} & 0 \end{pmatrix}$$

是负定二次型,注意到

$$|A|=\begin{vmatrix} a_{11} & \cdots & a_{1,n-1} & a_{1n} \\ \cdots & \cdots & \cdots & \cdots \\ a_{n-1,1} & \cdots & a_{n-1,n-1} & a_{n-1,n} \\ a_{n1} & \cdots & a_{n,n-1} & a_{nn} \end{vmatrix}$$

$$=\begin{vmatrix} a_{11} & \cdots & a_{1,n-1} & a_{1n} \\ \vdots & \ddots & \vdots & \vdots \\ a_{n-1,1} & \cdots & a_{n-1,n-1} & a_{n-1,n} \\ a_{n1} & \cdots & a_{n,n+1} & 0 \end{vmatrix}+\begin{vmatrix} a_{11} & \cdots & a_{1,n-1} & 0 \\ \vdots & \ddots & \vdots & \vdots \\ a_{n-1,1} & \cdots & a_{n-1,n-1} & 0 \\ a_{n1} & \cdots & a_{n,n-1} & a_{nn} \end{vmatrix}$$

$$=f_{n-1}(a_{1n},a_{2n},\cdots,a_{n-1,n})+a_{nn}\boldsymbol{H}_{n-1}.$$

又因 $f_{n-1}(a_{1n},a_{2n},\cdots,a_{n-1,n})<0$（$a_{in}$ 中至少有一个不为 0 时），所以

$$|\boldsymbol{A}|<a_{nn}\boldsymbol{H}_{n-1}.$$

当 $a_{1n}=a_{2n}=\cdots=a_{n-1,n}=0$ 时，有

$$|\boldsymbol{A}|=a_{nn}H_{n-1},$$

综上有 $|\boldsymbol{A}|\leqslant a_{nn}H_{n-1}$，即证.

(3) **知识点窍** 行列式的展开.

逻辑推理 直接运用行列式的展开，在已证得的结论的基础上可证得命题.

解题过程 由(2)，得

$$|\boldsymbol{A}|\leqslant a_{nn},\boldsymbol{H}_{n-1}\leqslant a_{nn}a_{n-1,n-1}H_{n-2}\leqslant\cdots\leqslant a_{nn}a_{n-1,n-1}\cdots a_{11}.$$

(4) **知识点窍** 线性替换的性质；正定矩阵的判定.

逻辑推理 通过利用线性替换的性质和正定矩阵的判定条件构造出所证不等式，运用已证结论可证得命题.

解题过程 作非退化的线性替换 $\boldsymbol{X}=\boldsymbol{TY}$，则 $\boldsymbol{X}'\boldsymbol{X}=\boldsymbol{Y}'\boldsymbol{T}'\boldsymbol{TY}$ 为正定二次型，故 $\boldsymbol{T}'\boldsymbol{T}$ 是正定矩阵. 且

$$\boldsymbol{T}'\boldsymbol{T}=\begin{pmatrix} t_{11} & \cdots & t_{n1} \\ \vdots & \ddots & \vdots \\ t_{1n} & \cdots & t_{nn} \end{pmatrix}\begin{pmatrix} t_{11} & \cdots & t_{1n} \\ \vdots & \ddots & \vdots \\ t_{n1} & \cdots & t_{nn} \end{pmatrix}$$

$$=\begin{pmatrix} t_{11}^2+t_{21}^2+\cdots+t_{n1}^2 & & & \\ & t_{12}^2+t_{22}^2+\cdots+t_{n2}^2 & & \\ & & \ddots & \\ & & & t_{1n}^2+t_{2n}^2+\cdots+t_{nn}^2 \end{pmatrix}.$$

再由(3)，得

$$|\boldsymbol{T}^2|=|\boldsymbol{T}'\boldsymbol{T}|\leqslant\prod_{j=1}^{n}(t_{1j}^2+t_{2j}^2+\cdots+t_{nj}^2).$$

9. **知识点窍** 半正定矩阵的定义及判定；正定矩阵的性质及判定.

逻辑推理 通过利用半正定矩阵的定义及判定条件可证得必要性；通过正定矩阵的性质和判定条件，利用反证法可证得充分性.

解题过程 ①必要性：取 $\boldsymbol{A}$ 的任一个 m 阶主子式相应的矩阵

$$\boldsymbol{A}_m=\begin{pmatrix} a_{i_1 1_1} & \cdots & a_{i_1 1_n} \\ \vdots & \ddots & \vdots \\ a_{1_n 1_1} & \cdots & a_{i_m 1_m} \end{pmatrix},$$

$\boldsymbol{A}_m$ 对应的二次型为

$$\sum a_{ij} x_{i_1} x_{i_k} = \boldsymbol{X}'_1 \boldsymbol{A}^{(m)} \boldsymbol{X}_1,$$

令 $x_1 = 0(i \neq i_1, i_2, \cdots, i_m)$，代入 $\sum_{i,j=1}^{n} a_{ij} x_i x_j \geqslant 0$，得

$$\sum a_{i_1 i_k} x_{i_1} x_{i_k} = \boldsymbol{X}'_1 \boldsymbol{A}^{(m)} X_1 \geqslant 0,$$

故存在非退化矩阵 $\boldsymbol{T}_m$ 使

$$\boldsymbol{T}'_m \boldsymbol{A}_m \boldsymbol{T}_m = \begin{pmatrix} d_1 & & & \\ & d_2 & & \\ & & \ddots & \\ & & & d_n \end{pmatrix},$$

其中 $d_1 \geqslant 0(i=1,\cdots,m)$，故

$$|\boldsymbol{A}_m| \geqslant 0 \qquad (m=1,2,\cdots,n);$$

②充分性：设 $\boldsymbol{A}$ 的主子式全大于或等于零，任取 $\boldsymbol{A}$ 的第 m 个顺序主子式相应的矩阵

$$\boldsymbol{A}_m = \begin{bmatrix} a_{11} & a_{12} & \cdots & a_{1m} \\ \vdots & \vdots & \ddots & \vdots \\ a_{n1} & a_{n2} & \cdots & a_{mm} \end{bmatrix} (m=1,2,\cdots,n),$$

作

$$|\lambda \boldsymbol{E}_m + \boldsymbol{A}_m| = \begin{vmatrix} \lambda + a_{11} & a_{12} & \cdots & a_{1m} \\ a_{22} & \lambda + a_{22} & \cdots & a_{2m} \\ \vdots & \vdots & \ddots & \vdots \\ a_{m1} & a_{m2} & \cdots & \lambda + a_{mm} \end{vmatrix}$$

$$= \lambda^m + P_1 \lambda^{m-1} + \cdots + P_{m-1} \lambda + P_m$$

其中 P_1 是 $\boldsymbol{A}_m$ 中一切 i 阶主子式的和，由题设知，$\boldsymbol{A}$ 的一切 i 阶主子式 $|\boldsymbol{A}^{(i)}| \geqslant 0$，所以 $P_1 \geqslant 0$，故当 $\lambda > 0$ 时，有

$$|\lambda \boldsymbol{E}_m + \boldsymbol{A}_m| > 0.$$

即当 $\lambda > 0$ 时，$\lambda \boldsymbol{E}_m + \boldsymbol{A}_m$ 是正定矩阵，假若 $\boldsymbol{A}$ 不是半正定矩阵，则存在一非零向量 X_0，使 $\boldsymbol{X}'_0 \boldsymbol{A} \boldsymbol{X} = -c(c>0)$，于是令

$$\lambda = \frac{c}{\boldsymbol{X}'_0 \boldsymbol{X}_0} = \frac{c}{x_{10}^2 + x_{20}^2 + \cdots + x_{m0}^2} > 0.$$

则

$$\boldsymbol{X}'_0 (\lambda \boldsymbol{E} + \boldsymbol{A}) X_0 = X'_0 \lambda \boldsymbol{E} \boldsymbol{X}_0 + X'_0 \boldsymbol{A} \boldsymbol{X}_0 = c - c = 0.$$

这与 $\lambda > 0$ 时 $\lambda \boldsymbol{E} + \boldsymbol{A}$ 为正定矩阵矛盾，故 $\boldsymbol{A}$ 为半正定矩阵.

课后习题全解

1 (2014 数学一)设二次型 $f(x_1,x_2,x_3)=x_1^2-x_2^2+2ax_1x_3+4x_2x_3$ 的负惯性指数是 1，则 a 的取值范围是________.

解题过程 由配方法可知

$$f(x_1,x_2,x_3)=x_1^2-x_2^2+2ax_1x_3+4x_2x_3$$
$$=(x_1+ax_3)^2-(x_2-2x_3)^2+(4-a^2)x_3^2$$

由于负惯性指数为 1，故必须要求 $4-a^2\geqslant 0$，所以 a 的取值范围是 $[-2,2]$.

2 (2012 数学一)已知 $\boldsymbol{A}=\begin{bmatrix}1&0&1\\0&1&1\\-1&0&a\\0&a&-1\end{bmatrix}$，二次型 $f(x_1,x_2,x_3)=\boldsymbol{x}^{\mathrm{T}}(\boldsymbol{A}^{\mathrm{T}}\boldsymbol{A})\boldsymbol{x}$ 的秩为 2.

(1)求实数 a 的值；

(2)求正交变换 $x=Qy$ 将 f 化为标准型.

解题过程 (1)由二次型的秩为 2，知 $r(\boldsymbol{A}^{\mathrm{T}}\boldsymbol{A})=2$，故 $r(\boldsymbol{A})=r(\boldsymbol{A}^{\mathrm{T}}\boldsymbol{A})=2$ 对矩阵 $\boldsymbol{A}$ 初等变换得

$$\begin{bmatrix}1&0&1\\0&1&1\\-1&0&a\\0&a&-1\end{bmatrix}\to\begin{bmatrix}1&0&1\\0&1&1\\0&0&a+1\\0&a&-1\end{bmatrix}\to\begin{bmatrix}1&0&1\\0&1&1\\0&0&a+1\\0&0&-1-a\end{bmatrix}\to\begin{bmatrix}1&0&1\\0&1&1\\0&0&a+1\\0&0&0\end{bmatrix}$$

因 $r(\boldsymbol{A})=2$，所以 $a=-1$

(2)令 $\boldsymbol{B}=\boldsymbol{A}^{\mathrm{T}}\boldsymbol{A}=\begin{pmatrix}2&0&2\\0&2&2\\2&2&4\end{pmatrix}$

$$|\lambda\boldsymbol{E}-\boldsymbol{B}|=\begin{vmatrix}\lambda-2&0&-2\\0&\lambda-2&-2\\-2&-2&\lambda-4\end{vmatrix}=\begin{vmatrix}\lambda-2&0&-2\\-(\lambda-2)&\lambda-2&-2\\0&-2&\lambda-4\end{vmatrix}$$
$$=(\lambda-2)\begin{vmatrix}1&0&-2\\-1&\lambda-2&-2\\0&-2&\lambda-4\end{vmatrix}=\lambda(\lambda-2)(\lambda-6)$$

所以 $\boldsymbol{B}$ 的特征值为 $\lambda_1=0,\lambda_2=2,\lambda_3=6$

对于 $\lambda_1=0$，解 $(\lambda_1\boldsymbol{E}-\boldsymbol{B})\boldsymbol{X}=0$ 得对应的特征向量为 $\boldsymbol{\alpha}_1=(1,1,-1)^{\mathrm{T}}$

对于 $\lambda_2=2$，解 $(\lambda_2\boldsymbol{E}-\boldsymbol{B})\boldsymbol{X}=0$ 得对应的特殊向量为 $\boldsymbol{\alpha}_2=(1,-1,0)^{\mathrm{T}}$

对于 $\lambda_3=6$，解 $(\lambda_3\boldsymbol{E}-\boldsymbol{B})\boldsymbol{X}=0$ 得对应的特殊向量为 $\boldsymbol{\alpha}_3=(1,1,2)^{\mathrm{T}}$

将 $\boldsymbol{\alpha}_1,\boldsymbol{\alpha}_2,\boldsymbol{\alpha}_3$，单位化可得

$$\boldsymbol{\eta}_1=\frac{1}{\sqrt{3}}\begin{pmatrix}1\\1\\-1\end{pmatrix},\boldsymbol{\eta}_2=\frac{1}{\sqrt{2}}\begin{pmatrix}1\\-1\\0\end{pmatrix},\boldsymbol{\eta}_1=\frac{1}{\sqrt{6}}\begin{pmatrix}1\\1\\2\end{pmatrix}$$

正交矩阵 $\boldsymbol{Q}=\begin{pmatrix}\frac{1}{\sqrt{3}} & \frac{1}{\sqrt{2}} & \frac{1}{\sqrt{6}}\\ \frac{1}{\sqrt{3}} & -\frac{1}{\sqrt{2}} & \frac{1}{\sqrt{6}}\\ -\frac{1}{\sqrt{3}} & 0 & \frac{2}{\sqrt{6}}\end{pmatrix}$，则 $\boldsymbol{Q}^{\mathrm{T}}\boldsymbol{A}\boldsymbol{Q}=\begin{pmatrix}0 & & \\ & 2 & \\ & & 6\end{pmatrix}$

因此，作正交变换 $\boldsymbol{x}=\boldsymbol{Q}\boldsymbol{y}$，二次型的标准形为 $f(x)=\boldsymbol{x}^{\mathrm{T}}(\mathbf{A}^{\mathrm{T}}\mathbf{A})\boldsymbol{x}=\boldsymbol{y}^{\mathrm{T}}\mathbf{A}\boldsymbol{y}=2y_2^2+6y_3^2$.

3 (2012 数学二)设 $\boldsymbol{A}$ 为 3 阶矩阵，P 为 3 阶可逆矩阵，且 $\boldsymbol{P}^{-1}\boldsymbol{A}\boldsymbol{P}=\begin{pmatrix}1&0&0\\0&1&0\\0&0&2\end{pmatrix}$，若 $P=(\boldsymbol{\alpha}_1,\boldsymbol{\alpha}_2,\boldsymbol{\alpha}_3)$，$Q=(\boldsymbol{\alpha}_1+\boldsymbol{\alpha}_2,\boldsymbol{\alpha}_2,\boldsymbol{\alpha}_3)$，则 $\boldsymbol{Q}^{-1}\boldsymbol{A}\boldsymbol{Q}=$ (　　)

(A) $\begin{pmatrix}1&0&0\\0&2&0\\0&0&1\end{pmatrix}$　(B) $\begin{pmatrix}1&0&0\\0&1&0\\0&0&2\end{pmatrix}$　(C) $\begin{pmatrix}2&0&0\\0&2&0\\0&0&1\end{pmatrix}$　(D) $\begin{pmatrix}2&0&0\\0&2&0\\0&0&1\end{pmatrix}$

答　　案 B

4 (2013 数学一)设二次型 $f(x_1,x_2,x_3)=2(a_1x_1+a_2x_2+a_3x_2)^2+(b_1x_1+b_2x_2+b_3x_3)^2$，记

$\boldsymbol{\alpha}=\begin{pmatrix}a_1\\a_2\\a_3\end{pmatrix},\boldsymbol{\beta}=\begin{pmatrix}b_1\\b_2\\b_3\end{pmatrix}$.

(1)证明二次型 f 对应的矩阵为 $2\boldsymbol{\alpha}\boldsymbol{\alpha}^{\mathrm{T}}+\boldsymbol{\beta}\boldsymbol{\beta}^{\mathrm{T}}$；

(2)若 $\boldsymbol{\alpha},\boldsymbol{\beta}$ 正交且为单位向量，证明 f 在正交变换下的标准为 $2y_1^2+y_2^2$.

解题过程　证明：(1)

$$\begin{aligned}f(x_1,x_2,x_3)&=2(a_1x_1+a_2x_2+a_3x_3)^2+(b_1x_1+b_2x_2+b_3x_3)^2\\&=2(x_1,x_2,x_3)\begin{pmatrix}a_1\\a_2\\a_3\end{pmatrix}(a_1,a_2,a_1)\begin{pmatrix}x_1\\x_2\\x_3\end{pmatrix}+(x_1,x_2,x_3)\\&\quad\begin{pmatrix}b_1\\b_2\\b_3\end{pmatrix}(b_1,b_2,b_3)\begin{pmatrix}x_1\\x_2\\x_3\end{pmatrix}\end{aligned}$$

$$=(x_1,x_2,x_3)(2\boldsymbol{\alpha\alpha}^{\mathrm{T}})\begin{pmatrix}x_1\\x_2\\x_3\end{pmatrix}+(x_1,x_2,x_3)+(\boldsymbol{\beta\beta}^{\mathrm{T}})\begin{pmatrix}x_1\\x_2\\x_3\end{pmatrix}$$

$$=(x_1,x_2,x_3)(2\boldsymbol{\alpha\alpha}^{\mathrm{T}}+\boldsymbol{\beta\beta}^{\mathrm{T}})\begin{pmatrix}x_1\\x_2\\x_3\end{pmatrix}$$

所以二次型 f 对应的矩阵为 $2\boldsymbol{\alpha\alpha}^{\mathrm{T}}+\boldsymbol{\beta\beta}^{\mathrm{T}}$.

证明：(2)设 $\boldsymbol{A}=\boldsymbol{\alpha\alpha}^{\mathrm{T}}+\boldsymbol{\beta\beta}^{\mathrm{T}}$. 由于 $|\boldsymbol{\alpha}|=1,\boldsymbol{\beta}^{\mathrm{T}}\boldsymbol{\alpha}=0$.

则 $\boldsymbol{A\alpha}=(2\boldsymbol{\alpha\alpha}^{\mathrm{T}}+\boldsymbol{\beta\beta}^{\mathrm{T}})\boldsymbol{\alpha}=2\boldsymbol{\alpha}|\boldsymbol{\alpha}|^2+\boldsymbol{\beta\beta}^{\mathrm{T}}\boldsymbol{\alpha}=2\boldsymbol{\alpha}$，所以 $\boldsymbol{\alpha}$ 为矩阵对应特征值 $\lambda_1=2$ 的特征向量：

$\boldsymbol{A\beta}(2\boldsymbol{\alpha\alpha}^{\mathrm{T}}+\boldsymbol{\beta\beta}^{T})\boldsymbol{\beta}=2\boldsymbol{\alpha\alpha}^{\mathrm{T}}\boldsymbol{\beta}+\boldsymbol{\beta}|\boldsymbol{\beta}|^2=\boldsymbol{\beta}$，所以 $\boldsymbol{\beta}$ 为矩阵对应特征值 $\lambda_2=1$ 的特征向量；

而矩阵 $\boldsymbol{A}$ 的秩 $r(\boldsymbol{A})=r(2\boldsymbol{\alpha\alpha}^{\mathrm{T}}+\boldsymbol{\beta\beta}^{\mathrm{T}})\leqslant r(2\boldsymbol{\alpha\alpha}^{\mathrm{T}})+r(\boldsymbol{\beta\beta}^{\mathrm{T}})=2$. 所以 $\lambda_3=0$ 也是矩阵的一个特征值.

故 f 在正交变换下的标准形为：$2y_1^2+y_2^2$.

第六章

线性空间

知识网络结构图

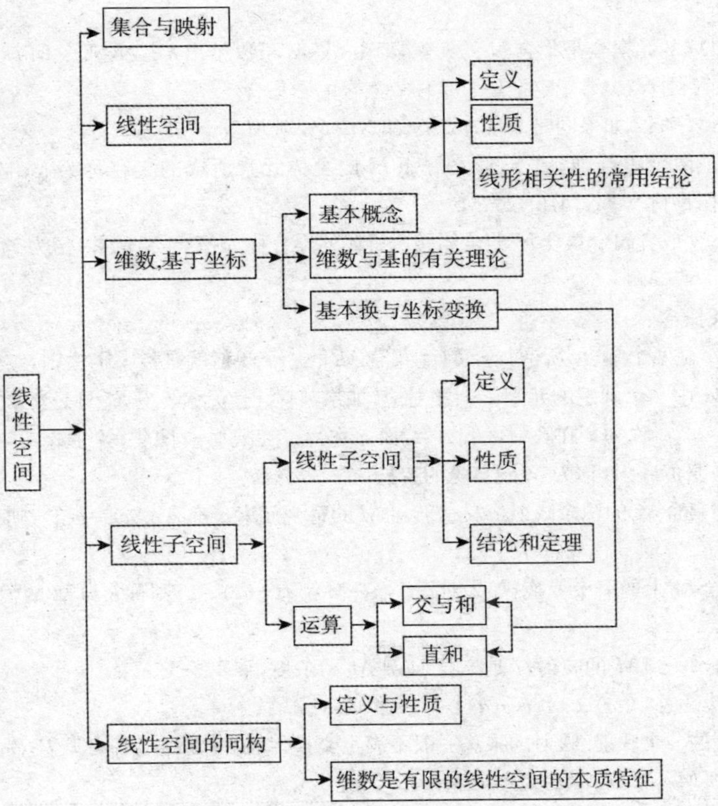

主要知识内容

一、集合·映射

1. 集合及其相关概念

(1)集合是表示一组事物的整体. 组成集合的事物称为这个集合的**元素**. 用 $a \in M$ 表示 a 是集合 M 的元素，$a \overline{\in} M$ 表示 a 不是集合 M 的元素.

(2)给出一个集合就是规定这个集合是由哪些元素组成的. 表示集合的常用方法有两种，一是列举法，即列举出它全部的元素；二是描述法，即给出这个集合的元素所具有的特征性质.

(3)不包含任何元素的集合称为**空集合**.

(4)如果两个集合 M 与 N 含有完全相同的元素，即 $a \in M$ 当且仅当 $a \in N$，那么它们就称为**相等**，记为 $M=N$.

(5)如果集合 M 的元素全是集合 N 的元素，即由 $a \in M$ 可以推出 $a \in N$，那么 M 就称为 N 的**子集合**，记为 $M \subset N$ 或 $N \supset M$. 规定空集合是任一集合的子集合.

(6)两个集合 M 和 N 如果同时满足 $M \subset N$ 和 $N \subset M$，则 M 和 N 相等.

(7)设 M,N 是两个集合，既属于 M 又属于 N 的全体元素所成的集合称为 M 与 N 的**交**，记为 $M \cap N$，显然有 $M \cap N \subset N$，$M \cap N \subset M$.

(8)属于集合 M 或者属于集合 N 的全体元素所成的集合称为 M 与 N 的**并**，记为 $M \cup N$，显然有 $M \cup N \supset N$，$M \cup N \supset M$.

2. 映射及其相关概念

(1)设 M 与 M' 是两个集合，所谓集合 M 到集合 M' 的一个**映射**就是指一个法则，它使 M 中每一个元素 a 都有 M' 中一个确定的元素 a' 与之对应. 如果映射 σ 使元素 $a' \in M'$ 与元素 $a \in M$ 对应，那么就记为 $\sigma(a)=a'$，a' 称为 a 在映射 σ 下的**像**，而 a 称为 a' 在映射 σ 下的一个**原像**.

(2)M 到 M 自身的映射，称为 M 到自身的**变换**.

(3)集合 M 到集合 M' 的两个映射 σ 及 τ，若对 M 的每个元素 a 都有 $\sigma(a)=\tau(a)$，则称它们**相等**，记作 $\sigma=T$.

(4)设 σ 是集合 M 上的一个变换，如果对每个 $a \in M$ 都有 $\sigma(a)=a$，则称 σ 为 M 的**恒等变换**或**单位变换**，记为 1_M.

(5)设 σ 是集合 M 到 M' 的映射，τ 是集合 M' 到 M'' 的映射，乘积 $\tau\sigma$ 定义为

$$(\tau\sigma)(a)=\tau(\sigma(a)), \qquad \forall a \in M$$

$\tau\sigma$ 是 M 到 M'' 的一个映射. 映射的乘法一般不满足交换律，但满足结合律，即若 σ,τ,ψ 分别是集合 M 到 M'，M' 到 M''，M'' 到 M''' 的映射，则有

$$(\psi\tau)\sigma=\psi(\tau\sigma)$$

(6)记 σ 是集合 M 到 M' 的一个映射,用 $\sigma(M)$ 表示 M 在映射 σ 下象的全体,称为 M 在映射 σ 下的象集合,显然 $\sigma(M)\subset M'$. 如果 $\sigma(M)\subset M'$,则称映射 σ 为**映上的**或**满射**. 如果在映射 σ 下,M 中不同元素的象也一定不同,即由 $a_1\neq a_2$ 一定有 $\sigma(a_1)\neq\sigma(a_2)$,则称映射 σ 为一对一的或**单射**. 如果一个映射既是单射又是满射,就称为**一对一对应**或**双射**.

(7)设 σ 是集合 M 到 M' 的一个映射,如果存在 M' 到 M 的映射 τ,使

$$\tau\sigma=1_M,\sigma\tau=1_{M'}$$

则称 σ 是可**逆映射**,τ 是 σ 的逆映射,记为 σ^{-1}. 由集合 M 到 M' 的映射 σ 是可逆映射的充分必要条件是 σ 为双射.

■二、线性空间的定义与简单性质

1. 线性空间的定义(重点)

设 V 是一个非空集合,P 是一个数域. 在集合 V 的元素之间定义了一种代数运算,叫做**加法**;这就是说,给出了一个法则,对于 V 中任意两个元素 $\boldsymbol{\alpha}$ 与 $\boldsymbol{\beta}$,在 V 中都有唯一的一个元素 $\boldsymbol{\gamma}$ 与它们对应,称为 $\boldsymbol{\alpha}$ 与 $\boldsymbol{\beta}$ 的和,记为 $\boldsymbol{\gamma}=\boldsymbol{\alpha}+\boldsymbol{\beta}$. 在数域 P 与集合 V 的元素之间还定义了一种运算,叫做**数量乘法**;这就是说,对于数域 P 中任一数 k 与 V 中任一元素 $\boldsymbol{\alpha}$,在 V 中都有唯一的一个元素 δ 与它们对应,称为 k 与 $\boldsymbol{\alpha}$ 的**数量乘积**,记为 $\boldsymbol{\delta}=k\boldsymbol{\alpha}$. 如果加法与数量乘法满足下述规则,那么 V 称为数域 P 上的**线性空间**.

(1)加法满足下面四条规则:

①$\boldsymbol{\alpha}+\boldsymbol{\beta}=\boldsymbol{\beta}+\boldsymbol{\alpha}$;

②$(\boldsymbol{\alpha}+\boldsymbol{\beta})+\boldsymbol{\gamma}=\boldsymbol{\alpha}+(\boldsymbol{\beta}+\boldsymbol{\gamma})$;

③在 V 中有一个元素 $\mathbf{0}$,对于 V 中任一元素 $\boldsymbol{\alpha}$ 都有 $\mathbf{0}+\boldsymbol{\alpha}=\boldsymbol{\alpha}$

(具有这个性质的元素 $\mathbf{0}$ 称为 V 的**零元素**);

④对于 V 中每一个元素 $\boldsymbol{\alpha}$,都有 V 中的元素 $\boldsymbol{\beta}$,使得 $\boldsymbol{\alpha}+\boldsymbol{\beta}=\mathbf{0}$

($\boldsymbol{\beta}$ 称为 $\boldsymbol{\alpha}$ 的**负元素**).

(2)数量乘法满足下面两条规则:

①$1\boldsymbol{\alpha}=\boldsymbol{\alpha}$;

②$k(l\boldsymbol{\alpha})=(kl)\boldsymbol{\alpha}$.

(3)数量乘法与加法满足下面两条规则:

①$(k+l)\boldsymbol{\alpha}=k\boldsymbol{\alpha}+l\boldsymbol{\alpha}$;

②$k(\boldsymbol{\alpha}+\boldsymbol{\beta})=k\boldsymbol{\alpha}+k\boldsymbol{\beta}$.

在以上规则中,k,l 等表示数域 P 中的任意数;$\boldsymbol{\alpha},\boldsymbol{\beta},\boldsymbol{\gamma}$ 等表示集合 V 中的任意元素.

(4)几个常见的线性空间

①解析几何中的二、三维向量空间为实数域上的线性空间,按照向量的加法和数量乘法;

②数域 P 上一元多项式的全体 $P[x]$,按照多项式的加法和数量乘法;

③数域 P 上次数小于 n 的一元多项式的全体 $P[x]_n$,按照多项式的加法和数量乘法;

④数域 P 上 $m\times n$ 矩阵的全体 $P^{m\times n}$,按照矩阵的加法和数量乘法;

⑤数域 P 上的 n 维向量空间 P^n,按照向量的加法和数量乘法;

⑥数域 P 本身也是自身上的线性空间,按照数域中的加法和乘法;

⑦实闭区间 $[a,b]$ 上连续实函数的集合 $R[a,b]$,按照函数的加法和数与函数的乘法.

温馨提示 线性空间是我们接触到的第一个抽象的概念,要把握上面这些具体例子和抽象概念之间的关系.

2. 线性空间的元素称为向量,线性空间也称为向量空间.

3. 线性空间的简单性质(重点)

①在 V 中有一个元素 $\mathbf{0}$,对 $\forall \boldsymbol{\alpha}\in V$,有 $\boldsymbol{\alpha}+\mathbf{0}=\boldsymbol{\alpha}$

(具有这个性质的元素 $\mathbf{0}$ 称为 V 的零元素)

②对 $\forall \boldsymbol{\alpha}\in V$,都有 V 中的一个元素 $\boldsymbol{\beta}$,使得

$\boldsymbol{\alpha}+\boldsymbol{\beta}=\mathbf{0}$($\boldsymbol{\beta}$ 称为 $\boldsymbol{\alpha}$ 的负元素)

温馨提示 利用负元素,可以定义线性空间中两个元素的减法,即 $\boldsymbol{\alpha}-\boldsymbol{\beta}=\boldsymbol{\alpha}+(-\boldsymbol{\beta})$.

③$0\boldsymbol{\alpha}=\mathbf{0}$;$k\mathbf{0}=\mathbf{0}$;$(-1)\boldsymbol{\alpha}=-\boldsymbol{\alpha}$.

④$k\boldsymbol{\alpha}=\mathbf{0}\Rightarrow k=0$ 或 $\boldsymbol{\alpha}=\mathbf{0}$;

温馨提示 注意前两个式子中数 0 和 $\mathbf{0}$ 向量的区别.

三、维数、基与坐标(重点、难点)

1. 线性相关性的有关定义

定义 2 设 V 是数域 P 上的一个线性空间,$\boldsymbol{\alpha}_1,\boldsymbol{\alpha}_2,\cdots,\boldsymbol{\alpha}_r(r\geqslant 1)$ 是 V 中一组向量,$k_1,k_2,\cdots,k_r$,是数域 P 中的数,那么向量.

$$\boldsymbol{\alpha}=k_1\boldsymbol{\alpha}_1+k_2\boldsymbol{\alpha}_2+\cdots+k_r\boldsymbol{\alpha}_r$$

称为向量组 $\boldsymbol{\alpha}_1,\boldsymbol{\alpha}_2,\cdots,\boldsymbol{\alpha}_r$ 的一个线性组合,此时我们也说向量 $\boldsymbol{\alpha}$ 可以由向量组 $\boldsymbol{\alpha}_1,\boldsymbol{\alpha}_2,\cdots\boldsymbol{\alpha}_r$,线性表出.

定义 3 设

$$\boldsymbol{\alpha}_1,\boldsymbol{\alpha}_2,\cdots,\boldsymbol{\alpha}_r; \tag{1}$$

$$\boldsymbol{\beta}_1,\boldsymbol{\beta}_2,\cdots,\boldsymbol{\beta}_s \tag{2}$$

是 V 中两个向量组,如果(1)中每个向量都可以用向量组(2)线性表出,那么称向量组(1)可以用向量组(2)线性表出,如果(1)与(2)可以互相线性表出,那么向量组(1)与(2)称为等价的.

定义 4 线性空间 V 中向量 $\boldsymbol{\alpha}_1,\boldsymbol{\alpha}_2,\cdots,\boldsymbol{\alpha}_r(r\geqslant 1)$ 称为**线性相关**,如果在数域 P 中有 r 个不全为零的数,$k_1,k_2,\cdots,k_r$,使

$$k_1\boldsymbol{\alpha}_1+k_2\boldsymbol{\alpha}_2+\cdots+k_r\boldsymbol{\alpha}_r=\mathbf{0}. \tag{3}$$

如果向量 $\boldsymbol{\alpha}_1,\boldsymbol{\alpha}_2,\cdots,\boldsymbol{\alpha}_r$ 不线性相关,就称为**线性无关**,换句话说,向量组 $\boldsymbol{\alpha}_1,\boldsymbol{\alpha}_2,\cdots,\boldsymbol{\alpha}_r$ 称为线性无关,如果等式(3)只有在 $k_1=k_2=\cdots=0$ 时才成立.

2. 有关线性相关性的常用结论

①单个向量 $\boldsymbol{\alpha}$ 是线性相关的充分必要条件是 $\boldsymbol{\alpha}=\mathbf{0}$,两个以上向量 $\boldsymbol{\alpha}_1,\boldsymbol{\alpha}_2\cdots\boldsymbol{\alpha}_r$ 线性相关的充分必要条件是其中一个向量是其余向量的线性组合.

②如果向量组 $\boldsymbol{\alpha}_1,\boldsymbol{\alpha}_2,\cdots,\boldsymbol{\alpha}_r$ 线性无关,而且可以被 $\boldsymbol{\beta}_1,\boldsymbol{\beta}_2,\cdots,\boldsymbol{\beta}_s$ 线性表出,那么 $r\leqslant s$.

由此推出,两个等价的线性无关的向量组,必定含有相同个数的向量.

③如果向量组 $\boldsymbol{\alpha}_1,\boldsymbol{\alpha}_2,\cdots,\boldsymbol{\alpha}_r$ 线性无关,但向量组 $\boldsymbol{\alpha}_1,\boldsymbol{\alpha}_2,\cdots,\boldsymbol{\alpha}_r,\boldsymbol{\beta}$ 线性相关,那么 $\boldsymbol{\beta}$ 可以被 $\boldsymbol{\alpha}_1,\boldsymbol{\alpha}_2\cdots\boldsymbol{\alpha}_r$ 线性表出,而且表法是唯一的.

3. 维数

如果在线性空间 V 中有 n 个线性无关的向量,但没有更多数目的线性无关的向量,那么 V 就称为 n 维的;如果在 V 中可以找到任意多个线性无关的向量,那么 V 就称为无限维的. V 的维数和所考虑的数域 P 有关.

4. 基与坐标

在 n 维线性空间 V 中,n 个线性无关的向量 $\boldsymbol{\varepsilon}_1,\boldsymbol{\varepsilon}_2,\cdots,\boldsymbol{\varepsilon}_n$,称为 V 的一组基,若 $\forall\,\boldsymbol{\alpha}\in V$,则有

$$\boldsymbol{\alpha}=a_1\boldsymbol{\varepsilon}_1+a_2\boldsymbol{\varepsilon}_2+\cdots+a_n\boldsymbol{\varepsilon}_n$$

数组 $(a_1,a_2,\cdots,a_n)$ 称为 $\boldsymbol{\alpha}$ 在基 $\varepsilon_1,\varepsilon_2,\cdots,\varepsilon_n$ 下的坐标.

5. 维数与基的有关结论

如果在线性空间 V 中有 n 个线性无关的向量 $\boldsymbol{\alpha}_1,\boldsymbol{\alpha}_2\cdots,\boldsymbol{\alpha}_n$,且 V 中任一向量都可以用它们线性表出,那么 V 是 n 维的,而 $\boldsymbol{\alpha}_1,\boldsymbol{\alpha}_2,\cdots,\boldsymbol{\alpha}_n$,就是 V 的一组基.

温馨提示 线性空间的维数和基是同时确定的,基所包含的个数即为线性空间的维数,基与维数是线性空间理论中最核心的概念,这一概念是在线性相关性定义的基础上产生的.

四、基变换与坐标变换

1. 基变换(难点)

①设 V 是数域 P 上的 n 维线性空间,$\boldsymbol{\alpha}_1,\boldsymbol{\alpha}_2,\cdots,\boldsymbol{\alpha}_n$ 和 $\boldsymbol{\beta}_1,\boldsymbol{\beta}_2,\cdots,\boldsymbol{\beta}_n$ 是 V 的两组基,它们之间的关系式

$$\begin{cases}\boldsymbol{\beta}_1=c_{11}\boldsymbol{\alpha}_1+c_{21}\boldsymbol{\alpha}_2+\cdots+c_{n1}\boldsymbol{\alpha}_n\\ \boldsymbol{\beta}_2=c_{12}\boldsymbol{\alpha}_1+c_{22}\boldsymbol{\alpha}_2+\cdots+c_{n2}\boldsymbol{\alpha}_n\\ \qquad\vdots\\ \boldsymbol{\beta}_n=c_{1n}\boldsymbol{\alpha}_1+c_{2n}\boldsymbol{\alpha}_2+\cdots+c_{nn}\boldsymbol{\alpha}_n\end{cases}$$

称为基变换公式,基变换公式可形式地写为

$(\boldsymbol{\beta}_1,\boldsymbol{\beta}_2,\cdots,\boldsymbol{\beta}_n)=(\boldsymbol{\alpha}_1,\boldsymbol{\alpha}_2,\cdots,\boldsymbol{\alpha}_n)\boldsymbol{C}$ 其中 $\boldsymbol{C}=(c_{ij})_{n\times n}$ 称为由基 $\boldsymbol{\alpha}_1,\boldsymbol{\alpha}_2,\cdots,\boldsymbol{\alpha}_n$ 到 $\boldsymbol{\beta}_1,\boldsymbol{\beta}_2,\cdots,\boldsymbol{\beta}_n$ 的过渡矩阵.

由于一个向量在一组基下的坐标是唯一的,故两组基之间的过渡矩阵也是唯一的.

②过渡矩阵都是可逆的. 如果由基 $\boldsymbol{\alpha}_1,\boldsymbol{\alpha}_2,\cdots,\boldsymbol{\alpha}_n$ 到的过渡矩阵为 $\boldsymbol{C}$,则由基 $\boldsymbol{\beta}_1,\boldsymbol{\beta}_2,\cdots,\boldsymbol{\beta}_n$ 到 $\boldsymbol{\alpha}_1,\boldsymbol{\alpha}_2,\cdots,\boldsymbol{\alpha}_n$ 的过渡矩阵是 $\boldsymbol{C}^{-1}$.

温馨提示 之所以称$(\boldsymbol{\beta}_1,\boldsymbol{\beta}_2,\cdots,\boldsymbol{\beta}_n)=(\boldsymbol{\alpha}_1,\boldsymbol{\alpha}_2\cdots,\boldsymbol{\alpha}_n)\boldsymbol{A}$ 为形式矩阵表达,是因为这里的 n 维向量是以 V 的向量作为元素的,没有原来 n 元有序数组的含义了,按照这种约定,将这种特殊的向量按矩阵的运算法则进行运算是可行的,并且能够给运算和表达带来很大的方便.

③过渡矩阵的求法

求一个由基 $\boldsymbol{\alpha}_1,\boldsymbol{\alpha}_2,\cdots,\boldsymbol{\alpha}_n$ 到 $\boldsymbol{\beta}_1,\boldsymbol{\beta}_2,\cdots,\boldsymbol{\beta}_n$ 的过渡矩阵 $\boldsymbol{A}$,一般采用下列方法:

a. 定义法,将 $\boldsymbol{\beta}_i(i=1,2,\cdots,n)$在基 $\boldsymbol{\alpha}_1,\boldsymbol{\alpha}_2,\cdots,\boldsymbol{\alpha}_n$ 下的坐标逐个求出,按列写成一个 n 级矩阵,即为过渡矩阵 $\boldsymbol{A}$.

b. 借助第三组基 $\boldsymbol{\gamma}_1,\boldsymbol{\gamma}_2,\cdots,\boldsymbol{\gamma}_n$,如果 $\boldsymbol{\alpha}_1,\boldsymbol{\alpha}_2,\cdots,\boldsymbol{\alpha}_n$,到 $\gamma_1,\gamma_2,\cdots,\gamma_n$ 的过渡矩阵 $\boldsymbol{B}$,$\boldsymbol{\beta}_1,\boldsymbol{\beta}_2,\cdots\boldsymbol{\beta}_n$ 到 γ_1, $\gamma_2,\cdots,\gamma_n$ 的过渡矩阵为 $\boldsymbol{C}$,即

$$(\boldsymbol{\gamma}_1,\boldsymbol{\gamma}_2,\cdots,\boldsymbol{\gamma}_n)=(\boldsymbol{\alpha}_1,\boldsymbol{\alpha}_2,\cdots,\boldsymbol{\alpha}_n)\boldsymbol{B},(\gamma_1,\gamma_2,\cdots,\gamma_n)=(\boldsymbol{\beta}_1,\boldsymbol{\beta}_2,\cdots,\boldsymbol{\beta}_n)\boldsymbol{C},$$

那么

$$(\boldsymbol{\beta}_1,\boldsymbol{\beta}_2,\cdots,\boldsymbol{\beta}_n)=(\boldsymbol{\alpha}_1,\boldsymbol{\alpha}_2,\cdots\boldsymbol{\alpha}_n)\boldsymbol{B}\boldsymbol{C}^{-1}.$$

由过渡矩阵的唯一性知,$\boldsymbol{A}=\boldsymbol{B}\boldsymbol{C}^{-1}$.

温馨提示 这里的 $\boldsymbol{\gamma}_1,\boldsymbol{\gamma}_2\cdots\boldsymbol{\gamma}_n$ 一般选取比较简单的基,如 $\mathbf{R}^n$ 中的 n 维单位向量组成的基.

c. 方法 b 在 n 维向量空间中的应用,当线性空间为 n 维向量空间 P^n 时,若 $\alpha_i=(a_{1i},a_{2i},\cdots,a_{ni})'$, $i=1,2,\cdots,n$,则有

$$(\boldsymbol{\alpha}_1,\boldsymbol{\alpha}_2,\cdots,\boldsymbol{\alpha}_n)=(\boldsymbol{\varepsilon}_1,\boldsymbol{\varepsilon}_2,\cdots,\boldsymbol{\varepsilon}_n)\begin{pmatrix} a_{21} & a_{12} & \cdots & a_{1n}\\ a_{21} & a_{22} & \cdots & a_{2n}\\ \vdots & \vdots & & \vdots\\ a_{n1} & a_{n2} & \cdots & a_{nn}\end{pmatrix},$$

即上式右端的矩阵是将 $\boldsymbol{\alpha}_1,\boldsymbol{\alpha}_2,\cdots,\boldsymbol{\alpha}_n$ 作为列向量排成的矩阵,仍然可以将其记成$(\boldsymbol{\alpha}_1,\boldsymbol{\alpha}_2,\cdots,\boldsymbol{\alpha}_n)$.
按照这种记号,根据 b.,对于 P^n 中的两组基,由基 $\boldsymbol{\alpha}_1,\boldsymbol{\alpha}_2,\cdots,\boldsymbol{\alpha}_n$ 到 $\boldsymbol{\beta}_1,\boldsymbol{\beta}_2,\cdots\boldsymbol{\beta}_n$ 的过渡矩阵即为

$$\boldsymbol{A}=(\boldsymbol{\alpha}_1,\boldsymbol{\alpha}_2\cdots\boldsymbol{\alpha}_n)^{-1}(\boldsymbol{\beta}_1,\boldsymbol{\beta}_2,\cdots\boldsymbol{\beta}_n).$$

相当于,在定义式$(\boldsymbol{\beta}_1,\boldsymbol{\beta}_2,\cdots\boldsymbol{\beta}_n)=(\boldsymbol{\alpha}_1,\boldsymbol{\alpha}_2,\cdots,\boldsymbol{\alpha}_n)\boldsymbol{A}$ 左右两边同时左乘$(\boldsymbol{\alpha}_1,\boldsymbol{\alpha}_2,\cdots,\boldsymbol{\alpha}_n)^{-1}$.

2. 坐标变换(重点)

设 $\boldsymbol{\varepsilon}_1,\boldsymbol{\varepsilon}_2,\cdots,\boldsymbol{\varepsilon}_n$ 与 $\boldsymbol{\varepsilon}_1',\boldsymbol{\varepsilon}_2',\cdots,\boldsymbol{\varepsilon}_n'$ 是 n 维线性空间 V 中的两组基,由基 $\boldsymbol{\varepsilon}_1,\boldsymbol{\varepsilon}_2,\cdots,\boldsymbol{\varepsilon}_n$ 到基 $\boldsymbol{\varepsilon}_1',\boldsymbol{\varepsilon}_2',\cdots,\boldsymbol{\varepsilon}_n'$ 的过渡矩阵为 $\boldsymbol{A}$,向量 $\boldsymbol{\alpha}$ 在这两组基下的坐标分别是$(x_1,x_2,\cdots,x_n)$和$(x'_1,x'_2,\cdots,x'_n)$,则

$$\begin{pmatrix} x_1\\ x_2\\ \vdots\\ x_n\end{pmatrix}=\boldsymbol{A}\begin{pmatrix} x_1'\\ x_2'\\ \vdots\\ x_n'\end{pmatrix}$$

温馨提示 坐标变换给出了同一个向量在不同基下的坐标之间的关系.

五、线性子空间（重点、难点）

1. 定义

数域 P 上线性空间 V 的一个非空子集合 W 称为 V 的一个**线性子空间**（或简称子空间），如果 W 对于 V 的两种运算也构成数域 P 上的线性空间.

温馨提示 W 与 V 的运算法则是一致的，它们的零元素也是一致的，并且，W 中元素 $\boldsymbol{\alpha}$ 在 W 中的负元素和在 V 中负元素也一致.

2. 判定定理

如果线性空间 V 的非空子集 W 对于 V 的两种线性运算封闭（即若 $\boldsymbol{\alpha}$、$\boldsymbol{\beta}\in W$，则 $k_1\boldsymbol{\alpha}+k_2\boldsymbol{\beta}\in W$），那么 W 就是 V 的一个子空间.

任何一个线性子空间的维数不能超过整个空间的维数.

在线性空间中，由单个的零向量所组成的子集合是一个线性子空间，它叫做零子空间.

线性空间 V 本身也是 V 的一个子空间.

在线性空间中，零子空间和线性空间本身这两个子空间称为平凡子空间，而其他的线性子空间叫做非平凡子空间.

设 $\boldsymbol{\alpha}_1,\boldsymbol{\alpha}_2,\cdots,\boldsymbol{\alpha}_r$ 是线性空间 V 中的一组向量，这组向量所有可能的线性组合 $k_1\boldsymbol{\alpha}_1+k_2\boldsymbol{\alpha}_2+\cdots+k_n\boldsymbol{\alpha}_n$ 所成的集合是非空的，而且对两种运算封闭，因而是 V 的一个子空间，这个子空间叫做**由 $\boldsymbol{\alpha}_1,\boldsymbol{\alpha}_2,\cdots,\boldsymbol{\alpha}_r$ 生成的子空间**，记为 $L(\boldsymbol{\alpha}_1,\boldsymbol{\alpha}_2,\cdots,\boldsymbol{\alpha}_r)$.

温馨提示 验证 W 是 V 的子空间时，注意还需要说明 W 是非空的.

3. 关于子空间的定理

①两个向量组生成相同子空间的充要条件是这两个向量组等价.

②$L(\boldsymbol{\alpha}_1,\boldsymbol{\alpha}_2,\cdots,\boldsymbol{\alpha}_r)$的维数等于向量组 $\boldsymbol{\alpha}_1,\boldsymbol{\alpha}_2,\cdots,\boldsymbol{\alpha}_r$ 的秩.

③设 W 是数域 P 上 n 维线性空间 V 的一个 m 维子空间，$\boldsymbol{\alpha}_1,\boldsymbol{\alpha}_2,\cdots,\boldsymbol{\alpha}_m$ 是 W 的一组基，那么这个向量组必定可扩充为整个空间的基. 即在 V 中必定可以找到 $n-m$ 个向量 $\boldsymbol{\alpha}_{m+1},\boldsymbol{\alpha}_{m+2},\cdots,\boldsymbol{\alpha}_n$，使得 $\boldsymbol{\alpha}_1\boldsymbol{\alpha}_2,\cdots,\boldsymbol{\alpha}_m,\boldsymbol{\alpha}_{m+1},\boldsymbol{\alpha}_{m+2},\cdots,\boldsymbol{\alpha}_n$ 是 V 的一组基.

温馨提示 这个定理在一些证明题目中，经常被用于由子空间的具有某种特征的基，构造原线性空间的一组基.

六、线性子空间的运算（重点、难点）

1. 交运算

①如果 V_1,V_2 是线性空间 V 的两个子空间，那么它们的交 $V_1\cap V_2$ 也是 V 的子空间.

②子空间的交满足交换律、结合律,且多个子空间的交 $V_1\cap V_2\cap\cdots\cap V_s\triangleq\bigcap\limits_{i=1}^{s}V_i$,也是 V 的子空间.

2. 和运算

①设 V_1,V_2 是 V 的子空间,所谓 V_1 与 V_2 的和,是指由所有能表示成 $\boldsymbol{\alpha}_1+\boldsymbol{\alpha}_2$,且 $\boldsymbol{\alpha}_1\in V_1,\boldsymbol{\alpha}_2\in V_2$ 的向量组成的子集合,记作 V_1+V_2.

②子空间的和满足交换律、结合律.

③如果 V_1,V_2 是 V 的子空间,那么它们的和 V_1+V_2,也是 V 的子空间.

④定义多个子空间的和

$V_1+V_2+\cdots+V_s=\sum\limits_{i=1}^{s}V_i$. 它是由所有表示成

$\boldsymbol{\alpha}_1+\boldsymbol{\alpha}_2+\cdots+\boldsymbol{\alpha}_s,\boldsymbol{\alpha}_i\in V_i(i=1,2,\cdots,s)$的向量组成的子空间.

温馨提示 两个子空间 V_1,V_2 的并 $V_1\cup V_2$ 一般不是子空间,因为这个集合对加法一般不封闭,例如,在二维实向量空间 $\mathbf{R}^2$ 中,$V_1=\{(a,0)\mid a\in\mathbf{R}\}$,$V_2=\{(0,b)\mid b\in\mathbf{R}\}$是 $\mathbf{R}^2$ 的子空间,但 $V_1\cup V_2$ 对加法不封闭,另外,有限个非平凡子空间 $V_1,V_2,\cdots V_n$ 的并$\bigcup\limits_{i=1}^{s}V_i$ 不能覆盖整个空间 V(见教材上本章补充题 5).

3. 子空间的交与和的相关结论

(1)设 V_1,V_2,W 都是子空间,那么由 $W\subset V_1$ 与 $W\subset V_2$ 可推出 $W\subset V_1\cap V_2$;而由 $W\supset V_1$ 与 $W\supset V_2$ 可推出 $W\supset V_1+V_2$.

(2)对于子空间 V_1 与 V_2,以下三个论断是等价的:

①$V_1\subset V_2$;　②$V_1\cap V_2=V_1$;　③$V_1+V_2=V_2$.

(3)维数定理

①如果 V_1,V_2 是线性空间 V 的两个子空间,那么维(V_1)+维(V_2)=维(V_1+V_2)+维$(V_1\cap V_2)$.

②如果 n 维线性空间 V 中两个子空间 V_1,V_2 的维数之和大于 n,那么 V_1,V_2 必含有非零的公共向量.

4. 子空间的维数

(1)维数公式

$$\text{维}(V_1+V_2)=\text{维}\,V_1+\text{维}\,V_2-\text{维}(V_1\cap V_2).$$

温馨提示 维数公式的证明利用了上一节的扩基定理;另外,维数公式在一些涉及多个子空间与它们维数的题目中经常使用.

(2)维数公式推论

设 V 是一个 n 维线性空间,那么两个维数和大于 n 的子空间必含有公共非零向量.

温馨提示 子空间的交与和、以及维数公式都可以推广到多个子空间的情形.

5. 子空间的直和

(1)子空间的直和的定义

设 V_1,V_2 是线性空间 V 的子空间，如果和 V_1+V_2 中每个向量 $\boldsymbol{\alpha}$ 的分解式 $\boldsymbol{\alpha}=\boldsymbol{\alpha}_1+\boldsymbol{\alpha}_2,\boldsymbol{\alpha}_1\in V_1$，$\boldsymbol{\alpha}_2\in V_2$，是唯一的，这个和就称为**直和**，记为 $V_1\oplus V_2$.

(2)判定定理

①和 V_1+V_2 是直和的充分必要条件，是等式

$\boldsymbol{\alpha}_1+\boldsymbol{\alpha}_2=\mathbf{0}$，$(\boldsymbol{\alpha}_1\in V_1,\boldsymbol{\alpha}_2\in V_2)$只有在 $\boldsymbol{\alpha}_i$ 全为零向量时才成立.

②和 V_1+V_2 为直和的充分必要条件是 $V_1\cap V_2=\{\mathbf{0}\}$.

③设 V_1,V_2 是 V 的子空间，令 $W=V_1+V_2$，则 $W=V_1\oplus V_2$ 的充分必要条件为维(W)＝维(V_1)＋维(V_2).

④U 是线性空间 V 的一个子空间，那么一定存在一个子空间 W，使 $V=U\oplus W$.

温馨提示 上面命题是判别 V_1+V_2 是直和的方法. 后三个是充分必要条件，另外，有的教材中，也利用后面的命题定义直和，例如：将直和定义成：如果 $V_1\cap V_2=\{0\}$，则称 V_1+V_2 为直和.

(3)子空间的直和的概念的推广

1° 设 $V_1,V_2,\cdots,V_s$ 都是线性空间 V 的子空间. 如果和 $V_1+V_2+\cdots+V_s$ 中每个向量 $\boldsymbol{\alpha}$ 的分解式：

$\boldsymbol{\alpha}=\boldsymbol{\alpha}_1+\boldsymbol{\alpha}_2+\cdots+\boldsymbol{\alpha}_s,\boldsymbol{\alpha}_i\in V_i\ (i=1,2,\cdots,s)$是唯一的，这个和就称为直和，记为 $V_1\oplus V_2\oplus\cdots\oplus V_s$.

2° $V_1,V_2,\cdots,V_s$ 是 V 的一些子空间，下面这些条件是等价的：

①$W=\sum V_i$ 是直和；

② 零向量的表法唯一；

③ 维$(W)=\sum$ 维(V_i)；

④$V_i\cap\sum\limits_{j\neq i}V_j=\{0\}(i=1,2,\cdots s)$.

七、线性空间的同构(重点)

1. 定义

数域 P 上两个线性空间 V 与 V' 称为**同构**的，如果由 V 到 V' 有一个双射 σ，具有以下性质：

①$\sigma(\boldsymbol{\alpha}+\boldsymbol{\beta})=\sigma(\boldsymbol{\alpha})+\sigma(\boldsymbol{\beta})$，

②$\sigma(k\boldsymbol{\alpha})=k\sigma(\boldsymbol{\alpha})$，

其中 $\boldsymbol{\alpha},\boldsymbol{\beta}$ 是 V 中任意向量，$\forall k\in P$，这样的映射称为**同构映射**.

温馨提示 无限维线性空间，可以和它的平凡子空间同构(见“经典题型与解题方法归纳”中例 10). 这也说明，上面同构映射的性质(4)在无限维空间不成立.

2. 同构映射的性质

①$\sigma(\mathbf{0})=0$， $\sigma(-\boldsymbol{\alpha})=-\sigma(\boldsymbol{\alpha})$.

②$\sigma(k_1\boldsymbol{\alpha}_1+k_2\boldsymbol{\alpha}_2+\cdots k_r\boldsymbol{\alpha}_r)=k_1\sigma(\boldsymbol{\alpha}_1)+k_2\sigma(\boldsymbol{\alpha}_2)+\cdots+k_r\sigma(\boldsymbol{\alpha}_r)$.

③V 中向量组 $\boldsymbol{\alpha}_1,\boldsymbol{\alpha}_2,\cdots,\boldsymbol{\alpha}_r$ 线性相关的充要条件是,它们的象 $\sigma(\boldsymbol{\alpha}_1),\sigma(\boldsymbol{\alpha}_2),\cdots,\sigma(\boldsymbol{\alpha}_r)$线性相关.

④若 V_1 是 V 的线性子空间,则象集合 $\sigma(V_1)=\{\sigma(\boldsymbol{\alpha})\mid\boldsymbol{\alpha}\in V_1\}$是 $\sigma(V)$的子空间,且 V_1 与 $\sigma(V_1)$维数相同.

⑤同构映射的逆映射及两个同构映射之积还是同构映射.

相关结论

①数域 P 上任一个 n 维线性空间都与 P^n 同构;

②同构的线性空间有相同的维数;

③同构映射具有反身性、对称性与传递性;

④数域 P 上任意两个 n 维线性空间都同构;

⑤数域 P 上两个有限维线性空间同构的充要条件是它们有相同的维数.

经典例题解析

题型一:对线性空间的判定

题型解析 线性空间是一个比较抽象的概念,而且是采用公理化方式定义的,要注意对定义的把握;线性空间是一个代数系统(带有运算的非空集合),其中有两种运算(加法和数量乘法),并满足八条运算规律.并且,线性空间是针对某一个数域而言的,即同一个集合在不同数域上定义的线性空间是不同的.

例 1 判断下列集合对指定的运算是否构成给定数域上的线性空间.

(1)数域 P 上全体 n 阶对称矩阵与反对称矩阵所成的集合 $\bar{V}$ 对于矩阵的加法和数乘运算.

(2)全体正实数 R^+ 构成的集合,$P=R$,加法和数乘定义为 $a\oplus b=ab,ka=a^k,a、b\in R^+\ k\in R$

解题过程 (1)不构成线性空间,因为设 $\boldsymbol{A}$ 是对称矩阵,$\boldsymbol{B}$ 是反对称矩阵,且都不是零矩阵,则$(\boldsymbol{A}+\boldsymbol{B})'=\boldsymbol{A}'+\boldsymbol{B}'=\boldsymbol{A}-\boldsymbol{B}$ 但 $\boldsymbol{A}-\boldsymbol{B}\neq-(\boldsymbol{A}+\boldsymbol{B})$(否则,$\boldsymbol{A}$、$\boldsymbol{B}$ 之一为零矩阵)即 $\boldsymbol{A}+\boldsymbol{B}$ 既不是对称矩阵,也不是反对称矩阵.故 $\boldsymbol{A}+\boldsymbol{B}\notin\bar{V}$,因而 $\bar{V}$ 构不成线性空间.

(2)对于加法封闭:对任意的 a、$b\in R^+$,有 $a\oplus b=ab\in R^+$;

对于数乘封闭:对任意的 $k\in R,a\in R^+$ 有 $k\circ\boldsymbol{a}=\boldsymbol{a}^k\in R^+$;

(3)①$a\oplus b=ab=ba=b\oplus a$;

②$(a\oplus b)\oplus c=(ab)\oplus c=abc=a(bc)=a\oplus(bc)=a\oplus(b\oplus c)$

③R^+ 中存在零元素 1,对任何 $a\in R^+$,使 $a\oplus1=a\oplus1=a$;

④对任何 $a\in R^+$,有负元素 $a^{-1}\in R^+$,使 $a\oplus a^{-1}=aa^{-1}=1$.

⑤$1\circ a=a^1=a$;

⑥$k(la)=k\circ(l\circ a)(a^l)=a^{kl}=(ke)\circ a$;

⑦$(k+l)\circ a=a^{k+l}=a^ka^l=a^k\oplus a^l=k\circ a+l\circ a$;

⑧$k\circ(a\oplus b)=k\circ(ab)=(ab)^k=a^kb^k=a^k\oplus b^k=k\circ a+k\circ b$ 因此对于所定义的加法和数乘构成线性空间.

2 设 $\bar{V}=\begin{bmatrix} a & b & c \\ b & a & b \\ c & b & a \end{bmatrix} | a、b、c\in R$

(1)证明 $\bar{V}$ 对于矩阵的加法和数乘来说构成实数域 R 上的线性空间;

(2)求 $\bar{V}$ 的一组基及维数;

(3)求 A 在该基下的坐标,其中 $A=\begin{bmatrix} 3 & -2 & 1 \\ -2 & 3 & -2 \\ 1 & -2 & 3 \end{bmatrix}$.

解题过程 (1)有两种证法;①逐条验证;②用子空间的判定条件来证.

(2) $E_1=\begin{bmatrix} 1 & & \\ & 1 & \\ & & 1 \end{bmatrix}$, $E_2=\begin{bmatrix} 0 & 1 & 0 \\ 1 & 0 & 1 \\ 0 & 1 & 0 \end{bmatrix}$, $E_3=\begin{bmatrix} 0 & 0 & 1 \\ 0 & 0 & 0 \\ 1 & 0 & 0 \end{bmatrix}$ 线性无关,又任意矩阵

$\boldsymbol{A}=\begin{bmatrix} a & b & c \\ b & a & c \\ c & b & a \end{bmatrix}=aE_1+bE_2+cE_3$,所以 E_1,E_2,E_3,为的 $\bar{V}$ 的一个基,维数为 3;

(3)矩阵 $\boldsymbol{A}=\begin{bmatrix} 3 & -2 & 1 \\ -2 & 3 & -2 \\ 1 & -2 & 3 \end{bmatrix}$ 在基 E_1,E_2,E_3 下的坐标为(3,−2,1).

题型二:对维数、基和坐标的计算

题型解析 虽然线性空间含有无穷多个向量,但是,有限维线性空间很重要的特征就是,它可以由有限个向量线性生成,这组生成元即是线性空间的基,基所含向量的个数即是空间的维数,确定一组基后,线性空间的任意一个向量都可以由这组基线性表出,且表示法唯一.

例 3 在 R^5 中求齐次线性方程组 $\begin{cases} 2x_1-2x_2+x_3-x_4+x_5=0 \\ x_1-4x_2+2x_3-2x_4+3x_5=0 \\ x_1+2x_2-x_3+x_4-2x_5=0 \end{cases}$,的解空间的维数与一组基.

解题过程 $\boldsymbol{A}=\begin{bmatrix} 2 & -2 & 1 & -1 & 1 \\ 1 & -4 & 2 & -2 & 3 \\ 1 & 2 & -1 & 1 & -2 \end{bmatrix}\to\begin{bmatrix} 1 & 2 & -1 & 1 & -2 \\ 0 & -6 & 3 & -3 & 5 \\ 0 & -6 & 3 & -3 & 5 \end{bmatrix}$

$\to\begin{bmatrix} 1 & 2 & -1 & 1 & -2 \\ 0 & -2 & 1 & -1 & \frac{5}{3} \\ 0 & 0 & 0 & 0 & 0 \end{bmatrix}\to\begin{bmatrix} 1 & 0 & 0 & 0 & -\frac{1}{3} \\ 0 & 2 & -1 & 1 & -\frac{5}{3} \\ 0 & 0 & 0 & 0 & 0 \end{bmatrix}$;

解空间的维数 3,一组基是

$$\begin{cases}\boldsymbol{\beta}_1=(0,1,2,0,0),\\ \boldsymbol{\beta}_2=(0,-1,0,2,0).\\ \boldsymbol{\beta}_3=(2,5,0,0,6)\end{cases}$$

例 4 证明 $1,x-1,(x-2)(x-1)$ 是 $R[x]_2$ 是一组基,并求向量 $1+x+x^2$ 该基下的坐标.

证一 (1)因为 $R[x]_2$ 是 3 维线性空间,所以 $R[x]_2$ 中任意三个线性无关的向量都构成它的一组基.

$$1,x-1,(x-2)(x-1)\in R[x]_2.$$

令 $$k_1\times 1+k_2(x-1)+k_3(x-2)(x-1)=0.$$

整理得

$$k_1-k_2+2k_3+(k_2-3k_3)x+k_3x_3^2=0$$

比较等式两边得 $\begin{cases}k_1-k_2+2k_3=0,\\ \quad k_2-3k_3=0,\\ \qquad k_3=0,\end{cases}$

其系数行列式为 $\boldsymbol{D}=\begin{vmatrix}1 & -1 & 2\\ 0 & 2 & -3\\ 0 & 0 & 1\end{vmatrix}=2\neq 0.$

故方程组只有零解,即 $k_1=k_2=k_3=0$,于是 $1,(x-1),(x-2)(x-1)$ 线性无关,所以 $1,(x-1),(x-2)(x-1)$ 是 $R[x]_2$ 的一组基.

(2)设 $1+x+x^2$ 在给定基下的坐标为 $(a_1,a_2,a_3)^{\mathrm{T}}$,则有

$$1+x+x^2=a_1\times 1+a_2(x-1)+a_3(x-2)(x-1),$$

整理得

$$1+x+x^2=(a_1-a_2+2a_3)+(a_2-3a_3)x+a_3x^2,$$

比较系数 $\begin{cases}a_1-a_2+2a_3=1,\\ \quad a_2-3a_3=1,\\ \qquad a_3=1,\end{cases}$

解之得 $\begin{cases}a_1=3,\\ a_2=4,\\ a_3=1,\end{cases}$

所以 $1+x+x^2$ 在给定基下的坐标为 $(3,4,1)^{\mathrm{T}}$,

即 $$1+x+x^2=3+4(x-1)+(x-2)(x-1).$$

证二 (1)已知 $1,x,x^2$ 是 $R[x]_2$ 的一组基,又 $1,x-1,(x-2)(x-1)\in R[x]_2$,且

$$\begin{cases}1=1\\ x-1=(-1)\times 1+1\times x\\ (x-2)(x-1)=x^2-3x=2=2\times 1+(-3)\times x+1\times x^2\end{cases}$$

即 $1,x-1,(x-2)(x-1)$ 可以由 $1,x,x^2$ 线性表示,

又 $\begin{cases}x=1\\ x=1+(x-1)\\ x^2=1\times 1+3(x-1)+1\times(x-2)(x-1)\end{cases}$

即 $1,x,x^2$ 可以由 $1,x-1,(x-2)(x-1)$ 线性表出，所以两个量组等价，故有相同的秩. 而 $1,x,x^2$ 线性无关，因此 $1,x-1,(x-2)(x-1)$ 也线性无关，从而 $1,x-1,(x-2)(x-1)$ 是 $R[x]_2$ 的一组基.

(2) $1+x+x^2=(1 \quad x \quad x^2)\begin{pmatrix}1\\1\\1\end{pmatrix}$.

设 $1+x+x^2$ 在基 $1,x-1,(x-2)(x-1)$ 下的坐标为 $\begin{pmatrix}a_1\\a_2\\a_3\end{pmatrix}$，由(1)中的线性表达式知

$$(1,x-1,(x-2)(x-1))=(1,x,x^2)\begin{pmatrix}1 & -1 & 2\\0 & 1 & -3\\0 & 0 & 1\end{pmatrix},$$

所以

$$\begin{pmatrix}a_1\\a_2\\a_3\end{pmatrix}=\begin{pmatrix}1 & -1 & 2\\0 & 1 & -3\\0 & 0 & 1\end{pmatrix}^{-1}\begin{pmatrix}1\\1\\1\end{pmatrix}=\begin{pmatrix}1 & 1 & 1\\0 & 1 & 3\\0 & 0 & 1\end{pmatrix}\begin{pmatrix}1\\1\\1\end{pmatrix}=\begin{pmatrix}3\\4\\1\end{pmatrix},$$

因此

$$\begin{aligned}1+x+x^2&=3+4(x-1)+(x-2)(x-1)\\&=(1,x-1,(x-2)(x-1))\begin{pmatrix}3\\4\\1\end{pmatrix}.\end{aligned}$$

题型三：子空间的判定与运算

题型解析 子空间是线性空间 V 中，按照 V 的加法和数量乘法，仍能构成线性空间的非空子集，要熟练掌握判别子空间的方法，并熟悉子空间的交、和的运算，以及两个子空间和与交之间的维数公式.

例 5 设 V_1,V_2 都是线性空间 V 的子空间，且 $V_1\subset V_2$ 证明：如果 V_1 的维数和 V_2 的维数相等，那么 $V_1=V_2$.

解题过程 证：设 $\dim V_1=r$，可找到一组基 $\boldsymbol{\alpha}_1,\boldsymbol{\alpha}_1,\cdots,\boldsymbol{\alpha}_r$

因为 $V_1\subset V_2$ 且它们的维数相等，

$\boldsymbol{\alpha}_1,\boldsymbol{\alpha}_1,\cdots,\boldsymbol{\alpha}_r$ 也是 V_2 的一组基，所以 $V_1=V_2$.

例 6 设$\in P^{n\times n}$

1)证明:全体与 $\boldsymbol{A}$ 可交换的矩阵组成 $P^{n\times n}$ 的一子空间,记作 $\boldsymbol{C}(\boldsymbol{A})$

2)$\boldsymbol{A}=\boldsymbol{E}$ 时,求 $\boldsymbol{C}(\boldsymbol{A})$

3)$\boldsymbol{A}=\begin{bmatrix}1&0&0&\cdots&0\\0&2&0&0&\cdots\\\cdots&\cdots&\cdots&\cdots&\cdots\\0&0&0&\cdots&n\end{bmatrix}$时,求 $\boldsymbol{C}(\boldsymbol{A})$ 的维数和一组基.

解题过程 1)全体与 $\boldsymbol{A}$ 可交换的矩阵的集合记为 $\boldsymbol{C}(\boldsymbol{A})$,$\boldsymbol{0}\in \boldsymbol{C}(\boldsymbol{A})\boldsymbol{B},\boldsymbol{D}\in \boldsymbol{C}(\boldsymbol{A})$

$\boldsymbol{A}(\boldsymbol{B}+\boldsymbol{D})=\boldsymbol{AB}+\boldsymbol{AD}=\boldsymbol{BA}+\boldsymbol{DA}=(\boldsymbol{B}+\boldsymbol{D})\boldsymbol{A}$, $\quad \boldsymbol{B}+\boldsymbol{D}\in \boldsymbol{C}(\boldsymbol{A})$

$\boldsymbol{A}(k\boldsymbol{B})=k(\boldsymbol{AB})=k(\boldsymbol{BA})=(k\boldsymbol{B})\boldsymbol{A}$, $\quad k\boldsymbol{B}\in \boldsymbol{C}(\boldsymbol{A})$

$\boldsymbol{C}(\boldsymbol{A})$构成子空间.

2)$\boldsymbol{A}=\boldsymbol{E}$ 时,$\boldsymbol{C}(\boldsymbol{A})=P^{n\times n}$

3)设 $\boldsymbol{B}=(b_{ij})$为可与 $\boldsymbol{A}$ 交换的矩阵,由第四章习题 5 可知,$\boldsymbol{B}$ 只能是对角矩阵,故维数为 n; $E_{11},E_{22},\cdots,E_{nn}$为一组基.

例 7 设 $\boldsymbol{A}$ 为 n 阶实对称矩阵,问在什么条件下满足 $\boldsymbol{XAX}^{\mathrm{T}}=0$ 的 n 维实向量 $\boldsymbol{X}=(x_1,x_2,\cdots,x_n)$ 构成 R^n 的子空间?

解题过程 令 $V=\{X\in R^n\,|\,\boldsymbol{XAX}^{\mathrm{T}}=\boldsymbol{0}\}$,

$\because \boldsymbol{0}\in V,\therefore V\neq\varnothing$.

显然,若 $\boldsymbol{X}\in V$,则 $kX\in V$.

即 $\qquad (k\boldsymbol{X})\boldsymbol{A}(k\boldsymbol{A})^{\mathrm{T}}=k^2(\boldsymbol{XAX}^{\mathrm{T}})=\boldsymbol{0}$

因此 V 构成R^n 的子空间的条件为:

对任意的 $\boldsymbol{X},\boldsymbol{Y}\in V$,有$(\boldsymbol{X}+\boldsymbol{Y})\boldsymbol{A}(\boldsymbol{X}+\boldsymbol{Y})^{\mathrm{T}}=\boldsymbol{0}$,

即

$$\boldsymbol{XAX}^{\mathrm{T}}+\boldsymbol{XAY}^{\mathrm{T}}+\boldsymbol{YAX}^{\mathrm{T}}+\boldsymbol{YAY}^{\mathrm{T}}=2\boldsymbol{XAY}^{\mathrm{T}}=\boldsymbol{0}.$$

故 V 构成R^n 的子空间的条件是:

对于任意的 $\boldsymbol{X},\boldsymbol{Y}\in V$,都有

$$\boldsymbol{XAY}^{\mathrm{T}}=\boldsymbol{0}.$$

题型四:子空间的交与和、直和

题型分析 掌握维数公式和直和的等价条件是解题的关键.

维数公式:维(V_1)+维(V_2)=维(V_1+V_2)+维$(V_1\cap V_2)$;$V_1\oplus V_2$ 的定义,V_1+V_2 是直和的等价条件多个子空间的直和的定义与等价条件.

例 8 已知 $\boldsymbol{A}\in P^{n\times n}$,设 $V_1=\{\boldsymbol{AX}|\boldsymbol{X}\in P^n\}$,$V_2=\{\boldsymbol{X}|\boldsymbol{X}\in P^n,\boldsymbol{AX}=\boldsymbol{0}\}$证明:

(1)V_1、V_2 是 P^n 的子空间.

(2)当 $\boldsymbol{A}^2=\boldsymbol{A}$ 时,$P^n=V_1\oplus V_2$.

解题过程 (1)$\because \boldsymbol{0}=\boldsymbol{A0}$,$\therefore \boldsymbol{0}\in V_2\neq\varnothing$

任取 $\boldsymbol{A\alpha},\boldsymbol{A\beta}\in V_1$,$\forall k\in P$,有

$$\boldsymbol{A\alpha}+\boldsymbol{A\beta}=\boldsymbol{A}(\boldsymbol{\alpha}+\boldsymbol{\beta})\in V_1,k(\boldsymbol{A\alpha})=\boldsymbol{A}(k\boldsymbol{\alpha})\in V_1.$$

$\therefore V_1$ 是 P^n 的子空间.

$\because \boldsymbol{A0}=\boldsymbol{0}$,$\therefore \boldsymbol{0}\in V_2\neq\varnothing$

又对 $\forall \boldsymbol{\alpha},\boldsymbol{\beta}\in V_2$,$\forall k,\in P$,有 $\boldsymbol{A\alpha}=\boldsymbol{0}$,$\boldsymbol{A\beta}=\boldsymbol{0}$,

从而有$\boldsymbol{A}(\boldsymbol{\alpha}+\boldsymbol{\beta})=\boldsymbol{A\alpha}+\boldsymbol{A\beta}=\boldsymbol{0}+\boldsymbol{0}=\boldsymbol{0}$

$$\boldsymbol{A}(k\boldsymbol{\alpha})=k\boldsymbol{A\alpha}=k\boldsymbol{0}=\boldsymbol{0}$$

$\therefore \boldsymbol{\alpha}+\boldsymbol{\beta}\in V_2$,$k\boldsymbol{\alpha}\in V_2$ 故 V_2 是 P^n 的子空间.

(2)先证 $P^n=V_1+V_2$.

任取 $\boldsymbol{\alpha}\in P^n$ 有 $\boldsymbol{\alpha}=\boldsymbol{A\alpha}+(\boldsymbol{\alpha}-\boldsymbol{A\alpha})$,

其中 $\boldsymbol{A\alpha}\in V_1$,又$\because \boldsymbol{A}^2=\boldsymbol{A}$

$$(\boldsymbol{A}(\boldsymbol{\alpha}-\boldsymbol{A\alpha})=\boldsymbol{A\alpha}-\boldsymbol{A}^2\boldsymbol{\alpha}=\boldsymbol{A\alpha}-\boldsymbol{A\alpha}=\boldsymbol{0}$$

$\therefore \boldsymbol{\alpha}-\boldsymbol{A\alpha}\in V_2$.

于是有 $\boldsymbol{\alpha}\in V_1+V_2$. $\therefore P^n\subseteq V_1+V_2$.

又 V_1+V_2 是 P^n 的子空间,$\therefore P^n=V_1+V_2$.

再证 $P^n=V_1\oplus V_2$.

任取 $\boldsymbol{\alpha}\in V_1\cap V_2$,即 $\boldsymbol{\alpha}\in V_1$ 且 $\boldsymbol{\alpha}\in V_2$.

由 $\boldsymbol{\alpha}\in V_1$,必有 $\boldsymbol{\beta}\in P^n$,使 $\boldsymbol{A\beta}=\boldsymbol{\alpha}$.

由 $\boldsymbol{\alpha}\in V_2$,有 $\boldsymbol{A\alpha}=\boldsymbol{0}$.

从而 $\boldsymbol{\alpha}=\boldsymbol{A\beta}=\boldsymbol{A}^2\boldsymbol{\beta}=\boldsymbol{A}(\boldsymbol{A\beta})=\boldsymbol{A\alpha}=\boldsymbol{0}$.

$\therefore V_1\cap V_2=\{0\}$

所以 $P^n=V_1\oplus V_2$.

题型五:线性空间的同构

题型解析 两个线性空间是同构的,即这两个空间之间存在一个保持加法和数量乘法的双射.处理相关题目时,要注意对保持运算和双射的把握;也要注意,两个有限维线性空间是同构的当且仅当它们的维数相同.

例 9 设 $\boldsymbol{A}=\begin{bmatrix}0 & -1\\ 1 & 0\end{bmatrix}$,证明:实数域上矩阵 $\boldsymbol{A}$ 的全体实系数多项式 $f(\boldsymbol{A})$组成的空间

$V=\left\{f(\boldsymbol{A})\mid \boldsymbol{A}=\begin{bmatrix}0 & -1\\ 1 & 0\end{bmatrix}\right\}$与复数域 C 作为实数域 R 上的线性空间 $V'=\{a+bi\mid a,b\in R\}$

同构.

解题过程 证明:注意到 $\boldsymbol{A}^k=\begin{cases}\boldsymbol{A},当\ k\ 奇数\\ E.当\ k\ 偶数\end{cases}$,则 $f(\boldsymbol{A})=aE+bA$;$a,b\in R$,建立 V 到 V'的映射:σ:$z=a+bi\to f(A)=aE+bA,a,b\in R$,是同构映射;所以 V 与 V'同构

例 10 把复数域看成实数域 $\boldsymbol{R}$ 上的线性空间，证明：$\boldsymbol{C}\cong\boldsymbol{R}^2$.

解题过程 **证法一** 证维数相等

首先，$\forall x\in\boldsymbol{C}$，$x$ 可表成 $x=a1+bi,a,b\in\boldsymbol{R}$

其次，若 $a1+bi=0$，则 $a=b=0$.

所以，$1,i$ 为 $\boldsymbol{C}$ 的一组基，$\dim\boldsymbol{C}=2$.

又，$\dim\boldsymbol{R}^2=2$

所以，$\dim\boldsymbol{C}=\dim\boldsymbol{R}^2$. 故，$V_1\cong V_2$.

证法二 构造同构映射

作对应 $\sigma:\boldsymbol{C}\to\boldsymbol{R}^2,\sigma(a+bi)=(a,b)$.

则 σ 为 $\boldsymbol{C}$ 到 $\boldsymbol{R}^2$ 的一个同构映射.

例 11 全体正实数 R^+ 关于加法 $\oplus$ 与数量乘法 $\circ$：

$$a\oplus b=ab,k\circ a=a^k$$

构成实数域 R 上的线性空间. 把实数域 R 看成是自身上的线性空间.

证明：$R^+\cong R$，并写出一个同构映射.

解题过程 作对应 $\sigma:R^+\to R,\sigma(a)=\ln a,\forall a\in R^+$ 易证 σ 为 R^+ 到 R 的 1－1 对应. 且对 $\forall a,b\in R^+$，$\forall k\in R$，有

$$\sigma(a\oplus b)=\sigma(ab)=\ln ab=\ln a+\ln b=\sigma(\boldsymbol{\alpha})\sigma+\sigma(b)$$

$$\sigma(k\circ a)=\sigma(a^k)=\ln a^k=k\ln a=k\sigma(a)$$

所以，σ 为 R^+ 到 R 的同构映射. 故 $R^+\cong R$.

方法二 作对应 $\tau:R\to R^+,\tau(x)=e^x,\forall x\in R$ 易证：τ 为 R 到 R^+ 的 1－1 对应，而且也为同构映射. 事实上，τ 为 σ 的逆同构映射.

课后习题全解

1. **知识点窍** 对于集合 M 和 N，下面三条论断等价：

（Ⅰ）$M\subset N$；（Ⅱ）$M\cap N=M$；（Ⅲ）$M\cup N=N$.

逻辑推理 通过证明 $M\cap N\subset M$ 和 $M\subset M\cap N$ 可证明相等，另一等式同理可证得.

解题过程 ①任取 $\boldsymbol{\alpha}\in M$，由 $M\subset N$，得 $\boldsymbol{\alpha}\in N$，所以 $a\in M\cap N$，即证 $M\subset N\cap M$. 又因 $M\cap N\subset M$，故 $M\cap N=M$.

②再证第二式，任取 $\boldsymbol{\alpha}\in M$ 或 $\boldsymbol{\alpha}\in N$，但 $M\subset N$，因此无论哪一种情形，都有 $\boldsymbol{\alpha}\in N$，此即. 但 $N\subset M\cup N$，所以 $M\cup N=N$.

2. **知识点窍** 证明集合 $M=N$ 的常用方法：$M\subset N$ 且 $N\subset M$.

逻辑推理 通过证明等式两端的集合的相互包含关系即可证得结论.

解题过程 (1)任意取 $x\in M\cap(N\cup L)$，则 $x\in M$ 且 $x\in N\cup L$. 若有 $x\in M\cap N$，或 $x\in M\cap L$. 则

有 $x\in(M\cap N)\cup(M\cap L)$，由此得 $M\cap(N\cup L)=(M\cap N)\cup(M\cap L)$. 反之，若 $x\in(M\cap N)\cup(M\cap L)$，则 $x\in M\cap N$ 或 $x\in M\cap L$ 若 $x\in M,xN$，则 $x\in N\cup L$. 故得$(M\cap N)\cup(M\cap L)\subset M\cap(N\cup L)$，因此 $M\cap(N\cap L)=(M\cap N)\cup(M\cap L)$.

(2)若 $x\in M\cup(N\cap L)$即 $x\in M,x\in N\cap L$. 当 $x\in M\cup N$，且 $x\in M\cup L$，得 $x\in(M\cup N)\cap(M\cup L)$.

在后一情形，$x\in N$，或 $x\in L$，因而 $x\in M\cup N$，且 $x\in M\cup L$，即 $x\in(M\cup N)\cap(M\cup L)$

所以$(M\cup N)\cap(M\cup N)\subset(N\cup L)$

故　$M\cup(N\cap L)=(M\cup N)\cap(M\cup L)$

即证.

3. **知识点窍** 线性空间的定义与 8 条性质

逻辑推理 运用线性空间的定义与 8 条性质来判别所给的线性运算是否构成实数域上的线性空间

解题过程 1)否. 因两个 n 次多项式相加不一定是 n 次多项式，例如$(x^n+5)+(-x^n-2)=3$.

2)令 $V=\{f(\boldsymbol{A})\mid f(x)$为实数多项式，$\boldsymbol{A}$ 是 $n\times n$ 实矩阵$\}$因为

$$f(x)+g(x)=h(x),kf(x)=d(x)$$

所以

$$f(\boldsymbol{A})+g(\boldsymbol{A})=h(\boldsymbol{A}),kf(\boldsymbol{A})=d(\boldsymbol{A})$$

由于矩阵对加法和数量乘法满足线性空间定义的 1～8 条，故 V 构成线性空间.

3)矩阵的加法和和数量乘法满足线性空间定义的 1～8 条性质，只需要证明对称矩阵(上三角矩阵，反对称矩阵)对加法与数量乘法是否封闭即可. 下面仅反对称矩阵证明：

当 $\boldsymbol{A},\boldsymbol{B}$ 为反对称矩阵，k 为任意一实数时，有

$(\boldsymbol{A}+\boldsymbol{B})'=\boldsymbol{A}'+\boldsymbol{B}'=-\boldsymbol{A}-\boldsymbol{B}=-(\boldsymbol{A}+\boldsymbol{B})$，$\boldsymbol{A}+\boldsymbol{B}$ 仍是反对称矩阵.

$(k\boldsymbol{A})'=k\boldsymbol{A}'=k(-\boldsymbol{A})=-(k\boldsymbol{A})$，所以 $k\boldsymbol{A}$ 是反对称矩阵.

故反对称矩阵的全体构成线性空间.

4)否. 例如以已知向量为对角线的任意两个向量和不属于这个集合.

5)不难验证，对于加法，交换律，结合律满足，$(0,0)$是零元，任意(a,b)的负元是$(-a,a^2-b)$. 对于数乘：

$1\circ(a,b)=\left(1\circ a,1\circ b=\frac{1(1-1)}{2}a^2\right)=(a,b)$，

$$\begin{aligned}k\cdot(1\cdot(a,b)=k\cdot\left(la,lb+\frac{l(1-1)}{2}a^2\right)&=\left(kla,k\left[lb+\frac{l(1-1)}{2}a^2\right]+\frac{k(k-1)}{2}(la)^2\right)\\&=\left(k1a,k\left[lb+\frac{l(l-1)}{2}a^2\right]+\frac{k(k-1)}{2}(la)^2\right)\\&=\left(k1a,\frac{k1(k1-1)}{2}a^2+\frac{k(k-1)}{2}(la)^2\right)\end{aligned}$$

$$=\left(k1a,\frac{kl(kl-1)}{2}a^2+klb\right)=(k1)\cdot(a,b),$$

$$(k+l)\cdot(a,b)=\left[(k+l)a,\frac{(k+l)(k+l-1)}{2}a^2+(k+1)b\right]$$

$$k\cdot(a,b)\oplus l\cdot(a,b)=\left(ka,kb+\frac{k(k-1)}{2}a^2\right)\oplus\left(la,lb+\frac{l(l-1)}{2}a^2\right.$$

$$=\left(ka+la,kb+\frac{k(k-1)}{2}a^2+\frac{k(k-1)}{2}a^2+kla^2\right)$$

$$=\left[(k+l)a,\frac{(k+l)(k+l-1)}{2}a^2+(k+l)b\right].$$

即$(k+1)\circ(a,b)=k\circ(a,b)\oplus l\circ(a,b)$.

$$k\circ[(a_1,b_1)\oplus(a_2,b_2)]=k\circ(a_1+a_2,b_1+b_2+a_1a_2)$$

$$=\left[k(a_1+a_2),k\left(b_1+b_2+a_1a_2+\frac{k(k-1)}{2}(a_1+a_2)^2\right)\right],$$

$$k\circ(a_1,b_1)\oplus k\circ(a_2,b_2)$$

$$=\left(ka_1,kb_1+\frac{k(k-1)}{2}a_1^2\right)\oplus\left(ka_2,kb_2+\frac{k(k-1)}{2}a_2^2\right)$$

$$=\left(ka_1+ka_2,kb_1+\frac{k(k-1)}{2}a_1^2+kb_2+\frac{k(k-1)}{2}a_2^2+k^2a_1a_2\right)$$

$$=(k(a_1+a_2),k(b_1+b_2+a_1a_2)+\frac{k(k-1)}{2}a_1^2++\frac{k(k-1)}{2}$$

$$a_2^2+k^2a_1a_2-ka_1a_2)$$

$$=(k(a_1+a_2),k(b_1+b_2+a_1a_2)+\frac{k(k-1)}{2}(a_1^2+a_2^2)^2),$$

即 $k\circ(a_1,b_1)\oplus(a_2,b_2)=k\circ(a_1,b_1)\oplus k\circ(a_2,b_2)$，所以，所给集合构成线性空间.

6)否，因为 $1\circ\boldsymbol{\alpha}=0\neq\boldsymbol{\alpha}$.

7)否，因为$(k+l)\circ\boldsymbol{\alpha}=\boldsymbol{\alpha}$，$k\circ\boldsymbol{\alpha}+l\circ\boldsymbol{\alpha}=\boldsymbol{\alpha}+\boldsymbol{\alpha}=2\boldsymbol{\alpha}$，所以$(k+l)\circ\boldsymbol{\alpha}\neq(k\circ\boldsymbol{\alpha})+(l\circ\boldsymbol{\alpha})$，所给集合不满足线性空间的定义.

8)显然所给集合对定义的加法和数量乘法都是封闭的，满足

ⅰ)$a\oplus b=ab=ba=b\oplus a$；

ⅱ)$(a\oplus b)\oplus c=(ab)\oplus c=abc=a\oplus(bc)=a\oplus(b\oplus c)$；

ⅲ)1 是零元；$a\oplus 1=a\cdot 1=a$；

ⅳ)a 的负元是$\frac{1}{a}$：$a\oplus\frac{1}{a}=a\cdot\frac{1}{a}=1$，且$\frac{1}{a}\oplus a=1$；

ⅴ)$1\oplus a=a^1=a$；

ⅵ)$(k\circ(l\circ a))=k\circ(a^l)=(a^l)k=a^{lk}=a^{kl}=(kl)\circ a$；

ⅶ)$(k+l)\circ a=a^{k+l}=a^k\cdot a^l=(ka)\oplus(la)$；

ⅷ)$k\circ(a\oplus b)=k\circ(ab)=(ab)^k=a^kb^k=(k\circ a)\oplus(k\circ b)$.

所以，所给集合 R^+ 构成线性空间.

4. **知识点窍** 线性空间的定义与 8 条基本运算性质的应用.

逻辑推理 直接运用线性空间的定义与基本运算性质即可得证.

解题过程 (1)$k\mathbf{0}=k[\boldsymbol{\alpha}+(-\boldsymbol{\alpha})]=k\boldsymbol{\alpha}+k(-\boldsymbol{\alpha})=k\boldsymbol{\alpha}+k(-1)\boldsymbol{\alpha}$

$=[k+(-k)]\boldsymbol{\alpha}=0\boldsymbol{\alpha}=\mathbf{0}$.

等式两边同时加上$-k\boldsymbol{\beta}$得到

(2)因为 $k(\boldsymbol{\alpha}-\boldsymbol{\beta})+k\boldsymbol{\beta}=k(\boldsymbol{\alpha}-\boldsymbol{\beta}+\boldsymbol{\beta})=k\boldsymbol{\alpha}$,所以 $k(\boldsymbol{\alpha}-\boldsymbol{\beta})=k\boldsymbol{\alpha}-k\boldsymbol{\beta}$.

5. 知识点窍 证明线性空间中若干元素线性相关的常用方法如下:

(Ⅰ)找出一个元素可用其他元素线性表出(构造法);

(Ⅱ)元素个数大于线性空间维数(反证法).

逻辑推理 本题中已给出三个函数式,因此可运用构造法寻找三个函数间的关系式.

解题过程 因为 $\cos 2t=2\cos^2 t-1$,因而 $\cos 2t$ 可由 $\cos^2 t$ 与 1 线性表出,即在实函数空间中 1,$\cos^2 t$,$\cos 2t$ 线性相关.

6. 知识点窍 证明线性空间中若干元素线性无关的常用方法如下:

(Ⅰ)按定义;(Ⅱ)反证法.

逻辑推理 本题中三个多项式为抽象表达式,故不便采用直接按定义构造相互关系的方法,因此采用反证法证明.

解题过程 若有不全为零的数 k_1,k_2,k_3 使 $k_1f_1(x)+k_2f_2(x)+k_3f_3(x)=0$,

不妨设 $k_1\neq 0$,即 $f_1(x)=-\frac{k_2}{k_1}f_2(x)-\frac{k_3}{k_1}f_3(x)$,这说明 $f_2(x)$,$f_3(x)$的公因式也是 $f_1(x)$的因式,即 $f_1(x)$,$f_2(x)$,$f_3(x)$有非常数的公因式,这与三者互素矛盾,所以 $f_1(x)$,$f_2(x)$,$f_3(x)$线性无关.

7. 知识点窍 基与坐标的概念.

逻辑推理 解此类坐标变换题,常用以下两种方法:

①直接计算;

②先找过渡矩阵 $\mathbf{A}$,再求 $\mathbf{A}^{-1}$.

解题过程 **解法 1:**设 $\boldsymbol{\xi}$ 在基 $\boldsymbol{\varepsilon}_1,\boldsymbol{\varepsilon}_2,\boldsymbol{\varepsilon}_3,\boldsymbol{\varepsilon}_4$ 下的坐标为(k_1,k_2,k_3,k_4),则有

$$\boldsymbol{\xi}=k_1\boldsymbol{\varepsilon}_1+k_2\boldsymbol{\varepsilon}_2+k_3\boldsymbol{\varepsilon}_3+k_4\boldsymbol{\varepsilon}_4$$

(1)将向量等式按分量写出,得

$$\begin{cases}k_1+k_2+k_3+k_4=1\\k_1+k_2-k_3-k_4=2\\k_1-k_2+k_3-k_4=1\\k_1-k_2-k_3+k_4=1\end{cases}$$

解方程组,得 $k_1=\frac{5}{4}$,$k_2=\frac{1}{4}$,$k_3=-\frac{1}{4}$,$k_4=-\frac{1}{4}$. $\left(\frac{5}{4},\frac{1}{4},-\frac{1}{4},-\frac{1}{4}\right)$即为 $\boldsymbol{\xi}$ 在基 $\boldsymbol{\varepsilon}_1,\boldsymbol{\varepsilon}_2,\boldsymbol{\varepsilon}_3,\boldsymbol{\varepsilon}_4$ 下的坐标.

(2)将向量等式分量写出,得

$$\begin{cases}k_1+2k_2+k_2=0,\\k_1+k_2+k_3+k_4=0,\\3k_2-k_4=0,\\k_1+k_2-k_4=1.\end{cases}$$

解方程组，得 $k_1=1,k_2=0,k_3=-1,k_4=0$，$(1,0,-1,0)$即为 $\boldsymbol{\xi}$ 在基 $\boldsymbol{\varepsilon}_1,\boldsymbol{\varepsilon}_2,\boldsymbol{\varepsilon}_3,\boldsymbol{\varepsilon}_4$ 下的坐标.

方法 2：将 $\boldsymbol{\varepsilon}_1,\boldsymbol{\varepsilon}_2,\boldsymbol{\varepsilon}_3,\boldsymbol{\varepsilon}_4$ 和 $\boldsymbol{\xi}$ 作为矩阵的列构成一个矩阵.

$$\boldsymbol{A}=(\boldsymbol{\varepsilon}_1,\boldsymbol{\varepsilon}_2,\boldsymbol{\varepsilon}_3,\boldsymbol{\varepsilon}_4,\boldsymbol{\xi}),$$

对 $\boldsymbol{A}$ 进行初等变换，将其化成最简阶梯形矩阵，从而确定 $\boldsymbol{\xi}$ 与 $\boldsymbol{\varepsilon}_1,\boldsymbol{\varepsilon}_2,\boldsymbol{\varepsilon}_3,\boldsymbol{\varepsilon}_4$ 的线性关系.

这种方法在“求得一个向量组的极大线性无关组，并将其余向量用这个极大线性无关组表出”的题目使用过

(1)当 $\boldsymbol{A}$ 进行初等行变换得到

$$\boldsymbol{A}=\begin{pmatrix}1&1&1&1&1\\1&1&-1&-1&2\\1&-1&1&-1&1\\1&-1&-1&1&1\end{pmatrix}\to\cdots\to\begin{pmatrix}1&0&0&0&5/4\\0&1&0&0&1/4\\0&0&1&0&-1/4\\0&0&0&1&-1/4\end{pmatrix},$$

于是 $\boldsymbol{\xi}=\frac{5}{4}\boldsymbol{\varepsilon}_1+\frac{1}{4}\boldsymbol{\varepsilon}_2-\frac{1}{4}\boldsymbol{\varepsilon}_3-\frac{1}{4}\boldsymbol{\varepsilon}_4$.

(2)对 $\boldsymbol{A}$ 进行初等行变换，得到

$$\boldsymbol{A}=\begin{pmatrix}1&2&1&0&0\\1&1&1&1&0\\0&3&0&-1&0\\1&1&0&-1&1\end{pmatrix}\to\cdots\to\begin{pmatrix}1&0&0&0&1\\0&1&0&0&0\\0&0&1&0&-1\\0&0&0&1&0\end{pmatrix}.$$

于是 $\boldsymbol{\xi}=\boldsymbol{\varepsilon}_1-\boldsymbol{\varepsilon}_3$.

方法技巧 解法 1，利用了待定坐标法，将线性关系转化成线性方程组、解线性方程组即可.

解法 2，利用了初等行变换不改变列向量之间的线性关系，将向量组构成的矩阵化成最简阶梯形矩阵，从而观察出向量的坐标.

8. **知识点窍** 维数与基的定义.

逻辑推理 通过讨论所给线性空间中元素的特征来计算线性空间的维数与基.

解题过程 (1)$P^{n\times n}$ 的元素为 $\boldsymbol{A}=\begin{bmatrix}a_{11}&a_{12}&\cdots&a_{1n}\\a_{21}&a_{22}&\cdots&a_{2n}\\\vdots&\vdots&&\vdots\\a_{n1}&a_{n2}&\cdots&a_{nn}\end{bmatrix}$ (j 列)

令 $$\boldsymbol{E}_{ij}=\begin{bmatrix}0&\cdots&0&\cdots&0\\ \vdots&&\vdots&&\vdots\\ 0&\cdots&1&\cdots&0\\ \vdots&&\vdots&&\vdots\\ 0&\cdots&0&\cdots&0\end{bmatrix}(i\text{行}),$$

则根据矩阵的线性运算以及矩阵相等的定义，可以验证 $\boldsymbol{E}^{ij}(i,j=1,2,\cdots n)$. 是线性无关的，且任意 n 级矩阵 $\boldsymbol{A}$ 可以由它们线性表出，即

$$\boldsymbol{A}=\sum_{i=1}^{n}\sum_{j=1}^{n}a_{ij}\boldsymbol{E}_{ij},$$

所以 $P^{n\times n}$ 基是：$\boldsymbol{E}_{ij}(i,j=1,2,\cdots,n)$，且 $\dim(P^{n\times n})=n^2$.

(2) ⅰ)令 $\boldsymbol{F}_{ij}=\begin{bmatrix}&\cdots&&\cdots&\\ \cdots&\cdots&\cdots&1&\cdots\\ &\cdots&&\cdots&\\ \cdots&1&\cdots&\cdots&\cdots\\ &\cdots&&\cdots&\end{bmatrix}$，即 $a_{ij}=a_{ji}=1$，其余元素均为零，则$\{\boldsymbol{F}_{11},\cdots$

$\boldsymbol{F}_{1n},\boldsymbol{F}_{22},\cdots,\boldsymbol{F}_{2n},\cdots,\boldsymbol{F}_{nn}\}$是对称矩阵所成线性空间 M_n 的一组基，所以 M_n 是 $\dfrac{n(n+1)}{2}$维的.

ⅱ)令 $\boldsymbol{G}_{ij}=\begin{bmatrix}&\cdots&&\cdots&\\ \cdots&\cdots&\cdots&1&\cdots\\ &\cdots&&\cdots&\\ \cdots&-1&\cdots&\cdots&\cdots\\ &\cdots&&\cdots&\end{bmatrix}$，即 $a_{ij}=-a_{ji}=1,(i\neq j)$，其余元素均为零，

则$\{\boldsymbol{G}_{12},\cdots,\boldsymbol{G}_{1n},\boldsymbol{G}_{23},\cdots,\boldsymbol{G}_{2n},\cdots,\boldsymbol{G}_{n-1,n}\}$是反对称矩阵所成线性空间 S_n 的一组基，所以它是$\dfrac{n(n-1)}{2}$维的.

ⅲ)$\{\boldsymbol{E}_{11},\cdots,\boldsymbol{E}_{1n},\boldsymbol{E}_{22},\cdots,\boldsymbol{E}_{2n},\cdots,\boldsymbol{E}_{nn}\}$是上三角阵所成线性空间的一组基，所以它是$\dfrac{n(n+1)}{2}$维的.

(3)全体正实数 $\mathbf{R}^+$，按照第 3 题定义的运算，构成的线性空间以 1 为零元素，对于任意的不等于 1 的正实数 a 都是线性无关的向量，因为对于任一正实数 b，都有 $(\log b)\circ a=b$，所以 $a(a\neq 1)$是原线性空间 $\mathbf{R}^+$ 的一个基，且 $\mathbf{R}^+$ 是实数域 $\mathbf{R}$ 上的 1 维线性空间.

(4)因为 $\omega=\dfrac{-1+\sqrt{3}\mathrm{i}}{2}$，$\omega^3=1$，所以 $\omega^n=\begin{cases}1,n=3q,\\ \omega,n=3q+1,\\ \omega^2,n=3q+2,\end{cases}$

于是 $\boldsymbol{A}^2=\begin{pmatrix}1&&\\&\omega^2&\\&&\omega\end{pmatrix}$，$\boldsymbol{A}^3=\begin{pmatrix}1&&\\&1&\\&&1\end{pmatrix}=\boldsymbol{E}$，而 $\boldsymbol{A}^n=\begin{cases}\boldsymbol{E},n=3q,\\ \boldsymbol{A},n=3q+1,\\ \boldsymbol{A}^2,n=3q+2.\end{cases}$

下证 $\boldsymbol{E},\boldsymbol{A},\boldsymbol{A}^2$ 线性无关. 令

$$k_1\boldsymbol{A}^2+k_2\boldsymbol{A}+k_3\boldsymbol{E}=\boldsymbol{O},$$

即
$$\begin{cases}k_1+k_2+k_3=0,\\ k_1w^2+k_2w+k_3=0,\\ k_1w^4+k_2w^2+k_3=0,\end{cases}$$

其系数行列式 $\begin{vmatrix}1&1&1\\w^2&w&1\\w^4&w^2&1\end{vmatrix}=(1-w)(1-w^2)(w-w^2)\neq 0,$

故方程组只有零解 $k_1=k_2=k_3=0$,

所以 $\boldsymbol{E},\boldsymbol{A},\boldsymbol{A}^2$ 线性无关;显然任意 $f(\boldsymbol{A})$ 均可表成 $\boldsymbol{E},\boldsymbol{A},\boldsymbol{A}^2$ 的线性组合,从而 $f(\boldsymbol{A})$ 组成的线性空间是三维的.

9. **知识点窍** 过渡矩阵、基与坐标的概念.

逻辑推理 运用基变换与坐标变换公式即可得到结果.

解题过程 (1) $(\boldsymbol{\eta}_1,\boldsymbol{\eta}_2,\boldsymbol{\eta}_3,\boldsymbol{\eta}_4)=(\boldsymbol{\varepsilon}_1,\boldsymbol{\varepsilon}_2,\boldsymbol{\varepsilon}_3,\boldsymbol{\varepsilon}_4)\begin{pmatrix}2&0&5&6\\1&3&3&6\\-1&1&2&1\\1&0&1&3\end{pmatrix}=(\boldsymbol{\varepsilon}_1,\boldsymbol{\varepsilon}_2,\boldsymbol{\varepsilon}_3,\boldsymbol{\varepsilon}_4)\boldsymbol{A}$

这里 $\boldsymbol{A}$ 即为所求由基 $\boldsymbol{\varepsilon}_1,\boldsymbol{\varepsilon}_2,\boldsymbol{\varepsilon}_3,\boldsymbol{\varepsilon}_4$ 到基 $\boldsymbol{\eta}_1,\boldsymbol{\eta}_2,\boldsymbol{\eta}_3,\boldsymbol{\eta}_4$ 的过渡矩阵,将上式两边右乘得 $\boldsymbol{A}^{-1}$,得 $(\boldsymbol{\varepsilon}_1,\boldsymbol{\varepsilon}_2,\boldsymbol{\varepsilon}_3,\boldsymbol{\varepsilon}_4)=(\boldsymbol{\eta}_1,\boldsymbol{\eta}_2,\boldsymbol{\eta}_3,\boldsymbol{\eta}_4)\boldsymbol{A}^{-1}$.

于是

$$\boldsymbol{\xi}=(\boldsymbol{\varepsilon}_1,\boldsymbol{\varepsilon}_2,\boldsymbol{\varepsilon}_3,\boldsymbol{\varepsilon}_4)\begin{pmatrix}x_1\\x_2\\x_3\\x_4\end{pmatrix}=(\boldsymbol{\eta}_1,\boldsymbol{\eta}_2,\boldsymbol{\eta}_3,\boldsymbol{\eta}_4)\boldsymbol{A}^{-1}\begin{pmatrix}x_1\\x_2\\x_3\\x_4\end{pmatrix},$$

所以在基下的坐标为

$$\boldsymbol{A}^{-1}\begin{pmatrix}x_1\\x_2\\x_3\\x_4\end{pmatrix},$$

这里 $\boldsymbol{A}^{-1}=\begin{pmatrix}\frac{4}{9}&\frac{1}{3}&-1&-\frac{11}{9}\\ \frac{1}{27}&\frac{4}{9}&-\frac{1}{3}&-\frac{23}{27}\\ \frac{1}{3}&0&0&-\frac{2}{3}\\ -\frac{7}{27}&-\frac{1}{9}&\frac{1}{3}&\frac{26}{27}\end{pmatrix}$

(2)基 $\boldsymbol{\varepsilon}_1,\boldsymbol{\varepsilon}_2,\boldsymbol{\varepsilon}_3,\boldsymbol{\varepsilon}_4$ 到基 $\boldsymbol{\eta}_1,\boldsymbol{\eta}_2,\boldsymbol{\eta}_3,\boldsymbol{\eta}_4$ 的过渡矩阵为

$$\boldsymbol{A}=(\boldsymbol{\varepsilon}_1,\boldsymbol{\varepsilon}_2,\boldsymbol{\varepsilon}_3,\boldsymbol{\varepsilon}_4)^{-1}(\boldsymbol{\eta}_1,\boldsymbol{\eta}_2,\boldsymbol{\eta}_3,\boldsymbol{\eta}_4)$$

$$=\begin{pmatrix}1&1&-1&-1\\2&-1&2&-1\\-1&1&1&0\\0&1&1&1\end{pmatrix}^{-1}\begin{pmatrix}2&0&-2&1\\1&1&1&3\\0&2&1&1\\1&2&2&2\end{pmatrix}$$

令 $\boldsymbol{B}=(\boldsymbol{\varepsilon}_1,\boldsymbol{\varepsilon}_2,\boldsymbol{\varepsilon}_3,\boldsymbol{\varepsilon}_4)$，$\boldsymbol{C}=(\boldsymbol{\eta}_1,\boldsymbol{\eta}_2,\boldsymbol{\eta}_3,\boldsymbol{\eta}_4)$，则根据初等矩阵与初等变换的对应，可以构造 $n\times 2n$ 矩阵 $\boldsymbol{P}=(\boldsymbol{B}\vdots\boldsymbol{C})$，对矩阵 $\boldsymbol{P}$ 实施初等行变换，当把 $\boldsymbol{B}$ 化成单位矩阵 $\boldsymbol{E}$ 时，矩阵 $\boldsymbol{C}$ 就化成了 $\boldsymbol{B}^{-1}\boldsymbol{C}$；

$$\boldsymbol{P}=\left(\begin{array}{cccc:cccc}1&1&-1&-1&2&0-&2&1\\2&-1&2&-1&1&1&1&3\\-1&1&1&0&0&2&1&1\\0&1&1&1&1&2&2&2\end{array}\right)\longrightarrow\cdots\longrightarrow\left(\begin{array}{cccc:cccc}1&0&0&0&1&0&0&1\\0&1&0&0&1&1&0&1\\0&0&1&0&0&1&1&1\\0&0&0&1&0&0&1&0\end{array}\right)$$

$$=(\boldsymbol{E}\mid\boldsymbol{B}^{-1}\boldsymbol{C}),$$

于是，由基 $\boldsymbol{\varepsilon}_1,\boldsymbol{\varepsilon}_2,\boldsymbol{\varepsilon}_3,\boldsymbol{\varepsilon}_4$ 到基 $\boldsymbol{\eta}_1,\boldsymbol{\eta}_2,\boldsymbol{\eta}_3,\boldsymbol{\eta}_4$ 的过渡矩阵为

$$\boldsymbol{A}=\boldsymbol{B}^{-1}\boldsymbol{C}=\begin{pmatrix}1&0&0&1\\1&1&0&1\\0&1&1&1\\0&0&1&0\end{pmatrix}$$

> 求矩阵的逆时，可利用初等变换与初等矩阵的对应，构造一个新的矩阵，然后进行初等变换即可求得。下面的计算也是利用这个方法。

令 $\boldsymbol{e}_1=(1,0,0,0)\boldsymbol{e}_2=(0,1,0,0)$，$\boldsymbol{e}_3=(0,0,1,0)$，$\boldsymbol{e}_4=(0,0,0,1)$则$(\boldsymbol{\varepsilon}_1,\boldsymbol{\varepsilon}_2,\boldsymbol{\varepsilon}_3,\boldsymbol{\varepsilon}_4)=[\boldsymbol{e}_1,\boldsymbol{e}_2,\boldsymbol{e}_3,\boldsymbol{e}_4]\boldsymbol{B}$，进而有

$$\boldsymbol{\xi}=(1,0,0,0)=[\boldsymbol{e}_1,\boldsymbol{e}_2,\boldsymbol{e}_3,\boldsymbol{e}_4]\begin{pmatrix}1\\0\\0\\0\end{pmatrix}=(\boldsymbol{\varepsilon}_1,\boldsymbol{\varepsilon}_2,\boldsymbol{\varepsilon}_3,\boldsymbol{\varepsilon}_4)\boldsymbol{B}^{-1}\begin{pmatrix}1\\0\\0\\0\end{pmatrix}$$

因此，ξ 在 $\boldsymbol{\varepsilon}_1,\boldsymbol{\varepsilon}_2,\boldsymbol{\varepsilon}_3,\boldsymbol{\varepsilon}_4$ 下的坐标为

$$\begin{pmatrix}y_1\\y_2\\y_3\\y_4\end{pmatrix}=\boldsymbol{B}^{-1}\begin{pmatrix}1\\0\\0\\0\end{pmatrix}=\begin{pmatrix}1&1&-1&-1\\2&-1&2&-1\\-1&1&1&0\\0&1&1&1\end{pmatrix}^{-1}\begin{pmatrix}1\\0\\0\\0\end{pmatrix}.$$

类似地，构造矩阵 $\boldsymbol{P}=(\boldsymbol{B}\mid\xi')$，并对其进行初等行变换，将 $\boldsymbol{B}$ 化成单位矩阵 $\boldsymbol{E}$ 时，矩阵 $\boldsymbol{\xi}'$就化成了 $\boldsymbol{B}^{-1}\boldsymbol{\xi}'$；

$$\boldsymbol{P}=\left(\begin{array}{cccc:c}1&1&-1&-1&1\\2&-1&2&-1&0\\-1&1&1&0&0\\0&1&1&1&0\end{array}\right)\longrightarrow\cdots\longrightarrow\left(\begin{array}{cccc:c}1&0&0&0&3/13\\0&1&0&0&5/13\\0&0&1&0&-2/13\\0&0&0&1&-3/13\end{array}\right)$$

$$=(\boldsymbol{E} \mid \boldsymbol{B}^{-1}\boldsymbol{\xi}'),$$

所以 $\boldsymbol{\xi}=(1,0,0,0)$ 在 $\boldsymbol{\varepsilon}_1,\boldsymbol{\varepsilon}_2,\boldsymbol{\varepsilon}_3,\boldsymbol{\varepsilon}_4$ 下的坐标为 $\begin{pmatrix} y_1 \\ y_2 \\ y_3 \\ y_4 \end{pmatrix}=\frac{1}{13}\begin{pmatrix} 3 \\ 5 \\ -2 \\ -3 \end{pmatrix}$.

(3)采用与(2)同样的方法，由基 $\boldsymbol{\varepsilon}_1,\boldsymbol{\varepsilon}_2,\boldsymbol{\varepsilon}_3,\boldsymbol{\varepsilon}_4$ 到基 $\boldsymbol{\eta}_1,\boldsymbol{\eta}_2,\boldsymbol{\eta}_3,\boldsymbol{\eta}_4$ 的过渡矩阵为

$$\boldsymbol{A}=(\boldsymbol{\varepsilon}_1,\boldsymbol{\varepsilon}_2,\boldsymbol{\varepsilon}_3,\boldsymbol{\varepsilon}_4)^{-1}(\boldsymbol{\eta}_1,\boldsymbol{\eta}_2,\boldsymbol{\eta}_3,\boldsymbol{\eta}_4)$$

$$=\begin{pmatrix} 1 & 1 & 1 & 1 \\ 1 & 1 & -1 & -1 \\ 1 & -1 & 1 & -1 \\ 1 & -1 & -1 & 1 \end{pmatrix}^{-1}\begin{pmatrix} 1 & 2 & 1 & 0 \\ 1 & 1 & 1 & 1 \\ 0 & 3 & 0 & -1 \\ 1 & 1 & 0 & -1 \end{pmatrix}$$

$$=\frac{1}{4}\begin{pmatrix} 3 & 7 & 2 & -1 \\ 1 & -1 & 2 & 3 \\ -1 & 3 & 0 & -1 \\ 1 & -1 & 0 & -1 \end{pmatrix}.$$

另外，设 $\boldsymbol{e}_1,\boldsymbol{e}_2,\boldsymbol{e}_3,\boldsymbol{e}_4$ 为 P^4 的单位向量组成的自然基，那么

$$(\boldsymbol{\eta}_1,\boldsymbol{\eta}_2,\boldsymbol{\eta}_3,\boldsymbol{\eta}_4)=(e_1,e_2,e_3,e_4)\begin{pmatrix} 1 & 2 & 1 & 0 \\ 1 & 1 & 1 & 1 \\ 0 & 3 & 0 & -1 \\ 1 & 1 & 0 & -1 \end{pmatrix}=(e_1,e_2,e_3,e_4)\boldsymbol{C}.$$

于是

$$\boldsymbol{\xi}=(1,0,0,-1)=(e_1,e_2,e_3,e_4)\begin{pmatrix} 1 \\ 0 \\ 0 \\ -1 \end{pmatrix}=(\boldsymbol{\eta}_1,\boldsymbol{\eta}_2,\boldsymbol{\eta}_3,\boldsymbol{\eta}_4)\boldsymbol{C}^{-1}\begin{pmatrix} 1 \\ 0 \\ 0 \\ -1 \end{pmatrix},$$

因此，$\boldsymbol{\xi}$ 在 $\boldsymbol{\varepsilon}_1,\boldsymbol{\varepsilon}_2,\boldsymbol{\varepsilon}_3,\boldsymbol{\varepsilon}_4$ 下的坐标为

$$\begin{pmatrix} y_1 \\ y_2 \\ y_3 \\ y_4 \end{pmatrix}=\boldsymbol{C}^{-1}\begin{pmatrix} 1 \\ 0 \\ 0 \\ -1 \end{pmatrix}=\begin{pmatrix} 1 & 2 & 1 & 0 \\ 1 & 1 & 1 & 1 \\ 0 & 3 & 0 & -1 \\ 1 & 1 & 0 & -1 \end{pmatrix}^{-1}\begin{pmatrix} 1 \\ 0 \\ 0 \\ -1 \end{pmatrix}=\frac{1}{2}\begin{pmatrix} -4 \\ -1 \\ 8 \\ -3 \end{pmatrix}$$

10. 知识点窍 基与坐标的概念.

逻辑推理 运用基与坐标的概念可列关于坐标的方程组来求得结果.

解题过程 由题意

$$\boldsymbol{\xi}=x_1\boldsymbol{\varepsilon}_1+x_2\boldsymbol{\varepsilon}_2+x_3\boldsymbol{\varepsilon}_3+x_4\boldsymbol{\varepsilon}_4=x_1\boldsymbol{\eta}_1+x_2\boldsymbol{\eta}_2+x_3\boldsymbol{\eta}_3+x_4\boldsymbol{\eta}_4,$$

即

$$\begin{cases}x_1+5x_3+6x_4=0,\\x_1+2x_2+3x_3+6x_4=0,\\-x_1+x_2+x_3+x_4=0,\\x_1+x_3+2x_4=0,\end{cases}$$

解得此方程组的基础解系为 $\boldsymbol{\alpha}=(1,1,1,-1)$，故 $\boldsymbol{\xi}=k\boldsymbol{\alpha},k\neq0$ 皆满足条件.

11. 知识点窍 同构空间的定义与性质.

> 对于第11题，为了证明两个线性空间是同构的，先建立这两个空间的一个双射，再验证保持运算即可。

逻辑推理 证明线性空间 V_1 与 V_2 同构的常用方法：

①同构定义，找双射.

②V_1 与 V_2 均同构于 V_3，从而 V_1 与 V_2 同构.

③有限维线性空间由维数决定.

解题过程 令 $\sigma:\mathbf{R}\longrightarrow\mathbf{R}^+,a\mapsto2^a$，则 σ 显然为双射，且

$\sigma(a+b)=2^{a+b}=2^a\oplus2^b=\sigma(a)\oplus\sigma(b)$，

$\sigma(ka)=2^{ka}=(2^a)^k=k\odot2^a=k\odot\sigma(a)$，

所以是 $\mathbf{R}$ 到 $\mathbf{R}^+$ 之间的同构映射，$\mathbf{R}$ 与 $\mathbf{R}^+$ 同构.

12. 知识点窍 子空间的概念.

逻辑推理 欲证明 $V_1=V_2$，已知 $V_1\subset V_2$，只需证 $V_1\subset V_2$ 即可.

解题过程 设 $\dim(V_1)=r$，则由基的扩充定理，可找到 V_1 的一组基 $\boldsymbol{a}_1,a_2,\cdots,a_r$，由于 $V_1\subset V_2$，且它们的唯数相等，故 $a_1,a_2,\cdots,a_r$，也是 V_2 的一组基，所以 $V_1=V_2$.

13. (1) 知识点窍 子空间的定义.

逻辑推理 直接运用子空间的定义证明即可.

解题过程 设与 $\boldsymbol{A}$ 可交换的矩阵集合记为 $\boldsymbol{C}(\boldsymbol{A})$，若 $\boldsymbol{B},\boldsymbol{D}$ 属于 $\boldsymbol{C}(\boldsymbol{A})$，可得

$$\boldsymbol{A}(\boldsymbol{B}+\boldsymbol{D})=\boldsymbol{AB}+\boldsymbol{AD}=\boldsymbol{BA}+\boldsymbol{DA}=(\boldsymbol{B}+\boldsymbol{D})\boldsymbol{A}.$$

故 $\boldsymbol{B}+\boldsymbol{D}\in C(\boldsymbol{A})$. 若 k 是一数，$\boldsymbol{B}\in\boldsymbol{C}(\boldsymbol{A})$，可得

$$\boldsymbol{A}(k\boldsymbol{B})=k(\boldsymbol{BA})=(k\boldsymbol{BA})=(k\boldsymbol{A})\boldsymbol{A},$$

所以 $k\boldsymbol{B}\in\boldsymbol{C}(\boldsymbol{A})$，故 $\boldsymbol{C}(\boldsymbol{A})$ 构成 $\boldsymbol{P}^{n\times n}$ 子空间.

(2) 知识点窍 子空间的定义.

逻辑推理 结合子空间的定义直接计算即可

解题过程 当 $\boldsymbol{A}=\boldsymbol{E}$ 时，得 $\boldsymbol{C}(\boldsymbol{A})=\boldsymbol{C}(\boldsymbol{E})=\boldsymbol{P}^{n\times n}$

(3) 知识点窍 维数与基的定义和计算.

逻辑推理 通过计算和比较得到 $\boldsymbol{C}(\boldsymbol{A})$ 中元素的特征，然后由第四章习题 5 的结论可知，与 $\boldsymbol{A}$ 可交换的矩阵只能是对角矩阵，因此其维数为 $n,\boldsymbol{E}_{11},\boldsymbol{E}_{22},\cdots,\boldsymbol{E}_{nn}$ 即为它的一组基.

解题过程 设与 $\boldsymbol{A}$ 可交换的矩阵为 $\boldsymbol{B}=(b_{ij})$，则 $\boldsymbol{B}$ 只能对角矩阵，所以

$$\boldsymbol{C}(\boldsymbol{A})=\left\{\begin{pmatrix}d_1&&&\\&d_2&&\\&&\ddots&\\&&&d_n\end{pmatrix}\middle|\ d_1,d_2,\cdots d_n\in P\right\}.$$

显然，$\boldsymbol{E}_{ii}$，$i=1,2,\cdots,n$ 构成 $\boldsymbol{C}(\boldsymbol{A})$ 的一组基，且维 $\boldsymbol{C}(\boldsymbol{A})=n$.

14. 知识点窍 维数与基的定义.

逻辑推理 运用待定系数法，通过计算和比较得到与 $\boldsymbol{A}$ 可交换的矩阵所满足的特征，进而利用线性方程组的知识求得所生成子空间的维数和一组基.

解题过程 若记

$$\boldsymbol{A}=\begin{pmatrix}1&0&0\\0&1&0\\0&0&1\end{pmatrix}+\begin{pmatrix}0&0&0\\0&0&0\\3&1&1\end{pmatrix}=\boldsymbol{E}+\boldsymbol{S},$$

并设 $\boldsymbol{B}=\begin{pmatrix}a&b&c\\a_1&b_1&c_1\\a_2&b_2&c_2\end{pmatrix}$ 与 $\boldsymbol{A}$ 可交换，即 $\boldsymbol{AB}=\boldsymbol{BA}$，则 $\boldsymbol{SB}=\boldsymbol{BS}$. 且由

$$\boldsymbol{SB}=\begin{pmatrix}0&0&0\\0&0&0\\3&1&1\end{pmatrix}\begin{pmatrix}a&b&c\\a_1&b_1&c_1\\a_2&b_2&c_2\end{pmatrix}=\begin{pmatrix}0&0&0\\0&0&0\\3a+a_1+a_2&3b+b_1+b_2&3c+c_1+c_2\end{pmatrix}$$

$$\boldsymbol{BS}=\begin{pmatrix}a&b&c\\a_1&b_1&c_1\\a_2&b_2&c_2\end{pmatrix}\begin{pmatrix}0&0&0\\0&0&0\\3&1&1\end{pmatrix}=\begin{pmatrix}3c&c&c\\3c_1&c_1&c_1\\3c_2&c_2&c_2\end{pmatrix},$$

可知 $c_1=c=0$，①

又 $\begin{cases}3a+a_1+a_2=3c_2\\3b+b_1+b_2=c_2\end{cases}$，

即 $\begin{cases}-3c_2+3a=-a_1-a_2\\c_2=3b+b_1+b_2,\end{cases}$ ②

取 a,b,a_1,b_1,c_2 为自由未知量，解①和②，得 $\boldsymbol{C}(\boldsymbol{A})$ 的一组基为

$$\boldsymbol{\varepsilon}_1=\begin{bmatrix}1&0&0\\0&0&0\\-3&0&0\end{bmatrix},\boldsymbol{\varepsilon}_2=\begin{bmatrix}0&1&0\\0&0&0\\0&-3&0\end{bmatrix},\boldsymbol{\varepsilon}_3=\begin{bmatrix}0&0&0\\1&0&0\\-1&0&0\end{bmatrix}$$

$$\boldsymbol{\varepsilon}_4=\begin{bmatrix}0&0&0\\0&1&0\\0&-1&0\end{bmatrix},\boldsymbol{\varepsilon}_5=\begin{bmatrix}0&0&0\\0&0&0\\3&1&1\end{bmatrix}$$

15. 知识点窍 由向量组生成的子空间的概念；子空间相等的证明.

逻辑推理 证明 $L(\boldsymbol{\alpha},\boldsymbol{\beta})=L(\boldsymbol{\beta},\boldsymbol{\gamma})$ 等价于证明二者可相互表出.

解题过程 由 $c_1,c_3\neq0$，知 $c_1\neq0$ 且 $c_3\neq0$，所以 $\boldsymbol{\alpha},\boldsymbol{\beta}$ 可 $\boldsymbol{\beta},\boldsymbol{\gamma}$ 经线性表出，即 $\boldsymbol{\alpha},\boldsymbol{\beta}$ 可经 $\boldsymbol{\beta},\boldsymbol{\gamma}$ 线性表出，同理，$\boldsymbol{\beta},\boldsymbol{\gamma}$ 也可经 $\boldsymbol{\alpha},\boldsymbol{\beta}$ 线性表出，故 $L(\boldsymbol{\alpha},\boldsymbol{\beta})=L(\boldsymbol{\beta},\boldsymbol{\gamma})$.

16. 知识点窍 在 P^4 中，若 $\det|\boldsymbol{A}|\neq 0$，$\boldsymbol{A}$ 是由 $\boldsymbol{\alpha}_1,\boldsymbol{\alpha}_2,\boldsymbol{\alpha}_3,\boldsymbol{\alpha}_4$ 组成的矩阵，则 $L(\boldsymbol{\alpha}_1,\boldsymbol{\alpha}_2,\boldsymbol{\alpha}_3,\boldsymbol{\alpha}_4)=P^4$；否则其维数为矩阵 $\boldsymbol{A}$ 的秩.

逻辑推理 求空间的基即为求 $\boldsymbol{\alpha}_1,\boldsymbol{\alpha}_2,\boldsymbol{\alpha}_3,\boldsymbol{\alpha}_4$ 的一个极大无关组，该向量组的秩即为所求空间的维数.

解题过程 (1)以 $\boldsymbol{\alpha}_1,\boldsymbol{\alpha}_2,\boldsymbol{\alpha}_3,\boldsymbol{\alpha}_4$ 作为列向量构造矩阵 $\boldsymbol{A}=(\boldsymbol{\alpha}'_1,\boldsymbol{\alpha}'_2,\boldsymbol{\alpha}'_3,\boldsymbol{\alpha}'_4)$ 对其作初等变换化成阶梯形矩阵，得

$$\boldsymbol{A}=\begin{pmatrix}2&1&-1&1\\1&2&1&1\\3&0&-3&1\\1&1&0&1\end{pmatrix}\to\begin{pmatrix}1&1&0&1\\1&2&1&1\\3&0&-3&1\\2&1&-1&1\end{pmatrix}$$

$$\to\begin{pmatrix}1&1&0&1\\0&1&1&0\\0&-3&-3&-2\\0&-1&-1&-1\end{pmatrix}\to\begin{pmatrix}1&1&0&1\\0&1&1&0\\0&0&0&-1\\0&0&0&0\end{pmatrix},$$

于是 $\boldsymbol{\alpha}_1,\boldsymbol{\alpha}_2,\boldsymbol{\alpha}_4$ 是 $\boldsymbol{\alpha}_1,\boldsymbol{\alpha}_2,\boldsymbol{\alpha}_3,\boldsymbol{\alpha}_4$ 的一个极大线性无关组，从而 $\boldsymbol{\alpha}_1,\boldsymbol{\alpha}_2,\boldsymbol{\alpha}_4$ 构成 $L(\boldsymbol{\alpha}_1,\boldsymbol{\alpha}_2,\boldsymbol{\alpha}_3,\boldsymbol{\alpha}_4)$ 的一组基，且这个空间的维数是 3.

(2)同样，构造矩阵 $\boldsymbol{A}=(\boldsymbol{\alpha}'_1,\boldsymbol{\alpha}'_2,\boldsymbol{\alpha}'_3,\boldsymbol{\alpha}'_4)$，对其作初等行变换化成阶梯形行矩阵，得

$$\boldsymbol{A}=\begin{pmatrix}2&-1&4&1\\1&1&5&5\\3&-3&3&-3\\-1&1&-1&1\end{pmatrix}\to\begin{pmatrix}-1&1&-1&1\\1&1&5&5\\3&-3&3&-3\\2&-1&4&1\end{pmatrix}$$

$$\to\begin{pmatrix}-1&1&-1&1\\0&2&4&6\\0&0&0&0\\0&1&2&3\end{pmatrix}\to\begin{pmatrix}-1&1&1&-1\\0&1&2&3\\0&0&0&0\\0&0&0&0\end{pmatrix}.$$

于是，$\boldsymbol{\alpha}_1,\boldsymbol{\alpha}_2$ 是 $\boldsymbol{\alpha}_1,\boldsymbol{\alpha}_2,\boldsymbol{\alpha}_3,\boldsymbol{\alpha}_4$ 的一个极大线性无关组，故 $\boldsymbol{\alpha}_1,\boldsymbol{\alpha}_2$，是 $L(\boldsymbol{\alpha}_1,\boldsymbol{\alpha}_2,\boldsymbol{\alpha}_3,\boldsymbol{\alpha},\boldsymbol{\alpha}_4)$ 的一组基，且这个空间的维数 2.

17. 知识点窍 齐次方程组的解；系数矩阵的秩；空间的基与维数.

逻辑推理 通过运用齐次方程组的解、系数矩阵的秩和空间的基与维数的关系可求得结果.

解题过程 对系数矩阵作行初等变换，有

$$\begin{bmatrix}3&2&-5&4\\3&-1&3&-3\\3&5&-13&11\end{bmatrix}\to\begin{bmatrix}3&2&-5&4\\0&-3&8&-7\\0&3&-8&7\end{bmatrix}\to\begin{pmatrix}1&0&\frac{1}{9}&-\frac{2}{9}\\0&1&-\frac{8}{3}&\frac{7}{3}\\0&0&0&0\end{pmatrix}$$

所以解空间的维数是 2，它的一组基为

$$\boldsymbol{\alpha}_1=\left(-\frac{1}{9},\frac{8}{3},1,0\right),\boldsymbol{\alpha}_2=\left(\frac{2}{9},\frac{7}{3},0,1\right).$$

> 通过解方程组 $\begin{cases}x_1=-\frac{1}{9}x_3+\frac{2}{9}x_4\\x_2=\frac{8}{3}x_3+-\frac{7}{3}x_4\end{cases}$，并将$x_3$，$x_4$看做自由未知量求得

18. 解题过程 (1) $k_1\boldsymbol{\alpha}_1+k_2\boldsymbol{\alpha}_2$ 属于 $L(\boldsymbol{\alpha}_1,\boldsymbol{\alpha}_2)\cap L(\boldsymbol{\beta}_1,\boldsymbol{\beta}_2)$ 当且仅当存在 $l_1\boldsymbol{\beta}_1+l_2\boldsymbol{\beta}_2$ 使得

$k_1\boldsymbol{\alpha}_1+k_2\boldsymbol{\alpha}_2=l_1\boldsymbol{\beta}_1+l_2\boldsymbol{\beta}_2$，或者 $k_1\boldsymbol{\alpha}_1+k_2\boldsymbol{\alpha}_2+l_1\boldsymbol{\beta}_1+l_2\boldsymbol{\beta}_2=\mathbf{0}$.

要找出是使上面方程有解的全部 $k_1\boldsymbol{\alpha}_1+k_2\boldsymbol{\alpha}_2$，它们就是 $L(\boldsymbol{\alpha}_1,\boldsymbol{\alpha}_2)\cap L(\boldsymbol{\beta}_1,\boldsymbol{\beta}_2)$ 的全部向量.

按题设的 $\boldsymbol{\alpha}_1,\boldsymbol{\alpha}_2,\boldsymbol{\beta}_1,\boldsymbol{\beta}_2$ 将上述方程按各个分量写出来就是下面其次方程组

$$\begin{cases}k_1-k_2+2l_1+l_2=0,\\2k_1+k_2-l_1-l_2=0,\\k_1-k_2+3l_2=0,\\k_2+l_1+7l_2=0,\end{cases}$$

可求得基础解系只有一个解$(-1,4,3,-1)$，全部解是 $x(-1,4,3,-1)$. 于是 $L(\boldsymbol{\alpha}_1,\boldsymbol{\alpha}_2)\cap L(\boldsymbol{\beta}_1,\boldsymbol{\beta}_2)$的全部向量是$-x\boldsymbol{\alpha}_1+4x\boldsymbol{\alpha}_2=x(-5,2,3,4)$，则$(5,-2,-3,-4)$是它的基，它是一维的.

(2) 与(1)题同样方法，知 $L(\boldsymbol{\alpha}_1,\boldsymbol{\alpha}_2)\cap L(\boldsymbol{\beta}_1,\boldsymbol{\beta}_2)$ 的全部向量 $k_1\boldsymbol{\alpha}_1+k_2\boldsymbol{\alpha}_2$ 是使得下列方程

$$k_1\boldsymbol{\alpha}_1+k_2\boldsymbol{\alpha}_2+l_1\boldsymbol{\beta}_1+l_2\boldsymbol{\beta}_2=\mathbf{0}$$

有解的全部向量 $k_1\boldsymbol{\alpha}_1+k_2\boldsymbol{\alpha}_2$. 将上述向量方程按分量写出来就是齐次线性方程组

$$\begin{cases}k_1+k_2=0,\\k_1+l_2=0,\\k_2+l_1+l_2=0,\\k_2+l_1=0.\end{cases}$$

该方程组只有零解. 故子空间 $L(\boldsymbol{\alpha}_1,\boldsymbol{\alpha}_2)\cap L(\boldsymbol{\beta}_1,\boldsymbol{\beta}_2)=\{\mathbf{0}\}$，没有基.

(3) $L(\boldsymbol{\alpha}_1,\boldsymbol{\alpha}_2,\boldsymbol{\alpha}_3)\cap L(\boldsymbol{\beta}_1,\boldsymbol{\beta}_2)$的全部向量工 $k_1\boldsymbol{\alpha}_1+k_2\boldsymbol{\alpha}_2+k_3\boldsymbol{\alpha}_3$ 是使方程

$$k_1\boldsymbol{\alpha}_1+k_2\boldsymbol{\alpha}_2+k_3\boldsymbol{\alpha}_3+l_1\boldsymbol{\beta}_1+l_2\boldsymbol{\beta}_2=\mathbf{0}$$

有解的全部向量 $k_1\boldsymbol{\alpha}_1+k_2\boldsymbol{\alpha}_2+k_3\boldsymbol{\alpha}_3$，将上述方程按各分量写出来，得

$$\begin{cases}k_1+3k_2-k_3+2l_1-l_2=0,\\2k_1+k_2+5l_1+2l_2=0,\\-k_1+k_2+k_3-6l_1-7l_2=0,\\-2k_1+k_2-k_3-5l_1+3l_2=0.\end{cases}$$

可求得它的全部解 $x(-3,1,2,1,0)$. 故交子空间的全部向量是 $x(-3\boldsymbol{\alpha}_1+\boldsymbol{\alpha}_2+2\boldsymbol{\alpha}_3)=x\boldsymbol{\beta}_1$，它是一维的，$\boldsymbol{\beta}_1$ 是基.

19. 知识点窍 直和的定义和判定.

逻辑推理 先求 V_1 与 V_2，再证二者的和为直和即可.

解题过程 设 $\boldsymbol{\xi}=(a_1,a_2,\cdots,a_n)\in V_1\cap V_2$，即 $\boldsymbol{\xi}\in V_1$，$\boldsymbol{\xi}\in V_2$，那么

$$\begin{cases}a_1+a_2+\cdots+a_n=0,\\ a_1=a_2=\cdots=a_n.\end{cases}$$

由于 ξ 是两个方程的公共解

直接解得 $a_1=a_2=\cdots=a_n=0$，即 $\boldsymbol{\xi}=\mathbf{0}$，因此 $V_1\cap V_2=\{\mathbf{0}\}$. 另外，对于任意的 $\boldsymbol{\eta}=(x_1,x_2,\cdots,x_n)\in P^n$ 显然有

$\boldsymbol{\eta}=(x_1,x_2,\cdots,x_n)=(x_1-\bar{x},x_2-\bar{x},\cdots,x_n-\bar{x})+(\bar{x},\bar{x},\cdots,\bar{x})$，其中 $\bar{x}=\dfrac{1}{n}(x_1+x_2+\cdots+x_n)$，且 $(x_1-\bar{x},x_2-\bar{x},\cdots,x_n-\bar{x})\in V_1$，$(\bar{x},\bar{x},\cdots,\bar{x})\in V_2$. 所以 $P^n=V_1+V_2$. 结合 $V_1\cap V_2=\{\mathbf{0}\}$，有 $P^n=V_1\oplus V_2$.

20. **知识点窍** 直和的判定.

逻辑推理 直和判定的常用方法：

①$\mathbf{0}$ 分解式唯一；②维数公式.

解题过程 由题设知 $V=V_{11}+V_{12}+V_2$. 因为 $V=V_1\oplus V_2$ 所以

$$\dim(V)=\dim(V_1)+\dim(V_2),$$

又因为 $V_1=V_{11}\oplus V_{12}$，所以

$$\dim(V_1)=\dim(V_{11})+\dim(V_{12}),$$

故 $\dim(V)=\dim(V_{11})+\dim(V_{12})+\dim(V_2)$，即证 $V=V_{11}\quad V_{12}\quad V_2$.

21. **知识点窍** 直和的定义和判定；生成的子空间的定义.

逻辑推理 运用生成的子空间的定义，构造出符合条件的 n 个一维子空间.

解题过程 设 $\boldsymbol{\alpha}_1,\boldsymbol{\alpha}_2,\cdots,\boldsymbol{\alpha}_n$ 是 n 维线性空间 V 的一组基，显然 $L(\boldsymbol{\alpha}_1),L(\boldsymbol{\alpha}_2),\cdots,L(\boldsymbol{\alpha}_n)$ 都是 V 的一维子空间，$L(\boldsymbol{\alpha}_1)+L(\boldsymbol{\alpha}_2)+\cdots+L(\boldsymbol{\alpha}_n)=L(\boldsymbol{\alpha}_1,\boldsymbol{\alpha}_2,\cdots,\boldsymbol{\alpha}_n)=V$，又因为

$$\dim(L(\boldsymbol{\alpha}_1))+\dim(L(\boldsymbol{\alpha}_2))+\cdots+\dim(L(\boldsymbol{\alpha}_n))=\dim(V),$$

故 $V=L(\boldsymbol{\alpha}_1)\oplus L(\boldsymbol{\alpha}_2)\oplus\cdots\oplus L(\boldsymbol{\alpha}_n)$.

22. **知识点窍** 子空间的直和的概念的推广及其判定.

逻辑推理 对多个子空间的直和的判定主要采用定理Ⅱ中所给的几项充要条件.

解题过程 ① 必要性：假设 $V=\sum\limits_{i=1}^{s}V_i$ 是直和，则有 $V_i\cap\sum\limits_{j=1}^{i-1}V_j\subset V_i\cap\sum\limits_{j\neq i}V_j=\{\mathbf{0}\}$，所以 $V_i\cap\sum\limits_{j=1}^{i-1}V_j=\{\mathbf{0}\}$.

② 充分性：设 $\sum\limits_{i=1}^{s}V_i$ 不是直和，那么 $\mathbf{0}$ 向量还有一个分解 $\mathbf{0}=\boldsymbol{\alpha}_1+\boldsymbol{\alpha}_2+\cdots+\boldsymbol{\alpha}_n$，其中 $\boldsymbol{\alpha}_j\in V_j\ (j=1,2,\cdots,s)$ 在零分解式中，设最后一个不为 $\mathbf{0}$ 的向量是 $\boldsymbol{\alpha}_k\ (k\leqslant s)$，则 $0=\boldsymbol{\alpha}_1+\boldsymbol{\alpha}_2+\cdots+\boldsymbol{\alpha}_{k-1}+\boldsymbol{\alpha}_k$，即 $\boldsymbol{\alpha}_1+\boldsymbol{\alpha}_2+\cdots+\boldsymbol{\alpha}_{k-1}=-\boldsymbol{\alpha}_k$，因此 $\boldsymbol{\alpha}_k\sum\limits_{j\neq i}^{k-1}V_j$，$\boldsymbol{\alpha}_k V_k$，这与 $V_k\cap\sum\limits_{j\neq i}^{k-1}V_j,=\{\mathbf{0}\}$ 矛盾，充分性得证.

此时，$\sum\limits_{i=1}^{s}V_i$是直和

23. 知识点窍 子空间的定义和性质.

逻辑推理 $\boldsymbol{R}^3$ 是用来理解抽象空间的常用范例，运用 $\boldsymbol{R}^3$ 的性质可得到结果.

解题过程 (1)终点所在的平面是过原点的平面，那么所有这些向量构成二维空间；但终点在不过原点的平面上的向量不构成子空间，因为对加法封闭.

(2)L_1+L_2 有以下两种情况：

①直线 l_1 与 l_2 重合时，L_1+L_2 是一维子空间；

②l_1 与 l_2 不重合时，L_1+L_2 是二维子空间.

对 $L_1+L_2+L_3$ 也有以下三种情况：

①l_1,l_2,l_3 重合时，$L_1+L_2+L_3$ 构成一维子空间；

②l_1,l_2,l_3 在同一平面上时，$L_1+L_2+L_3$ 构成二维子空间；

③l_1,l_2,l_3 不在同一平面上时，$L_1+L_2+L_3$ 构成三维子空间.

(3)令过原点的两条不同直线 l_1,l_2 分别构成一维子空间 U 和 V，$X=U+V$ 是二维子空间，在 l_1,l_2 决定的平面上，过原点的另一条不与 l_1,l_2 相同的直线 l_1 构成一维子空间 Y，显然 $Y\subset X$，$Y\cap U=\{\mathbf{0}\}$，$Y\cap V=\{\mathbf{0}\}$，因此$(Y\cap U)\oplus(Y\cap V)=\{\mathbf{0}\}$，故 $Y=(Y\cap U)\oplus(Y\cap V)$并不成立.

补充题

1. 知识点窍 基与过渡矩阵的概念.

逻辑推理 直接运用基的定义可证得(1)，运用本原单位根的性质可求得(2).

解题过程 (1)由 f_1,f_2,f_3 定义得，任意 $a_i(i=1,2,\cdots,n)$时，有 $f_i(a_j)=0,i\neq j$；$f_i(a_j)\neq 0$ 设 $k_1f_1+k_2f_2+\cdots+k_nf_n=0$，将 $x=a_j$，代入上式，得 $k_1=0,f_1(a_j)=0,i\neq j$，而 $f_1(a_j)=0$，所以 $f_1,f_2,\cdots,f_n$ 线性无关，而 $P[x]n$ 是 n 维的，故 $f_1,f_2,\cdots,f_n$ 是 $P[x]_n$ 的一组基.

(2)取 a_1,a_2,a_n 分别为全体单位根 $1,\varepsilon,\varepsilon^2,\cdots,\varepsilon^{n-1}$，则

提示：全体n次单位根$a_1=1,a_2=\cos\frac{2\pi}{n}+i\sin\frac{2\pi}{n}$记成$\varepsilon,a_3=\varepsilon^2,\cdots,a_n=\varepsilon^{n-1}$，于是$x^n-1=(x-1)(x-\varepsilon)\cdots(x-\varepsilon^{n-1})$及$f_i(x)=\frac{x^n-1}{x-\varepsilon^{i-1}}=\frac{x^n-(\varepsilon^{i-1})^n}{x-\varepsilon^{i-1}}$，将它展开成$x$的多项式，它的各系数可以简单地用单位根表示出来.

$$\begin{cases} f_1=\dfrac{x^n-1}{x-1}=1+x+x^2+\cdots+x^{n-1}, \\ f_2=\dfrac{x^n-1}{x-\boldsymbol{\varepsilon}}=\boldsymbol{\varepsilon}^{n-1}+\boldsymbol{\varepsilon}^{n-2}x+\boldsymbol{\varepsilon}^{n-3}x^2+\cdots+\boldsymbol{\varepsilon}x^{n-2}+x^{n-1}, \\ \cdots\cdots\cdots\cdots\cdots\cdots\cdots\cdots\cdots\cdots\cdots\cdots \\ f_n=\dfrac{x^n-1}{x-\boldsymbol{\varepsilon}^{n-1}}=\boldsymbol{\varepsilon}+\boldsymbol{\varepsilon}^2x+\cdots+\boldsymbol{\varepsilon}^{n-1}x^{n-2}+x^{n-1}, \end{cases}$$

注意$\varepsilon^n=1$，从而$\varepsilon^{n+i}=\varepsilon^i$

故所求过渡矩阵为 $\begin{pmatrix} 1 & \boldsymbol{\varepsilon}^{n-1} & \boldsymbol{\varepsilon}^{n-2} & \cdots & \boldsymbol{\varepsilon} \\ 1 & \boldsymbol{\varepsilon}^{n-2} & \boldsymbol{\varepsilon}^{n-4} & \cdots & \boldsymbol{\varepsilon}^2 \\ \cdots & \cdots & \cdots & \cdots & \cdots \\ 1 & \boldsymbol{\varepsilon} & \boldsymbol{\varepsilon}^{n-2} & \cdots & \boldsymbol{\varepsilon}^{n-1} \\ 1 & 1 & 1 & \cdots & 1 \end{pmatrix}$.

2. 知识点窍 基、维数及矩阵的秩之间的相互关系.

逻辑推理 只需 $\boldsymbol{\beta}_1,\boldsymbol{\beta}_2,\cdots,\boldsymbol{\beta}_s$ 的极大线性无关组所含向量的个数等于 $\boldsymbol{A}$ 的秩即可.

解题过程 设 $\boldsymbol{A}=\begin{pmatrix} a_{11} & \cdots & a_{1r} & \cdots & a_{1s} \\ \vdots & & \vdots & & \vdots \\ a_{n1} & \cdots & a_{nr} & \cdots & a_{ns} \end{pmatrix}$,且秩$(\boldsymbol{A})=r$,$r\leqslant\min(n,s)$,不失一般性,可设 $\boldsymbol{A}$ 的前 r 列是极大线性无关组,由条件可得 $\begin{cases} \boldsymbol{\beta}_1=a_{11}\boldsymbol{\alpha}_1+a_{21}\boldsymbol{\alpha}_2+\cdots+a_{n1}\boldsymbol{\alpha}_n, \\ \cdots\cdots\cdots\cdots\cdots\cdots \\ \boldsymbol{\beta}_r=a_{1r}\boldsymbol{\alpha}_1+a_{2r}\boldsymbol{\alpha}_2+\cdots+a_{nr}\boldsymbol{\alpha}_n, \\ \cdots\cdots\cdots\cdots\cdots\cdots \\ \boldsymbol{\beta}_s=a_{1s}\boldsymbol{\alpha}_1+a_{2s}\boldsymbol{\alpha}_2+\cdots+a_{ns}\boldsymbol{\alpha}_n. \end{cases}$

可证,$\boldsymbol{\beta}_1,\boldsymbol{\beta}_2,\cdots,\boldsymbol{\beta}_r$ 构成 $\boldsymbol{\beta}_1,\boldsymbol{\beta}_2,\cdots,\boldsymbol{\beta}_r,\cdots,\boldsymbol{\beta}_{r+1},\cdots,\boldsymbol{\beta}_r$ 的一个极大线性方程组. 事实上,设 $k_1\boldsymbol{\beta}_1+k_2\boldsymbol{\beta}_2+\cdots+k_r\boldsymbol{\beta}_r=\boldsymbol{0}$,则$(k_1a_{11}+\cdots+k_ra_{1r})\boldsymbol{\alpha}_1+(k_1a_{21}+\cdots+k_ra_{2r})\boldsymbol{\alpha}_2+\cdots+(k_1a_{n1}+\cdots+k_ra_{nr})\boldsymbol{\alpha}_n=\boldsymbol{0}$,

因为 $\boldsymbol{\alpha}_1,\boldsymbol{\alpha}_2,\cdots,\boldsymbol{\alpha}_n$ 线性无关,所以

$$\begin{cases} a_{11}k_1+a_{12}k_2+\cdots+a_{1r}k_r=0, \\ \cdots\cdots\cdots\cdots\cdots\cdots \\ a_{n1}k_1+a_{n2}k_2+\cdots+a_{nr}k_r=0. \end{cases} \quad ①$$

该方程组①的系数矩阵秩为 r,故方程组只有零解 $k_1=k_2=\cdots=k_r=0$,于是 $\boldsymbol{\beta}_1,\boldsymbol{\beta}_2,\cdots,\boldsymbol{\beta}_r$ 线性无关.

其次可证:任意添一个向量 $\boldsymbol{\beta}_j$ 后,向量组 $\boldsymbol{\beta}_1,\boldsymbol{\beta}_2,\cdots,\boldsymbol{\beta}_r,\boldsymbol{\beta}_j$ 一定线性相关.

事实上,设 $k_1\boldsymbol{\beta}_1+k_2\boldsymbol{\beta}_2+\cdots+k_r\boldsymbol{\beta}_r+k_j\boldsymbol{\beta}_j=\boldsymbol{0}$,于是

$$\begin{cases} a_{11}k_1+a_{12}k_2+\cdots+a_{1r}k_r+a_{1j}k_j=0, \\ \cdots\cdots\cdots\cdots\cdots\cdots \\ a_{n1}k_1+a_{n2}k_2+\cdots+a_{nr}k_r+a_{nj}k_j=0. \end{cases} \quad ②$$

其系数矩阵的秩 为 $r<r+1$,所以方程组②有非零解 $k_1,k_2,\cdots,k_r,k$,即 $\boldsymbol{\beta}_1,\boldsymbol{\beta}_2,\cdots,\boldsymbol{\beta}_r,\boldsymbol{\beta}_j$ 线性相关,因此,$\boldsymbol{\beta}_1,\boldsymbol{\beta}_2,\cdots,\boldsymbol{\beta}_r$ 是 $\boldsymbol{\beta}_1,\boldsymbol{\beta}_2,\cdots,\boldsymbol{\beta}_s$ 的极大线性无关组. 从而 $L(\boldsymbol{\beta}_1,\boldsymbol{\beta}_2,\cdots,\boldsymbol{\beta}_s)$的维数等于 $\boldsymbol{A}$ 的秩,即等于秩$(\boldsymbol{A})$.

3. 知识点窍 正、负惯性指数的概念;子空间的定义.

逻辑推理 通过对 s 的正负进行讨论,构造出所求子空间的一组基,进而证明命题.

解题过程 设二次型 $f(x_1,x_2,\cdots,x_n)$经过非退化实线性替换 $X=Cy$,变成

$$f(X)=g(\boldsymbol{y})=y_1^2+\cdots+y_p^2-y_{p+1}^2-\cdots-y_n^2,$$

符号差 $s=p-(n-p)=2p-n$.

①如果 $s\leqslant 0$,令

$$\boldsymbol{\beta}_1=(1,0,\cdots,0,\overset{p+1}{1},0,\cdots,0),$$

$$\boldsymbol{\beta}_2=(0,1,\cdots,0,0,\overset{p+2}{1},\cdots,0),$$

$$\vdots$$

$$\boldsymbol{\beta}_p=(0,0,\cdots,\overset{p}{1},0,\cdots,\overset{2p}{1},0,\cdots,0).$$

显然 $\boldsymbol{\beta}_1,\boldsymbol{\beta}_2,\cdots,\boldsymbol{\beta}_p$ 是线性无关的,令

$\boldsymbol{\alpha}_i=\boldsymbol{C}\boldsymbol{\beta}_i,i=1,2,\cdots,p$,由于 $\boldsymbol{C}$ 为非退化矩阵,所以 $\boldsymbol{\alpha}_1,\boldsymbol{\alpha}_2,\cdots,\boldsymbol{\alpha}_p$ 是线性无关的.

令 $V_1=L(\boldsymbol{\alpha}_1,\boldsymbol{\alpha}_2,\cdots,\boldsymbol{\alpha}_p)$,则 V_1 的维数为 $P=\dfrac{n-|s|}{2}$,且对 V_1 中任意向量

$$\boldsymbol{\alpha}=k_1\boldsymbol{\alpha}_1+k_2\boldsymbol{\beta}_2+\cdots+k_p\boldsymbol{\alpha}_p=\boldsymbol{C}(k_1\boldsymbol{\beta}_1+k_2\boldsymbol{\beta}_2+\cdots+k_p\boldsymbol{\beta}_p),$$

其中 $k_1\boldsymbol{\beta}_1+k_2\boldsymbol{\beta}_2+\cdots+k_p\boldsymbol{\beta}_p=(k_1,k_2,\cdots,k_p,k_1,k_2,\cdots,k_p,0,\cdots,0)$,

$$f(\boldsymbol{\alpha})=g(k_1\boldsymbol{\beta}_1+k_2\boldsymbol{\beta}_2+\cdots+k_p\boldsymbol{\beta}_p)=0,$$

即 $V_1=L(\boldsymbol{\alpha}_1,\cdots,\boldsymbol{\alpha}_p)$满足要求.

②如果 $s>0,\dfrac{n-|s|}{2}=\dfrac{n-s}{2}=n-p$,

$$r_1=(1,0,\cdots,\overset{(p+1)}{1},0,\cdots,0),$$

$$r_2=(0,1,\cdots,0,0,\overset{(p+2)}{1},\cdots,0),$$

$$\vdots$$

$$r_{n-p}=(0,0\cdots,\overset{(n-p)}{1},0,\cdots,1),$$

$$\theta_i=\boldsymbol{C}\boldsymbol{r}_i,i=1,2,\cdots,n-p.$$

③同 $s\leqslant 0$ 情况相仿,可证明 $V_1=L(\theta_1,\cdots,\theta_{n-p})$满足要求.

4. **知识点窍** 子空间的定义与性质.

逻辑推理 运用反证法,通过子空间的运算性质证明矛盾,从而可证得命题.

解题过程 因为 V_1,V_2 非平凡的子空间,故存在 $\boldsymbol{\alpha}\overline{\in}V_1$. 如果 $\boldsymbol{\alpha}\overline{\in}V_2$,则命题已证. 设 $\boldsymbol{\alpha}\bar{\in}V_2$,则一定存在 $\boldsymbol{\beta}\overline{\in}V_2$,若 $\boldsymbol{\beta}\overline{\in}V_1$,则命题也得证. 下设 $\boldsymbol{\beta}\bar{\in}V_1$,于是有 $\boldsymbol{\alpha}\ \bar{}\ V_1,\boldsymbol{\alpha}\ \ V_2$ 及$\boldsymbol{\beta}\in V_1,\boldsymbol{\beta}\overline{\in}V_2$. 因而必有 $\boldsymbol{\alpha}+\boldsymbol{\beta}\overline{\in}V_1,\boldsymbol{\alpha}+\boldsymbol{\beta}\overline{\in}V_2$,事实上,若 $\boldsymbol{\alpha}+\boldsymbol{\beta}\in V_1$,又 $\boldsymbol{\beta}\in V_1$,则由 V_1 是子空间,必有 $\boldsymbol{\alpha}\in V_1$,这与假设矛盾,即证 $\boldsymbol{\alpha}+\boldsymbol{\beta}\overline{\in}V_1$,同理 $\boldsymbol{\alpha}+\boldsymbol{\beta}\in V_2$.

5. **知识点窍** 非平凡子空间的概念;子空间的定义和运算性质.

逻辑推理 运用数学归纳法,利用子空间的运算性质可构造出符合条件的向量,从而命题得证.

解题过程 采用数学归纳法,当 $s=1$ 时,由上题已证命题成立.

现归纳假设命题对 $s-1$ 个非平凡的子空间也成立,即在 V 中至少存在一个向量不属于 $V_1,V_2,\cdots,V_{s-1}$中任意一个,①如果 $\boldsymbol{\alpha}\overline{\in}V_i$,则命题已证. ②若 $\boldsymbol{\alpha}\in V_s$,对 $\forall\in P$,向

量 $k\boldsymbol{\alpha}+\boldsymbol{\beta}\overline{\in}V_s$，且对 P 中 s 不同的数 $k_1,k_2,\cdots,k_s$，对应的 s 个向量 $k\boldsymbol{\alpha}+\boldsymbol{\beta}(i=1,2\cdots,s)$ 中不可能有两个向量同时属于某个非平凡的子空间 $V_i(i=1.2,\cdots,s-1)$ 换句话说，上述 S 个向量 $k\boldsymbol{\alpha}+\boldsymbol{\beta}(i=1,2,\cdots s)$ 中至少有一个向量不属于任意一个非平凡子空间 $V_i(i=1,2,\cdots,s-1)$ 记为 $\boldsymbol{\gamma}_0=k_{j0}\boldsymbol{\alpha}+\beta$，易见 γ_0 也不属于 V_s，即证命题对 s 个非平凡的子空间也成立. 即证.

课后习题全解

1 （中山大学考研真题）设 $\boldsymbol{\alpha}_1,\boldsymbol{\alpha}_2,\boldsymbol{\alpha}_3$ 是实数域上三维线性空间 V 的一组基，且

$$\boldsymbol{\beta}_2,=2\boldsymbol{\alpha}_1-\boldsymbol{\alpha}_2-\boldsymbol{\alpha}_3,\boldsymbol{\beta}_2=-\boldsymbol{\alpha}_2,\boldsymbol{\beta}_3=\boldsymbol{\alpha}_2+\boldsymbol{\alpha}_3.$$

证明：$\boldsymbol{\beta}_1,\boldsymbol{\beta}_2,\boldsymbol{\beta}_3$ 也是 V 的一组基，并求 V 中在这两组基下坐标相同的所有向量.

证　明　令 $\boldsymbol{\beta}_1,\boldsymbol{\beta}_2,\boldsymbol{\beta}_3$ 的线性组合为零，即 $k_1\boldsymbol{\beta}_1+k_2\boldsymbol{\beta}_2+k_3\boldsymbol{\beta}_3=0$. 将 $\boldsymbol{\beta}_1,\boldsymbol{\beta}_2,\boldsymbol{\beta}_3$ 的表达式代入，得到

$$2k\boldsymbol{\alpha}_1+(-k_1-k_2+k_3)\boldsymbol{\alpha}_2+(-k_1+k_3)\boldsymbol{\alpha}_3=0.$$

由于 $\boldsymbol{\alpha}_1,\boldsymbol{\alpha}_2,\boldsymbol{\alpha}_3$ 是线性无关的，故

$$\begin{cases}2k_1=0,\\-k_1-k_2+k_3=0,\\-k_1+k_3=0,\end{cases}$$

直接解得 $k_1=k_2=k_3=0$，于是 $\boldsymbol{\beta}_1,\boldsymbol{\beta}_2,\boldsymbol{\beta}_3$ 也是线性无关的，从而也是 V 的一组基，显然从基 $\boldsymbol{\alpha}_1,\boldsymbol{\alpha}_2,\boldsymbol{\alpha}_3$，到基 $\boldsymbol{\beta}_1,\boldsymbol{\beta}_2,\boldsymbol{\beta}_3$ 的过渡矩阵为

$$\boldsymbol{A}=\begin{pmatrix}2&0&0\\-1&-1&1\\-1&0&1\end{pmatrix}.$$

设向量 $\boldsymbol{\xi}$ 在 $\boldsymbol{\alpha}_1,\boldsymbol{\alpha}_2,\boldsymbol{\alpha}_3$ 和 $\boldsymbol{\beta}_1,\boldsymbol{\beta}_2,\boldsymbol{\beta}_3$ 下的坐标均为 $\boldsymbol{X}=(x_1,x_2,x_3)'$，那么，根据坐标变换公式，有 $\boldsymbol{X}=\boldsymbol{AX}$，即

$$(\boldsymbol{A}-\boldsymbol{E})\boldsymbol{X}=0.$$

这是一个系数矩阵为 $\boldsymbol{A}-\boldsymbol{E}$ 的齐次线性方程组，直接解得其基础系为.

$$\boldsymbol{\eta}=\begin{pmatrix}0\\1\\2\end{pmatrix}.$$

于是，V 中在这两组基下坐标相同的所有向量为

$$\{(\boldsymbol{\alpha}_1,\boldsymbol{\alpha}_2,\boldsymbol{\alpha}_3)c\boldsymbol{\eta}c\eta=c\boldsymbol{\alpha}_1+2c\boldsymbol{\alpha}_3\mid c\in\boldsymbol{R}\}.$$

真题评价　这一题目是对线性空间基变换和坐标变换的考查.

2 (华南理工大学考研真题)设 V 是 n 维线性空间($n\geqslant 3$),又设 X 和 Y 是 V 的两个子空间,并且 $\dim X=n-1,\dim Y=n-2$.

(1)证明:$\dim(X\cap Y)=n-2$ 或 $n-3$.

(2)证明:$\dim(X\cap Y)=n-2$ 当且仅当 $Y\subset X$;

(3)举例说明,存在满足假设条件的线性空间 V 及其子空间 X 和 Y 使得 $\dim(X\cap Y)=n-2$ 或 $n-3$.

解题提示 利用维数公式证明前两个命题,利用 n 维线性空间 V 的基构造 X 和 Y.

证　　明 (1)根据维数公式及 $X+Y\subset V$,可知

$$\dim(X\cap Y)=\dim X+\dim Y-\dim(X+Y)\geqslant 2n-3-n=n-3.$$

又因为 $X\cap Y\subset X$ 且 $X\cap Y\subset$,所以

$$\dim(X\cap Y)\leqslant \min(\dim X,\dim Y)=n-2,$$

于是 $\dim(X\cap Y)=n-2$ 或 $n-3$.

(2)当 $\dim(X\cap Y)=n-2$ 时,由维数公式可知

$$\dim(X+Y)=\dim X+\dim Y-\dim(X\cap Y)=n-1=\dim X,$$

而 $X\subset X+Y$,故根据教材习题 12 可知,$X=X+Y$,从而 $Y\subset X$;

反过来,如果 $Y\subset X$,那么 $X\cap Y=Y$,因此 $\dim(X\cap Y)=\dim Y=n-2$.

于是 $\dim(X\cap Y)=n-2$ 当且仅当 $Y\subset X$.

(3)设 $\boldsymbol{\alpha}_1,\boldsymbol{\alpha}_2,\cdots,\boldsymbol{\alpha}_n$ 是 n 维线性空间 V 的一组基,令 $X=L(\boldsymbol{\alpha}_1,\boldsymbol{\alpha}_2,\cdots,\boldsymbol{\alpha}_{n-1})$那么

①当 $Y=L(\boldsymbol{\alpha}_1,\boldsymbol{\alpha}_2,\cdots,\boldsymbol{\alpha}_{n-2})$时 $\dim(X\cap Y)=\dim Y=n-2$;

②当 $Y=L(\boldsymbol{\alpha}_3,\boldsymbol{\alpha}_4,\cdots,\boldsymbol{\alpha}_n)$时,$\dim(X\cap Y)=\dim L(\boldsymbol{\alpha}_3,\cdots,\boldsymbol{\alpha}_{n-1})=n-3$.

真题评析 考查了对维数公式的掌握程度,以及如何利用生成子空间构造满足一定条件的子空间.

3 (浙江大学考研真题)设 $\boldsymbol{A}=\begin{pmatrix}1&-1&0&-1&-2\\-1&2&1&3&6\\0&1&1&2&4\\0&-1&-1&1&2\end{pmatrix}$,记 $\mathbf{R}^{5\times 2}$ 为实数域 $\mathbf{R}$ 上所有 5×2 级矩阵组成的线性空间,再设

$$\boldsymbol{W}=(\boldsymbol{B}\in\mathbf{R}^{5\times 2}\mid \boldsymbol{AB}=\boldsymbol{O}).$$

证明:$\boldsymbol{W}$ 是 $\mathbf{R}^{5\times 2}$ 的子空间,并求出它在 $\mathbf{R}$ 上的维数.

解题提示 证明 $\boldsymbol{W}$ 是子空间只需按判别方法直接验证即可,求 $\boldsymbol{W}$ 的维数则需构造它的一组基,由 $\boldsymbol{AB}=\boldsymbol{O}$ 可知,$\boldsymbol{B}$ 的各列都是 $\boldsymbol{AX}=0$ 的解,故可从 $\boldsymbol{AX}=0$ 的基础解系着手.

证　　明 设 $\boldsymbol{B}_1,\boldsymbol{B}_2\in\boldsymbol{W},k_1,k_2\in\mathbf{R}$,则 $\boldsymbol{AB}_1=\boldsymbol{AB}_2=\boldsymbol{O}$,故

$$\boldsymbol{A}(k_1\boldsymbol{B}_1+k_2\boldsymbol{B}_2)=k_1\boldsymbol{AB}_1+k_2\boldsymbol{AB}_2=\boldsymbol{O}+\boldsymbol{O}=\boldsymbol{O}.$$

因此 $k_1\boldsymbol{B}_1+k_2\boldsymbol{B}_2\in\boldsymbol{W}$,于是 $\boldsymbol{W}$ 是 $\mathbf{R}^{5\times 2}$ 的子空间.

设 $\boldsymbol{B}\in\boldsymbol{W}$,由于 $\boldsymbol{B}$ 的各列都是 $\boldsymbol{AX}=\boldsymbol{0}$ 的解,故先求 $\boldsymbol{AX}=\boldsymbol{0}$ 的基础解系,对 $\boldsymbol{A}$ 进行初等行变换,可得

$$
\boldsymbol{A}=\begin{pmatrix}1&-1&0&-1&-2\\-1&2&1&3&6\\0&1&1&2&4\\0&-1&-1&1&2\end{pmatrix}\to\cdots\to\begin{pmatrix}1&0&1&0&0\\0&1&1&0&0\\0&0&0&1&2\\0&0&0&0&0\end{pmatrix},
$$

于是 $\boldsymbol{AX}=\boldsymbol{0}$ 的一个基础解系为

$$
\boldsymbol{\eta}_1=\begin{pmatrix}-1\\-1\\1\\0\\0\end{pmatrix},\boldsymbol{\eta}_2=\begin{pmatrix}0\\0\\0\\-2\\1\end{pmatrix}
$$

根据基础解系的定义，$\boldsymbol{B}$ 的各列都可以写成 $\boldsymbol{\eta}_1,\boldsymbol{\eta}_2$ 的线性组合，因此 $\boldsymbol{B}$ 可以写成

$$
\begin{aligned}\boldsymbol{B}&=(\boldsymbol{\lambda}_1\boldsymbol{\eta}_1+\boldsymbol{\lambda}_2\boldsymbol{\eta}_2,\mu_1\boldsymbol{\eta}_1+\mu_2\boldsymbol{\eta}_2)\\&=\boldsymbol{\lambda}_1(\boldsymbol{\eta}_1,\boldsymbol{0})+\boldsymbol{\lambda}_2(\boldsymbol{\eta}_2,\boldsymbol{0})+\mu_1(\boldsymbol{0},\boldsymbol{\eta}_1)+\mu_2(\boldsymbol{0},\boldsymbol{\eta}_2),\end{aligned}
$$

其中 $\boldsymbol{\lambda}_1,\boldsymbol{\lambda}_2,\mu_1,\mu_2,\in\mathbf{R}$，另外，如果 $k_1(\boldsymbol{\eta}_1,\boldsymbol{0})+k_2(\boldsymbol{\eta}_2,\boldsymbol{0})+l_1(\boldsymbol{0},\boldsymbol{\eta}_1)+l_2(\boldsymbol{0},\boldsymbol{\eta}_2)=\boldsymbol{O}-(\boldsymbol{0},\boldsymbol{0})$ 即

$$
(k_1\boldsymbol{\eta}_1+k_2\boldsymbol{\eta}_2,l_1\boldsymbol{\eta}_1+l_2\boldsymbol{\eta}_2)=(\boldsymbol{0},\boldsymbol{0}).
$$

从而 $k_1\boldsymbol{\eta}_1+k_2\boldsymbol{\eta}_1=l_1\boldsymbol{\eta}_1+l_2\boldsymbol{\eta}_2=0$，而 $\boldsymbol{\eta}_1,\boldsymbol{\eta}_2$ 是线性无关的，于是 $k_1=k_2=l_1=l_2=0$.
所以

$$
(\boldsymbol{\eta},\boldsymbol{0}),(\boldsymbol{\eta}_2,\boldsymbol{0}),(0,\boldsymbol{\eta}_1)(\boldsymbol{0},\boldsymbol{\eta}_2)
$$

是线性无关的，因此，根据基的定义可知这组向量也是 $\boldsymbol{W}$ 的一组基，从而 $\dim\boldsymbol{W}=4$.

真题评析 这类题目是对线性子空间和线性空间的基的定义，以及求解齐次线性方程组的综合考查.

第七章

线性变换

知识网络结构图

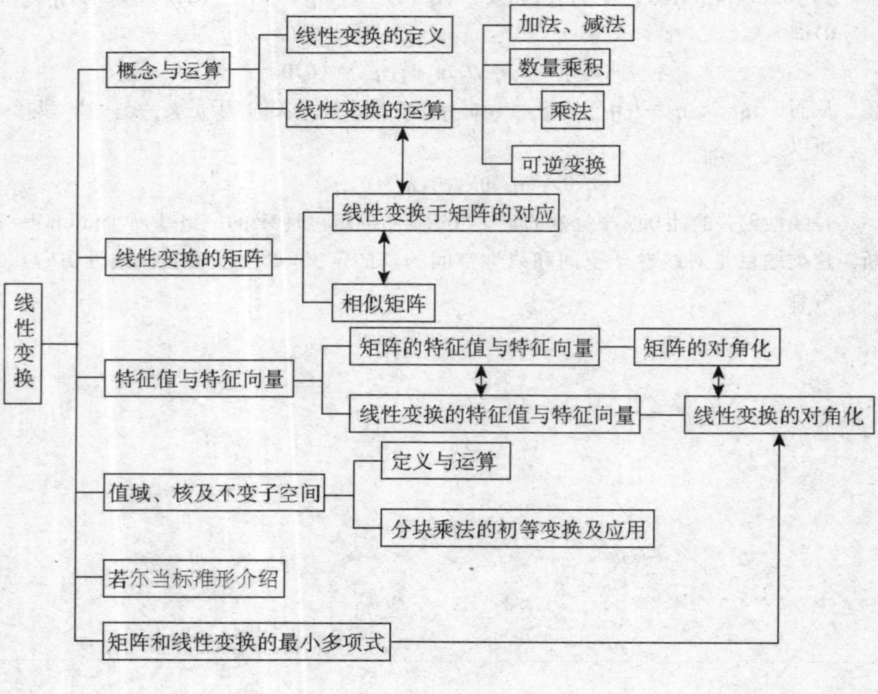

主要知识内容

一、线性变换的定义(重点)

1. 定义及例子

①例子

例 1　在二维几何空间 V_2 中,令 σ 是将每个向量旋转角 φ 的一个旋转变换,容易看出:对任意向量 $\boldsymbol{\alpha},\boldsymbol{\beta}$ 及实数 k 均有

$$\boldsymbol{\sigma}(\boldsymbol{\alpha}+\boldsymbol{\beta})=\boldsymbol{\sigma}(\boldsymbol{\alpha})+\boldsymbol{\sigma}(\boldsymbol{\beta})$$

$$\boldsymbol{\sigma}(k\boldsymbol{\alpha})=k\boldsymbol{\sigma}(\boldsymbol{\alpha})$$

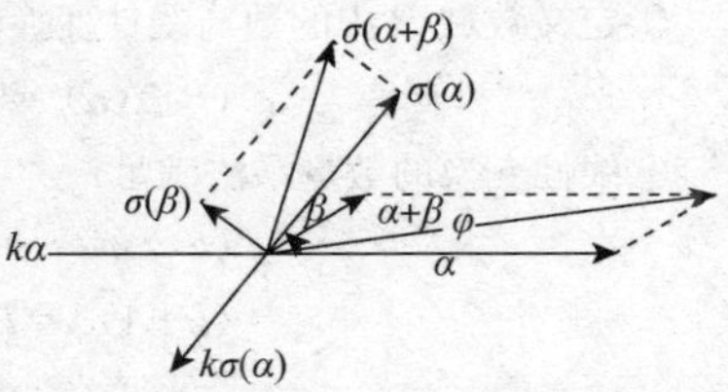

②定义

线性空间 V 的一个变换 A 称为**线性变换**,如果对于 V 中任意的元素 $\boldsymbol{\alpha},\boldsymbol{\beta}$ 和数域 P 中任意数 k,都有 $\mathscr{A}(\boldsymbol{\alpha}+\boldsymbol{\beta})=\mathscr{A}(\boldsymbol{\alpha})+\mathscr{A}(\boldsymbol{\beta}),\mathscr{A}(k\boldsymbol{\alpha})=k\mathscr{A}(\boldsymbol{\alpha})$.

2. 常见线性变换:恒等变换(也称单位变换);零变换.

3. 线性变换的简单性质

设 V 是数域 P 上的线性空间,$\mathscr{A}$ 是 V 的线性变换:

①$\mathscr{A}(\mathbf{0})=\mathbf{0},(-\boldsymbol{\alpha})=-\mathscr{A}(\boldsymbol{\alpha})$.

②保持线性组合与线性关系式不变. 即若 $\boldsymbol{\beta}=k_1\boldsymbol{\alpha}_1+k_2\boldsymbol{\alpha}_2+\cdots\cdots+k_r\boldsymbol{\alpha}_r$,则

$$\mathscr{A}(\boldsymbol{\beta})=k_1\mathscr{A}(\boldsymbol{\alpha}_1)+k_2\mathscr{A}(\boldsymbol{\alpha}_2)+\cdots+k_r\mathscr{A}(\boldsymbol{\alpha}_r).$$

③线性变换把线性相关的向量组变成线性相关的向量组.

二、线性变换的运算(重点)

1. 线性变换的乘积

①设 $\mathscr{A},\mathscr{B}$ 为线性空间V 的两个线性变换,定义它们的**乘积** $\mathscr{A}\mathscr{B}$ 为

$$(\mathscr{A}\mathscr{B})(\boldsymbol{\alpha})=\mathscr{A}(\mathscr{B}(\boldsymbol{\alpha}))\qquad(\boldsymbol{\alpha}\in V).$$

②线性变换的乘积也是线性变换.

③线性变换的乘法适合结合律,一般不适合交换律.

> **温馨提示**　单位变换在线性变换的乘积中起到单位“1”的作用.

2. 线性变换的加法

①设 $\mathscr{A},\mathscr{B}$ 为线性空间 V 的两个线性变换,定义它们的和 $\mathscr{A}+\mathscr{B}$ 为

$$(\mathscr{A}+\mathscr{B})(\boldsymbol{\alpha})=\mathscr{A}(\boldsymbol{\alpha})+\mathscr{B}(\boldsymbol{\alpha})\qquad(\boldsymbol{\alpha}\in V).$$

②线性变换的和也是线性变换.

③线性变换的加法适合结合律与交换律.

④对于每一个线性变换 $\mathscr{A}$,定义它的负变换$(-\mathscr{A})$:

$$(-\mathscr{A})(\boldsymbol{\alpha})=-\mathscr{A}(\boldsymbol{\alpha})(\boldsymbol{\alpha}\in V).$$

负变换$(-\mathscr{A})$也是线性的.

⑤线性变换的乘法对加法有左右分配律,即

$$\mathscr{A}(\mathscr{B}+\mathscr{C})=\mathscr{A}\mathscr{B}+\mathscr{A}\mathscr{C},$$

$$(\mathscr{B}+\mathscr{C})\mathscr{A}=\mathscr{B}\mathscr{A}+\mathscr{C}\mathscr{A}.$$

3. 线性变换的数乘

①定义数域 P 中的数与线性变换的**数量乘法**为

$$(k\mathscr{A})(\boldsymbol{\alpha})=k\mathscr{A}(\boldsymbol{\alpha})=k\mathscr{A}(\boldsymbol{\alpha})$$

②线性变换的数量乘法满足:

$$(k1)\mathscr{A}=k=(l\mathscr{A}),$$

$$(k+1)\mathscr{A}=k\mathscr{A}+l\mathscr{A}.$$

温馨提示 一个线性空间 V 上所有线性变换的集合,通过加法和数乘运算,构成一个线性空间.

4. 逆变换

①对线性变换 $\mathscr{A}$,如果存在 V 的变换 C 使得 $AC=CA=\varepsilon$,则称 $\mathscr{A}$ 是可逆,并称 C 是 $\mathscr{A}$ 的**逆变换**,记为 $\mathscr{A}^{-1}$.

②如果线性变换 $\mathscr{A}$ 可逆,则 $\mathscr{A}^{-1}$ 也是线性变换.

5. 幂运算

①n 个(n 是整数)线性变换 $\mathscr{A}$ 的乘积称为 $\mathscr{A}$ 的 **n 次幂**,记为 $\mathscr{A}^n$,即

$$\mathscr{A}^n=\underbrace{\mathscr{A}\mathscr{A}\cdots\mathscr{A}}_{n个}.$$

规定 $A^0=\varepsilon_o$ 当线性变换 $\mathscr{A}$ 可逆时,规定

$$\mathscr{A}^{-n}=(\mathscr{A}^{-1})^n.$$

②方幂运算有如下的运算律:

a. $\mathscr{A}^m\mathscr{A}^n=\mathscr{A}^{m+n}$,$(\mathscr{A}^m)^n=\mathscr{A}^{mn}$,($m,n$ 是整数);

b. 一般说来,$(\mathscr{A}\mathscr{B})^n\neq\mathscr{A}^n\mathscr{B}^n$.

6. 线性变换的多项式

①设 $f(x)=a_mx^m+\cdots+a_1x+a_0\in P[x]$,定义

$$f(\mathscr{A})=a_m\mathscr{A}^n+\cdots+a_1\mathscr{A}+a_0E,$$

称之为**线性变换 $\mathscr{A}$ 的多项式**.

②如果 $f(x),g(x)\in P[x]$,且 $h(x)=f(x)+g(x)$,$p(x)=f(x)g(x)$,则 $h(\mathscr{A})=f(\mathscr{A})+g(\mathscr{A})$,$p(\mathscr{A})=f(\mathscr{A})g(\mathscr{A})$,特别地 $f(\mathscr{A})g(\mathscr{A})=g(\mathscr{A})f(\mathscr{A})$.

温馨提示　线性变换的多项式仍是线性变换.

■三、线性变换的矩阵

1. 相关结论(重点、难点)

①设 $\boldsymbol{\varepsilon}_1,\boldsymbol{\varepsilon}_2,\cdots,\boldsymbol{\varepsilon}_n$ 是线性空间 V 的一组基. 如果线性变换 $\mathscr{A}$ 和 $\mathscr{B}$ 在这组基上的作用相同,即 $\mathscr{A}\varepsilon_i=\mathscr{B}\varepsilon_i,i=1,2,\cdots,n$,那么 $\mathscr{A}=\mathscr{B}$.

②设 $\boldsymbol{\varepsilon}_1,\boldsymbol{\varepsilon}_2,\cdots,\boldsymbol{\varepsilon}_n$ 是线性空间 V 的一组基. 对于任意一组向量 $\boldsymbol{\alpha}_1,\boldsymbol{\alpha}_2,\cdots,\boldsymbol{\alpha}_n$ 一定有一个线性变换 $\mathscr{A}$ 使

$$\mathscr{A}\varepsilon_i=\boldsymbol{\alpha}_i,\quad i=1,2,\cdots,n.$$

③设 $\boldsymbol{\varepsilon}_1,\boldsymbol{\varepsilon}_2,\cdots,\boldsymbol{\varepsilon}_n$ 是线性空间 V 的一组基,$\boldsymbol{\alpha}_1,\boldsymbol{\alpha}_2,\cdots\boldsymbol{\alpha}_n$ 是 V 中任意 n 个向量,存在唯一的线性变换 $\mathscr{A}$ 使 $\mathscr{A}\boldsymbol{\varepsilon}_i=\boldsymbol{\alpha}_i,i=1,2,\cdots,n$.

温馨提示　要构造一个线性变换,只需确定它在一组基上的作用即可,这也是构造线性变换的一种常用的方法。

2. 线性变换的矩阵(重点、难点)

①定义. 设 $\boldsymbol{\varepsilon}_1,\boldsymbol{\varepsilon}_2,\cdots,\boldsymbol{\varepsilon}_n$ 是线性空间 V 的一组基 $\mathscr{A}$ 是 V 的一个线性变换. 基向量的像可以被基线性表出:$\mathscr{A}\varepsilon_i=a_{1i}\boldsymbol{\varepsilon}_1+a_{2i}\boldsymbol{\varepsilon}_2+\cdots\cdots+a_{ni}\boldsymbol{\varepsilon}_n,i=1,2,3,\cdots,n$,

用矩阵表示就是

$$\mathscr{A}(\boldsymbol{\varepsilon}_1,\boldsymbol{\varepsilon}_2,\boldsymbol{\varepsilon}_3\cdots\cdots\boldsymbol{\varepsilon}_n)=(\mathscr{A}\boldsymbol{\varepsilon}_1,\mathscr{A}\boldsymbol{\varepsilon}_2\cdots\cdots\mathscr{A}\boldsymbol{\varepsilon}_n)=(\boldsymbol{\varepsilon}_1,\boldsymbol{\varepsilon}_2,\boldsymbol{\varepsilon}_3\cdots\cdots\boldsymbol{\varepsilon}_n)A,(1)$$

其中 $\mathbf{A}=(a_{ij})_{n\times n}$,矩阵 A 称为 **$\mathscr{A}$ 在基 $\boldsymbol{\varepsilon}_1,\boldsymbol{\varepsilon}_2,\cdots,\boldsymbol{\varepsilon}_n$ 下的矩阵**.

②性质.

1°设 $\boldsymbol{\varepsilon}_1,\boldsymbol{\varepsilon}_2,\cdots,\boldsymbol{\varepsilon}_n$ 是为数域 P 上维线性空间 V 的一级基,在这组基下,每一个线性变换按照式①′对应一个 $n\times n$ 矩阵. 这个对应具有如下性质:

a. 线性变换的和对应于矩阵的和;

b. 线性变换的乘积对应于矩阵的乘积;

c. 线性变换的数量乘积对应于矩阵的数量乘积;

d. 可逆的线性变换与可逆矩阵对应,且逆变换对应于逆矩阵.

2°设线性变换 $\mathscr{A}$ 在基 $\boldsymbol{\varepsilon}_1,\boldsymbol{\varepsilon}_2,\cdots,\boldsymbol{\varepsilon}_n$ 的矩阵是 $\mathbf{A}$,向量 $\boldsymbol{\xi}$ 在基下 $\boldsymbol{\varepsilon}_1,\boldsymbol{\varepsilon}_2,\cdots,\boldsymbol{\varepsilon}_n$ 的坐标是$(x_1,x_2,\cdots,x_n)$,$\mathscr{A}(\boldsymbol{\xi})$在基下 $\boldsymbol{\varepsilon}_1,\boldsymbol{\varepsilon}_2,\cdots,\boldsymbol{\varepsilon}_n$ 的坐标是$(y_1,y_2,\cdots,y_n)$可以按公式 $\begin{pmatrix}y_1\\y_2\\\vdots\\y_n\end{pmatrix}=\mathbf{A}\begin{pmatrix}x_1\\x_2\\\vdots\\x_n\end{pmatrix}$ 计算.

3°设线性空间 V 中线性变换 $\mathscr{A}$ 的两组基

$$\boldsymbol{\varepsilon}_1,\boldsymbol{\varepsilon}_2,\cdots,\boldsymbol{\varepsilon}_n,②'$$

$$\boldsymbol{\eta}_1,\boldsymbol{\eta}_2,\cdots,\boldsymbol{\eta}_n,\text{③}'$$

下的矩阵分别是 $\boldsymbol{A}$ 和 $\boldsymbol{B}$，从基(2)到基(3)的过渡矩阵为 $\boldsymbol{C}$，则 $\boldsymbol{B}=\boldsymbol{C}^{-1}\boldsymbol{A}\boldsymbol{C}$.

3. 矩阵的相似(重点、难点)

①定义：设 $\boldsymbol{A}$、$\boldsymbol{B}$ 为数域 P 上的两个 n 级矩阵，如果可以找到数域 P 上的 n 级可逆矩逆阵 $\boldsymbol{X}$，使得 $\boldsymbol{B}=\boldsymbol{X}^{-1}\boldsymbol{A}\boldsymbol{X}$，就说明 $\boldsymbol{A}$ 相似于 $\boldsymbol{B}$，记作 $\boldsymbol{A}\sim\boldsymbol{B}$.

②相似关系的性质

1°反身性：$\boldsymbol{A}\sim\boldsymbol{A}$.

2°对称性：如果 $\boldsymbol{A}\sim\boldsymbol{B}\Rightarrow\boldsymbol{B}\sim\boldsymbol{A}$.

3°传递性：如果 $\boldsymbol{A}\sim\boldsymbol{B},\boldsymbol{B}\sim\boldsymbol{C}\Rightarrow\boldsymbol{A}\sim\boldsymbol{C}$.

③相关定理

线性变换在不同基下的矩阵是相似的；反过来，如果两个矩阵相似，那么它们可以看作同一个线性变换在两组基下所对应的矩阵.

温馨提示 注意相似与合同的区别，另外，根据定义直接可得，相似矩阵具有相同的行列式.

4. 相似关系的一个应用

如果 $\boldsymbol{B}=\boldsymbol{X}^{-1}\boldsymbol{A}\boldsymbol{X}$，且 $f(x)\in P[x]$，那么 $f(\boldsymbol{B})=\boldsymbol{X}^{-1}f(\boldsymbol{A})\boldsymbol{X}$，特别地，对于任意的正整数 k，$\boldsymbol{B}^k=\boldsymbol{X}^{-1}\boldsymbol{A}^k\boldsymbol{X}$，因此，利用矩阵的相似关系，可以简化矩阵的计算，例如，当 $\boldsymbol{B}=\boldsymbol{X}^{-1}\boldsymbol{A}\boldsymbol{X}$，且 $\boldsymbol{B}^k$ 比较容易计算时，可以利用 $\boldsymbol{A}^k=\boldsymbol{X}\boldsymbol{B}^k\boldsymbol{X}^{-1}$，计算 $\boldsymbol{A}^k$，

四、线性变换的特征值和特征向量

1. 定义(重点)

(1)设 $\mathscr{A}$ 是数域 P 上线性空间 V 的一个线性变换，若对于 P 中的一数 λ_0，存在一个非零向量 $\boldsymbol{\xi}$，使得 $\mathscr{A}(\boldsymbol{\xi})=\lambda_0\boldsymbol{\xi}$，则称 λ_0 为 $\mathscr{A}$ 的一个**特征值**，而称 $\boldsymbol{\xi}$ 为 $\mathscr{A}$ 的属于特征值 λ_0 的**特征向量**.

(2)设 $\boldsymbol{A}$ 是数域 P 上的一个 n 级矩阵，λ 是一个数字. 矩阵 $|\lambda\boldsymbol{E}-\boldsymbol{A}|$ 的行列式

$$|\lambda\boldsymbol{E}-\boldsymbol{A}|=\begin{vmatrix}\lambda-a_{11} & -a_{12} & \cdots & -a_{1n}\\ -a_{21} & \lambda-a_{22} & \cdots & -a_{2n}\\ \vdots & \vdots & & \vdots\\ -a_{n1} & -a_{n2} & \cdots & \lambda-a_{nn}\end{vmatrix}\text{④}'$$

称为 $\boldsymbol{A}$ 的**特征多项式**，这是数域 P 上的一个 n 次多项式.

温馨提示 (1)矩阵的特征向量是非零向量；特征值与特征向量均是对方阵而言的. (2)方阵 $\boldsymbol{A}$ 的特征值是被特征向量所唯一决定的，即一个特征向量是属于某个特征值的；但是，特征向量却不是被特征值所唯一决定，因为属于特征值 λ 的特征向量 $\boldsymbol{\alpha}$ 的任意非零常数倍 $k\boldsymbol{\alpha}$ 仍为属于 λ 的特征向量.

(3)$\mathscr{A}$ 的属于某特征值 λ_0 的全部特征向量再添上零向量所成集合，是 V 的一个子空间，称为 $\mathscr{A}$ 的

属于 λ_0 的特征子空间，记为 V_{λ_0}，它的维数是属于 λ_0 的线性无关的特征向量的最大个数，并记为 $V_{\lambda_0}=\{\boldsymbol{\alpha}|A\boldsymbol{\alpha}=\lambda_0\boldsymbol{\alpha},\boldsymbol{\alpha}\in V\}$.

(4) $\mathscr{A}$(或 $\mathbf{A}$)全体特征值之和为 $a_{11}+a_{22}+\cdots+a_{nn}$，称为 $\mathbf{A}$ 的(追)迹；而全体特征值之乘积为 $|\mathbf{A}|$. 即 $\mathrm{tr}\mathbf{A}=\lambda_1+\lambda_2+\cdots+\lambda_n=a_{11}+a_{22}+\cdots+a_{nn}$；$|\mathbf{A}|=\lambda_1\lambda_2\cdots\lambda_n$.

2. 求 A 的特征值与特征向量的方法和步骤(重点、难点)

①在 V 中任取一组基 $\boldsymbol{\varepsilon}_1,\boldsymbol{\varepsilon}_2,\cdots,\boldsymbol{\varepsilon}_n$ 写出 $\mathscr{A}$ 在这组基下的矩阵 $\mathbf{A}$；

②求 $\mathbf{A}$ 的特征多项式 $f(\lambda)=|\lambda\boldsymbol{E}-\mathbf{A}|$ 在 P 上的全部根，就是 $\mathscr{A}$ 的全部特征值；

③将特征值逐个代入(特征)方程组 $(\lambda\boldsymbol{E}-\mathbf{A})\boldsymbol{X}=\mathbf{0}$，$\boldsymbol{X}=(x_1,x_2\cdots\cdots x_n)'$，求出一组基础解系，它们就是属于这个特征值的一组线性无关的特征向量在基 $\boldsymbol{\varepsilon}_1,\boldsymbol{\varepsilon}_2,\cdots,\boldsymbol{\varepsilon}_n$ 下的坐标.

3. 相关定理和推论

(1)相似矩阵具有相同的特征多项式.

(2)**哈密-凯莱**(Hamilton-Caylay)**定理**. 设 $\mathbf{A}$ 是数域 P 上一个 $n\times n$ 矩阵，$f(\lambda)=|\lambda\boldsymbol{E}-\mathbf{A}|$ 是 $\mathbf{A}$ 的特征多项式，则

$$f(\mathbf{A})=\mathbf{A}^n-(a_{11}+a_{22}+\cdots+a_{nn})\mathbf{A}^{n-1}+\cdots+(-1)^n|\mathbf{A}|\boldsymbol{E}=\boldsymbol{O}.$$

(3)设 $\mathscr{A}$ 为有限维线性空间 V 的线性变换，$f(\lambda)$ 是的 $\mathscr{A}$ 的特征多项式，那么 $f(\mathscr{A})=0$.

五、对角矩阵的相关定理和结论

1. 可对角化的概念(重点、难点)

设 $\mathscr{A}$ 是 n 维线性空间 V 的一个线性变换，如果存在 V 的一个基，使 $\mathscr{A}$ 在这组基下的矩阵为对角矩阵，则称线性变换 $\mathscr{A}$ 可对角化.

2. 相关定理(重点、难点)

(1)设 $\mathscr{A}$ 为 n 维线性空间 V 的一个线性变换，$\mathscr{A}$ 的矩阵可以在某一组基下为对角矩阵的充分必要条件是：$\mathscr{A}$ 有 n 个线性无关的特征向量.

(2)属于不同特征值的特征向量是线性无关的.

(3)如果在 n 维线性空间 V 中，线性变换 $\mathscr{A}$ 的特征多项式在数域 P 中有 n 个不同的特征值，那么 $\mathscr{A}$ 在某组基下的矩阵是对角形的.

温馨提示 该判别方法只是一个充分条件，并非是充分必要条件

(4)在复数域上的线性空间中，如果线性变换 $\mathscr{A}$ 的特征多项式没有重根，那么 $\mathscr{A}$ 在某组基下的矩阵是对角形的.

(5)如果 $\lambda_1,\cdots,\lambda_k$ 是线性变换 $\mathscr{A}$ 的不同的特征值，而 $\boldsymbol{\alpha}_{i1},\cdots,\boldsymbol{\alpha}_{ir_i}$ 是属于特征值 λ_i 的线性无关的特征向量，$i=1,2,\cdots\cdots,k$，那么向量组 $\boldsymbol{\alpha}_{11},\cdots,\boldsymbol{\alpha}_{1r_1},\cdots,\boldsymbol{\alpha}_{k1},\cdots,\boldsymbol{\alpha}_{kr_k}$ 也线性无关.

3. 相关结论(重点、难点)

(1) $\mathscr{A}$ 在某一组基下的矩阵成对角形的充分必要条件是，A 的特征子空间 $V_{\lambda_1},\cdots\cdots V_{\lambda_r}$，的维数之和等于空间的维数.

(2)如果线性变换 $\mathscr{A}$ 在一组基下的矩阵是对角形的,那么主对角线上元素正是 $\mathbf{A}$ 的特征值(重根按重数决定该元素的个数).

六、线性变换的值域和核

1. 基本概念(重点)

(1)设 $\mathscr{A}$ 是线性空间 V 的一个线性变换,$\mathscr{A}$ 的全体像组成的集合称为 $\mathscr{A}$ 的**值域**,用 N 表示,所有被 A 变成零向量的向量组成的集合称为 $\mathscr{A}$ 的**核**,用 $\mathscr{A}^{-1}(\mathbf{0})$ 表示.

(2)线性变换的值域与核都是 V 的子空间.

(3)N 的维数称为 $\mathscr{A}$ 的**秩**,$\mathscr{A}^{-1}(\mathbf{0})$ 的维数称为 $\mathscr{A}$ 的**零度**.

2. 相关定理(重点、难点)

(1)设 $\mathscr{A}$ 是 n 维线性空间 V 的线性变换,$\boldsymbol{\varepsilon}_1,\boldsymbol{\varepsilon}_2,\cdots,\boldsymbol{\varepsilon}_n$ 是 V 的一组基,$\mathscr{A}$ 在这组基下的矩阵是 $\mathbf{A}$,则

①$\mathscr{A}$ 的值域是由基像组生成的子空间,即

$$N=L(\mathscr{A}\boldsymbol{\varepsilon}_1,\mathscr{A}\boldsymbol{\varepsilon}_2,\cdots,\mathscr{A}\boldsymbol{\varepsilon}_n).$$

②$\mathscr{A}$ 的秩 $=\mathbf{A}$ 的秩.

(2)设 $\mathscr{A}$ 为 n 维线性空间 V 的线性变换,则 $\mathscr{N}$ 的一组基的原象及 $\mathscr{A}^{-1}(\mathbf{0})$ 的一组基合起来就是 V 的一组基. 由此还有 $\mathscr{A}$ 的秩 $+\mathscr{A}$ 的零度 $=n$.

(3)对于有限维线性空间的线性变换,它是单射的充分必要条件为它是满射.

温馨提示 这些结论是针对有限维空间来说的,对无限维空间没有办法提及或不一定成立

七、不变子空间

1. 定义

设 $\mathscr{A}$ 是数域 P 上线性空间 V 的线性变换,W 是 V 的子空间. 如果 W 中的向量在下的像仍在 W 中,换句话说,对于 W 中任意向量 $\boldsymbol{\xi}$,有 $\mathscr{A}\boldsymbol{\xi}\in W$,我们就称 W 是 $\mathscr{A}$ 的**不变子空间**,简称 $\mathscr{A}$—子空间.

温馨提示 通常用来判断是否是不变子空间

2. 相关结论(重点、难点)

设 $\mathscr{A}$ 是数域 P 上线性空间 V 的线性变换,则:

(1)V 与 $\{\mathbf{0}\}$ 是 $\mathscr{A}$ 的不变子空间;

(2)$\mathscr{A}(V)$ 与 $\mathscr{A}^{-1}(\mathbf{0})$ 是 $\mathscr{A}$ 的不变子空间;

(3)$\mathscr{A}$ 的特征子空间 $V_\lambda=\{\boldsymbol{\alpha}\,|\,A(\boldsymbol{\alpha})=\lambda\boldsymbol{\alpha},\boldsymbol{\alpha}\in V\}$ 是 $\mathscr{A}$ 的不变子空间;

(4)$\mathscr{A}$ 的不变子空间的交与和还是 $\mathscr{A}$ 的不变子空间.

3. 不变子空间与线性变换矩阵化简之间的关系(重点、难点)

(1)设 $\mathscr{A}$ 为 n 维线性空间 V 的线性变换,W 是 V 的 $\mathscr{A}$—子空间. 在 W 中取一组基 $\boldsymbol{\varepsilon}_1,\boldsymbol{\varepsilon}_2,\cdots,\boldsymbol{\varepsilon}_k$,并

且把它扩充成 V 的一组基 $\boldsymbol{\varepsilon}_1,\cdots,\boldsymbol{\varepsilon}_k,\boldsymbol{\varepsilon}_{k+1},\cdots,\boldsymbol{\varepsilon}_n$，那么，$\mathscr{A}$ 在这组基下的矩阵就具有下列形状

$$\begin{pmatrix} a_{11} & \cdots & a_{1k} & a_{1,k+1} & \cdots & a_{1n} \\ \cdots & \cdots & \cdots & \cdots & \cdots & \cdots \\ a_{k1} & \cdots & a_{kk} & a_{k,k+1} & \cdots & a_{kn} \\ 0 & \cdots & 0 & a_{k+1,k+1} & \cdots & a_{k+1,n} \\ \cdots & \cdots & \cdots & \cdots & \cdots & \cdots \\ 0 & \cdots & 0 & a_{n,k+1} & \cdots & a_{nn} \end{pmatrix}=\begin{bmatrix} \boldsymbol{A}_1 & \boldsymbol{A}_3 \\ \boldsymbol{O} & \boldsymbol{A}_2 \end{bmatrix}$$

并且左上角的 k 级矩阵 $\boldsymbol{A}_1$ 就是 $\mathscr{A}|\boldsymbol{W}$ 在 $\boldsymbol{W}$ 的基 $\boldsymbol{\varepsilon}_1,\boldsymbol{\varepsilon}_2,\cdots\boldsymbol{\varepsilon}_k$ 下的矩阵.

温馨提示 $|\boldsymbol{A}|W$ 在 W 上的作用与 $\mathscr{A}$ 相同，但是对 $\boldsymbol{W}$ 以外的向量没有定义.

(2)设 V 可以分解成若干个 $\mathscr{A}$—子空间的直和：$V=\boldsymbol{W}_1\oplus\boldsymbol{W}_2\oplus\cdots\oplus\boldsymbol{W}_s$. 在每一个 $\mathscr{A}$—子空间 $\boldsymbol{W}_i$ 中取基 $\boldsymbol{\varepsilon}_{i1},\boldsymbol{\varepsilon}_{i2},\cdots,\boldsymbol{\varepsilon}_{in_i},(i=1,2,\cdots,s)$①

并把它们合并起来成为 V 的一组基 I. 在这组基下，$\mathscr{A}$ 的矩阵具有准对角形状

$$\begin{pmatrix} \boldsymbol{A}_1 & & & \\ & \boldsymbol{A}_2 & & \\ & & \ddots & \\ & & & \boldsymbol{A}_s \end{pmatrix} ②$$

反之，如果线性变换 $\mathscr{A}$ 在基 I 下的矩阵是准对角形②，则由①生成的子空间 W_i 是 $\mathscr{A}$ 的子空间.

4. 空间分解为不变子空间的直和(难点)

设线性变换 $\mathscr{A}$ 的特征多项式为 $f(\lambda)$，它可分解成一次因式的乘积

$$f(\lambda)=(\lambda-\lambda_1)^{r_1}(\lambda-\lambda_2)^{r_2}\cdots(\lambda-\lambda_s)^{r_s},$$

则 V 可分解成不变子空间的直和 $V=V_1\oplus V_2\oplus\cdots\oplus V_s$，

其中 $V_i=\{\boldsymbol{\xi}|(\mathscr{A}-\lambda_i\mathscr{E})^{r_i}\boldsymbol{\xi}=\boldsymbol{0},\boldsymbol{\xi}\in V\}$.

■ 八、若尔当(Jordan)标准形(重点)

1. 定义

形式为 $\boldsymbol{J}(\lambda_0,k)=\begin{pmatrix} \lambda_0 & 0 & \cdots & 0 & 0 & 0 \\ 1 & \lambda_0 & \cdots & 0 & 0 & 0 \\ \cdots & \cdots & \cdots & \cdots & \cdots & \cdots \\ 0 & 0 & \cdots & 1 & \lambda_0 & 0 \\ 0 & 0 & \cdots & 0 & 1 & \lambda_0 \end{pmatrix}_{k\times k}$

的矩阵称为**若尔当块**，其中 λ 为复数. 由若干个若当块组成的准对角矩阵

$$\boldsymbol{J}=\begin{pmatrix} \boldsymbol{J}(\lambda_1,k_1) & & & \\ & \boldsymbol{J}(\lambda_2,k_2) & & \\ & & \ddots & \\ & & & \boldsymbol{J}(\lambda_s,k_s) \end{pmatrix}$$

称为**若尔当形矩阵**.

2. 基本结论和定理

(1)设$\mathscr{A}$是复数域上n维线性空间V的一个线性变换，则在V中必存在一组基，$\mathscr{A}$在这组基下的矩阵是若尔当形矩阵. 并且这个若尔当形矩阵除去其中的若尔当块的排列顺序外，由$\mathscr{A}$唯一决定，它称为$\mathscr{A}$的矩阵的**若尔当标准形**.

(2)每个n阶复矩阵$\boldsymbol{A}$一定与一个若尔当形矩阵相似，这个若尔当形矩阵除去其中若尔当块的排列顺序外由$\boldsymbol{A}$唯一决定，称为$\boldsymbol{A}$的若尔当标准形.

(3)在一个线性变换的若尔当标准形中，主对角线上的元素正是特征多项式的全部的根(重根按重数计算).

*九、最小多项式

1. 定义

设$\boldsymbol{A}$是数域P上的n级矩阵，如果数域P上的多项式$f(x)$使得$f(\boldsymbol{A})=\boldsymbol{0}$，则称$f(x)$以$\boldsymbol{A}$为根. 在以$\boldsymbol{A}$为根的多项式中，次数最低且首项系数为1的多项式称为$\boldsymbol{A}$的最小多项式.

温馨提示 根据哈密顿—凯莱定理，$\boldsymbol{A}$的特征多项式$f(\lambda)=|\lambda\boldsymbol{E}-\boldsymbol{A}|$以$\boldsymbol{A}$为根，这说明零化$\boldsymbol{A}$的多项式是存在的.

2. 基本性质

设$\boldsymbol{A}$是数域P上的n级矩阵，则.

(1)矩阵$\boldsymbol{A}$的最小多项式是唯一的.

(2)设$g(x)$是矩阵$\boldsymbol{A}$的最小多项式，那么$f(x)$以$\boldsymbol{A}$为根的充分必要条件是$g(x)$整除$f(x)$从而，矩阵$\boldsymbol{A}$的最小多项式是$\boldsymbol{A}$的特征多项式的一个因式.

(3)相似矩阵有相同的最小多项式；

(4)若$\boldsymbol{A}$是一个准对角矩阵

$$\boldsymbol{A}=\begin{pmatrix}\boldsymbol{A}_1 & \\ & \boldsymbol{A}_2\end{pmatrix},$$

并设$\boldsymbol{A}_1$的最小多项式为$g_1(x)$，$\boldsymbol{A}_2$的最小多项式与$g_2(x)$，那么$\boldsymbol{A}$的最小多项式为$g_1(x)$，$g_2(x)$的最小公倍式$[g_1(x),g_2(x)]$；

这个结论可以推广到$\boldsymbol{A}$为若干个矩阵组成的准对角矩阵的情形. 即：

$$\boldsymbol{A}=\begin{pmatrix}\boldsymbol{A}_1 & & & \\ & \boldsymbol{A}_2 & & \\ & & \ddots & \\ & & & \boldsymbol{A}_s\end{pmatrix}$$

$\boldsymbol{A}_i$的最小多项式为$g_i(x)$，$i=1,2,\cdots,s$则$\boldsymbol{A}$的最小多项式为

$$[g_1(x),g_2(x),\cdots,g_s(x)].$$

(5)k 级若尔当块

$$J_k=\begin{pmatrix} a & & & & \\ 1 & a & & & \\ & 1 & \ddots & & \\ & & \ddots & \ddots & \\ & & & \ddots & \ddots \\ & & & 1 & a \end{pmatrix}$$

的最小多项式为$(x-a)^k$.

(6)数域 P 上 n 级矩阵 $\boldsymbol{A}$ 与对角矩阵相似的充分必要条件是 $\boldsymbol{A}$ 的最小多项式是 P 上互素的一次因式的乘积.

(7)复数矩阵 $\boldsymbol{A}$ 与对角矩阵相似的充分必要条件是 $\boldsymbol{A}$ 的最小多项式没有重根.

经典例题解析

题型一:线性变换及其运算

题型分析 证明一个映射是线性变换时,通常根据定义验证其是否保持加法和数量乘法即可. 线性变换的运算包括加法、数乘、乘法、可逆以及幂运算等,在计算时注意各自的运算规则.

例 1 $\mathscr{A}(\boldsymbol{X})=\begin{bmatrix}1 & 0\\ 0 & 0\end{bmatrix}\boldsymbol{X},\boldsymbol{X}\in\boldsymbol{R}^2$ 若矩阵 $\boldsymbol{A}$ 可逆,则变换 $\mathscr{A}$ 可逆,其逆变换 $\mathscr{B}$ 为(　　)

分　析 因为

$$(\boldsymbol{AB})(\boldsymbol{X})=\boldsymbol{A}(\boldsymbol{B}(\boldsymbol{X}))=\boldsymbol{A}(\boldsymbol{A}^{-1}\boldsymbol{X})=\boldsymbol{A}(\boldsymbol{A}^{-1}\boldsymbol{X})=(\boldsymbol{AA}^{-1})\boldsymbol{X}=\boldsymbol{X}=\boldsymbol{E}(\boldsymbol{X}).$$

$$(\boldsymbol{BA})(\boldsymbol{X})=\boldsymbol{B}(\boldsymbol{A}(\boldsymbol{X}))=\boldsymbol{B}(\boldsymbol{AX})=\boldsymbol{A}^{-1}(\boldsymbol{AX})=(\boldsymbol{A}^{-1}\boldsymbol{A})\boldsymbol{X}=\boldsymbol{X}=\boldsymbol{E}(\boldsymbol{X}).$$

所以 $\boldsymbol{B}(\boldsymbol{X})=\boldsymbol{A}^{-1}\boldsymbol{X},\boldsymbol{X}\in\boldsymbol{R}^2$.

例 2 全体二阶实矩阵构成实数域 $\boldsymbol{R}$ 上的线性空间,取固定实数矩阵 $\boldsymbol{A}=\begin{bmatrix}a & b\\ c & d\end{bmatrix}$,在 $\boldsymbol{V}$ 中定义一个变换:

$\sigma(\boldsymbol{X})=\boldsymbol{AX}-\boldsymbol{XA}$,其中 X 是 v 中的任意向量.

(1)证明 $\boldsymbol{\sigma}$ 是一个线性变换;

(2)证明对任意 $\boldsymbol{X},\boldsymbol{Y}\in\boldsymbol{V}$,恒有 $\boldsymbol{\sigma}(\boldsymbol{XY})=\boldsymbol{\sigma}(\boldsymbol{X})\boldsymbol{Y}+\boldsymbol{X}\boldsymbol{\sigma}(\boldsymbol{Y})$.

分　析 (1)对任意的 $\boldsymbol{X},\boldsymbol{Y}\quad\boldsymbol{V},k\in\boldsymbol{R}$,

$$\begin{aligned}\boldsymbol{\sigma}(\boldsymbol{X}+\boldsymbol{Y})&=\boldsymbol{A}(\boldsymbol{X}+\boldsymbol{Y})-(\boldsymbol{X}+\boldsymbol{Y})\boldsymbol{A}\\&=\boldsymbol{AX}+\boldsymbol{AY}-\boldsymbol{XA}-\boldsymbol{YA}\\&=\boldsymbol{\sigma}(\boldsymbol{X})+\boldsymbol{\sigma}(\boldsymbol{Y})\end{aligned}$$

$$\boldsymbol{\sigma}(k\boldsymbol{X})=\boldsymbol{A}(k\boldsymbol{X})-(k\boldsymbol{X})\boldsymbol{A}$$

$=k\sigma(\boldsymbol{X})$.

故 $\boldsymbol{\sigma}$ 是 V 上的一个线性变换.

(2) $\boldsymbol{\sigma}(\boldsymbol{XY})=\boldsymbol{A}(\boldsymbol{XY})-(\boldsymbol{XY})\boldsymbol{A}$

$=(\boldsymbol{AX})\boldsymbol{Y}-(\boldsymbol{XA})\boldsymbol{Y}+\boldsymbol{X}(\boldsymbol{AY})-\boldsymbol{X}(\boldsymbol{YA})$

$=\boldsymbol{\sigma}(\boldsymbol{X})\boldsymbol{Y}+\boldsymbol{X}\boldsymbol{\sigma}(\boldsymbol{Y})$

题型二:线性变换在指定基下矩阵的计算

题型分析 取定数域 P 上 n 维线性空间 V 的一组基,V 中所有线性变换的集合 $L(V)$ 与 P 上所有 n 级方阵的集合 $P^{n\times n}$ 之间存在一个保持加法,乘法、数量乘法和求逆运算的双射,由此,可以利用这个对应,将矩阵问题和线性变换问题转化,求一个线性空间 V 的线性变换 $\mathscr{A}$ 在一组指定基 $\boldsymbol{\varepsilon}_1,\boldsymbol{\varepsilon}_2,\cdots,\boldsymbol{\varepsilon}_n$ 下的矩阵 $\boldsymbol{A}$,一般采用如下几种方法:

(1)定义法,将基向量 $\boldsymbol{\varepsilon}_1,\boldsymbol{\varepsilon}_2,\cdots,\boldsymbol{\varepsilon}_n$ 的像 $\mathscr{A}\boldsymbol{\varepsilon}_1,\mathscr{A}\boldsymbol{\varepsilon}_2,\cdots,\mathscr{A}\boldsymbol{\varepsilon}_n$ 逐个用基 $\boldsymbol{\varepsilon}_1,\boldsymbol{\varepsilon}_2,\cdots,\boldsymbol{\varepsilon}_n$ 线性表出,然后,依次把坐标作为列即可写出矩阵 $\boldsymbol{A}$;

(2)借助线性变换矩阵的形式表达式

$$\mathscr{A}(\boldsymbol{\varepsilon}_1,\boldsymbol{\varepsilon}_2,\cdots,\boldsymbol{\varepsilon}_n)=(\mathscr{A}\boldsymbol{\varepsilon}_1,\mathscr{A}\boldsymbol{\varepsilon}_2,\cdots,\mathscr{A}\boldsymbol{\varepsilon}_n)=(\boldsymbol{\varepsilon}_1,\boldsymbol{\varepsilon}_2,\cdots,\boldsymbol{\varepsilon}_n)\boldsymbol{A}.$$

特别地,当 V 是 n 维向量空间 P^n 时,$(\mathscr{A}\boldsymbol{\varepsilon}_1,\mathscr{A}\boldsymbol{\varepsilon}_2,\cdots,\mathscr{A}\boldsymbol{\varepsilon}_n)$和$(\boldsymbol{\varepsilon}_1,\boldsymbol{\varepsilon}_2,\cdots,\boldsymbol{\varepsilon}_n)$均可以看成是方阵,那么 $\boldsymbol{A}$ 可以按照如下公式计算

$$\boldsymbol{A}=(\mathscr{A}\boldsymbol{\varepsilon}_1,\mathscr{A}\boldsymbol{\varepsilon}_2,\cdots,\mathscr{A}\boldsymbol{\varepsilon}_n)^{-1}(\boldsymbol{\varepsilon}_1,\boldsymbol{\varepsilon}_2,\cdots,\boldsymbol{\varepsilon}_n),$$

(3)利用同一个线性变换在不同基下的矩阵是相似的这个性质.

例 3 设 R^4 的两组基

$\boldsymbol{\alpha}_1=(1,2,-1,0)^{\mathrm{T}}$ $\qquad\boldsymbol{\beta}_1=(1,2,3,4)$

$\boldsymbol{\alpha}_2=(1,1,0,0)$ $\qquad\boldsymbol{\beta}_2=(-2,1,-4,3)$

$\boldsymbol{\alpha}_3=(1,-1,2,1)$ $\qquad\boldsymbol{\beta}_3=(3,-4,-1,2)$

$\boldsymbol{\alpha}_4=(0,1,1,-1)$ $\qquad\boldsymbol{\beta}_4=(4,3,-2,-1)$

求由基 $\boldsymbol{\alpha}_1,\boldsymbol{\alpha}_2,\boldsymbol{\alpha}_3,\boldsymbol{\alpha}_4$ 到基 $\boldsymbol{\beta}_1,\boldsymbol{\beta}_2,\boldsymbol{\beta}_3,\boldsymbol{\beta}_4$ 的过渡矩阵,并写出相应的坐标变换公式.

分　析 方法一:根据定义可得

$$\begin{cases}\boldsymbol{\beta}_1=a_{11}\boldsymbol{\alpha}_1+a_{21}\boldsymbol{\alpha}_2+a_{31}\boldsymbol{\alpha}_3+a_{41}\boldsymbol{\alpha}_4 & (1)\\ \boldsymbol{\beta}_2=a_{12}\boldsymbol{\alpha}_1+a_{22}\boldsymbol{\alpha}_2+a_{32}\boldsymbol{\alpha}_3+a_{42}\boldsymbol{\alpha}_4 & (2)\\ \boldsymbol{\beta}_3=a_{13}\boldsymbol{\alpha}_1+a_{23}\boldsymbol{\alpha}_2+a_{33}\boldsymbol{\alpha}_3+a_{43}\boldsymbol{\alpha}_4 & (3)\\ \boldsymbol{\beta}_4=a_{14}\boldsymbol{\alpha}_1+a_{24}\boldsymbol{\alpha}_2+a_{34}\boldsymbol{\alpha}_3+a_{44}\boldsymbol{\alpha}_4 & (4)\end{cases}$$

求解方程(1,)代入,得

$$\begin{cases}a_{11}+a_{21}+a_{31}=1\\ 2a_{11}+a_{21}-a_{31}+a_{41}=2,\\ -a_{11}+2a_{31}+a_{41}=3,\\ a_{31}-a_{41}=4,\end{cases}\text{推出,}\begin{cases}a_{11}=11\\ a_{21}=-16\\ a_{31}=6\\ a_{41}=2\end{cases}$$

同理,可求出(2)(3)(4),再求得过渡矩阵,但是计算过大,因此,当线性表达式不容易得到的时候,可采用下面的方法.

方法二 引入

$$\varepsilon_1=(1,0,0,0). \qquad \varepsilon_2=(0,1,0,0)$$
$$\varepsilon_3=(0,0,1,0). \qquad \varepsilon_4=(0,0,0,1)$$

可得到

$$(\boldsymbol{\alpha}_1,\boldsymbol{\alpha}_2,\boldsymbol{\alpha}_3,\boldsymbol{\alpha}_4)=(\boldsymbol{\varepsilon}_1,\boldsymbol{\varepsilon}_2,\boldsymbol{\varepsilon}_3,\boldsymbol{\varepsilon}_4)\begin{bmatrix}1&1&1&0\\2&1&-1&1\\-1&0&2&1\\0&0&1&-1\end{bmatrix}=(\boldsymbol{\varepsilon}_1,\boldsymbol{\varepsilon}_2,\boldsymbol{\varepsilon}_3,\boldsymbol{\varepsilon}_4)\boldsymbol{A},$$

$$(\boldsymbol{\varepsilon}_1,\boldsymbol{\varepsilon}_2,\boldsymbol{\varepsilon}_3,\boldsymbol{\varepsilon}_4)=(\boldsymbol{\alpha}_1,\boldsymbol{\alpha}_2,\boldsymbol{\alpha}_3,\boldsymbol{\alpha}_4)\boldsymbol{A}^{-1},$$

因

$$(\boldsymbol{\beta}_1,\boldsymbol{\beta}_2,\boldsymbol{\beta}_3,\boldsymbol{\beta}_4)=(\boldsymbol{\varepsilon}_1,\boldsymbol{\varepsilon}_2,\boldsymbol{\varepsilon}_3,\boldsymbol{\varepsilon}_4)\begin{bmatrix}1&-2&3&4\\2&1&-4&3\\3&-4&-1&-2\\4&3&2&-1\end{bmatrix}$$
$$=(\boldsymbol{\varepsilon}_1,\boldsymbol{\varepsilon}_2,\boldsymbol{\varepsilon}_3,\boldsymbol{\varepsilon}_4)\boldsymbol{B},$$

所以 $(\boldsymbol{\beta}_1,\boldsymbol{\beta}_2,\boldsymbol{\beta}_3,\boldsymbol{\beta}_4)=(\boldsymbol{\alpha}_1,\boldsymbol{\alpha}_2,\boldsymbol{\alpha}_3,\boldsymbol{\alpha}_4)\boldsymbol{A}^{-1}\boldsymbol{B}$

$$=(\boldsymbol{\alpha}_1,\boldsymbol{\alpha}_2,\boldsymbol{\alpha}_3,\boldsymbol{\alpha}_4)\cdot\begin{bmatrix}-\frac{3}{2}&\frac{3}{2}&\frac{1}{2}&2\\3&-2&-1&-3\\-\frac{1}{2}&\frac{1}{2}&\frac{1}{2}&1\\-\frac{1}{2}&\frac{1}{2}&\frac{1}{2}&0\end{bmatrix}\begin{bmatrix}1&-2&3&4\\2&1&-4&3\\3&-4&-1&-2\\4&3&2&-1\end{bmatrix}$$

$$=(\boldsymbol{\alpha}_1,\boldsymbol{\alpha}_2,\boldsymbol{\alpha}_3,\boldsymbol{\alpha}_4)\begin{bmatrix}11&8\frac{1}{2}&-7&-4\frac{1}{2}\\-16&-13&12&11\\6&2\frac{1}{2}&-2&-2\frac{1}{2}\\2&-\frac{1}{2}&-4&-1\frac{1}{2}\end{bmatrix}$$

所以 $$\boldsymbol{T}=\begin{bmatrix}11&8\frac{1}{2}&-7&-4\frac{1}{2}\\-16&-13&12&11\\6&2\frac{1}{2}&-2&-2\frac{1}{2}\\2&-\frac{1}{2}&-4&-1\frac{1}{2}\end{bmatrix}$$

例 4　求例 1 中 $\boldsymbol{A\alpha}$ 在基 $\boldsymbol{\alpha}_1,\boldsymbol{\alpha}_2,\boldsymbol{\alpha}_3$ 下的坐标，其中 $\boldsymbol{\alpha}=(1,2,5)^{\mathrm{T}}$.

分　析　**方法一**：由题意可知，$\boldsymbol{A}$ 在基 $\boldsymbol{\alpha}_1,\boldsymbol{\alpha}_2,\boldsymbol{\alpha}_3$ 下的矩阵为

$$\boldsymbol{A}=\begin{pmatrix}1&0&0\\0&1&0\\1&1&0\end{pmatrix}$$

于是 $\boldsymbol{A\alpha}$ 在基 $\boldsymbol{\alpha}_1,\boldsymbol{\alpha}_2,\boldsymbol{\alpha}_3$ 下的坐标为

$$\begin{pmatrix}1&0&0\\0&1&0\\1&1&0\end{pmatrix}\begin{pmatrix}1\\2\\5\end{pmatrix}=\begin{pmatrix}1\\2\\3\end{pmatrix}$$

方法二　直接根据定义，有

$$\boldsymbol{A\alpha}=(1,2,1+2)^{\mathrm{T}}=(1,2,3)^{\mathrm{T}}.$$

例 5　设线性空间 P^3 的线性变换 σ 为

$$\boldsymbol{\sigma}(x_1,x_2,x_3)=(x_1,x_2,x_1+x_2)$$

求 $\boldsymbol{\sigma}$ 在标准基 $\boldsymbol{\varepsilon}_1,\boldsymbol{\varepsilon}_2,\boldsymbol{\varepsilon}_3$ 下的矩阵.

解题过程　$\because \boldsymbol{\sigma}(\boldsymbol{\varepsilon}_1)=\boldsymbol{\sigma}(1,0,0)=(1,0,1)$

$\boldsymbol{\sigma}(\varepsilon_2)=\boldsymbol{\sigma}(0,1,0)=(0,1,1)$

$\boldsymbol{\sigma}(\varepsilon_3)=\boldsymbol{\sigma}(0,0,1)=(0,0,0)$

$$\therefore \boldsymbol{\sigma}(\boldsymbol{\varepsilon}_1,\boldsymbol{\varepsilon}_2,\boldsymbol{\varepsilon}_3)=(\boldsymbol{\varepsilon}_1,\boldsymbol{\varepsilon}_2,\boldsymbol{\varepsilon}_3)\begin{pmatrix}1&0&0\\0&1&0\\1&1&0\end{pmatrix}$$

题型三：特征值和特征向量的计算

题型分析　在计算线性变换或者矩阵的特征值和特征向量前，首先要弄清楚这两者的含义，同时也要注意两者之间的联系.

求特征值，特征向量的方法（对给定的 $\mathscr{A}$）

1）V 中取基 $\boldsymbol{\varepsilon}_1,\cdots\boldsymbol{\varepsilon}_n$，写出 $\mathscr{A}$ 在给定基 $\boldsymbol{\varepsilon}_1,\boldsymbol{\varepsilon}_2,\cdots,\boldsymbol{\varepsilon}_n$ 下矩阵 $\boldsymbol{A}$.

2）求特征多项式 $f_A(\lambda)=|\lambda E-A|$ 在数域 P 中全部根，即是 $\mathscr{A}$ 在 P 中的全部特征值.

3）把特征值逐一代入齐次线性方程组 $(\lambda\boldsymbol{E}-\boldsymbol{A})\begin{pmatrix}x_1\\\vdots\\x_n\end{pmatrix}=\begin{pmatrix}0\\\vdots\\0\end{pmatrix}$，即矩阵方程 $(\lambda\boldsymbol{E}-\boldsymbol{A})\boldsymbol{X}=0$，

求出其基础解系（即是属于该特征值下几个线性无关特征向量在基 $\boldsymbol{\varepsilon}_1,\boldsymbol{\varepsilon}_2,\cdots\boldsymbol{\varepsilon}_n$，下的坐标）. 进而求出全部属于该特征值的特征向量.

例 6　设线性变换 $\mathscr{A}$ 在基 $\boldsymbol{\varepsilon}_1,\boldsymbol{\varepsilon}_2,\boldsymbol{\varepsilon}_3$ 下的矩阵是 $\boldsymbol{A}=\begin{pmatrix}1&2&2\\2&1&2\\2&2&1\end{pmatrix}$ 求 $\mathscr{A}$ 的特征值和特征向量

分　析 1)据题设,已知$\mathscr{A}$在基$\boldsymbol{\varepsilon}_1,\boldsymbol{\varepsilon}_2,\boldsymbol{\varepsilon}_3$下的矩阵是$\boldsymbol{A}$.

2)求特征值:令 $f_A(\lambda)=|\lambda E-A|=\begin{vmatrix}\lambda-1 & -2 & -2\\ -2 & \lambda-1 & -2\\ -2 & -2 & \lambda-1\end{vmatrix}=(\lambda+1)^2(\lambda-5)=0$,求得 $\lambda_1=\lambda_2=-1,\lambda_3=5$.

3)求特征向量:①$\boldsymbol{\lambda}=-1$ 时

$$(\lambda\boldsymbol{E}-\boldsymbol{A})\begin{pmatrix}x_1\\x_2\\x_3\end{pmatrix}=\begin{pmatrix}-1-1 & -2 & -2\\ -2 & -1-1 & -2\\ -2 & -2 & -1-1\end{pmatrix}\begin{pmatrix}x_1\\x_2\\x_3\end{pmatrix}=\begin{pmatrix}0\\0\\0\end{pmatrix}\rightarrow \text{增广矩阵}$$

$$\begin{pmatrix}-2 & -2 & -2 & 0\\ -2 & -2 & -2 & 0\\ -2 & -2 & -2 & 0\end{pmatrix}\rightarrow\begin{pmatrix}1 & 1 & 1 & 0\\ 0 & 0 & 0 & 0\\ 0 & 0 & 0 & 0\end{pmatrix}\rightarrow x_1=-x_2-x_3$$

$\rightarrow$基础解系为 $\begin{pmatrix}-1\\1\\0\end{pmatrix},\begin{pmatrix}-1\\0\\1\end{pmatrix}\rightarrow\boldsymbol{\xi}=(\boldsymbol{\varepsilon}_1,\boldsymbol{\varepsilon}_2,\boldsymbol{\varepsilon}_3)\begin{pmatrix}-1\\1\\0\end{pmatrix}=-\boldsymbol{\varepsilon}_1+\boldsymbol{\varepsilon}_2$,

$\xi=(\boldsymbol{\varepsilon}_1,\boldsymbol{\varepsilon}_2,\boldsymbol{\varepsilon}_3)\begin{pmatrix}-1\\0\\1\end{pmatrix}=-\boldsymbol{\varepsilon}_1+\boldsymbol{\varepsilon}_3$ 是属于特征值-1的线性无关的特征向量;而全部特征向量 $k_1\boldsymbol{\xi}_1+k_2\boldsymbol{\xi}_2=-(k_1+k_2)\boldsymbol{\varepsilon}_1+k_1\boldsymbol{\varepsilon}_2+k_2\boldsymbol{\varepsilon}_3$($k_1,k_2\in P$,且不全为零).

基础解系为 $\begin{pmatrix}-1\\1\\0\end{pmatrix},\begin{pmatrix}-1\\0\\1\end{pmatrix}\rightarrow((-1)\boldsymbol{E}-\boldsymbol{A})\begin{pmatrix}x_1\\x_2\\x_3\end{pmatrix}=\begin{pmatrix}0\\0\\0\end{pmatrix}$ 的全部非零解为 $k_1\begin{pmatrix}-1\\1\\0\end{pmatrix}+k_2\begin{pmatrix}-1\\0\\1\end{pmatrix}$,$k_1,k_2(\in P)$不全为0$\rightarrow$所有的属于特征值$-1$的性征向量为

$$\boldsymbol{\xi}=(\boldsymbol{\varepsilon}_1,\boldsymbol{\varepsilon}_2,\boldsymbol{\varepsilon}_3)(k_1\begin{pmatrix}-1\\1\\0\end{pmatrix}+k_2\begin{pmatrix}-1\\0\\1\end{pmatrix}=(\boldsymbol{\varepsilon}_1,\boldsymbol{\varepsilon}_2,\boldsymbol{\varepsilon}_3)\begin{pmatrix}-(k_1+k_1)\\k_1\\k_2\end{pmatrix}$$

$$=-(k_1+k_2)\boldsymbol{\varepsilon}_1+k_1\boldsymbol{\varepsilon}_2+k_2\boldsymbol{\varepsilon}_3.$$

②$\lambda=5$ 时,$(\lambda\boldsymbol{E}-\boldsymbol{A})\begin{pmatrix}x_1\\x_2\\x_3\end{pmatrix}=\begin{pmatrix}4 & -2 & -2\\ -2 & 4 & -2\\ -2 & -2 & 4\end{pmatrix}\begin{pmatrix}x_1\\x_2\\x_3\end{pmatrix}=\begin{pmatrix}0\\0\\0\end{pmatrix}\rightarrow$

增广矩阵 $\begin{pmatrix}4 & -2 & -2 & 0\\ -2 & 4 & -2 & 0\\ -2 & -2 & 4 & 0\end{pmatrix}\rightarrow\begin{pmatrix}1 & 0 & -1 & 0\\ 0 & 1 & -1 & 0\\ 0 & 0 & 0 & 0\end{pmatrix}\rightarrow\begin{cases}x_1=x_3\\x_2=x_3\end{cases}\rightarrow$

基础解系为 $\begin{pmatrix}1\\1\\1\end{pmatrix} \to \xi_3=(\boldsymbol{\varepsilon}_1,\boldsymbol{\varepsilon}_2,\boldsymbol{\varepsilon}_3)\begin{pmatrix}1\\1\\1\end{pmatrix}=\boldsymbol{\varepsilon}_1+\boldsymbol{\varepsilon}_2+\boldsymbol{\varepsilon}_3$ 为特征值 5 的线性无关的特征向量;属于特征值 5 的全部特征向量是 $k\boldsymbol{\xi}_3=k\boldsymbol{\varepsilon}_1+k\boldsymbol{\varepsilon}_2+k\boldsymbol{\varepsilon}_3, k(\neq 0)\in P$.

题型四:对角化、值域、核和不变子空间问题

题型分析 对于这类问题,最重要的就是理解相关概念,然后在此基础上进行考虑.

例 7 设 $V=C^{2\times 2}=\left\{\begin{pmatrix}a&b\\c&d\end{pmatrix}\middle| a,b,c,d\in C\right\}$, $\mathscr{A}\in L(V)$, $\mathscr{A}$ 在基 $e_{11}=\begin{pmatrix}1&0\\0&0\end{pmatrix}$, $e_{12}=\begin{pmatrix}0&1\\0&0\end{pmatrix}$, $e_{21}=\begin{pmatrix}0&0\\1&0\end{pmatrix}$, $e_{22}=\begin{pmatrix}0&0\\0&1\end{pmatrix}$ 下的矩阵是 $\boldsymbol{A}=\begin{pmatrix}1&0&0&0\\0&0&-i&0\\0&i&0&0\\0&0&0&-1\end{pmatrix}$,

1)将 $\mathscr{A}$ 对角化;

2)将 A 对角化.

分　析 1)(1)已知 $\mathscr{A}(e_{11},e_{12},e_{21},e_{22})=(e_{11},e_{12},e_{21},e_{22})\boldsymbol{A}$.

(2) $f_{\mathscr{A}}(\lambda)=f_A(\lambda)=\begin{vmatrix}\lambda-1&0&0&0\\0&\lambda&i&0\\0&-i&\lambda&0\\0&0&0&\lambda+1\end{vmatrix}=(\lambda-1)(\lambda+1)\begin{vmatrix}\lambda&i\\-i&\lambda\end{vmatrix}$

$=(\lambda-1)^2(\lambda+1)^2\to\lambda_1=1$(重数$=2$),$\lambda_2=-1$(重数$=2$)

(3)①$\lambda_1=1\to\begin{pmatrix}0&0&0&0\\0&1&i&0\\0&i&1&0\\0&0&0&2\end{pmatrix}\begin{pmatrix}x_1\\x_2\\x_3\\x_4\end{pmatrix}=\begin{pmatrix}0\\0\\0\\0\end{pmatrix}\to$对增广矩阵作

$$\underset{x_1\quad x_2\quad x_3\quad x_4}{\begin{pmatrix}0&0&0&0\\0&1&i&0\\0&-i&1&0\\0&0&0&2\end{pmatrix}}\xrightarrow[(1,4)]{(1,4),\frac{1}{2}\times 1\text{行}}\underset{x_4\quad x_2\quad x_3\quad x_1}{\begin{pmatrix}1&0&0&0\\0&1&i&0\\0&-i&1&0\\0&0&0&0\end{pmatrix}}\xrightarrow{i\times 2\text{行}+3\text{行上}}\text{初等变换},$$

$$\underset{x_4\quad x_2\quad x_3\quad x_4}{\begin{pmatrix}1&0&0&0\\0&1&i&0\\0&0&0&0\\0&0&0&0\end{pmatrix}}\to\begin{cases}x_4=0x_2+0x_3\\x_2=0x_1-ix_3\end{cases},\text{基础解系 }\boldsymbol{\alpha}_1=\begin{pmatrix}1\\0\\0\\0\end{pmatrix},\boldsymbol{\alpha}_2=\begin{pmatrix}0\\-i\\1\\0\end{pmatrix}$$

②$\lambda_2=-1\rightarrow\begin{pmatrix}-2&0&0&0\\0&-1&l&0\\0&-l&-1&0\\0&0&0&0\end{pmatrix}\begin{pmatrix}x_1\\x_2\\x_3\\x_4\end{pmatrix}=\begin{pmatrix}0\\0\\0\\0\end{pmatrix}\rightarrow\begin{cases}x_1=0x_3+0x_4\\x_2=ix_3+0x_4\end{cases}\rightarrow$基础解系 $\boldsymbol{\beta}_1=$ $(0\quad i\quad 1\quad 0)'$,$\boldsymbol{\beta}_2=(0\quad 0\quad 0\quad 1)'$.

③求出 $\mathscr{A}$ 分属于 λ_1,λ_2 的线性无关的特征向量(即特征子空间 $V_{\lambda1},V_{\lambda2}$ 的基).

$$\lambda_1=1,\boldsymbol{\xi}_1=(e_{11},e_{12},e_{21},e_{22})\begin{pmatrix}1\\0\\0\\0\end{pmatrix}=e_{11}=\begin{pmatrix}1&0\\0&0\end{pmatrix}.$$

$$\boldsymbol{\xi}_2(e_{11},e_{12},e_{11},e_{22})\begin{pmatrix}0\\-i\\1\\0\end{pmatrix}=-ie_{12}+e_{21}=\begin{pmatrix}0&-i\\1&0\end{pmatrix}$$

$$\lambda_2=-1\rightarrow\boldsymbol{\xi}_3=(e_{11},e_{12},e_{21},e_{22})\begin{pmatrix}0\\i\\1\\0\end{pmatrix}=ie_{12}+e_{21}=\begin{pmatrix}0&i\\1&0\end{pmatrix},$$

$$\boldsymbol{\xi}_4=(e_{11},e_{12},e_{21},e_{22})\begin{pmatrix}0\\0\\0\\1\end{pmatrix}=e_{22}\begin{pmatrix}0&0\\0&1\end{pmatrix}$$

$$\rightarrow\begin{cases}\mathscr{A}\xi_1=\lambda_1\boldsymbol{\xi}_1=\xi_1+0\xi_2+0\xi_3+0\xi_4\\\mathscr{A}\xi_2=\lambda_1\boldsymbol{\xi}_2=0\xi_1+\xi_2+0\xi_3+0\xi_4\\\mathscr{A}\xi_3=\lambda_2\boldsymbol{\xi}_3=0\xi_1+0\xi_2-\xi_3+0\xi_4\\\mathscr{A}\xi_4=\lambda_2\boldsymbol{\xi}_4=0\xi_1+0\xi_2+0\xi_3-\xi_4\end{cases}\rightarrow(\mathscr{A}\xi_1,\mathscr{A}\xi_2,\mathscr{A}\xi_3,\mathscr{A}\xi_4)=$$

$$\mathscr{A}(\xi_1,\xi_2,\xi_3,\xi_4)=(\xi_1,\xi_2,\xi_3,\xi_4)\boldsymbol{B},\boldsymbol{B}=\begin{pmatrix}1&&&\\&1&&\\&&-1&\\&&&-1\end{pmatrix}.$$

2)由 1)可知,

$$\begin{cases}\xi_1=e_{11}=e_{11}+0e_{12}+0e_{21}+0e_{22}\\\xi_2=\begin{pmatrix}0&-i\\1&0\end{pmatrix}=0e_{11}-ie_{12}+e_{21}+0e_{22}\\\xi_3=\begin{pmatrix}0&i\\1&0\end{pmatrix}=0e_{11}+ie_{12}+e_{21}+0e_{22}\\\xi_4=e_{22}=0e_{11}+0e_{12}+0e_{21}+e_{22}\end{cases}\rightarrow(\xi_1,\xi_2,\xi_3,\xi_4)=(e_{11},e_{12},e_{21},e_{22}).$$

$$\text{其中 } \boldsymbol{T}=\begin{pmatrix}1&0&0&0\\0&-i&i&0\\0&1&1&0\\0&0&0&1\end{pmatrix}=(\boldsymbol{\alpha}_1\quad \boldsymbol{\alpha}_2\quad \boldsymbol{\beta}_1\quad \boldsymbol{\beta}_2),\boldsymbol{T}^{-1}\boldsymbol{AT}=\boldsymbol{B}.$$

例 8 设 3 维线性空间 V 的线性变换 $\boldsymbol{\sigma}$ 在基 $\boldsymbol{\alpha}_1,\boldsymbol{\alpha}_2,\boldsymbol{\alpha}_3$ 下的矩阵为 $\boldsymbol{A}=\begin{pmatrix}1&2&2\\2&1&2\\2&2&1\end{pmatrix}$.

证明:$W=L(-\boldsymbol{\alpha}_1+\boldsymbol{\alpha}_2,-\boldsymbol{\alpha}_1+\boldsymbol{\alpha}_3)$ 是 σ 的不变子空间.

证 令
$$\boldsymbol{\beta}_1=-\boldsymbol{\alpha}_1+\boldsymbol{\alpha}_2,\boldsymbol{\beta}_2=\boldsymbol{\alpha}_1+\boldsymbol{\alpha}_3$$

由
$$\sigma(\boldsymbol{\alpha}_1,\boldsymbol{\alpha}_2,\boldsymbol{\alpha}_3)=(\boldsymbol{\alpha}_1,\boldsymbol{\alpha}_2,\boldsymbol{\alpha}_3)\boldsymbol{A}$$

$$(\boldsymbol{\beta}_1,\boldsymbol{\beta}_2)=(\boldsymbol{\alpha}_1,\boldsymbol{\alpha}_3,\boldsymbol{\alpha}_3)\begin{pmatrix}-1&-1\\1&0\\0&1\end{pmatrix}$$

有
$$\boldsymbol{\sigma}(\boldsymbol{\beta}_1,\boldsymbol{\beta}_2)=\boldsymbol{\sigma}\left((\boldsymbol{\alpha}_1,\boldsymbol{\alpha}_2,\boldsymbol{\alpha}_3)\begin{pmatrix}-1&1\\1&0\\0&1\end{pmatrix}\right)$$

$$=((\boldsymbol{\alpha}_1,\boldsymbol{\alpha}_2,\boldsymbol{\alpha}_3)\boldsymbol{A})\begin{pmatrix}-1&1\\1&0\\0&1\end{pmatrix}$$

$$=(\boldsymbol{\alpha}_1,\boldsymbol{\alpha}_2,\boldsymbol{\alpha}_3)\left[\begin{pmatrix}1&2&2\\2&1&2\\2&2&1\end{pmatrix}\begin{pmatrix}-1&-1\\1&0\\0&1\end{pmatrix}\right]$$

$$=(\boldsymbol{\alpha}_1,\boldsymbol{\alpha}_2,\boldsymbol{\alpha}_3)\begin{pmatrix}1&1\\-1&0\\0&-1\end{pmatrix}.$$

即
$$\boldsymbol{\sigma}(\boldsymbol{\beta}_1)=\boldsymbol{\alpha}_1-\boldsymbol{\alpha}_2=\boldsymbol{\beta}_1$$
$$\boldsymbol{\sigma}(\boldsymbol{\beta}_2)=\boldsymbol{\alpha}_1-\boldsymbol{\alpha}_3=-\boldsymbol{\beta}_2$$

$\therefore \boldsymbol{\sigma}(\boldsymbol{\beta}_1),\boldsymbol{\sigma}(\boldsymbol{\beta}_2)\in W$,故 W 为 $\boldsymbol{\sigma}$ 的不变子空间.

课后习题全解

1. 知识点窍 线性变换的定义.

逻辑推理 对每个变换进行计算,验证它是否满足向量的加法和数量乘法以及满足时参数所满足的约束条件.

解题过程 (1)当 $\boldsymbol{\alpha}\neq 0$ 时,不是线性的. 因为:当 $\boldsymbol{\alpha}=0$ 时,为恒等变换,是线性的.

(2)当 $\boldsymbol{\alpha}\neq 0$ 时,不是线性的,因为 $\mathscr{A}(\xi_1+\xi_2)=\boldsymbol{\alpha}\neq\mathscr{A}\xi_1+\mathscr{A}\xi_2$;当 $\boldsymbol{\alpha}=0$ 时,是零变换,是线性的.

(3)不是,当 $\boldsymbol{\alpha}=(1,0,0)$,$k=2$ 时,$k\mathscr{A}(\boldsymbol{\alpha})=(2,0,0)$,$\mathscr{A}(k\boldsymbol{\alpha})=(4,0,0)$,

(4)$\mathscr{A}(k\boldsymbol{\alpha})\neq k\mathscr{A}(\boldsymbol{\alpha})$是若取 $\mathscr{A}=(x_1,x_2,x_3)$,$\boldsymbol{\beta}=(y_1,y_2,y_3)$,有

$$\begin{aligned}\mathscr{A}(\boldsymbol{\alpha}+\boldsymbol{\beta})&=\mathscr{A}(x_1+y_1,x_2+y_2,x_3+y_3)\\&=(2x_1+2y_1-x_2-y_2,x_2+y_2+x_3+y_3,x_1+y_1)\\&=(2x_1-x_2,x_2+x_3,x_1)+(2y_1\text{-}y_2,y_2+y_3,y_1)\\&=\mathscr{A}\boldsymbol{\alpha}+\mathscr{A}\boldsymbol{\beta}.\end{aligned}$$

$$\begin{aligned}\mathscr{A}(k\boldsymbol{\alpha})&=\mathbf{A}(kx_1,kx_2,kx_3)\\&=(2kx_1-kx_2,kx_2+kx_3,kx_1)\\&=(2kx_1-kx_2,kx_2+kx_3,kx_1)\\&=k\mathscr{A}(\boldsymbol{\alpha}).\end{aligned}$$

故 $\mathscr{A}$ 是 P^3 上的线性变换.

(5)是,任取 $f(x)P[x]$,$g(x)\quad P[x]$,并令

$u(x)=f(x)+g(x)$则

$\mathscr{A}(f(x)+g(x))=\mathscr{A}u(x)=u(x+1)=f(x+1)+g(x+1)=\mathscr{A}f(x)+\mathscr{A}(g(x))$.

若 $v(x)=kf(x)$则 $\mathscr{A}(kf(x))=\mathscr{A}(v(x))=v(x+1)=kf(x+1)=k\mathscr{A}(f(x))$.

故 $\mathscr{A}$ 为 $P[x]$上的线性变换.

(6)是,因任取 $f(x)$,$P[x]$,$g(x)\ P[x]$则.

$$\mathscr{A}(f(x)+g(x))=f(x_0)+g(x_0)=\mathscr{A}(f(x))+\mathscr{A}(g(x)),$$

$$\mathscr{A}(kf(x))=kf(x_0)=k\mathscr{A}(f(x)).$$

(7)不是,因为 $\mathscr{A}k\xi\neq\overline{k}\xi(k\notin R$ 时)

(8)是,因任取二矩阵 $\boldsymbol{X},\boldsymbol{Y}\in P^{n\times n}$,则 $\mathscr{A}(\boldsymbol{X}+\boldsymbol{Y})=\boldsymbol{B}(\boldsymbol{X}+\boldsymbol{Y})\boldsymbol{C}=\boldsymbol{BXC}+\boldsymbol{BYC}=\mathscr{A}X+\mathscr{A}\boldsymbol{Y}$.

$\mathscr{A}(k\boldsymbol{X})=\boldsymbol{B}(k\boldsymbol{X})=k(\boldsymbol{BXC})=k\mathscr{A}\boldsymbol{X}$,故 $\mathscr{A}$ 是 $P^{n\times n}$ 上的线性变换.

2. 知识点窍 线性变换的乘法运算.

逻辑推理 利用空间的几何性质和线性变换的乘法运算法则可证得命题.

解题过程 任取一向量 $\boldsymbol{\alpha}=(x,y,z)$,则有

(1)$\mathscr{A}a=(x,-z,y)$,$\mathscr{A}^2a=(x,-y,-z)$,$\mathscr{A}^3a=(x,z,-y)$,$\mathscr{A}^4a=(x,y,z)$,

$\mathbf{B}a=(z,y,-x)$,$\mathbf{B}^2a=(-x,y,-z)$,$\mathbf{B}^3a=(-z,y,x)$,$\boldsymbol{\beta}^4a=(x,y,z)$,

$\mathbf{C}a=(-y,xz)$,$\mathscr{C}^2a=(-x,-y,z)$,$\mathbf{C}^3a=(y,-x,z)$. $\mathrm{C}^4a=(x,y,z)$.

所以 $\mathscr{A}^4=\mathscr{B}^4=\mathscr{C}m_{\mathscr{A}}(\lambda)=\lambda^2=\mathscr{E}$.

(2)因为 $\mathscr{AB}(a)=\mathscr{A}(z,y,-x)=(z,x,y)$. $\mathscr{BA}(a)=\mathscr{B}(x,-z,y)=(y.-z.-x)$,

所以 $\mathscr{AB}\neq\mathscr{BA}$.

(3)因为 $\mathscr{A}^2\mathscr{B}^2(a)=\mathscr{A}^2(-x,y,-z)=(-x,-y,z)$,$\mathscr{B}^2\mathscr{A}^2(a)=\mathscr{B}^2(x,-y,-z)=(-x,-y,z)$,

所以 $\mathscr{A}^2\mathscr{B}^2=\mathscr{B}^2\mathscr{B}^2$.

(4)因为$(\mathscr{A}\mathscr{B})^2(a)=(\mathscr{A}\mathscr{B})(\mathscr{A}\mathscr{B}(\boldsymbol{\alpha}))=\mathscr{A}\mathscr{B}(z,x,y)(y,z,x)$. $\mathscr{A}^2\mathscr{B}^2(a)=(-x,-y,z)$.

所以$(\mathscr{A}\mathscr{B})^2\neq\mathscr{A}^2\mathscr{B}^2$.

3. 知识点窍 线性变换的多项式.

逻辑推理 通过验证等式两边的变换时对 $P[x]$中任意 $f(x)$所得的像相等可证得命题.

解题过程 左边作用在 $f(x)$上可得.

$$(\mathscr{A}\mathscr{B}-\mathscr{B}\mathscr{A})f(x)=\mathscr{A}\mathscr{B}\,f(x)-\mathscr{B}\mathscr{A}\,f(x)=\mathscr{A}(xf(x))-\mathscr{B}(f'(x))$$
$$=f(x)+xf(x)-xf(x)=f(x)$$

右边作用在 $f(x)$上可得 $\boldsymbol{\varepsilon}f(x)=f(x)$

所以 $\mathscr{A}\mathscr{B}-\mathscr{B}\mathscr{A}=E$

4. 知识点窍 线性变换的多项式.

逻辑推理 通过验证等式两边的变换对任意元素所得的像相等可证得命题.

解题过程 采用数学归纳法证明

①当 $k=2$ 时

$$\mathscr{A}^2\mathscr{B}-\mathscr{B}\mathscr{A}^2=(\mathscr{A}^2\mathscr{B}-\mathscr{A}\mathscr{B}\mathscr{A})+(\mathscr{A}\mathscr{B}\mathscr{A}-\mathscr{B}\mathscr{A}^2)$$
$$=\mathscr{A}(\mathscr{A}\mathscr{B}-\mathscr{B}\mathscr{A})+(\mathscr{A}\mathscr{B}-\mathscr{B}\mathscr{A})\mathscr{A}$$
$$=\mathscr{A}E+E\mathscr{A}=2^*$$，结论成立

由$\mathscr{A}=\mathscr{B}$可知，结论对块k=1也可成立

②归纳假设 $k=m$ 时结论成立，即 $\mathscr{A}^m\mathscr{B}-\mathscr{B}\mathscr{A}^m=m\,\mathscr{A}^{m-1}$

③则当 $k=m+1$ 时，有

$\mathscr{A}^{m+1}\mathscr{B}-\mathscr{B}\mathscr{A}^{m+1}=(\mathscr{A}^{m+1}\mathscr{B}-\mathscr{A}^m\mathscr{B}\mathscr{A})+(\mathscr{A}^m\mathscr{B}\mathscr{A}-\mathscr{B}\mathscr{A}\leqslant n^2)=\mathscr{A}^m(\mathscr{A}\mathscr{B}-\mathscr{B}\mathscr{A})+(\mathscr{A}^m\mathscr{B}-\mathscr{B}\mathscr{A}^m)\mathscr{A}=\mathscr{A}^m\mathscr{E}+m\,\mathscr{A}^{m-1}\mathscr{A}=(m+1)\mathscr{A}^m$.

即 $k=m+1$ 时结论成立，故对一切 $k>1$ 结论成立.

5. 知识点窍 可逆变换、双射的定义.

逻辑推理 通过双射的定义，证明一个变换是双射需证明它既是单射又是满射.

解题过程 设 $\mathscr{A}$为可逆变换，即有逆变换. $\mathscr{A}^{-1}$使，$\mathscr{A}\mathscr{A}^{-1}=\mathscr{A}^{-1}$，$\mathscr{A}=\mathscr{E}$，证明，$\mathscr{A}$是单射. 对 $\boldsymbol{\alpha},\boldsymbol{\beta}$，若有 $\mathscr{A}\boldsymbol{\alpha}=\mathscr{A}\boldsymbol{\beta}$，用 $\mathscr{A}^{-1}$同乘此式两边，则左$=\mathscr{A}^{-1}(\mathscr{A}\boldsymbol{\alpha})=\boldsymbol{\alpha}$，右$=\mathscr{A}^{-1}(\mathscr{A}\boldsymbol{\beta})=\boldsymbol{\beta}$，故 $\boldsymbol{\alpha}=\boldsymbol{\beta}$，即，$\mathscr{A}$是单射.

再证明 $\mathscr{A}$是满射，对 $\boldsymbol{\alpha}$，找 $\boldsymbol{\beta}$ 使. $\mathscr{A}\boldsymbol{\beta}=\boldsymbol{\alpha}$. 可令 $\boldsymbol{\beta}=\mathscr{A}^{-1}\boldsymbol{\alpha}$，则 $\mathscr{A}\boldsymbol{\beta}=\mathscr{A}(\mathscr{A}^{-1}\boldsymbol{\alpha})=\boldsymbol{\alpha}$. 故 $\mathscr{A}$是满射.

$\mathscr{A}$既是单射，又是满射，因而是双射.

6. 知识点窍 可逆变换、线性无关的定义.

逻辑推理 结合可逆变换和线性无关的定义. 利用定理 1 和基的定义可证得命题.

解题过程 若 $\mathscr{A}$是可逆的线性变换，$k_1\mathscr{A}\boldsymbol{\varepsilon}_1+k_2\mathscr{A}\boldsymbol{\varepsilon}_2+\cdots+k_n\mathscr{A}\boldsymbol{\varepsilon}_n=0$，即

$$\mathscr{A}(k_1\boldsymbol{\varepsilon}_1+k_2\boldsymbol{\varepsilon}_2+\cdots+k_n\boldsymbol{\varepsilon}_n)=0.$$

而根据上一题结论可知，$\mathscr{A}$是单射，故必有 $k_1\boldsymbol{\varepsilon}_1+k_2\boldsymbol{\varepsilon}_2+\cdots+k_n\boldsymbol{\varepsilon}_n=0$，又由于 $\boldsymbol{\varepsilon}_1,\boldsymbol{\varepsilon}_2,\cdots,\boldsymbol{\varepsilon}_n$ 是线性无关的，因此 $k_1=k_2=\cdots=k_n=0$，从而 $\mathscr{A}\boldsymbol{\varepsilon}_1,\mathscr{A}\boldsymbol{\varepsilon}_2,\cdots,\mathbf{A}\boldsymbol{\varepsilon}_n$ 线性无关.

反之,若 $\mathscr{A}\boldsymbol{\varepsilon}_1,\mathscr{A}\boldsymbol{\varepsilon}_2,\cdots,\mathscr{A}\boldsymbol{\varepsilon}_n$ 是线性无关的,那么 $\mathscr{A}\boldsymbol{\varepsilon}_1,\mathscr{A}\boldsymbol{\varepsilon}_2,\cdots,\mathscr{A}\boldsymbol{\varepsilon}_n$ 也是 V 的一组基,于是,根据教材中第七章的定理 1,存在唯一的线性变换 $\mathscr{B}$,使得 $\mathscr{B}(\mathscr{A}\boldsymbol{\varepsilon}_1)=\boldsymbol{\varepsilon}_i,i=1,2,\cdots,n$. 显然

$$\mathscr{B}\mathscr{A}(\boldsymbol{\varepsilon}_i)=\boldsymbol{\varepsilon}_i,\mathscr{A}\mathscr{B}(\mathscr{A}\boldsymbol{\varepsilon}_i)=\mathscr{A}\boldsymbol{\varepsilon}_i,i=1,2,\cdots,n.$$

再根据教材中的定理 1 知,$\mathscr{A}\mathscr{B}=\mathscr{B}\mathscr{A}=\mathscr{E}$,所以 $\mathscr{A}$ 是可逆的.

7. 知识点窍 线性变换的矩阵

逻辑推理 构造基向量与基向量的像之间的关系式,运用线性变换矩阵的定义求的结果.

解题过程 (1)$\boldsymbol{A\varepsilon}_1=(2,0,1)=2\boldsymbol{\varepsilon}_1+\boldsymbol{\varepsilon}_3,\boldsymbol{A\varepsilon}_2=(-1,1,0)=\boldsymbol{\varepsilon}_1+\boldsymbol{\varepsilon}_2,\boldsymbol{A\varepsilon}_3=(0,1,0)=\boldsymbol{\varepsilon}_2$.

故在基 $\boldsymbol{\varepsilon}_1.\boldsymbol{\varepsilon}_2,\boldsymbol{\varepsilon}_3$ 下的矩阵为 $\begin{bmatrix}2&-1&0\\0&1&1\\1&0&0\end{bmatrix}$;

(2)取 $\boldsymbol{\varepsilon}_1=(1,0),\boldsymbol{\varepsilon}_2=(0,1)$,则 $\boldsymbol{A\varepsilon}_1=\frac{1}{2}\boldsymbol{\varepsilon}_1+\frac{1}{2}\boldsymbol{\varepsilon}_2,\boldsymbol{A\varepsilon}_2=\frac{1}{2}\boldsymbol{\varepsilon}_1+\frac{1}{2}\boldsymbol{\varepsilon}_2$.

故 $\boldsymbol{A}$ 在基 $\boldsymbol{\varepsilon}_1,\boldsymbol{\varepsilon}_2$ 下的矩阵为 $\boldsymbol{A}=\begin{bmatrix}\frac{1}{2}&\frac{1}{2}\\\frac{1}{2}&\frac{1}{2}\end{bmatrix}$,

又因为 $\boldsymbol{B\varepsilon}_1=0,\boldsymbol{B\varepsilon}_2=\boldsymbol{\varepsilon}_2$ 所以 $\boldsymbol{B}$ 在基 $\boldsymbol{\varepsilon}_1,\boldsymbol{\varepsilon}_2$ 下的矩阵为 $\boldsymbol{B}=\begin{bmatrix}0&0\\0&1\end{bmatrix}$,另外,$(\boldsymbol{AB})\boldsymbol{\varepsilon}_2=\boldsymbol{A}(\boldsymbol{B\varepsilon}_2)=\boldsymbol{A\varepsilon}_2=\frac{1}{2}\boldsymbol{\varepsilon}_1+\frac{1}{2}\boldsymbol{\varepsilon}_2$.

所以 $\boldsymbol{AB}$ 在基 $\boldsymbol{\varepsilon}_1,\boldsymbol{\varepsilon}_2$ 下的矩阵为 $\boldsymbol{AB}=\begin{bmatrix}0&\frac{1}{2}\\0&\frac{1}{2}\end{bmatrix}$,

3)因为 $\boldsymbol{\varepsilon}_0=1,\boldsymbol{\varepsilon}_1=x,\boldsymbol{\varepsilon}_2=\frac{x(x-1)}{2!},\cdots,\boldsymbol{\varepsilon}_{n-1}=\frac{x(x-1)\cdots[x-(n-2)]}{(n-1)!}$,

所以 $\boldsymbol{A\varepsilon}_0=1-1=0$.

$\boldsymbol{A\varepsilon}_1=(x+1)-x=\boldsymbol{\varepsilon}_0$.

………………

$$\begin{aligned}\boldsymbol{A\varepsilon}_{n-1}&=\frac{(x-1)x\cdots[x-(n-3)]}{(n-1)!}-\frac{x(x-1)\cdots[x-(n-2)]}{(n-1)!}\\&=\frac{x(x-1)\cdots[x-(n-3)]}{(n-1)!}\{(x+1)-[x-(n-2)]\}\\&=\varepsilon_{n-2}\end{aligned}$$

所以 $\boldsymbol{A}$ 在基 $\boldsymbol{\varepsilon}_0,\boldsymbol{\varepsilon}_1,\cdots,\boldsymbol{\varepsilon}_{n-1}$ 下的矩阵为 $\boldsymbol{A}=\begin{bmatrix}0&1&0&\cdots&0\\0&0&1&\cdots&0\\\vdots&\vdots&\vdots&\vdots&\vdots\\0&0&0&\vdots&1\\0&0&0&0&0\end{bmatrix}$;

4)因为 $\boldsymbol{D\varepsilon}_1=a\boldsymbol{\varepsilon}_1-b\boldsymbol{\varepsilon}_2$,

$\boldsymbol{D\varepsilon}_2=b\boldsymbol{\varepsilon}_1-a\boldsymbol{\varepsilon}_2,\boldsymbol{\varepsilon}_6$,

$\boldsymbol{D\varepsilon}_3=\boldsymbol{\varepsilon}_1+a\boldsymbol{\varepsilon}_3-b\boldsymbol{\varepsilon}_i$,

$\boldsymbol{D\varepsilon}_4=\boldsymbol{\varepsilon}_2+b\boldsymbol{\varepsilon}_3+a\boldsymbol{\varepsilon}_4$,

$\boldsymbol{D\varepsilon}_5=\boldsymbol{\varepsilon}_3+a\boldsymbol{\varepsilon}_5+a\boldsymbol{\varepsilon}_6$,

$\boldsymbol{D\varepsilon}_6=\boldsymbol{\varepsilon}_4+b\boldsymbol{\varepsilon}_5+a\boldsymbol{\varepsilon}_6$,

所以 $\boldsymbol{D}$ 在给定基下的矩阵为 $\boldsymbol{D}=\begin{bmatrix} a & b & 1 & 0 & 0 & 0 \\ -b & a & 0 & 1 & 0 & 0 \\ 0 & 0 & a & b & 1 & 0 \\ 0 & 0 & -b & a & 0 & 1 \\ 0 & 0 & 0 & 0 & a & b \\ 0 & 0 & 0 & 0 & -b & a \end{bmatrix}$

5)因为 $(\boldsymbol{A\varepsilon}_1\in,\boldsymbol{\eta}_2,\boldsymbol{\eta}_3)=(\boldsymbol{\varepsilon}_1,\boldsymbol{\varepsilon}_2,\boldsymbol{\varepsilon}_3)\begin{bmatrix} -1 & 1 & 0 \\ 1 & 0 & 1 \\ 1 & -1 & 1 \end{bmatrix}$,所以

$$(\boldsymbol{\varepsilon}_1,\boldsymbol{\varepsilon}_2,\boldsymbol{\varepsilon}_3)=(\boldsymbol{A\varepsilon}_1\in,\boldsymbol{\eta}_2,\boldsymbol{\eta}_3)\begin{bmatrix} -1 & 1 & -1 \\ 1 & 0 & -1 \\ 1 & 0 & 1 \end{bmatrix}=(\boldsymbol{A\varepsilon}_1\in,\boldsymbol{\eta}_2,\boldsymbol{\eta}_3)\boldsymbol{X}.$$

故 $\boldsymbol{A}$ 在基 $\boldsymbol{\varepsilon}_1,\boldsymbol{\varepsilon}_2,\boldsymbol{\varepsilon}_3$ 下的矩阵为

$$\boldsymbol{B}=\boldsymbol{X}^{-1}\boldsymbol{AX}=\begin{bmatrix} -1 & 1 & 0 \\ 1 & 0 & 1 \\ 1 & -1 & 1 \end{bmatrix}\begin{bmatrix} 1 & 0 & 1 \\ 1 & 1 & 0 \\ -1 & 2 & 1 \end{bmatrix}\begin{bmatrix} -1 & 1 & -1 \\ 0 & 1 & -1 \\ 1 & 0 & 1 \end{bmatrix}=\begin{bmatrix} -1 & 1 & -2 \\ 2 & 2 & 0 \\ 3 & 0 & 2 \end{bmatrix}$$

6)因为 $(\boldsymbol{A\varepsilon}_1\in,\boldsymbol{\eta}_2,\boldsymbol{\eta}_3)=(\boldsymbol{\varepsilon}_1,\boldsymbol{\varepsilon}_2,\boldsymbol{\varepsilon}_3)\begin{bmatrix} -1 & 0 & 3 \\ 0 & 1 & -1 \\ 2 & 1 & 0 \end{bmatrix}$

所以 $\boldsymbol{A}(\boldsymbol{A\varepsilon}_1\in,\boldsymbol{\eta}_2,\boldsymbol{\eta}_3)=\boldsymbol{A}(\boldsymbol{\varepsilon}_1,\boldsymbol{\varepsilon}_2,\boldsymbol{\varepsilon}_3)\begin{bmatrix} -1 & 0 & 3 \\ 0 & 1 & -1 \\ 2 & 1 & 0 \end{bmatrix}$

但已知 $\boldsymbol{A}(\boldsymbol{A\varepsilon}_1\in,\boldsymbol{\eta}_2,\boldsymbol{\eta}_3)=(\boldsymbol{\varepsilon}_1,\boldsymbol{\varepsilon}_2,\boldsymbol{\varepsilon}_3)\begin{bmatrix} -5 & 0 & -5 \\ 0 & -1 & -1 \\ 2 & 1 & 0 \end{bmatrix}$

故 $\boldsymbol{A}(\boldsymbol{\varepsilon}_1,\boldsymbol{\varepsilon}_2,\boldsymbol{\varepsilon}_3)=(\boldsymbol{\varepsilon}_1,\boldsymbol{\varepsilon}_2,\boldsymbol{\varepsilon}_3)\begin{bmatrix} -5 & 0 & -5 \\ 0 & -1 & -1 \\ 3 & 6 & 9 \end{bmatrix}\begin{bmatrix} -1 & 0 & 3 \\ 0 & 1 & -1 \\ 2 & 1 & 0 \end{bmatrix}=-1$

$$=(\boldsymbol{\varepsilon}_1,\boldsymbol{\varepsilon}_2,\boldsymbol{\varepsilon}_3)\begin{bmatrix}-5&0&-5\\0&-1&-1\\3&6&9\end{bmatrix}\begin{bmatrix}\frac{-1}{7}&\frac{-3}{7}&\frac{3}{7}\\\frac{2}{7}&\frac{6}{7}&\frac{1}{7}\\\frac{2}{7}&\frac{-1}{7}&\frac{1}{7}\end{bmatrix}$$

$$=(\boldsymbol{\varepsilon}_1,\boldsymbol{\varepsilon}_2,\boldsymbol{\varepsilon}_3)\begin{bmatrix}\frac{-5}{7}&\frac{20}{7}&\frac{-20}{7}\\\frac{-4}{7}&\frac{-5}{7}&\frac{-2}{7}\\\frac{27}{7}&\frac{18}{7}&\frac{24}{7}\end{bmatrix};$$

7)因为$(\boldsymbol{\varepsilon}_1,\boldsymbol{\varepsilon}_2,\boldsymbol{\varepsilon}_3)=(\boldsymbol{A\varepsilon}_1\in,\boldsymbol{\eta}_2,\boldsymbol{\eta}_3)\begin{bmatrix}-1&0&3\\0&1&-1\\2&1&0\end{bmatrix}=1$,

通过本题掌握求线性变换在指定基下的矩阵

所以 $\boldsymbol{A}(\boldsymbol{A\varepsilon}_1\in,\boldsymbol{\eta}_2,\boldsymbol{\eta}_3)=(\boldsymbol{A\varepsilon}_1\in,\boldsymbol{\eta}_2,\boldsymbol{\eta}_3)\begin{bmatrix}-1&0&3\\0&1&-1\\2&1&0\end{bmatrix}=-1\begin{bmatrix}-5&0&-5\\0&-1&-1\\3&6&9\end{bmatrix}$

$$=(\boldsymbol{A\varepsilon}_1,\in,\boldsymbol{\eta}_2,\boldsymbol{\eta}_3)\begin{bmatrix}2&3&5\\-1&0&-1\\-1&1&0\end{bmatrix}$$

8. 知识点窍 线性变换的矩阵.

逻辑推理 构造基向量与基向量的像之间的关系式,运用线性变换矩阵的定义求的结果.

解题过程 因 $\boldsymbol{A}_1\boldsymbol{E}_{11}=a\boldsymbol{E}_{11}+c\boldsymbol{E}_{12}\boldsymbol{A}_1\boldsymbol{E}_{12}=a\boldsymbol{E}_{12}+c\boldsymbol{E}_{22}$,

$\boldsymbol{A}_1,\boldsymbol{E}_{21}=b\boldsymbol{E}_{11}+d\boldsymbol{E}_{21},\boldsymbol{A}_1\boldsymbol{E}_{22}=b\boldsymbol{E}_{21}+d\boldsymbol{E}_{22}$,

故 $\boldsymbol{A}_1$ 在基 $\boldsymbol{E}_{11},\boldsymbol{E}_{12},\boldsymbol{E}_{21},\boldsymbol{E}_{22}$ 下的矩阵为 $\boldsymbol{A}_1=\begin{bmatrix}a&0&b&0\\0&a&0&b\\c&0&d&0\\0&c&0&d\end{bmatrix}$.

又因 $\boldsymbol{A}_2\boldsymbol{E}_{11}=a\boldsymbol{E}_{11}+b\boldsymbol{E}_{12},\boldsymbol{A}_2\boldsymbol{E}_{12}=c\boldsymbol{E}_{11}+d\boldsymbol{E}_{12}$,

$\boldsymbol{A}_2\boldsymbol{E}_{21}=a\boldsymbol{E}_{21}+b\boldsymbol{E}_{22},\boldsymbol{A}_2\boldsymbol{E}_{22}=c\boldsymbol{E}_{21}+d\boldsymbol{E}_{22}$,

故 $\boldsymbol{A}_2$ 在基 $\boldsymbol{E}_{11},\boldsymbol{E}_{12},\boldsymbol{E}_{21},\boldsymbol{E}_{22}$ 下的矩阵为 $\boldsymbol{A}_2=\begin{bmatrix}a&c&0&0\\b&d&0&0\\0&0&a&c\\0&0&b&d\end{bmatrix}$.

同理可得 $\boldsymbol{A}_3$ 在基 $\boldsymbol{E}_{11},\boldsymbol{E}_{12},\boldsymbol{E}_{21},\boldsymbol{E}_{22}$ 下的矩阵为 $\boldsymbol{A}_3=\begin{bmatrix}a^2 & ac & ab & bc\\ab & ad & b^2 & bd\\ac & c^2 & ad & cd\\bc & cd & bd & d^2\end{bmatrix}$.

9. 知识点窍 线性变换的矩阵

逻辑推理 构造基向量与基向量的像之间的关系式,运用线性变换矩阵的定义求的结果.

解题过程 (1)因 $\boldsymbol{A\varepsilon}_3=a_{33}\boldsymbol{\varepsilon}_3+a_{23}\boldsymbol{\varepsilon}_2+a_{12}\boldsymbol{\varepsilon}_1$,

$\boldsymbol{A\varepsilon}_2=a_{32}\boldsymbol{\varepsilon}_3+a_{22}\boldsymbol{\varepsilon}_2+a_{12}\boldsymbol{\varepsilon}_1$,

$\boldsymbol{A\varepsilon}_1=a_{31}\boldsymbol{\varepsilon}_3+a_{21}\boldsymbol{\varepsilon}_2+a_{11}\boldsymbol{\varepsilon}_1$,

故 $\boldsymbol{A}$ 在基 $\boldsymbol{\varepsilon}_3,\boldsymbol{\varepsilon}_2,\boldsymbol{\varepsilon}_1$ 下的矩阵为 $\boldsymbol{B}_3=\begin{bmatrix}a_{33} & a_{32} & a_{31}\\a_{23} & a_{22} & a_{21}\\a_{13} & a_{12} & a_{11}\end{bmatrix}$

(2)因 $\boldsymbol{A\varepsilon}_1=a_{11}\boldsymbol{\varepsilon}_1+\frac{a_{21}}{k}(k\boldsymbol{\varepsilon}_2)+a_{31}\boldsymbol{\varepsilon}_3$.

$\boldsymbol{A}(k\varepsilon_2)=ka_{12}\boldsymbol{\varepsilon}_1+a_{22}(k\boldsymbol{\varepsilon}_2)+ka_{32}\boldsymbol{\varepsilon}_3$,

$\boldsymbol{A\varepsilon}_3=a_{13}\boldsymbol{\varepsilon}_1+\frac{a_{23}}{k}(k\boldsymbol{\varepsilon}_2)+a_{33}\varepsilon_3$.

题目7、8、9与题目11结合起来看,考察的是如何求线性变换的矩阵以及构造基向量与基向量的像之间的关系式

故 $\boldsymbol{A}$ 在 $\boldsymbol{\varepsilon}_1,k\boldsymbol{\varepsilon}_2,\boldsymbol{\varepsilon}_3$ 下的矩阵为 $\boldsymbol{B}_2=\begin{bmatrix}a_{11} & ka_{12} & a_{13}\\\frac{a_{21}}{k} & a_{22} & \frac{\alpha_{23}}{k}\\a_{31} & ka_{32} & a_{33}\end{bmatrix}$

(3)由于从 $\boldsymbol{\varepsilon}_1,\boldsymbol{\varepsilon}_2,\boldsymbol{\varepsilon}_3$ 到 $\boldsymbol{\varepsilon}_1+\boldsymbol{\varepsilon}_2,\boldsymbol{\varepsilon}_2,\boldsymbol{\varepsilon}_3$ 的过渡矩阵为

$$\boldsymbol{X}=\begin{pmatrix}1 & 0 & 0\\1 & 1 & 0\\0 & 0 & 1\end{pmatrix},$$

故 $\mathscr{A}$ 在基 $\boldsymbol{\varepsilon}_1+\boldsymbol{\varepsilon}_2,\boldsymbol{\varepsilon}_2,\boldsymbol{\varepsilon}_3$ 下的矩阵为

$$\boldsymbol{\beta}_3=\begin{pmatrix}1 & 0 & 0\\1 & 1 & 0\\0 & 0 & 1\end{pmatrix}^{-1}\begin{pmatrix}\alpha_{11} & a_{12} & a_{13}\\a_{21} & a_{22} & a_{23}\\a_{31} & a_{32} & a_{33}\end{pmatrix}\begin{pmatrix}1 & 0 & 0\\1 & 1 & 0\\0 & 0 & 1\end{pmatrix}$$

除了利用定义外,也可以根据同一个线性变换在不同基下的矩阵是相似的进行求解

$$=\begin{pmatrix}a_{11}+a_{12} & a_{12} & a_{13}\\a_{21}-a_{11}+a_{22}-a_{12} & a_{22}-a_{12} & a_{23}-a_{13}\\a_{31}+a_{32} & a_{32} & a_{33}\end{pmatrix}$$

10. 知识点窍 线性无关的定义.

逻辑推理 运算题目已知条件和线性变换的基本运算性质可证得结论.

解题过程 设有线性关系 $l_1\boldsymbol{\varepsilon}+l_2\boldsymbol{A\varepsilon}+\cdots+l_1\boldsymbol{A}^{k-1}\boldsymbol{\varepsilon}=\boldsymbol{0}$,用 $\boldsymbol{A}^{k-1}$ 作用于上式,得 $l_1\boldsymbol{A}^{k-1}\boldsymbol{\varepsilon}=0$(因 $\boldsymbol{A}^n\boldsymbol{\varepsilon}=0$ 对一切 $n\geqslant k$ 均成立).

又因为 $\boldsymbol{A\lambda}_1\neq\mathbf{0}$,所以 $l_1=0$,于是有

$$l_2\boldsymbol{A\varepsilon}+l_3\boldsymbol{A}^2\boldsymbol{\varepsilon}+\cdots+I_k\boldsymbol{A}^{k-1}\boldsymbol{\varepsilon}=\mathbf{0},$$

再用 $\boldsymbol{A}^{k-2}$ 作用于上式,得 $l_2,\boldsymbol{A}\lambda_1=\mathbf{0}$. 再由,可得 $l_2=0$. 同理,继续作用下去,便可得

$$l_1=l_2=\cdots=l_k=0,$$

即证 $\boldsymbol{\varepsilon},\boldsymbol{A\varepsilon},\cdots,\boldsymbol{A}^{k-1}\boldsymbol{\varepsilon}(k>0)$线性无关.

11. 知识点窍 线性变换的矩阵

逻辑推理 利用上题的结论,构造基向量与及向量的像之间的关系式,然后利用线性变换矩阵求得结果.

解题过程 由上题知,$\boldsymbol{\varepsilon},\boldsymbol{A\varepsilon},\boldsymbol{A}^2\boldsymbol{\varepsilon},\cdots,\boldsymbol{A}^{n-1}\boldsymbol{\varepsilon}$ 线性无关,故 $\boldsymbol{\varepsilon},\boldsymbol{A\varepsilon},\boldsymbol{A}^2\boldsymbol{\varepsilon},\cdots,\boldsymbol{A}^{n-1}\boldsymbol{\varepsilon}$ 为线性空间 V 的一组基,又因为$\boldsymbol{A\varepsilon}=0\cdot\boldsymbol{\varepsilon}+1\cdot\boldsymbol{A\varepsilon}+0\cdot\boldsymbol{A}^2\boldsymbol{\varepsilon}+\cdots+0\cdot\boldsymbol{A}^{n-1}\boldsymbol{\varepsilon}$,

$$\boldsymbol{A}(\boldsymbol{A\varepsilon})=0\cdot\boldsymbol{\varepsilon}+0\cdot\boldsymbol{A\varepsilon}+1\cdot\boldsymbol{A}^2\boldsymbol{\varepsilon}+\cdots+0\cdot\boldsymbol{A}^{n-1}\boldsymbol{\varepsilon},$$

$$\cdots\cdots\cdots\cdots\cdots\cdots\cdots\cdots\cdots$$

$$\boldsymbol{A}(\boldsymbol{A}^{n-1}\boldsymbol{\varepsilon})=0\cdot\boldsymbol{\varepsilon}+0\cdot\boldsymbol{A\varepsilon}+0\cdot\boldsymbol{A}^2\boldsymbol{\varepsilon}+\cdots+0\cdot\boldsymbol{A}^{n-1}\boldsymbol{\varepsilon},$$

故 $\boldsymbol{A}$ 在这组基下的矩阵为

$$\begin{bmatrix}0&0&\cdots&0&0\\1&0&\cdots&0&0\\0&1&\ddots&0&0\\\vdots&\vdots&\ddots&0&\vdots\\0&0&\cdots&1&0\end{bmatrix}$$

题目之间的关系

12. 知识点窍 线性变换与对应矩阵间的相互等价关系.

逻辑推理 运用线性变换与对应矩阵间的等价关系以及第四章习题中已证结论可证得命题.

解题过程 取 V 的一组基,线性变换和它在该基下的矩阵成一一对应,且全体线性变换对应到全体 n 级方阵,设 $\mathscr{A}$ 在该基下的矩阵为 $\boldsymbol{A}$.

> 取V的一组基,线性变换与它在该基下的矩阵一一对应,且保持乘积,这就把本题目化成讨论与一切 n 级方阵都可交换的矩阵问题了。

任一线性变换. $\mathscr{B}$,设在该基下矩阵为 $\boldsymbol{B}$,$\mathscr{AB}=\mathscr{BA}$ 的充要条件是 $\boldsymbol{AB}=\boldsymbol{BA}$. 由此知 $\mathscr{A}$ 与全体线性变换都可交换的充要条件是 $\boldsymbol{A}$ 与全体 n 级方阵都可交换. 由第四章习题 7 的 3),$\boldsymbol{A}$ 是数量矩阵,因此与全体线性变换都可交换的线性变换是数乘变换.

13. 知识点窍 线性变换与对应矩阵间的相互等价关系.

逻辑推理 运用线性变换与对应矩阵间的等价关系,可将原命题转化为证明该变换的矩阵.

解题过程 设 $\mathscr{A}$ 在基 $\boldsymbol{\varepsilon}_1,\boldsymbol{\varepsilon}_2,\cdots,\boldsymbol{\varepsilon}_n$ 下的矩阵为 $\boldsymbol{A}=(\boldsymbol{\alpha}_{ij})$,只要证明 $\boldsymbol{A}$ 为数量矩阵即可. 设 $\boldsymbol{X}$ 为任一非退化方阵.

且

$$(\boldsymbol{\eta}_1,\boldsymbol{\eta}_2,\boldsymbol{\eta}_n)=(\boldsymbol{\varepsilon}_1,\boldsymbol{\varepsilon}_2,\cdots,\boldsymbol{\varepsilon}_n)\boldsymbol{X},$$

则 $\boldsymbol{\eta}_1,\boldsymbol{\eta}_2,\cdots,\boldsymbol{\eta}_n$ 也是 V 的一组基,且 $\boldsymbol{A}$ 在这组基下的矩阵是 $\boldsymbol{X}^{-1}\boldsymbol{AX}$,从而有 $\boldsymbol{AX}=\boldsymbol{XA}$,这说明 $\boldsymbol{A}$ 与一切非退化矩阵可交换 .

若取

$$X_1=\begin{bmatrix}1 & & & \\ & 2 & & \\ & & \ddots & \\ & & & n\end{bmatrix},$$

则由 $AX_1=X_1A$ 知 $a_{ij}=0(i\neq j)$，即得

$$A=\begin{bmatrix}a_{11} & & & \\ & a_{22} & & \\ & & \ddots & \\ & & & a_{nn}\end{bmatrix},$$

利用线性变换与矩阵之间的对应关系将确定$\mathscr{A}$是数乘变换，转化成确定与所有可求逆矩阵可交换的矩阵$\boldsymbol{A}$

再取

$$X_2=\begin{bmatrix}0 & 1 & 0 & \cdots & 0\\ 0 & 0 & 1 & \cdots & 0\\ \cdots & \cdots & \cdots & \ddots & \cdots\\ 0 & 0 & 0 & \cdots & 1\\ 1 & 0 & 0 & \cdots & 0\end{bmatrix}$$

由 $AX_2=X_2A$，可得

$$a_{11}=a_{22}=\cdots=a_{nn}$$

故 A 为数量矩阵，从而 $\mathscr{A}$ 为数乘变换.

14. 知识点窍　线性变换的矩阵，线性变换的值域和核的定义以及计算.

逻辑推理　运用线性方程组基础解系的知识可求得线性变换的核，运用基的定义可求得线性变换的值域以及(3)(4)两问

解题过程　(1)由题设，知

$$(\boldsymbol{\eta}_1,\boldsymbol{\eta}_2,\boldsymbol{\eta}_3,\boldsymbol{\eta}_4)=(\boldsymbol{\varepsilon}_1,\boldsymbol{\varepsilon}_2,\boldsymbol{\varepsilon}_3,\boldsymbol{\varepsilon}_4)\begin{bmatrix}1 & 0 & 0 & 0\\ -2 & 3 & 0 & 0\\ 0 & -1 & 1 & 0\\ 1 & -1 & 1 & 2\end{bmatrix}$$

故 A 在基 $\boldsymbol{\eta}_1,\boldsymbol{\eta}_2,\boldsymbol{\eta}_3,\boldsymbol{\eta}_4$ 下的矩阵为

$$B=X^{-1}AX=\begin{bmatrix}1 & 0 & 0 & 0\\ -2 & 3 & 0 & 0\\ 0 & -1 & 1 & 0\\ 1 & -1 & 1 & 2\end{bmatrix}^{-1}\begin{bmatrix}1 & 0 & 2 & 1\\ -1 & 2 & 1 & 3\\ 1 & 2 & 5 & 5\\ 2 & -2 & 1 & -2\end{bmatrix}\begin{bmatrix}1 & 0 & 0 & 0\\ -2 & 3 & 0 & 0\\ 0 & -1 & 1 & 0\\ 1 & -1 & 1 & 2\end{bmatrix}$$

$$=\begin{bmatrix}2 & -3 & 3 & 2\\ \frac{2}{3} & \frac{-4}{3} & \frac{10}{3} & \frac{10}{3}\\ \frac{8}{3} & \frac{-16}{3} & \frac{40}{3} & \frac{40}{3}\\ 0 & 1 & -7 & -8\end{bmatrix}$$

(2)先求 $\boldsymbol{A}^{-1}(0)$，设 $\boldsymbol{\xi}\in\boldsymbol{A}^{-1}(0)$，它在 $\boldsymbol{\varepsilon}_1,\boldsymbol{\varepsilon}_2,\boldsymbol{\varepsilon}_3,\boldsymbol{\varepsilon}_4$ 下的坐标为(x_1,x_2,x_3,x_4)；且 $\boldsymbol{A\varepsilon}$ 在 $\boldsymbol{\varepsilon}_1,\boldsymbol{\varepsilon}_2,\boldsymbol{\varepsilon}_3,\boldsymbol{\varepsilon}_4$ 下的坐标为(0,0,0,0)，则

$$\begin{bmatrix}1&0&2&1\\-1&2&1&3\\1&2&5&5\\2&-2&1&-2\end{bmatrix}\begin{pmatrix}x_1\\x_2\\x_3\\x_4\end{pmatrix}=\begin{pmatrix}0\\0\\0\\0\end{pmatrix},$$

因秩$(\boldsymbol{A})=2$，故由

$$\begin{cases}x_1+2x_3+x_4=0\\-x_1+2x_2+x_3+3x_4=0,\end{cases}$$

可求得基础解系为 $\boldsymbol{X}^1=\left(-2,-\dfrac{3}{2},1,0\right)'$，$\boldsymbol{X}_2=(-1,-2,0,1)'$.

若令 $\boldsymbol{\alpha}_1=(\boldsymbol{\varepsilon}_1,\boldsymbol{\varepsilon}_2,\boldsymbol{\varepsilon}_3,\boldsymbol{\varepsilon}_4)\boldsymbol{X}_1$，$\boldsymbol{\alpha}_2=(\boldsymbol{\varepsilon}_1,\boldsymbol{\varepsilon}_2,\boldsymbol{\varepsilon}_3,\boldsymbol{\varepsilon}_4)\boldsymbol{X}_2$，

则 $\boldsymbol{\alpha}_1,\boldsymbol{\alpha}_2$ 即为 $\boldsymbol{A}^{-1}(0)$的一组基，所以

$\boldsymbol{A}^{-1}(0)=L(\boldsymbol{\alpha}_1,\boldsymbol{\alpha}_2)$，

再求 $\boldsymbol{A}$ 的值域$\boldsymbol{A}V$，因为

$$\boldsymbol{A\varepsilon}_1=\boldsymbol{\varepsilon}_1-\boldsymbol{\varepsilon}_2+\boldsymbol{\varepsilon}_3+2\boldsymbol{\varepsilon}_4,$$

$$\boldsymbol{A\varepsilon}_2=2\boldsymbol{\varepsilon}_2+2\boldsymbol{\varepsilon}_3-2\boldsymbol{\varepsilon}_4,$$

$$\boldsymbol{A\varepsilon}_3=2\boldsymbol{\varepsilon}_1+\boldsymbol{\varepsilon}_2+5\boldsymbol{\varepsilon}_3+\boldsymbol{\varepsilon}_4,$$

$$\boldsymbol{A\varepsilon}_4\boldsymbol{\varepsilon}_3=\boldsymbol{\varepsilon}_1+3\boldsymbol{\varepsilon}_2+5\boldsymbol{\varepsilon}_3-2\boldsymbol{\varepsilon}_4,$$

秩$(A)=2$，故 $\boldsymbol{A\varepsilon}_1,\boldsymbol{A\varepsilon}_2,\boldsymbol{A\varepsilon}_3,\boldsymbol{A\varepsilon}_4$ 的秩也为 2，且 $\boldsymbol{A\varepsilon}_1,\boldsymbol{A\varepsilon}_2$ 线性无关，故 $\boldsymbol{A\varepsilon}_1,\boldsymbol{A\varepsilon}_2$ 可组成 $\boldsymbol{A}V$ 的基，从而 $\boldsymbol{A}V=L(\boldsymbol{A\varepsilon}_1,\boldsymbol{A\varepsilon}_2)$.

由 2)知 $\boldsymbol{\alpha}_1,\boldsymbol{\alpha}_2$ 是 $\boldsymbol{A}^{-1}(0)$的一组基，且知 $\boldsymbol{\varepsilon}_1,\boldsymbol{\varepsilon}_2,a^1,a^2$ 是 V 的一组基，又

$$(\boldsymbol{\varepsilon}_1,\boldsymbol{\varepsilon}_2,a^1,a^2)=(\boldsymbol{\varepsilon}_1,\boldsymbol{\varepsilon}_2,\boldsymbol{\varepsilon}_3,\boldsymbol{\varepsilon}_4)\begin{bmatrix}1&0&-2&1\\0&1&-\frac{3}{2}&-2\\0&0&1&0\\0&0&0&1\end{bmatrix},$$

故 $\boldsymbol{A}$ 在基 $\boldsymbol{\varepsilon}_1,\boldsymbol{\varepsilon}_2,\boldsymbol{\alpha}_1,\boldsymbol{\alpha}_2$ 下的矩阵为

$$\boldsymbol{B}=\begin{bmatrix}1&0&-2&1\\0&1&-\frac{3}{2}&-2\\0&0&1&0\\0&0&0&1\end{bmatrix}^{-1}\begin{bmatrix}1&0&-2&1\\0&1&-\frac{3}{2}&-2\\0&0&1&0\\0&0&0&1\end{bmatrix}=\begin{bmatrix}5&2&0&0\\\frac{9}{2}&1&0&0\\1&2&0&0\\2&-2&0&0\end{bmatrix},$$

4)由 2)知 $\boldsymbol{A\varepsilon}_1=\boldsymbol{\varepsilon}_1-\boldsymbol{\varepsilon}_2+\boldsymbol{\varepsilon}_3+2\boldsymbol{\varepsilon}_4$，$\boldsymbol{A\varepsilon}_2=2\boldsymbol{\varepsilon}_2+2\boldsymbol{\varepsilon}_3-2\boldsymbol{\varepsilon}_4$，

易知 $\boldsymbol{A\varepsilon}_1,\boldsymbol{A\varepsilon}_2,\boldsymbol{\varepsilon}_3,\boldsymbol{\varepsilon}_4$ 是 V 的一组基，且

$$(\boldsymbol{A\varepsilon}_1,\boldsymbol{A\varepsilon}_2,\boldsymbol{\varepsilon}_3,\boldsymbol{\varepsilon}_4)=(\boldsymbol{\varepsilon}_1,\boldsymbol{\varepsilon}_2,\boldsymbol{\varepsilon}_3,\boldsymbol{\varepsilon}_4)\begin{bmatrix}1&0&0&0\\-1&2&0&0\\1&2&1&0\\2&-2&0&1\end{bmatrix},$$

故 $\boldsymbol{A}$ 在基 $\boldsymbol{A\varepsilon}_1,\boldsymbol{A\varepsilon}_2,\boldsymbol{\varepsilon}_3,\boldsymbol{\varepsilon}_4$ 下的矩阵为

$$\boldsymbol{C}=\begin{bmatrix}1&0&0&0\\-1&2&0&0\\1&2&1&0\\1&-2&0&1\end{bmatrix}^{-1}\begin{bmatrix}1&0&2&1\\-1&2&1&3\\1&2&5&5\\2&-2&1&-2\end{bmatrix}\begin{bmatrix}1&0&0&0\\-1&2&0&0\\1&2&1&0\\1&-2&0&1\end{bmatrix}$$

$$=\begin{bmatrix}5&2&2&1\\\frac{9}{2}&1&\frac{3}{2}&2\\0&0&0&0\\0&0&0&0\end{bmatrix}$$

15. 知识点窍 过度矩阵的定义,线性变换的矩阵

逻辑推理 直接运用定义可求得过度矩阵;运用基向量与向量的像之间的关系式求得线性变换的矩阵.

解题过程 (1)由 $\boldsymbol{\eta}_1,\boldsymbol{\eta}_2,\boldsymbol{\eta}_3$ 到基($\boldsymbol{\varepsilon}_1,\boldsymbol{\varepsilon}_2,\boldsymbol{\varepsilon}_3$)的过渡为 X,引入 P^3 的一组 $e_2=(1,0,0)$,$e_2=(0,1,0)$,$e_3=(0,0,1)$,

则 $$(\boldsymbol{\varepsilon}_1,\boldsymbol{\varepsilon}_2,\boldsymbol{\varepsilon}_3)=(e_1,e_2,e_3)\begin{bmatrix}1&2&1\\0&1&1\\1&0&1\end{bmatrix}=(e_1,e_2,{}_{e3})\boldsymbol{A}.$$

所以

$$(\boldsymbol{\eta}_1,\boldsymbol{\eta}_2,\boldsymbol{\eta}_3)=(e_1,e_2,e_3)\begin{bmatrix}1&2&2\\2&2&-1\\-1&-1&-1\end{bmatrix}$$

$$=(e_1,e_2,e_3)\boldsymbol{B}=(e_1,e_2,e_3)\boldsymbol{A}^{-1}\boldsymbol{B}.$$

故由基 $\boldsymbol{\varepsilon}_1,\boldsymbol{\varepsilon}_2,\boldsymbol{\varepsilon}_3$ 到基 $\boldsymbol{\eta}_2,\boldsymbol{\eta}_2,\boldsymbol{\eta}_3$ 的过度矩阵为

$$\boldsymbol{X}=\boldsymbol{A}^{-1}\boldsymbol{B}=\begin{bmatrix}1&2&1\\0&1&1\\1&0&1\end{bmatrix}^{-1}\begin{bmatrix}1&2&2\\2&2&-1\\-1&-1&-1\end{bmatrix}=\begin{bmatrix}-2&-\frac{3}{2}&\frac{3}{2}\\1&\frac{3}{2}&\frac{3}{2}\\1&\frac{1}{2}&-\frac{5}{2}\end{bmatrix}$$

(2)因

$$\boldsymbol{A}(\boldsymbol{\varepsilon}_1,\boldsymbol{\varepsilon}_2,\boldsymbol{\varepsilon}_3)=(\boldsymbol{\eta}_1,\boldsymbol{\eta}_2,\boldsymbol{\eta}_3)=(\boldsymbol{\varepsilon}_1,\boldsymbol{\varepsilon}_2,\boldsymbol{\varepsilon}_3)\begin{bmatrix}-2&-\frac{3}{2}&\frac{3}{2}\\1&\frac{3}{2}&\frac{3}{2}\\1&\frac{1}{2}&-\frac{5}{2}\end{bmatrix},$$

故 $\boldsymbol{A}$ 在基 $\boldsymbol{\varepsilon}_1,\boldsymbol{\varepsilon}_2,\boldsymbol{\varepsilon}_3$ 下的矩阵为

$$A=\begin{bmatrix}-2 & -\frac{3}{2} & \frac{3}{2}\\ 1 & \frac{3}{2} & \frac{3}{2}\\ 1 & \frac{1}{2} & -\frac{5}{2}\end{bmatrix}$$

由（2）和（3）的结果可以看出同一变换在不同基下的矩阵可能相同

(3)因 $\boldsymbol{A}(\boldsymbol{\eta}_1,\boldsymbol{\eta}_2,\boldsymbol{\eta}_3)=\boldsymbol{A}(\boldsymbol{\varepsilon}_1,\boldsymbol{\varepsilon}_2,\boldsymbol{\varepsilon}_3)\boldsymbol{X}=(\boldsymbol{\eta}_1,\boldsymbol{\eta}_2,\boldsymbol{\eta}_3)\boldsymbol{X}$.

故 $\boldsymbol{A}$ 在基 $\boldsymbol{\eta}_1,\boldsymbol{\eta}_2,\boldsymbol{\eta}_3$ 下的矩阵仍为 $\boldsymbol{X}$.

16. 知识点窍 相似矩阵的定义和性质

逻辑推理 利用相似矩阵的定义和性质，直接利用定理 5 可证得结论.

本题利用同一线性变换在不同基下的矩阵是相似的.关键是找出两个不同的基

解题过程 在任意 n 维线性空间 V 中取一组基 $\boldsymbol{\varepsilon}_1,\boldsymbol{\varepsilon}_2,\cdots,\boldsymbol{\varepsilon}_n$，作一线性变换 $\mathscr{A}$，它在 $\boldsymbol{\varepsilon}_1,\boldsymbol{\varepsilon}_2,\cdots,\boldsymbol{\varepsilon}_n$ 下的矩阵是

$$\begin{pmatrix}\lambda_1 & & & \\ & \lambda_2 & & \\ & & \ddots & \\ & & & \lambda_n\end{pmatrix}$$

于是有

$$\mathscr{A}\boldsymbol{\varepsilon}_i=\lambda_i\boldsymbol{\varepsilon}_i,i=1,2,\cdots,n,$$

现在将 $\boldsymbol{\varepsilon}_1,\boldsymbol{\varepsilon}_2,\cdots,\boldsymbol{\varepsilon}_n$ 重新排序成为基 $\boldsymbol{\varepsilon}_{i1},\boldsymbol{\varepsilon}_{i2},\cdots,\boldsymbol{\varepsilon}_{in}$，在新基下

$$\mathscr{A}(\boldsymbol{\varepsilon}_{i_1},\boldsymbol{\varepsilon}_{i_2},\cdots,\boldsymbol{\varepsilon}_{i_n})=(\boldsymbol{\varepsilon}_{i_1},\boldsymbol{\varepsilon}_{i_2},\cdots,\boldsymbol{\varepsilon}_{i_n})\begin{pmatrix}\lambda_{i_1} & & & \\ & \lambda_{i_2} & & \\ & & \ddots & \\ & & & \lambda_{i_n}\end{pmatrix}$$

$\begin{pmatrix}\lambda_1 & & & \\ & \lambda_2 & & \\ & & \ddots & \\ & & & \lambda_n\end{pmatrix}$ 与 $\begin{pmatrix}\lambda_{i_1} & & & \\ & \lambda_{i_2} & & \\ & & \ddots & \\ & & & \lambda_{i_n}\end{pmatrix}$ 是同一线性变换 $\mathscr{A}$ 在不同基下的矩阵，

故相似.

17. 知识点窍 可逆矩阵、相似矩阵的定义

逻辑推理 运用可逆矩阵的性质，结合相似矩阵的定义可证得命题.

解题过程 因 $\boldsymbol{A}$ 可逆，故 $\boldsymbol{A}^{-1}$ 存在，从而 $\boldsymbol{A}^{-1}(\boldsymbol{AB})\boldsymbol{A}=(\boldsymbol{A}^{-1}\boldsymbol{A})\boldsymbol{BA}=\boldsymbol{BA}$，所以 $\boldsymbol{AB}$ 与 $\boldsymbol{BA}$ 相似.

18. 知识点窍 相似矩阵的定义；分块矩阵的运算.

逻辑推理 利用分块矩阵的运算法则，结合相似矩阵的定义可证得命题.

解题过程 由已知，可设 $\boldsymbol{B}=\boldsymbol{X}^{-1}\boldsymbol{AX},\boldsymbol{D}=\boldsymbol{Y}^{-1}\boldsymbol{CY}$，则 $\begin{bmatrix}\boldsymbol{X}^{-1} & 0\\ 0 & \boldsymbol{Y}^{-1}\end{bmatrix}\begin{bmatrix}\boldsymbol{A} & 0\\ 0 & \boldsymbol{C}\end{bmatrix}\begin{bmatrix}\boldsymbol{X} & 0\\ 0 & \boldsymbol{Y}\end{bmatrix}=\begin{bmatrix}\boldsymbol{B} & 0\\ 0 & \boldsymbol{D}\end{bmatrix}$.

这里$\begin{bmatrix}X^{-1} & 0\\ 0 & Y^{-1}\end{bmatrix}=\begin{bmatrix}X & 0\\ 0 & Y\end{bmatrix}^{-1}$，故$\begin{bmatrix}A & 0\\ 0 & C\end{bmatrix}$与$\begin{bmatrix}B & 0\\ 0 & D\end{bmatrix}$相似.

根据A与B相似，C与D相似得到

19. 知识点窍　特征值和特征向量的定义和求法

逻辑推理　特征值与特征向量的求法，解方程$|\lambda E-A|=0$.

利用$|\lambda E-A|=0$求解特征值和特征向量

解题过程　(1)设$\mathscr{A}$在给定基$\varepsilon_1,\varepsilon_2$下的矩阵为$A$. 由于$\mathscr{A}$的特征多项式为

$$|\lambda E-A|=\begin{vmatrix}\lambda-3 & -4\\ -5 & \lambda-2\end{vmatrix}=\lambda^2-5\lambda-14=(\lambda-7)(\lambda+2),$$

故$\mathscr{A}$的特征值为$\lambda_1=7,\lambda_2,=-2$,

当$\lambda_1=7$时，方程组$(\lambda_1E-A)X=0$，即为$\begin{cases}4x_1-4x_2=0,\\ -5x_1+5x_2=0,\end{cases}$解得它的基础解系为

$\begin{pmatrix}1\\1\end{pmatrix}$，从而$\mathscr{A}$的属于特征值$\lambda_1=7$的全部特征向量为

$\xi_1=k\varepsilon_1+k\varepsilon_2$，其中$k$为任意非零常数.

当$\lambda_2=-2$时，方程组$(\lambda_2E-A)X=0$，即为$\begin{cases}-5x_1-4x_2=0\\ -5x_1-4x_2=0,\end{cases}$解得它的基础解系

为$\begin{pmatrix}4\\-5\end{pmatrix}$，从而$\mathscr{A}$的属于特征值$\lambda_2=-2$的全部特征向量为

$\xi_2=4l\varepsilon_1-5L\varepsilon_2$，其中$l$为任意非零常数.

(2)设A在给定基$\varepsilon_1,\varepsilon_2$,下的矩阵为$A$. 那么$\mathscr{A}$的特征多项式为

$$|\lambda E-A|=\begin{vmatrix}\lambda & -a\\ a & \lambda\end{vmatrix}=\lambda^2+\alpha^2=(\lambda-ai)(\lambda+ai).$$

当$a=0$时，A的特征多项式变成$|\lambda E-A|=\lambda^2$，故A的特征值为$\lambda=0$(二重). 此时，方程组$(\lambda E-A)X=0$，即为$\begin{cases}0x_1+0x_2=0,\\ 0x_1+0x_2=0,\end{cases}$它的基础解系为$\begin{pmatrix}1\\0\end{pmatrix},\begin{pmatrix}0\\0\end{pmatrix}$，因此$\mathscr{A}$的属于特征值0的两个线性无关特征向量为$\xi_1=\varepsilon_1,\xi_2=\varepsilon_2$,

故V的任一非零向量，即$k_1\varepsilon_1+k_2\varepsilon_2$(其中$k_1,k_2$是不全为零的常数)都是$\mathscr{A}$的特征向量.

当$\alpha\neq0$时，$\mathscr{A}$的特征值为$\lambda_1=ai,\lambda_2=-ai$.

当$\lambda_1=ai$时，方程组$(\lambda_1E-A)X=0$，即为$\begin{cases}aix_1-ax_2=0,\\ ax_1+aix_2=0,\end{cases}$它的基础解系为

$\begin{pmatrix}-i\\1\end{pmatrix}$，故$\mathscr{A}$的属于特征值$ai$的全部特征向量为

$\xi_1=-ki\varepsilon_1+k\varepsilon_2$，其中$k$为任意非零常数.

当$\lambda_2=-ai$时，方程组$(\lambda_2E-A)X=0$，即为$\begin{cases}-aix_1-ax_2=0,\\ ax_1+aix_2=0,\end{cases}$它的基础解系为

$\begin{pmatrix}i\\1\end{pmatrix}$，故$\mathscr{A}$的属于特征值$-ai$的全部特征向量为

$\boldsymbol{\xi}_2 = li\boldsymbol{\varepsilon}_1 + l\boldsymbol{\varepsilon}_2$，其中 l 为任意非零常数.

(3)设 $\mathscr{A}$ 在给定基 $\boldsymbol{\varepsilon}_1,\boldsymbol{\varepsilon}_2,\boldsymbol{\varepsilon}_3,\boldsymbol{\varepsilon}_4$ 下的矩阵为 $\boldsymbol{A}$. 由于 $\mathscr{A}$ 的特征多项式为

$$|\lambda\boldsymbol{E}-\boldsymbol{A}| = \begin{vmatrix} \lambda-1 & -1 & -1 & -1 \\ -1 & \lambda-1 & 1 & 1 \\ -1 & 1 & \lambda-1 & 1 \\ -1 & 1 & 1 & \lambda-1 \end{vmatrix} = (\lambda-2)^3(\lambda+2).$$

故 $\mathscr{A}$ 的特征值为 $\lambda_1=2$(三重)，$\lambda_2=-2$，

当 $\lambda_1=2$ 时，方程组 $(\lambda_1\boldsymbol{E}-\boldsymbol{A})\boldsymbol{X}=\boldsymbol{0}$，即为

$$\begin{cases} x_1-x_2-x_3-x_4=0, \\ -x_1+x_2+x_3+x_4=0, \\ -x_1+x_2+x_3+x_4=0, \\ -x_1+x_2+x_3+x_4=0, \end{cases}$$

它的基础解系为

$$\boldsymbol{\eta}_1=\begin{pmatrix}1\\1\\0\\0\end{pmatrix},\boldsymbol{\eta}_2=\begin{pmatrix}1\\0\\1\\0\end{pmatrix},\boldsymbol{\eta}_3=\begin{pmatrix}1\\0\\0\\1\end{pmatrix}.$$

故 $\mathscr{A}$ 的属于特征值 2 的全部特征向量为

$$\boldsymbol{\xi}_1 = k_n\boldsymbol{\eta}_1 + k_2\boldsymbol{\eta}_2 + k_3\boldsymbol{\eta}_3 = (k_1+k_2+k_3)\boldsymbol{\varepsilon}_1 + k_1\boldsymbol{\varepsilon}_2 + k_2\boldsymbol{\varepsilon}_3 + k_3\boldsymbol{\varepsilon}_4.$$

其中 k_1,k_2,k_3 为任意不全为零的常数.

当 $\lambda_2=-2$ 时，方程组 $(\lambda_2\boldsymbol{E}-\boldsymbol{A})\boldsymbol{X}=\boldsymbol{0}$，即为

$$\begin{cases} -3x_1-x_2-x_3-x_4=0, \\ -x_1-3x_2+x_3+x_4=0, \\ -x_1+x_2-3x_3+x_4=0, \\ -x_1+x_2+x_3+-3x_4=0, \end{cases}$$

求得其基础解系为 $\boldsymbol{\eta}_4=\begin{pmatrix}-1\\1\\1\\1\end{pmatrix}$，故 $\mathscr{A}$ 的属于特征值 -2 的全部特征向量为

$$\boldsymbol{\xi}_2 = -l\boldsymbol{\varepsilon}_1 + l\boldsymbol{\varepsilon}_2 + l\boldsymbol{\varepsilon}_3 + l\boldsymbol{\varepsilon}_4$$，其中 l 为任意非零常数.

(4)设 $\mathscr{A}$ 在给定基 $\boldsymbol{\varepsilon}_1,\boldsymbol{\varepsilon}_2,\boldsymbol{\varepsilon}_3$ 下的矩阵为 $\boldsymbol{A}$，由于 $\mathscr{A}$ 的特征多项式为

$$|\lambda\boldsymbol{E}-\boldsymbol{A}| = \begin{vmatrix} \lambda-5 & -6 & 3 \\ 1 & \lambda & -1 \\ -1 & -2 & \lambda+1 \end{vmatrix} = (\lambda-2)(\lambda-1-\sqrt{3})(\lambda-1+\sqrt{3}),$$

故 $\mathscr{A}$ 的特征值为 $\lambda_1=2,\lambda_2=1+\sqrt{3},\lambda_3=1-\sqrt{3}$.

当 $\lambda_1=2$ 时，方程组 $(\lambda_1\boldsymbol{E}-\boldsymbol{A})\boldsymbol{X}=\boldsymbol{0}$，即为

$$\begin{cases}-3x_1-6x_2+3x_3=0,\\x_1+2x_2-x_3=0,\\-x_1-2x_2+3x_3=0,\end{cases}$$

求得其基础解系为$\begin{pmatrix}2\\-1\\0\end{pmatrix}$，故$\mathscr{A}$的属于特征值2的全部特征向量为

$\boldsymbol{\xi}_1=2k_1\boldsymbol{\varepsilon}_1-k_1\boldsymbol{\varepsilon}_2$，其中$k_1$为任意非零常数.

当$\lambda_2=1+\sqrt{3}$时，方程组$(\lambda_2\boldsymbol{E}-\boldsymbol{A})\boldsymbol{X}=\boldsymbol{0}$，即

$$\begin{cases}(-4+\sqrt{3})x_1-6x_2+3x_3=0\\x_1+(1+\sqrt{3})x_2-x_3=0,\\-x_1-2x_2+(2+\sqrt{3}x_3=0,\end{cases}$$

求得其基础解系为$\begin{pmatrix}3\\-1\\2-\sqrt{3}\end{pmatrix}$，故$\mathscr{A}$的属于特征值$1+\sqrt{3}$的全部特征向量为

$\boldsymbol{\xi}_2=3k_2\boldsymbol{\varepsilon}_1-k_2\boldsymbol{\varepsilon}_2-(2-\sqrt{3})k_2\boldsymbol{\varepsilon}_3$. 其中$k_2$为任意非零常数.

当$\lambda_3=1-\sqrt{3}$时，方程组$(\lambda_2\boldsymbol{E}-\boldsymbol{A})\boldsymbol{X}=\boldsymbol{0}$，即

$$\begin{cases}(-4+\sqrt{3})x_1-6x_2+3x_3=0\\x_1+(1+\sqrt{3}x_2-x_3=0,\\-x_1-2x_2+(2+\sqrt{3}x_3=0,\end{cases}$$

求得其基础解系为$\begin{pmatrix}3\\-1\\2+\sqrt{3}\end{pmatrix}$，故$\mathscr{A}$的属于特征值$1-\sqrt{3}$的全部特征向量为

$\boldsymbol{\xi}_2=3k_3\boldsymbol{\varepsilon}_1-k_3\boldsymbol{\varepsilon}_2+(2+\sqrt{3})k_3\boldsymbol{\varepsilon}_3$. 其中$k_3$为任意非零常数.

(5)设$\mathscr{A}$在给定基$\boldsymbol{\varepsilon}_1,\boldsymbol{\varepsilon}_2,\boldsymbol{\varepsilon}_3$下的矩阵为$\boldsymbol{A}$，由于$\mathscr{A}$的特征多项式为

$$|\lambda\boldsymbol{E}-\boldsymbol{A}|=\begin{vmatrix}\lambda&0&-1\\0&\lambda-1&0\\-1&0&\lambda\end{vmatrix}=(\lambda-1)^2(\lambda+1),$$

故$\mathscr{A}$的特征为$\lambda_1=1$(二重)，$\lambda_2=-1$.

当$\lambda_1=1$时，方程组$(\lambda_1\boldsymbol{E}-\boldsymbol{A})\boldsymbol{X}=\boldsymbol{0}$，即为

$$\begin{cases}x_1-x_3=0,\\-x_1+x_3=0,\end{cases}$$

求得其基础解系为$\begin{pmatrix}1\\0\\1\end{pmatrix}$，$\begin{pmatrix}0\\1\\0\end{pmatrix}$，故$\mathscr{A}$的属于特征值1的全部特征向量为

$\boldsymbol{\xi}_1=k_1\boldsymbol{\varepsilon}_1+k_2\boldsymbol{\varepsilon}_2+k_1\boldsymbol{\varepsilon}_3$，其中$k_1,k_2$为任意不全为零的常数.

当 $\lambda_2=-1$ 时,方程组$(\lambda_2\boldsymbol{E}-\mathbf{A})\boldsymbol{X}=\mathbf{0}$,即为

$$\begin{cases}-x_1-x_3=0,\\ -2x_2=0,\\ -x_1-x_3=0,\end{cases}$$

求得基础解系为$\begin{pmatrix}1\\0\\-1\end{pmatrix}$,故 $\mathscr{A}$ 的属于特征值-1 的全部特征向量为

$\boldsymbol{\xi}_2=l\boldsymbol{\varepsilon}_1-l\boldsymbol{\varepsilon}_3$,其中 l 为任意非零常数.

(6)设 $\mathscr{A}$ 在给定基 $\boldsymbol{\varepsilon}_1,\boldsymbol{\varepsilon}_2,\boldsymbol{\varepsilon}_3$ 下的矩阵为 $\mathbf{A}$,由于 $\mathscr{A}$ 的特征多项式为

$$|\lambda\boldsymbol{E}-\mathbf{A}|=\begin{vmatrix}\lambda & -2 & -1\\ 2 & \lambda & -3\\ 1 & 3 & \lambda\end{vmatrix}=\lambda(\lambda^2+14)=\lambda(\lambda-\sqrt{14}i)(\lambda+\sqrt{14}i).$$

故 $\mathscr{A}$ 的特征值为 $\lambda_1=0,\lambda_2=\sqrt{14\mathrm{i}},\lambda_3=-\sqrt{14\mathrm{i}}$.

当 $\lambda_1=0$ 时,方程组$(\lambda_1\boldsymbol{E}-\mathbf{A})\boldsymbol{X}=\mathbf{0}$,即为

$$\begin{cases}-2x_2-x_3=0\\ 2x_1-3x_3=0,\\ x_1+3x_2=0,\end{cases}$$

求得其基础解系为$\begin{pmatrix}3\\-1\\2\end{pmatrix}$,故 $\mathscr{A}$ 的属于特征值 0 的全部特征向量为

$\boldsymbol{\xi}_1=3k_1\boldsymbol{\varepsilon}_1-\boldsymbol{k}_1\boldsymbol{\varepsilon}_2+2k_1\boldsymbol{\varepsilon}_3$,其中 k_1 为任意非零常数.

当 $\lambda_2=\sqrt{14}\mathrm{i}$时,方程组$(\lambda_2\boldsymbol{E}-\mathbf{A})\boldsymbol{X}=\mathbf{0}$,即为

$$\begin{cases}\sqrt{14}ix_1-2x_2-x_3=0,\\ 2x_1+\sqrt{14}ix_2-3x_3=0,\\ x_1+3x_2+\sqrt{14}ix_3=0,\end{cases}$$

求得其基础解系为$\begin{pmatrix}6+\sqrt{14}i\\-2+3\sqrt{14}i\\-10\end{pmatrix}$,故 $\mathscr{A}$ 的属于特征值$\sqrt{14}i$ 的全部特征向量为

$\boldsymbol{\xi}_2=(6+\sqrt{14}i)k_2\boldsymbol{\varepsilon}_1+(-2+3\sqrt{14}i)k_2\boldsymbol{\varepsilon}_2-10k_2\boldsymbol{\varepsilon}_3$,其中 k_2 为任意非零常数.

当 $\lambda_3=-\sqrt{14}i$ 时,方程组$(\lambda_3,\boldsymbol{E}-\mathbf{A})\boldsymbol{X}=\mathbf{0}$,即为

$$\begin{cases}-\sqrt{14}ix_1-2x_2-x_3=0,\\ 2x_i-\sqrt{14}ix_2-3x_3=0,\\ x_1+3x_2-\sqrt{14}ix_3=0,\end{cases}$$

求得其基础解系为$\begin{pmatrix} 6-\sqrt{14}i \\ -2-3-\sqrt{14}i \\ -10 \end{pmatrix}$,故$\mathscr{A}$的属于特征值$-\sqrt{14}i$的全部特征向量为

$$\boldsymbol{\xi}=(6-\sqrt{14}i)k_3\boldsymbol{\varepsilon}_1-(2+3\sqrt{14}i)k_3\boldsymbol{\varepsilon}_2-10k_3\boldsymbol{\varepsilon}_3,\text{其中 } k_3 \text{ 为任意非零常数.}$$

(7)设$\mathscr{A}$在给定基$\boldsymbol{\varepsilon}_1,\boldsymbol{\varepsilon}_2,\boldsymbol{\varepsilon}_3$下面矩阵为$\mathbf{A}$,由于$\mathscr{A}$的特征多项式为

$$|\lambda\boldsymbol{E}-\mathbf{A}|=\begin{vmatrix} \lambda-3 & -1 & 0 \\ 4 & \lambda+1 & 0 \\ -A & 8 & \lambda+2 \end{vmatrix}=(\lambda-1)^2(\lambda+2),$$

故$\mathscr{A}$的特征值为$\lambda_1=1$(二重),$\lambda_2=-2$.

当$\lambda_1=1$时,方程组$(\lambda_1\boldsymbol{E}-\mathbf{A})\boldsymbol{X}=\mathbf{0}$,即为

$$\begin{cases} -2x_1-x_2=0, \\ 4x_1+2x_2=0, \\ -4x_1+8x_2+3x_3=0. \end{cases}$$

求得其基础解系为$\begin{pmatrix} 3 \\ -6 \\ 20 \end{pmatrix}$,故$\mathscr{A}$的属于特征值1的全部特征向量为

$$\boldsymbol{\xi}_1=3k_1\boldsymbol{\varepsilon}_1-6k_1\boldsymbol{\varepsilon}_2+20k_1\boldsymbol{\varepsilon}_3,\text{其中 } k_1 \text{ 为任意非零常数.}$$

当$\lambda=-2$时,方程组$(\lambda_2\boldsymbol{E}-\mathbf{A})\boldsymbol{X}=\mathbf{0}$,即为

$$\begin{cases} -5x_1-x_2=0, \\ 4x_1-x_2=0, \\ -4x_1+8x_2=0, \end{cases}$$

求得其基础解系为$\begin{pmatrix} 0 \\ 0 \\ 1 \end{pmatrix}$,

> 上面方程组对x_3的系数没有限制,故$(0,1,1)'$为方程组的解

故$\mathscr{A}$的属于特征值-2的全部特征向量为

$$\boldsymbol{\xi}_2=k_2\boldsymbol{\varepsilon}_3,\text{其中 } k_2 \text{ 为任意非零常数.}$$

方法技巧 求解一个线性变换的特征值即求其矩阵的特征多项式的根,再对每个根求得所对应的特征向量,但一定要注意表示成基向量的线性组合形状.

20. **知识点窍** 矩阵在某一组基下可对角化的充要条件.

逻辑推理 在可对角化时,过度矩阵就是由所有特征向量组成的矩阵(特征向量的排列次序决定了得到的额对角矩阵的对角元的次序,而对角元就是相应特征值)

解题过程 (1)设$(\boldsymbol{\xi}_1,\boldsymbol{\xi}_2)=(\boldsymbol{\varepsilon}_1,\boldsymbol{\varepsilon}_2)\begin{bmatrix} 1 & 4 \\ 1 & -5 \end{bmatrix}$,有过渡矩阵$\boldsymbol{T}=\begin{bmatrix} 1 & 4 \\ 1 & -5 \end{bmatrix}$,

且 $T^{-1}AT=\begin{bmatrix}\frac{5}{9} & \frac{4}{9}\\ \frac{1}{9} & -\frac{1}{9}\end{bmatrix}\begin{bmatrix}3 & 4\\5 & 2\end{bmatrix}\begin{bmatrix}1 & 4\\1 & -5\end{bmatrix}=\begin{bmatrix}7 & 0\\0 & -2\end{bmatrix}$;

(2)当 $a=0$ 时,已是对角型.

当 $a\neq 0$ 时,有 $(\boldsymbol{\xi}_1,\boldsymbol{\xi}_2)=(\boldsymbol{\varepsilon}_1,\boldsymbol{\varepsilon}_2)\begin{pmatrix}-i & i\\1 & 1\end{pmatrix}$,

> 已知线性变换 $\boldsymbol{A}$ 在某一组基下为对角形的充要条件是有 n 个线性无关的特征向量

过渡矩阵 $T=\begin{bmatrix}-i & i\\1 & 1\end{bmatrix}$,

所以 $T^{-1}AT=\begin{bmatrix}\frac{i}{2} & \frac{1}{2}\\ -\frac{i}{2} & \frac{1}{2}\end{bmatrix}\begin{bmatrix}0 & a\\-a & 0\end{bmatrix}\begin{bmatrix}-i & i\\1 & 1\end{bmatrix}=\begin{bmatrix}ai & 0\\0 & -ai\end{bmatrix}$.

(3)因为 $(\boldsymbol{\xi}_1,\boldsymbol{\xi}_2,\boldsymbol{\xi}_3,\boldsymbol{\xi}_4)=(\boldsymbol{\varepsilon}_1,\boldsymbol{\varepsilon}_2,\boldsymbol{\varepsilon}_3,\boldsymbol{\varepsilon}_4)\begin{bmatrix}1 & 1 & 1 & 1\\1 & 0 & 0 & -1\\0 & 1 & 0 & -1\\0 & 0 & 1 & -1\end{bmatrix}$,

过渡矩阵 $T=\begin{bmatrix}1 & 1 & 1 & 1\\1 & 0 & 0 & -1\\0 & 1 & 0 & -1\\0 & 0 & 1 & -1\end{bmatrix}$,所以 $T^{-1}AT=\begin{bmatrix}2 & & & \\ & 2 & & \\ & & 2 & \\ & & & -2\end{bmatrix}$.

(4)因为 $(\boldsymbol{\xi}_1,\boldsymbol{\xi}_2,\boldsymbol{\xi}_3)=(\boldsymbol{\varepsilon}_1,\boldsymbol{\varepsilon}_2,\boldsymbol{\varepsilon}_3)\begin{bmatrix}2 & 3 & 3\\-1 & -1 & -1\\0 & 2-\sqrt{3} & 2+\sqrt{3}\end{bmatrix}$,

过渡矩阵 $T=\begin{bmatrix}2 & 3 & 3\\-1 & -1 & -1\\0 & 2-\sqrt{3} & 2+\sqrt{3}\end{bmatrix}$,所以 $T^{-1}AT=\begin{bmatrix}2 & 0 & 0\\0 & 1+\sqrt{3} & 0\\0 & 0 & 1-\sqrt{3}\end{bmatrix}$;

(5)因为 $(\boldsymbol{\xi}_1,\boldsymbol{\xi}_2,\boldsymbol{\xi}_3)=(\boldsymbol{\varepsilon}_1,\boldsymbol{\varepsilon}_2,\boldsymbol{\varepsilon}_3)\begin{bmatrix}1 & 0 & 1\\0 & 1 & 0\\1 & 0 & -1\end{bmatrix}$,过渡矩阵 $T=\begin{bmatrix}1 & 0 & 1\\0 & 1 & 0\\1 & 0 & -1\end{bmatrix}$,

所以 $T'AT=\begin{bmatrix}1 & 0 & 0\\0 & 1 & 0\\0 & 0 & -1\end{bmatrix}$;

(6)因为 $(\boldsymbol{\xi}_1,\boldsymbol{\xi}_2,\boldsymbol{\xi}_3)=(\boldsymbol{\varepsilon}_1,\boldsymbol{\varepsilon}_2,\boldsymbol{\varepsilon}_3)\begin{bmatrix}3 & 6+\sqrt{14}i & 6-\sqrt{14}i\\-1 & -2+3\sqrt{14}i & -2-3\sqrt{14}i\\2 & -10 & -10\end{bmatrix}$

即过渡矩阵为 $T=\begin{bmatrix}3 & 6+\sqrt{14}i & 6-\sqrt{14}i\\ -1 & -2+3\sqrt{14}i & -2-3\sqrt{14}i\\ 2 & -10 & -10\end{bmatrix}$，

所以 $T^{-1}AT=\begin{bmatrix}0 & 0 & 0\\ 0 & \sqrt{14}i & 0\\ 0 & 0 & -\sqrt{14}i\end{bmatrix}$；

(7)不可对角化，因为特征子空间维数为 2，而 A 的秩为 3.

21. 知识点窍 $\mathscr{A}$ 的矩阵可以在某组基下为对角矩阵的充要条件是，$\mathscr{A}$ 有 n 个线性无关的特征向量

逻辑推理 微分变换 D 在 $P[x]_n$ 中的基 $1.x,x^2,\cdots,x^{n-1}$ 的矩阵为

$$D=\begin{bmatrix}0 & 1 & 0 & \cdots & 0\\ 0 & 0 & 2 & \cdots & 0\\ \cdots & \cdots & \cdots & \cdots & \cdots\\ 0 & 0 & 0 & \cdots & n-1\\ 0 & 0 & 0 & \cdots & 0\end{bmatrix},$$

再结合定理 7 线性变换在某组基下的矩阵成对角形的充要条件可证得命题

解题过程 由题意得. $|\lambda E-D|=\begin{vmatrix}\lambda & -1 & 0 & \cdots & 0\\ 0 & \lambda & -2 & \cdots & 0\\ \cdots & \cdots & \cdots & \cdots & \cdots\\ 0 & 0 & 0 & \cdots & -(n-1)\\ 0 & 0 & 0 & \cdots & \lambda\end{vmatrix}=\lambda^n.$

它只有特征值 0. $(0E-D)=-D$ 的秩为 $n-1$，因此齐次线性方程组

$$(0E-D)\begin{pmatrix}x_1\\ x_2\\ \vdots\\ x_n\end{pmatrix}=\mathbf{0}$$

的基础解系中只有一个解，即 D 只有一个线性无关的特征向量，而 $P[x]_n$ 的维数 $n>1$. 由定理 7，$\mathscr{B}$ 在任何基下的矩阵都不是对角矩阵.

22. 知识点窍 若 A 可对角化，则 ∃ 可逆矩阵 T 使得 $T^{-1}AT=B$（B 为对角矩阵），则 $A^k=TB^kT^{-1}$

逻辑推理 通过矩阵对角化找到 T 与对角矩阵 B，从而计算 B^k，再利用 $A^k=TB^kT^{-1}$ 求得结果

解题过程 因为 $|\lambda E-A|=\begin{vmatrix}\lambda-1 & -4 & -2\\ 0 & \lambda+3 & -4\\ 0 & -4 & \lambda-3\end{vmatrix}=(\lambda-1)(\lambda-5)(\lambda+5).$

故 A 的特征值为 $\lambda_1=1,\lambda_2=5,\lambda_3=-5$，且 A 的属于特征值 1 的一个特征向量为 $X_1=(1,0,0)'$，A 的属于特征值 5 的一个特征向量为 $X_2=(2,1,2)'$，A 的属于特征值 -5 的一个特征向量为 $X_3=(1,-2,1)'$.

于是只要记 $\boldsymbol{T}=(\boldsymbol{X}_1,\boldsymbol{X}_2,\boldsymbol{X}_3)=\begin{bmatrix}1&2&1\\0&1&-2\\0&2&1\end{bmatrix}$，则 $\boldsymbol{T}^{-1}\boldsymbol{A}\boldsymbol{T}=\begin{bmatrix}1&0&0\\0&5&0\\0&0&-5\end{bmatrix}=\boldsymbol{B}$.

且 $\boldsymbol{B}^k=\begin{bmatrix}1&0&0\\0&5^k&0\\0&0&(-5)^k\end{bmatrix}$

于是 $\boldsymbol{A}^k=\boldsymbol{T}\boldsymbol{B}^k\boldsymbol{T}^{-1}=\begin{bmatrix}1&2&1\\0&1&-2\\0&2&1\end{bmatrix}\begin{bmatrix}1&0&0\\0&5^k&0\\0&0&(-5)^k\end{bmatrix}\begin{bmatrix}1&0&-1\\0&\frac{1}{5}&\frac{2}{5}\\0&-\frac{2}{5}&\frac{1}{5}\end{bmatrix}$

$$=\begin{pmatrix}1&2\cdot5^{k-1}(1+(-1)^{k+1})&5^{k-1}(4+(-1)^k)-1\\0&5^{k-1}(1+4(-1)^k)&2\cdot5^{k-1}(1+(-1)^{k+1})\\0&2\cdot5^{k-1}(1+(-1)^{k+1})&5^{k-1}(4+(-1)^k)\end{pmatrix}$$

23. **知识点窍** 线性变换的矩阵；特征值和特征向量；对角化.

逻辑推理 直接运用基本知识求解即可.

解题过程 (1)由已知得 $(\boldsymbol{\eta}_1,\boldsymbol{\eta}_2,\boldsymbol{\eta}_3,\boldsymbol{\eta}_4)=(\boldsymbol{\varepsilon}_1,\boldsymbol{\varepsilon}_2,\boldsymbol{\varepsilon}_3,\boldsymbol{\varepsilon}_4)\begin{bmatrix}1&2&0&0\\2&3&0&0\\1&1&1&0\\1&0&0&1\end{bmatrix}=(\boldsymbol{\varepsilon}_1,\boldsymbol{\varepsilon}_2,\boldsymbol{\varepsilon}_3,\boldsymbol{\varepsilon}_4)\boldsymbol{X}$.

故求得 $\boldsymbol{A}$ 在基 $\boldsymbol{\eta}_1,\boldsymbol{\eta}_2,\boldsymbol{\eta}_3,\boldsymbol{\eta}_4$ 下的矩阵为

$$\boldsymbol{B}=\boldsymbol{X}^{-1}\boldsymbol{A}\boldsymbol{X}=\begin{bmatrix}0&0&6&-5\\0&0&-5&4\\0&0&\frac{7}{2}&-\frac{3}{2}\\0&0&5&-2\end{bmatrix}$$

(2)$\boldsymbol{A}$ 的特征多项式为 $f(\lambda)=|\lambda\boldsymbol{E}-\boldsymbol{A}|=|\lambda\boldsymbol{E}-\boldsymbol{B}|=\lambda^2\left(\lambda-\frac{1}{2}\right)(\lambda-1)$.

所以 $\boldsymbol{A}$ 的特征值为 $\boldsymbol{\lambda}_1=\boldsymbol{\lambda}_2=0,\boldsymbol{\lambda}_3=\frac{1}{2},\boldsymbol{\lambda}_4=1$.

$\boldsymbol{A}$ 属于特征值 $\lambda=0$ 的全部牲向量为 $k_1\boldsymbol{\xi}_1+k_2\boldsymbol{\xi}_2$，其中 k_1,k_2 不全为零，且

$\boldsymbol{\xi}_1=2\boldsymbol{\varepsilon}_1+3\boldsymbol{\varepsilon}_2+\boldsymbol{\varepsilon}_3$，

$\boldsymbol{\xi}_2=-\boldsymbol{\varepsilon}_1-\boldsymbol{\varepsilon}_2+\boldsymbol{\varepsilon}_4$，

$\boldsymbol{A}$ 属于特征值 $\lambda=\frac{1}{2}$ 的全部特征向量为 $k_3\boldsymbol{\xi}_3$，其中 $k_3\neq0$，且

$\boldsymbol{\xi}_3=-4\boldsymbol{\varepsilon}_1-2\boldsymbol{\varepsilon}_2+\boldsymbol{\varepsilon}_3+6\boldsymbol{\varepsilon}_4$.

$\boldsymbol{A}$ 属于特征值 $\boldsymbol{\lambda}=1$ 的全部特征向量为 $k_4\boldsymbol{\xi}_4$，其中 $k_4\neq0$，且

$\boldsymbol{\xi}_4=3\boldsymbol{\varepsilon}_1+\boldsymbol{\varepsilon}_2+\boldsymbol{\varepsilon}_3-2\boldsymbol{\varepsilon}_4$.

(3)因为

$$(\xi_1,\xi_2,\xi_3,\xi_4)=(\boldsymbol{\varepsilon}_1,\boldsymbol{\varepsilon}_2,\boldsymbol{\varepsilon}_3,\boldsymbol{\varepsilon}_4)\begin{bmatrix}2&-1&-4&3\\3&-1&-2&1\\1&0&1&1\\0&1&6&-2\end{bmatrix},$$

所求可逆阵为 $\boldsymbol{T}=\begin{bmatrix}2&-1&-4&3\\3&-1&-2&1\\1&0&1&1\\0&1&6&-2\end{bmatrix}$,且 $\boldsymbol{T}^{-1}\boldsymbol{A}\boldsymbol{T}=\begin{bmatrix}0&0&0&0\\0&0&0&0\\0&0&\frac{1}{2}&0\\0&0&0&1\end{bmatrix}$为对角矩阵.

24. 知识点窍 属于不同特征值的特征向量无关.

逻辑推理 (1)可通过反证法证明与定理 8 矛盾,(2)可采用(1)的结论进行简化.

解题过程 (1)由题设知 $\boldsymbol{A}(\boldsymbol{\varepsilon}_1)=\boldsymbol{\lambda}_1\boldsymbol{\varepsilon}_1,\boldsymbol{A}(\boldsymbol{\varepsilon}_2)=\lambda_2\boldsymbol{\varepsilon}_2$,且 $\lambda_1\neq\lambda_2$,

若 $\boldsymbol{\varepsilon}_1+\boldsymbol{\varepsilon}_2$ 是 $\boldsymbol{A}$ 的特征向量,则存在 $\lambda\neq0$ 使

$$\boldsymbol{A}(\boldsymbol{\varepsilon}_1+\boldsymbol{\varepsilon}_2)=\lambda(\boldsymbol{\varepsilon}_1+\boldsymbol{\varepsilon}_2)=\lambda\boldsymbol{\varepsilon}_1+\lambda\boldsymbol{\varepsilon}_2,$$

$$\boldsymbol{A}(\boldsymbol{\varepsilon}_1+\boldsymbol{\varepsilon}_2)=\lambda_1\boldsymbol{\varepsilon}_1+\lambda_2\boldsymbol{\varepsilon}_2=\lambda\boldsymbol{\varepsilon}_1+\lambda\boldsymbol{\varepsilon}_2,$$

即$(\lambda_1-\lambda)\boldsymbol{\varepsilon}_1+(\lambda_2-\lambda)\boldsymbol{\varepsilon}_2=\boldsymbol{0}$.

再由 $\boldsymbol{\varepsilon}_1,\boldsymbol{\varepsilon}_2$ 的线性无关性,知 $\lambda_1-\lambda=\lambda_2-\lambda=0$,即 $\lambda_1=\lambda=\lambda_2$,这是不可能的.

故 $\boldsymbol{\varepsilon}_1+\boldsymbol{\varepsilon}_2$ 不是 $\boldsymbol{A}$ 的特征向量.

(2)设 V 的一组基为 $\boldsymbol{\varepsilon}_1,\boldsymbol{\varepsilon}_2,\cdots,\boldsymbol{\varepsilon}_n$,则它也是 $\boldsymbol{A}$ 的 n 个线性无关的特征向量,故存在特征值 $\lambda_1,\lambda_2\cdots,\lambda_n$,使

$$\boldsymbol{A}(\boldsymbol{\varepsilon}_1)=\lambda_1\boldsymbol{\varepsilon}_1(i=1,2,\cdots,n)$$

由(1)即知 $\lambda_1=\lambda_2=\cdots=\lambda_n=k$. 由已知,又有 $\boldsymbol{A}(\boldsymbol{\alpha})=k\boldsymbol{\alpha}(\forall\boldsymbol{\alpha}\in V)$,即证 $\boldsymbol{A}$ 是数乘变换.

25. 知识点窍 不变子空间的定义.

逻辑推理 (1)可通过两个线性变换乘积的可变换性,结合不变子空间的定义求得.

(2)可采用(1)的结论构造出符合条件的特征向量.

解题过程 (1)设 $\boldsymbol{\alpha}\in V_0$,则 $\mathscr{A}\boldsymbol{\alpha}=\lambda_0\boldsymbol{\alpha}$,于是由题设知

$$\mathscr{A}(\mathscr{B}\boldsymbol{\alpha})=\mathscr{B}(\mathscr{A}\boldsymbol{\alpha})=\mathscr{B}(\lambda_0\boldsymbol{\alpha})=\lambda_0(\mathscr{B}\boldsymbol{\alpha}),$$

故 $\mathscr{B}\alpha\in V_{\lambda_0}$,即证 V_{λ_0} 是 $\mathscr{B}$ 的不变子空间.

(2)由 (1)知 $\boldsymbol{V}_{\lambda_0}$ 是 $\mathscr{B}$ 的不变子空间,若记$|\mathscr{B}|V_{\lambda_0}=\mathscr{B}_0$,则 $\mathscr{B}_0$ 也是复数域上线性空间 V_{λ_0} 的一个线性变换,它必有特征值 μ_0,使 $\mathscr{B}_0\beta=\mu_0\beta(\mathscr{B}\in V_{\lambda_0}$,且 $\beta\neq0)$

所以 $\mathscr{A}(\beta)=\boldsymbol{\mu}_0\beta$,故 β 即为 $\mathscr{A}$ 与 $\mathscr{B}$ 的公共特征向量.

26. 知识点窍 若尔当块的定义,子空间的定义和运算

逻辑推理 (1)可通过若尔当块的定义和线性变换的性质证明:(2)可通过递推思想证明;(3)采用;(2)的结论直接证明,

解题过程 (1)$A(\boldsymbol{\varepsilon}_1,\boldsymbol{\varepsilon}_2,\cdots,\boldsymbol{\varepsilon}_n)=(\boldsymbol{\varepsilon}_1,\boldsymbol{\varepsilon}_2,\cdots,\boldsymbol{\varepsilon}_n)\begin{pmatrix}\boldsymbol{\lambda} & & & \\ 1 & \boldsymbol{\lambda} & & \\ & \ddots & \ddots & \\ & & 1 & \boldsymbol{\lambda}\end{pmatrix}$.

即$\begin{cases}A\boldsymbol{\varepsilon}_1=\lambda\boldsymbol{\varepsilon}_1+\boldsymbol{\varepsilon}_2\\ A\boldsymbol{\varepsilon}_2=\lambda\boldsymbol{\varepsilon}_2+\boldsymbol{\varepsilon}_3\\ \cdots\cdots\cdots\cdots\cdots\\ A\boldsymbol{\varepsilon}_{n-1}=\boldsymbol{\lambda}\boldsymbol{\varepsilon}_{n-1}+\boldsymbol{\varepsilon}_n\\ a\boldsymbol{\varepsilon}_n=\boldsymbol{\lambda}\boldsymbol{\varepsilon}_n\end{cases}$

设 W 为 A－子空间，且 $\boldsymbol{\varepsilon}_1\in W$，则 $A\boldsymbol{\varepsilon}_1\in W$，进而有

$\boldsymbol{\varepsilon}_2=A\boldsymbol{\varepsilon}_1-\boldsymbol{\lambda}\boldsymbol{\varepsilon}_1\in W \qquad A\boldsymbol{\varepsilon}_2 \quad W$，

$\boldsymbol{\varepsilon}_3=A\boldsymbol{\varepsilon}_2-\boldsymbol{\lambda}\boldsymbol{\varepsilon}_2\in W \qquad A\boldsymbol{\varepsilon}_3 \quad W$，

$\cdots\cdots\cdots\cdots\cdots\cdots\cdots\cdots\cdots\cdots$

$\boldsymbol{\varepsilon}_n=A\boldsymbol{\varepsilon}_{n-1}-\boldsymbol{\lambda}\boldsymbol{\varepsilon}_{n-1}\in W$，

故 $W=L\{\boldsymbol{\varepsilon}_1,\boldsymbol{\varepsilon}_2,\cdots,\boldsymbol{\varepsilon}_n\}=V$.

(2)设 W 为任一非零的 A－子空间，对任一非零向量 $\boldsymbol{\alpha}\in W$，有

$\boldsymbol{\alpha}=k_1\boldsymbol{\varepsilon}_1+k\boldsymbol{\varepsilon}_2+\cdots+k_n\boldsymbol{\varepsilon}_n$

不妨设 $k_1\neq0$，则 $A\boldsymbol{\alpha}=k_1,A\boldsymbol{\varepsilon}_1+k_2A\boldsymbol{\varepsilon}_2+\cdots+k_nA\boldsymbol{\varepsilon}_n$

$=k_1(\lambda\boldsymbol{\varepsilon}_1+\boldsymbol{\varepsilon}_2)+k_2(\lambda\boldsymbol{\varepsilon}_2+\boldsymbol{\varepsilon}_3)+\cdots+k_n\lambda\boldsymbol{\varepsilon}_n$

$=\lambda a+k_1\boldsymbol{\varepsilon}_2+k_2\boldsymbol{\varepsilon}_3+\cdots+k_{n-1}\boldsymbol{\varepsilon}_n\in W$.

于是 $k_1\boldsymbol{\varepsilon}_2+n_2\boldsymbol{\varepsilon}_3+\cdots+k_{n-1}\boldsymbol{\varepsilon}_n\in W$.

同理可得 $k_1\boldsymbol{\varepsilon}_3+k_2\boldsymbol{\varepsilon}_4+\cdots+k_{n-2}\boldsymbol{\varepsilon}_n\in W,\cdots,k_1\boldsymbol{\varepsilon}_n\in W$

从而 $\boldsymbol{\varepsilon}_n\in W$，即证 V 中任一非零的 $\mathscr{A}$－子空间 W 都包含 $\boldsymbol{\beta}\in V$.

(3)设 W_1,W_2 是任意两个非平凡的 $\mathscr{A}$－子空间，则由(2)知 $\boldsymbol{\varepsilon}_n\in W_1$，且 $\boldsymbol{\varepsilon}_n\in W_2$，于是 $\boldsymbol{\varepsilon}_n\in W_1\cap W_2$，故 V 不能分解成两个非平凡的 $\mathscr{A}$－子空间的直和.

27. 知识点窍 最小多项式的定义和求法

逻辑推理 矩阵 A 的最小多项式是 A 的特征多项式的一个因式

解题过程 1)$A=\begin{bmatrix}0&0&1\\0&1&0\\1&0&0\end{bmatrix}$，因为 $A^2-E=0$，所以 $\boldsymbol{\lambda}^2-1$ 是 A 的零化多项式，但

$A-E\neq\mathbf{0}$ $A+E\neq\mathbf{0}$，故 A 的最小多项式为 $m_A(\lambda)=\lambda^2-1$.

2)因为 $f(\lambda)=|\lambda E-A|=\boldsymbol{\lambda}^4$，所以 A 的最小多项式为 $\boldsymbol{\lambda},\lambda^2,\lambda_3,\lambda^4$ 之一，代入计算可得 A 的最小多项式为 $m_A(\lambda)=\lambda^2$.

补充题

1. 知识点窍 线性变换的运算

逻辑推理 运用线性变换运算的性质即可证明

解题过程 (1)因 $\mathscr{A}^2=\mathscr{A},\mathscr{B}^2=\mathscr{B},(\mathscr{A}+\mathscr{B})^2=\mathscr{A}+\mathscr{B}$

由 $(\mathscr{A}+\mathscr{B})^2=(\mathscr{A}+\mathscr{B})(\mathscr{A}+\mathscr{B})\mathscr{A}^2+\mathscr{A}\mathscr{B}+\mathscr{B}\mathscr{A}+\mathscr{B}^2$，

故 $\mathscr{A}+\mathscr{B}=\mathscr{A}+\mathscr{A}\mathscr{B}+\mathscr{B}\mathscr{A}+\mathscr{B}$，

即 $\mathscr{A}\mathscr{B}+\mathscr{B}\mathscr{A}=\mathbf{0}$，

又 $2\mathscr{A}\mathscr{B}=\mathscr{A}\mathscr{B}+\mathscr{A}\mathscr{B}=\mathscr{A}\mathscr{B}-\mathscr{B}\mathscr{A}=\mathscr{A}^2\mathscr{B}-\mathscr{B}^2\mathscr{A}=\mathscr{A}^2\mathscr{B}+\mathscr{A}\mathscr{B}\mathscr{A}=\mathscr{A}(\mathscr{A}\mathscr{B}+\mathscr{B}\mathscr{A})=\mathscr{A}0=0$

所以 $\mathscr{A}\mathscr{B}=\mathbf{0}$

(2)因为 $\mathscr{A}^2=\mathscr{A},\mathscr{B}^2=\mathscr{B},\mathscr{A}\mathscr{B}=\mathscr{B}\mathscr{A}$

所以
$$\begin{aligned}(\mathscr{A}+\mathscr{B}-\mathscr{A}\mathscr{B})^2&=(\mathscr{A}+\mathscr{B}-\mathscr{A}\mathscr{B})(\mathscr{A}+\mathscr{B}-\mathscr{A}\mathscr{B})\\&=\mathscr{A}^2+\mathscr{B}\mathscr{A}-\mathscr{A}\mathscr{B}\mathscr{A}+\mathscr{A}\mathscr{B}+\mathscr{B}^2-\mathscr{A}\mathscr{B}^2-\mathscr{A}^2\mathscr{B}-\mathscr{B}\mathscr{A}\mathscr{B}+\mathscr{A}\mathscr{B}\mathscr{A}\mathscr{B}\\&=\mathscr{A}+\mathscr{A}\mathscr{B}-\mathscr{A}\mathscr{A}\mathscr{B}+\mathscr{A}\mathscr{B}+\mathscr{B}-\mathscr{A}\mathscr{B}-\mathscr{A}\mathscr{B}-\mathscr{A}\mathscr{B}\mathscr{B}+\mathscr{A}\mathscr{A}\mathscr{B}\mathscr{B}\\&=\mathscr{A}+\mathscr{A}\mathscr{B}-\mathscr{A}\mathscr{B}+\mathscr{A}\mathscr{B}+\mathscr{B}-\mathscr{A}\mathscr{B}-\mathscr{A}\mathscr{B}-\mathscr{A}\mathscr{B}+\mathscr{A}\mathscr{B}\\&=\mathscr{A}+\mathscr{B}-\mathscr{A}\mathscr{B}.\end{aligned}$$

2. **知识点窍** 维数的定义:线性变换与对应矩阵间的等价关系.

逻辑推理 先证 $P^{n\times n}$ 是 n^2 维的.

解题过程 $\boldsymbol{E}_{11},\boldsymbol{E}_{12},\cdots,\boldsymbol{E}_{1n},\boldsymbol{E}_{21},\cdots,\boldsymbol{E}_{2n},\cdots,\boldsymbol{E}_{n1},\boldsymbol{E}_{n2},\cdots,\boldsymbol{E}_{nn}$ 这组元素是 $P^{n\times n}$ 的生成元,任一元素 $\boldsymbol{A}\in P^{n\times n}$，

$$\boldsymbol{A}=(a_{ij})_{n\times n}=\sum_{i=1}^{n}\sum_{j=1}^{n}a_{ij}\boldsymbol{E}_{ij},$$

又若 $\sum\limits_{i=1}^{n}\sum\limits_{j=1}^{n}a_{ij}\boldsymbol{E}_{ij}=\boldsymbol{O}$,即有 $(a_{ij})_{n\times n}=\boldsymbol{O}$,于是 $a_{ij}=0,\forall 1\leqslant i,j\leqslant n$.

故 $\{\boldsymbol{E}_{ij}\mid 1\leqslant i,j\leqslant n\}$ 是线性无关的,因此它们是 $P^{n\times n}$ 的一组基,从而 $P^{n\times n}$ 是 n^2 维的.

设 V 是 P 上 n 维线性化空间 ,$L(V)$ 是 V 上全体线性变换所成的空间,给定 V 上一组基 $\boldsymbol{\varepsilon}_1,\boldsymbol{\varepsilon}_2,\cdots,\boldsymbol{\varepsilon}_n$,任一线性变换与它在该基下的矩阵相对应,这就建立了 $L(V)$ 到 $P^{n\times n}$ 上的一个映射,它是双射,又保持各自的加法和数量乘法,因而是线性空间 $L(V)$ 到线性空间 $P^{n\times n}$ 上的同构,由于是同构,它们的维数相同,即 $L(V)$ 也是 n^2 维的.

3. (1) **知识点窍** 多项式的次数,线性相关的定义.

逻辑推理 结合上题的结论,运用线性相关的定义可构造出符合条件的多项式,从而证得结论

解题过程 因为 P 上的 n 维线性空间 V 的线性变换组成的线性空间是 n^2 维的,所以 n^2+1 个线性变换

$\boldsymbol{A}^{k2}\ \boldsymbol{A}^{k^2-1},\cdots,\boldsymbol{A},\boldsymbol{E}$,一定线性相关,即存在一组不全为零的数 $a_{n^2},a_{n^2-1},\cdots,a_1,a_0$ 使

$$a_{n^2}\mathscr{A}^{n^2-1}+a_{n^2-1}\mathscr{A}^{n^2-1}+\cdots+a_1\mathscr{A}+a_0\mathscr{E}=\mathbf{0},$$

令 $f(x)=a_{n^2}x^{n2}+a_{n^2-1}x^{n^2-1}+\cdots+a_1x+a_0$，

且 $a_i(i=0,1,2,\cdots,n^2)$ 不全为零,$(f(x))n^2$.

这就是说,在 $P[x]$ 中存在一次数 $\leqslant n^2$ 的多项式 $f(x)$,使 $f(\mathscr{A})=0$. 即证.

(2) 知识点窍 最大公因式存在性的判别定理

逻辑推理 运用考察的知识点即可证得结论

解题过程 由题设知 $d(x)=u(x)f(x)+v(x)g(x)$ 因为 $f(\mathscr{A})=0,g(\mathscr{A})=0$，所以 $d(\mathscr{A})=u(\mathscr{A})f(\mathscr{A})+v(\mathscr{A})g(\mathscr{A})=0$.

(3) 知识点窍 线性变换与多项式理论的综合运用

逻辑推理 必要性可运用(1)中的结论，利用可逆变换的性质可简化：充分性可利用可逆变换的定义

解题过程 ①必要性：由(1)知，在 $P[x]$ 中存在一次数 $\leqslant n^2$ 的多项式 $f(x)$，使 $f(\mathbf{A})=0$. 即

$$a_{n^2}\mathscr{A}^{n^2}+a_{n^2-1}\mathscr{A}^{n^2-1}+\cdots+a_1\mathscr{A}+a_0\mathbf{E}=\mathbf{0},$$

若 $a_1\neq 0$，则 $f(x)=a_{n^2}x^{n^2}+a_{n^2-1}x^{n^2-1}+\cdots+a_1x+a_0$ 即为所求，若 $a_0=0$，因 $a_i(i=0,1,2,\cdots,n^2)$ 不全为零，令 a_1 是不为零的系数中下标最小的那一个，则 $a_{n^2}\mathbf{A}^{n^2}+a_{n^2-1}\mathbf{A}^{n^2-1}+\cdots+a_1\mathbf{A}+a_0\mathbf{E}=0$，因 $\mathbf{A}$ 可逆，故存在 $\mathbf{A}^{-1}$，$(\mathbf{A}^{-1})^j=(\mathbf{A}^j)^{-1}$ 也存在，用 $(\mathbf{A}^j)^{-1}$ 右乘等式两边，

得 $a_{n^2}\mathbf{A}^{n^2-1}+a_{n^2-1}A^{n^2-j-1}+\cdots+a_j\mathbf{E}=\mathbf{0}$

令 $f(x)=a_{n^2}x^{n^2-j}+a_{n^2-1}x^{n^2-j-1}+\cdots+a_j(a_j\neq 0)$，即 $f(x)$ 为所求.

②充分性：设有一常数项不为零的多项式

$f(x)=a_{n^2}x^{n^2}+a_{n^2-1}x^{n^2-1}+\cdots+a_1x+a_0(a_0\neq 0)$ 且 $n^2\geqslant m$，使 $f(\mathbf{A})=0$，

即 $a_m\mathbf{A}^m+a_{m-1}A^{m-1}+\cdots+a_1\mathscr{A}+a_0\mathscr{E}=\mathbf{0}$，

所以 $a_m\mathscr{A}^n+a_{n-1}\mathscr{A}^{n-1}+\cdots+a_1\mathscr{A}=-a_0\mathscr{E}$，

于是 $-\dfrac{1}{a_0}(a_m\mathscr{A}^{n-1}+\cdots+a_1\mathscr{E})\cdot\mathscr{A}=\mathscr{E}$

故 $\mathscr{A}$ 可逆

4. 知识点窍 可逆变换，特征值的定义

逻辑推理 1)考察 n 级矩阵 $\mathbf{A}$，$|\mathbf{A}|=0$ 的充分必要条件是 $\mathbf{A}$ 以 0 为特征值.

2)考察：从式子 $\mathscr{A}\boldsymbol{\alpha}=\boldsymbol{\lambda}\boldsymbol{\alpha}$ 能推出 $\mathscr{A}^{-1}\boldsymbol{\alpha}=$?

解题过程 1)设 $\mathscr{A}$ 在某基下的矩阵为 $\mathbf{A}$，则 $\mathscr{A}$ 的特征值 $\boldsymbol{\lambda}$ 就是 $\mathbf{A}$ 的特征值，由于

$$|0\mathbf{E}-\mathbf{A}|=(-1)^n|\mathbf{A}|,$$

$\mathbf{A}$ 有特征值为零的充分必要条件是 $|\mathbf{A}|=0$，故 $\mathscr{A}$ 可逆时即 $\mathbf{A}$ 可逆时，它的全部特征值皆不为零.

2)设 $\boldsymbol{\lambda}$ 是 $\mathscr{A}$ 的特征值，$\boldsymbol{\alpha}$ 是属于 $\boldsymbol{\lambda}$ 的特征向量，则

$$\mathscr{A}\boldsymbol{\alpha}=\boldsymbol{\lambda}\boldsymbol{\alpha}.$$

两边用 $\mathscr{A}^{-1}$ 去作用它，则 $\boldsymbol{\alpha}=\boldsymbol{\lambda}\mathscr{A}^{-1}\boldsymbol{\alpha}$. 由 1)，$\boldsymbol{\lambda}\neq 0$，再用 $\boldsymbol{\lambda}^{-1}$ 乘它的两边，则得

$$\mathscr{A}^{-1}\boldsymbol{\alpha}=\boldsymbol{\lambda}^{-1}\boldsymbol{\alpha}.$$

即 $\boldsymbol{\lambda}^{-1}$ 是 $\mathscr{A}^{-1}$ 的特征值.

5. 知识点窍 特征值的定义

逻辑推理 利用特征多项式$|\lambda E-A|=0$与特征值之间的关系即可证明.

解题过程 设线性变换$\mathscr{A}$在某组基下的矩阵为A,则A的特征值即为$\mathscr{A}$的特征值,根据A的特征满足关系式$|\lambda E-A|=0$故A以零作为一个特征值的充分必要条件是$|0E-A|=(-1)^n|A|=0$,即$|A|=0$.

于是$\mathscr{A}$的行列式为零的充要条件是$\mathscr{A}$以零作为一个特征值,

($\mathscr{A}$的行列式即为它在某组基下矩阵的行列式,与基的选取无关)

6. 知识点窍 相似矩阵、对角矩阵的概念和性质

逻辑推理 运用定理(8)的推论(1)和定理(7)可分别再证明这两问

解题过程 (1)因为A的多项式特征是

$$f(\lambda)=|\lambda E-A|=(\lambda-a_{11})(\lambda-a_{22})\cdots(\lambda-a_{nn}),$$

又因$a_{ij}\quad a_{ij}(i\,j,i,j=1,2\cdots n)$,

故A有n个不同的特征值,从而矩阵A一定可对角化,故A似于对角矩阵.

(2)假定

$$A=\begin{bmatrix} a_{11} & & & \\ & \ddots & & \\ & & a_{11} & \\ & a_{i_0j_0} & & \ddots \\ & & & & a_{11}\end{bmatrix}\text{与对角矩阵}B=\begin{bmatrix}\lambda_1 & & & \\ & \lambda_2 & & \\ & & \ddots & \\ & & & \lambda_n\end{bmatrix}\text{相似,}$$

则它们有相同的特征值$\lambda_1,\lambda_2,\cdots,\lambda_n$,因为$A$的特征多项式

$$f(\lambda)=(\lambda-a_{11})^n.$$

所以$\lambda_1=\lambda_2=\cdots=\lambda_n=a_{11}$,

由于$B=\begin{bmatrix}a_{11} & & & \\ & a_{11} & & \\ & & \ddots & \\ & & & a_{11}\end{bmatrix}=a_{11}E$是数量矩阵,它只能与自身相似,故$A$不能与对角矩阵相似.

7. 知识点窍 可逆矩阵的性质,矩阵分块的运算.

逻辑推理 利用考察的知识点可构造出符合条件的T

解题过程 存在一组基$\varepsilon_{11},\cdots,\varepsilon_{1r},\cdots,\varepsilon_{s1}\cdots,\varepsilon_{sr}$使与矩阵$A$相应的线性变换$A$在该基下的矩阵成若尔当标准形$J$,且

$$\begin{cases}A\varepsilon_{11}=\lambda_1\varepsilon_{11}+\varepsilon_{12}\\ \cdots\cdots\cdots\cdots\cdots\cdots\\ A\varepsilon_{1r}=\lambda_1\varepsilon_{1r}\end{cases}$$

$$\begin{cases}A\varepsilon_{s1}=\lambda_s\varepsilon_{s1}+\varepsilon_{s2}\\ \cdots\ \cdots\ \cdots\ \cdots\ \cdots\ \cdots\ \cdots\\ A\varepsilon_{sr}=\lambda_s\varepsilon_{1r}.\end{cases}$$

若过度矩阵为 $\boldsymbol{P}$,则

$$\boldsymbol{P}^{-1}\boldsymbol{A}\boldsymbol{P}=\boldsymbol{J}\begin{bmatrix}\boldsymbol{J}_1 & & & \\ & \boldsymbol{J}_2 & & \\ & & \ddots & \\ & & & \boldsymbol{J}_s\end{bmatrix},$$

重排基向量的次序,使之成为一组新基 $\boldsymbol{\varepsilon}_{1i},\cdots,\boldsymbol{\varepsilon}_{11},\cdots,\boldsymbol{\varepsilon}_{rr},\cdots\boldsymbol{\varepsilon}_{s1}$ 则由新基到旧基的过渡矩阵为

$$\boldsymbol{Q}=\begin{bmatrix}\boldsymbol{B}_{r_1} & & & \\ & \boldsymbol{B}_{r_2} & & \\ & & \ddots & \\ & & & \boldsymbol{B}_{r_0}\end{bmatrix},\text{其中 } \boldsymbol{B}_{rj}=\begin{bmatrix} & & 1\\ & & 1 & \\ & \therefore & & \\ 1 & & & \end{bmatrix}_{ri},$$

于是 $\boldsymbol{A}(\boldsymbol{\varepsilon}_{1r_1},\cdots,\boldsymbol{\varepsilon}_{11},\cdots,\boldsymbol{\varepsilon}_{rr},\cdots,\boldsymbol{\varepsilon}_{s1})=(\boldsymbol{\varepsilon}_{1s},\cdots,\boldsymbol{\varepsilon}_{11},\cdots,\boldsymbol{\varepsilon}_{ir},\cdots,\boldsymbol{\varepsilon}_{s1})\boldsymbol{J}'$.

故 $\boldsymbol{A}$ 在此新基下的矩阵即为上三角形

$$\boldsymbol{Q}^{-1}(\boldsymbol{P}^{-1}\boldsymbol{A}\boldsymbol{P})\boldsymbol{Q}=\boldsymbol{J}'.$$

即存在可逆矩阵 $\boldsymbol{T}=\boldsymbol{P}\boldsymbol{Q}$,使 $\boldsymbol{T}^{-1}\boldsymbol{A}\boldsymbol{T}$ 成上三角形.

8. 知识点窍 子空间的概念和性质

逻辑推理 利用子空间的概念和性质,结合第六章补充题 5 的结论可证

解题过程 $V_{ij}=\{\boldsymbol{\alpha}|\boldsymbol{\alpha}\in V,\mathscr{A}_i\boldsymbol{\alpha}=\mathscr{A}_j\boldsymbol{\alpha}\}\quad(i,j=1,2,\cdots s)$,

因为 $\mathscr{A}_i\boldsymbol{0}=\mathscr{A}_j\boldsymbol{0}=\boldsymbol{0},\boldsymbol{0}\in V_{ij}$ 故 V_{ij} 非空.

又因为 $\mathscr{A}_i,\mathscr{A}_2\cdots,\mathscr{A}_n$ 两两不同,所以对于每两个 $\mathscr{A}_i,\mathscr{A}_j$ 而言,总存在一个向量 $\boldsymbol{\beta}$,使 $\mathscr{A}_1\boldsymbol{\beta}\neq\mathscr{A}_j\boldsymbol{\beta}$,故 V_{ij} 是 V 的非空真子集.

设 $\boldsymbol{\alpha},\boldsymbol{\beta}\in V_{ij}$,即 $\mathscr{A}_1\boldsymbol{\alpha},=\mathscr{A}\boldsymbol{\alpha},\mathscr{A}_i\boldsymbol{\beta}=\mathscr{A}_j\boldsymbol{\beta}$,于是 $\mathscr{A}_i(\boldsymbol{\alpha}+\boldsymbol{\beta})\mathscr{A}_j(\boldsymbol{\alpha}+\boldsymbol{\beta})$,即 $\boldsymbol{\alpha}+\boldsymbol{\beta}\in{}_{ij}$

又 $\mathscr{A}_i(k\boldsymbol{\alpha})=k\mathscr{A}_i\boldsymbol{\alpha}=k\mathscr{A}_j\boldsymbol{\alpha}=\mathscr{A}_j(k\boldsymbol{\alpha})$,得 $k\boldsymbol{\alpha}\in\boldsymbol{V}_{ij}$,故 $\boldsymbol{V}_{ij}$ 是 $\boldsymbol{V}$ 的真子空间.

1)如果 $\boldsymbol{V}_{ij}$ 都是 $\boldsymbol{V}$ 的非平凡子空间,在 $\boldsymbol{V}$ 中至少有一个向量不属于所有的 $\boldsymbol{V}_{ij}$,设 $\boldsymbol{\alpha}\notin\boldsymbol{V}_{ij}(i,j=1,2,\cdots,s)$,

则

$$\mathscr{A}_i\boldsymbol{\alpha}\neq\mathscr{A}_j\boldsymbol{\alpha}(i,j=1,2,\cdots,s)$$

即证:存在向量 $\boldsymbol{\alpha}$ 使 $\boldsymbol{A}_1\boldsymbol{\alpha},\mathscr{A}_2\boldsymbol{\alpha},\cdots,\mathscr{A}_n\boldsymbol{\alpha}$ 两两不同.

2)如果$\{\boldsymbol{V}_{ij}\}$中有 V 的平凡子空间 $\boldsymbol{V}_{i_0j_0}$,则 $V_{i_0j_1}$,只能是零空间,对于这种 $V_{i_sj_s}$,只要取 $\boldsymbol{\alpha}\neq0$,就有 $\mathscr{A}_1\boldsymbol{\alpha}\neq\mathscr{A}_1\boldsymbol{\alpha}$ 这样的 $\boldsymbol{V}_{i_\alpha j_\alpha}$ 可以去掉,因而问题可归于 1),即知也存在向量 $\boldsymbol{\alpha}$ 使 $\mathscr{A}_1\boldsymbol{\alpha},\mathscr{A}_2,\boldsymbol{\alpha},\cdots,\mathscr{A}_s,\boldsymbol{\alpha}$ 两两不同.

9. 知识点窍 维数与基的定义;线性无关;线性变换的核

逻辑推理 运用线性变换的核的性质和基的定义可以把维数求出来.

解题过程 因为 $\mathscr{A}$ 也是 W 上的线形变换,故 $\mathscr{A}^{-1}(\boldsymbol{0})\cap\boldsymbol{W}$ 是 $\boldsymbol{W}$ 的子空间. 设 $\mathscr{A}^{-1}(\boldsymbol{0})\cap W$ 的维数为 r,W 的维数为 s.

今在 $\mathscr{A}^{-1}(\mathbf{0})\cap \boldsymbol{W}$ 中取一组基 $\boldsymbol{\varepsilon}_1,\boldsymbol{\varepsilon}_2,\cdots,\boldsymbol{\varepsilon}_r$，把它扩充成 $\boldsymbol{W}$ 的一组基 $\boldsymbol{\varepsilon}_1,\boldsymbol{\varepsilon}_2,\cdots,\boldsymbol{\varepsilon}_s,\boldsymbol{\varepsilon}_{r+1},\cdots,\boldsymbol{\varepsilon}_s$，

则 $\mathscr{A}W=L(\mathscr{A}\boldsymbol{\varepsilon}_1,\mathscr{A}\boldsymbol{\varepsilon}_2\cdots,\mathscr{A}\boldsymbol{\varepsilon}_r,\mathscr{A}\boldsymbol{\varepsilon}_{r+1}\cdots,\mathscr{A}\boldsymbol{\varepsilon}_1)=L(\mathscr{A}\boldsymbol{\varepsilon}_{r+1}\cdots,\mathscr{A}\boldsymbol{\varepsilon}_n)$

且 $\mathscr{A}\boldsymbol{\varepsilon}_{r+1}\cdots,\mathscr{A}\boldsymbol{\varepsilon}_s$，线性无关，所以 $\dim(\mathscr{A}\boldsymbol{W})+\dim(\mathscr{A}^{-1})(0)\cap \boldsymbol{W})=\dim(\boldsymbol{W})$.

10. 知识点窍 线性变换的秩和矩阵的秩的对应关系

逻辑推理 运用线性变换的秩和矩阵的秩的对应关系，将原命题转化为证明秩$(\boldsymbol{AB})\geqslant$秩$(\mathbf{A})+$秩$(\boldsymbol{B})-n$，从而利用第四章已证结论证明命题

解题过程 在 $\boldsymbol{V}$ 中取一组基，设线性变换 $\mathscr{A},\mathscr{B}$ 在这组基下对应的矩阵分别为 $\mathscr{A},\mathscr{B}$ 则线性变换 $\mathscr{A}\mathscr{B}$ 对应的矩阵为 $\mathscr{A}\mathscr{B}$. 因为线性变换 $\mathscr{A},\mathscr{B},\mathscr{A}\mathscr{B}$ 的秩分别等于矩阵 $\mathscr{A},\mathscr{B},\mathscr{A}\mathscr{B}$ 的秩，所以对于矩阵 $\mathscr{A},\mathscr{B},\mathscr{A}\mathscr{B}$ 有秩$(\mathscr{A}\mathscr{B})\geqslant$秩$(\mathscr{A})+$秩$(\mathscr{B})-n$，故对于线性变换 $\mathscr{A},\mathscr{B},\mathscr{A}\mathscr{B}$ 也有

$$\text{秩}(\mathscr{A}\mathscr{B})\geqslant\text{秩}(\mathscr{A})+\text{秩}(\mathscr{B})-n$$

11. 知识点窍 线性变换的基本运算性质；线性变换的值域和核的定义.

逻辑推理 利用线性变换的基本运算性质和线性变换的值域和核的定义可证.

解题过程 (1)必要性：若

$\mathscr{A}\boldsymbol{V}=\mathscr{B}\boldsymbol{V}$，任取 $\boldsymbol{\alpha}\in\boldsymbol{V}$，则 $\mathscr{B}\boldsymbol{\alpha}\in\mathscr{B}\boldsymbol{V}=\mathscr{A}\boldsymbol{V}$，故存在向量 $\boldsymbol{\beta}\in\boldsymbol{V}$，使 $\boldsymbol{\beta\alpha}=\mathscr{A}\boldsymbol{\beta}$，于是 $\mathscr{A}\mathscr{B}\boldsymbol{\beta}=\mathscr{A}^2\boldsymbol{\beta}=\mathscr{A}\boldsymbol{\beta}=\mathscr{B}\boldsymbol{\alpha}$，由 $\boldsymbol{\alpha}$ 的任意性，故有 $\mathscr{A}\boldsymbol{\beta}=\boldsymbol{\beta}$，同理可证 $\boldsymbol{\beta}\mathscr{A}=\mathscr{A}$.

充分性：若 $\mathscr{A}\mathscr{B}=\mathscr{B},\mathscr{B}\mathscr{A}=\mathscr{A}$，任取 $\mathscr{A}\boldsymbol{\alpha}\in\mathscr{A}\boldsymbol{V}\subset\boldsymbol{V}$，则有

$\mathscr{A}\boldsymbol{\alpha}=\mathscr{B}\mathscr{A}\boldsymbol{\alpha}=\mathscr{B}(\mathscr{A}\boldsymbol{\alpha})\in\mathscr{B}\boldsymbol{V}$，于是 $\mathscr{A}\boldsymbol{V}\subset\mathscr{B}\boldsymbol{V}$，同理可证 $\boldsymbol{\beta}V\subset\mathscr{A}\boldsymbol{V}$，故 $\mathscr{A}\boldsymbol{V}=\mathscr{B}\boldsymbol{V}$

(2)必要性若 $\mathscr{A}^{-1}(\mathbf{0})=\mathscr{B}^{-1}(0)$，对任意 $\boldsymbol{\beta}\in V$，作向量 $\boldsymbol{\beta}-\mathscr{A}\boldsymbol{\beta}$，因为

$$\mathscr{A}(\boldsymbol{\beta}-\mathscr{A}\boldsymbol{\beta})=\mathscr{A}\boldsymbol{\beta}-\mathscr{A}^2\boldsymbol{\beta}=\mathscr{A}\boldsymbol{\beta}-\mathscr{A}\boldsymbol{\beta}=\mathbf{0},$$

所以 $\boldsymbol{\beta}-\mathscr{A}\boldsymbol{\beta}\in\mathscr{A}^{-1}(0)=\mathscr{B}^{-1}(\mathbf{0})$，

又 $\mathscr{B}(\boldsymbol{\beta}-\mathscr{A}\boldsymbol{\beta})=\mathscr{B}\boldsymbol{\beta}-\mathscr{B}\mathscr{A}\boldsymbol{\beta}=\mathbf{0}$.

所以 $\mathscr{B}\boldsymbol{\beta}=\mathscr{B}\mathscr{A}\boldsymbol{\beta}$，由 $\boldsymbol{\beta}$ 的任意性，故有 $\mathscr{B}=\mathscr{B}\mathscr{A}$.

作向量 $\boldsymbol{\beta}-\mathscr{A}\boldsymbol{\beta}$，则 $\mathscr{B}(\boldsymbol{\beta}-\mathscr{B}\boldsymbol{\beta})=\mathscr{B}\boldsymbol{\beta}-\mathscr{B}^2\boldsymbol{\beta}=\mathscr{B}\boldsymbol{\beta}-\mathscr{B}\boldsymbol{\beta}=0$，

所以 $\boldsymbol{\beta}-\mathscr{B}\boldsymbol{\beta}\in\mathscr{B}^{-1}(\mathbf{0})=\mathscr{A}^{-1}(\mathbf{0})$

又 $\mathscr{A}(\boldsymbol{\beta}-\mathscr{B}\boldsymbol{\beta})=0$，所以 $\mathscr{A}\boldsymbol{\beta}=\mathscr{A}\mathscr{B}\boldsymbol{\beta}$，由 $\boldsymbol{\beta}$ 的任意性，故有 $\mathscr{A}=\mathscr{A}\mathscr{B}$. 即证必要性.

充分性，若 $\mathscr{A}=\mathscr{A}\mathscr{B},\mathscr{B}=\mathscr{B}\mathscr{A}$. 任取 $\boldsymbol{\alpha}\in\mathscr{A}^{-1}(\mathbf{0})$. 由

$\mathscr{B}\boldsymbol{\alpha}=(\mathscr{B}\mathscr{A})\boldsymbol{\alpha}=\mathscr{B}(\mathscr{A}\boldsymbol{\alpha})=\mathscr{B}(0)=0$，知 $\boldsymbol{\alpha}\in\mathscr{B}^{-1}(\mathbf{0})$，◆而 $\mathscr{A}^{-1}(0)\subset\mathscr{B}^{-1}(\mathbf{0})$.

同理可证 $\mathscr{B}^{-1}(\mathbf{0})\subset\mathscr{A}^{-1}(0)$，即证 $\mathscr{A}^{-1}(0)=\mathscr{B}^{-1}(\mathbf{0})$.

课后习题全解

1 (2011 年 数学三)设 $\boldsymbol{A}$ 为 3 阶矩阵,将 $\boldsymbol{A}$ 的第二列加到第一列得矩阵 $\boldsymbol{B}$,再交换 $\boldsymbol{B}$ 的第二行与第二行与第一行得单位矩阵,记 $\boldsymbol{P}_1=\begin{bmatrix}1&0&0\\1&1&0\\0&0&1\end{bmatrix}$,$\boldsymbol{P}_2=\begin{bmatrix}1&0&0\\0&0&1\\0&1&0\end{bmatrix}$,则 $\boldsymbol{A}=$

A. P_1P_2　　B. $P_1^{-1}P_2$　　C. P_2P_1　　D. $P_2^{-1}P_1$

解题过程 显然 $\boldsymbol{P}_2\boldsymbol{A}\boldsymbol{P}_1=\boldsymbol{E}$,$\boldsymbol{A}=\boldsymbol{P}_2^{-1}\boldsymbol{P}_1^{-1}$,又因 $\boldsymbol{P}_2^{-1}=\boldsymbol{P}_2$,所以选 D.

2 (2011 年 数学三)$\boldsymbol{A}$ 为三阶实矩阵,$R(\boldsymbol{A})=2$,且 $\boldsymbol{A}\begin{pmatrix}1&1\\0&0\\-1&1\end{pmatrix}=\begin{pmatrix}-1&1\\0&0\\1&1\end{pmatrix}$

(1)求 $\boldsymbol{A}$ 特征值与特征向量;(2)求 $\boldsymbol{A}$.

解题过程 (1)因为$\boldsymbol{A}=\begin{pmatrix}1\\0\\-1\end{pmatrix}=\begin{pmatrix}-1\\0\\1\end{pmatrix}+\begin{pmatrix}1\\0\\-1\end{pmatrix}$

$$\boldsymbol{A}=\begin{pmatrix}1\\0\\1\end{pmatrix}=\begin{pmatrix}1\\0\\1\end{pmatrix}$$

所以 $\boldsymbol{A}$ 有特征值 $\boldsymbol{\lambda}_1=1$,$\boldsymbol{\lambda}_2=-1$

对应的特征向量 $\boldsymbol{\alpha}_1=\begin{pmatrix}1\\0\\-1\end{pmatrix}$,$\boldsymbol{\alpha}_2=\begin{pmatrix}1\\0\\1\end{pmatrix}$

又 $R(\boldsymbol{A})=2$,$|\boldsymbol{A}|=0$,所以 $\boldsymbol{\lambda}_s=0$,可计算出 $\boldsymbol{\alpha}_3=\begin{pmatrix}0\\1\\0\end{pmatrix}$

(2)令 $\boldsymbol{Q}=\begin{bmatrix}\frac{1}{\sqrt{2}}&\frac{1}{\sqrt{2}}&0\\0&0&1\\-\frac{1}{\sqrt{2}}&\frac{1}{\sqrt{2}}&0\end{bmatrix}$,则 $\boldsymbol{Q}^{\mathrm{T}}\boldsymbol{A}\boldsymbol{Q}=\begin{bmatrix}-1&&\\&1&\\&&0\end{bmatrix}$

所以 $\boldsymbol{A}=\begin{bmatrix}0&0&1\\0&0&0\\1&0&0\end{bmatrix}$

3 （2012年数学三）设$\boldsymbol{A}$为3阶矩阵，$\boldsymbol{P}$为3阶可逆矩阵，且$\boldsymbol{P}^{-1}\boldsymbol{A}\boldsymbol{P}=\begin{bmatrix}1&0&0\\0&1&0\\0&0&2\end{bmatrix}$若$\boldsymbol{P}=(\boldsymbol{\alpha}_1,\boldsymbol{\alpha}_2,\boldsymbol{\alpha}_3)$，$\boldsymbol{\alpha}=(\boldsymbol{\alpha}_1+\boldsymbol{\alpha}_2,\boldsymbol{\alpha}_2,\boldsymbol{\alpha}_3)$，则$\boldsymbol{Q}^{-1}\boldsymbol{A}\boldsymbol{Q}=$（　　）

A. $\begin{bmatrix}1&0&0\\0&2&0\\0&0&1\end{bmatrix}$　　B. $\begin{bmatrix}1&0&0\\0&1&0\\0&0&2\end{bmatrix}$　　C. $\begin{bmatrix}2&0&0\\0&1&0\\0&0&2\end{bmatrix}$　　D. $\begin{bmatrix}2&0&0\\0&2&0\\0&0&1\end{bmatrix}$

解题过程　选B

4 （2012年数学三）已知$\boldsymbol{A}=\begin{bmatrix}1&0&1\\0&1&1\\-1&0&a\\0&a&-1\end{bmatrix}$，二次型$f(x_1,x_2,x_3)=X^{\mathrm{T}}(\boldsymbol{A}^{\mathrm{T}}\boldsymbol{A})X$的秩为2

(1)求实数a的值；

(2)求正交变换$x=\boldsymbol{Q}y$将f化为标准型.

解题过程　(1)由二次型的秩为2，知$r(\boldsymbol{A}^{\mathrm{T}}\boldsymbol{A})=2$，故$r(\boldsymbol{A})=r(\boldsymbol{A}^{\mathrm{T}}\boldsymbol{A})=2$，

对矩阵$\boldsymbol{A}$初等变换得

$$\begin{bmatrix}1&0&1\\0&1&1\\-1&0&a\\0&a&-1\end{bmatrix}\to\begin{bmatrix}1&0&1\\0&1&1\\0&0&a+1\\0&a&-1\end{bmatrix}\to\begin{bmatrix}1&0&1\\0&1&1\\0&0&a+1\\0&0&-1-a\end{bmatrix}\to\begin{bmatrix}1&0&1\\0&1&1\\0&0&a+1\\0&0&0\end{bmatrix}$$

因$r(\boldsymbol{A})=2$，所以$a=-1$；

(2)令$\boldsymbol{B}=\boldsymbol{A}^{\mathrm{T}}\boldsymbol{A}=\begin{bmatrix}2&0&2\\0&2&2\\2&2&4\end{bmatrix}$

$$令|\boldsymbol{\lambda}\boldsymbol{E}-\boldsymbol{B}|=\begin{vmatrix}\boldsymbol{\lambda}-2&0&-2\\0&\boldsymbol{\lambda}-2&-2\\-2&-2&\boldsymbol{\lambda}-4\end{vmatrix}=\begin{vmatrix}\boldsymbol{\lambda}-2&0&-2\\-(\boldsymbol{\lambda}-2)&\boldsymbol{\lambda}-2&-2\\0&-2&\boldsymbol{\lambda}-4\end{vmatrix}$$

$$=(\boldsymbol{\lambda}-2)\begin{vmatrix}1&0&-2\\-1&\boldsymbol{\lambda}-2&-2\\0&-2&\boldsymbol{\lambda}-4\end{vmatrix}=\boldsymbol{\lambda}(\boldsymbol{\lambda}-2)(\boldsymbol{\lambda}-6)=0$$

所以$\boldsymbol{B}$的特征值为$\lambda_1=0,\lambda_2=2,\lambda_3=6$

①对于$\boldsymbol{\lambda}_1=0$，解$(\boldsymbol{\lambda}_1\boldsymbol{E}-\boldsymbol{B})\boldsymbol{X}=\boldsymbol{0}$得对应的特征向量为$\boldsymbol{\alpha}_1=(1,1-1)^{\mathrm{T}}$；

②对于$\boldsymbol{\lambda}_2=2$，解$(\boldsymbol{\lambda}_2\boldsymbol{E}-\boldsymbol{B})\boldsymbol{X}=\boldsymbol{0}$得对应的特征向量为$\boldsymbol{\alpha}_2=(1,-1,0)\mathrm{T}$；

③对于$\boldsymbol{\lambda}_3=6$，解$(\boldsymbol{\lambda}_1\boldsymbol{E}-\boldsymbol{B})\boldsymbol{X}=\boldsymbol{0}$得对应的特征向量为$\boldsymbol{\alpha}_3=(1,1,2)\mathrm{T}$；

将$\boldsymbol{\alpha}_1,\boldsymbol{\alpha}_2,\boldsymbol{\alpha}_3$单位可得

$$n_1=\frac{1}{\sqrt{3}}\begin{pmatrix}1\\1\\-1\end{pmatrix},n_2=\frac{1}{\sqrt{2}}\begin{pmatrix}1\\-1\\0\end{pmatrix},n_1=\frac{1}{\sqrt{6}}\begin{pmatrix}1\\1\\2\end{pmatrix}$$

正交矩阵 $\boldsymbol{Q}=\begin{bmatrix}\frac{1}{\sqrt{3}} & \frac{1}{\sqrt{2}} & \frac{1}{\sqrt{6}}\\ \frac{1}{\sqrt{3}} & -\frac{1}{\sqrt{2}} & \frac{1}{6}\\ -\frac{1}{3} & 0 & \frac{2}{\sqrt{6}}\end{bmatrix}$，则 $\boldsymbol{Q}^{\mathrm{T}}\boldsymbol{AQ}=\begin{bmatrix}0 & & \\ & 2 & \\ & & 6\end{bmatrix}$

因此，作正交变换 $x=Qy$，二次型的标准形为 $f(x)=X^{\mathrm{T}}(\mathbf{A}^{\mathrm{T}}\mathbf{A})X=y^{\mathrm{T}}\mathbf{A}y=2y_2^2+6y_3^2$

5. (2014 年数学一)

证明 n 阶矩阵 $\begin{pmatrix}1 & 1 & \cdots & 1\\ 1 & 1 & \cdots & 1\\ \vdots & \vdots & & \vdots\\ 1 & 1 & \cdots & 1\end{pmatrix}$ 与 $\begin{pmatrix}0 & \cdots & 0 & 1\\ 0 & \cdots & 0 & 2\\ \vdots & \vdots & & \vdots\\ 0 & \cdots & 0 & n\end{pmatrix}$ 相似

解题过程 设 $\boldsymbol{A}=\begin{pmatrix}1 & 1 & \cdots & 1\\ 1 & 1 & \cdots & 1\\ \vdots & \vdots & & \vdots\\ 1 & 1 & \cdots & 1\end{pmatrix}$，$\boldsymbol{B}=\begin{pmatrix}0 & \cdots & 0 & 1\\ 0 & \cdots & 0 & 2\\ \vdots & \vdots & & \vdots\\ 0 & \cdots & 0 & n\end{pmatrix}$

分别求两个矩阵的特征值和特征向量如下：

$$|\lambda\boldsymbol{E}-\boldsymbol{A}|\begin{vmatrix}\lambda-1 & -1 & \cdots & -1\\ -1 & \lambda-1 & \cdots & -1\\ \vdots & \vdots & & \vdots\\ -1 & -1 & \cdots & \lambda-1\end{vmatrix}=(\lambda-n)\lambda^{n-1},$$

所以 $\boldsymbol{A}$ 的 n 个特征值为 $\lambda_1=n,\lambda_2=\lambda_3=\cdots\lambda_n=0$；

而且 $\boldsymbol{A}$ 是实对称矩阵，所以一定可以对角化，且 $\boldsymbol{A}=\begin{bmatrix}n & & & \\ & 0 & & \\ & & \cdots & \\ & & & 0\end{bmatrix}$

$$|\lambda\boldsymbol{E}-\boldsymbol{B}|=\begin{vmatrix}\lambda & 0 & \cdots & -1\\ 0 & \lambda & \cdots & -2\\ \vdots & \vdots & & \vdots\\ 0 & 0 & \cdots & \lambda-n\end{vmatrix}=(\lambda-n)\lambda^{n-1}$$

所以 $\boldsymbol{B}$ 的 n 个特征值也为 $\lambda_1=n,\lambda_2=\lambda_3=\cdots\lambda_n=0$；

对于 $n-1$ 重特征值 $\lambda=0$，由于矩阵 $(0\boldsymbol{E}-\boldsymbol{B})=-\boldsymbol{B}$ 的秩显然为 1，所以矩阵 $\boldsymbol{B}$ 对应 $n-1$ 重特征值 $\lambda=0$ 的特征向量应该有 $n-1$ 个线性无关，进一步矩阵 $\boldsymbol{B}$ 存在 n 个线性无关的

特征向量,即矩阵 $\boldsymbol{B}$ 一定可以对角化,且 $\boldsymbol{B}=\begin{bmatrix} n & & & \\ & 0 & & \\ & & \ddots & \\ & & & 0 \end{bmatrix}$

从而可知 n 阶矩阵 $\begin{bmatrix} 1 & 1 & \cdots & 1 \\ 1 & 1 & \cdots & 1 \\ \vdots & \vdots & & \vdots \\ 1 & 1 & \cdots & 1 \end{bmatrix}$ 与 $\begin{bmatrix} 0 & 0 & \cdots & 1 \\ 0 & \cdots & 0 & 2 \\ \vdots & \vdots & & \vdots \\ 0 & \cdots & 0 & n \end{bmatrix}$ 相似.

第八章

λ-矩阵

知识网络结构图

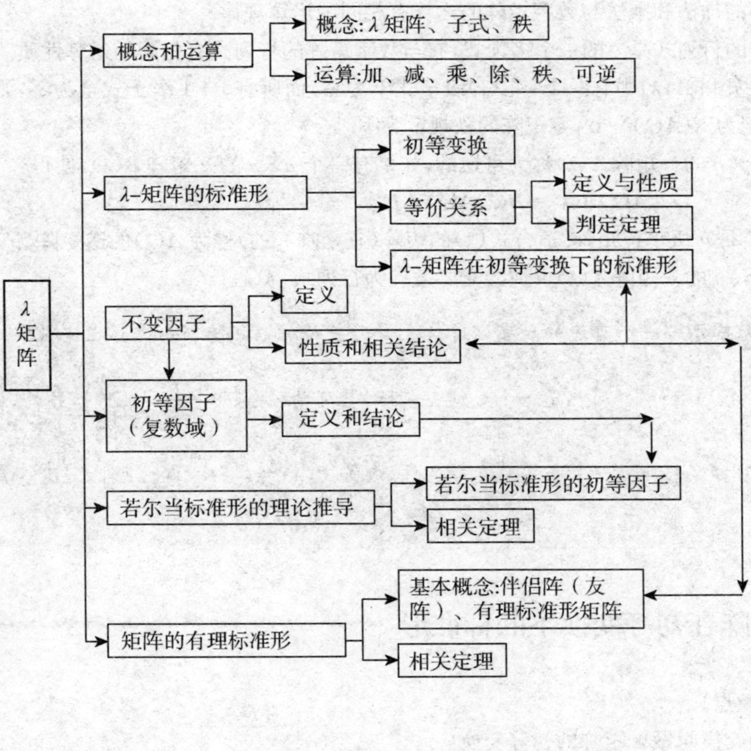

主要知识内容

一、λ-矩阵

1. 定义

设 $\boldsymbol{P}$ 是一个数域，λ 是一个文字，作多项式环 $\boldsymbol{P}[\lambda]$. 一个矩阵，如果它的元素是 λ 的多项式，即 $\boldsymbol{P}[\lambda]$ 的元素，就称为 **λ-矩阵**.

2. 其他基本概念

（ⅰ）为了与 λ-矩阵相区别，把以数域 P 中的数为元素的矩阵称为数字矩阵. 用 $\boldsymbol{A}(\lambda)$，$\boldsymbol{B}(\lambda)$，…等表示 λ-矩阵.

（ⅱ）λ-矩阵的加法和乘法与数字矩阵的运算有相同的运算规律.

（ⅲ）λ-矩阵的行列式是 λ 的一个多项式，它与数字矩阵的行列式有相同的运算性质.

（ⅳ）如果 λ-矩阵 $\boldsymbol{A}(\lambda)$ 中有一个 $r(\geqslant 1)$ 级子式不为零，而所有 $r+1$ 级子式全为零，则称 $\boldsymbol{A}(\lambda)$ 的秩为 r，记为 $R(\boldsymbol{A}(\lambda))=r$，零矩阵的秩规定为零.

（ⅴ）一个 $n\times n$ 的 λ-矩阵 $\boldsymbol{A}(\lambda)$ 称为**可逆的**，如果有一个 $n\times n$ 的 λ-矩阵 $\boldsymbol{B}(\lambda)$，使得

$$\boldsymbol{A}(\lambda)\boldsymbol{B}(\lambda)=\boldsymbol{B}(\lambda)\boldsymbol{A}(\lambda)=\boldsymbol{E}, \tag{1}$$

这里 $\boldsymbol{E}$ 是 n 级单位矩阵. 适合式(1)的矩阵（它是唯一的）称为 $\boldsymbol{A}(\lambda)$ 的**逆矩阵**，记为 $\boldsymbol{A}^{-1}(\lambda)$.

（ⅵ）一个 $n\times n$ 的 λ-矩阵 $\boldsymbol{A}(\lambda)$ 可逆的充要条件为行列式 $|\boldsymbol{A}(\lambda)|\neq 0$.

温馨提示 一个可逆的数字矩阵 $\boldsymbol{A}$ 仍然是可逆的 λ-矩阵，但是，存在非数字矩阵的可逆 λ-矩阵，例如 $\boldsymbol{A}(\lambda)=\begin{pmatrix}1&\lambda\\0&1\end{pmatrix}$ 就是一个可逆 λ-矩阵，其逆为 $\boldsymbol{A}(\lambda)^{-1}=\begin{pmatrix}1&-\lambda\\0&1\end{pmatrix}$，另外，$|\boldsymbol{A}(\lambda)|\neq 0$ 的只是 $\boldsymbol{A}(\lambda)$ 可逆的 必要条件，而不是充分条件，例如 $\boldsymbol{B}(\lambda)=\begin{pmatrix}\boldsymbol{\lambda}&0\\0&1\end{pmatrix}$ 的行列式 $|\boldsymbol{\beta}(\lambda)|=\lambda\neq 0$，但 $\boldsymbol{B}(\lambda)$ 不可逆.

二、λ-矩阵在初等变换下的标准形

1. 初等变换（重点）

下面的三种变换叫做 λ-矩阵的初等变换：

（ⅰ）矩阵的两行（列）互换位置.

（ⅱ）矩阵的某一行（列）乘以非零常数 c.

（ⅲ）矩阵的某一行（列）加另一行（列）的 $\varphi(\lambda)$ 倍，$\varphi(\lambda)$ 是一个多项式. 相应的初等矩阵依次记为

$$\boldsymbol{P}(i,j),\boldsymbol{P}(i(c)),\boldsymbol{P}(i,j(\varphi)),$$

初等矩阵都是可逆的，逆为

$$P(i,j)^{-1}=P(i,j),P(i(c))^{-1}=P(i(c^{-1})),$$
$$P(i,j(\varphi))^{-1}=P(i,j(-\varphi));$$

温馨提示 λ-矩矩阵的初等变换与数字矩阵的区别在于第三类初等变换，前者的第三类初等变换中，某一行加另一行的倍数不再是常数倍. 而在第二类初等变换中，之所以乘上一个非零的常数，而不是一个非零的多项式，是为了使初等变换可逆.

2. 等价

(ⅰ)定义

λ-矩阵$A(\lambda)$称为与$B(\lambda)$等价，如果可以经过一系列初等变换将$A(\lambda)$化为$B(\lambda)$.

(ⅱ)性质

①反身性：每一个λ-矩阵与自己等价.

② 对称性：若$A(\lambda)$与$B(\lambda)$等价，则$B(\lambda)$与$A(\lambda)$等价.

③ 传递性：若$A(\lambda)$与$B(\lambda)$等价，$B(\lambda)$与$C(\lambda)$等价，则$A(\lambda)$与$C(\lambda)$等价.

(ⅲ)判定定理

矩阵$A(\lambda)$与$B(\lambda)$等价的充分必要条件为有一系列初等矩阵$P_1,P_2,\cdots,P_l,Q_1,Q_2\cdots,Q_t$使

$$A(\lambda)=P_1P_2\cdots P_lB(\lambda)Q_1Q_2\cdots Q_t.$$

温馨提示 如果$A(\lambda)$与$B(\lambda)$等价，那么$|A(\lambda)|$与$|B(\lambda)|$只相差一个非零常数，但是，与数字矩阵的情形不同，两个秩相同的λ-矩阵$A(\lambda)$与$B(\lambda)$却不一定等价，例如：$A(\lambda)=\begin{pmatrix}1&\lambda\\0&1\end{pmatrix}$和$B(\lambda)=\begin{pmatrix}\lambda&0\\0&1\end{pmatrix}$的秩都为2，但是$|A(\lambda)|=1\neq\lambda=|B(\lambda)|$，即$|A(\lambda)|$与$|B(\lambda)|$不相差一个非零常数，从而不等价.

3. λ-矩阵的标准形(重点、难点)

任意一个非零的$s\times n$的λ-矩阵$A(\lambda)$都等价于下列形式的矩阵

$$\begin{bmatrix}d_1(\lambda)&&&&&&\\&d_1(\lambda)&&&&&\\&&\ddots&&&&\\&&&d_r(\lambda)&&&\\&&&&0&&\\&&&&&\ddots&\\&&&&&&0\end{bmatrix}\quad(2)$$

其中$r\geqslant1,d_i(\lambda)(i=1,2,\cdots,r)$是首项系数为1的多项式，且$d_i(\lambda)|d_{i+1}(\lambda)(i=1,2,\cdots,r-1)$，此矩阵称为$A(\lambda)$的标准形.

三、不变因子

1. 行列式因子(重点、难点)

(ⅰ)定义

设 λ-矩阵 $\boldsymbol{A}(\lambda)$ 的秩为 r，对于正整数 k，$1\leqslant k\leqslant r$，$\boldsymbol{A}(\lambda)$ 中必有非零的 k 级子式. $\boldsymbol{A}(\lambda)$ 中全部 k 级子式的首项系数为 1 的最大公因式 $\boldsymbol{D}_k(\lambda)$ 称为 $\boldsymbol{A}(\lambda)$ 的 k 级行列式因子.

> **温馨提示** 由首项系数为 1 的最大公因式的唯一性，可以确定 $\boldsymbol{A}(\lambda)$ 的各级行列式因子 $\boldsymbol{D}_k(\lambda)$ 的唯一性.

(ⅱ)性质及相关结论

①对于秩为 r 的 λ-矩阵，行列式因子一共有 r 个. 行列式因子在初等变换下是不变的.

②等价的 λ-矩阵具有相同的秩和相同的各级行列式因子.

③在标准形(2)中，k 级子式的最大公因式是 $d_1(\lambda)d_2(\lambda)\cdots d_k(\lambda)$，$1\leqslant k\leqslant r$.

④λ-矩阵的标准形是唯一的.

2. 不变因子(重点、难点)

(ⅰ)定义

标准形的主对角线上非零元素 $d_1(\lambda),d_2(\lambda),\cdots,d_r(\lambda)$ 称为 λ-矩阵 $\boldsymbol{A}(\lambda)$ 的不变因子.

(ⅱ)性质及相关结论

①两个 λ-矩阵等价的充要条件是它们有相同的行列式因子，或有相同的不变因子.

②行列式因子有 $D_k(\lambda)\mid D_{k+1}(\lambda)$，$k=1,2,\cdots,r-1$

③可逆矩阵的标准形是单位矩阵 $\boldsymbol{E}$，反之，与单位矩阵等价的矩阵一定是可逆的.

④矩阵 $\boldsymbol{A}(\lambda)$ 可逆的充要条件是它可表为一些初等矩阵的乘积：

$$\boldsymbol{A}(\lambda)=\boldsymbol{P}_1\boldsymbol{P}_2\cdots\boldsymbol{P}_i\boldsymbol{B}(\lambda)\boldsymbol{Q}_1\boldsymbol{Q}_2\cdots\boldsymbol{Q}_t.$$

⑤ 两个 $s\times n$ 的 λ-矩阵 $\boldsymbol{A}(\lambda)$ 与 $\boldsymbol{B}(\lambda)$ 等价的充要条件是，有一个 $s\times s$ 可逆矩阵 $\boldsymbol{P}(\lambda)$ 与一个 $n\times n$ 可逆矩阵 $\boldsymbol{Q}(\lambda)$，使

$$\boldsymbol{B}(\lambda)=\boldsymbol{P}(\lambda)\boldsymbol{A}(\lambda)\boldsymbol{Q}(\lambda).$$

> **温馨提示** λ-矩阵 $\boldsymbol{A}(\lambda)$ 的不变因子和行列式因子是相互唯一确定的.

四、矩阵相似的条件

1. 基本定理(重点、难点)

(ⅰ)如果有 $n\times n$ 数字矩阵 $\boldsymbol{P}_0,\boldsymbol{Q}_0$ 使 $\lambda\boldsymbol{E}-\boldsymbol{A}=\boldsymbol{P}_0(\lambda\boldsymbol{E}-\boldsymbol{B})\boldsymbol{Q}_0$，则 $\boldsymbol{A}$ 与 $\boldsymbol{B}$(相似).

(ⅱ)对于任何不为零的 $n\times n$ 数字矩阵 $\boldsymbol{A}$ 和 λ-矩阵 $\boldsymbol{U}(\lambda)$ 与 $\boldsymbol{V}(\lambda)$，一定存在 λ-矩阵 $\boldsymbol{Q}(\lambda)$ 与 $\boldsymbol{R}(\lambda)$ 及数字矩阵 $\boldsymbol{U}_0$ 和 $\boldsymbol{V}_0$，使

$$\boldsymbol{U}(\lambda)=(\lambda\boldsymbol{E}-\boldsymbol{A})\boldsymbol{Q}(\lambda)+\boldsymbol{U}_0,$$

$$V(\lambda)=R(\lambda)(\lambda E-A)+V_0.$$

2. 判断定理(重点、难点)

(ⅰ)设 A,B 是数域 P 上两个 $n\times n$ 矩阵. $A\sim B$ 的充要条件是,它们的特征矩阵 $\lambda E-A$ 与 $\lambda E-B$ 等价.

> **温馨提示** 根据以上定理可以看出,矩阵的相似问题可以转化成 λ-矩阵的等价问题.

(ⅱ)矩阵 A 与 B 相似的充要条件是它们有相同的不变因子.

3. 相关结论(重点、难点)

(ⅰ)$n\times n$ 矩阵的特征矩阵的秩一定是 n.

(ⅱ)$n\times n$ 矩阵的不变因子总是有 n 个,它们的乘积就等于这个矩阵的特征多项式.

> **温馨提示** 这是由于特征多项式 $|\lambda E-A|\neq 0$. 但矩阵 $\lambda E-A$ 不一定是可逆的. 而且无论数字矩阵 A 的秩为多少,其特征矩阵的秩都为 n,且 A 的 n 级行列式因子
>
> $$D_n(\lambda)=|\lambda E-A|=d_1(\lambda)d_2(\lambda)\cdots d_n(\lambda).$$
>
> 其中 $d_1(\lambda),d_2(\lambda),\cdots,d_n(\lambda)$ 为 A 的各级不变因子.

五、初等因子(在复数域中讨论)(重点、难点)

1. 定义

把矩阵 A(或线性变换 $\mathscr{A}$)的每个次数大于零的不变因子分解成互不相同的一次因式方幂的乘积,所有这些一次因式方幂(相同的按出现次数计算)称为矩阵 A(或线性变换 λ)的初等因子.

2. 相关结论

(ⅰ)两个同级复数矩阵相似的充分必要条件是它们有相同的初等因子.

> **温馨提示** 初等因子也是矩阵的相似不变量.

(ⅱ)首先用初等变换化特征矩阵 $\lambda E-A$ 为对角形,然后将主对角线上的元素分解成互不相同的一次因式方幂的乘积,则所有这些一次因式的方幂(相同的按出现的次数计算)就是 A 的全部初等因子.

> **温馨提示** 判别两个矩阵是否相似时,不必先求得它们的不变因子,只需将它们的特征矩阵化成对角形式,再分解因式即可判别.

六、若尔当(Jordan)标准形的理论推导

1. 若尔当标准形的初等因子 (重点、难点)

(ⅰ)若尔当块

$$J_0=\begin{pmatrix}\lambda_0 & 0 & \cdots & 0 & 0\\ 1 & \lambda_0 & \cdots & 0 & 0\\ 0 & 1 & \cdots & 0 & 0\\ \vdots & \vdots & & \vdots & \vdots\\ 0 & 0 & \cdots & 1 & \lambda_0\end{pmatrix}_{n\times n}$$

的初等因子是$(\lambda-\lambda_0)^n$.

温馨提示 若尔当块 J_0 被它的初等因子唯一确定,这就说明若尔当块和它的初等因子互相唯一确定.

(ⅱ)n 级若尔当形矩阵

$$J=\begin{pmatrix}J_1 & & & \\ & J_2 & & \\ & & \ddots & \\ & & & J_s\end{pmatrix},\text{其中 } J_i=\begin{pmatrix}\lambda_i & & & \\ 1 & \lambda_i & & \\ & \ddots & \ddots & \\ & & 1 & \lambda_i\end{pmatrix}_{k_i\times k_i}\quad (i=1,2,\cdots,s)\text{的全部初等因子为}$$

$$(\lambda-\lambda_1)^{k_1},(\lambda-\lambda_2)^{k_2},\cdots,(\lambda-\lambda_s)^{k_s}.$$

温馨提示 若尔当形矩阵的全部初等因子就是由它的全部若尔当块的初等因子组成的.

2. 相关定理(重点、难点)

(ⅰ)每个 n 级的复数矩阵 A 都与一个若尔当形矩阵相似,这个若尔当形矩阵除去其中若尔当块的排列次序外是被矩阵 A 唯一决定的,它称为 A 的若尔当标准形.

(ⅱ)设 $\mathscr{A}$ 是复数域上 n 维线性空间 V 的线性变换,则必存在 V 的一组基,使 $\mathscr{A}$ 在这组基下的矩阵是若尔当形矩阵,并且这个若尔当形矩阵除去若尔当块的排列次序外是被 $\mathscr{A}$ 唯一确定的.

(ⅲ)复数矩阵 A 与对角矩阵相似的充要条件是 A 的初等因子全为一次的.

(ⅳ)n 级矩阵 A 的最小多项式就是 A 的第 n 个不变因子 $d_n(\lambda)$.

(ⅴ)复数矩阵 A 与对角矩阵相似的充分必要条件是,A 的不变因子都没有重根,或 A 的最小多项式没有重根.

七、矩阵的理标准形

1. 基本概念

(ⅰ)对数域 P 上的一个多项式

$$d(\lambda)=\lambda^n+a_1\lambda^{n-1}+\cdots+a_n,$$

称矩阵 $A=\begin{pmatrix}0 & 0 & \cdots & 0 & -a_n\\ 1 & 0 & \cdots & 0 & -a_{n-1}\\ 0 & 1 & \cdots & 0 & -a_{n-2}\\ \vdots & \vdots & & \vdots & \vdots\\ 0 & 0 & \cdots & 1 & -a_1\end{pmatrix}$ 为多项式 $d(\lambda)$的伴侣阵(或友阵).

易验证，$\mathbf{A}$ 的(即 $\lambda\mathbf{E}-\mathbf{A}$ 的)不变因子是$\underbrace{1,1,\cdots,1}_{n-1},d(\lambda)$.

(ii)下列准对角矩阵 $\mathbf{A}=\begin{pmatrix}\mathbf{A}_1 & & & \\ & \mathbf{A}_2 & & \\ & & \ddots & \\ & & & \mathbf{A}_s\end{pmatrix}$,

其中 $\mathbf{A}_i(i=1,2,\cdots,s)$分别是数域 P 上某多项式 $d_i(\lambda)$的伴侣阵，且满足

$$d_1(\lambda)\mid d_2(\lambda)\cdots\mid d_S(\lambda),$$

则称 $\mathbf{A}$ 为 P 上的一个有理标准形矩阵.

温馨提示 n 级有理标准矩阵 $\mathbf{A}$ 的不变因子为 $1,1,\cdots,1,d_1(\lambda),d_2(\lambda),\cdots,d_s(\lambda)$，其中 1 的个数为 $n-s$.

2. 相关定理(难点)

(i)数域 P 上 $n\times n$ 方阵 $\mathbf{A}$ 在 P 上相似于唯一一个有理标准形，称为 $\mathbf{A}$ 的有理标准形.

(ii)设 $\mathscr{A}$ 是数域 P 上 n 维线性空间的线性变换，则在 V 中存在一组基，使 $\mathscr{A}$ 在该基下的矩阵是有理标准形，并且这个有理标准形是由 $\mathscr{A}$ 唯一决定的，称为 $\mathscr{A}$ 的有理标准形.

经典例题解析

题型一:求 λ-矩阵标准形

题型分析 求 λ-矩阵的标准形一般采用初等变换法，另外也可以求出 $\mathbf{A}(\lambda)$的初等因子组或行列式因子组，然后再根据它们与不变因子的对应写出 $\mathbf{A}(\lambda)$的标准形，在计算时，要根据题目的要求或者所求矩阵的特点选择合适的方法.

例 1 用初等变换化 λ-矩阵为标准形. $\mathbf{A}(\lambda)=\begin{bmatrix}1-\lambda & 2\lambda-1 & \lambda\\ \lambda & \lambda^2 & -\lambda_2\\ 1+\lambda^2 & \lambda^3+\lambda-1 & -\lambda^2\end{bmatrix}$

分　析

$$\mathbf{A}(\lambda)\xrightarrow[{[3+1]}]{}\begin{bmatrix}1-\lambda & 2\lambda-1 & 1\\ \lambda & \lambda^2 & 0\\ 1+\lambda^2 & \lambda^3+\lambda-1 & 1\end{bmatrix}$$

$$\xrightarrow[{[1,3]}]{}\begin{bmatrix}1 & 2\lambda-1 & 1-\lambda\\ 0 & \lambda^2 & \lambda\\ 1 & \lambda^3+\lambda-1 & 1+\lambda^2\end{bmatrix}$$

熟练掌握矩阵的三类初等变换以及 λ-矩阵的标准形式

$$\xrightarrow{3-1}\begin{bmatrix}1 & 2\lambda-1 & 1-\lambda\\0 & \lambda^2 & \lambda\\1 & \lambda^3-\lambda & \lambda^2+\lambda\end{bmatrix}$$

$$\xrightarrow[{[2-1(2\lambda-1)],[3+1(\lambda-1)]}]{}\begin{bmatrix}1 & 0 & 0\\0 & \lambda^2 & \lambda\\0 & \lambda^3-\lambda & \lambda^2+\lambda\end{bmatrix}$$

$$\xrightarrow[{[2,3]}]{}\begin{bmatrix}1 & 0 & 0\\0 & \lambda & \lambda^2\\0 & \lambda^2+\lambda & \lambda^3-\lambda\end{bmatrix}$$

$$\xrightarrow[{[3-2(\lambda)]}]{}\begin{bmatrix}1 & 0 & 0\\0 & \lambda & 0\\0 & \lambda^2+\lambda & -\lambda^2-\lambda\end{bmatrix}$$

$$\xrightarrow[{[3(-1)]}]{[3-2(\lambda+1)]}\begin{bmatrix}1 & 0 & 0\\0 & \lambda & 0\\0 & 0 & \lambda^2+\lambda\end{bmatrix}=\boldsymbol{B}(\lambda)$$

$\boldsymbol{B}(\lambda)$即为$\boldsymbol{A}(\lambda)$的标准形.

题型二:不变因子和初等因子的相关问题

题型分析 不变因子与初等因子相互联系,知道其中一方,则可以求出另一方,下面给出求初等因子的方法:

首先用初等变换化特征矩阵$\lambda\boldsymbol{E}-\boldsymbol{A}$为对角形式,然后将主对角线上的元素分解成互不相同的一次因式方幂的乘积,则所有这些一次因式的方幂(相同的按出现的次数计算)就是$\boldsymbol{A}$的全部初等因子.

例2 求矩阵$\boldsymbol{A}$的初等因子

$$\boldsymbol{A}=\begin{bmatrix}-1 & -2 & 6\\-1 & 0 & 3\\-1 & -1 & 4\end{bmatrix}$$

解题过程 对$\lambda\boldsymbol{E}-\boldsymbol{A}$作初等变换

$$\lambda\boldsymbol{E}-\boldsymbol{A}=\begin{bmatrix}\lambda+1 & 2 & -6\\1 & \lambda & -3\\1 & 1 & \lambda-4\end{bmatrix}\rightarrow\begin{bmatrix}0 & -\lambda+1 & -\lambda^2+3\lambda-2\\0 & \lambda-1 & -\lambda+1\\1 & 1 & \lambda-4\end{bmatrix}$$

$$\rightarrow\begin{bmatrix}1 & 1 & \lambda-4\\0 & \lambda-1 & -\lambda+1\\0 & -\lambda+1 & -\lambda^2+3\lambda-1\end{bmatrix}\rightarrow\begin{bmatrix}1 & 0 & 0\\0 & \lambda-1 & -\lambda+1\\0 & -\lambda+1 & \lambda^2+3\lambda-1\end{bmatrix}$$

$$\rightarrow\begin{bmatrix}1 & 0 & 0\\0 & \lambda-0 & -\lambda+1\\0 & 0 & -\lambda^2+2\lambda-1\end{bmatrix}\rightarrow\begin{bmatrix}1 & 0 & 0\\0 & \lambda-1 & 0\\0 & 0 & (\lambda-1)^2\end{bmatrix}$$

所以 A 的初等因子为：$\lambda-1,(\lambda-1)^2$.

例 3 已知 3 级矩阵 A 的初等因子为：$(\lambda-1)^2,\lambda-2$，求 A 的不变因子.

解题过程 作排列 $(\lambda-1)^2,1,1$； $\lambda-2,1,1$

得 A 的不变因子为：

$$d_3(x)=(\lambda-1)^2(\lambda-2).$$

$$d_2(x)=d_1(x)=1$$

注意初等因子与不变因子之间的关系

题型三：矩阵相似的判别

题型分析 本章介绍两个矩阵 A 和 B 相似的方法主要有两个，一个是根据特征矩阵即若 $\lambda E-A$ 与 $\lambda E-B$ 等价：则 A 和 B 相似；另一个是根据不变因子，若两个矩阵 A 和 B 有相同的不变因子(或行式因子、初等因子). 在解题时，可以根据这两个条件进行判别.

例 4 证明：下列三个矩阵彼此都不相似.

$$A=\begin{pmatrix} a & 0 & 0 \\ 0 & a & 0 \\ 0 & 0 & a \end{pmatrix},\qquad B=\begin{pmatrix} a & 0 & 0 \\ 0 & a & 1 \\ 0 & 0 & a \end{pmatrix},\qquad C=\begin{pmatrix} a & 1 & 0 \\ 0 & a & 1 \\ 0 & 0 & a \end{pmatrix}$$

解题过程 $\lambda E-A$ 的不变因子是：

$$d_1=\lambda-a,\quad d_2=\lambda-a,\quad d_3=\lambda-a$$

$\lambda E-B$ 的不变因子是：

$$d_1=1,\quad d_2=\lambda-a,\quad d_3=(\lambda-a)^2$$

$\lambda E-C$ 的不变因子是：

$$d_1=1,\quad d_2=1,\quad d_3=(\lambda-a)^3$$

故 A,B,C 的不变因子各不相同.

$\therefore A,B,C$ 彼此不相似.

本题利用不变因子是否相同，判别两个矩阵是否相似

题型四：矩阵的若尔当标准形和有理标准形

题型分析 若尔当标准形式是复矩阵的标准形，必须在复数域中讨论. 若尔当标准形是通过矩阵的初等因子来构造的. 对于有理标准形，关键是掌握教材中的定理 7，这样就可以应用不变因子来构造自己所需要的标准形.

例 5 已知 12 级矩阵 A 的不变因子为

$\underbrace{1,1,\cdots 1}_{9个},(\lambda-1)^2,(\lambda-1)^2(\lambda+1),(\lambda-1)^2(\lambda+1)(\lambda^2+1)^2$ 求 A 的若当标准形.

解题过程 依题意，A 的初等因子为

$$(\lambda-1)^2,(\lambda-1)^2,(\lambda-1)^2,(\lambda+1),(\lambda+1),(\lambda-i)^2,(\lambda+i)^2$$

$\therefore A$ 的若当标准形为

$$\begin{pmatrix} 1 & 0 & & & & & & & & & & \\ 1 & 1 & & & & & & & & & & \\ & & 1 & 0 & & & & & & & & \\ & & 1 & 1 & & & & & & & & \\ & & & & 1 & 0 & & & & & & \\ & & & & 1 & 1 & & & & & & \\ & & & & & & -1 & & & & & \\ & & & & & & & -1 & & & & \\ & & & & & & & & i & & & \\ & & & & & & & & 1 & i & & \\ & & & & & & & & & & -i & \\ & & & & & & & & & & 1 & -i \end{pmatrix}$$

课后习题全解

1. 知识点窍 λ-矩阵化成标准形.

逻辑推理 λ-矩阵化标准形的常用方法：

①初等变换.

②用行列式因子和不变因子的关系求.

解题过程 (1)对 λ-矩阵作初等变换，有

$$\begin{bmatrix} \lambda^3-\lambda & 2\lambda^2 \\ \lambda^2+5\lambda & 3\lambda \end{bmatrix} \to \begin{bmatrix} 3\lambda & \lambda^2+\lambda 5 \\ 2\lambda^2 & \lambda^3-\lambda \end{bmatrix} \to \begin{bmatrix} 3\lambda & \lambda^2+5\lambda \\ 0 & \lambda^3-10\lambda^2-3\lambda \end{bmatrix}$$

$$\to \begin{bmatrix} \lambda & 0 \\ 0 & \lambda^3-10\lambda^2-3\lambda \end{bmatrix} = \boldsymbol{B}(\lambda)$$

$\boldsymbol{B}(\lambda)$即为所求.

(2)对 λ-矩阵作初等变换，有

$$\boldsymbol{A}(\lambda)=\begin{bmatrix} 1-\lambda & \lambda^2 & \lambda \\ \lambda & \lambda & -\lambda \\ 1+\lambda^2 & \lambda^2 & -\lambda^2 \end{bmatrix} \to \begin{bmatrix} 1 & \lambda^2 & \lambda \\ 0 & \lambda & -\lambda \\ 1 & \lambda^2 & -\lambda^2 \end{bmatrix} \to \begin{bmatrix} 1 & 0 & 0 \\ 0 & \lambda & -\lambda \\ 0 & 0 & -\lambda(\lambda+1) \end{bmatrix}$$

$$\to \begin{bmatrix} 1 & 0 & 0 \\ 0 & \lambda & 0 \\ 0 & 0 & \lambda^2+\lambda \end{bmatrix} = \boldsymbol{B}(\lambda)$$

$\boldsymbol{B}(\lambda)$即为所求.

(3)因为 $\begin{bmatrix} \lambda^2+\lambda & 0 & 0 \\ 0 & \lambda & 0 \\ 0 & 0 & (\lambda+1)^2 \end{bmatrix}$ 的行列式因子为

$$D_1=1, D_2=\lambda(\lambda+1), D_3=\lambda^2(\lambda+1)^3,$$

所以

$$d_1=1, d_2=\frac{D_2}{D_1}=\lambda(\lambda+1), d_3\ \frac{D_3}{D_2}=\lambda(\lambda+1)^2.$$

从而

$$\boldsymbol{A}(\lambda)=\begin{bmatrix}\lambda^2+\lambda & 0 & 0\\ 0 & \lambda & 0\\ 0 & 0 & (\lambda+1)^2\end{bmatrix}\to\begin{bmatrix}1 & 0 & 0\\ 0 & \lambda(\lambda+1) & 0\\ 0 & 0 & \lambda(\lambda+1)^2\end{bmatrix}=\boldsymbol{B}(\lambda).$$

$\boldsymbol{B}(\lambda)$即为所求.

(4)因为$\begin{bmatrix}0 & 0 & 0 & \lambda^2\\ 0 & 0 & \lambda^2-\lambda & 0\\ 0 & (\lambda-1)^2 & 0 & 0\\ \lambda^2-\lambda & 0 & 0 & 0\end{bmatrix}$的行列式因子为

$$D_1=1, D_2=\lambda(\lambda-1), D_3=\lambda^2(\lambda-1)^2, D_4=\lambda^4(\lambda-1)^4$$

所以

$$d_1=1, d_2=\frac{D_2}{D_1}=\lambda(\lambda-1), d_3=\frac{D_3}{D_2}=\lambda(\lambda-1), d_4=\frac{D_4}{D_3}=\lambda^2(\lambda-1)^2.$$

从而

$$\boldsymbol{A}(\lambda)=\begin{bmatrix}0 & 0 & 0 & \lambda^2\\ 0 & 0 & x^2-\lambda & 0\\ 0 & (\lambda-1)^2 & 0 & 0\\ \lambda^2-\lambda & 0 & 0 & 0\end{bmatrix}$$

$$\to\begin{bmatrix}1 & 0 & 0 & 0\\ 0 & \lambda(\lambda-1) & 0 & 0\\ 0 & 0 & \lambda(\lambda-1) & 0\\ 0 & 0 & 0 & \lambda^2(\lambda-1)^2\end{bmatrix}=\boldsymbol{B}(\lambda).$$

$\boldsymbol{B}(\lambda)$即为所求.

(5)对λ-矩阵作初等变换,有

$$\boldsymbol{A}(\lambda)=\begin{bmatrix}3\lambda^2+\lambda-3 & 2\lambda-1 & \lambda^2+2\lambda-3\\ 4\lambda^2+3\lambda-5 & 3\lambda-2 & \lambda^2+3\lambda-4\\ \lambda^2+\lambda-4 & \lambda-2 & \lambda-1\end{bmatrix}$$

$$\to\begin{bmatrix}3\lambda^2-2 & 2\lambda-1 & \lambda^2-2\\ 4\lambda^2-3 & 3\lambda-2 & \lambda^2-2\\ \lambda^2-2 & \lambda-2 & 1\end{bmatrix}$$

$$\to\begin{bmatrix}\lambda^4+7\lambda^2-6 & -\lambda^3+2\lambda^2+4\lambda-5 & 0\\ \lambda^2-1 & \lambda-1 & 0\\ 0 & 0 & 1\end{bmatrix}$$

$$\to\begin{bmatrix}-\lambda^3+\lambda^2-\lambda-1 & -\lambda^3++\lambda^2+4\lambda-5 & 0\\ 0 & \lambda-1 & 0\\ 0 & 0 & 1\end{bmatrix}$$

$$\to\begin{bmatrix}\lambda^3-3\lambda^2-\lambda+1 & 0 & 0\\ 0 & \lambda-1 & 0\\ 0 & 0 & 1\end{bmatrix}$$

$$\to\begin{bmatrix}1 & 0 & 0\\ 0 & \lambda-1 & 0\\ 0 & 0 & \lambda^3-\lambda^2-\lambda+1\end{bmatrix}=\boldsymbol{B}(\lambda).$$

$\boldsymbol{B}(\lambda)$即为所求

(6)对 λ-矩阵作初等变换,有

$$\boldsymbol{A}(\lambda)=\begin{bmatrix}2\lambda & 3 & 0 & 1 & \lambda\\ 4\lambda & 3\lambda+6 & 0 & \lambda+2 & 2\lambda\\ 0 & 6\lambda & \lambda & 2\lambda & 0\\ \lambda-1 & 0 & \lambda-1 & 0 & 0\\ 3\lambda-3 & 1-\lambda & 2\lambda-2 & 0 & 0\end{bmatrix}$$

$$\to\begin{bmatrix}0 & 0 & 0 & 1 & \lambda\\ 0 & 0 & 0 & \lambda+2 & 2\lambda\\ 0 & 0 & \lambda & 2\lambda & 0\\ \lambda-1 & 0 & \lambda-1 & 0 & 0\\ 0 & 1-\lambda & 0 & 0 & 0\end{bmatrix}$$

$$\to\begin{bmatrix}0 & 0 & 0 & 1 & \lambda\\ 0 & 0 & 0 & \lambda & 0\\ 0 & 0 & 0 & 2\lambda & 0\\ \lambda-1 & 0 & 0 & 0 & 0\\ 0 & 1-\lambda & 0 & 0 & 0\end{bmatrix}$$

$$\to\begin{bmatrix}0 & 0 & 0 & 1 & \lambda\\ 0 & 0 & 0 & 0 & -\lambda^2\\ 0 & 0 & \lambda & 0 & 0\\ \lambda-1 & 0 & 0 & 0 & 0\\ 0 & 1-\lambda & 0 & 0 & 0\end{bmatrix}$$

$$\to\begin{bmatrix}0 & 0 & 0 & 1 & 0\\ 0 & 0 & 0 & 0 & -\lambda^2\\ 0 & 0 & \lambda & 0 & 0\\ \lambda-1 & 0 & 0 & 0 & 0\\ 0 & 1-\lambda & 0 & 0 & 0\end{bmatrix}$$

$$\rightarrow\begin{bmatrix}1&0&0&0&0\\0&-2\lambda^2&0&0&0\\0&0&\lambda&0&0\\0&0&0&\lambda-1&0\\0&0&0&0&1-\lambda\end{bmatrix}$$

该矩阵不是标准形

在最后一个行列式中

$$D_3=1, D_4=\lambda(\lambda-1), D_5=\lambda^3(\lambda-1)^2,$$

所求

$$d_1=d_2=d_3=1, d_4=\frac{D_4}{D_3}=\lambda(\lambda-1), d_5=\frac{D_5}{D_4}=\lambda^2(\lambda-1)$$

故所求标准形为

$$B(\lambda)=\begin{bmatrix}1&0&0&0&0\\0&1&0&0&0\\0&0&1&0&0\\0&0&0&\lambda(\lambda-1)&0\\0&0&0&0&\lambda^2(\lambda-1)\end{bmatrix}$$

2. 知识点窍 λ-矩阵的不变因子.

逻辑推理 求 λ-矩阵的不变因子的常用方法:

①用标准形.

②先求行列式因子,再利用行列因子与不变因子的关系求出不变因子.

解题过程 (1)**方法一** 所给矩阵的一阶行列式因子 $D_1=1$,

二阶行列式因子为 $D_2=\begin{vmatrix}-1&0\\\lambda-2&-1\end{vmatrix}=1$,

方法一是利用行列式因子计算不变因子;方法二是利用初等变换计算不变因子。在计算时选择合适的方法

其三阶行列式因子 $D_3=(\lambda-2)^3$.

故该 λ-矩阵的不变因子为

$d_1=d_2=1 \quad d_3=(\lambda-2)^3$;

方法二 对 $A(\lambda)$ 作初等变换得

$$A(\lambda)=\begin{pmatrix}\lambda-2&-1&0\\0&\lambda-2&-1\\0&0&\lambda-2\end{pmatrix}\rightarrow\begin{pmatrix}-1&\lambda-2&0\\\lambda-2&0&-1\\0&0&\lambda-2\end{pmatrix}\rightarrow\begin{pmatrix}-1&\lambda-2&0\\0&(\lambda-2)^2&-1\\0&0&\lambda-2\end{pmatrix}$$

$$\rightarrow\begin{pmatrix}1&0&0\\0&(\lambda-2)^2&-1\\0&0&\lambda-2\end{pmatrix}\rightarrow\begin{pmatrix}1&0&0\\0&-1&(\lambda-2)^2\\0&\lambda-2&0\end{pmatrix}\rightarrow\begin{pmatrix}1&0&0\\0&1&0\\0&0&(\lambda-2)^3\end{pmatrix}=B(\lambda).$$

于是 $B(\lambda)$ 即为 $A(\lambda)$ 的标准形,从而 $A(\lambda)$ 的不变因子为

$$d_1(\lambda)=d_2(\lambda)=1, d_3(\lambda)=(\lambda-1)^2.$$

(2)同(1),其行列式因子为

$$D_3=D_2=D_1=1,\qquad D_4=\lambda^4+2\lambda^3+3\lambda^2+4\lambda+5,$$

故 λ-矩阵的不变因子为

$$d_1=d_2=d_3=1\qquad d_4=\lambda^4+2\lambda^3+3\lambda^2+4\lambda+5$$

(3)当 $\beta\neq0$ 时,有

$$D_4=\begin{vmatrix}\lambda+\alpha & \beta\\ -\beta & \lambda+\alpha\end{vmatrix}\begin{vmatrix}\lambda+\alpha & \beta\\ -\beta & \lambda+\alpha\end{vmatrix}=(\lambda+\alpha)^2+\beta^{22},$$

且在 λ-矩阵中有一个三阶子式

$$\begin{vmatrix}\beta & 1 & 0\\ \lambda+\alpha & 0 & 1\\ 0 & \lambda+\alpha & \beta\end{vmatrix}=-2\beta(\lambda+\alpha).$$

于是由 $[2\beta(\lambda+\alpha),D_3]=1$.

可得

$$D_3=1.$$

故该 λ-矩阵的不变因子为

$$d_1=d_2=d_3=1,d_4=(\lambda+\alpha)^2+\beta^{22}.$$

当 $\beta=0$ 时,由

$$D_1=1,D_2=1,D_3=(\lambda+\alpha)^2,D_4=(\lambda+\alpha)^4.$$

从而

$$d_1=d_2=1,d_3=(\lambda+\alpha)^2,d_4=\frac{D_4}{D_3}=(\lambda+\alpha)^2.$$

(4)因为所给矩阵的左上角三阶子式为 1,所以其行列式因子为

$$D_1=1,D_2=1,D_3=1,D_4=(\lambda+2)^4,$$

从而所求不变因子为

$$d_1=d_2=d_3=1,d_4=(\lambda^2+2)^4.$$

(5)因为所给矩阵的四个三阶行列式无公共零因式,所以其行列式因子为

$$D_3=1,D_4=(\lambda^2-1)(\lambda^2-4),$$

故所求不变因子为

$$d_1=d_2=d_3=1,d_4=(\lambda^2-1)(\lambda^2-4).$$

3. **知识点窍** λ-矩阵的不变因子.

逻辑推理 求 λ-矩阵的不变因子的常用方法:

①利用标准形.

②先求行列式因子,再利用行列式因子与不变因子的关系求出不变因子.

在本题中采用方法②. 先按最后一列展开行列式,可得到 $D_n=f(\lambda)$. 然后可求得矩阵左下角的 $n-1$ 阶子式 $D_{n-1}=(-1)^{n-1}$,因此可得到 $D_{n-2}=D_{n-3}=\cdots=D_1=1$,从而可利用行列式因子与不变因子的关系求出不变因子,命题得证.

解题过程 因为

$$D_n(\lambda)=\begin{vmatrix} \lambda & 0 & 0 & 0 & \cdots & 0 & a_n \\ -1 & \lambda & 0 & 0 & \cdots & 0 & a_{n-1} \\ 0 & -1 & \lambda & 0 & \cdots & 0 & a_{n-2} \\ 0 & 0 & -1 & \lambda & \cdots & 0 & a_{n-3} \\ \cdots & \cdots & \cdots & \ddots & \ddots & \cdots & \cdots \\ 0 & 0 & 0 & 0 & \cdots & \lambda & a_2 \\ 0 & 0 & 0 & 0 & \cdots & -1 & \lambda+a_1 \end{vmatrix}$$

按最后一列展开此行列式，得

$$D_n(\lambda)=(\lambda+a_1)\lambda^{n-1}+a_2\lambda^{n-2}+\cdots+a_{n-1}\lambda+a_n=f(\lambda).$$

$$f(\lambda)=(\lambda^n+a_1\lambda^{n-1}+a_2\lambda^{n-2}+\cdots+a_{n-1}\lambda+a_n.$$

因为 λ-矩阵左下角的 $n-1$ 阶子式 $M_{n-1}=(-1)^{n-1}$，所以 $D_{n-1}=1$，从而

$$D_1=D_2=\cdots=D_{n-2}=1,$$

故所给矩阵的不变因子为

$$d_1=d_2=\cdots d_{n-1}=1.$$

$$d_n=f(\lambda)=\lambda^n+a_1\lambda^{n-1}+\cdots+a_{n-1}\lambda+a_n,$$

只要找到一个k级行列式因子为1，则所有1,2,…,k-1级行行列式因子都为1

即证.

4. 知识点窍 矩阵相似的条件；行列式因子与不变因子的关系.

逻辑推理 矩阵 $\boldsymbol{A}$ 与 $\boldsymbol{B}$ 相似的充分必要条件是它们有相同的不变因子. 因 $\lambda E-\boldsymbol{A}$ 与 $\lambda E-\boldsymbol{A}'$ 有相同的各级行列式因子，因此由行列式因子与不变因子的关系可证得它们有相同的不变 因子，从而可证得命题.

解题过程 设 $\boldsymbol{A}=\begin{pmatrix} a_{11} & a_{12} & \cdots & a_{1n} \\ a_{21} & a_{22} & \cdots & a_{2n} \\ \vdots & \vdots & & \vdots \\ a_{n1} & a_{n2} & \cdots & a_{nn} \end{pmatrix}$，则 $\boldsymbol{A}'=\begin{pmatrix} a_{11} & a_{21} & \cdots & a_{n1} \\ a_{12} & a_{22} & \cdots & a_{n2} \\ \vdots & \vdots & & \vdots \\ a_{1n} & a_{2n} & \cdots & a_{nn} \end{pmatrix}$.

因为 $\boldsymbol{A}$ 与 $\boldsymbol{A}'$ 相似的充分必要条件是它们有相同的不变因子，所以只需证明 $\lambda E-\boldsymbol{A}$ 与 $\lambda E-\boldsymbol{A}'$ 有相同的不变因子即可.

注意到 $\lambda E-\boldsymbol{A}$ 与 $\lambda E-\boldsymbol{A}'$ 对应的 k 级子式互为转置，因而对应的 k 级子式相等，故 $\lambda E-\boldsymbol{A}$ 与 $\lambda E-\boldsymbol{A}'$

有相同的各级行列式因子，从而相同的不变因子，即证 $\boldsymbol{A}$ 与 $\boldsymbol{A}'$ 相似.

5. 知识点窍 对称矩阵的运算性质.

逻辑推理 由第四章习题 2(8)可得 $\boldsymbol{A}^k=[(\boldsymbol{A}')']^k=[(\boldsymbol{A})'^k]'$，利用上式可求得结果.

解题过程 由第 4 章习题 2 之(8)得

$$\boldsymbol{A}^k=\begin{pmatrix} \lambda & 0 & 0 \\ 1 & \lambda & 0 \\ 0 & 1 & \lambda \end{pmatrix}^k=\left(\begin{pmatrix} \lambda & 1 & 0 \\ 0 & \lambda & 1 \\ 0 & 0 & \lambda \end{pmatrix}'\right)^k=\left(\begin{pmatrix} \lambda & 1 & 0 \\ 0 & \lambda & 1 \\ 0 & 0 & \lambda \end{pmatrix}^k\right)'$$

$$=\begin{pmatrix}\lambda^k & k\lambda^{k-1} & \frac{k(k-1)}{2}\lambda^{k-2}\\ 0 & \lambda^k & k\lambda^{k-1}\\ 0 & 0 & \lambda^k\end{pmatrix}'=\begin{pmatrix}\lambda^k & 0 & 0\\ k\lambda^{k-1} & \lambda^k & 0\\ \frac{k(k-1)}{2}\lambda^{k-2} & k\lambda^{k-1} & \lambda^k\end{pmatrix}.$$

6. 知识点窍 矩阵的若尔当标准形.

逻辑推理 求复系数矩阵的若尔当标准形的基本步骤:

①求矩阵的初等因子,可通过求 $\lambda\boldsymbol{E}-\boldsymbol{A}$ 的不变因子后利用初等因子与不变因子的关系求得.

②运用初等因子与矩阵的若尔当标准形的关系可直接写出所求矩阵的若尔当标准形.

解题过程 (1)设原矩阵为 $\boldsymbol{A}$,则

$$\lambda\boldsymbol{E}-\boldsymbol{A}=\begin{pmatrix}\lambda-1 & -2 & 0\\ 0 & \lambda-2 & 0\\ 2 & 2 & \lambda+1\end{pmatrix}\to\begin{pmatrix}1 & 0 & 0\\ 0 & 1 & 0\\ 0 & 0 & (\lambda+1)(\lambda-1)(\lambda-2)\end{pmatrix},$$

于是 $\boldsymbol{A}$ 的初等因子是

$$\lambda+1,\lambda-1,\lambda-2,$$

故 $\boldsymbol{A}$ 的若尔当标准形为

$$\boldsymbol{J}=\begin{pmatrix}1 & 0 & 0\\ 0 & -1 & 0\\ 0 & 0 & 2\end{pmatrix};$$

注意初等因子的计算方法:将特征矩阵$|E-A|$化成对角形式,再对对角线上大于0次的多项式进行分解即可得到全部的初等因子

(2)设原矩阵为 $\boldsymbol{A}$,则

$$\lambda\boldsymbol{E}-\boldsymbol{A}=\begin{pmatrix}\lambda-13 & -16 & -16\\ 5 & \lambda+7 & 6\\ 6 & 8 & \lambda+7\end{pmatrix}\to\begin{pmatrix}1 & 0 & 0\\ 0 & 1 & 0\\ 0 & 0 & (\lambda-1)^2(\lambda+3)\end{pmatrix},$$

于是 $\boldsymbol{A}$ 的初等因子是

$$(\lambda-1)^2,\lambda+3,$$

故 $\boldsymbol{A}$ 的若尔当标准形为

$$\boldsymbol{J}=\begin{pmatrix}-3 & 0 & 0\\ 0 & 1 & 0\\ 0 & 1 & 1\end{pmatrix};$$

(3)设原矩阵为 $\boldsymbol{A}$,则

$$\lambda E-\boldsymbol{A}=\begin{pmatrix}\lambda-3 & 0 & -8\\ -3 & \lambda+1 & -6\\ 2 & 0 & \lambda+5\end{pmatrix}$$

$$\rightarrow\begin{pmatrix}1 & 0 & 0\\ 0 & \lambda+1 & 0\\ 0 & 0 & (\lambda+1)^2\end{pmatrix},$$

于是 $\boldsymbol{A}$ 的初等因子是 $\lambda+1,(\lambda+1)^2$,故 $\boldsymbol{A}$ 的若尔当标准形为

$$\boldsymbol{J}=\begin{pmatrix}-1 & 0 & 0\\ 0 & -1 & 0\\ 0 & 1 & -1\end{pmatrix};$$

(4)初等因子是 $(\lambda-1)^3$,故若尔当标准形为

$$\boldsymbol{J}=\begin{pmatrix}1 & 0 & 0\\ 1 & 1 & 0\\ 0 & 1 & 1\end{pmatrix};$$

(5)初等因子是 $\lambda-1,\lambda+i,\lambda-i$,从而若尔当标准形为

$$\boldsymbol{J}=\begin{pmatrix}1 & 0 & 0\\ 0 & -i & 0\\ 0 & 0 & i\end{pmatrix};$$

(6)初等因子是 $\lambda,\lambda,\lambda-2$,若尔当标准形为

$$\boldsymbol{J}=\begin{pmatrix}0 & 0 & 0\\ 0 & 0 & 0\\ 0 & 0 & 2\end{pmatrix};$$

(7)初等因子是 λ,λ^2,若尔当标准形为

$$\boldsymbol{J}\begin{pmatrix}0 & 0 & 0\\ 0 & 0 & 0\\ 0 & 1 & 0\end{pmatrix};$$

(8)初等因子是 $(\lambda-2)^3$,若尔当标准形为

$$\boldsymbol{J}=\begin{pmatrix}2 & 0 & 0\\ 1 & 2 & 0\\ 0 & 1 & 2\end{pmatrix};$$

(9)初等因子是 $\lambda,(\lambda+1)^2$,若尔当标准形为

$$\boldsymbol{J}=\begin{pmatrix}0 & 0 & 0\\ 0 & -1 & 0\\ 0 & 1 & -1\end{pmatrix};$$

(10)经初等变换可知不变因子为 $1,1,\lambda^3+30\lambda-8$

设 $\lambda^3+30\lambda-8=(\lambda-\lambda_1)(\lambda-\lambda_2)(\lambda-\lambda_3)$,则由“卡当”公式可解得

$$\lambda_1 = \sqrt[3]{4+\sqrt{1016}} + \sqrt[3]{4-\sqrt{1016}}$$

$$\lambda_2 = \omega\sqrt[3]{4+\sqrt{1016}} + \omega^2\sqrt[3]{4-\sqrt{1016}}$$

$$\lambda_3 = \omega^2\sqrt[3]{4+\sqrt{1016}} + \omega\sqrt[3]{4-\sqrt{1016}}$$

其中 $\omega=-\frac{1}{2}+\frac{\sqrt{3}}{2}i$，于是初等因子是 $\lambda-\lambda_1,\lambda-\lambda_2,\lambda-\lambda_3$，

故若尔当标准形为

$$J=\begin{bmatrix}\lambda_1 & 0 & 0\\ 0 & \lambda_2 & 0\\ 0 & 0 & \lambda_3\end{bmatrix};$$

(11)初等因子是 $(\lambda-1)^4$，若尔当标准形为

$$J=\begin{pmatrix}1&0&0&0\\1&1&0&0\\0&1&1&0\\0&0&1&1\end{pmatrix};$$

(12)初等因子是 $(\lambda-1)^4$，若尔当标准形为

$$J=\begin{pmatrix}1&0&0&0\\1&1&0&0\\0&1&1&0\\0&0&1&1\end{pmatrix};$$

(13)初等因子是 $\lambda-1,\lambda-1,\lambda-7+\sqrt{30},\lambda-7-\sqrt{30}$，若尔当标准形为

$$J=\begin{pmatrix}1&0&0&0\\0&1&0&0\\0&0&7-\sqrt{30}&0\\0&0&0&7+\sqrt{30}\end{pmatrix};$$

(14)设原矩阵为 $\boldsymbol{A}$，则

$$\lambda E-\boldsymbol{A}=\begin{pmatrix}\lambda&-1&0&\cdots&0&0\\0&\lambda&-1&\cdots&0&0\\0&0&\lambda&\cdots&0&0\\\vdots&\vdots&\vdots&\ddots&\vdots&\vdots\\0&0&0&\cdots&\lambda&-1\\-1&0&0&\cdots&0&\lambda\end{pmatrix}$$

$$\to\begin{pmatrix}0&-1&0&\cdots&0&0\\0&0&-1&\cdots&0&0\\0&0&0&\cdots&0&0\\\vdots&\vdots&\vdots&\ddots&\vdots&\vdots\\0&0&0&\cdots&0&\lambda^n-1\\-1&0&0&\cdots&0&0\end{pmatrix}$$

即 λ^n-1 为其不变因子，设 $\varepsilon_1,\varepsilon_2,\cdots,\varepsilon_n$，是 1 的 n 次单位根，其中

$$\varepsilon_k=\cos\frac{2k\pi}{n}+i\sin\frac{2k\pi}{n},k=1,2,\cdots,n$$

因此若尔当标准形为

$$\boldsymbol{J}=\begin{pmatrix}\varepsilon_1&&&&\\&\varepsilon_2&&&\\&&\ddots&&\\&&&\varepsilon_{n-1}&\\&&&&\varepsilon_n\end{pmatrix}.$$

7\. 知识点窍 求矩阵的有理标准形.

逻辑推理 求一矩阵的有理标准形时，先将其看成复数域中矩阵，对于不可约因式，则用伴侣阵表示，因而先求不变因子即可，而不变因子可由初等因子求得. 在解题过程中可用到上题求解过程中计算出的有关初等因子和不变因子的结果.

解题过程 (1)已知 $\boldsymbol{A}=\begin{pmatrix}1&2&0\\0&2&0\\-2&-2&-1\end{pmatrix}$，且

$$\lambda E-\boldsymbol{A}=\begin{pmatrix}\lambda-1&-2&0\\0&\lambda-2&0\\2&2&\lambda+1\end{pmatrix}\to\begin{pmatrix}1&0&0\\0&1&0\\0&0&\lambda^3-2\lambda^2-\lambda+2\end{pmatrix},$$

所以 $\boldsymbol{A}$ 的有理标准形为

$$\boldsymbol{B}=\begin{pmatrix}0&0&-2\\1&0&1\\0&1&2\end{pmatrix};$$

(2)已知 $\boldsymbol{A}=\begin{pmatrix}13&16&16\\-5&-7&-6\\-6&-8&-7\end{pmatrix}$，且

则 $\boldsymbol{A}$ 的不变因子为

$$d_1(\lambda)=d_2(\lambda)=1,d_3(\lambda)=\lambda^3+\lambda^2-5\lambda+3.$$

故 $\boldsymbol{A}$ 的有理标准形为

$$\boldsymbol{B}=\begin{pmatrix}0&0&-3\\1&0&5\\0&1&-1\end{pmatrix};$$

(3)已知 $\boldsymbol{A}=\begin{pmatrix}3&0&8\\3&-1&6\\-2&0&-5\end{pmatrix}$,

则 $\boldsymbol{A}$ 的不变因子为

$$d_i(\lambda)=1, d_2(\lambda)=\lambda+1, d_3(\lambda)=\lambda^2+2\lambda+1.$$

故 $\boldsymbol{A}$ 的有理标准形为

$$\boldsymbol{B}=\begin{pmatrix}1&0&0\\0&0&-1\\0&1&2\end{pmatrix};$$

(4)已知 $\boldsymbol{A}=\begin{pmatrix}4&5&-2\\-2&-2&1\\-1&-1&1\end{pmatrix}$.

则 $\boldsymbol{A}$ 的不变因子为

$$d_1(\lambda)=d_2(\lambda)=1, d_3(\lambda)=(\lambda-1)^3=\lambda^3-3\lambda^2+3\lambda-1.$$

故 $\boldsymbol{A}$ 的有理标准形为

$$\boldsymbol{B}=\begin{pmatrix}0&0&1\\1&0&-3\\0&1&3\end{pmatrix};$$

(5)已知 $\boldsymbol{A}=\begin{pmatrix}3&7&-3\\-2&-5&2\\-4&-10&3\end{pmatrix}$

则 $\boldsymbol{A}$ 的不变因子为

$$d_1(\lambda)=d_2(\lambda)=1, d_3(\lambda)=(\lambda-1)(\lambda^2+1)=\lambda^3-\lambda^2+\lambda-1,$$

故 $\boldsymbol{A}$ 的有理标准形为

$$\boldsymbol{B}=\begin{pmatrix}0&0&1\\1&0&-1\\0&1&1\end{pmatrix};$$

(6)已知 $\boldsymbol{A}=\begin{pmatrix}1&-1&2\\3&-3&6\\2&-2&4\end{pmatrix}$,

则 $\boldsymbol{A}$ 的不变因子为

$$d_1(\lambda)=1, d_2(\lambda)=\lambda, d_3(\lambda)=\lambda^2-2\lambda,$$

故 $\boldsymbol{A}$ 的有理标准形为

$$\boldsymbol{B}=\begin{pmatrix}0&0&0\\0&0&0\\0&1&2\end{pmatrix};$$

(7)已知 $\boldsymbol{A}=\begin{pmatrix}1 & 1 & -1\\ -3 & -3 & 3\\ -2 & -2 & 2\end{pmatrix}$,

则 $\boldsymbol{A}$ 的不变因子为

$$d_1(\lambda)=1,d_2(\lambda)=\lambda,d_3(\lambda)=\lambda^2,$$

故 $\boldsymbol{A}$ 的有理标准形为

$$\boldsymbol{B}=\begin{pmatrix}0 & 0 & 0\\ 0 & 0 & 0\\ 0 & 1 & 0\end{pmatrix};$$

(8)已知 $\boldsymbol{A}=\begin{pmatrix}-4 & 2 & 10\\ -4 & 3 & 7\\ -3 & 1 & 7\end{pmatrix}$,

则 $\boldsymbol{A}$ 的不变因子为

$$d_1(\lambda)=d_2(\lambda)=1,d_2(\lambda)=(\lambda-2)^3=\lambda^3-6\lambda^2+12\lambda-8.$$

故 $\boldsymbol{A}$ 的理标准形为

$$\boldsymbol{B}=\begin{pmatrix}0 & 0 & 8\\ 1 & 0 & -12\\ 0 & 1 & 6\end{pmatrix};$$

(9)已知 $\boldsymbol{A}=\begin{pmatrix}0 & 3 & 3\\ -1 & 8 & 6\\ 2 & -14 & -10\end{pmatrix}$,

则 $\boldsymbol{A}$ 的不变因子为

$$d_1(\lambda)=d_2(\lambda)=1,d_3(\lambda)=\lambda(\lambda+1)^2=\lambda^3+2\lambda^2+\lambda,$$

故 $\boldsymbol{A}$ 的有理标准形为

$$\boldsymbol{B}=\begin{pmatrix}0 & 0 & 0\\ 1 & 0 & -1\\ 0 & 1 & -2\end{pmatrix};$$

(10)已知 $\boldsymbol{A}=\begin{pmatrix}8 & 30 & -14\\ -6 & -19 & 9\\ -6 & -23 & 11\end{pmatrix}$,

则 $\boldsymbol{A}$ 的不变因子为

$$d_1(\lambda)=d_2(\lambda)=1,d_3(\lambda)=\lambda^3+30\lambda-8,$$

故 $\boldsymbol{A}$ 的有理标准形为

$$\boldsymbol{B}=\begin{pmatrix}0 & 0 & 8\\ 1 & 0 & -30\\ 0 & 1 & 0\end{pmatrix};$$

(11)已知 $\boldsymbol{A}=\begin{pmatrix}3 & 1 & 0 & 0\\ -4 & -1 & 0 & 0\\ 7 & 1 & 2 & 1\\ -7 & -6 & -1 & 0\end{pmatrix}$，

则 $\boldsymbol{A}$ 的不变因子为

$$d_1(\lambda)=d_2(\lambda)=d_3(\lambda)=1, d_4(\lambda)=(\lambda-1)^4=\lambda^4-4\lambda^3+6\lambda^2-4\lambda+1,$$

故 $\boldsymbol{A}$ 的有理标准形为

$$\boldsymbol{B}=\begin{pmatrix}0 & 0 & 0 & -1\\ 1 & 0 & 0 & 4\\ 0 & 1 & 0 & -6\\ 0 & 0 & 1 & 4\end{pmatrix};$$

(12)已知 $\boldsymbol{A}=\begin{pmatrix}1 & 2 & 3 & 4\\ 0 & 1 & 2 & 3\\ 0 & 0 & 1 & 2\\ 0 & 0 & 0 & 1\end{pmatrix}$，

则 $\boldsymbol{A}$ 的不变因子为

$$d_1(\lambda)=d_2(\lambda)=d_3(\lambda)=1, d_4(\lambda)=(\lambda-1)^4=\lambda^4-4\lambda^3+6\lambda^2-4\lambda+1.$$

故 $\boldsymbol{A}$ 的有理标准形为

$$\boldsymbol{B}=\begin{pmatrix}0 & 0 & 0 & -1\\ 1 & 0 & 0 & 4\\ 0 & 1 & 0 & -6\\ 0 & 0 & 1 & 4\end{pmatrix};$$

(13)已知 $\boldsymbol{A}=\begin{pmatrix}1 & -3 & 0 & 3\\ -2 & 6 & 0 & 13\\ 0 & -3 & 1 & 3\\ -1 & 2 & 0 & 8\end{pmatrix}$

有理标准形利用不变因子来构造；若尔当标准形利用初等因子来构造。注意初等因子与不变因子的关系

则 $\boldsymbol{A}$ 的不变因子为

$$d_1(\lambda)=d_2(\lambda)=1, d_3(\lambda)=1, d_4(\lambda)=\lambda^3-15\lambda^2+33\lambda-19$$

故 $\boldsymbol{A}$ 的有理标准形为

$$\boldsymbol{B}=\begin{pmatrix}1 & 0 & 0 & 0\\ 0 & 0 & 0 & 19\\ 0 & 1 & 0 & -33\\ 0 & 0 & 1 & 15\end{pmatrix}$$

(14)已知 $\mathbf{A}=\begin{pmatrix}0&1&0&\cdots&0&0\\0&0&1&\cdots&0&0\\0&0&0&\cdots&0&0\\\vdots&\vdots&\vdots&\ddots&\vdots&\vdots\\0&0&0&\cdots&0&1\\1&0&0&\cdots&0&0\end{pmatrix}$,

则 $\mathbf{A}$ 的不变因子为

$$d_1=d_2=\cdots=d_{n-1}=1,d_n=\lambda^n-1,$$

故 $\mathbf{A}$ 的有理标准形为

$$\boldsymbol{B}=\begin{pmatrix}0&0&\cdots&0&1\\1&0&\cdots&0&0\\0&1&\cdots&0&0\\\vdots&\vdots&\ddots&\vdots&\vdots\\0&0&\cdots&1&0\end{pmatrix}.$$

补充题

1. 知识点窍 最小多形式的基本定理;不变因子;矩阵的若尔当标准形;矩阵的有理标准形.

逻辑推理 第(1)问的证明过程中,设 $d(\lambda)=\lambda^n+a_1\lambda^{n-1}+\cdots+a_{n-1}\lambda+a_n$,于是由习题 3 可知$d(\lambda)$是矩阵 $\mathbf{A}$ 的一不变因子. 将 $d(\lambda)$分解成一次因式的乘积,可得到 $\mathbf{A}$ 的若尔当标准形. 由最小多项式的基本定理可知,矩阵 $\mathbf{A}$ 的最小多项式是 $d(\lambda)$,进而由矩阵与变换的对应关系可证明命题.

第(2)问的证明过程中,由不变因子的性质可知 $d(\lambda)=d_n(\lambda)$. 又根据求矩阵的有理标准形的步骤可求得到矩阵在某组基下的有理标准形,于是根据(1)的结论和最小多项式的基本定理可知 $d_n(\lambda)$是变换的最小多项式,进而可证得命题.

解题过程 (1)设

$$d(\lambda)=\lambda^n+a_n\lambda^{n-1}+\cdots+a_{n-1}\lambda+a_n,$$

则 $d(\lambda)$的伴随矩阵为

$$\mathbf{A}=\begin{pmatrix}0&0&\cdots&0&-a_{n-1}\\1&0&\cdots&0&-a_{n-2}\\0&1&\cdots&0&-a_{n-3}\\\vdots&\vdots&&\vdots&\vdots\\0&0&\cdots&1&-a_1\end{pmatrix}.$$

故 $\mathbf{A}$ 的不变因子为

$$d_1=d_2=\cdots=d_{n-1}=1.\ d_n=d(\lambda).$$

将 $d(\lambda)$ 分解成 $d(\lambda)=(\lambda-\lambda_1)^{r_1}(\lambda-\lambda_2)^{r_2}\cdots(\lambda-\lambda_3)^{r_s}$

$$r_1+r_2+\cdots+r_s=n\text{ 且 }\lambda_i\neq\lambda_j,i\neq j,$$

则 $\boldsymbol{A}$ 的初等因子为 $(\lambda-\lambda_1)^{r_1},(\lambda-\lambda_2)^{r_2},\cdots,(\lambda-\lambda_n)^{r_s}$. 于是 $\boldsymbol{A}$ 的若尔当标准形为

$$\boldsymbol{J}=\begin{pmatrix}\boldsymbol{J}_1 & & & \\ & \boldsymbol{J}_2 & & \\ & & \ddots & \\ & & & \boldsymbol{J}_s\end{pmatrix},\text{其中 }\boldsymbol{J}_i=\begin{pmatrix}\lambda_i & & & \\ 1 & \lambda_i & & \\ & \ddots & \ddots & \\ & & 1 & \lambda_i\end{pmatrix}_{r_i\times r_i}\quad(i=1,2,\cdots,s).$$

由于相似矩阵有相同的最小多项式，由第 7 章第 9 节引理 3 和引理 4 知，$\boldsymbol{A}$ 的最小多项式为 $(\lambda-\lambda_1)^{r_1}(\lambda-\lambda_2)^{r_2}\cdots(\lambda-\lambda_s)^{r_s}=d(\lambda)$，因此 $\mathscr{A}$ 的最小多项式为 $d(\lambda)$.

(2) $\mathscr{A}$ 的最高次的不变因子就是 $\mathscr{A}$ 的第 n 个不变因子 $d_n(\lambda)$. 于是 $d(\lambda)=d_n(\lambda)$. 由不变因子的性质可知 $d_i(\lambda)\mid d_n(\lambda)(i=1,\cdots,n-1)$，又根据非常数不变因子可以得到 $\mathscr{A}$ 在 V 的某基下的有理标准形，由(1)的结果和第七章第 9 节引理 3 知 $\mathscr{A}$ 的最小多项式为 $d_n(\lambda)$. 故 $\mathscr{A}$ 的最高次的不变因子 $d(\lambda)$ 就是 $\mathscr{A}$ 的最小多项式.

第九章

欧几里得空间

知识网络结构图

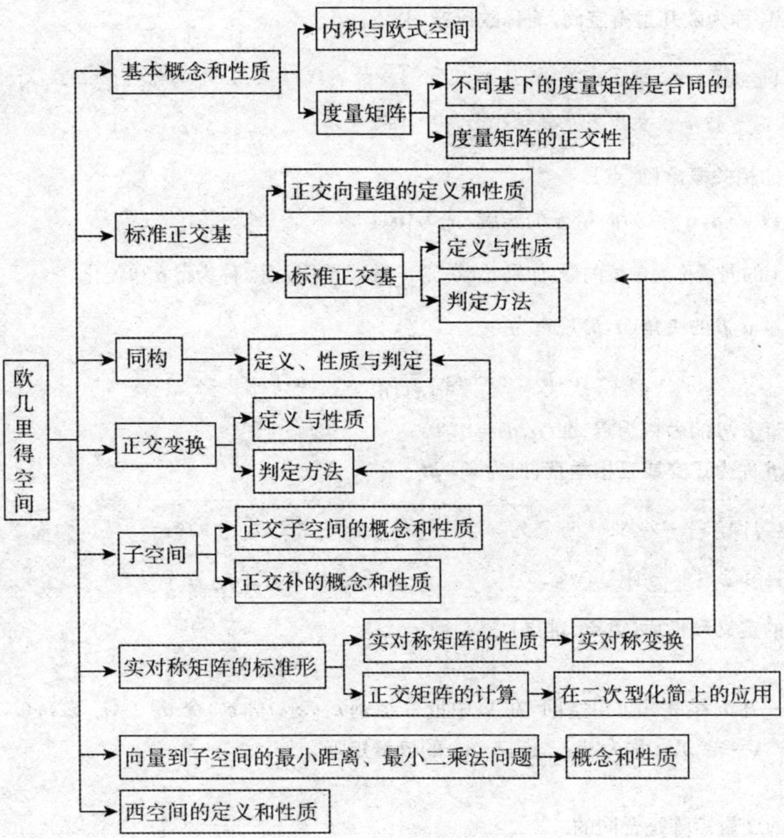

主要知识内容

一、定义与基本性质

1. 定义(重点)

设 V 是实数域 $\mathbf{R}$ 上的一线性空间,在 V 上定义了一个二元实函数,称为**内积**,记为$(\boldsymbol{\alpha},\boldsymbol{\beta})$,它具有以下性质:

①$(\boldsymbol{\alpha},\boldsymbol{\beta})=(\boldsymbol{\beta},\boldsymbol{\alpha})$;

②$(k\boldsymbol{\alpha},\boldsymbol{\beta})=k(\boldsymbol{\alpha},\boldsymbol{\beta})$;

③$(\boldsymbol{\alpha}+\boldsymbol{\beta},\boldsymbol{\gamma})=(\boldsymbol{\alpha},\boldsymbol{\gamma})+(\boldsymbol{\beta},\boldsymbol{\gamma})$;

④$(\boldsymbol{\alpha},\boldsymbol{\alpha})\geqslant 0$,当且仅当 $\boldsymbol{\alpha}=\mathbf{0}$ 时$(\boldsymbol{\alpha},\boldsymbol{\alpha})=0$. 这里 $\boldsymbol{\alpha},\boldsymbol{\beta},\boldsymbol{\gamma}$ 是 V 中任意的向量,k 是任意实数,这样的线性空间 V 称为**欧几里得空间**,简称**欧氏空间**.

温馨提示 公理①为对称性,公理②③合称为线性性,公理④称为恒正性. 对称性,线性性和恒正性正是数量积的基本属性.

2. 欧式空间的相关概念(重点)

①非负实数 $\sqrt{(\boldsymbol{\alpha},\boldsymbol{\alpha})}$ 称为向量 $\boldsymbol{\alpha}$ 的**长度**,记为$|\boldsymbol{\alpha}|$.

②长度为 1 的向量称为**单位向量**. 如果 $\boldsymbol{\alpha}\neq\mathbf{0}$,则$\dfrac{1}{|\boldsymbol{\alpha}|}\boldsymbol{\alpha}$ 是单位元素,称为将 $\boldsymbol{\alpha}$ 单位化.

③非零向量 $\boldsymbol{\alpha},\boldsymbol{\beta}$ 的**夹角**$\langle\boldsymbol{\alpha},\boldsymbol{\beta}\rangle$规定为

$$\langle\boldsymbol{\alpha},\boldsymbol{\beta}\rangle=\arccos\frac{(\boldsymbol{\alpha},\boldsymbol{\beta})}{|\boldsymbol{\alpha}||\boldsymbol{\beta}|},0\leqslant\langle\boldsymbol{\alpha},\boldsymbol{\beta}\rangle\leqslant\pi.$$

④如果向量 $\boldsymbol{\alpha},\boldsymbol{\beta}$ 的内积为零,即$(\boldsymbol{\alpha},\boldsymbol{\beta})=0$,

那么 $\boldsymbol{\alpha},\boldsymbol{\beta}$ 称为**正交**或**互相垂直**,记为 $\boldsymbol{\alpha}\perp\boldsymbol{\beta}$.

温馨提示 这里正交的定义与解析几何中的正交定义是一致的。显然零向量与任何向量正交,非零向量不能与自身正交.

3. 度量矩阵的定义和性质(重点、难点)

①定义

设 V 是一个 n 维欧几里得空间,在 V 中取一组基 $\boldsymbol{\varepsilon}_1,\boldsymbol{\varepsilon}_2,\cdots,\boldsymbol{\varepsilon}_n$,令 $a_{ij}=(\boldsymbol{\varepsilon}_i,\boldsymbol{\varepsilon}_j)$,$(i,j=1,2,\cdots,n)$,矩阵 $\mathbf{A}=(a_{ij})_{n\times n}$ 称为基 $\boldsymbol{\varepsilon}_1,\boldsymbol{\varepsilon}_2,\cdots,\boldsymbol{\varepsilon}_n$ 的**度量矩阵**.

②性质

a. 不同基的度量矩阵是合同的.

b. 度量矩阵是正定的.

温馨提示 设欧氏空间 V 的基 $\varepsilon_1,\cdots,\varepsilon_n$ 的度量矩阵是 $\boldsymbol{A}$，$\forall \boldsymbol{\alpha},\boldsymbol{\beta}\in V$，

$$\left.\begin{array}{l}\boldsymbol{\alpha}=\sum\limits_{i=1}^{n}x_i\boldsymbol{\varepsilon}_i=(\varepsilon_1,\cdots,\varepsilon_n)\begin{pmatrix}x_1\\ \vdots\\ x_n\end{pmatrix}=(\varepsilon_1,\cdots,\varepsilon_n)\boldsymbol{X}\\ \boldsymbol{\beta}=\sum\limits_{i=1}^{n}y_i\boldsymbol{\varepsilon}_i=(\varepsilon_1,\cdots,\varepsilon_n)\begin{pmatrix}y_1\\ \vdots\\ y_n\end{pmatrix}=(\varepsilon_1,\cdots,\varepsilon_n)\boldsymbol{Y}\end{array}\right\}\Rightarrow(\boldsymbol{\alpha},\boldsymbol{\beta})=\boldsymbol{X}'\boldsymbol{A}\boldsymbol{Y}.$$

即度量矩阵完全确定了内积.

4. 欧几里得空间的子空间在原有内积下也是欧氏空间.

二、标准正交基

1. 正交向量组

①定义:欧氏空间 V 中一组非零的向量,如果它们两两正交,就称为一**正交向量组**.

②性质

单个非零向量所成的向量组也是正交向量组.

正交向量组是线性无关的.

n 维欧氏空间中,两两正交的非零向量不能超过 n 个.

温馨提示 欧氏空间中线性无关向量组未必正交向量组.

2. 标准正交基(重点、难点)

①定义

在 n 维欧氏空间中,由 n 个向量组成的正交向量组称为**正交基**;由单位向量组成的正交基称为**标准正交基**.

②性质与判定

a. 一组基为标准正交基的充分必要条件是:它的度量矩阵为单位矩阵,即

$$(\boldsymbol{\varepsilon}_i,\boldsymbol{\varepsilon}_j)=\begin{cases}1,\text{当 } i=j\\ 0,\text{当 } i\neq j.\end{cases}$$

b. 对一组正交基进行单位化就得到一组标准正交基.

c. 在标准正交基下,向量的坐标可通过内积表示,即 $\boldsymbol{\alpha}=(\boldsymbol{\varepsilon}_1,\boldsymbol{\alpha})\boldsymbol{\varepsilon}_1+(\boldsymbol{\varepsilon}_2,\boldsymbol{\alpha})\boldsymbol{\varepsilon}_2+\cdots+(\boldsymbol{\varepsilon}_n,\boldsymbol{\alpha})\boldsymbol{\varepsilon}_n$.

d. 在标准正交基下,内积有特别的表达式,若 $\begin{cases}\boldsymbol{\alpha}=x_1\boldsymbol{\varepsilon}_1+x_2\boldsymbol{\varepsilon}_2+\cdots+x_n\boldsymbol{\varepsilon}_n\\ \boldsymbol{\beta}=y_1\boldsymbol{\varepsilon}_1+y_2\boldsymbol{\varepsilon}_2+\cdots+y_n\boldsymbol{\varepsilon}_n\end{cases}$,则有

$$(\boldsymbol{\alpha},\boldsymbol{\beta})=x_1y_1+x_2y_2+\cdots+x_ny_n=\boldsymbol{X}'\boldsymbol{Y}.$$

温馨提示 n 维欧氏空间中任意一个正交向量组都能扩充成一组正交基,标准正交基在欧氏空间的讨论中起到重要作用.

③求法

a. n 维欧氏空间中任一个正交向量组都能扩充成一组正交基.

b. 对于 n 维欧氏空间中任意一组基 $\boldsymbol{\varepsilon}_1,\boldsymbol{\varepsilon}_2,\cdots,\boldsymbol{\varepsilon}_n$，都可以找到一组标准正交基 $\boldsymbol{\eta}_1,\boldsymbol{\eta}_2,\cdots,\boldsymbol{\eta}_n$，使

$$L(\boldsymbol{\varepsilon}_1,\boldsymbol{\varepsilon}_2,\cdots,\boldsymbol{\varepsilon}_i)=L(\boldsymbol{\eta}_1,\boldsymbol{\eta}_2,\cdots,\boldsymbol{\eta}_i),(i=1,2,\quad\cdots,n).$$

这时，由基 $\boldsymbol{\varepsilon}_1,\boldsymbol{\varepsilon}_2,\cdots,\boldsymbol{\varepsilon}_n$ 到 $\boldsymbol{\eta}_1,\boldsymbol{\eta}_2,\cdots,\boldsymbol{\eta}_n$ 的过渡矩阵是上三角形的.

c. 施密特(Schimidt)正交化过程.

$$\text{设}\begin{cases}\boldsymbol{\beta}_1=\boldsymbol{\alpha}_1,\\ \boldsymbol{\beta}_2=\boldsymbol{\alpha}_2-\dfrac{(\boldsymbol{\alpha}_2,\boldsymbol{\beta}_1)}{(\boldsymbol{\beta}_1,\boldsymbol{\beta}_1)}\boldsymbol{\beta}_1,\\ \boldsymbol{\beta}_3=\boldsymbol{\alpha}_3-\dfrac{(\boldsymbol{\alpha}_3,\boldsymbol{\beta}_1)}{(\boldsymbol{\beta}_1,\boldsymbol{\beta}_1)}\boldsymbol{\beta}_1-\dfrac{(\boldsymbol{\alpha}_3,\boldsymbol{\beta}_2)}{(\boldsymbol{\beta}_2,\boldsymbol{\beta}_2)}\boldsymbol{\beta}_2,\\ \qquad\vdots\\ \boldsymbol{\beta}_n=\boldsymbol{\alpha}_n-\dfrac{(\boldsymbol{\alpha}_n,\boldsymbol{\beta}_1)}{(\boldsymbol{\beta}_1,\boldsymbol{\beta}_1)}\boldsymbol{\beta}_1-\dfrac{(\boldsymbol{\alpha}_n,\boldsymbol{\beta}_2)}{(\boldsymbol{\beta}_2,\boldsymbol{\beta}_2)}\boldsymbol{\beta}_2-\cdots-\dfrac{(\boldsymbol{\alpha}_n,\boldsymbol{\beta}_{n-1})}{(\boldsymbol{\beta}_{n-1},\boldsymbol{\beta}_{n-1})}\boldsymbol{\beta}_{n-1},\end{cases}$$

则 $\boldsymbol{\beta}_1,\boldsymbol{\beta}_2,\cdots,\boldsymbol{\beta}_n$ 已正交化，再单位化(除以各自的长度 $|\boldsymbol{\beta}_i|,i=1,2,\cdots,n$)，就得标准正交基.

3. 正交矩阵(重点、难点)

①定义

如果 n 级实矩阵 $\boldsymbol{A}$ 满足 $\boldsymbol{A}'\boldsymbol{A}=\boldsymbol{E}$，(或 $\boldsymbol{A}\boldsymbol{A}'=\boldsymbol{E}$ 或 $\boldsymbol{A}^{-1}=\boldsymbol{A}'$)，则称 $\boldsymbol{A}$ 为**正交矩阵**.

②由标准正交基到标准正交基的过渡矩阵是正交矩阵；反之，若第一组基是标准正交基，同时过渡矩阵是正交矩阵，那么第二组基一定也是标准正交基.

> **温馨提示**　$\boldsymbol{A}\in\boldsymbol{R}^{n\times n}$ 为正交矩阵
>
> $\Leftrightarrow\boldsymbol{A}$ 的行向量组是欧氏空间 $\boldsymbol{R}^n$ 的标准正交基.
>
> $\Leftrightarrow\boldsymbol{A}$ 的列向量组是欧氏空间 $\boldsymbol{R}^n$ 的标准正交基.

三、同构

1. 定义(重点)

实数域 $\boldsymbol{R}$ 上欧氏空间 V 与 V' 称为**同构的**，如果由 V 到 V' 有一个双射 σ，满足：

①$\sigma(\boldsymbol{\alpha}+\boldsymbol{\beta})=\sigma(\boldsymbol{\alpha})+\sigma(\boldsymbol{\beta})$；

②$\sigma(k\boldsymbol{\alpha})=k\sigma(\boldsymbol{\alpha})$；

③$(\sigma(\boldsymbol{\alpha}),\sigma(\boldsymbol{\beta}))=(\boldsymbol{\alpha},\boldsymbol{\beta})$.

这里 $\boldsymbol{\alpha},\boldsymbol{\beta}\in V,k\in\mathbf{R}$，这样的映射 σ 称为 V 到 V' 的**同构映射**.

> **温馨提示**　可以看出，欧氏空间 V 与 V' 是同构的，即它们之间存在一个保持向量加法、数乘和内积的双射.

2. 性质与判定(重点、难点)

①同构的欧氏空间必有相同的维数.

②每个 n 维的欧氏空间都与 $\mathbf{R}^n$ 同构.

③同构作为欧氏空间之间的关系具有反身性、对称性与传递性.

④两个有限维欧氏空间同构的充要条件是它们的维数相同.

四、正交变换

1. 定义(重点)

欧氏空间 V 的线性变换 $\mathscr{A}$ 称为**正交变换**,如果它保持向量的内积不变,即对于任意的 $\boldsymbol{\alpha},\boldsymbol{\beta}\in V$,都有$(\mathscr{A}\boldsymbol{\alpha},\mathscr{A}\boldsymbol{\beta})=(\boldsymbol{\alpha},\boldsymbol{\beta})$.

2. 判定定理(重点、难点)

设 $\mathscr{A}$ 是 n 维欧氏空间 V 的一个线性变换,则下面四个命题是相互等价的:

①$\mathscr{A}$ 是正交变换;

②$\mathscr{A}$ 保持向量的长度不变,即对于 $\forall\,\boldsymbol{\alpha}\in V$,$|\mathscr{A}\boldsymbol{\alpha}|=|\boldsymbol{\alpha}|$;

③如果 $\boldsymbol{\varepsilon}_1,\boldsymbol{\varepsilon}_2,\cdots,\boldsymbol{\varepsilon}_n$ 是标准正交基,则 $\mathscr{A}\boldsymbol{\varepsilon}_1,\mathscr{A}\boldsymbol{\varepsilon}_2,\cdots,\mathscr{A}\boldsymbol{\varepsilon}_n$ 也是标准正交基;

④$\mathscr{A}$ 在任一组标准正交基下的矩阵是正交矩阵 $\mathbf{A}$

3. 正交变换的相关结论(重点、难点)

①正交变换是可逆的.

②正交变换是一个欧氏空间到它自身的同构映射,因而正交变换的乘积与正交变换的逆变换还是正交变换.

③在标准正交基下,正交矩阵的乘积与正交矩阵的逆矩阵还是正交矩阵.

④正交变换的行列式等于$+1$或者-1. 行列式等于$+1$的正交变换通常称为旋转,或者称为第一类的;行列式等于-1的正交变换称为第二类的.

⑤在标准正交基下,正交变换与正交矩阵一一对应.

⑥正交变换保持向量夹角不变,反之则不一定.

五、子空间

1. 正交子空间(重点、难点)

①基本概念

a. 若 V_1,V_2 是欧氏空间 V 中两个子空间,如果对于任意的 $\boldsymbol{\alpha}\in V_1,\boldsymbol{\beta}\in V_2$,恒有$(\boldsymbol{\alpha},\boldsymbol{\beta})=0$,则称 V_1,V_2 是正交的,记为 $V_1\perp V_2$.

b. 单个向量 $\boldsymbol{\alpha}$,如果对于任意的 $\boldsymbol{\beta}\in V_1$,恒有$(\boldsymbol{\alpha},\boldsymbol{\beta})=0$,则称 $\boldsymbol{\alpha}$ 与子空间 V_1 正交,记为 $\boldsymbol{\alpha}\perp V_1$.

②相关结论

a. $V_1\perp V_2$,则 $V_1\cap V_2=\{\mathbf{0}\}$.

b. 若 $\boldsymbol{\alpha}\perp \boldsymbol{V}_1$ 且 $\boldsymbol{\alpha}\in V_1$,则 $\boldsymbol{\alpha}=0$;

c. 如果子空间 $V_1,\cdots V_s$ 两两正交,那么和 $V_1+\cdots+V_s$ 是直和.

2. 正交补(重点、难点)

①定义:子空间 V_2 称为子空间 V_1 的**正交补**,如果 $V_1 \perp V_2$ 且 $V_1+V_2=V$. V_1 的正交补记为 $V_1^{\perp}$.

> **温馨提示** 正交补 V_2 是 V_1 作为 V 的线性子空间的补子空间,即 $V=V_1+V_2$ 且 $V_1 \cap V_2=\{\mathbf{0}\}$;要注意,线性空间的补子空间不唯一,但欧氏空间的子空间的正交补是唯一的.

②相关结论

a. 如果 V_2 是 V_1 的正交补,那么 V_1 也是 V_2 的正交补.

b. n 维欧氏空间 V 的每一个子空间 V_1 都有唯一的正交补,且 $\dim(V_1)+\dim(V_1^{\perp})=n$

> **温馨提示** 教材中证明这个结论的思想要掌握,即利用构造标准正交基证明.

c. $V_1^{\perp}$ 恰由所有与 V_1 正交的向量组成.

d. 由 $V=V_1 \oplus V_1^{\perp}$,知 $\forall \boldsymbol{\alpha} \in V$,有唯一的分解式 $\boldsymbol{\alpha}=\boldsymbol{\alpha}_1+\boldsymbol{\alpha}_2$,其中 $\boldsymbol{\alpha}_1 \in V_1$,$\boldsymbol{\alpha}_2 \in V_1^{\perp}$.

六、实对称矩阵的标准形

1. 实对称矩阵的性质(重点、难点)

①实对称矩阵的特征值皆为实数.

②设 $\boldsymbol{A}$ 是 n 级实对称矩阵,则 $\mathbf{R}^n$ 中属于 $\boldsymbol{A}$ 的不同的特征值的特征向量必正交.

③设 $\boldsymbol{A}$ 是实对称矩阵,$\mathbf{R}^n$ 上的线性变换 $\mathscr{A}$ 在标准正交基

$$\boldsymbol{\varepsilon}_1=\begin{pmatrix}1\\0\\ \vdots\\0\end{pmatrix},\boldsymbol{\varepsilon}_2=\begin{pmatrix}0\\1\\ \vdots\\0\end{pmatrix},\quad \cdots,\quad \boldsymbol{\varepsilon}_n=\begin{pmatrix}0\\0\\ \vdots\\1\end{pmatrix}$$

下的矩阵是 $\boldsymbol{A}$(即 $\mathscr{A}\boldsymbol{\alpha}=\boldsymbol{A}\boldsymbol{\alpha}$),则对 $\forall \boldsymbol{\alpha},\boldsymbol{\beta} \in \mathbf{R}^n$,有

$$(\mathscr{A}\boldsymbol{\alpha},\boldsymbol{\beta})=(\boldsymbol{\alpha},\mathscr{A}\boldsymbol{\beta}) \text{或} \boldsymbol{\beta}'(\mathscr{A}\boldsymbol{\alpha})=\boldsymbol{\alpha}'(\mathscr{A}\boldsymbol{\beta}).$$

④对于任意一个 n 级实对称矩阵 $\boldsymbol{A}$,都存在一个 n 级正交矩阵 $\boldsymbol{T}$,使 $\boldsymbol{T}'\boldsymbol{A}\boldsymbol{T}=\boldsymbol{T}^{-1}\boldsymbol{A}\boldsymbol{T}$ 成对角矩阵.

2. 实对称变换(重点、难点)

①定义

设 $\mathscr{A}$ 是欧氏空间 V 中的一个线性变换,如果对任意的 $\boldsymbol{\alpha},\boldsymbol{\beta} \in V$,有

$$(\mathscr{A}\boldsymbol{\alpha},\boldsymbol{\beta})=(\boldsymbol{\alpha},\mathscr{A}\boldsymbol{\beta}),$$

则称 $\mathscr{A}$ 为**对称变换**.

②性质

a. 对称变换在标准正交基下的矩阵是实对称矩阵.

b. 设 $\mathscr{A}$ 是对称变换,V_1 是 $\mathscr{A}$-子空间,则 $V_1^{\perp}$ 也是 $\mathscr{A}$-子空间.

c. 设 $\mathscr{A}$ 是 n 维欧氏空间 V 中的对称变换,则 V 中存在一组由 $\mathscr{A}$ 的特征向量构成的标准正交基.

温馨提示　1)单位变换是对称变换；

2) $\mathscr{A},\mathscr{B}$,是对称变换,则 $k\mathscr{A},\mathscr{A}\mathscr{B}$ 仍是对称变换(对任意的 $k\in\mathbf{R}$).

3. 实对称矩阵正交相似于对角矩阵的计算(重点、难点)

①求出 $\boldsymbol{A}$ 的特征值 $\lambda_1,\lambda_2,\cdots,\lambda_r$.

②解特征方程组 $(\lambda_i\boldsymbol{E}-\boldsymbol{A})\boldsymbol{X}=\boldsymbol{0}(i=1,2,\cdots,r)$,由基础解系算出 V_{λ_i} 的标准正交基: $\boldsymbol{\eta}_{i1},\cdots,\boldsymbol{\eta}_{ik_i}$.

③以全部 $\boldsymbol{\eta}_{11},\cdots,\boldsymbol{\eta}_{1k_1},\cdots,\boldsymbol{\eta}_{r1},\cdots,\boldsymbol{\eta}_{rk_r}$(共 n 个)为列向量组成正交矩阵 $\boldsymbol{T}$.

4. 在二次型化简上的应用

任意一个实二次型 $\sum\limits_{i=1}^{n}\sum\limits_{j=1}^{n}a_{ij}x_ix_j\ (a_{ij}=a_{ji})$

都可以经过正交的线性替换(指系数矩阵 $\boldsymbol{C}$ 是正交阵)变成平方和:

$$\lambda_1y_1^2+\lambda_2y_2^2+\cdots+\lambda_ny_n^2,$$

其中 $\lambda_i(i=1,2,\cdots,n)$ 是 $\boldsymbol{A}=(a_{ij})$ 的全部特征值.

七、向量到子空间的距离·最小二乘法问题

1. 向量到子空间的距离(重点)

①定义:长度 $|\boldsymbol{\alpha}-\boldsymbol{\beta}|$ 称为向量 $\boldsymbol{\alpha}$ 和 $\boldsymbol{\beta}$ 的距离,记为 $d(\boldsymbol{\alpha},\boldsymbol{\beta})$,

②基本性质

a. $d(\boldsymbol{\alpha},\boldsymbol{\beta})=d(\boldsymbol{\beta},\boldsymbol{\alpha})$;

b. $d(\boldsymbol{\alpha},\boldsymbol{\beta})\geqslant 0$,当且仅当 $\boldsymbol{\alpha}=\boldsymbol{\beta}$ 时,等号才成立;

c. $d(\boldsymbol{\alpha},\boldsymbol{\beta})\leqslant d(\boldsymbol{\alpha},\boldsymbol{\gamma})+d(\boldsymbol{\gamma},\boldsymbol{\beta})$(三角不等式).

温馨提示　如果 $W=L(\boldsymbol{\alpha}_1,\boldsymbol{\alpha}_2,\cdots,\boldsymbol{\alpha}_k)$,则 $\boldsymbol{\alpha}\perp W\Leftrightarrow\boldsymbol{\alpha}\perp\boldsymbol{\alpha}_i,i=1,2,\cdots,k$.

2. 最小二乘法问题(重点)

①定义

线性方程组
$$\begin{cases}a_{11}x_1+a_{12}x_2+\cdots+a_{1s}x_s-b_1=0,\\ a_{21}x_1+a_{22}x_2+\cdots+a_{2s}x_s-b_2=0,\\ \cdots\cdots\cdots\\ a_{n1}x_1+a_{n2}x_2+\cdots+a_{ns}x_s-b_n=0\end{cases}$$

可能无解. 即任何一组数 $x_1,x_2,\cdots,x_s$ 都可能使

$$\sum_{i=1}^{n}(a_{i1}x_1+a_{i2}x_2+\cdots+a_{is}x_s-b_i)^2 \tag{1}$$

不等于零. 我们设法找 $x_1^0,x_2^0,\cdots,x_s^0$ 使(1)最小,这样的 $x_1^0,x_2^0,\cdots,x_s^0$ 称为方程组的**最小二乘解**,这种问题就叫**最小二乘法问题**.

②最小二乘解满足的条件

$x^{(0)}$ 是 $Ax=b$ 的最小二乘解的充分必要条件是，$x^{(0)}$ 是相容方程组 $A'Ax=A'b$ 的解.

八、酉空间介绍

1. 定义

设 V 是复数域 $\mathbf{C}$ 上的线性空间，如果对于任意 $\boldsymbol{\alpha},\boldsymbol{\beta}\in V$ 都有一复数 $(\boldsymbol{\alpha},\boldsymbol{\beta})$ 与之对应，且满足：

1) $(\boldsymbol{\alpha},\boldsymbol{\beta})=\overline{(\boldsymbol{\beta},\boldsymbol{\alpha})}$；

2) $(k\boldsymbol{\alpha},\boldsymbol{\beta})=k(\boldsymbol{\alpha},\boldsymbol{\beta}),k\in\mathbf{C}$；

3) $(\boldsymbol{\alpha}+\boldsymbol{\beta},\boldsymbol{\gamma})=(\boldsymbol{\alpha},\boldsymbol{\gamma})+(\boldsymbol{\beta},\boldsymbol{\gamma}),\boldsymbol{\gamma}\in V$；

4) $(\boldsymbol{\alpha},\boldsymbol{\alpha})\geqslant 0$，当且仅当 $\boldsymbol{\alpha}=\mathbf{0}$ 时 $(\boldsymbol{\alpha},\boldsymbol{\alpha})=0$，

则称 $(\boldsymbol{\alpha},\boldsymbol{\beta})$ 为元素 $\boldsymbol{\alpha},\boldsymbol{\beta}$ 的内积，规定了内积的复线性空间 V 称为**酉空间**.

2. 性质

①内积的基本性质

a. $(\boldsymbol{\alpha},k\boldsymbol{\beta})=\bar{k}(\boldsymbol{\alpha},\boldsymbol{\beta})$；

b. $(\boldsymbol{\alpha},\boldsymbol{\beta}+\boldsymbol{\gamma})=(\boldsymbol{\alpha},\boldsymbol{\beta})+(\boldsymbol{\alpha},\boldsymbol{\gamma})$；

c. $\sqrt{(\boldsymbol{\alpha},\boldsymbol{\alpha})}$ 叫做向量 $\boldsymbol{\alpha}$ 的长度，记为 $|\boldsymbol{\alpha}|$.

d. 柯西-布涅柯夫斯基(Cauchy-Byhkkobckhh)不等式：

对任意的向量 $\boldsymbol{\alpha},\boldsymbol{\beta}$ 有 $|(\boldsymbol{\alpha},\boldsymbol{\beta})|\leqslant|\boldsymbol{\alpha}||\boldsymbol{\beta}|$

向量 $\boldsymbol{\alpha},\boldsymbol{\beta}$ 当 $(\boldsymbol{\alpha},\boldsymbol{\beta})=0$ 时称为正交或互相垂直.

②标准正交基的性质

a. 任意一组线性无关的向量可以用施密特过程正交化，并扩充成为一组标准正交基.

b. 对 n 级复矩阵 $\boldsymbol{A}$，用 $\overline{\boldsymbol{A}}$ 表示以 $\boldsymbol{A}$ 的元素的共轭复数作元素的矩阵. 若 $\boldsymbol{A}$ 满足 $\overline{\boldsymbol{A}}'\boldsymbol{A}=\boldsymbol{A}\overline{\boldsymbol{A}}'=\boldsymbol{E}$，就叫做**酉矩阵**，它的行列式的绝对值为 1.

c. 两组标准正交基的过渡矩阵是酉矩阵.

③酉变换和埃尔米特矩阵

a. 空间 V 的线性变换 $\mathscr{A}$ 如果满足 $(\mathscr{A}\boldsymbol{\alpha},\mathscr{A}\boldsymbol{\beta})=(\boldsymbol{\alpha},\boldsymbol{\beta})$，就称为 V 的一个**酉变换**. 酉变换在标准正交基下的矩阵是酉矩阵.

b. 矩阵 $\boldsymbol{A}$ 满足 $\overline{\boldsymbol{A}'}=\boldsymbol{A}$，则称为**埃尔米特**(Hermite)**矩阵**.

c. 酉空间 V 的线性变换 $\mathscr{A}$，如果满足 $(\mathscr{A}\boldsymbol{\alpha},\boldsymbol{\beta})=(\boldsymbol{\alpha},\mathscr{A}\boldsymbol{\beta})$，就称为 V 的一个对称变换.

d. V 是酉空间，V_1 是子空间，$V_1^{\perp}$ 是 V_1 的正交补，则 $V=V_1\oplus V_1^{\perp}$.

e. 埃尔米特矩阵的特征值为实数. 它的属于不同特征值的特征向量必正交.

若 $\boldsymbol{A}$ 是埃尔米特矩阵，则有酉矩阵 $\boldsymbol{C}$，使 $\boldsymbol{C}^{-1}\boldsymbol{A}\boldsymbol{C}=\overline{\boldsymbol{C}}'\boldsymbol{A}\boldsymbol{C}$ 成对角矩阵.

设 $\boldsymbol{A}$ 为埃尔米特矩阵，二次齐次函数

$$f(x_1,x_2,\cdots,x_n)=\sum_{i=1}^{n}\sum_{j=1}^{n}a_{ij}x_i\bar{x}_j=\boldsymbol{X}'\boldsymbol{A}\overline{\boldsymbol{X}}$$

叫做**埃尔米特二次型**. 必有酉矩阵 $\boldsymbol{C}$，当 $\boldsymbol{X}=\boldsymbol{C}\boldsymbol{Y}$ 时，

$$f(x_1,x_2,\cdots,x_n)=d_1y_1\overline{y_1}+d_2y_2\overline{y_2}+\cdots+d_ny_n\overline{y_n}.$$

温馨提示 酉空间与欧氏空间类似，有一套平行的理论，但也要注意它们之间的区别，例如酉空间的内积不满足交换律，也不满足双线性.

经典例题解析

题型一：基本概念与性质

题型分析 欧氏空间是通过内积来定义的，因而必须把其他有关度量的概念如长度、夹角、距离等都通过内积来表达．度量矩阵使得内积的计算公式化，度量矩阵是正定矩阵．不同基的度量矩阵是不同的，但是是合同的，因此可以通过合同关系来选取合适的基，欧氏空间的同构除了保持线性运算以外，还要求保持内积，这是与线性空间的同构所不同的地方.

例1 $C(a,b)$为闭区间$[a,b]$上所有实连续函数所构成的线性空间，对于函数 $f(x),g(x)\in C(a,b)$，定义$(f,g)=\int_a^b f(x)g(x)dx$

证明：$C(a,b)$对于(f,g)构成一个欧氏空间.

证　明 $\forall f(x),g(x),h(x)\in C(a,b),\forall k,l\in R$

对称性$(f,g)=\int_a^b f(x)g(x)dx$

$$=\int_a^b g(x)f(x)dx=(g,f).$$

线性性$(kf+lg,h)=\int_a^b[kf(x)+lg(x)]h(x)dx$

$$=k\int_a^b f(x)h(x)dx+l\int_a^b g(x)h(x)dx$$

$$=k(f,h)+l(g,h)$$

非负性$(f,f)=\int_a^b f(x)f(x)dx=\int_a^b f^2(x)dx\geqslant 0$

且$(f,f)=0\Leftrightarrow f(x)=0$.

故(f,g)为一内积，$C(a,b)$构成欧氏空间.

例2 证明：设$\mathscr{A}$与$\mathscr{B}$是欧氏空间V的两个线性变换，并且对任意$\alpha\in V$有$(\mathscr{A}(\alpha),\mathscr{A}(\alpha))=(\mathscr{B}(\alpha),\mathscr{B}(\alpha))$，证明$\mathscr{A}V$与$\mathscr{B}V$作为欧氏空间是同构的.

证　明 $\mathscr{A}V$与$\mathscr{B}V$均是欧氏空间V的子空间，因而对于V的内积来说作成欧氏空间．令$f:\mathscr{A}(\boldsymbol{\alpha})\to\mathscr{B}(\boldsymbol{\alpha}),\forall\boldsymbol{\alpha}\in V$，则$f$是一个映射：

因为任取$\boldsymbol{\alpha},\boldsymbol{\beta}\in V$，若$\mathscr{A}(\boldsymbol{\alpha})=\mathscr{A}(\boldsymbol{\beta})$，得$\mathscr{A}(\boldsymbol{\alpha}-\boldsymbol{\beta})=0$.

所以$(\mathscr{A}(\boldsymbol{\alpha}-\boldsymbol{\beta}),\mathscr{A}(\boldsymbol{\alpha}-\boldsymbol{\beta})=0=(\mathscr{B}(\boldsymbol{\alpha}-\boldsymbol{\beta}),\mathscr{B}(\boldsymbol{\alpha}-\boldsymbol{\beta}))$，从而有 $\mathscr{B}(\boldsymbol{\alpha}-\boldsymbol{\beta})=0$，

即 $\mathscr{B}(\boldsymbol{\alpha})=\mathscr{B}(\boldsymbol{\beta})$，可证 f 是单射，又是满射，现证 f 是线性的：$\forall\mathscr{A}(\boldsymbol{\alpha}),\mathscr{A}(\boldsymbol{\beta})\in\mathscr{A}(V)$，$\forall k\in R$，有 $f(\mathscr{A}(\boldsymbol{\alpha})+\mathscr{A}(\boldsymbol{\beta})=f(\mathscr{A}(\boldsymbol{\alpha}+\boldsymbol{\beta})=\mathscr{B}(\boldsymbol{\alpha}+\boldsymbol{\beta})=\mathscr{B}(\boldsymbol{\alpha})+\mathscr{B}(\boldsymbol{\beta})=f(\mathscr{A}(\boldsymbol{\alpha}))+f(\mathscr{A}(\boldsymbol{\beta}))$

若 $f(k\mathscr{A}(\boldsymbol{\alpha}))=f(\mathscr{A}(k\boldsymbol{\alpha})=\mathscr{B}(k\boldsymbol{\alpha})=k\mathscr{B}(\boldsymbol{\alpha})=kf(\boldsymbol{\alpha})$，再证 f 保持内积不变；

$\forall\boldsymbol{\alpha},\boldsymbol{\beta}\in V$，有 $\mathscr{A}(\boldsymbol{\alpha}+\boldsymbol{\beta}),\mathscr{A}(\boldsymbol{\alpha}+\boldsymbol{\beta}))=(\mathscr{A}(\boldsymbol{\alpha}),\mathscr{A}(\boldsymbol{\alpha}))+2(\mathscr{A}(\boldsymbol{\alpha}),a(\boldsymbol{\beta}))+(\mathscr{A}(\boldsymbol{\beta}),\mathscr{A}(\boldsymbol{\beta}))$

$=\mathscr{B}(\boldsymbol{\alpha}+\boldsymbol{\beta}),\mathscr{B}(\boldsymbol{\alpha}+\boldsymbol{\beta})=(\mathscr{B}(\boldsymbol{\alpha}),\mathscr{B}(\boldsymbol{\alpha}))+2(\mathscr{B}(\boldsymbol{\alpha}),\mathscr{B}(\boldsymbol{\beta}))+(\mathscr{B}(\boldsymbol{\beta}),\mathscr{B}(\boldsymbol{\beta}))$

所以$(\mathscr{A}(\boldsymbol{\alpha}),\mathscr{A}(\boldsymbol{\beta}))=(\mathscr{B}(\boldsymbol{\alpha}),\mathscr{B}(\boldsymbol{\beta}))$

即$(f(\mathscr{A}(\boldsymbol{\alpha}),f(\mathscr{A}(\boldsymbol{\beta}))=(\mathscr{B}(\boldsymbol{\alpha}),\mathscr{B}(\boldsymbol{\beta}))=(\mathscr{A}(\boldsymbol{\alpha}),\mathscr{A}(\boldsymbol{\beta}))$，则 f 是同构映射，$\mathscr{A}V$ 与 $\mathscr{B}V$ 作为欧氏空间是同构的.

题型二：标准正交基与正交矩阵

题型分析 在求标准正交基时，首先要理解其概念，然后利用书中介绍的施密特正交化方法将一组基化成标准正交基. 正交矩阵具有很多性质，利用相关的性质可助于我们解决一些问题.

例 3 在欧氏空间 R^3 中对基

$$\boldsymbol{\alpha}_1=(1,1,1),\boldsymbol{\alpha}_2=(0,1,2),\boldsymbol{\alpha}_3=(2,0,3)$$

施行正交化方法得出 R^3 的一个标准正交基.

解题过程 第一步，取

$$\gamma_1=\frac{\boldsymbol{\alpha}_1}{|\boldsymbol{\alpha}_1|}=\left(\frac{1}{\sqrt{3}},\frac{1}{\sqrt{3}},\frac{1}{\sqrt{3}}\right)$$

第二步，先取

$$\begin{aligned}\boldsymbol{\beta}_2&=\boldsymbol{\alpha}_2-\frac{\langle\boldsymbol{\beta}_3,\boldsymbol{\gamma}_1\rangle}{\langle\boldsymbol{\gamma}_1,\boldsymbol{\gamma}_1\rangle}\boldsymbol{\gamma}_1=\boldsymbol{\alpha}_2-\langle\boldsymbol{\alpha}_2,\boldsymbol{\gamma}_1\rangle\boldsymbol{\gamma}_1\\&=(0,1,2)-\sqrt{3}\left(\frac{1}{\sqrt{3}},\frac{1}{\sqrt{3}},\frac{1}{\sqrt{3}}\right)=(-1,0,1)\end{aligned}$$

然后令

$$\gamma_2=\frac{\boldsymbol{\beta}_2}{|\boldsymbol{\beta}_2|}=\left(-\frac{1}{\sqrt{2}},0,\frac{1}{\sqrt{2}}\right)$$

第三步，取

$$\begin{aligned}\boldsymbol{\beta}_3&=\boldsymbol{\alpha}_3-\frac{\langle\boldsymbol{\beta}_3,\boldsymbol{\gamma}_1\rangle}{\langle\boldsymbol{\gamma}_1,\boldsymbol{\gamma}_1}\rangle\boldsymbol{\gamma}_1-\frac{\langle\boldsymbol{\alpha}_3,\boldsymbol{\gamma}_2\rangle}{\langle\boldsymbol{\gamma}_2,\boldsymbol{\gamma}_2\rangle}\boldsymbol{\gamma}_2\\&=\boldsymbol{\alpha}_3-\langle\boldsymbol{\alpha}_3,\boldsymbol{\gamma}_1\rangle\boldsymbol{\gamma}_1-\langle\boldsymbol{\alpha}_3,\boldsymbol{\gamma}_2\rangle\\&=(2,0,3)-\frac{5}{\sqrt{3}}\left(\frac{1}{\sqrt{3}},\frac{1}{\sqrt{3}},\frac{1}{\sqrt{3}}\right)-\frac{1}{\sqrt{2}}\left(-\frac{1}{\sqrt{2}},-\frac{1}{\sqrt{2}},-\frac{1}{\sqrt{2}}\right)\\&=\left(\frac{5}{6},-\frac{5}{3},\frac{5}{6}\right)\end{aligned}$$

再令

$$\boldsymbol{\gamma}_3=\frac{\boldsymbol{\beta}_3}{|\boldsymbol{\beta}_3|}=\left(\frac{1}{\sqrt{6}},-\frac{2}{\sqrt{6}},\frac{1}{\sqrt{6}}\right)$$

于是$\{\boldsymbol{\gamma}_1,\boldsymbol{\gamma}_2,\boldsymbol{\gamma}_3\}$就是 R^3 的一个规范正交基.

例 4 已知三级实对称阵 $\boldsymbol{A}$ 的特征多项式为

$$|\lambda E-A|=(\lambda-1)^2(\lambda-10),$$

且 $\boldsymbol{\alpha}_3=(1,2,-2)'$是 $\boldsymbol{A}$ 的对应于特征值$\lambda=10$ 的特征向量,求矩阵 $\boldsymbol{A}$.

分　析 因为 A 是实对称阵,所以存在正阵 $\boldsymbol{T}$,使

$$\boldsymbol{T}^{-1}\boldsymbol{A}\boldsymbol{T}=\boldsymbol{\Lambda}(\text{对角阵})$$

于是$\boldsymbol{A}=\boldsymbol{T}\boldsymbol{\Lambda}\boldsymbol{T}^{-1}$,而$\boldsymbol{\Lambda}$可已知,只需求出 $\boldsymbol{T}$,即可得到 $\boldsymbol{A}$. 而 $\boldsymbol{T}$ 由正交的特征向量组成.

解题过程 由题设知,A 的另两个特征值是 $\boldsymbol{\lambda}=1$(二重),设对应于 $\boldsymbol{\lambda}=1$ 的特征向量为 $\boldsymbol{\alpha}=(x_1,x_2,x_3)'$,因 A 是实对称阵,则 $\boldsymbol{\alpha}$ 与 $\boldsymbol{\alpha}_3$ 正交,于是有

$$x_1+2x_2-2x_3=0$$

分别取 $x_2=1,x_3=2$ 和 $x_2=2,x_3=1$,得对应于 $\boldsymbol{\lambda}=1$ 的两个线性无关的特征向量

$$\boldsymbol{\alpha}_1=(2,1,2)',\boldsymbol{\alpha}_2=(-2,2,1)'$$

这两个向量是正交的,将 $\boldsymbol{\alpha}_1,\boldsymbol{\alpha}_2,\boldsymbol{\alpha}_3$ 单位化,得

$$\boldsymbol{\eta}_1=\left(\frac{2}{3},\frac{1}{3},\frac{2}{3}\right)',\boldsymbol{\eta}_2=\left(-\frac{2}{3},\frac{2}{3},\frac{1}{3}\right)',\boldsymbol{\eta}_3=\left(\frac{1}{3},\frac{2}{3},\frac{-2}{3}\right)'$$

于是得正交阵

$$\boldsymbol{T}=(\boldsymbol{\eta}_1,\boldsymbol{\eta}_2,\boldsymbol{\eta}_3)=\begin{pmatrix}\frac{2}{3} & -\frac{2}{3} & 1\\ \frac{1}{3} & \frac{2}{3} & \frac{2}{3}\\ \frac{2}{3} & \frac{1}{3} & -\frac{2}{3}\end{pmatrix}=\frac{1}{3}\begin{pmatrix}2 & -2 & 1\\ 1 & 2 & 2\\ 2 & 1 & -2\end{pmatrix}$$

且使

$$\boldsymbol{T}^{-1}\boldsymbol{A}\boldsymbol{T}=\boldsymbol{T}'\boldsymbol{A}\boldsymbol{T}=\begin{pmatrix}1 & & \\ & 1 & \\ & & 10\end{pmatrix}$$

所以 $\boldsymbol{A}=\boldsymbol{T}\begin{pmatrix}1 & & \\ & 1 & \\ & & 10\end{pmatrix}\boldsymbol{T}'$

$$=\frac{1}{9}\begin{pmatrix}2 & -2 & 1\\ 1 & 2 & 2\\ 2 & 1 & -2\end{pmatrix}\begin{pmatrix}1 & & \\ & 1 & \\ & & 10\end{pmatrix}\begin{pmatrix}2 & 1 & 2\\ -2 & 2 & 1\\ 1 & 2 & -2\end{pmatrix}$$

$$=\frac{1}{9}\begin{pmatrix}18 & 18 & -18\\ 18 & 45 & -36\\ -18 & -36 & 45\end{pmatrix}=\begin{pmatrix}2 & 2 & -2\\ 2 & 5 & -4\\ -2 & -4 & 5\end{pmatrix}$$

故
$$\boldsymbol{A}=\begin{pmatrix}2 & 2 & -2\\ 2 & 5 & -4\\ -2 & -4 & 5\end{pmatrix}$$

题型三：正交变换与对称变换

题型分析 正交变换和对称变换是两类特殊的线性变换，它们在标准正交基下的矩阵分别为正交矩阵和对称矩阵，反过来，通过任意的 n 级正交矩阵和实对称矩阵，也可以构造 n 级欧氏空间上的正交变换和对称变换，因此，要把握这两类变换与两类矩阵的对应，另外，也要把握正交变换保持内积的这一特性，以及对称变换的定义关系式.

例 5 设 V 是一个欧氏空间，σ 是 V 的正交变换.

证　明 （如果 λ 是 σ 的一个实特征值，则 λ 是 1 或 -1.）设 $\boldsymbol{\alpha}$ 是 σ 的属于 λ 的特征向量，则

$$\sigma(\boldsymbol{\alpha})=\lambda\boldsymbol{\alpha}$$

于是 $$(\sigma(\boldsymbol{\alpha}),\sigma(\boldsymbol{\alpha}))=(\lambda\boldsymbol{\alpha},\lambda\boldsymbol{\alpha})=\lambda^2(\alpha,\alpha)$$

又因 $$(\sigma(\boldsymbol{\alpha}),\sigma(\boldsymbol{\alpha}))=(\boldsymbol{\alpha},\boldsymbol{\alpha})$$

所以 $$\lambda^2(\boldsymbol{\alpha},\boldsymbol{\alpha})=(\boldsymbol{\alpha},\boldsymbol{\alpha})$$

因 $\lambda(\boldsymbol{\alpha},\boldsymbol{\alpha})\neq 0$，所以 $\lambda^2=1$，

故 $\lambda=\pm 1$.

例 6 设 2 维欧氏空间 V 的基 $\boldsymbol{\alpha}_1,\boldsymbol{\alpha}_2$ 的度量矩阵为

$$\boldsymbol{A}=\begin{bmatrix}1&1\\1&2\end{bmatrix},$$

V 的线性变换 $\boldsymbol{\sigma}$ 在基 $\boldsymbol{\alpha}_1,\boldsymbol{\alpha}_2$ 下的矩阵为

$$\boldsymbol{B}=\begin{bmatrix}1&2\\0&-1\end{bmatrix}.$$

试判明 σ 是不是正交变换？是不是对称变换？

解题过程 先用 Schmidt 方法将 α_1,α_2 正交化，得

$$\boldsymbol{\beta}_1=\boldsymbol{\alpha}_1$$

$$\boldsymbol{\beta}_2=-\frac{(\boldsymbol{\alpha}_2,\boldsymbol{\beta}_1)}{\boldsymbol{\beta}_1,\boldsymbol{\beta}_1}\boldsymbol{\beta}_1+\boldsymbol{\alpha}_2=-\boldsymbol{\beta}_1+\boldsymbol{\alpha}_2=-\boldsymbol{\alpha}_1+\boldsymbol{\alpha}_2,$$

由 $(\boldsymbol{\beta}_1,\boldsymbol{\beta}_1)=(\boldsymbol{\alpha}_1,\boldsymbol{\alpha}_1)=1$ 知 $\boldsymbol{\beta}_1$ 是单位向量. 又由

$$(\boldsymbol{\beta}_2,\boldsymbol{\beta}_2)=(-1,1)\boldsymbol{A}\begin{pmatrix}-1\\1\end{pmatrix}=1$$

知 $\boldsymbol{\beta}_2$ 也是单位向量. 于是 $\boldsymbol{\beta}_1,\boldsymbol{\beta}_2$ 为 V 的一个标准正交基. 且有

$$(\boldsymbol{\beta}_1,\boldsymbol{\beta}_2)=(\boldsymbol{\alpha}_1,\boldsymbol{\alpha}_2)\boldsymbol{P},$$

其中 $\boldsymbol{P}=\begin{bmatrix}1&-1\\0&1\end{bmatrix}$. 求出 $\boldsymbol{P}^{-1}=\begin{bmatrix}1&1\\0&1\end{bmatrix}$，便可算出线性变换 σ 在标准正交基 $\boldsymbol{\beta}_1,\boldsymbol{\beta}_2$ 下的矩阵为

$$\boldsymbol{C}=\boldsymbol{P}^{-1}\boldsymbol{B}\boldsymbol{P}=\begin{bmatrix}1&1\\0&1\end{bmatrix}\begin{bmatrix}1&2\\0&-1\end{bmatrix}\begin{bmatrix}1&-1\\0&1\end{bmatrix}=\begin{bmatrix}1&0\\0&-1\end{bmatrix}.$$

C是正交矩阵又是对称矩阵，则σ既是正交变换又是对称变换.

题型四：子空间的正交与正交补

题型分析 子空间的正交与正交补都是根据两个子空间之间的关系来确定的. 在进行判断或者计算时，需利用两个子空间之间的正交关系. 若几个子空间两两正交，则这几个空间的和为直和. 另外要注意正交补是唯一的.

例 7 设$W=L(\boldsymbol{\beta}_1,\boldsymbol{\beta}_2,\boldsymbol{\beta}_3)$，其中$\boldsymbol{\beta}_1=(1,2,2,1)$，$\boldsymbol{\beta}_2=(2,1,-2,-2)$，$\boldsymbol{\beta}_3=(1,-1,-4,-3)$，求$W^{\perp}$.

解题过程 设$\boldsymbol{\alpha}=(x_1,x_2,x_3,x_4)\in W^{\perp}$，则

$$(\boldsymbol{\alpha},\boldsymbol{\beta}_i)=0,i=1,2,3$$

即有

$$\begin{cases}x_1+2x_2+2x_3+x_4=0,\\2x_1+x_2+-2x_3-2x_4=0,\\x_1-x_2-4x_3-3x_4=0,\end{cases}$$

解题基础解系$\boldsymbol{\alpha}_1=(2,-2,1,0)$，$\boldsymbol{\alpha}_2=(5,-4,0,3)$

于是$W^{\perp}=L(\boldsymbol{\alpha}_1,\boldsymbol{\alpha}_2)$.

注 当已知W的基向量时，求正交补$W^{\perp}$的过程就是求一个相应的齐次线性方程组的解空间过程.

题型五：实对称矩阵的标准形

题型分析 任意一个实二次型都可以经过正交变换$x=Ty$，T为正交矩阵，转化成标准形.

例 8 已知实二次型$f(x_1,x_2,x_3)=-x_2^2-x_2^2-x_3^2-x_4^2$
$-6x_1x_2+6x_1x_3-6x_1x_4-6x_2x_3+6x_2x_4-6x_3x_4$
试用正交变换$x=Ty$将其化成标准形.

解题过程 f所对应的矩阵为$\boldsymbol{A}=\begin{bmatrix}-1&-3&3&-3\\-3&-1&-3&3\\3&-3&-1&3\\-3&3&-3&-1\end{bmatrix}$

$$\because|\lambda E-\boldsymbol{A}|=\begin{vmatrix}\lambda+1&3&-3&3\\3&\lambda+1&3&-3\\-3&3&\lambda+1&3\\3&-3&3&\lambda+1\end{vmatrix}=(\lambda+4)^3(\lambda-8)$$

$\boldsymbol{A}$的特征值为$\lambda_1=-4$(三重)，$\lambda_2=8$.

当$\lambda_1=-4$时，求解方程组$(-4\boldsymbol{E}-\boldsymbol{A})\boldsymbol{x}=0$

$$\because -4\boldsymbol{E}-\boldsymbol{A}=\begin{bmatrix}-3&3&-3&3\\3&-3&3&-3\\-3&3&-3&3\\3&-3&3&-3\end{bmatrix}\longrightarrow\begin{bmatrix}1&-1&1&-1\\0&0&0&0\\0&0&0&0\\0&0&0&0\end{bmatrix}$$

得其基础解系 $\begin{cases}\boldsymbol{\xi}_1=(1,1,0,0)'\\\boldsymbol{\xi}_2=(1,0-1,0)'\\\boldsymbol{\xi}_3=(1,0,0,1)'\end{cases}$

把它正交化，得 $\boldsymbol{\beta}_1=\boldsymbol{\xi}_1=(1,1,0,0)'$

$$\boldsymbol{\beta}_2=\boldsymbol{\xi}_2-\frac{(\boldsymbol{\xi}_2,\boldsymbol{\beta}_1)}{(\boldsymbol{\beta}_1,\boldsymbol{\beta}_1)}\boldsymbol{\beta}_1=(\frac{1}{2},-\frac{1}{2},1,0)'=\frac{1}{2}(1,-1,-2,0)'$$

$$\boldsymbol{\beta}_3=\boldsymbol{\xi}_3-\frac{(\boldsymbol{\xi}_3,\boldsymbol{\beta}_1)}{(\boldsymbol{\beta}_1,\boldsymbol{\beta}_1)}\boldsymbol{\beta}_1-\frac{(\boldsymbol{\xi}_3,\boldsymbol{\beta}_2)}{(\boldsymbol{\beta}_2,\boldsymbol{\beta}_2)}\boldsymbol{\beta}_2=\frac{1}{3}(1,-1,1,3)'$$

再单位化，得

$$\boldsymbol{\eta}=\frac{1}{|\boldsymbol{\beta}_1|}\boldsymbol{\beta}_1=(\frac{1}{\sqrt{2}},\frac{1}{\sqrt{2}},0,0)'$$

$$\boldsymbol{\eta}_2=\frac{1}{|\boldsymbol{\beta}_3|}\boldsymbol{\beta}_2=(\frac{1}{\sqrt{6}},-\frac{1}{\sqrt{6}},-\frac{2}{\sqrt{6}},0)'$$

$$\boldsymbol{\eta}_3=\frac{1}{|\boldsymbol{\beta}_3|}\boldsymbol{\beta}_3=(\frac{1}{\sqrt{12}},-\frac{1}{\sqrt{12}},\frac{1}{\sqrt{12}},\frac{3}{\sqrt{12}})'$$

当 $\lambda_2=8$ 时，解方程组 $(8\boldsymbol{E}-\boldsymbol{A})\boldsymbol{x}=0$，

$$\because 8\boldsymbol{E}-\boldsymbol{A}=\begin{bmatrix}9&3&-3&3\\3&9&3&-3\\-3&3&9&3\\3&-3&3&9\end{bmatrix}\rightarrow\begin{bmatrix}1&0&0&1\\0&1&0&-1\\0&0&1&1\\0&0&0&0\end{bmatrix}$$

得其基础解　$\boldsymbol{\xi}_4(-1,1,-1,1)'$，

再单位化得　$\boldsymbol{\eta}_4=\frac{1}{2}(-1,1,-1,1)'$

$$\boldsymbol{T}=(\boldsymbol{\eta}_1,\boldsymbol{\eta}_2,\boldsymbol{\eta}_3,\boldsymbol{\eta}_4)\begin{bmatrix}\frac{1}{\sqrt{2}}&\frac{1}{\sqrt{6}}&\frac{1}{\sqrt{12}}&-\frac{1}{2}\\\frac{1}{\sqrt{2}}&-\frac{1}{\sqrt{6}}&-\frac{1}{\sqrt{12}}&\frac{1}{2}\\0&-\frac{2}{\sqrt{6}}&\frac{1}{\sqrt{12}}&-\frac{1}{2}\\0&0&\frac{3}{\sqrt{12}}&\frac{1}{2}\end{bmatrix}$$

为正交矩阵，使得 $\boldsymbol{T}'\boldsymbol{A}\boldsymbol{T}=\boldsymbol{T}^{-1}\boldsymbol{A}\boldsymbol{T}=\begin{bmatrix}-4&&&\\&-4&&\\&&-4&\\&&&8\end{bmatrix}$.

令 $\boldsymbol{x}=T\boldsymbol{y}$，得 f 的标准形为 $f=-4y_1^2-4y_1^2-4y_2^2-4y_3^2+8y_4^2$.

课后习题全解

1. 知识点窍 欧氏空间的定义；内积的运算性质；度量矩阵的定义；柯西-布涅科夫斯基不等式.

逻辑推理 第(1)问中，要证明 $\mathbf{R}^n$ 成一欧氏空间，只需证题目中定义的内积满足内积的四条基本性质即可.

第(2)问中，要求单位向量的度量矩阵，可根据度量矩阵的定义式，对单位向量的任意两个分量依次作内积，所得结果即为度量矩阵对应位置的元素.

第(3)问中，不等式左端为内积的绝对值，右端为向量的长度，可通过内积的计算求得.

解题过程 (1)易见 $(\boldsymbol{\alpha},\boldsymbol{\beta})=\boldsymbol{\alpha A\beta}'$ 是 $\mathbf{R}^n$ 上的一个二元实函数，且

①$(\boldsymbol{\alpha},\boldsymbol{\beta})=\boldsymbol{\alpha A\beta}'=(\boldsymbol{\alpha A\beta}')'=\boldsymbol{\beta A'\alpha}'=\boldsymbol{\beta A\alpha}'=(\boldsymbol{\beta},\boldsymbol{\alpha})$.

②$(k\boldsymbol{\alpha},\boldsymbol{\beta})-(k\boldsymbol{\alpha})\boldsymbol{A\beta}'-k(\boldsymbol{\beta A\alpha})-k(\boldsymbol{\beta},\boldsymbol{\alpha})$，

③$(\boldsymbol{\alpha}+\boldsymbol{\beta},\boldsymbol{\gamma})=(\boldsymbol{\alpha}+\boldsymbol{\beta})\boldsymbol{A\gamma}'=\boldsymbol{\alpha A'\gamma}'+\boldsymbol{\beta A\gamma}'=(\boldsymbol{\alpha},\boldsymbol{\gamma})+(\boldsymbol{\beta},\boldsymbol{\gamma})$

④$(\boldsymbol{\alpha},\boldsymbol{\alpha})=\boldsymbol{\alpha A\alpha}'=\sum\limits_{i=1}^{n}a_{ij}x_iy_j$.

由于 $\boldsymbol{A}$ 是正定矩阵，因此 $\sum\limits_{i,j}\boldsymbol{\alpha}_{ij}x_iy_j$ 是正定二次型，从而 $(\boldsymbol{\alpha},\boldsymbol{\alpha})\geqslant 0$，且仅当 $\boldsymbol{\alpha}=0$ 时有 $(\boldsymbol{\alpha},\boldsymbol{\alpha})=0$

(2)设单位向量

$\boldsymbol{\varepsilon}_1=(1,0,\cdots,0),\boldsymbol{\varepsilon}_2=(0,1,\cdots,0),\cdots,\boldsymbol{\varepsilon}_n=(0,0,\cdots,1)$ 的度量矩阵为 $\boldsymbol{B}=(b_{ij})$，则；

$$b_{ij}-(\boldsymbol{\varepsilon}_i,\boldsymbol{\varepsilon}_j)=(0,\cdots,\underset{(i)}{1},\cdots0)\begin{pmatrix}a_{11}&a_{12}&\cdots&a_{1n}\\a_{22}&a_{22}&\cdots&a_{2n}\\\vdots&\vdots&\ddots&\vdots\\a_{n1}&a_{n2}&\cdots&a_{nn}\end{pmatrix}\begin{pmatrix}0\\\vdots\\1\\\vdots\\0\end{pmatrix}(j)=a_{ij},(i,j=1,2,\cdots,n),$$

因此有 $\boldsymbol{B}=\boldsymbol{A}$.

(3)由定义，知

$$(\boldsymbol{\alpha},\boldsymbol{\beta})=\sum_{i,j}a_{ij}x_iy_j$$

$$|\boldsymbol{\alpha}|=\sqrt{(\boldsymbol{\alpha},\boldsymbol{\alpha})}-\sqrt{\sum_{i,j}a_{ij}x_ix_j}$$

$$|\boldsymbol{\beta}|=\sqrt{(\boldsymbol{\beta},\boldsymbol{\beta})}=\sqrt{\sum_{i,j}a_{ij}y_iy_j}.$$

故柯西－布涅柯夫斯基不等式为

$$\left|\sum_{i,j}a_{ij}x_iy_j\right|\leqslant\sqrt{\sum_{i,j}a_{ij}x_iy_j}\sqrt{\sum_{i,j}a_{ij}y_iy_j}$$

2. 知识点窍 非零向量的夹角的定义.

逻辑推理 由定义式$\langle\boldsymbol{\alpha},\boldsymbol{\beta}\rangle=\arccos\dfrac{(\boldsymbol{\alpha},\boldsymbol{\beta})}{|\boldsymbol{\alpha}||\boldsymbol{\beta}|}$,直接计算即可得结果.

解题过程 (1)由定义,得

$$(\boldsymbol{\alpha},\boldsymbol{\beta})=2\times1+1\times2+3(-1)+2\times1=0,$$

向量之间夹角公式:$\langle\boldsymbol{\alpha},\boldsymbol{\beta}\rangle=\arccos\dfrac{(\boldsymbol{\alpha},\boldsymbol{\beta})}{|\boldsymbol{\alpha}||\boldsymbol{\beta}|}$

所以

$$\langle\boldsymbol{\alpha},\boldsymbol{\beta}\rangle=\frac{\pi}{2}$$

(2)因为$\cos\langle\boldsymbol{\alpha},\boldsymbol{\beta}\rangle=\cos\dfrac{(\boldsymbol{\alpha},\boldsymbol{\beta})}{|\boldsymbol{\alpha}||\boldsymbol{\beta}|}$,且$(\boldsymbol{\alpha},\boldsymbol{\beta})=18,(\boldsymbol{\alpha},\boldsymbol{\alpha})=18,(\boldsymbol{\beta},\boldsymbol{\beta})=36$

所以$\cos\langle\boldsymbol{\alpha},\boldsymbol{\beta}\rangle=\dfrac{18}{\sqrt{18}\sqrt{36}}=\dfrac{\sqrt{2}}{2}$,

即

$$\langle\boldsymbol{\alpha},\boldsymbol{\beta}\rangle=\frac{\pi}{4};$$

(3)同理可得

$$(\boldsymbol{\alpha},\boldsymbol{\beta})=3,\ (\boldsymbol{\alpha},\boldsymbol{\alpha})=17,\ (\boldsymbol{\beta},\boldsymbol{\beta})=3,\cos\langle\boldsymbol{\alpha},\boldsymbol{\beta}\rangle=\frac{3}{\sqrt{77}},$$

所以$\langle\boldsymbol{\alpha},\boldsymbol{\beta}\rangle=\arccos\dfrac{3}{\sqrt{77}}$.

3. 知识点窍 三角不等式的应用.

逻辑推理 运用拆项的方法,将不等式左端的$d(\boldsymbol{\alpha},\boldsymbol{\gamma})=|\boldsymbol{\alpha}-\boldsymbol{\gamma}|$化为$|(\boldsymbol{\alpha}-\boldsymbol{\beta})+(\boldsymbol{\beta}+\boldsymbol{\gamma})|$,以此构造与$d(\boldsymbol{\alpha},\boldsymbol{\beta})=|\boldsymbol{\alpha}-\boldsymbol{\beta}|$和$d(\boldsymbol{\beta},\boldsymbol{\gamma})=|\boldsymbol{\beta}-\boldsymbol{\gamma}|$的关系,再利用三角不等式可证得结果.

解题过程 由距离的定义及三角不等式可得

$$\begin{aligned}d(\boldsymbol{\alpha},\boldsymbol{\gamma})&=|\boldsymbol{\alpha}-\boldsymbol{\gamma}|=|(\boldsymbol{\alpha}-\boldsymbol{\beta})+(\boldsymbol{\beta}-\boldsymbol{\gamma})|\\&\leqslant|\boldsymbol{\alpha}-\boldsymbol{\beta}|+|\boldsymbol{\beta}-\boldsymbol{\gamma}|\\&=d(\boldsymbol{\alpha},\boldsymbol{\beta})+d(\boldsymbol{\beta},\boldsymbol{\gamma})\end{aligned}$$

4. 知识点窍 向量正交的定义.

逻辑推理 由向量正交的定义,所求单位向量与已知三向量的内积均为0. 另外,单位向量的长度为1. 由以上条件列方程组可求得结果.

解题过程 设向量$\boldsymbol{\alpha}=(x_1,x_2,x_3,x_4)$与三个已知向量分别正交,得方程组

$$\begin{cases}x_1+x_2-x_3+x_4=0\\x_1-x_2-x_3+x_4=0\\2x_1+x_2+x_3+3x_4=0\end{cases}$$

本题利用了待定系数法进行求解

因为方程组的系数矩阵$\boldsymbol{A}$的秩为3,所以可令

$$x_3=1\Rightarrow x_1=4,x_2=0,x_4=-3,$$

即

$$\boldsymbol{\alpha}=(4,0,1,-3).$$

再将其单位化,则

$$\boldsymbol{\eta}=\pm\frac{1}{|\boldsymbol{\alpha}|}\boldsymbol{\alpha}=\pm\frac{1}{\sqrt{26}}(4,0,1,-3),$$

注意与$\boldsymbol{\eta}$同向和反向的单位向量都满足要求

即为所求.

5. 知识点窍 内积的计算性质.

逻辑推理 第(1)问中,把 $\boldsymbol{\gamma}$ 表示成 $\boldsymbol{\alpha}_1,\boldsymbol{\alpha}_2,\cdots,\boldsymbol{\alpha}_n$ 的关系式,即 $\boldsymbol{\gamma}=k_1\boldsymbol{\alpha}_1+k_2\boldsymbol{\alpha}_2+\cdots k_n\boldsymbol{\alpha}_n$ 由已知条件及内积的运算性质可知$(\boldsymbol{\gamma},\boldsymbol{\gamma})=0$,即可证得命题.

第(2)问中要证明两个向量相等,证明与所有向量乘积相等是证明两向量相等的常用方法. 由$(\boldsymbol{\gamma}_1,\boldsymbol{\alpha})=(\boldsymbol{\gamma}_2,\boldsymbol{\alpha})$可得$(\boldsymbol{\gamma}_1-\boldsymbol{\gamma}_2,\boldsymbol{\alpha})=0$,由(1)中结论可证得命题.

解题过程 (1)因为 $\boldsymbol{\alpha}_1,\boldsymbol{\alpha}_2,\cdots,\boldsymbol{\alpha}_n$ 为欧氏空间 V 的一组基,且对 $\boldsymbol{\gamma}\in \boldsymbol{V}$,有

$$(\boldsymbol{\gamma},\boldsymbol{\alpha}_i)=0(i\in 1,2,\cdots,n).$$

所以可设 $\boldsymbol{\gamma}=k_1\boldsymbol{\alpha}_1+k_2\boldsymbol{\alpha}_2+\cdots k_n\boldsymbol{\alpha}_n$,

且有

$$\begin{aligned}(\boldsymbol{\gamma},\boldsymbol{\gamma})&=(\boldsymbol{\gamma},k_1\boldsymbol{\alpha}_1+k_2\boldsymbol{\alpha}_2+\cdots+k_n\boldsymbol{\alpha}_n)\\&=k_1(\boldsymbol{\gamma},\boldsymbol{\alpha}_1)+k_2(\boldsymbol{\gamma}_2,\boldsymbol{\alpha}_2)+\cdots+k_n(\boldsymbol{\gamma},\boldsymbol{\alpha}_n)\end{aligned}$$

即证 $\boldsymbol{\gamma}=\boldsymbol{0}$.

(2)由题设,对任意 $\boldsymbol{\alpha}\in V$ 总有$(\boldsymbol{\gamma}_1,\boldsymbol{\alpha})=(\boldsymbol{\gamma}_2,\boldsymbol{\alpha})$,特别对基 $\boldsymbol{\alpha}$,也有

$$(\boldsymbol{\gamma}_1,\boldsymbol{\alpha}_1)=(\boldsymbol{\gamma}_2,\boldsymbol{\alpha}_1)\text{或者}(\boldsymbol{\gamma}_1-\boldsymbol{\gamma}_2,\boldsymbol{\alpha}_1)=0(i=1,2,\cdots,n).$$

再由(1)可得 $\boldsymbol{\gamma}_1-\boldsymbol{\gamma}_2=\boldsymbol{0}$,即证 $\boldsymbol{\gamma}_1=\boldsymbol{\gamma}_2$.

6. 知识点窍 证明一组向量为标准正交基有两种方法:

①标准正交基定义,证$(\boldsymbol{\alpha}_i,\boldsymbol{\alpha}_j)=\begin{cases}1,i=j\\0,i\neq j\end{cases}$

②由一组标准正交基正交变换而来.

逻辑推理 按方法①证明时,只需证对这组向量中任意两相异元素作内积的结果为 0,任意元素与自身作内积的结果为 1 即可;按方法②证明时只需证这组向量与一组标准正交基间的过渡矩阵是正交矩阵即可.

解题过程 方法一:

因为

$$\begin{aligned}(\boldsymbol{\alpha}_1,\boldsymbol{\alpha}_2)&=\frac{1}{9}(2\boldsymbol{\varepsilon}_1+2\boldsymbol{\varepsilon}_2-\boldsymbol{\varepsilon}_3,2\boldsymbol{\varepsilon}_1-\boldsymbol{\varepsilon}_2+2\boldsymbol{\varepsilon}_3)\\&=\frac{1}{9}[(2\boldsymbol{\varepsilon}_1,2\boldsymbol{\varepsilon}_1)+(2\boldsymbol{\varepsilon}_2,-\boldsymbol{\varepsilon}_2)+(-\boldsymbol{\varepsilon}_3,2\boldsymbol{\varepsilon}_3)]\\&=\frac{1}{9}[4+(-2)+(-2)]=0.\end{aligned}$$

同理可得

$$(\boldsymbol{\alpha}_1,\boldsymbol{\alpha}_3)=(\boldsymbol{\alpha}_2,\boldsymbol{\alpha}_3)=0$$

另一方面

$$(\boldsymbol{\alpha}_1,\boldsymbol{\alpha}_1)=\frac{1}{9}(2\boldsymbol{\varepsilon}_1+2\boldsymbol{\varepsilon}_2-\boldsymbol{\varepsilon}_3,2\boldsymbol{\varepsilon}_1+2\boldsymbol{\varepsilon}_2-\boldsymbol{\varepsilon}_3)$$
$$=\frac{1}{9}[4(\boldsymbol{\varepsilon}_1,\boldsymbol{\varepsilon}_1)+4(\boldsymbol{\varepsilon}_2,\boldsymbol{\varepsilon}_2)+(-\boldsymbol{\varepsilon}_3,-\boldsymbol{\varepsilon}_3)]$$
$$=\frac{1}{9}(4+4+1)=1.$$

同理可得

$$(\boldsymbol{\alpha}_2,\boldsymbol{\alpha}_2)=(\boldsymbol{\alpha}_3,\boldsymbol{\alpha}_3)=1.$$

即证 $\boldsymbol{\alpha}_1,\boldsymbol{\alpha}_2,\boldsymbol{\alpha}_3$ 也是三维欧氏空间中的一组标准正交基.

方法二：设从 $\boldsymbol{\varepsilon}_1,\boldsymbol{\varepsilon}_2,\boldsymbol{\varepsilon}_3$ 到 $\boldsymbol{\alpha}_1,\boldsymbol{\alpha}_2,\boldsymbol{\alpha}_3$ 的过渡矩阵为 $\boldsymbol{A}$. 即 $\boldsymbol{A}=\frac{1}{3}\begin{pmatrix}2&2&1\\2&-1&-2\\-1&2&-2\end{pmatrix}$

$$\boldsymbol{A}'\boldsymbol{A}=\frac{1}{9}\begin{pmatrix}2&2&-1\\2&-1&2\\1&-2&-2\end{pmatrix}\begin{pmatrix}2&2&1\\2&-1&-2\\-1&2&-2\end{pmatrix}=\boldsymbol{E}.$$

即 $\boldsymbol{A}$ 是正交矩阵，从而 $\boldsymbol{\alpha}_1,\boldsymbol{\alpha}_2,\boldsymbol{\alpha}_3$ 也是三维欧氏空间中的一组标准正交基.

7. **知识点窍** 标准正交基的求法.

逻辑推理 求标准正交基主要用施密特正交化的方法，即把欧氏空间的一组基化为一组正交基，再通过单位化化成标准正交基.

解题过程 首先证明 $\boldsymbol{\alpha}_1\boldsymbol{\alpha}_2,\boldsymbol{\alpha}_3$ 线性无关事实上，由

$$(\boldsymbol{\alpha}_1,\boldsymbol{\alpha}_2,\boldsymbol{\alpha}_3)=(\boldsymbol{\varepsilon}_1,\boldsymbol{\varepsilon}_2,\boldsymbol{\varepsilon}_3,\boldsymbol{\varepsilon}_4,\boldsymbol{\varepsilon}_5)\begin{pmatrix}1&1&2\\0&-1&1\\0&0&1\\0&1&0\\1&0&0\end{pmatrix}.$$

其中 $\boldsymbol{A}=\begin{pmatrix}1&1&2\\0&-1&1\\0&0&1\\0&1&0\\1&0&0\end{pmatrix}$ 的秩为 3，所以 $\boldsymbol{\alpha}_1,\boldsymbol{\alpha}_2,\boldsymbol{\alpha}_3$ 线性无关.

①将 $\boldsymbol{\alpha}_1,\boldsymbol{\alpha}_2,\boldsymbol{\alpha}_3$ 正交化，可得

$$\boldsymbol{\beta}_1=\boldsymbol{\alpha}_1=\boldsymbol{\varepsilon}_1+\boldsymbol{\varepsilon}_5,$$
$$\boldsymbol{\beta}_2=\boldsymbol{\alpha}_2-\frac{(\boldsymbol{\alpha}_2,\boldsymbol{\beta}_2)}{(\boldsymbol{\beta}_1,\boldsymbol{\beta}_1)}=\frac{1}{2}\boldsymbol{\varepsilon}_1-\boldsymbol{\varepsilon}_2+\boldsymbol{\varepsilon}_4-\frac{1}{2}\boldsymbol{\varepsilon}_5,$$

②将 $\boldsymbol{\alpha}_1,\boldsymbol{\alpha}_2,\boldsymbol{\alpha}_3$，单位化，有

$$\boldsymbol{\eta}_1=\frac{\sqrt{2}}{2}(\boldsymbol{\varepsilon}_1+\boldsymbol{\varepsilon}_5).$$

$$\boldsymbol{\eta}_2=\frac{\sqrt{10}}{10}(\boldsymbol{\varepsilon}_1-2\boldsymbol{\varepsilon}_2+2\boldsymbol{\varepsilon}_4-\boldsymbol{\varepsilon}_5)$$

$$\boldsymbol{\eta}_3=\frac{1}{2}(\boldsymbol{\varepsilon}_1+\boldsymbol{\varepsilon}_2+\boldsymbol{\varepsilon}_3-\boldsymbol{\varepsilon}_5)$$

则 $\boldsymbol{\eta}_1,\boldsymbol{\eta}_2,\boldsymbol{\eta}_3$ 为 V_1 的标准正交基.

8. **知识点窍** 线性方程组的解;标准正交基的求法.

逻辑推理 首先求其解空间,再用施密特正交化求标准正交基

解题过程 由

$$\begin{cases}x_4-3x_5=-2x_1-x_2+x_3\\x_5=-2x_1-x_2+x_3\end{cases}$$

可得基础解系为

$$\boldsymbol{\alpha}_1=(1,0,0,-5,-1),\boldsymbol{\alpha}_2=(0,1,0,-4,-1).\ \boldsymbol{\alpha}_3=(0,0,1,4,1).$$

它就是所求解空间的一组基,将其正交化,可得

$$\boldsymbol{\beta}_1=\boldsymbol{\alpha}_1=(1,0,0,-5,-1).$$

$$\boldsymbol{\beta}_2=\boldsymbol{\alpha}_2-\frac{(\boldsymbol{\alpha}_2,\boldsymbol{\beta}_1)}{(\boldsymbol{\beta}_1,\boldsymbol{\beta}_1)}\boldsymbol{\beta}_1=\frac{1}{9}(-7,9,0,-1,-2)$$

$$\boldsymbol{\beta}_3=\boldsymbol{\alpha}_3-\frac{(\boldsymbol{\alpha}_3,\boldsymbol{\beta}_1)}{(\boldsymbol{\beta}_1,\boldsymbol{\beta}_1)}\boldsymbol{\beta}_1-\frac{(\boldsymbol{\alpha}_3,\boldsymbol{\beta}_2)}{(\boldsymbol{\beta}_2,\boldsymbol{\beta}_2)}\boldsymbol{\beta}_2=\frac{1}{15}(7,6,15,1,2).$$

再将 $\boldsymbol{\beta}_1,\boldsymbol{\beta}_2,\boldsymbol{\beta}_3$ 单位化,可得

$$\boldsymbol{\eta}_1=\frac{1}{3\sqrt{3}}(1,0,0,-5,-1),\boldsymbol{\eta}_2=\frac{1}{3\sqrt{15}}(-7,9,0-1,-2),\boldsymbol{\eta}_3=\frac{1}{3\sqrt{35}}(7,6,15,1,2).$$

则 $\boldsymbol{\eta}_1,\boldsymbol{\eta}_2,\boldsymbol{\eta}_3$ 就是所求解空间的一组标准正交基.

9. **知识点窍** 标准正交基的求法.

逻辑推理 求标准正交基采用施密特正交化的方法,即把欧氏空间的一组基化为一组正交基,再通过单位化化成标准正交基.

解题过程 取 $R[x]_4$ 的一组基为 $\boldsymbol{\alpha}_1=1,\boldsymbol{\alpha}_2=x,\boldsymbol{\alpha}_3=x^2,\boldsymbol{\alpha}_4=x^3$,将其正交化,可得 $\boldsymbol{\beta}_1=\boldsymbol{\alpha}_1=1$.

$\boldsymbol{\beta}_2=\boldsymbol{\alpha}_2-\frac{(\boldsymbol{\alpha}_2,\boldsymbol{\beta}_1)}{(\boldsymbol{\beta}_1,\boldsymbol{\beta}_1)}\boldsymbol{\beta}_1=x$,其中$(\boldsymbol{\alpha}_2,\boldsymbol{\beta}_1)=\int_{-1}^{1}x\cdot 1dx=0$,又因为

> 在计算时,利用了被积函数的奇偶性以及积分区间的对称性

$$(\boldsymbol{\alpha}_3,\boldsymbol{\beta}_1)=(\boldsymbol{\beta}_2,\boldsymbol{\beta}_2,)=\int_{-1}^{1}x^2dx=\frac{2}{3}.$$

$$(\boldsymbol{\beta}_1,\boldsymbol{\beta}_1)=\int_{-1}^{1}1\cdot 1dx=2,(\boldsymbol{\alpha}_3,\boldsymbol{\beta}_2)=\int_{-1}^{1}x^2\cdot xdx=0.$$

所以 $\boldsymbol{\beta}_3=\boldsymbol{\alpha}_3-\frac{(\boldsymbol{\alpha}_3,\boldsymbol{\beta}_1)}{(\boldsymbol{\beta}_1,\boldsymbol{\beta}_1)}\boldsymbol{\beta}_1-\frac{(\boldsymbol{\alpha}_3,\boldsymbol{\beta}_2)}{(\boldsymbol{\beta}_2,\boldsymbol{\beta}_2)}\boldsymbol{\beta}_2=x^2-\frac{1}{3}$.

同理可得 $\boldsymbol{\beta}_4=\boldsymbol{\alpha}_4-\frac{(\boldsymbol{\alpha}_4,\boldsymbol{\beta}_1)}{(\boldsymbol{\beta}_1,\boldsymbol{\beta}_1)}\boldsymbol{\beta}_1-\frac{(\boldsymbol{\alpha}_4,\boldsymbol{\beta}_2)}{(\boldsymbol{\beta}_2,\boldsymbol{\beta}_2)}\boldsymbol{\beta}_2-\frac{(\boldsymbol{\alpha}_4,\boldsymbol{\beta}_3)}{(\boldsymbol{\beta}_3,\boldsymbol{\beta}_3)}\boldsymbol{\beta}_3=x^3-\frac{3}{5}x$,

再将 $\boldsymbol{\beta}_1,\boldsymbol{\beta}_2,\boldsymbol{\beta}_3,\boldsymbol{\beta}_4$ 单位化,即得 $\boldsymbol{\eta}_1=\frac{1}{|\boldsymbol{\beta}_1|}\boldsymbol{\beta}=-\frac{\sqrt{2}}{2}$.

$$\boldsymbol{\eta}_2=\frac{1}{|\boldsymbol{\beta}_2|}\boldsymbol{\beta}_2=\frac{\sqrt{6}}{2}x,\boldsymbol{\eta}_4=\frac{\sqrt{10}}{4}(3x^2-1),\boldsymbol{\eta}_4=\frac{\sqrt{14}}{4}(5x^3-3x).$$

则 $\boldsymbol{\eta}_1,\boldsymbol{\eta}_2,\boldsymbol{\eta}_3,\boldsymbol{\eta}_4$ 即为所求的一组标准正交基.

10. 知识点窍 子空间的判断,维数的判定.

逻辑推理 第(1)问要证明 V_1 是 V 的一子空间,则由子空间的判定定理可知,需要证明 V_1 非空且对 V 的两种线性运算封闭,于是可证得命题;第(2)问要证明 V_1 的维数等于$n-1$,只需证明对任意 V_1 中的向量均可由 $n-1$ 个线性无关的向量表出即可.通过把 $\boldsymbol{\alpha}$ 扩充成 V 的一组正交基可构造出符合条件的 $n-1$ 个线性无关的向量,即与 $\boldsymbol{\alpha}$ 构成 V 的正交基的 $n-1$ 个向量.

解题过程 (1)由于 $\boldsymbol{0}\in V_1$,因而 V_1 非空.下面证明 V_1 对两种运算封闭.事实上,任取 $\boldsymbol{x}_1,\boldsymbol{x}_2\in V_1$.则有$(\boldsymbol{x}_1,\boldsymbol{\alpha})=(\boldsymbol{x}_2,\boldsymbol{\alpha})=0$,所以$(\boldsymbol{x}_1+\boldsymbol{x}_2,\boldsymbol{\alpha})=(\boldsymbol{x}_1,\boldsymbol{\alpha})+(\boldsymbol{x}_2,\boldsymbol{\alpha})=\boldsymbol{0}$,即 $\boldsymbol{x}_1+\boldsymbol{x}_2\in V_1$.另一方面,也有$(k\boldsymbol{x}_1,\boldsymbol{\alpha})=k(\boldsymbol{x}_1,\boldsymbol{\alpha})=0$,即 $k\boldsymbol{x}_1\in V_1$,故 V_1 是 V 的一个子空间.

(2)因为 $\boldsymbol{\alpha}\neq\boldsymbol{0}$ 是线性无关的,可将其扩充为 V 的一组正交基 $\boldsymbol{\alpha},\boldsymbol{\eta}_2,\cdots\boldsymbol{\eta}_n$,且$(\boldsymbol{\eta}_i,\boldsymbol{\alpha})=0\ (i=2,3,\cdots,n)$,$\boldsymbol{\eta}_i\in V_1(i=2,3,\cdots,n)$下面只要证明:对任意的 $\boldsymbol{\beta}\in V_1$,$\boldsymbol{\beta}$ 可以由 $\boldsymbol{\eta}_2,\boldsymbol{\eta}_3,\cdots\boldsymbol{\eta}_n$ 线性表出,则 V_1 的维数就是 $n-1$.

事实上,对任意的 $\boldsymbol{\beta}\in V_1$,都有 $\boldsymbol{\beta}\in V$,于是有线性关系 $\boldsymbol{\beta}=k_1\boldsymbol{\alpha}+k_2\boldsymbol{\eta}_2+\cdots+k_n\boldsymbol{\eta}_n$,且

$(\boldsymbol{\beta},\boldsymbol{\alpha})=k_1(\boldsymbol{\alpha},\boldsymbol{\alpha})+k_2(\boldsymbol{\eta}_2,\boldsymbol{\alpha})+\cdots+k_n(\boldsymbol{\eta}_n,\boldsymbol{\alpha})$,

但有假设知$(\boldsymbol{\beta},\boldsymbol{\alpha})=(\boldsymbol{\eta}_i,\boldsymbol{\alpha})=0(i=1,2,\cdots,n)$,

所以 $k_1(\boldsymbol{\alpha},\boldsymbol{\alpha})=0$,又因为 $\boldsymbol{\alpha}\neq 0$,故 $k_1=0$,从而有 $\boldsymbol{\beta}=k_2\boldsymbol{\eta}_2+\cdots+k_n\boldsymbol{\eta}_n$,

再由 $\boldsymbol{\beta}$ 的任意性,即证.

11. 知识点窍 度量矩阵;合同矩阵.

逻辑推理 第(1)问的证明过程中,利用欧氏空间中任意两组基的度量矩阵和两组基之间的过渡矩阵可构造出两度量矩阵对应元素之间的关系式,同时经过对此关系式的变形可得到两度量矩阵合同.

第(2)问的证明过程中,对欧氏空间的任一组基,因它的度量矩阵是正定的,因此与单位矩阵合同.故可构造出一组基,结合(1)中的结论可知这组基的度量矩阵是单位矩阵.于是可得到任一欧氏空间都存在标准正交基,命题得证.

解题过程 (1)设 $\boldsymbol{\alpha}_1,\boldsymbol{\alpha}_2,\cdots,\boldsymbol{\alpha}_n$ 与 $\boldsymbol{\beta}_1,\boldsymbol{\beta}_2,\cdots,\boldsymbol{\beta}_n$ 是欧氏空间 V 的两组不同基,它们对应的度量矩阵分别是 $\boldsymbol{A}=(a_{ij})_{n\times n}$ 和 $\boldsymbol{B}=(b_{ij})_{n\times n}$,另外,设 $\boldsymbol{\alpha}_1,\boldsymbol{\alpha}_2,\cdots,\boldsymbol{\alpha}_n$,到 $\boldsymbol{\beta}_1,\boldsymbol{\beta}_2,\cdots,\boldsymbol{\beta}_n$ 过渡矩阵为

$\boldsymbol{C}=(c_{ij})_{n\times n}$,则

$$\begin{aligned}b_{ij}&=(\boldsymbol{\beta}_i,\boldsymbol{\beta}_j)=(c_{1i}\boldsymbol{\alpha}_1+\cdots+c_{ni}\boldsymbol{\alpha}_n,c_{1j}\boldsymbol{\alpha}_1+\cdots+c_{nj}\boldsymbol{\alpha}_n)\\&=\sum_{k=1}^{n}c_{ki}(\boldsymbol{\alpha}_k,c_{1j}\boldsymbol{\alpha}_1+\cdots+c_{nj}\boldsymbol{\alpha}_n)\end{aligned}$$

$$= \sum_{k=1}^{n}\sum_{s=1}^{n} c_{ki}c_{sj}(\boldsymbol{\alpha}_k,\boldsymbol{\alpha}_s)$$
$$= \sum_{k=1}^{n}\sum_{s=1}^{n} c_{ki}c_{sj}a_{ks}.$$

另一方面,令

$$\boldsymbol{D}=\boldsymbol{C}'\boldsymbol{A}=(d_{ij})_{n\times n},\boldsymbol{C}'\boldsymbol{A}\boldsymbol{C}=\boldsymbol{D}\boldsymbol{C}=(e_{ij})_{n\times n},$$

则 $\boldsymbol{D}$ 的元素为

$$d_{is} = \sum_{k=1}^{n} c_{ki}a_{ks} \quad (i,s=1,2,\cdots,n).$$

故 $\boldsymbol{C}'\boldsymbol{A}\boldsymbol{C}$ 的元素

正定矩阵合同于单位矩阵

$$e_{ij} = \sum_{s=1}^{n} d_{is}c_{sj} = \sum_{s=1}^{n}\left(\sum_{k=1}^{n} c_{ki}a_{ks}c_{sj}\right) = b_{ij} \quad (i,j=1,2,\cdots,n),$$

即证 $\boldsymbol{C}'\boldsymbol{A}\boldsymbol{C}=\boldsymbol{B}$,再由 $\boldsymbol{\alpha}_1,\boldsymbol{\alpha}_2,\cdots\boldsymbol{\alpha}_n,\boldsymbol{\beta}_1,\boldsymbol{\beta}_2,\cdots\boldsymbol{\beta}_n$ 皆为 V 的基,所以 $\boldsymbol{C}$ 非退化,从而 $\boldsymbol{B}$ 与 $\boldsymbol{A}$ 合同.

(2)在欧氏空间 V 中,任取一组基 $\boldsymbol{\alpha}_1,\boldsymbol{\alpha}_2,\cdots,\boldsymbol{\alpha}_n$,它的度量矩阵为 $\boldsymbol{A}=(a_{ij})_{n\times n}$,其中 $a_{ij}=(\boldsymbol{\alpha}_i,\boldsymbol{\alpha}_j)$,且度量矩阵 $\boldsymbol{A}$ 是正定的,又因为正定矩阵与单位矩阵合同,即 $\boldsymbol{E}=\boldsymbol{C}'\boldsymbol{A}\boldsymbol{C}$. 于是只需

$$(\boldsymbol{\beta}_1,\boldsymbol{\beta}_2,\cdots,\boldsymbol{\beta}_n)=(\boldsymbol{\alpha}_1,\boldsymbol{\alpha}_2,\cdots,\boldsymbol{\alpha}_n)\boldsymbol{C}.$$

则由上面 1)可知基 $\boldsymbol{\beta}_1,\boldsymbol{\beta}_2,\cdots,\boldsymbol{\beta}_n$ 的度量矩阵为 $\boldsymbol{E}$,这就是说,$\boldsymbol{\beta}_1,\boldsymbol{\beta}_2,\cdots,\boldsymbol{\beta}_n$ 就是所求的标准正交基.

12. **知识点窍** 向量组的线性无关性;齐次线性方程组解与系数矩阵行列式的关系.

逻辑推理 可通过内积运算构造出一系数矩阵为 Δ 的关于 $k_1,k_2,\cdots k_n$ 的方程组. 由方程组有零解的充要条件可以证得命题.

解题过程 设有线性关系

$$k_1\boldsymbol{\alpha}_1+k_2\boldsymbol{\alpha}_2+\cdots+k_m\boldsymbol{\alpha}_m=0.$$

将其分别与 $\boldsymbol{\alpha}_i$ 取内积,可得方程组

$$k_1(a_i,\boldsymbol{\alpha}_1)+k_2(a_i,\boldsymbol{\alpha}_2)+\cdots+k_m(a_i,\boldsymbol{\alpha}_m)=0(i=1,2,\cdots,m),$$

由于上述方程组仅有零解的充要条件是系数行列式不等于 0,即证.

13. **知识点窍** 正交矩阵的定义.

逻辑推理 由正交矩阵的定义 $\boldsymbol{A}\boldsymbol{A}'=\boldsymbol{E}$ 和上三角矩阵的条件可得到矩阵 $\boldsymbol{A}$ 中各个元素所满足的关系式,进而可证得命题.

解题过程 设

$\boldsymbol{A}=\begin{pmatrix} a_{11} & a_{12} & \cdots & a_{1n} \\ & a_{22} & \cdots & a_{2n} \\ & & \ddots & \vdots \\ & & & a_{nn} \end{pmatrix}$ 为上三角矩阵,则 $\boldsymbol{A}^{-1}=\begin{pmatrix} b_{11} & b_{12} & \cdots & b_{1n} \\ & b_{22} & \cdots & b_{2n} \\ & & \ddots & \vdots \\ & & & b_{nn} \end{pmatrix}$ 也是上三角

矩阵.

由于 $\boldsymbol{A}$ 是正交阵,所以 $\boldsymbol{A}^{-1}=\boldsymbol{A}'$,即

$$\begin{pmatrix} a_{11} & & & \\ a_{12} & a_{22} & & \\ \vdots & \vdots & \ddots & \\ a_{1n} & a_{2n} & \cdots & a_{nn} \end{pmatrix}=\begin{pmatrix} b_{11} & b_{12} & \cdots & b_{1n} \\ & b_{22} & \cdots & b_{2n} \\ & & \ddots & \vdots \\ & & & b_{nn} \end{pmatrix}$$

上三角形矩阵的逆仍是上三角形矩阵

所以 $a_{ij}=0(i\neq j)$因而

$$\boldsymbol{A}=\begin{pmatrix} a_{11} & & & \\ & a_{12} & & \\ & & \ddots & \\ & & & a_{nn} \end{pmatrix}$$ 为对角阵. 再由 $\boldsymbol{A}'\boldsymbol{A}=\boldsymbol{E}$,知 $a_{ii}^2=1$,即证 $a_{ii}=1$ 或 -1.

14. 知识点窍 标准正交基;正交矩阵;可逆矩阵.

逻辑推理 第(1)问需要证明存在性与唯一性. 在存在性的证明过程中,由于$|\boldsymbol{A}|\neq 0$,则 $\boldsymbol{A}$ 的列元素组成的 n 个列向量构成了一组基. 对这组基进行施密特正交化与单位化,则所得的一组标准正交基构成一正交矩阵,系数矩阵构成一上三角矩阵,于是可证得存在性. 唯一性的证明采用反证法,同时结合本章习题 13 的结论可证得分解是唯一的.

第(2)问的证明过程中,由于 $\boldsymbol{A}$ 正定,则 $\boldsymbol{A}$ 可表示成一个 n 级可逆矩阵与其转置的乘积. 对此可逆矩阵按(1)中结论进行分解,所得的上三角矩阵即为所求.

解题过程 (1)设 $\boldsymbol{A}$ 的 n 个列向量是 $\boldsymbol{\alpha}_1,\boldsymbol{\alpha}_2,\cdots,\boldsymbol{\alpha}_n$,由于$|\boldsymbol{A}|\neq 0$,因此 $\boldsymbol{\alpha}_1,\boldsymbol{\alpha}_2,\cdots,\boldsymbol{\alpha}_n$ 是线性无关的,从而它们也是 V 的一组基,将其正交单位化,可得一组标准正交基为

$$\begin{cases} \boldsymbol{\eta}_1=\dfrac{1}{|\boldsymbol{\alpha}_1|}\boldsymbol{\alpha}_1 \\ \boldsymbol{\eta}_2=\dfrac{1}{|\boldsymbol{\beta}_2|}(\boldsymbol{\alpha}_2,\boldsymbol{\eta}_1)+\dfrac{1}{|\boldsymbol{\beta}_2|}\boldsymbol{\alpha}_2 \\ \qquad\cdots \\ \boldsymbol{\eta}_n=-\dfrac{(\boldsymbol{\alpha}_n,\boldsymbol{\eta}_1)}{|\boldsymbol{\beta}_n|}\boldsymbol{\eta}_1-\cdots-\dfrac{(\boldsymbol{\alpha}_n,\boldsymbol{\eta}_{n-1})}{|\boldsymbol{\beta}_n|}\boldsymbol{\eta}_{n-1}+\dfrac{1}{\boldsymbol{\beta}_n}\boldsymbol{\alpha}_n \end{cases}$$

其中

$$\begin{cases} \boldsymbol{\beta}_1=\boldsymbol{\alpha}_1 \\ \boldsymbol{\beta}_2=\boldsymbol{\alpha}_2-(\boldsymbol{\alpha}_2,\boldsymbol{\eta}_1)\boldsymbol{\eta}_1 \\ \qquad\cdots \\ \boldsymbol{\beta}_n=\boldsymbol{\alpha}_n-(\boldsymbol{\alpha}_n,\boldsymbol{\eta}_1)-\cdots-(\boldsymbol{\alpha}_n,\boldsymbol{\eta}_{n-1})\boldsymbol{\eta}_{n-1} \end{cases}$$

$$\begin{cases} \boldsymbol{\alpha}_1=t_{11}\boldsymbol{\eta}_1 \\ \boldsymbol{\alpha}_2=t_{12}\boldsymbol{\eta}_1+t_{22}\boldsymbol{\eta}_2 \\ \qquad\cdots \\ \boldsymbol{\alpha}_n=t_{1n}\boldsymbol{\eta}_1+t_{2n}\boldsymbol{\eta}_2+\cdots+t_{nn}\boldsymbol{\eta}_n \end{cases}$$

其中 $t_{ii}=|\boldsymbol{\beta}_i|>0(i=1,2,\cdots,n)$. 即

$$\boldsymbol{A}=(\boldsymbol{\alpha}_1,\boldsymbol{\alpha}_2,\cdots,\boldsymbol{\alpha}_n)=(\boldsymbol{\eta}_1,\boldsymbol{\eta}_2,\cdots,\boldsymbol{\eta}_n)\begin{pmatrix} t_{11} & t_{12} & \cdots & t_{1n} \\ & t_{22} & \cdots & t_{2n} \\ & & \ddots & \vdots \\ & & & t_{nn} \end{pmatrix}$$

令 $\boldsymbol{T}=\begin{pmatrix} t_{11} & \cdots & t_{1n} \\ & \ddots & \vdots \\ & & t_{nn} \end{pmatrix}$,则 $\boldsymbol{T}$ 是上三角形矩阵,且主对角线元素 $t_{ii}>0$.

另一方面,由于 $\boldsymbol{\eta}_i$ 是 n 维列向量,不妨记为

$$\boldsymbol{\eta}_i=\begin{bmatrix} b_{1i} \\ b_{2i} \\ \vdots \\ b_{ni} \end{bmatrix}(i=1,2\cdots,n),$$

且令

$$\boldsymbol{Q}=\begin{bmatrix} b_{11} & \cdots & b_{1n} \\ \vdots & \ddots & \vdots \\ b_{n1} & \cdots & b_{nn} \end{bmatrix}=(\boldsymbol{\eta}_1,\boldsymbol{\eta}_2,\cdots,\boldsymbol{\eta}_n),$$

则有 $\boldsymbol{A}=\boldsymbol{Q}\boldsymbol{T}$,由于 $\boldsymbol{\eta}_1,\boldsymbol{\eta}_2,\cdots,\boldsymbol{\eta}_n$ 是一组标准正交基,故 $\boldsymbol{Q}$ 是正交矩阵.

> 正交矩阵的逆和乘积仍是正交矩阵

再证唯一性,设 $\boldsymbol{A}=\boldsymbol{Q}_1\boldsymbol{T}_1=\boldsymbol{Q}\boldsymbol{T}$ 是两种分解,其中 $\boldsymbol{Q},\boldsymbol{Q}_1$ 是正交矩阵,$\boldsymbol{T},\boldsymbol{T}_1$ 是主对角线元素大于零的上三角阵,则 $\boldsymbol{Q}_1^{-1}\boldsymbol{Q}=\boldsymbol{T}_1\boldsymbol{T}^{-1}$,由于 $\boldsymbol{Q}_1^{-1}\boldsymbol{Q}$ 是正交矩阵,从而 $\boldsymbol{T}_1\boldsymbol{T}^{-1}$ 也是正交矩阵,且 $\boldsymbol{T}_1\boldsymbol{T}^{-1}$ 为上三角阵,因此,$\boldsymbol{T}_1\boldsymbol{T}^{-1}$ 是主对角线元为 1 或 -1 的对角阵,但是 $\boldsymbol{T}$ 与 $\boldsymbol{T}_1$ 的主对角线元大于零,所以 $\boldsymbol{T}_1\boldsymbol{T}^{-1}$ 的主对角线元只能是 1,故 $\boldsymbol{T}_1\boldsymbol{T}^{-1}=\boldsymbol{E}$,即证 $\boldsymbol{T}_1=\boldsymbol{T}$,进而有 $\boldsymbol{Q}=\boldsymbol{Q}_1$,从而分解是唯一的.

(2)因为 $\boldsymbol{A}$ 是正定的,所以 $\boldsymbol{A}$ 与 $\boldsymbol{E}$ 合同,即存在可逆阵 $\boldsymbol{C}$ 使 $\boldsymbol{A}=\boldsymbol{C}'\boldsymbol{C}$,再由(1)知 $\boldsymbol{C}=\boldsymbol{Q}\boldsymbol{T}$,其中 $\boldsymbol{Q}$ 是正交矩阵,$\boldsymbol{T}$ 为三角阵,所以 $\boldsymbol{A}=\boldsymbol{T}'\boldsymbol{Q}'\boldsymbol{Q}\boldsymbol{T}=\boldsymbol{T}'\boldsymbol{T}$.

15. **知识点窍** 正交变换的定义;实对称矩阵的性质.

逻辑推理 第(1)问中直接利用正交变换的定义,即先证明变换是线性的,再证明$(\mathscr{A}\boldsymbol{\alpha},\mathscr{A}\boldsymbol{\beta})=(\boldsymbol{\alpha},\boldsymbol{\beta})$即可;

第(2)问需要证明变换矩阵的行列式为-1,可通过对已知单位向量扩充成一组标准正交基,在此之下可得到变换的矩阵为一对角矩阵,计算其行列式为-1,命题得证.

第(3)问中需证明所给变换满足定义式. 先由正交变换的定义可求得变换还有一个特征值-1,然后由实对称矩阵的性质(属于不同特征值的特征向量必正交)可得到在当前基下变换对基进行作用后的结果. 利用此结果可证得命题.

解题过程 (1) $\forall\,\boldsymbol{\alpha},\boldsymbol{\beta}$,有:$\mathscr{A}(k_1\boldsymbol{\alpha}+k_2\boldsymbol{\beta})=k_1\boldsymbol{\alpha}+k_2\boldsymbol{\beta}-2(\boldsymbol{\eta},k_1\boldsymbol{\alpha}+k_2\boldsymbol{\beta})\boldsymbol{\eta}$

$$=k_1\boldsymbol{\alpha}+k_2\boldsymbol{\beta}-2k_1(\boldsymbol{\eta},\boldsymbol{\alpha})\boldsymbol{\eta}-2k_2(\boldsymbol{\eta},\boldsymbol{\beta})\boldsymbol{\eta}=k_1\mathscr{A}\boldsymbol{\alpha}+k_2\mathscr{A}\boldsymbol{\beta},$$

所以 $\mathscr{A}$ 是线性变换.

又因为 $(\mathscr{A}\boldsymbol{\alpha},\mathscr{A}\boldsymbol{\beta})=[\boldsymbol{\alpha}-2(\boldsymbol{\eta},\boldsymbol{\alpha})\boldsymbol{\eta},\boldsymbol{\beta}-2(\boldsymbol{\eta},\boldsymbol{\beta})\boldsymbol{\eta}]$

$$=(\boldsymbol{\alpha},\boldsymbol{\beta})-2(\boldsymbol{\eta},\boldsymbol{\alpha})(\boldsymbol{\eta},\boldsymbol{\beta})-2(\boldsymbol{\eta},\boldsymbol{\alpha})(\boldsymbol{\eta},\boldsymbol{\beta})+4(\boldsymbol{\eta},\boldsymbol{\alpha})(\boldsymbol{\eta},\boldsymbol{\beta})(\boldsymbol{\eta},\boldsymbol{\eta}),$$

注意到 $(\boldsymbol{\eta},\boldsymbol{\eta})=1$,故 $(\mathscr{A}\boldsymbol{\alpha},\mathscr{A}\boldsymbol{\beta})=(\boldsymbol{\alpha},\boldsymbol{\beta})$,此即 $\mathscr{A}$ 是正交变换.

(2)由于 $\boldsymbol{\eta}$ 是单位向量,将它扩充成欧氏空间的一组标准正交基 $\boldsymbol{\eta},\boldsymbol{\varepsilon}_2,\cdots,\boldsymbol{\varepsilon}_n$,则

$$\begin{cases}\mathscr{A}\boldsymbol{\eta}=\boldsymbol{\eta}-2(\boldsymbol{\eta},\boldsymbol{\eta})\boldsymbol{\eta}=-\boldsymbol{\eta}\\ \mathscr{A}\boldsymbol{\varepsilon}_i=\boldsymbol{\varepsilon}_i-2(\boldsymbol{\eta},\boldsymbol{\varepsilon}_i)\boldsymbol{\eta}=\boldsymbol{\varepsilon}_i(i=2,3,\cdots,\boldsymbol{\eta})\end{cases}$$

即 $\mathscr{A}(\boldsymbol{\eta},\boldsymbol{\varepsilon}_2,\cdots,\boldsymbol{\varepsilon}_n)=(\boldsymbol{\eta},\boldsymbol{\varepsilon}_2,\cdots,\boldsymbol{\varepsilon}_n)\begin{pmatrix}-1&&&\\&1&&\\&&\ddots&\\&&&1\end{pmatrix}$

所以 $\mathscr{A}$ 是第二类的.

(3) $\mathscr{A}$ 的特征值有 n 个,由已知 $\mathscr{A}$ 有 $n-1$ 个特征值为 1,另一个不妨设为 λ_0,则存在一组基 $\boldsymbol{\varepsilon}_1,\boldsymbol{\varepsilon}_2,\cdots,\boldsymbol{\varepsilon}_n$ 使 $\mathscr{A}(\boldsymbol{\varepsilon}_1,\boldsymbol{\varepsilon}_2,\cdots,\boldsymbol{\varepsilon}_n)=(\boldsymbol{\varepsilon}_1,\boldsymbol{\varepsilon}_2,\cdots,\boldsymbol{\varepsilon}_n)\begin{pmatrix}\lambda_0&&&\\&1&&\\&&\ddots&\\&&&1\end{pmatrix}$

因为 $\mathscr{A}$ 是正交变换,所以 $(\boldsymbol{\varepsilon}_1,\boldsymbol{\varepsilon}_1)=(\mathscr{A}\boldsymbol{\varepsilon}_1,\mathscr{A}\boldsymbol{\varepsilon}_1)=\lambda_0^2(\boldsymbol{\varepsilon}_1,\boldsymbol{\varepsilon}_1)$.

但 $\lambda_0\neq0$,所以 $\lambda_0=-1$,于是

$$\mathscr{A}\boldsymbol{\varepsilon}_1=-\boldsymbol{\varepsilon}_1,\mathscr{A}\boldsymbol{\varepsilon}_i=\boldsymbol{\varepsilon}_i(i=2,3,\cdots,n)$$

$$(\boldsymbol{\varepsilon}_1,\boldsymbol{\varepsilon}_i)=0(i=2,3,\cdots,n)$$

现令 $\boldsymbol{\eta}=\frac{1}{|\boldsymbol{\varepsilon}_1|}\boldsymbol{\varepsilon}_1$,则 $\boldsymbol{\eta}$ 是单位向量,且与 $\boldsymbol{\varepsilon}_2,\cdots,\boldsymbol{\varepsilon}_n$ 正交,则 $\boldsymbol{\eta},\boldsymbol{\varepsilon}_2,\cdots,\boldsymbol{\varepsilon}_n$ 为欧氏空间 V 的一组基,又因为

$$\mathscr{A}\boldsymbol{\eta}=\mathscr{A}\left(\frac{1}{|\boldsymbol{\varepsilon}_1|}\boldsymbol{\varepsilon}_1\right)=\frac{1}{|\boldsymbol{\varepsilon}_1|}\mathscr{A}\boldsymbol{\varepsilon}_1=\frac{1}{|\boldsymbol{\varepsilon}_1|}(-\boldsymbol{\varepsilon}_1)=-\boldsymbol{\eta}.$$

$$\boldsymbol{\alpha}=k_1\boldsymbol{\eta}+k_2\boldsymbol{\varepsilon}_2+\cdots+k_n\boldsymbol{\varepsilon}_n,$$

$$\mathscr{A}\boldsymbol{\alpha}=k_1\mathscr{A}\boldsymbol{\eta}+k_2\mathscr{A}\boldsymbol{\varepsilon}_2+\cdots+k_n\mathscr{A}\boldsymbol{\varepsilon}_n=-k_1\boldsymbol{\eta}+k_2\boldsymbol{\varepsilon}_2+\cdots+k_n\boldsymbol{\varepsilon}_n$$

$$(\boldsymbol{\alpha},\boldsymbol{\eta})=(k_1\boldsymbol{\eta}+k_2\boldsymbol{\varepsilon}_2+\cdots+k_n\boldsymbol{\varepsilon}_n,\boldsymbol{\eta})=k_1,$$

所以 $\boldsymbol{\alpha}-2(\boldsymbol{\eta},\boldsymbol{\alpha})\boldsymbol{\eta}=-k_1\boldsymbol{\eta}+k_2\boldsymbol{\varepsilon}_2+\cdots+k_n\boldsymbol{\varepsilon}_n$,即证.

16. **知识点窍** 特征向量与特征值.

逻辑推理 先运用特征向量的性质,得到一关于特征值 $\bar{\lambda}$ 的关系式. 再对此关系式两端取共轭,得到一关于 $\bar{\lambda}$ 的关系式. 最后利用反对称矩阵的性质可构造出关于 λ 和 $\bar{\lambda}$ 的关系式,于是命题得证.

解题过程 设 $\boldsymbol{\xi}$ 是属于特征值 λ 的特征向量,即 $\boldsymbol{A\xi}=\lambda\boldsymbol{\xi}$,则

$$\bar{\boldsymbol{\xi}}'\boldsymbol{A\xi}=\bar{\boldsymbol{\xi}}'(-\boldsymbol{A}'\boldsymbol{\xi})=-\bar{\boldsymbol{\xi}}'\boldsymbol{A}'\boldsymbol{\xi}=-(\boldsymbol{A}\bar{\boldsymbol{\xi}})'\boldsymbol{\xi}=-(\overline{\boldsymbol{A\xi}})'\boldsymbol{\xi},$$

于是 $\lambda\bar{\boldsymbol{\xi}}'\boldsymbol{\xi}=-\lambda\bar{\boldsymbol{\xi}}'\boldsymbol{\xi}\Rightarrow\lambda=-\bar{\lambda}$,

令 $\lambda=a+bi$，可得 $a=0$，即证 $\lambda=bi$ 或 $\lambda=0$.

17. **知识点窍** 实对称矩阵正交相似于对角矩阵的计算.

逻辑推理 求解的基本步骤：

出实对称矩阵的所有特征值 $\lambda_1,\lambda_2,\cdots\lambda_r$

特征方程组 $(\lambda_1 \boldsymbol{E}-\boldsymbol{A})X=\boldsymbol{0}(i=1,2,\cdots,r)$，由基础解系算出的标准正交基；

$$\boldsymbol{\eta}_{i1},\boldsymbol{\eta}_{i2},\cdots\boldsymbol{\eta}_{ik}.$$

全部 $\boldsymbol{\eta}_{11},\cdots\boldsymbol{\eta}_{1k_1},\cdots,\boldsymbol{\eta}_{r_1},\cdots,\boldsymbol{\eta}_{rk_r}$（共 n 个）为列向量组成正交矩阵 $\boldsymbol{T}$.

解题过程 解(1)由

$$|\lambda\boldsymbol{E}-\boldsymbol{A}|=\begin{vmatrix}\lambda-2 & 2 & 0\\ 2 & \lambda-1 & 2\\ 0 & 2 & \lambda\end{vmatrix}=(\lambda-1)(\lambda-4)(\lambda+2),$$

可得 $\boldsymbol{A}$ 的特征值为 $\lambda_1=1,\lambda_2=4,\lambda_3=-2$.

对应的特征向量为

$$\boldsymbol{\alpha}_1=(2,1-2)',\boldsymbol{\alpha}_2=(-2,2-1)',\boldsymbol{\alpha}_3=(1,2,2)',$$

将其正交单位化，可得标准正交基为

$$\boldsymbol{\eta}_1=\left(\frac{2}{3},\frac{1}{3},-\frac{2}{3}\right)',$$

$$\boldsymbol{\eta}_2=\left(-\frac{2}{3},\frac{2}{3},-\frac{1}{3}\right)'$$

$$\boldsymbol{\eta}_3=\left(\frac{1}{3},\frac{2}{3},\frac{2}{3}\right)'$$

故所求正交矩阵为

$$\boldsymbol{T}=\frac{1}{3}\begin{pmatrix}2 & -2 & 1\\ 1 & 2 & 2\\ -2 & -1 & 2\end{pmatrix};$$

且 $$\boldsymbol{T}'\boldsymbol{A}\boldsymbol{T}=\begin{pmatrix}1 & & \\ & 4 & \\ & & -2\end{pmatrix}$$

(2)由 $$|\lambda\boldsymbol{E}-\boldsymbol{A}|=\begin{vmatrix}\lambda-2 & -2 & 2\\ 2 & \lambda-5 & 4\\ 2 & 4 & \lambda-5\end{vmatrix}=(\lambda-1)^2(\lambda-10),$$

可得 $\boldsymbol{A}$ 的特征值为 $\lambda_1=\lambda_2=1,\lambda_3=10$.

$\lambda_3=10$ 的特征向量为：$\boldsymbol{\alpha}_1=(1,2,-2)$，

$\lambda_1=\lambda_2=1$ 的特征向量为：$\boldsymbol{\alpha}_1=(2,-1,0),\boldsymbol{\alpha}_3=(2,0,1)$，

正交化. 可得

$$\boldsymbol{\beta}_1=\frac{1}{3}(1,2,-2)',\boldsymbol{\beta}_2=(2,-1,0)',\boldsymbol{\beta}_3=\left(\frac{2}{5},\frac{4}{5},1\right)',$$

再单位化，有：$\boldsymbol{\eta}_1=\frac{1}{3}(1,2,-2)',\boldsymbol{\eta}_2=\frac{1}{\sqrt{5}}(2,-1,0)',\boldsymbol{\eta}_3=\frac{1}{3\sqrt{5}}(2,4,5)'$.

于是所求正交矩阵为

$$\boldsymbol{T}=\begin{pmatrix}\frac{1}{3} & \frac{2}{\sqrt{5}} & \frac{2}{3\sqrt{5}}\\ \frac{2}{3} & -\frac{1}{\sqrt{5}} & \frac{4}{3\sqrt{5}}\\ -\frac{2}{3} & 0 & \frac{5}{3\sqrt{5}}\end{pmatrix}$$

且 $$\boldsymbol{T}'\boldsymbol{A}\boldsymbol{T}=\begin{pmatrix}10 & & \\ & 1 & \\ & & 1\end{pmatrix}.$$

(3)由 $$|\lambda\boldsymbol{E}-\boldsymbol{A}|=\begin{vmatrix}\lambda & 0 & -4 & -1\\ 0 & \lambda & -1 & -4\\ -4 & -1 & \lambda & 0\\ -1 & -4 & 0 & \lambda\end{vmatrix}=(\lambda-5)(\lambda+5)(\lambda-3)(\lambda+3).$$

可得 $\boldsymbol{A}$ 的特征值为 $\lambda_1=5,\lambda_2=-5,\lambda_3=3,\lambda_4=-3$.

相应的特征向量为

$$\boldsymbol{\alpha}_1=(1,1,1,1)',\boldsymbol{\alpha}_2=(1,1,-1,-1)'.$$

$$\boldsymbol{\alpha}_3=(-1,1,-1,1)',\boldsymbol{\alpha}_4=(1,-1,-1,1)'$$

将其正交单位化，可得标准正交基为

$$\boldsymbol{\eta}_1=\frac{1}{2}(1,1,1,1)',\boldsymbol{\eta}_2=\frac{1}{2}(1,1,-1,-1)'$$

$$\boldsymbol{\eta}_3=\frac{1}{2}(-1,1,-1,1)',\boldsymbol{\eta}_4=(1,-1,-1,1)'.$$

故所求正交矩阵为

$$\boldsymbol{T}=\frac{1}{2}\begin{pmatrix}1 & 1 & -1 & 1\\ 1 & 1 & 1 & -1\\ 1 & -1 & -1 & -1\\ 1 & -1 & 1 & 1\end{pmatrix}$$

且

$$\boldsymbol{T}'\boldsymbol{A}\boldsymbol{T}=\begin{pmatrix}5 & & & \\ & -5 & & \\ & & 3 & \\ & & & -3\end{pmatrix}$$

(4)矩阵 $\boldsymbol{A}$ 的特征多项式为

$$|\lambda \boldsymbol{E}=\boldsymbol{A}|=\begin{vmatrix}\lambda+1 & 3 & -3 & 3\\ 3 & \lambda+1 & 3 & -3\\ -3 & 3 & \lambda+1 & 3\\ 3 & -3 & 3 & \lambda+1\end{vmatrix}=(\lambda+4)^3(\lambda-8)$$

则 $\boldsymbol{A}$ 的特征值为 $\lambda_1=8,\lambda_2=-4$（三重），分别求齐次方程组 $(\lambda \boldsymbol{E}-\boldsymbol{A})\boldsymbol{X}=\boldsymbol{0}$ 得相应的特征向量为

$$\boldsymbol{\alpha}_1=(-1,1,-1,1)',\boldsymbol{\alpha}_2=(1,1,0,0)'.$$
$$\boldsymbol{\alpha}_3=(1,0-1,0)',\boldsymbol{\alpha}_4=(1,\ 0,0,1)'.$$

将其正交单位化得

$$\boldsymbol{\eta}_1=\frac{1}{2}(-1,1,-1,1)',\boldsymbol{\eta}_2=\frac{\sqrt{2}}{2}(1,1,0,0)',\boldsymbol{\eta}_3=\frac{\sqrt{6}}{6}(-1,1,2,0)',$$
$$\boldsymbol{\eta}_4=\frac{\sqrt{3}}{6}(1,-1,1,3)'.$$

令

$$\boldsymbol{T}=(\boldsymbol{\eta}_1,\boldsymbol{\eta}_2,\boldsymbol{\eta}_3,\boldsymbol{\eta}_4)=\frac{1}{6}\begin{pmatrix}-3 & 3\sqrt{2} & -\sqrt{6} & \sqrt{3}\\ 3 & 3\sqrt{2} & \sqrt{6} & -\sqrt{3}\\ -3 & 0 & 2\sqrt{6} & \sqrt{3}\\ 3 & 0 & 0 & 3\sqrt{3}\end{pmatrix}.$$

则 $\boldsymbol{T}$ 即为所求，且

$$\boldsymbol{T}'\boldsymbol{A}\boldsymbol{T}=\begin{pmatrix}8 & & & \\ & -4 & & \\ & & -4 & \\ & & & -4\end{pmatrix}.$$

(5)矩阵 $\boldsymbol{A}$ 的特征多项式为

$$|\lambda \boldsymbol{E}-\boldsymbol{A}|=\begin{vmatrix}\lambda-1 & -1 & -1 & -1\\ -1 & \lambda-1 & -1 & -1\\ -1 & -1 & \lambda-1 & -1\\ -1 & -1 & -1 & \lambda-1\end{vmatrix}=\lambda^3(\lambda-4).$$

则 $\boldsymbol{A}$ 的特征值为 $\lambda_1=4.\lambda_2=0$（三重）. 分别求齐次方程组 $(\lambda_i\boldsymbol{E}-\boldsymbol{A})\boldsymbol{X}=0$ 得相应的特征向量为

$$\boldsymbol{\alpha}_1=(1,1,1,1)',\boldsymbol{\alpha}_2=(-1,1,0,0)',$$
$$\boldsymbol{\alpha}_3=(-1,0,1,0)',\boldsymbol{\alpha}_4=(-1,0,0,1)',$$

将其正交单位化得

$$\boldsymbol{\eta}_1=\frac{1}{2}(1,1,1,1)',\boldsymbol{\eta}_2=\frac{\sqrt{2}}{2}(-1,1,0,0)'.$$

$$\boldsymbol{\eta}_3=\frac{\sqrt{6}}{6}(-1,-1,2,0)',\boldsymbol{\eta}_4=\frac{\sqrt{3}}{6}(-1,-1,-1,3)'$$

令

$$T=(\boldsymbol{\eta}_1,\boldsymbol{\eta}_2,\boldsymbol{\eta}_3,\boldsymbol{\eta}_4)=\frac{1}{6}\begin{pmatrix}3&-3\sqrt{2}&-\sqrt{6}&-\sqrt{3}\\3&3\sqrt{2}&-\sqrt{6}&-\sqrt{3}\\3&0&2\sqrt{6}&-\sqrt{3}\\3&0&0&3\sqrt{3}\end{pmatrix},$$

则 $\boldsymbol{T}$ 即为所求,且

$$\boldsymbol{T}'\boldsymbol{A}\boldsymbol{T}=\begin{pmatrix}4&&&\\&0&&\\&&0&\\&&&0\end{pmatrix}.$$

18. **知识点窍** 用实对称矩阵的标准形化简二次型.

逻辑推理 化简步骤:

用上一题的方法求出正交矩阵 $\boldsymbol{T}$.

变换 $\boldsymbol{X}=\boldsymbol{TY}$,代入后代简可得结果.

解题过程 (1)设原二次型对应的矩阵为 $\boldsymbol{A}$,则

$$\boldsymbol{A}=\begin{pmatrix}1&-2&0\\-2&2&-2\\0&-2&3\end{pmatrix},$$

且 $\boldsymbol{A}$ 的特征多项式为

$$|\lambda\boldsymbol{E}-\boldsymbol{A}|=(\lambda-2)(\lambda+1)(\lambda-5).$$

特征值为

$$\lambda_1=2,\lambda_2=-1,\lambda_3=5,$$

相应的特征向量为

$$\boldsymbol{\alpha}_1=(2,-1,-2)',\boldsymbol{\alpha}_2=(2,2,1)',$$
$$\boldsymbol{\alpha}_3=(1,-2,2)'.$$

> 求得的标准形不是唯一的,正交矩阵$\boldsymbol{T}$中元素位置的不同导致标准形中系数位置不同

单位化后,有

$$\boldsymbol{\eta}_1=\frac{1}{3}(2,-1,-2)',\boldsymbol{\eta}_2=\frac{1}{3}(2,2,1)',\boldsymbol{\eta}_3=\frac{1}{3}(1,-2,2)',$$

令 $\boldsymbol{X}=\boldsymbol{TY}$,其中

$$\boldsymbol{T}=\frac{1}{3}\begin{pmatrix}2&2&1\\-1&2&-2\\-2&1&2\end{pmatrix},$$

则

$$\boldsymbol{X}'\boldsymbol{A}\boldsymbol{X}=2y_1^2-y_2^2+5y_3^2;$$

(2)原二次型对应的矩阵为

$$A=\begin{pmatrix}1&-2&2\\-2&-2&4\\2&4&2\end{pmatrix}$$

且 A 的特征多项式为

$$|\lambda E-A|=(\lambda+7)(\lambda-2)^2,$$

特征值为

$$\lambda_1=-7,\lambda_2=\lambda_3=2;$$

由上题方法求得正交矩阵为

$$T=\begin{pmatrix}\frac{1}{3}&-\frac{2}{\sqrt{5}}&\frac{2}{3\sqrt{5}}\\\frac{2}{3}&\frac{1}{\sqrt{5}}&\frac{4}{3\sqrt{5}}\\-\frac{2}{3}&0&\frac{5}{3\sqrt{5}}\end{pmatrix}$$

则

$$X'AX=-7y_1^2+2y_2^2+2y_3^2;$$

(3)原二次型对应的矩阵为

$$A=\begin{pmatrix}0&1&0&0\\1&0&0&0\\0&0&0&1\\0&0&1&0\end{pmatrix},$$

且 A 的特征多项式为

$$|\lambda E-A|=(\lambda+1)^2(\lambda-1)^2,$$

特征值为

$$\lambda_1=\lambda_2=1,\lambda_3=\lambda_4=-1.$$

相应的特征向量为

$$\boldsymbol{\alpha}_1=(1,1,0,0)',\boldsymbol{\alpha}_2=(0,0,1,1)',$$

$$\boldsymbol{\alpha}_3=(1,-1,0,0)',\boldsymbol{\alpha}_4=(0,0,1,-1)',$$

由上题方法求得正交矩阵为

$$T=\frac{1}{\sqrt{2}}\begin{pmatrix}1&0&1&0\\1&0&-1&0\\0&1&0&-1\\0&1&0&0\end{pmatrix}$$

则

$$X'AX=y_1^2+y_2^2-y_3^2-y_4^2.$$

(4)原二次型对应的矩阵为

$$A=\begin{pmatrix}1&-1&3&-2\\-1&1&-2&3\\3&-2&1&-1\\-2&3&-1&1\end{pmatrix}$$

且 A 的特征多项式为

$$|\lambda E-A|=(\lambda+1)(\lambda-1)(\lambda+3)(\lambda+7),$$

特征值为

$$\lambda_1=1,\lambda_2=7,\lambda_3=-1,\lambda_4=-3.$$

由上题方法求得正交矩阵为

$$T=\frac{1}{2}\begin{pmatrix}1&-1&-1&1\\1&1&-1&-1\\1&-1&1&-1\\1&1&1&1\end{pmatrix}$$

故

$$X'AX=y_1^2+7y_2^2-y_3^2-3y_4^2:$$

19\. **知识点窍** 实对称矩阵的性质:正定矩阵的判定定理.

逻辑推理 由实对称矩阵的性质可知,可找到正交矩阵 T 使 $T'AT$ 为对角阵. 因此二次型 $X'AX$ 可化成 $\lambda_1 y_1{}^2+\lambda_2 y_2{}^2+\cdots+\lambda_n y_n{}^2$,其中 $\lambda_1,\lambda_2,\cdots\lambda_n$ 为 A 的特征多项式的根. 由正定矩阵的判定定理可证得命题.

解题过程 由于 A 是实对称矩阵,根据教材中的定理 7 知,存在一个 n 级正交矩阵 T,使得

$$T'AT=T^{-1}AT=A=\begin{pmatrix}\lambda_1&&&\\&\lambda_2&&\\&&\ddots&\\&&&\lambda_n\end{pmatrix}$$

> 相似矩阵具有相同的特征值；合同的矩阵具有相同的正定性。

又因为相似矩阵有相同的特征值,且对角形矩阵的特征值即为其对角线上的元素,所以 $\lambda_1.\lambda_2,\cdots,\lambda_n$ 为 A 的全部的特征根,即 A 的特征多项式的全部根.

再根据合同的矩阵具有相同的正定性,故 A 正定的充分必要条件是对角形矩阵 A 是正定的,而 A 正定当且仅当 $\lambda_1,\lambda_2,\cdots\lambda,_n$ 全大于零,因此 A 正定的充分必要条件是 A 的特征多项式的根全大于零.

20\. **知识点窍** 实对称矩阵的性质,矩阵的若尔当标准形.

逻辑推理 必要性的证明中,由于相似矩阵有相同的特征多项式,即相同的特征根,而 A 与 $T^{-1}AT$ 相似,且 $T^{-1}AT$ 是三角矩阵,则 $T^{-1}AT$ 的特征值即为其对角线上的元素,因此命题得证.

充分性的证明中,由矩阵的若尔当标准形的基本定理可知,A 与一若尔当形矩阵 J 相似,即存在可逆实矩阵 P,使 $P^{-1}AP=J$. 因为 J 是三角矩阵,由 14 题结论可知,P 可分解成一正交矩阵 T 和一上三角矩阵 S 的乘积. 此时 $T^{-1}AT=SJS^{-1}$ 为上三角矩

阵，即存在符合题意的正交矩阵 T，命题得证.

解题过程 为确定起见，这里三角矩阵不妨设为上三角矩阵.

①先证必要性；设

$$T'AT=\begin{pmatrix} c_{11} & c_{12} & \cdots & c_{1n} \\ & c_{22} & \cdots & c_{2n} \\ & & \ddots & \vdots \\ & & & c_{nn} \end{pmatrix}$$

其中 T,A 均为实矩阵，从而 c_{ij} 都是实数，又因为相似矩阵有相同的特征多项式，所以

$$|\lambda E-A|=|\lambda E-T^{-1}AT|=\begin{vmatrix} \lambda-c_{11} & -c_{12} & \cdots & -c_{14} \\ & \lambda-c_{22} & \cdots & c_{2n} \\ & & \ddots & \vdots \\ & & & \lambda-c_{nn} \end{vmatrix}=(\lambda-c_{11})(\lambda-c_{22})\cdots(\lambda-c_{nn})$$

从而 A 的 n 个特征根 $c_{11},c_{12},\cdots,c_{nn}$ 均为实数.

②再证充分性，设 $\lambda_1,\lambda_2,\cdots,\lambda_n$ 为 A 的所有不同的实特征根，则 A 与某一若尔当形矩阵 J 相似，即存在可逆实矩阵 P_0，使

$$P_0^{-1}AP_0=J.$$

其中

$$J=\begin{pmatrix} J_1 & & \\ & \ddots & \\ & & J_s \end{pmatrix}$$

而

$$J_i=\begin{pmatrix} \lambda_i & 1 & & & \\ & \lambda_i & 1 & & \\ & & \ddots & \ddots & \\ & & & \lambda_i & 1 \\ & & & & \lambda_i \end{pmatrix}(i=1,2,\cdots,s)$$

由于 λ_i 都是实数，所以 J 为上三角实矩阵.

另一方面，矩阵 P_0 可以分解为

$$P_0=T_0S_0,$$

其中 T_0 是正交矩阵，S_0 为上三角矩阵，于是

$$P_0^{-1}AP_0=S_0^{-1}T_0^{-1}AT_0S_0=J.$$

即

$$T_0^{-1}AT_0=S_0JS_0^{-1}$$

由于 S_0,J,S_0^{-1} 都是上三角矩阵，因而它们的乘积也为上三角矩阵，即证充分性.

21. **知识点窍** 相似矩阵的性质；实对称矩阵的性质.

逻辑推理 必要性的证明中，由 $T^{-1}AT=B$ 可知 A 与 B 相似，因此 A 与 B 的特征根全部相同. 充分性的证明中，由实对称矩阵的性质，存在正交矩阵 X 与 Y，使得 $X^{-1}AX=Y^{-1}BY=P$，P 是一对角矩阵，其对角线上的元素为 A（或 B）的所有特征值. 因此取 $T=XY^{-1}$，则 $T^{-1}AT=B$，命题得证.

解题过程 必要性是显然的，因为相似矩阵有相同的特征值.

现证充分性，设 $\lambda_1,\lambda_2,\cdots,\lambda_n$ 是 A 的特征根，则它们也是 B 的特征根. 于是存在正交矩阵 X 和 Y，使

$$X^{-1}AX=\begin{pmatrix}\lambda_1 & & & \\ & \lambda & & \\ & & \ddots & \\ & & & \lambda_4\end{pmatrix}=Y^{-1}BY.$$

教材中定理7的运用

所以

$$YX^{-1}AXY^{-1}=B.$$

令 $T=XY^{-1}$ 则 T 也是正交矩阵，从而 $T^{-1}AT=B$，即证.

22. **知识点窍** 特征值与特征向量；实对称矩阵的性质.

逻辑推理 由 $A^2=A$ 及特征值与特征向量的定义可得 A 的特征值为 0 和 1. 实对称矩阵的性质可知，存在正交矩阵 T，使 $T^{-1}AT$ 符合题意，命题得证.

解题过程 设 λ 是 A 的任一特征值，ξ 是属于 λ 的特征向量，则

$$A\xi=\lambda\xi,A^2\xi=A(\lambda\xi)=\lambda A\xi=\lambda^2\xi,$$

由于

$$A^2=A\Rightarrow\lambda^2\xi=\lambda\xi\Rightarrow(\lambda^2-\lambda)\xi=\mathbf{0}.$$

又因为 $\xi\neq0$，所以 $\lambda^2-\lambda=0$，即得

$$\lambda_1=0,\lambda_2=1.$$

换句话说，A 的特征值不是 1 就是 0. 故存在正交矩阵 T，使

$$T^{-1}AT=\begin{pmatrix}1 & & & & & & \\ & 1 & & & & & \\ & & \ddots & & & & \\ & & & 1 & & & \\ & & & & 0 & & \\ & & & & & \ddots & \\ & & & & & & 0\end{pmatrix}$$

上式中，对角线元素中 1 的个数为 A 的特征值 1 的个数，0 的个数是 A 的特征值 0 的个数.

23. **知识点窍** 子空间的定义；不变子空间的定义；正交补.

逻辑推理 利用正交变换的定义，以及应用 $(\mathscr{A}\alpha,\mathscr{A}\beta)=(\alpha,\beta)$. 可以证明

解题过程 设 V_1 是 $\mathscr{A}$ 的一个不变子空间，$V_1^{\perp}$ 是 V_1 的正交补. V_1 中任一向量 $\boldsymbol{\alpha}$ 及 V_1 中任一向量 $\boldsymbol{\beta}$，由于 $\mathscr{A}$ 限制在 V_1 上也是可逆变换，故有 $\boldsymbol{\gamma}\in V_1$，使 $\mathscr{A}\boldsymbol{\gamma}=\boldsymbol{\beta}$. 即有

$$(\mathscr{A}\boldsymbol{\alpha},\boldsymbol{\beta})=(\mathscr{A}\boldsymbol{\alpha},\mathscr{A}\boldsymbol{\gamma})=(\boldsymbol{\alpha},\boldsymbol{\gamma})=0,$$

所以 $\mathscr{A}\boldsymbol{\alpha}\in V_1^{\perp}$，即 $V_1^{\perp}$ 也是 $\mathscr{A}$ 的不变子空间.

24. **知识点窍** 内积的运算性质；不变子空间的定义；正交补的定义.

逻辑推理 第(1)问需证明必要性和充分性. 在必要性的证明中，可通过内积的运算性质构造出所证变换的度量矩阵，该度量矩阵是反对称的，于是命题可证，在充分性的证明中. 设 $\boldsymbol{\xi}_1,\boldsymbol{\xi}_2,\cdots\boldsymbol{\xi}_n$ 是 V 的一组标准正交基，$\boldsymbol{\alpha}=a_1\boldsymbol{\xi}_1+\cdots+a_n\boldsymbol{\xi}_n$，$\boldsymbol{\beta}=b_1\boldsymbol{\xi}_1+\cdots+b_n\boldsymbol{\xi}_n$，是 V 中任意两向量，则由 $\mathscr{A}$ 的矩阵是反对称的可知 $(\boldsymbol{A}\boldsymbol{\xi}_i,\boldsymbol{\xi}_j)=-(\boldsymbol{\xi}_i,\boldsymbol{A}\boldsymbol{\xi}_j)$，以此可证得 $(\mathscr{A}\boldsymbol{\alpha},\boldsymbol{\beta})=-(\boldsymbol{\alpha},\mathscr{A}\boldsymbol{\beta})$. 由 $\boldsymbol{\alpha},\boldsymbol{\beta}$ 的任意性可知 $\mathscr{A}$ 是反对称的.

第(2)问需证明 $V_1^{\perp}$ 是反对称线性变换的不变子空间，即证对任意 $\boldsymbol{\alpha}\in V_1^{\perp}$，有 $\mathscr{A}\boldsymbol{\alpha}\in V_1^{\perp}$，对 $\boldsymbol{\beta}\in V$，有 $\mathscr{A}\boldsymbol{\beta}\in V_1$，而 $\boldsymbol{\alpha}\in V_1^{\perp}$，于是 $(\boldsymbol{\alpha},\mathscr{A}\boldsymbol{\beta})=0$，则有 $(\mathscr{A}\boldsymbol{\alpha},\boldsymbol{\beta})=0$. 由 $\boldsymbol{\beta}$ 的任意可证得命题.

解题过程 (1)①必要性. 设 $\mathscr{A}$ 是反对称的 $\boldsymbol{\xi}_1,\boldsymbol{\xi}_2,\cdots,\boldsymbol{\xi}_n$ 是一组标准正交基. 则

$$\mathscr{A}\boldsymbol{\xi}_i=k_{i1}\boldsymbol{\xi}_1+k_{i2}\boldsymbol{\xi}_2+\cdots+k_{in}\boldsymbol{\xi}_n,(i=1,2,\cdots,n),$$

$$(\mathscr{A}\boldsymbol{\xi}_i,\boldsymbol{\xi}_j)=k_{ij},(\mathscr{A}\boldsymbol{\xi}_j,\boldsymbol{\xi}_i)=k_{ji}.$$

由反对称知

$$(\mathscr{A}\boldsymbol{\xi}_i,\boldsymbol{\xi}_j)=-(\boldsymbol{\xi}_i,\mathscr{A}\boldsymbol{\xi}_j),\Rightarrow k_{ij}=-k_{ji},$$

从而

$$k_{ij}=\begin{cases}0, & \text{当 } i=j \text{ 时},\\ -k_{ji}, & \text{当 } i\neq j \text{ 时},\end{cases}(i,j=1,2,\cdots,n),$$

故

$$\mathscr{A}(\boldsymbol{\xi}_1,\boldsymbol{\xi}_2,\cdots,\boldsymbol{\xi}_n)=(\boldsymbol{\xi}_1,\boldsymbol{\xi}_2,\cdots,\boldsymbol{\varepsilon}_n)\begin{pmatrix}0 & k_{12} & \cdots & k_{1n}\\ -k_{12} & 0 & \cdots & k_{2n}\\ \vdots & \vdots & \ddots & \vdots\\ -k_{1n} & -k_{2n} & \cdots & 0\end{pmatrix}.$$

$$=(\boldsymbol{\xi}_1,\boldsymbol{\xi}_2,\cdots\boldsymbol{\xi}_n)\boldsymbol{A},$$

②充分性：设 $\mathscr{A}$ 在标准正交基 $\boldsymbol{\xi}_1,\boldsymbol{\xi}_2,\cdots\boldsymbol{\xi}_n$ 下的矩阵由上式给出，由已知，有

$$(\mathscr{A}\boldsymbol{\xi}_i,\boldsymbol{\xi}_j)=-(\boldsymbol{\xi}_i,\mathscr{A}\boldsymbol{\xi}_j),$$

对任意 $\boldsymbol{\alpha},\boldsymbol{\beta}\in V$，设

$$\boldsymbol{\alpha}=a_1\boldsymbol{\xi}_1+\cdots+a_n\boldsymbol{\xi}_n,$$

$$\boldsymbol{\beta}=b\boldsymbol{\xi}_1+\cdots+b_n\boldsymbol{\xi}_n,$$

则

$$(\mathscr{A}\boldsymbol{\alpha},\boldsymbol{\beta})=(a_1\mathscr{A}\boldsymbol{\xi}_1+\cdots+a_n\mathscr{A}\boldsymbol{\xi}_n,b_1\boldsymbol{\xi}_1+\cdots+b_n\boldsymbol{\varepsilon}_n)$$

$$=\sum_{i,j}a_ib_j(\mathscr{A}\boldsymbol{\xi}_i,\boldsymbol{A}\boldsymbol{\xi}_j),$$

同理

$$(\boldsymbol{\alpha},\mathscr{A}\boldsymbol{\beta})=\sum_{i,j}a_jb_j(\boldsymbol{\xi}_i,\mathscr{A}\boldsymbol{\xi}_j)$$

故

$$(\mathscr{A}\boldsymbol{\alpha},\boldsymbol{\beta})=-(\boldsymbol{\alpha},\mathscr{A}\boldsymbol{\beta}),$$

所以 $\mathscr{A}$ 是反对称的.

(2) 任取 $\boldsymbol{\alpha}\in V_1^{\perp}$，可证 $\mathscr{A}\boldsymbol{\alpha}\in V_1^{\perp}$ 即 $\mathscr{A}\boldsymbol{\alpha}\perp V_1$，事实上，任取 $\boldsymbol{\beta}\in V_1$，

由于 V_1，是 $\mathscr{A}$ 子空间，因此 $\mathscr{A}\boldsymbol{\beta}\in V_1$，而 $\boldsymbol{\alpha}\in V_1^{\perp}$，故 $(\boldsymbol{\alpha},\mathscr{A}\boldsymbol{\beta})=0$.

再由题设，$\mathscr{A}$ 是反对称的，知

$$(\mathscr{A}\boldsymbol{\alpha},\boldsymbol{\beta})=-(\boldsymbol{\alpha},\mathscr{A}\boldsymbol{\beta})=0$$

由 $\boldsymbol{\beta}$ 的任意性，即证 $\mathscr{A}\boldsymbol{\alpha}\perp V_1$，从而 $V_1^{\perp}$ 也是 $\mathscr{A}$ 子空间.

25. **知识点窍** 正交补，向量到子空间的距离；三角不等式

逻辑推理 必要性的证明过程中，把 $\boldsymbol{\alpha}-\boldsymbol{\xi}$ 拆分成 $\boldsymbol{\alpha}-\boldsymbol{\beta}$ 和 $\boldsymbol{\beta}-\boldsymbol{\xi}$，因为 $\boldsymbol{\alpha}-\boldsymbol{\beta}\in V_1^{\perp}$，$\boldsymbol{\beta}-\boldsymbol{\xi}\in V_1$，则由勾股定理 $|\boldsymbol{\alpha}-\boldsymbol{\xi}|^2=|\boldsymbol{\alpha}-\boldsymbol{\beta}|^2+|\boldsymbol{\beta}-\boldsymbol{\xi}|^2$，于是可得 $|\boldsymbol{\alpha}-\boldsymbol{\beta}|\leqslant|\boldsymbol{\alpha}-\boldsymbol{\xi}|$

充分性的证明过程中，可设 $\boldsymbol{\beta}_1$ 是内射影，由已知得 $|\boldsymbol{\alpha}-\boldsymbol{\beta}_1|\leqslant|\boldsymbol{\alpha}-\boldsymbol{\beta}|$ 又由必要性的证明过程，由 $|\boldsymbol{\alpha}-\boldsymbol{\beta}|\leqslant|\boldsymbol{\alpha}-\boldsymbol{\beta}_1|$，于是有 $|\boldsymbol{\alpha}-\boldsymbol{\beta}|=|\boldsymbol{\alpha}-\boldsymbol{\beta}_1|$. 由三角不等式可知 $\boldsymbol{\beta}-\boldsymbol{\beta}_1=0$. 即 $\boldsymbol{\beta}=\boldsymbol{\beta}_1$ 是内射影.

解题过程 ①必要性：设 $\boldsymbol{\beta}\in V_1$ 是 $\boldsymbol{\alpha}$ 在 V_1 上的内射影，则 $\boldsymbol{\alpha}=\boldsymbol{\beta}+\boldsymbol{\gamma},\boldsymbol{\gamma}\in V_1^{\perp}$，

$\Rightarrow\boldsymbol{\alpha}-\boldsymbol{\beta}=\boldsymbol{\gamma},\boldsymbol{\alpha}-\boldsymbol{\beta}\in V_1^{\perp}\Rightarrow\boldsymbol{\alpha}-\boldsymbol{\beta}\perp V_1$ 于是，$\forall\,\boldsymbol{\xi}\in\forall_1$ 有

$|\boldsymbol{\alpha}-\boldsymbol{\beta}|\leqslant|\boldsymbol{\alpha}-\boldsymbol{\xi}|$.

充分性：设 $\boldsymbol{\alpha}=\boldsymbol{\beta}_1+\boldsymbol{\gamma},\boldsymbol{\beta}_1\in V_1,\boldsymbol{\gamma}\in V_1^{\perp}$，那么 $\boldsymbol{\beta}_1$ 是 $\boldsymbol{\alpha}$ 在 V_1 的内射影，由

必要性的证明知 $|\boldsymbol{\alpha}-\boldsymbol{\beta}|\leqslant|\boldsymbol{\alpha}-\boldsymbol{\beta}|$，另一方面，由充分性假设.

又有 $|\boldsymbol{\alpha}-\boldsymbol{\beta}|\leqslant|\boldsymbol{\alpha}-\boldsymbol{\beta}_1|$，所以 $|\boldsymbol{\alpha}-\boldsymbol{\beta}|=|\boldsymbol{\alpha}-\boldsymbol{\beta}_1|$.

因为 $\boldsymbol{\alpha}-\boldsymbol{\beta}=\boldsymbol{\beta}_1+\boldsymbol{\gamma}-\boldsymbol{\beta}=(\boldsymbol{\beta}_1-\boldsymbol{\beta})+\boldsymbol{\gamma}$

$(\boldsymbol{\alpha}-\boldsymbol{\beta},\boldsymbol{\alpha}-\boldsymbol{\beta})=((\boldsymbol{\beta}_1-\boldsymbol{\beta})+\boldsymbol{\gamma},(\boldsymbol{\beta}_1-\boldsymbol{\beta})+\boldsymbol{\gamma})$

$=(\boldsymbol{\beta}_1-\boldsymbol{\beta},\boldsymbol{\beta}_1-\boldsymbol{\beta})+(\boldsymbol{\gamma},\boldsymbol{\gamma})=(\boldsymbol{\beta}_1-\boldsymbol{\beta},\boldsymbol{\beta}_1-\boldsymbol{\beta})+(\boldsymbol{\alpha}-\boldsymbol{\beta}_1,\boldsymbol{\alpha}-\boldsymbol{\beta}_1)$

由于 $(\boldsymbol{\alpha}-\boldsymbol{\beta},\boldsymbol{\alpha}-\boldsymbol{\beta})=(\boldsymbol{\alpha}-\boldsymbol{\beta}_1,\boldsymbol{\alpha}-\boldsymbol{\beta})$

因此 $(\boldsymbol{\beta}_1-\boldsymbol{\beta},\boldsymbol{\beta}_1-\boldsymbol{\beta})=0$，

从而 $\boldsymbol{\beta}_1=\boldsymbol{\beta}$，换句话说，$\boldsymbol{\beta}$ 就是 $\boldsymbol{\alpha}$ 在 V_1 上的内射影.

26. **知识点窍** 子空间的交与和：正交补 .

逻辑推理 本题中证明两空间相等采用的是“若 $V\subseteq V'$，$V'\subseteq V$，则 $V=V'$. 由子空间的交与和以及正交补的基本概念可知，若 $\boldsymbol{\alpha}\in(V_1+V_2)^{\perp}$，则 $\boldsymbol{\alpha}\in(V_1^{\perp}\cap V_2^{\perp})$；反之亦然，因此可证得第一个等式. 对第二个等式，采用第一个等式的结论可直接证得.

解题过程 先证第一式设 $\boldsymbol{\alpha}\in(V_1+V_2)^{\perp}$. 即 $\boldsymbol{\alpha}\perp V_1+V_2$. 对任意 $\boldsymbol{\beta}\in V_1$. 有

$$\boldsymbol{\beta}=\boldsymbol{\beta}+\boldsymbol{0}\in V_1+V_2.\text{ 于是 }\boldsymbol{\alpha}\perp\boldsymbol{\beta},\text{所以 }\boldsymbol{\alpha}\perp V_1,\boldsymbol{\alpha}\in V_1^{\perp}.$$

同量可证 $\boldsymbol{\alpha}\in V_2^{\perp}$，得 $\boldsymbol{\alpha}\in V_1^{\perp}\cap V_2^{\perp}$. 故 $(V_1+V_2)^{\perp}\subset V_1^{\perp}\cap V_2^{\perp}$.

其次，任取 $\boldsymbol{\alpha}\in V_1^{\perp}\cap V_2^{\perp}$. 则 $\boldsymbol{\alpha}\in V_1^{\perp}$. 且 $\boldsymbol{\alpha}\in V_1^{\perp}$. 即 $\boldsymbol{\alpha}\perp V_1$. $\alpha\perp V_2$，

任取 $\boldsymbol{\beta}\in V_1+V_2$. 则 $\boldsymbol{\beta}=\boldsymbol{\beta}_1+\boldsymbol{\beta}_2(\boldsymbol{\beta}\in V_1,\boldsymbol{\beta}\in V_2)$,

所以 $\boldsymbol{\alpha}\perp\boldsymbol{\beta}$,由 $\boldsymbol{\beta}$ 的任意性,有 $\boldsymbol{\alpha}\perp(V_1+V_2)$,$\alpha\in(V_1+V_2)^{\perp}$.

从而 $V_1^{\perp}\cap V_2^{\perp}\subset(V_1+V_2)^{\perp}$. 即证得 $(V_1+V_2)^{\perp}=V_1^{\perp}\cap V_2^{\perp}$.

②再证第二式. 用 $V_1^{\perp}$ 换 V_1,$V_2^{\perp}$ 换 V_2,得

$$(V_1^{\perp}+V_2^{\perp})^{\perp}=(V_1^{\perp})^{\perp}\cap(V_2^{\perp})^{\perp}=V_1\cap V_2.$$

所以

$$V_2^{\perp}+V_2^{\perp}=(V_1\cap V_2)^{\perp}.$$

27. 知识点窍 最小二乘问题.

逻辑推理 最小二乘解即相容方程组 $\boldsymbol{A}'\boldsymbol{A}\boldsymbol{X}=\boldsymbol{A}'\boldsymbol{b}$ 的解.

解题过程 令

$$\boldsymbol{A}=\begin{pmatrix}0.39&-1.89\\0.61&-1.80\\0.93&-1.68\\1.35&-1.50\end{pmatrix}=(\boldsymbol{\alpha}_1,\boldsymbol{\alpha}_2),X=\begin{pmatrix}x\\y\end{pmatrix},B=\begin{pmatrix}1\\1\\1\\1\end{pmatrix},$$

$$\boldsymbol{Y}=\boldsymbol{A}\boldsymbol{X}=\boldsymbol{\alpha}_1x+\boldsymbol{\alpha}_2y=\begin{pmatrix}0.39x-1.89y\\0.61x-1.80y\\0.93x-1.68y\\1.35x-1.50y\end{pmatrix}$$

那么"到子空间距离最短的线是垂线"的意思就是

$|\boldsymbol{Y}-\boldsymbol{B}|^2$ 的值最小,因而最小二乘解的几何意义是在 $L(\boldsymbol{\alpha}_1,\boldsymbol{\alpha}_2)$ 中求 $\boldsymbol{B}$ 的内射影 $\boldsymbol{Y}$

令 $\boldsymbol{C}=\boldsymbol{B}-\boldsymbol{Y}$,由最小二乘法可得 $\boldsymbol{A}'\boldsymbol{A}\boldsymbol{X}=\boldsymbol{A}'\boldsymbol{b}$,其中

$$\boldsymbol{A}'\boldsymbol{A}=\begin{pmatrix}0.39&0.61&0.93&1.35\\-1.89&-1.80&-1.68&-1.50\end{pmatrix}\begin{pmatrix}0.39&-1.89\\0.61&-1.80\\0.93&-1.68\\1.35&-1.50\end{pmatrix}$$

$$=\begin{pmatrix}3.2116&-5.4225\\-5.4225&11.8845\end{pmatrix},$$

$$\boldsymbol{A}'\boldsymbol{b}=\begin{pmatrix}0.39&0.61&0.93&1.35\\-1.89&-1.80&-1.68&-1.50\end{pmatrix}\begin{pmatrix}1\\1\\1\\1\end{pmatrix}=\begin{pmatrix}3.28\\-6.87\end{pmatrix},$$

即 $$\begin{cases}3.2116x-5.4225y=3.28,\\-5.4225x+11.8845y=-6.87,\end{cases}$$

解之得 $$\begin{cases}x=0.197,\\y=-0.488.\end{cases}$$

补充题

1. **知识点窍** 正交矩阵；特征值和特征向量.

逻辑推理 设 λ 为特征根 $\boldsymbol{\xi}$ 为特征向量，则有 $\boldsymbol{A\xi}=\lambda\boldsymbol{\xi}$. 再对等式进行变形，即两边取转置后再与原式相乘，利用正交矩阵的性质可得到关于 λ 的方程，求解即可证得命题.

解题过程 正交矩阵 $\boldsymbol{A}$ 的任一实特征值是 λ，$\boldsymbol{\xi}$ 是 A 的对应于特征值 λ 的特征向量，则

$$\boldsymbol{A\xi}=\lambda\boldsymbol{\xi}.$$

于是 $(\boldsymbol{\xi},\boldsymbol{\xi})=(\boldsymbol{A\xi},\boldsymbol{A\xi})=(\lambda\boldsymbol{\xi},\lambda\boldsymbol{\xi})=\lambda^2(\boldsymbol{\xi},\boldsymbol{\xi})$.

注意到 $(\xi,\xi)\neq0$，因而有 $\lambda^2=1$，又因为 λ 为实数，即证 $\lambda=\pm1$.

2. **知识点窍** 旋转的定义；正交矩阵；特征值.

逻辑推理 设旋转对应的正交矩阵为 $\boldsymbol{A}$，需证 $|\boldsymbol{E}-\boldsymbol{A}|=0$. 由 $\boldsymbol{A}$ 是正交矩阵可知

$|\boldsymbol{E}-\boldsymbol{A}|=|\boldsymbol{A}'\boldsymbol{A}-\boldsymbol{A}|=(-1)^n|\boldsymbol{E}-\boldsymbol{A}'||\boldsymbol{A}|$，因 n 为奇数，$|\boldsymbol{A}|=1$，

则 $|\boldsymbol{E}-\boldsymbol{A}|=-|\boldsymbol{E}-\boldsymbol{A}'|=-|\boldsymbol{E}-\boldsymbol{A}|$. 于是 $|\boldsymbol{E}-\boldsymbol{A}|=0$，命题得证.

解题过程 因为 $\boldsymbol{A}$ 是正交矩阵，$|\boldsymbol{A}|=1$，且 n 为奇数，设 $\boldsymbol{A}$ 的特征多项式为 $f(\lambda)=|\lambda\boldsymbol{E}-\boldsymbol{A}|$，则

$f(1)=|\boldsymbol{E}-\boldsymbol{A}|=|\boldsymbol{A}'\boldsymbol{A}-\boldsymbol{A}|=(-1)^n|\boldsymbol{A}|\cdot|\boldsymbol{E}-\boldsymbol{A}'|=-|(\boldsymbol{E}-\boldsymbol{A})'|=-|\boldsymbol{E}-\boldsymbol{A}|=-f(1)$.

即 $f(1)=|\boldsymbol{E}-\boldsymbol{A}|=0$，故 1 是 A 的特征值.

3. **知识点窍** 第二类正交变换的定义；正交矩阵；特征值.

逻辑推理 设对应的正交矩阵为 $\boldsymbol{A}$，因此只需证 $|(-1)\boldsymbol{E}-\boldsymbol{A}|=0$，其他过程与上题类似.

解题过程 当 $|\boldsymbol{A}|=-1$ 时，设 $\boldsymbol{A}$ 的特征多项式为 $f(\lambda)=|\lambda\boldsymbol{E}-\boldsymbol{A}|$，则

$f(-1)=|(-1)\boldsymbol{E}-\boldsymbol{A}|=|\boldsymbol{A}|\cdot|-\boldsymbol{A}'-\boldsymbol{E}|=|\boldsymbol{A}||(-\boldsymbol{E}-\boldsymbol{A})'|=|\boldsymbol{A}||-\boldsymbol{E}-\boldsymbol{A}|=-f(-1)$

即 $f(-1)=|-\boldsymbol{E}-\boldsymbol{A}|=0$，故 -1 是 $\boldsymbol{A}$ 的特征值.

4. **知识点窍** 线性变换的定义；正交变换的定义；内积的运算性质.

逻辑推理 由定义，只要证明它是线性变换即可，即证明它保持向量的加法和数量乘法. 在证明向量相等时可用到内积的运算性质，即由 $(\boldsymbol{\alpha},\boldsymbol{\alpha})=0$ 可推出 $\boldsymbol{\alpha}=0$.

解题过程 因为

$$\begin{aligned}&(\mathscr{A}(\boldsymbol{\alpha}+\boldsymbol{\beta})-\mathscr{A}\boldsymbol{\alpha}-\mathscr{A}\boldsymbol{\beta},\mathscr{A}(\boldsymbol{\alpha}+\boldsymbol{\beta})-\mathscr{A}\boldsymbol{\alpha}-\mathscr{A}\boldsymbol{\beta})\\&=(\mathscr{A}(\boldsymbol{\alpha}+\boldsymbol{\beta}),\mathscr{A}(\boldsymbol{\alpha}+\boldsymbol{\beta}))-2(\mathscr{A}(\boldsymbol{\alpha}+\boldsymbol{\beta}),\mathscr{A}\boldsymbol{\alpha})-2(\mathscr{A}(\boldsymbol{\alpha}+\boldsymbol{\beta}),\mathscr{A}\boldsymbol{\beta})+\\&(\mathscr{A}\boldsymbol{\alpha},\mathscr{A}\boldsymbol{\alpha})+(\mathscr{A}\boldsymbol{\beta},\mathscr{A}\boldsymbol{\beta})+2(\mathscr{A}\boldsymbol{\alpha},\mathscr{A}\boldsymbol{\beta})=(\boldsymbol{\alpha}+\boldsymbol{\beta},\boldsymbol{\alpha}+\boldsymbol{\beta})-2(\boldsymbol{\alpha}+\boldsymbol{\beta},\boldsymbol{\alpha})\\&-2(\boldsymbol{\alpha}+\boldsymbol{\beta},\boldsymbol{\beta})+(\boldsymbol{\alpha},\boldsymbol{\alpha})+(\boldsymbol{\beta},\boldsymbol{\beta})+2(\boldsymbol{\alpha},\boldsymbol{\beta})\\&=(\boldsymbol{\alpha},\boldsymbol{\alpha})+2(\boldsymbol{\alpha},\boldsymbol{\beta})+(\boldsymbol{\beta},\boldsymbol{\beta})-2(\boldsymbol{\alpha},\boldsymbol{\alpha})-2,\\&(\boldsymbol{\alpha},\boldsymbol{\beta})-2(\boldsymbol{\alpha},\boldsymbol{\beta})-2(\boldsymbol{\beta},\boldsymbol{\beta})+(\boldsymbol{\alpha},\boldsymbol{\alpha})+(\boldsymbol{\beta},\boldsymbol{\beta})+2(\boldsymbol{\alpha},\boldsymbol{\beta})=0.\end{aligned}$$

所以

$$\mathscr{A}(\boldsymbol{\alpha}+\boldsymbol{\beta})-\mathscr{A}\boldsymbol{\alpha}-\mathscr{A}\boldsymbol{\beta}=0.$$

$(\boldsymbol{\alpha},\boldsymbol{\alpha})=0$ 当且仅当 $\boldsymbol{\alpha}=0$

故

$$\mathscr{A}(\boldsymbol{\alpha}+\boldsymbol{\beta})=\mathscr{A}\boldsymbol{\alpha}+\mathscr{A}\boldsymbol{\beta}.$$

又因为

$(\mathscr{A}(k\boldsymbol{\alpha})-k\mathscr{A}\boldsymbol{\alpha})=(\mathscr{A}(k\boldsymbol{\alpha}),\mathscr{A}(k\boldsymbol{\alpha}))-2(\mathscr{A}(k\boldsymbol{\alpha}),k\mathscr{A}\boldsymbol{\alpha})+(k\mathscr{A}\boldsymbol{\alpha},k\mathscr{A}\boldsymbol{\alpha})$

$=(k\boldsymbol{\alpha},k\boldsymbol{\alpha})-2k(k\boldsymbol{\alpha},\boldsymbol{\alpha})+k^2(\boldsymbol{\alpha},\boldsymbol{\alpha})$

$=k^2(\boldsymbol{\alpha},\boldsymbol{\alpha})-2k^2(\boldsymbol{\alpha},\boldsymbol{\alpha})+k^2(\boldsymbol{\alpha},\boldsymbol{\alpha})=0.$

所以 $\mathscr{A}(k\boldsymbol{\alpha})=k\mathscr{A}(\boldsymbol{\alpha}).$

即证 $\mathscr{A}$ 是线性变换由题设知，$\mathscr{A}$ 保持内积不变，从而是正交变换.

5. **知识点窍** 正交变换的定义；极大线性无关组；标准正交基；正交变换.

逻辑推理 必要性的证明可直接利用正交变换的定义来证.

充分性的证明中，设 $\boldsymbol{\alpha}_1,\boldsymbol{\alpha}_2,\cdots,\boldsymbol{\alpha}_r$ 是 $\boldsymbol{\alpha}_1,\boldsymbol{\alpha}_2,\cdots,\boldsymbol{\alpha}_m$ 的一个极大线性无关组，则由已知条件并结合习题 12 的结果可知 $\boldsymbol{\beta}_1,\boldsymbol{\beta}_2,\cdots,\boldsymbol{\beta}_r$ 是线性无关的，进一步可知其是 $\boldsymbol{\beta}_1,\boldsymbol{\beta}_2,\cdots,\boldsymbol{\beta}_m$ 的一个极大线性无关组. 将 $\boldsymbol{\alpha}_1,\boldsymbol{\alpha}_2,\cdots,\boldsymbol{\alpha}_r$ 正交单位化，得过渡矩阵为 $\boldsymbol{T}$，标准正交向量组 $\boldsymbol{\varepsilon}_1,\boldsymbol{\varepsilon}_2,\cdots,\boldsymbol{\varepsilon}_r$. 再令 $(\boldsymbol{\eta}_1,\boldsymbol{\eta}_2,\cdots,\boldsymbol{\eta}_r)=(\boldsymbol{\beta}_1,\boldsymbol{\beta}_2,\cdots,\boldsymbol{\beta}_r)\boldsymbol{T}$，可知 $\boldsymbol{\eta}_1,\boldsymbol{\eta}_2,\cdots,\boldsymbol{\eta}_r$ 也是一标准正交向量组. 分别扩充这两向量组为 V 的标准正交基，则这两组正交基间的变换即为所求.

解题过程 充分性：

设 $\boldsymbol{\alpha}_1,\boldsymbol{\alpha}_2,\cdots,\boldsymbol{\alpha}_m$ 的一个极大线性无关组为 $\boldsymbol{\alpha}_1,\boldsymbol{\alpha}_2,\cdots,\boldsymbol{\alpha}_r$，若记

$$\boldsymbol{\Delta}=\begin{pmatrix}(\boldsymbol{\alpha}_1,\boldsymbol{\alpha}_1) & \cdots & (\boldsymbol{\alpha}_1,\boldsymbol{\alpha}_r)\\ \vdots & \ddots & \vdots\\ (\boldsymbol{\alpha}_r,\boldsymbol{\alpha}_1) & \cdots & (\boldsymbol{\alpha}_r,\boldsymbol{\alpha}_r)\end{pmatrix}$$

则有 $|\Delta|\neq 0$，再由充分性假设 $(\boldsymbol{\alpha}_i,\boldsymbol{\alpha}_j)=(\boldsymbol{\beta}_i,\boldsymbol{\beta}_j)$，知

$$|\Delta|=\begin{vmatrix}(\boldsymbol{\beta}_1,\boldsymbol{\beta}_1) & \cdots & (\boldsymbol{\beta}_1,\boldsymbol{\beta}_r)\\ \vdots & \ddots & \vdots\\ (\boldsymbol{\beta}_r,\boldsymbol{\beta}_1) & \cdots & (\boldsymbol{\beta}_r,\boldsymbol{\beta}_r)\end{vmatrix}\neq 0.$$

于是 $\boldsymbol{\beta}_1,\boldsymbol{\beta}_2,\cdots,\boldsymbol{\beta}_r$ 线性无关，另一方面，因

$\boldsymbol{\alpha}_1,\boldsymbol{\alpha}_2,\cdots,\boldsymbol{\alpha}_m$ 中的任一向量 $\boldsymbol{\alpha}_i(i=1,2,\cdots,m)$ 都可以由它的极大线性无关组

$\boldsymbol{\alpha}_1,\boldsymbol{\alpha}_2,\cdots,\boldsymbol{\alpha}_r$ 线性表出，即 $\boldsymbol{\alpha}_i=k_1\boldsymbol{\alpha}_1+k_2\boldsymbol{\alpha}_2+\cdots+k_r\boldsymbol{\alpha}_r(i=1,2,\cdots,m)$，

于是，在 $\boldsymbol{\beta}_1,\boldsymbol{\beta}_2,\cdots,\boldsymbol{\beta}_m$ 中任取 $\boldsymbol{\beta}_i(i=1,2,\cdots,m)$，由 $(\boldsymbol{\alpha}_1,\boldsymbol{\alpha}_1)=(\boldsymbol{\beta}_i,\boldsymbol{\beta}_j)$，即知

$(\boldsymbol{\beta}_i-k_1\boldsymbol{\beta}_1+k_2\boldsymbol{\beta}_2+\cdots+k_r\boldsymbol{\beta}_r,\boldsymbol{\beta}_i-k_1\boldsymbol{\beta}_1+k_2\boldsymbol{\beta}_2+\cdots+k_r\boldsymbol{\beta}_r)=0.$

从而 $\boldsymbol{\beta}_s=\sum\limits_{i=1}^{r}k_{is}\boldsymbol{\beta}_i$，即证 $\boldsymbol{\beta}_1,\boldsymbol{\beta}_2,\cdots,\boldsymbol{\beta}_r$ 是 $\boldsymbol{\beta}_1,\boldsymbol{\beta}_2,\cdots,\boldsymbol{\beta}_m$ 的一个极大线性无关组.

再将 $\boldsymbol{\alpha}_1,\boldsymbol{\alpha}_2,\cdots,\boldsymbol{\alpha}_r$ 正交单位化，可得单位正交的向量组 $\boldsymbol{\varepsilon}_1,\boldsymbol{\varepsilon}_2,\cdots,\boldsymbol{\varepsilon}_r$，且

$(\boldsymbol{\varepsilon}_1,\boldsymbol{\varepsilon}_2,\cdots,\boldsymbol{\varepsilon}_r)=(\boldsymbol{\alpha}_1,\boldsymbol{\alpha}_2,\cdots,\boldsymbol{\alpha}_r)\boldsymbol{T}$，其中 $\boldsymbol{T}$ 为上三角矩阵，且对角线元素都是正实数，

于是只要令：$(\boldsymbol{\eta}_1,\boldsymbol{\eta}_2,\cdots,\boldsymbol{\eta}_r)=(\boldsymbol{\beta}_1,\boldsymbol{\beta}_2,\cdots,\boldsymbol{\beta}_r)\boldsymbol{T}$，

则由充分性假设

$(\boldsymbol{\alpha}_i,\boldsymbol{\alpha}_j)=(\boldsymbol{\beta}_i,\boldsymbol{\beta}_j)$知,$\boldsymbol{\eta}_1,\boldsymbol{\eta}_2,\cdots,\boldsymbol{\eta}_r$ 也是一个单位正交的向量组.

分别将单位正交向量组 $\boldsymbol{\varepsilon}_1,\boldsymbol{\varepsilon}_2,\cdots,\boldsymbol{\varepsilon}_r$ 和 $\boldsymbol{\eta}_1,\boldsymbol{\eta}_2,\cdots,\boldsymbol{\eta}_r$ 扩充为 n 维欧氏空间 V 的两组标准正交基 $\boldsymbol{\varepsilon}_1,\boldsymbol{\varepsilon}_2,\cdots,\boldsymbol{\varepsilon}_n$ 和 $\boldsymbol{\eta}_1,\boldsymbol{\eta}_2,\cdots,\boldsymbol{\eta}_n$ 则存在可逆线性变换 $\mathscr{A}$,使

$$\mathscr{A}\boldsymbol{\varepsilon}_i=\boldsymbol{\eta}_i(i=1,2,\cdots,n),$$

且

$$\begin{aligned}(\boldsymbol{\beta}_1,\boldsymbol{\beta}_2,\cdots,\boldsymbol{\beta}_r)\boldsymbol{T}=(\boldsymbol{\eta}_1,\boldsymbol{\eta}_2,\cdots,\boldsymbol{\eta}_n)&=(\mathscr{A}\boldsymbol{\varepsilon}_1,\mathscr{A}\boldsymbol{\varepsilon}_2\cdots,\mathscr{A}\boldsymbol{\varepsilon}_r)\\&=(\mathscr{A}\boldsymbol{\varepsilon}_1,\boldsymbol{\varepsilon}_2,\cdots,\boldsymbol{\varepsilon}_r)=\mathscr{A}(\boldsymbol{\alpha}_1,\boldsymbol{\alpha}_2,\cdots,\boldsymbol{\alpha}_n)\boldsymbol{T}\\&=(\mathscr{A}\boldsymbol{\alpha}_1,\mathscr{A}\boldsymbol{\alpha}_2,\cdots,\mathscr{A}\boldsymbol{\alpha}_r)\mathbf{T},\end{aligned}$$

即

$$\mathscr{A}\boldsymbol{\alpha}_i=\boldsymbol{\beta}_i(i=1,2,\cdots,r).$$

于是 $\forall\boldsymbol{\beta}_i(i=1,2,\cdots,m)$,由 $\boldsymbol{\alpha}_i=\sum\limits_{i=1}^{r}k_i\boldsymbol{\alpha}_i$,有 $\boldsymbol{\beta}_i=\sum\limits_{i=1}^{r}k_i\boldsymbol{\beta}_i$,故

$$\begin{aligned}\mathscr{A}\boldsymbol{\alpha}_i&=k_1\mathscr{A}\boldsymbol{\alpha}_1+k_2\mathscr{A}\boldsymbol{\alpha}_2+\cdots+k_r\mathscr{A}\boldsymbol{\alpha}_r\\&=k_1\boldsymbol{\beta}_1+k_2\boldsymbol{\beta}_2+\cdots+k_m\boldsymbol{\beta}_r\\&=\boldsymbol{\beta}_i(i=1,2,\cdots,m),\end{aligned}$$

即证

6. **知识点窍** 特征值;实对称矩阵的性质.

逻辑推理 由 $\boldsymbol{A}^2=\boldsymbol{E}$,可知 $\boldsymbol{A}$ 的特征值为±1,于是由实对称矩阵的性质可知存在符合条件的正交矩阵.

解题过程 因为 $\boldsymbol{A}$ 是 n 级实对称矩阵,所以存在 n 级矩阵 Q,使

$$\boldsymbol{Q}^{-1}\boldsymbol{A}\boldsymbol{Q}=\begin{pmatrix}\lambda_1&&&\\&\lambda_2&&\\&&\ddots&\\&&&\lambda_n\end{pmatrix},$$

其中 $\lambda_1,\lambda_2,\cdots,\lambda_n$ 为 $\boldsymbol{A}$ 的 n 个特征值(重根按重数列出),于是

$$\boldsymbol{Q}^{-1}\boldsymbol{A}^2\boldsymbol{Q}=\boldsymbol{Q}^{-1}\boldsymbol{A}\boldsymbol{Q}\boldsymbol{Q}^{-1}\boldsymbol{A}\boldsymbol{Q}=\begin{pmatrix}\lambda_1^2&&&\\&\lambda_2^2&&\\&&\ddots&\\&&&\lambda_n^2\end{pmatrix}$$

又因为 $\boldsymbol{A}^2=\boldsymbol{E}$,所以

$$\boldsymbol{E}=\boldsymbol{Q}^{-1}\boldsymbol{E}\boldsymbol{Q}=\boldsymbol{Q}^{-1}\boldsymbol{A}^2\boldsymbol{Q}=\begin{pmatrix}\lambda_1^2&&&\\&\lambda_2^2&&\\&&\ddots&\\&&&\lambda_n^2\end{pmatrix}.$$

因此有 $\lambda_i=\pm1(i=1,2,\cdots,n)$,不妨设 $\lambda_i=1$ 的重数为 r,则 $\lambda_i=-1$ 的重数为 $n-r$.
只要将 $\lambda_i=1$ 集中排列出前面,则有正交矩阵 T,使

$$T^{-1}AT=\begin{pmatrix}E_r & 0\\ 0 & -E_{n-r}\end{pmatrix}$$

7. 知识点窍 实对称矩阵的性质；二次型.

逻辑推理 由实对称矩阵的性质，存在正交矩阵 T，使得 $T^{-1}AT$ 成对角形. 令 $X=TY$，则 $\lambda_1 Y'Y\leqslant Y'\text{diag}\{\lambda_1,\lambda_2,\cdots,\lambda_n\}Y\leqslant\lambda_n Y'Y$. 又因 $Y=T^{-1}X$，代入上式即可得到结果.

解题过程 存在正交矩阵 Q，使

$$Q'AQ=\text{diag}\{\lambda_1,\lambda_2,\cdots,\lambda_n\}.$$

其中 $\lambda_1\leqslant\lambda_2\leqslant\cdots\leqslant\lambda_n$，为 A 的 n 个特征值，作正交变换 $X=QY$，则实二次型可化为

$$f(x_1,x_2,\cdots,x_n)=X'AX=YQ'AQY=\lambda_1 y_1^2+\lambda_2 y_2^2+\cdots+\lambda_n y_n^2,$$

由题设有 $\lambda_1\leqslant\lambda_2\leqslant\cdots\leqslant\lambda_n$，于是

$$\lambda_1 Y'Y=\lambda_1(y_1^2+y_2^2+\cdots+y_n^2)\leqslant X'AX\leqslant\lambda_n(y_1^2+y_2^2+\cdots+y_n^2)$$
$$=\lambda_n Y'^{Y}.$$

且 $$X'X=(QY)'(QY)=Y'Y.$$

故 $$\lambda_1 X'X\leqslant X'AX\leqslant\lambda_n X'X.$$

8. 知识点窍 特征值与特征向量.

逻辑推理 由 λ 是 A 的特征根，则 $A\varepsilon=\lambda\varepsilon$，$\varepsilon=(\overline{x_1},\overline{x_2},\cdots,\overline{x_n})'$ 为非零向量，将等式两端左乘 ε' 即可证得命题.

解题过程 证设 λ 是矩阵 A 的特征值，则存在非零向量 ε 使

$$A\varepsilon=\lambda\varepsilon,$$

其中 $\varepsilon=(\bar{x}_1,\bar{x}_2,\cdots,\bar{x}_n)$，于是有

$$f(\bar{x}_1,\bar{x}_2,\cdots,\bar{x}_n)=s'As=s'\lambda s=\lambda\bar{s}s=(\bar{x}_1^2+\bar{x}_2^2+\cdots+\bar{x}_n^2).$$

即证

9. 知识点窍 镜面反射；标准正交基；正交变换.

逻辑推理 第(1)问的证明中，由习题 15 中关于镜面反射的定义，可列出关于 η 的关系式. 将 η 用 α、β 表示，则可得到符合条件的镜面反射.

第(2)问的证明中，设 $\varepsilon_1,\varepsilon_2,\cdots,\varepsilon_n$ 是一组标准正交基，在某一确定的正交变换 $\mathscr{A}$ 下的像为 $\eta_1,\eta_2,\cdots,\eta_n$，则其也是一组标准正交基. 若 $\varepsilon_i=\eta_i$，则可构造出符合条件的镜面反射. 若 ε_i 与 η_i 小不尽相同，由(1)的证明可依此类推得到符合条件一系列镜面反射的乘积，于是可证得命题.

解题过程 (1)记 n 维欧氏化空间为 V，当 η 为欧氏空间为 V 的单位向量时，由

$$\mathscr{A}(\gamma)=\gamma-2(\eta,\gamma)\eta,(\gamma\in V),$$

所确定的正交变换，$\mathscr{A}$ 是一个镜面反射，代入单位向量 α，有 $\mathscr{A}(\gamma)=\alpha-2(\eta,\alpha)\eta$ 若记 $\beta=\alpha-2(\eta,\alpha)\eta$，则 $\alpha-\beta=2(\eta,\alpha)\eta$，因为 α,β 是欧氏空间中两个不同单位向量，所以 $(\eta,\alpha)\neq0$，可解得 $\eta=\dfrac{\alpha-\beta}{2(\eta,\alpha)}$

其中$(\boldsymbol{\eta},\boldsymbol{\alpha})=\left(\frac{\boldsymbol{\alpha}-\boldsymbol{\beta}}{2(\boldsymbol{\eta},\boldsymbol{\alpha})},\boldsymbol{\alpha}\right)=\frac{1}{2(\boldsymbol{\eta},\boldsymbol{\alpha})}[1-(\boldsymbol{\beta},\boldsymbol{\alpha})]$，即$(\boldsymbol{\eta},\boldsymbol{\alpha})^2=\frac{1}{2}[1-(\boldsymbol{\alpha},\boldsymbol{\beta})]$，

若取$\boldsymbol{\eta}=\frac{\boldsymbol{\alpha}-\boldsymbol{\beta}}{\sqrt{2[1-(\boldsymbol{\alpha},\boldsymbol{\beta})]}}$，则$(\boldsymbol{\eta},\boldsymbol{\eta})=1$，即$\boldsymbol{\eta}$为欧氏空间$V$中的单位向量，

从而$\mathscr{A}$是一个镜面反射，且$\mathscr{A}(\boldsymbol{\alpha})=\boldsymbol{\alpha}-2(\boldsymbol{\eta},\boldsymbol{\alpha})\boldsymbol{\eta}=\boldsymbol{\beta}$.

(2)设$\mathscr{A}$是维欧氏空间V的任一正交变换，取V的一组标准正交基，$\boldsymbol{\varepsilon}_1,\boldsymbol{\varepsilon}_2,\cdots,\boldsymbol{\varepsilon}_n$，则$\boldsymbol{\eta}_1=\mathscr{A}(\boldsymbol{\varepsilon}_1),\boldsymbol{\eta}_2=\mathscr{A}(\boldsymbol{\varepsilon}_2),\cdots,\boldsymbol{\eta}_n=\mathscr{A}(\boldsymbol{\varepsilon}_n)$也是$V$一组标准正交基.

此时，$\boldsymbol{\eta}_1=\boldsymbol{\varepsilon}_1,\boldsymbol{\eta}_2=\boldsymbol{\varepsilon}_2,\cdots,\boldsymbol{\eta}_n=\boldsymbol{\varepsilon}_n$，则$\mathscr{A}$是一个恒等变换，只要作镜面反射.

$$\mathscr{A}(\boldsymbol{\gamma})=\boldsymbol{\gamma}-2(\boldsymbol{\varepsilon}_1,\boldsymbol{\gamma})\boldsymbol{\varepsilon}_1(\forall\boldsymbol{\gamma}\in V)$$

则有　　$\mathscr{A}(\boldsymbol{\varepsilon}_1)=-\boldsymbol{\varepsilon}_1\mathscr{A}_1(\boldsymbol{\varepsilon}_i)=\boldsymbol{\varepsilon}_j(j=2,3,\cdots,n)$且$\mathscr{A}=\mathscr{A}_1\mathscr{A}_1$，结论成立.

若$\boldsymbol{\varepsilon}_1,\boldsymbol{\varepsilon}_2,\cdots,\boldsymbol{\varepsilon}_n$与$\boldsymbol{\eta}_1,\boldsymbol{\eta}_2,\cdots,\boldsymbol{\eta}_n$不全相同，不妨设$\boldsymbol{\eta}_1\neq\boldsymbol{\varepsilon}_1$，则$\boldsymbol{\eta}_1,\boldsymbol{\varepsilon}_1$为两个不同的单位向量，由(1)知，存在镜面反射$\mathscr{A}_1$，使$\mathscr{A}_1(\boldsymbol{\varepsilon}_1)=\boldsymbol{\eta}_1$，令$\mathscr{A}_1(\boldsymbol{\varepsilon}_j)=\boldsymbol{\xi}_j(j=2,\cdots,n)$，若$\boldsymbol{\xi}_j=\boldsymbol{\eta}_j(j=2,3,\cdots,n)$，则$\mathscr{A}=\mathscr{A}_1$，结论成立，否则可设$\boldsymbol{\xi}_2\neq\boldsymbol{\eta}_2$，再作镜面反射：

$\mathscr{A}_2(\gamma)=\gamma-2(\boldsymbol{\eta},\boldsymbol{\gamma})\boldsymbol{\eta}(\forall\gamma\in V)$其中$\boldsymbol{\eta}=\frac{\boldsymbol{\xi}_2-\boldsymbol{\eta}_2}{\sqrt{2(1-(\boldsymbol{\xi}_2,\boldsymbol{\eta}_2))}}$，则$\mathbf{A}_2(\boldsymbol{\xi}_2)=\boldsymbol{\eta}_2$且$\mathbf{A}_2(\boldsymbol{\eta}_1)=\boldsymbol{\eta}_1$，如此继续下去，设

$$\boldsymbol{\varepsilon}_1,\cdots,\boldsymbol{\varepsilon}_n\xrightarrow{\mathscr{A}_1}\boldsymbol{\eta}_2,\boldsymbol{\xi}_2,\cdots,\boldsymbol{\xi}_n\xrightarrow{\mathscr{A}_2}\boldsymbol{\eta}_1,\boldsymbol{\eta}_2,\boldsymbol{\xi}_2,\cdots,\boldsymbol{\xi}_n\longrightarrow\cdots\xrightarrow{\mathscr{A}_s}\boldsymbol{\eta}_1,\boldsymbol{\eta}_2,\cdots,\boldsymbol{\eta}_n$$

则$\mathscr{A}=\mathscr{A}_s\mathscr{A}_{s-1}\cdots\mathscr{A}_2\mathscr{A}_1$，其中$\mathscr{A}_j(j=1,2,\cdots,\varepsilon)$都是镜面反射，即证

10. 知识点窍　正定矩阵，实对矩阵的性质

逻辑推理　因$\boldsymbol{B}$是正定矩阵，故它与单位矩阵合同，因此存在实可逆矩阵$\boldsymbol{C}$，使$\boldsymbol{C}'\boldsymbol{B}\boldsymbol{C}=\boldsymbol{E}$对矩阵$\boldsymbol{C}'\boldsymbol{A}\boldsymbol{C}$，由实对称矩阵的性质，存在正交矩阵$\boldsymbol{Q}$，使$\boldsymbol{Q}'(\boldsymbol{C}'\boldsymbol{A}\boldsymbol{C})\boldsymbol{Q}$为对角矩阵，令$\boldsymbol{T}=\boldsymbol{C}\boldsymbol{Q}$，则可证得命题

解题过程　因为$\boldsymbol{B}$是正定矩阵，所以存在一个n阶实对矩阵$\boldsymbol{C}$，使：$\boldsymbol{C}'\boldsymbol{B}\boldsymbol{C}=\boldsymbol{E}$，其中$\boldsymbol{E}$为$n$阶单位矩阵，又因为$\boldsymbol{C}'\boldsymbol{A}\boldsymbol{C}$还是$n$阶实对称矩阵，所以也存在一个$n$阶正交矩阵$\boldsymbol{Q}$，使

$\boldsymbol{Q}'(\boldsymbol{C}'\boldsymbol{A}\boldsymbol{C})\boldsymbol{Q}=\mathrm{diag}\{\lambda_1,\lambda_2,\cdots\lambda_n\}$，其中$\lambda_1,\lambda_2,\cdots,\lambda_n$为$\boldsymbol{C}'\boldsymbol{A}\boldsymbol{C}$的特征值，假设$\boldsymbol{T}=\boldsymbol{C}\boldsymbol{Q}$，

就有$\boldsymbol{T}'\boldsymbol{A}\boldsymbol{T}=\boldsymbol{Q}'(\boldsymbol{C}'\boldsymbol{A}\boldsymbol{C})\boldsymbol{Q}=\mathrm{diag}\{\lambda_1,\lambda_2,\cdots,\lambda_n\}$

且$\boldsymbol{T}'\boldsymbol{B}\boldsymbol{T}=\boldsymbol{Q}'(\boldsymbol{C}'\boldsymbol{B}\boldsymbol{C})\boldsymbol{Q}=\boldsymbol{Q}'\boldsymbol{Q}=\boldsymbol{E}$，即证.

11. 知识点窍　酉空间内积的定义，酉矩阵.

逻辑推理　设$\boldsymbol{\varepsilon}_1,\cdots,\boldsymbol{\varepsilon}_n$与$\boldsymbol{\eta}_1,\boldsymbol{\eta}_2,\cdots,\boldsymbol{\eta}_n$是酉空间中$V$的两组标准正交基，且$(\boldsymbol{\eta}_1,\boldsymbol{\eta}_2,\cdots,\boldsymbol{\eta}_n)=(\boldsymbol{\varepsilon}_1,\boldsymbol{\varepsilon}_2,\cdots,\boldsymbol{\varepsilon}_n)\mathbf{A}$. 则由酉空间内积的定义，$\delta_{ji}=\delta_{ij}=(\boldsymbol{\eta}_i,\boldsymbol{\eta}_j)=\mathbf{A}_j\mathbf{A}_i$. 结合酉矩阵的定义可证得命题.

解题过程　设$\boldsymbol{\varepsilon}_1,\cdots,\boldsymbol{\varepsilon}_n$与$\boldsymbol{\eta}_1,\boldsymbol{\eta}_2,\cdots,\boldsymbol{\eta}_n$分别为酉空间$V$中两组标准正交基，且

$$(\boldsymbol{\eta}_1,\boldsymbol{\eta}_2\cdots\boldsymbol{\eta}_n)=(\boldsymbol{\varepsilon}_1,\boldsymbol{\varepsilon}_2,\cdots,\boldsymbol{\varepsilon}_n)\begin{pmatrix}a\alpha_{11}&\cdots&a_{1n}\\\vdots&\ddots&\vdots\\a_{n1}&\cdots&a_{m}\end{pmatrix}=(\boldsymbol{\delta}_1,\boldsymbol{\delta}_2,\cdots\boldsymbol{\delta}_n)\mathbf{A}$$

则$(\boldsymbol{\varepsilon}_i,\boldsymbol{\varepsilon}_j)=(\boldsymbol{\eta}_i,\boldsymbol{\eta}_j)=\begin{cases}1,i=j\\0,i\neq j\end{cases}$

于是,$a_{1i}\overline{a_{1j}}+\cdots+a_{ij}\overline{a_{ij}}=(a_{1r}\boldsymbol{\varepsilon}_1+a_{2r}\boldsymbol{\varepsilon}_2+\cdots+a_{rn}\boldsymbol{\varepsilon}_n\boldsymbol{a}_{1f}\boldsymbol{\varepsilon}_1+a_{2j}s_2+\cdots+a_{ry}\boldsymbol{\varepsilon}_n)$,

$$=(\boldsymbol{\eta}_i,\boldsymbol{\eta}_j)=\begin{cases}1,i=j\\0,i\neq j\end{cases}$$

即$\overline{\boldsymbol{A}'}\boldsymbol{A}=\boldsymbol{E}$,所以过渡矩阵 $\boldsymbol{A}$ 是酉矩阵.

12. **知识点窍** 特征根与特征向量;酉矩阵.

逻辑推理 设λ为特征根,$\boldsymbol{\varepsilon}$为对应的特征向量.则有$\boldsymbol{A\varepsilon}=\lambda\boldsymbol{\varepsilon}$.再对等式进行变形,即先在两边取共轭,再在两边取转置,尔后与原式相乘.利用酉矩阵$\overline{\boldsymbol{A}}'\boldsymbol{A}=\boldsymbol{E}$的性质可得到关于$\boldsymbol{A}$的方程,求解即可证得命题.

解题过程 因为酉矩阵 $\boldsymbol{A}$ 对应的变换是酉变换$\mathscr{A}$,设 $\boldsymbol{A}$ 的任一特征值是λ,$\boldsymbol{\varepsilon}$是$\boldsymbol{A}$ 的对应于λ 的特征向量,则

$$(\boldsymbol{\varepsilon},\boldsymbol{\varepsilon})=(\boldsymbol{A\varepsilon},\boldsymbol{A\varepsilon})=(\lambda\boldsymbol{\varepsilon},\lambda\boldsymbol{\varepsilon})=\lambda\bar{\lambda}(\boldsymbol{\varepsilon},\boldsymbol{\varepsilon}),$$

且$(\boldsymbol{\varepsilon},\boldsymbol{\varepsilon})\neq0$,因而有

$$\lambda\bar{\lambda}=1,$$

即

$$|\lambda|=1$$

13. **知识点窍** 标准正交基;正交矩阵;酉矩阵.

逻辑推理 由于施密特正交化过程对线性无关的复向量组也成立,因此可采用与本章习题 14 相类似的方法找到 $\boldsymbol{U}$ 和 $\boldsymbol{T}$,其中 $\boldsymbol{U}$ 为酉矩阵,$\boldsymbol{T}$ 为上三角矩阵,且 $t_{ii}>0$. 唯一性的证明也可采用类似 14 题的方法来证.

解题过程 设 $\boldsymbol{A}=(\boldsymbol{\alpha}_1,\boldsymbol{\alpha}_2,\cdots,\boldsymbol{\alpha}_n)$其中 $\boldsymbol{\alpha}_1,\boldsymbol{\alpha}_2,\cdots,\boldsymbol{\alpha}_n$ 为 $\boldsymbol{A}$ 的列向量,则由 $\boldsymbol{A}$ 可逆知向量组 $\boldsymbol{\alpha}_1,\boldsymbol{\alpha}_2$ $\cdots,\boldsymbol{\alpha}_n$ 线性无关,由施密特正交化方法,可得

$$\begin{cases}\boldsymbol{\beta}_1=\boldsymbol{\alpha}_1,\\ \boldsymbol{\beta}_2=\boldsymbol{\alpha}_2-\dfrac{(\boldsymbol{\alpha}_2,\boldsymbol{\beta}_1)\boldsymbol{\beta}_1}{(\boldsymbol{\varepsilon}_1,\boldsymbol{\varepsilon}_1)}.,\\ \cdots\cdots\cdots\cdots\cdots\cdots\\ \boldsymbol{\beta}_n=\boldsymbol{\alpha}_n-\sum\limits_{i=1}^{n-1}\dfrac{(\boldsymbol{\alpha}_n,\boldsymbol{\beta}_1)}{(\boldsymbol{\beta}_i,\boldsymbol{\beta}_j}\boldsymbol{\beta}_i\end{cases}$$

其中$\boldsymbol{\beta}(i=1,2,\cdots,n)$单位化,可得

$$\gamma_i=\frac{1}{\boldsymbol{\beta}}\boldsymbol{\beta}_i(i=1,2,\cdots,n),$$

则 $\boldsymbol{\gamma}_1,\boldsymbol{\gamma}_2,\cdots\boldsymbol{\gamma}_n$ 是一组正交基,从而$\boldsymbol{U}=(\boldsymbol{\gamma}_1,\boldsymbol{\gamma}_2,\cdots\boldsymbol{\gamma}_n)$为又酉矩阵,且可解得

$$\boldsymbol{A}=(\boldsymbol{\alpha}_1,\boldsymbol{\alpha}_2,\cdots,\boldsymbol{\alpha}_n)=(\boldsymbol{\gamma}_1,\boldsymbol{\gamma}_2,\cdots,\boldsymbol{\gamma}_n)\begin{pmatrix}t_{11}&t_{12}&\cdots&t_{1n}\\&t_{22}&\cdots&t_{2n}\\&&\ddots&\vdots\\&&&t_{nn}\end{pmatrix}=\boldsymbol{UT}$$

其中 $\boldsymbol{T}$ 为上三角矩阵，且 $t_{ij}=|\boldsymbol{\beta}_1|>0(i=1,2,\cdots,n)$ 为正实数.

再证分解的唯一性，设还有酉矩阵 $\boldsymbol{U}_1$ 及对角线元素都是正实数的上三角形矩阵 $\boldsymbol{T}_1$，使得 $\boldsymbol{A}=\boldsymbol{U}_1\boldsymbol{T}_1$，则 $\boldsymbol{A}=\boldsymbol{UT}-\boldsymbol{U}_1\boldsymbol{T}_1$，于是 $\boldsymbol{B}=\boldsymbol{U}^{-1}\boldsymbol{U}_1=\boldsymbol{T}\boldsymbol{T}_1^{-1}$ 既是一个酉矩阵，又是一个上三角形矩阵，从而 $\boldsymbol{B}$ 是对角矩阵，但 $\boldsymbol{B}$ 的对角线元素都是正实数，即

$$\boldsymbol{B}=\mathrm{diag}\{b_1,b_2,\cdots,b_n\}(b_i>0,i=1,2,\cdots,n),$$

再由 $\boldsymbol{B}$ 是酉矩阵，知 $\boldsymbol{B}$ 是单位矩阵，故 $\boldsymbol{U}=\boldsymbol{U}_1,\boldsymbol{T}=\boldsymbol{T}_1$，即证.

14. **知识点窍** 特征值与特征向量；埃尔米特矩阵的性质；内积的运算性质.

逻辑推理 由埃尔米特矩阵的性质 $\overline{\boldsymbol{A}}'=\boldsymbol{A}$ 和对称矩阵的运算性质，可知对矩阵的任一特征值 λ 均有 $\lambda=\bar{\lambda}$，于是 λ 必为实数. 由特征值与特征向量的定义及内积的运算性质可证得埃尔米特矩阵属于不同特征值的特征向量相互正交.

解题过程 设 λ 是埃米特矩阵 $\boldsymbol{A}$ 的任一特征值，$\boldsymbol{\zeta}$ 是 $\boldsymbol{A}$ 的对应于 λ 的特征向量，则有

$$\overline{\boldsymbol{A}}'=\boldsymbol{A},\boldsymbol{A}\xi=\lambda\xi,$$

于是

$$\overline{\boldsymbol{A}\boldsymbol{\xi}}=\overline{\lambda\xi},(\overline{\boldsymbol{A}\boldsymbol{\xi}})'=\overline{\lambda\xi},$$

因此有

$$\lambda\overline{\boldsymbol{\xi}}'\xi=\overline{\boldsymbol{\xi}}'\lambda\xi=\overline{\boldsymbol{\xi}}'\boldsymbol{A}\boldsymbol{\zeta}=\boldsymbol{\zeta}'\boldsymbol{A}'\boldsymbol{\zeta}'=(\overline{\boldsymbol{A}\boldsymbol{\zeta}})'\boldsymbol{\zeta}=\overline{\boldsymbol{\lambda}}\boldsymbol{\zeta}\boldsymbol{\zeta}',$$

即 $(\lambda-\bar{\lambda})\overline{\boldsymbol{\xi}}'\xi=0$，但 $\overline{\boldsymbol{\xi}}'\xi\neq0$，故 $\lambda=\bar{\lambda}$，即证 λ 为实数，另外 λ,μ 是 $\boldsymbol{A}$ 的任意两个不同的特征值，$\boldsymbol{\xi},\boldsymbol{\eta}$ 分别为 $\boldsymbol{A}$ 的对应于 λ 和 μ 的特征向量，则有：$\boldsymbol{A\xi}=\lambda\boldsymbol{\xi},\boldsymbol{A\eta}=\mu\boldsymbol{\eta}$，由于 $(\boldsymbol{A\xi},\boldsymbol{\eta})=(\boldsymbol{\xi},\boldsymbol{A\eta})$，因此

$$\lambda(\boldsymbol{\xi},\boldsymbol{\eta})=(\lambda\boldsymbol{\xi},\boldsymbol{\eta})=(\boldsymbol{A\xi},\boldsymbol{\eta})=(\boldsymbol{\xi},\mu\boldsymbol{\eta})=\bar{\mu}(\boldsymbol{\xi},\boldsymbol{\eta})=\boldsymbol{\mu}(\boldsymbol{\xi},\boldsymbol{\eta})$$

但 $\lambda\neq\mu$，故 $(\boldsymbol{\xi},\boldsymbol{\eta})=0$. 即证 $\boldsymbol{A}$ 的属于不同特征值的特征向量相互正交.

第十章

双线性函数与辛空间

知识网络结构图

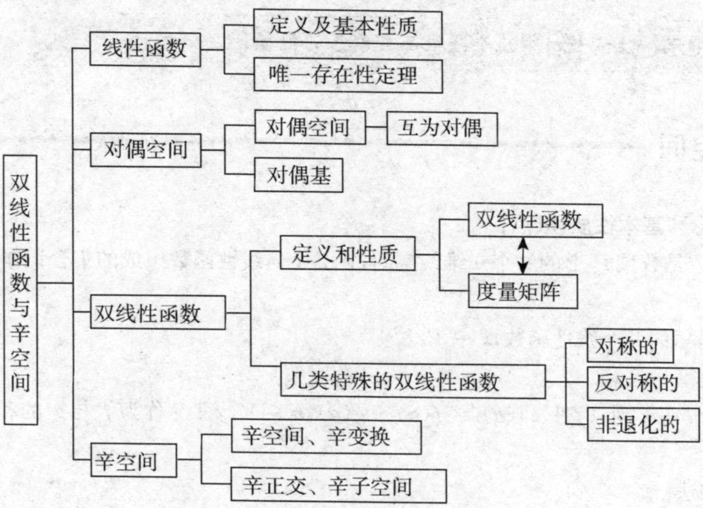

主要知识内容

一、线性函数(重点)

1. 定义

设 V 是数域 P 上的一个线性空间，f 是 V 到 P 的一个映射，f 满足

①$f(\boldsymbol{\alpha}+\boldsymbol{\beta})=f(\boldsymbol{\alpha})+f(\boldsymbol{\beta})$,

②$f(k\boldsymbol{\alpha})=kf(\boldsymbol{\alpha})$,

式中 $\boldsymbol{\alpha},\boldsymbol{\beta}$ 是 V 中任意元素，$k\in P$，则称 f 为 V 上的一个**线性函数**. .

2. 线性函数的简单性质

设 f 是 V 上的线性函数，且 $\boldsymbol{\alpha},\boldsymbol{\beta},\boldsymbol{\alpha}_1,\boldsymbol{\alpha}_2,\cdots,\boldsymbol{\alpha}_s\in V,k_1,k_2,\cdots,k_s\in P$，则

①$f(\boldsymbol{0})=\boldsymbol{0},f(-\boldsymbol{\alpha})=-f(\boldsymbol{\alpha})$；

②如果 $\boldsymbol{\beta}=k_1\boldsymbol{\alpha}_1+k_2\boldsymbol{\alpha}_2+\cdots+k_s\boldsymbol{\alpha}_s$，有

$$f(\boldsymbol{\beta})=k_1f(\boldsymbol{\alpha}_1)+k_2f(\boldsymbol{\alpha}_1)+k_2f(\boldsymbol{\alpha}_12)+\cdots+k_sf(\boldsymbol{\alpha}_s).$$

3. 线性函数的存在唯一性及表达式

设 V 是数域 P 上的 n 维线性空间，$\boldsymbol{\varepsilon}_1,\boldsymbol{\varepsilon}_2,\cdots,\boldsymbol{\varepsilon}_n$ 是 V 的一组基，则

①对于 P 中任意 n 个数 $a_1,a_2,\cdots a_n$，存在 V 上唯一的线性函数 f，使

$$f(\boldsymbol{\varepsilon}_1)=a_i,(i=1,2,\cdots,n);$$

②对于 $\boldsymbol{\alpha}=x_1\boldsymbol{\varepsilon}_1+x_2\boldsymbol{\varepsilon}_2+\cdots+x_n\boldsymbol{\varepsilon}_n\in V$，满足上述条件的线性函数为

$$f(\boldsymbol{\alpha})=a_1x_1+a_2x_2+\cdots+a_nx_n$$

温馨提示　注意教材中几个线性函数例子的把握

二、对偶空间

1. $L(V,P)$ 的概念和基本性质（难点）

(1) 定义：设 V 是数域 P 上的一个 n 维线空间，V 上全体线性函数组成的集合记作 $L(V,P)$

(2) 基本运算

设 f,g 是 V 的两个线性函数，$k\in P$.

① 加法运算

定义函数 $f+g$ 为：$(f+g)(\boldsymbol{\alpha})=f(\boldsymbol{\alpha})+g(\boldsymbol{\alpha}),\boldsymbol{\alpha}\in V,f+g$ 称为 f 与 g 的和，它也是线性函数.

② 数量乘法

定义函数 kf 为：$(kf)(\boldsymbol{\alpha})=k(f(\boldsymbol{\alpha})),\boldsymbol{\alpha}\in V.kf$ 称为 k 与 f 的数量乘积，它也是线性函数.

(3) 基本性质

① 在上述定义的加法和数量乘法下，$L(V,P)$ 称为数域 P 上的线性空间.

② 取定 V 的一组基 $\boldsymbol{\varepsilon}_1,\boldsymbol{\varepsilon}_2,\cdots,\boldsymbol{\varepsilon}_n$ 作 V 上 n 个线性函数 $f_1,f_2,\cdots,f_n$，使得

$$f_i(\boldsymbol{\varepsilon}_j)=\begin{cases}1,j=i,\\0,j\neq i,\end{cases}\quad i,j=1,2,\cdots,n.$$

则对 V 中任意向量 $\boldsymbol{\alpha}$，有 $\boldsymbol{\alpha}=\sum\limits_{i=1}^{n}f_i(\boldsymbol{\alpha})\boldsymbol{\varepsilon}_i$，

而对 $L(V,P)$ 中任意向量 f，有 $f=\sum\limits_{i=1}^{n}f(\boldsymbol{\varepsilon}_i)f_i$.

③ 维$L(V,P)$=维(V)，且$f_1,f_2,\cdots,f_n$是$L(V,P)$的一组基，其中$\boldsymbol{\varepsilon}_1,\boldsymbol{\varepsilon}_2,\cdots,\boldsymbol{\varepsilon}_n$是$V$的一组基，

$$f_i(\boldsymbol{\varepsilon}_j)=\begin{cases}1,j=i,\\0,j\neq i,\end{cases}$$

2. 对偶空间的定义和基本性质

(1)对偶空间和对偶基(重点、难点)

①$L(\boldsymbol{V},\boldsymbol{P})$称为$\boldsymbol{V}$的对偶空间，记作$\boldsymbol{V}^*$.

②取定V的一组基$\boldsymbol{\varepsilon}_1,\boldsymbol{\varepsilon}_2,\cdots,\boldsymbol{\varepsilon}_n$，如果$V$上的$n$个线函数$f_1,f_2,\cdots f_n$满足

$$f_i(\boldsymbol{\varepsilon}_j)=\begin{cases}1,j=i,\\0,j\neq i,\end{cases}i,j=1,2,\cdots,n$$

则$f_1,f_2,\cdots,f_n$是对偶空间V^*的基，称之为$\boldsymbol{\varepsilon}_1,\boldsymbol{\varepsilon}_2,\cdots,\boldsymbol{\varepsilon}_n$的对偶基.

(2)对偶空间的基本性质.

设$\boldsymbol{\varepsilon}_1,\boldsymbol{\varepsilon}_2,\cdots,\boldsymbol{\varepsilon}_n$及$\boldsymbol{\eta}_1,\boldsymbol{\eta}_2,\cdots,\boldsymbol{\eta}_n$是$n$维线性空间$V$的两组基，它们的对偶基分别为$f_1,f_2,\cdots,f_n$与$g_1,g_2,\cdots,g_n$，如果$\boldsymbol{\varepsilon}_1,\boldsymbol{\varepsilon}_2,\cdots,\boldsymbol{\varepsilon}_n$到$\boldsymbol{\eta}_1,\boldsymbol{\eta}_2,\cdots,\boldsymbol{\eta}_n$的过渡矩阵为$\boldsymbol{A}$，则$f_1,f_2\cdots,f_n$到$g_1,g_2,\cdots g_n$，的过渡矩阵为$(\boldsymbol{A}')^{-1}$.

设V是一个线性空间，V^{**}是V对偶空间的对偶空间，则V到V^{**} $x\to x^{**}$是一个同构映射.

> **温馨提示** 说明V和V^*是互为线性函数空间的，故称为对偶空间.

三、双线性函数

1. 基本概念(重点、难点)

(1)双线性函数

设V是数域P上的一个线性空间，$f(\boldsymbol{\alpha},\boldsymbol{\beta})$是$V$上一个二函数，即对$\forall\boldsymbol{\alpha},\boldsymbol{\beta}\in V$，根据$f$都唯一地对应$P$中一个数$f(\boldsymbol{\alpha},\boldsymbol{\beta})$，且有下列性质：

①$f(\boldsymbol{\alpha},k_1\boldsymbol{\beta}_1+k_2\boldsymbol{\beta}_2)=k_1f(\boldsymbol{\alpha},\boldsymbol{\beta}_1)+k_2f(\boldsymbol{\alpha},\boldsymbol{\beta}_2)$，

②$f(k_1\boldsymbol{\alpha}_1+k_2\boldsymbol{\alpha}_2,\boldsymbol{\beta})=k_1f(\boldsymbol{\alpha}_1,\boldsymbol{\beta})+k_2f(\boldsymbol{\alpha}_2,\boldsymbol{\beta})$，

$\forall\boldsymbol{\alpha}_1,\boldsymbol{\alpha}_2,\boldsymbol{\beta}_1,\boldsymbol{\beta}_2\in V,\forall k_1,k_2\in P$，则称$f(\boldsymbol{\alpha},\boldsymbol{\beta})$为$V$上的一个**双线性函数**.

> **温馨提示** 双线性函数$f(\boldsymbol{\alpha},\boldsymbol{\beta})$，将其中一个变元固定时，是另一个变元的线性函数.

(2)度量矩阵

设$f(\boldsymbol{\alpha},\boldsymbol{\beta})$是数域$P$上$n$维性空间$V$上的一个双线性函数，$\boldsymbol{\varepsilon}_1,\boldsymbol{\varepsilon}_2,\cdots,\boldsymbol{\varepsilon}_n$是$V$的一组基，则矩阵

$$\boldsymbol{A}=\begin{bmatrix}f(\boldsymbol{\varepsilon}_1,\boldsymbol{\varepsilon}_1)&f(\boldsymbol{\varepsilon}_1,\boldsymbol{\varepsilon}_2)&\cdots&f(\boldsymbol{\varepsilon}_1,\boldsymbol{\varepsilon}_n)\\f(\boldsymbol{\varepsilon}_2,\boldsymbol{\varepsilon}_1)&f(\boldsymbol{\varepsilon}_2,\boldsymbol{\varepsilon}_2)&\cdots&f(\boldsymbol{\varepsilon}_2,\boldsymbol{\varepsilon}_n)\\\vdots&\vdots&&\vdots\\f(\boldsymbol{\varepsilon}_n,\boldsymbol{\varepsilon}_1)&f(\boldsymbol{\varepsilon}_n,\boldsymbol{\varepsilon}_2)&\cdots&f(\boldsymbol{\varepsilon}_n,\boldsymbol{\varepsilon}_n)\end{bmatrix}$$

叫做$f(\boldsymbol{\alpha},\boldsymbol{\beta})$在$\boldsymbol{\varepsilon}_1,\boldsymbol{\varepsilon}_2,\cdots\boldsymbol{\varepsilon}_n$下的**度量矩阵**.

(3)非退化

设 $f(\boldsymbol{\alpha},\boldsymbol{\beta})$是线性空间 V 上一个双线性函数，如果对于任意 $\boldsymbol{\beta}\in V$，有 $f(\boldsymbol{\alpha},\boldsymbol{\beta})=0\Rightarrow\boldsymbol{\alpha}=0$，$f$ 就叫做非退化的.

2. 基本性质(重点、难点)

(1)设 $\boldsymbol{\varepsilon}_1,\boldsymbol{\varepsilon}_2,\cdots,\boldsymbol{\varepsilon}_n$ 及 $\boldsymbol{\eta}_1,\boldsymbol{\eta}_2,\cdots,\boldsymbol{\eta}_n$，是线性空间 V 的两组基：$\boldsymbol{\eta}_1,\boldsymbol{\eta}_2,\cdots,\boldsymbol{\eta}_n=(\boldsymbol{\varepsilon}_1,\boldsymbol{\varepsilon}_2,\cdots,\boldsymbol{\varepsilon}_n)C$. 如果双线性函数 $f(\boldsymbol{\alpha},\boldsymbol{\beta})$，在 $\boldsymbol{\varepsilon}_1,\boldsymbol{\varepsilon}_2,\cdots,\boldsymbol{\varepsilon}_n$ 及 $\boldsymbol{\eta}_1,\boldsymbol{\eta}_2,\cdots,\boldsymbol{\eta}_n$ 下的度量矩阵分别为 $\boldsymbol{A},\boldsymbol{B}$，则有 $\boldsymbol{B}=\boldsymbol{C}'\boldsymbol{AC}$. 这说明同一个双线性函数在不同基下的度量矩阵是合同的.

(2)双线性函数非退化的充要条件为其度量矩阵是非退化的.

温馨提示 对度量矩阵作合同变换可使度量矩阵简化，但对一般矩阵则比较复杂.

3. 对称双线性函数(重点、难点)

(1)对称双线性函数与反对称双线性函数.

(a)定义

设 $f(\boldsymbol{\alpha},\boldsymbol{\beta})$是线性空间 V 上的一个双线性函数，如果对 V 中任意两个向量 $\boldsymbol{\alpha},\boldsymbol{\beta}$ 都有 $f(\boldsymbol{\alpha},\boldsymbol{\beta})=f(\boldsymbol{\beta},\boldsymbol{\alpha})$ 则称 $f(\boldsymbol{\alpha},\boldsymbol{\beta})$为**对称双线性函数**；如果对 V 中任意两个向量 $\boldsymbol{\alpha},\boldsymbol{\beta}$，都有 $f(\boldsymbol{\alpha},\boldsymbol{\beta})=-f(\boldsymbol{\beta},\boldsymbol{\alpha})$，则称 $f(\boldsymbol{\alpha},\boldsymbol{\beta})$为反对称双线性函数.

(b)基本定理与结论

①双线性函数是对称(或反对称)的充要条件是其度量矩阵是对称矩阵(反对称矩阵)

温馨提示 (1)这是由于欧氏空间的内积不仅是对称双线性函数，而且它在任一组基下的度量矩阵是正定矩阵；另一方面，对称矩阵在合同变换下一定能化为对角形.
(2)本定理也可用类似于 Schimidt 正交化的的方法进行证明.

② 设 V 是数域 P 上 n 维线性空间，$f(\boldsymbol{\alpha},\boldsymbol{\beta})$ 是 V 上的对称双线性函数，则存在 V 的一组基 $\boldsymbol{\varepsilon}_1,\boldsymbol{\varepsilon}_2,\cdots,\boldsymbol{\varepsilon}_n$，使 $f(\boldsymbol{\alpha},\boldsymbol{\beta})$ 在这组基下的矩阵为对角矩阵.

③ 设 V 是复数域上的 n 维线性空间，$f(\boldsymbol{\alpha},\boldsymbol{\beta})$ 是 V 上的对称双线性函数，则存在 V 的一组基 $\boldsymbol{\varepsilon}_1,\boldsymbol{\varepsilon}_2,\cdots,\boldsymbol{\varepsilon}_n$，对 V 中任意向量 $\boldsymbol{\alpha}=\sum\limits_{i=1}^{r}x_i\boldsymbol{\varepsilon}_i,\beta=\sum\limits_{i=1}^{n}y_i\boldsymbol{\varepsilon}_i$，有

$$f(\boldsymbol{\alpha},\boldsymbol{\beta})=\sum_{i=1}^{r}x_iy_i(0\leqslant r\leqslant n)$$

④ 设 V 是实数域上的 n 维线性空间，$f(\boldsymbol{\alpha},\boldsymbol{\beta})$ 是 V 上的对称双线性函数，则存在 V 的一组基 $\boldsymbol{\varepsilon}_1,\boldsymbol{\varepsilon}_2,\cdots,\boldsymbol{\varepsilon}_n$，对 V 中任意向量 $\alpha=\sum\limits_{i=1}^{n}x_i\boldsymbol{\varepsilon}_i,\beta=\sum\limits_{i=1}^{n}y_i\boldsymbol{\varepsilon}_i$，有

$$f(\boldsymbol{\alpha},\boldsymbol{\beta})=x_1y_1+\cdots+x_py_p-x_{p+1}y_{p+1}-\cdots-x_ry_r(0\leqslant p\leqslant r\leqslant n)$$

⑤ 设 $f(\boldsymbol{\alpha},\boldsymbol{\beta})$ 是 n 维线性空间 V 上的反对称双线性函数，则存在 V 的一组基 $\boldsymbol{\varepsilon}_1,\boldsymbol{\varepsilon}_{-1},\cdots\boldsymbol{\varepsilon}_r,\boldsymbol{\varepsilon}_{-r},\boldsymbol{\eta}_1,\boldsymbol{\eta}_2,\cdots,\boldsymbol{\eta}$，使

$$\begin{cases}f(\boldsymbol{\varepsilon}_i,\boldsymbol{\varepsilon}_{-i})=1,i=1,2,\cdots,r\\ f(\boldsymbol{\varepsilon}_i,\boldsymbol{\varepsilon}_j)=0,i+j\neq 0,\\ f(\boldsymbol{\alpha},\boldsymbol{\eta}_k)=0,k\in V,k=1,2,\cdots,s\end{cases}$$

(2) 线性空间上的二次齐次函数

设 V 是数域 P 上的线性空间，$f(\boldsymbol{\alpha},\boldsymbol{\beta})$ 是 V 上的双线性函数，当 $\boldsymbol{\alpha}=\boldsymbol{\beta}$ 时，V 上的函数 $f(\boldsymbol{\alpha},\boldsymbol{\beta})$ 称为与 $f(\boldsymbol{\alpha},\boldsymbol{\beta})$ 对应的**二次齐次函数**.

温馨提示 注(1) 对称双线性函数与二次齐次函数是一一对应的(注意对称的条件)；(2) 二次齐次函数的坐标表达式就是二次型，它与对称矩阵一一对应，而这个对称矩阵就是唯一的与该二次齐次函数对应的对称双线性函数的度量矩阵.

(3)双线性度量空间及相关概念

①正交基

V 上的对称双线性函数 $f(\boldsymbol{\alpha},\boldsymbol{\beta})$ 如果是非退化的，则有 V 的一组基 $\boldsymbol{\varepsilon}_1,\boldsymbol{\varepsilon}_2,\cdots,\boldsymbol{\varepsilon}_n$ 满足

$$\begin{cases}f(\boldsymbol{\varepsilon}_i,\boldsymbol{\varepsilon}_i)\neq 0,i=1,2,\cdots,n\\ f(\boldsymbol{\varepsilon}_i,\boldsymbol{\varepsilon}_j)=0,i\neq j,\end{cases}$$

这样的一组基叫做 V 的对于 $f(\boldsymbol{\alpha},\boldsymbol{\beta})$ 的**正交基**.

②双线性度量空间和正交空间

设 V 是数域 $\boldsymbol{P}$ 上的线性空间，在 V 上定义了一个非退化双线性函数，则 V 称为一个**双线性度量空间**，有着非退化双线性函数的双线性度量空间常记为 (V,f). 当 f 是非退化的对称双线性函数时，称 V 为 P 上的**正交空间**.

③准欧氏空间

设 V 是 n 维实线性空间，如果在 V 上定义了一个非退化反对称双线性函数，则称 V 为**准欧氏空间**.

④辛空间

设 V 是 n 维实线性空间，如果在 V 上定义了一个非退化反对称双线性函数，则称 V 为辛空间. 辛空间一定是偶数维的.

温馨提示 有着非退化双线性函数 f 的双线性度量空间常记作 (V,f).

*四、辛空间

(1)在 $2n$ 维辛空间 V 中，一定有一组基 $\boldsymbol{\varepsilon}_1,\boldsymbol{\varepsilon}_2,\cdots,\boldsymbol{\varepsilon}_n,\boldsymbol{\varepsilon}_{-1},\boldsymbol{\varepsilon}_{-2},\cdots,\boldsymbol{\varepsilon}_{-n}$ 满足

$$f(\boldsymbol{\varepsilon}_i,\boldsymbol{\varepsilon}_{-i})=1,(1\leqslant i\leqslant n),f(\boldsymbol{\varepsilon}_i,\boldsymbol{\varepsilon}_j)=0,(-n\leqslant i,j\leqslant n,i+j\neq 0),$$

则称该基为 V 的对于 $f(\boldsymbol{\alpha},\boldsymbol{\beta})$ 的辛正交基.

(2)任一 $2n$ 阶非退化反对称矩阵 $\boldsymbol{K}$ 可把一个数域 P 上的 $2n$ 维空间 V 化成一个辛空间，且使 $\boldsymbol{K}$ 为 V 的某基 $e_1,e_2,\cdots,e_n,e_{-1},e_{-2},\cdots,e_{-n}$，下的度量矩阵. 又此辛空间在某辛正交基 $\boldsymbol{\varepsilon}_1,\boldsymbol{\varepsilon}_2,\cdots,\boldsymbol{\varepsilon}_n,\boldsymbol{\varepsilon}_{-1},\boldsymbol{\varepsilon}_{-2},\cdots,\boldsymbol{\varepsilon}_{-n}$ 下的度量矩阵 $\boldsymbol{J}=\begin{bmatrix}\boldsymbol{O} & \boldsymbol{E}\\ -\boldsymbol{E} & \boldsymbol{O}\end{bmatrix}_{2n\times 2n}$ 故 $\boldsymbol{K}$ 合同于 $\boldsymbol{J}$，即任一 $2n$ 阶非退化反对称矩阵皆合同于 $\boldsymbol{J}$.

(3)两个辛空间 (V_1,f_2) 及 (V_2,f_2)，若有 V_1 到 V_2 的作为线性空间的同构 $\boldsymbol{K}$，它满足 $f_1(\boldsymbol{u},v)=$

$f_2(K_u, K_v)$，则称 $\mathscr{K}$ 是 (V_1, f_1) 到 (V_2, f_2) 的辛同构.

(4) (V_1, f_1) 到 (V_2, f_2) 的作为线性空间的同构是辛同构，当且仅当它把 (V_1, f_1) 的一组辛正交基变成 (V_2, f_2) 的辛正交基.

(5)两个辛空间是辛同构的，当且仅当它们有相同的维数.

(6)辛空间 (V,f) 到自身的辛同构为 (V,f) 上的**辛变换**，取定 (V,f) 的一组辛正交基 $\boldsymbol{\varepsilon}_1, \boldsymbol{\varepsilon}_2, \cdots, \boldsymbol{\varepsilon}_n, \boldsymbol{\varepsilon}_{-1}, \boldsymbol{\varepsilon}_{-2}, \cdots, \boldsymbol{\varepsilon}_n$，$V$ 上的一个线性变换 $\mathscr{K}$，在该基下的矩阵为 $\boldsymbol{K}$.

$\boldsymbol{K}=\begin{bmatrix}\boldsymbol{A} & \boldsymbol{B}\\ \boldsymbol{C} & \boldsymbol{D}\end{bmatrix}$ 其中 $\boldsymbol{A},\boldsymbol{B},\boldsymbol{C},\boldsymbol{D}$ 皆为 $n\times n$ 方阵，则 $\mathscr{K}$ 是辛变换当且仅当 $\boldsymbol{K}'\boldsymbol{J}\boldsymbol{K}=\boldsymbol{J}$，亦即当且仅当下列条件成立：

$$\boldsymbol{A}'\boldsymbol{C}=\boldsymbol{C}'\boldsymbol{A}, \boldsymbol{B}'\boldsymbol{D}=\boldsymbol{D}'\boldsymbol{B}, \boldsymbol{A}\boldsymbol{D}'-\boldsymbol{C}'\boldsymbol{B}=\boldsymbol{E}$$

且易证，$|\boldsymbol{K}|\neq 0$，及辛变换的乘积、辛变换的逆变换皆为辛变换.

(7)设 (V,f) 是辛空间，$\boldsymbol{u},\boldsymbol{v}\in V$，满足 $f(\boldsymbol{u},\boldsymbol{v})=0$，则称 $\boldsymbol{u},\boldsymbol{v}$ 为**辛正交**的.

(8) W 是 V 的子空间，令 $W^{\perp}=\{\boldsymbol{u}\in V \mid f(\boldsymbol{u},\boldsymbol{w})=0, \forall_{w}\in W\}$，$W^{\perp}$ 显然是 V 的子空间，称为 W 的辛正交补空间.

(9) (V,f) 是辛空间，W 是 V 的子空间，则 $\dim W^{\perp}=\dim V-\dim W$.

(10) (V,f) 为辛空间，W 为 V 的子空间，若 $W\subset W^{\perp}$，则称 W 为 (V,f) 的迷向子空间：若 $W=W^{\perp}$，即 W 是极大的(按包含关系)迷向子空间，也称它为拉格朗日子空间：若 $W\cap W^{\perp}=\{0\}\cdots$，则称 W 为 (V,f) 的辛子空间.

(11)对辛空间 (V,f) 的子空间 U,W，可得到下列性质：

①$(W^{\perp})^{\perp}=W$. (ii)$U\subset W\Rightarrow W^{\perp}\subset U^{\perp}$

②若 U 是辛子空间，则 $V=U\oplus U^{\perp}$；

③若 U 是迷向子空间，则 $\dim U\leqslant \frac{1}{2}\dim V$.

④若 U 是拉格朗日子空间，则 $\dim U=\frac{1}{2}\dim V$.

(12)设 L 是辛空间 (V,f) 的拉格朗日子空间，$(\boldsymbol{\varepsilon}_1, \boldsymbol{\varepsilon}_2, \cdots, \boldsymbol{\varepsilon}_n)$ 是 L 的基，则它可扩充为 (V,f) 的辛正交基.

(13)设 W 是 (V,f) 的迷向子空间，$\{\boldsymbol{\varepsilon}_1, \boldsymbol{\varepsilon}_2, \cdots, \boldsymbol{\varepsilon}_k\}$ 是 W 的基，则它可扩充成 (V,f) 的辛正交基.

(14)辛空间 (V,f) 的辛子空间 $(U, f|U)$ 的一组辛正交基可扩充成 (V,f) 的辛正交基.

(15)令 (V,f) 为辛空间，U 和 W 是两个拉格朗日子空间或两个同维数的辛子空间，则有 (V,f) 的辛变换把 U 变成 W.

$f(\boldsymbol{u},\boldsymbol{v})=f(k\boldsymbol{u},k\boldsymbol{v})$，$\forall\, \boldsymbol{u}\in \mathscr{W}, \boldsymbol{v}\in V$，则称 $\mathscr{K}$ 为 V 与 W 间的等距.

(16)辛空间 (V,f) 的两个子空间 U 及 W 之间的(线性)同构 $\mathscr{K}$ 若满足

(17) W itt定理：辛空间 (V,f) 的两个子空间之间若有等距，则此等距可扩充成 (V,f) 的一个辛变换.

(18) $\mathscr{K}$ 是辛空间 (V,f) 上的辛变换，$\mathscr{K}$ 的行列式为 1.

(19)取定 (V,f) 的辛正交基 $\boldsymbol{\varepsilon}_1, \boldsymbol{\varepsilon}_2, \cdots, \boldsymbol{\varepsilon}_n, \boldsymbol{\varepsilon}_{-1}, \boldsymbol{\varepsilon}_{-2}, \cdots, \boldsymbol{\varepsilon}_{-n}$，设 $\boldsymbol{K}$ 在该基下的矩阵为 $\boldsymbol{K}$，这时有 $\boldsymbol{K}'\boldsymbol{J}\boldsymbol{K}=\boldsymbol{J}$.

(20)设 $\mathscr{K}$ 是 $2n$ 维辛空间中的辛变换，$\boldsymbol{K}$ 是 $\mathscr{K}$ 在某辛正交基下的矩阵，则它的特征多项式 $f(\lambda)=$

$|\lambda \boldsymbol{E}-\boldsymbol{K}|$满足 $f(\lambda)=\lambda^{2n}f\left|\frac{1}{\lambda}\right|$. 若设 $f(\lambda)=a_0\lambda^{2n}+a_2\lambda^{2n-1}+\cdots+a_{2n-1}\lambda+a_{2n}$，则 $a_i=a_{2n-i}$，$i=0,1,2,\cdots,n$.

(21)设 λ_i，λ_j 是数域 P 上辛空间(V,f)上辛变换 $\mathscr{K}$ 在 P 中的特征值，且 $\lambda_i\lambda_j\neq 1$. 设 V_{λ_i}，V_{λ_j} 是 V 中对应于特征值 λ_i 及 λ_j 的特征子空间. 则 $\forall \boldsymbol{u}\in V_{\lambda_i}$，$\boldsymbol{v}\in V_{\lambda_j}$，有 $f(\boldsymbol{u},\boldsymbol{v})=0$，即 V_{λ_i} 与 V_{λ_j} 是辛正交的. 特别地，当 $\lambda_i\neq\pm 1$ 时，V_{λ_i} 是迷向子空间.

经典例题解析

题型一：对偶基的计算及其应用

题型分析 首先要准确把握对偶基的定义，尤其是对偶基满足的条件. 另外，还要理解基之间的过渡矩阵以及对应的对偶基之间的过渡矩阵的关系，即教材中定理 3.

设 $\boldsymbol{\varepsilon}_1,\boldsymbol{\varepsilon}_2,\cdots,\boldsymbol{\varepsilon}_n$ 及 $\boldsymbol{\eta}_1,\boldsymbol{\eta}_2,\cdots,\boldsymbol{\eta}_n$ 是线性空间 V 的两组基，它们的对偶基分别为 $f_1,f_2,\cdots,f_n$ 及 $g_1,g_2,\cdots g_n$. 如果由 $\boldsymbol{\varepsilon}_1,\boldsymbol{\varepsilon}_2,\cdots,\boldsymbol{\varepsilon}_n$ 到 $\boldsymbol{\eta}_1,\boldsymbol{\eta}_2,\cdots,\boldsymbol{\eta}_n$ 的过渡矩阵为 $\boldsymbol{A}$，那么由 $f_1,f_2,\cdots,f_n$ 到 $g_1,g_2,\cdots,g_n$ 的过渡矩阵为$(A')^{-1}$.

例 1 设 $V=M_2(F)$，在 V 中取一个基 $\boldsymbol{E}_{11},\boldsymbol{E}_{12},\boldsymbol{E}_{21},\boldsymbol{E}_{22}$，求它的对偶基 $f_{11},f_{12},f_{21},f_{22}$，并求 V 上任一线性函数 f 的表达式.

解题过程 依题意得 $f_{11}(\boldsymbol{E}_{11})=1,f_{11}(\boldsymbol{E}_{12})=f_{11}(\boldsymbol{E}_{21})=f_{11}(\boldsymbol{E}_{22})=0$,

$f_{12}(\boldsymbol{E}_{12})=1,f_{12}(\boldsymbol{E}_{11})=f_{12}(\boldsymbol{E}_{21})=f_{12}(\boldsymbol{E}_{22})=0$,

$f_{21}(\boldsymbol{E}_{21})=1,f_{21}(\boldsymbol{E}_{11})=f_{21}(\boldsymbol{E}_{12})=f_{21}(\boldsymbol{E}_{22})=0$,

$f_{22}(\boldsymbol{E}_{22})=1,f_{22}(\boldsymbol{E}_{11})=f_{22}(\boldsymbol{E}_{12})=f_{22}(E_{21})=0$.

任取 $\boldsymbol{A}=(a_{ij})22\in M_2(F)$，由于 $\boldsymbol{A}=\sum\limits_{i=1}^{2}\sum\limits_{j=1}^{2}a_{ij}\boldsymbol{E}_{ij}$，所以 $f_{11}(\boldsymbol{A})=a_{11}$，$f_{12}(\boldsymbol{A})=a_{12}$，$f_{21}(\boldsymbol{A})=a_{21}$，$f_{22}(\boldsymbol{A})=a_{22}$. 于是，对于 V 上的任意一个线性函数 f，设 $f(\boldsymbol{E}_{ij})=c_{ij}$，$i,j=1,2$，则

$$
\begin{aligned}
f(\boldsymbol{A})&=c_{11}f_{11}(\boldsymbol{A})+c_{12}f_{12}(\boldsymbol{A})+c_{12}f_{21}(\boldsymbol{A})+c_{22}f_{22}(\boldsymbol{A})\\
&=c_{11}a_{11}+c_{12}a_{12}+c_{21}a_{21}+c_{22}a_{22}.
\end{aligned}
$$

例 2 设 $\boldsymbol{\varepsilon}_1,\boldsymbol{\varepsilon}_2,\cdots,\boldsymbol{\varepsilon}_n$ 是线性空间 V 的一个基，f_1,f_2,f_3 是它的对偶基，今给出 V 中向量

$$\boldsymbol{\alpha}_1=\boldsymbol{\varepsilon}_1-\boldsymbol{\varepsilon}_2\quad \boldsymbol{\alpha}_2=\boldsymbol{\varepsilon}_1+\boldsymbol{\varepsilon}_2+\boldsymbol{\varepsilon}_3\quad \boldsymbol{\alpha}_3=\boldsymbol{\varepsilon}_2+\boldsymbol{\varepsilon}_3$$

试证 $\boldsymbol{\alpha}_1.\boldsymbol{\alpha}_2.\boldsymbol{\alpha}_3$ 是 V 的一个基，并求它的对偶基.

解题过程 因为$(\boldsymbol{\alpha}_1,\boldsymbol{\alpha}_2,\boldsymbol{\alpha}_3)=(\boldsymbol{\varepsilon}_1,\boldsymbol{\varepsilon}_2,\boldsymbol{\varepsilon}_3)\begin{bmatrix}1&1&0\\0&1&1\\-1&1&1\end{bmatrix}=(\boldsymbol{\varepsilon}_1,\boldsymbol{\varepsilon}_2,\boldsymbol{\varepsilon}_3)\boldsymbol{A}$

而$|\boldsymbol{A}|\neq 0$ 所以 $\boldsymbol{\alpha}_1,\boldsymbol{\alpha}_2,\boldsymbol{\alpha}_3$ 线性无关，故它是 V 的一个基.

因此 $\boldsymbol{A}$ 是 $\boldsymbol{\varepsilon}_1,\boldsymbol{\varepsilon}_2,\boldsymbol{\varepsilon}_3$ 到 $\boldsymbol{\alpha}_1,\boldsymbol{\alpha}_2\boldsymbol{\alpha}_3$ 的过渡矩阵.

用 g_1,g_2,g_3 表示 $\boldsymbol{\alpha}_1,\boldsymbol{\alpha}_2,\boldsymbol{\alpha}_3$ 的对偶基，我们求出$(\boldsymbol{A}')^{-1}$，那么

$$(g_1,g_2,g_3)=(f_1,f_2,f_3)(\boldsymbol{A}')^{-1}=(f_1.f_2.f_3)\begin{vmatrix}0&1&-1\\1&-1&2\\-1&1&-1\end{vmatrix}$$

即 $g_1=f_2-f_3g_2=f_1-f_2+f_3g_3=-f_1+2f_2+f_3$

就是 $\boldsymbol{\alpha}_1,\boldsymbol{\alpha}_2,\boldsymbol{\alpha}_3$ 的对偶基.

题型二：双线性函数

题型解析 双线性函数即为固定一个变量以后，关于另外一个变量是线性函数的二元映射，在处理有关双线性函数的问题时，要注意对非退化双线性函数、对称双线性函数和反对称双线性函数等特殊双线性函数的定义的掌握；也要注意利用对称和反对称双线性函数的标准形式的理解

例 3 设 $\bar{V}$ 是一个 n 维欧氏空间，对 $\bar{V}$ 中确定的向量定义一个函数 $\boldsymbol{\alpha}^*$ ：$\boldsymbol{\alpha}^*(\boldsymbol{\beta})=(\boldsymbol{\alpha},\boldsymbol{\beta})$

证明：$\boldsymbol{\alpha}^*$ 是 $\bar{V}$ 上的线性函数：

证明：$\bar{V}$ 到 $\bar{V}^*$ 的映射：$\boldsymbol{\alpha}\to\boldsymbol{\alpha}^*$ 是 $\bar{V}$ 到 $\bar{V}^*$ 的同构映射(在同构的定义下，欧氏空间可看成自身的对偶空间).

解题过程 (1)因 $\boldsymbol{\alpha}^*(\boldsymbol{\beta}_1+\boldsymbol{\beta}_2)=(\boldsymbol{\alpha},\boldsymbol{\beta}_1+\boldsymbol{\beta}_2)=(\boldsymbol{\alpha},\boldsymbol{\beta}_1)+(\boldsymbol{\alpha},\boldsymbol{\beta}_2)=\boldsymbol{\alpha}^*(\boldsymbol{\beta}_1)+\boldsymbol{\alpha}^*(\boldsymbol{\beta}_2)$

$$\boldsymbol{\alpha}^*(k\boldsymbol{\beta})=(\boldsymbol{\alpha},k\boldsymbol{\beta})=k(\boldsymbol{\alpha},\boldsymbol{\beta})=k\boldsymbol{\alpha}^*(\boldsymbol{\beta})$$

所以 $\boldsymbol{\alpha}^*(k,\boldsymbol{\beta})=(\boldsymbol{\alpha},\boldsymbol{\beta})$是 $\bar{V}$ 上的线性函数.

(2)先证 $\boldsymbol{\alpha}\to\boldsymbol{\alpha}^*$ 是单射. 事实上，设 $\boldsymbol{\alpha}_1\neq\boldsymbol{\alpha}_2$ 而 $\boldsymbol{\alpha}_1^*\neq\boldsymbol{\alpha}_2^*$ 所以 $\forall\boldsymbol{\beta}$ 有 $\boldsymbol{\alpha}^*(\boldsymbol{\beta})=\boldsymbol{\alpha}_2^*(\boldsymbol{\beta})$. 即 $(\boldsymbol{\alpha}_1,\boldsymbol{\beta})=(\boldsymbol{\alpha}_2,\boldsymbol{\beta})$

得到$(\boldsymbol{\alpha}_1-\boldsymbol{\alpha}_2,\boldsymbol{\beta})=0$. 对于 $\boldsymbol{\beta}$. 从而 $\boldsymbol{\alpha}_1=\boldsymbol{\alpha}_2$ 矛盾.

又 $\boldsymbol{\alpha}\to\boldsymbol{\alpha}_1^*,\boldsymbol{\alpha}\to\boldsymbol{\alpha}_2^*$ 而

$$\boldsymbol{\alpha}_1+\boldsymbol{\alpha}_2\to(\boldsymbol{\alpha}_1+\boldsymbol{\alpha}_2)^*(\boldsymbol{\beta})=(\boldsymbol{\alpha}_1+\boldsymbol{\alpha}_2,\boldsymbol{\beta})=(\boldsymbol{\alpha}_1,\boldsymbol{\beta})+(\boldsymbol{\alpha}_2,\boldsymbol{\beta})=\boldsymbol{\alpha}_1^*(\boldsymbol{\beta})+\boldsymbol{\alpha}_2^*(\boldsymbol{\beta})=\boldsymbol{\alpha}_1^*+\boldsymbol{\alpha}_2^*$$

$$k\boldsymbol{\alpha}\to(k\boldsymbol{\alpha})^*(\boldsymbol{\beta})=(k\boldsymbol{\alpha},\boldsymbol{\beta})=k(\boldsymbol{\alpha},\boldsymbol{\beta})=k\boldsymbol{\alpha}^*(\boldsymbol{\beta})=k\boldsymbol{\alpha}^*$$

所以 $\bar{V}$ 与 $\bar{V}^*$ 同构.

例 4 设 V 是复数域上的线性空间，其维数$\geqslant 2$，$f(\boldsymbol{\alpha},\boldsymbol{\beta})$是 V 上的一个对称双线性函数.

(1)证明：V 中有非零向量 $\boldsymbol{\xi}$，使 $f(\boldsymbol{\xi},\boldsymbol{\xi})=0$；

(2)如果 $f(\boldsymbol{\alpha},\boldsymbol{\beta})$是非退化的，则必有线性无关的向量 $\boldsymbol{\xi},n$ 满足：

$$f(\boldsymbol{\xi},n)=1 \qquad f(\boldsymbol{\xi},\boldsymbol{\xi})=f(\boldsymbol{n},\boldsymbol{n})=0$$

解题过程 (1)由于 $f(\boldsymbol{\alpha},\boldsymbol{\beta})$ 是 V 上的一个对称双线性函数，存在 V 的一组基 $\boldsymbol{\varepsilon}_1,\boldsymbol{\varepsilon}_2,\cdots,\boldsymbol{\varepsilon}_n$ 使

$$\forall\boldsymbol{\xi}=\sum_{i=1}^{n}x_i\in_i\eta=\sum_{j=1}^{n}y_j\boldsymbol{\varepsilon}_j\in V \quad 有$$

$$f(\boldsymbol{\xi},n)=x_1y_1+x_2y_2+\cdots+x_ny_n$$

$$f(\boldsymbol{\xi},\boldsymbol{\xi})=x_1^2+x_2^2+x_r^2 \quad (0\leqslant r\leqslant n) \tag{1}$$

① 当 $r=0$ 时，对 V 中任意非零向量 $\boldsymbol{\xi}$，都有 $f(\boldsymbol{\xi},\boldsymbol{\xi})=0$；

② 当 $r=1$ 时，取 $\boldsymbol{\xi}=\boldsymbol{\varepsilon}_2\neq 0$，有 $f(\boldsymbol{\xi},\boldsymbol{\xi})=0$；

③ 当 $r\geqslant 2$ 时，取 $\boldsymbol{\xi}=i\boldsymbol{\varepsilon}_1+\boldsymbol{\varepsilon}_2$，有 $f(\boldsymbol{\xi},\boldsymbol{\xi})=i^2+1=0$；

(2) 若 $f(\boldsymbol{\alpha},\boldsymbol{\beta})$ 是非退化的，则(1) 式为

$$f(\boldsymbol{\xi},\boldsymbol{n})=x_1y_1+x_2y_2+\cdots+x_ny_n$$

取 $\boldsymbol{\xi}=\frac{1}{\sqrt{2}}\boldsymbol{\varepsilon}_1+\frac{i}{\sqrt{2}}\boldsymbol{\varepsilon}_2\boldsymbol{\eta}=\frac{1}{\sqrt{2}}\boldsymbol{\varepsilon}_1-\frac{i}{\sqrt{2}}\boldsymbol{\varepsilon}_2$ 得

课后习题全解

1. 知识点窍 线性函数的性质，存在唯一性及表达式.

逻辑推理 线性函数可由其在一组基上的作用完全决定，因而仅需考虑 $f(\boldsymbol{\varepsilon}_i)(i=1,2,3)$ 即可. 由线性函数的存在唯一性及表达式可设出 $f(\boldsymbol{\varepsilon}_i)$ 的表达式，由线性函数的性质可列得方程组求解.

解题过程 因为 f 是 V 上线性函数，所以有

$$\begin{cases}f(\boldsymbol{\varepsilon}_1)+f(\boldsymbol{\varepsilon}_3)=1\\ f(\boldsymbol{\varepsilon}_2)-2f(\boldsymbol{\varepsilon}_3)=-1\\ f(\boldsymbol{\varepsilon}_1)+f(\boldsymbol{\varepsilon}_2)=-3\end{cases}\text{，解此方程组，得}\begin{cases}f(\boldsymbol{\varepsilon}_1)=4,\\ f(\boldsymbol{\varepsilon}_2)=-7.\\ f(\boldsymbol{\varepsilon}_3)=-3\end{cases}$$

于是

$$f(x_1\boldsymbol{\varepsilon}_1+x_2\boldsymbol{\varepsilon}_2+x_3\boldsymbol{\varepsilon}_3)=4x_1-7x_2-3x_3.$$

2. 知识点窍 线性函数的性质，存在唯一性及表达式.

逻辑推理 线性函数可由其在一组基上的作用完全决定，因而仅需考虑 $f(\boldsymbol{\varepsilon}_i)(i=1,2,3)$ 即可. 由线性函数的存在唯一性及表达式可设出 $f(\boldsymbol{\varepsilon}_i)$ 的表达式，由线性函数的性质可列得方程组求解.

解题过程 设 f 是满足条件的线性函数，则

$$\begin{cases}f(\boldsymbol{\varepsilon}_1)+f(\boldsymbol{\varepsilon}_3)=0\\ f(\boldsymbol{\varepsilon}_2)-2f(\boldsymbol{\varepsilon}_3)=0,\\ f(\boldsymbol{\varepsilon}_1)+f(\boldsymbol{\varepsilon}_2)=1\end{cases}$$

解线性方程组得 $f(\boldsymbol{\varepsilon}_1)=0,f(\boldsymbol{\varepsilon}_2)=1,f(\boldsymbol{\varepsilon}_3)=0$，于是

$$f(x_1\boldsymbol{\varepsilon}_1+x_2\boldsymbol{\varepsilon}_2+x_3\boldsymbol{\varepsilon}_3)=x_2.$$

3. 知识点窍 过渡矩阵；对偶基.

逻辑推理 要证明 $\boldsymbol{\alpha}_1,\boldsymbol{\alpha}_2,\boldsymbol{\alpha}_3$ 是 V 的一组基，只需证它们线性无关即可，而证明线性无关只需证所作的线性替换是非退化的. 线性空间一组基 $\boldsymbol{\varepsilon}_1,\boldsymbol{\varepsilon}_2,\cdots,\boldsymbol{\varepsilon}_n$ 与其对偶基 $\boldsymbol{f}_1,\boldsymbol{f}_2,\cdots,\boldsymbol{f}_n$ 的关系为 $f_i(\boldsymbol{\varepsilon}_j)=\delta_{ij}$，基 $\boldsymbol{\varepsilon}_1,\boldsymbol{\varepsilon}_2,\cdots,\boldsymbol{\varepsilon}_n$ 到 $\boldsymbol{\eta}_1,\boldsymbol{\eta}_2,\cdots,\boldsymbol{\eta}_n$ 的过渡矩阵为 $\boldsymbol{A}$，则相应的对偶基的过渡矩阵为 $(\boldsymbol{A}')^{-1}$. 利用此结论可求得对偶基.

解题过程 设 $(\boldsymbol{\alpha}_1,\boldsymbol{\alpha}_2,\boldsymbol{\alpha}_3)=(\boldsymbol{\varepsilon}_1,\boldsymbol{\varepsilon}_2,\boldsymbol{\varepsilon}_3)\boldsymbol{A}$,

由已知,得

$$A=\begin{pmatrix}1&1&0\\0&1&1\\-1&1&1\end{pmatrix},$$

由 $|A|\neq 0$ 可得 A 是可逆的。

因为 $|A|\neq 0$,所以 $\alpha_1,\alpha_2,\alpha_3$ 是 V 的一组基.

设 g_1,g_2,g_3 是 $\alpha_1,\alpha_2,\alpha_3$ 得对偶基. 则

$$(g_1,g_2,g_3)=(f_1,f_2,f_3)(A')^{-1}$$

$$=(f_1,f_2,f_3)\begin{pmatrix}0&1&-1\\1&-1&2\\-1&1&-1\end{pmatrix}$$

因此

$$g_1=f_2-f_3$$

$$g_2=f_1-f_2+f_3$$

$$g_3=-f_1+2f_2-f_3$$

4. 知识点窍 线性函数的运算性质;零函数.

逻辑推理 对 s 作数学归纳法,则当时因 $s=1$ 是非零向量,于是必存在符合题意的 α. 假设当 $s=k$ 时命题成立;则当 $s=k+1$ 时,若 $f_{k+1}(\alpha)\neq 0$,则命题成立;否则可利用线性函数的运算性质构造出符合命题的 α,于是可证得命题.

解题过程 对 s 用数学归纳法,

当 $s=1$ 时,$f_1\neq 0$,所以存在 $\alpha\in V$,使 $f_1(\alpha)\neq 0$,即当 $s=1$ 时命题成立.

假设当 $s=k$ 时命题成立,存在 $\alpha\in V$,使 $f_i(\alpha)=\alpha_i\neq 0,(i=1,2,\cdots,k)$.

下面证明 $s=k+1$ 时命题成立.

若 $f_{k+1}(\alpha)\neq 0$,则命题成立;若 $f_{k+1}(\alpha)=0$,则由 $f_{k+1}\neq 0$ 知,一定存在但 $\beta\in V$ 使 $f_{k+1}(\beta)=b$,设 $f_i(\beta)=d_i(i=1,2,\cdots,k)$,于是总可取数 $c\neq 0$,使

$$a_i+cd_i\neq 0,(i=1,2,\cdots,k),$$

令 $\gamma=\alpha+c\beta$,则 $\gamma\in V$,且

逻辑推理 $f_1(\alpha)=0,f_2(\alpha)=0,\cdots,f_n(\alpha)=0$,是 V 上 s 个向量方程,每方程的解向量都构成 V 的一个子空间,且都不等于 V,再利用第六章补充题 5 的结论及其解答后面的注.

解题过程 每个 $f_1(\alpha)=0$ 作为 V 上向量的方程,其全体解向量构成 V 的一个子空间 V_i,且都不等于 V. 由第六章补充题 5 的结论及解答后面的注,必有 $\alpha\in V,\alpha\overline{\in}V_1,i=1,2,\cdots,s$,所以 α 满足 $f_1(\alpha)\neq 0,i=1,2,\cdots,s$.

5. 知识点窍 对偶空间;同构.

逻辑推理 因 V 与 $(V^*)^*$ 均是 V^* 的对偶空间,因此它们同构. 故若 $\alpha_i(i=1,2,\cdots,s)$ 是线性空间 V 中的非零向量,则 $\alpha_i^{**}(i=1,2,\cdots,s)$ 是 $(V^*)^*$ 的非零向量,于是利用第 4 题的结论可证得命题.

解题过程 由于线性空间 V 与其对偶空间 V^* 的对偶空间 $(V^*)^*$ 同构，且 $\boldsymbol{\alpha}_1,\boldsymbol{\alpha}_2,\cdots,\boldsymbol{\alpha}_s$ 是 V 中的非零向量，所以 $\boldsymbol{\alpha}_1^{**},\boldsymbol{\alpha}_2^{**},\cdots,\boldsymbol{\alpha}_s^{**}$ 是 V^* 的对偶空间 $(V^*)^*$ 中的非零向量. 由上题的结果知，存在 $f\in V^*$，使 $\boldsymbol{\alpha}_i^{**}(f)\neq 0(i=1,2,\cdots,s)$，即 $f_i(\boldsymbol{\alpha}_i)\neq 0,(i=1,2,\cdots,s)$.

6. 知识点窍 线性函数的定义；对偶基的定义.

逻辑推理 若证 f_1,f_2,f_3 是 V 上的线性函数，只需证明它们符合线性函数的定义即可. 求 $p_1(x),p_2(x),p_3(x)$时，因对偶基满足 $f_i(p_j(x))=\delta_{ij}$，因此可运用待定系数法列方程组求解.

解题过程 先证 f_1 是 V 上线性函数，即 $f_1\in V^*$，对 $\forall g(x),h(x)\in V,\forall k\in P$，由定义有

$$\begin{aligned}f_1(g(x)+h(x))&=\int_0^1(g(x)+h(x))\mathrm{d}x\\&=\int_0^1 g(x)\mathrm{d}x+\int_0^1 h(x)\mathrm{d}x\\&=f_1(g(x))+f_1(h(x)),\end{aligned}$$

$$f_1(kg(x))=\int_0^1 kg(x)\mathrm{d}x=k\int_0^1 g(x)\mathrm{d}x=kf_1(g(x))$$

即证 f_1，同理可证 $f_2,f_3\in V^*$.

再设 $p_1(x),p_2(x),p_3(x)$ 为 V 的一组基，且 f_1,f_2,f_3 是它的对偶基，若记

$$p_1(x)=c_0+c_1x+c_2x$$

则由定义可得

$$\begin{cases}f_1(p(x))=\int_0^1 p(x)\mathrm{d}(x)=c_0+\frac{1}{2}c_1+\frac{1}{3}c_2=1,\\f_2(p(x))=\int_0^2 p(x)\mathrm{d}(x)=2c_0+2c_1+\frac{8}{3}c_2=0,\\f_3(p(x))=\int_0^{-1} p(x)\mathrm{d}(x)=c_0+\frac{1}{2}c_1-\frac{1}{3}c_2=0\end{cases}$$

解此方程组得

$$c_0=c_1=1,c_2=-\frac{3}{2},$$

故

$$p_1(x)=1+x-\frac{3}{2}x,$$

同理可得

$$p_2(x)=-\frac{1}{6}+\frac{1}{2}x^2,$$

$$p_3(x)=-\frac{1}{3}+x-\frac{1}{2}x^2,$$

7. 知识点窍 线性函数的定义；同构映射的定义.

逻辑推理 第(1)问的证明中只需证该函数符合线性函数的定义，即线性函数的两条运算性质. 第(2)问的证明中只需证该映射符合同构映射的定义，即是双射同时又是线性的.

解题过程 (1)先证明 $\boldsymbol{\alpha}^*$ 是 V 上的线性函数,即 $\boldsymbol{\alpha}^*\in V^*$,对 $\forall\boldsymbol{\beta}_1,\boldsymbol{\beta}_2\in V,k\in P$,由定义有:

$$\begin{aligned}\boldsymbol{\alpha}^*(\boldsymbol{\beta}_1+\boldsymbol{\beta}_2)&=(\boldsymbol{\alpha},\boldsymbol{\beta}_1+\boldsymbol{\beta}_2)\\&=(\boldsymbol{\alpha},\boldsymbol{\beta}_1)+(\boldsymbol{\alpha},\boldsymbol{\beta}_1)\\&=\boldsymbol{\alpha}^*(\boldsymbol{\beta}_1)+\boldsymbol{\alpha}^*(\boldsymbol{\beta}_1)\end{aligned}$$

$$\boldsymbol{\alpha}^*(k\boldsymbol{\beta}_1)=(\boldsymbol{\alpha},k\boldsymbol{\beta}_1)=k(\boldsymbol{\alpha},\boldsymbol{\beta}_1)=k\boldsymbol{\alpha}^*(\boldsymbol{\beta}_1),$$

故 $\boldsymbol{\alpha}^*$ 是 V 上的线性函数.

(2)设 $\boldsymbol{\varepsilon}_1,\boldsymbol{\varepsilon}_2,\cdots,\boldsymbol{\varepsilon}_n$ 是 V 的一组标准正交基,且对 $\forall\boldsymbol{\beta}\in V$ 由定义

$$\boldsymbol{\varepsilon}_1^*(\boldsymbol{\beta})=(\boldsymbol{\varepsilon}_1,\boldsymbol{\beta})(i=1,2,\cdots,n)$$

知

$$\boldsymbol{\varepsilon}_i^*(\boldsymbol{\varepsilon}_j)=(\boldsymbol{\varepsilon}_i,\boldsymbol{\varepsilon}_j)=\begin{cases}1,i=j\\0,i\neq j\end{cases}$$

于是 $\boldsymbol{\varepsilon}_1^*,\boldsymbol{\varepsilon}_2^*,\cdots,\boldsymbol{\varepsilon}_n^*$ 是 $\boldsymbol{\varepsilon}_1,\boldsymbol{\varepsilon}_2,\cdots,\boldsymbol{\varepsilon}_n$ 的对偶基,从而 V 互 V^* 的映射.

$\boldsymbol{\alpha}\to\boldsymbol{\alpha}^*$ 是 V 到 V^* 中两基间的一个双射因此它也是 V 到 V^* 的一个同构映射.

8. 知识点窍 线性函数的定义;线性变换的定义;对偶基.

逻辑推理 第(1)问的证明中只需证明该函数符合线性函数的定义,即线性函数的两条运算性质.第(2)问的证明中需证明该变换符合线性变换的定义,即线性变换保持向量的加法与数量乘法.第(3)问的证明中,设 $\boldsymbol{A}=(a_{ij})$,则 $\mathscr{A}\boldsymbol{\varepsilon}_i=\sum\limits_{t=1}^{n}a_{ti}\boldsymbol{\varepsilon}_t(i=1,2,\cdots,n)$.设 $\mathscr{A}^*$ 在 $\boldsymbol{f}_1,\boldsymbol{f}_2,\cdots,\boldsymbol{f}_n$ 下的矩阵为 $\boldsymbol{B}$,于是可得 $\mathscr{A}^*(\boldsymbol{f}_i)=\sum\limits_{t=1}^{n}b_{ti}\boldsymbol{f}_t$.再由 $\mathscr{A}^*(\boldsymbol{f}_j)=(\boldsymbol{f}_j)\mathscr{A}$ 可构造出 $\boldsymbol{A}$ 与 $\boldsymbol{B}$ 的元素的对应关系,于是可证得命题.

解题过程 (1)对 $\boldsymbol{\alpha}\in V$,由定义得 $f\mathscr{A}(\boldsymbol{\alpha})=f(\mathscr{A}\boldsymbol{\alpha})$是数域 $\boldsymbol{P}$ 中唯一确定的元素,所以 f 是 V 到 $\mathscr{A}$ 的一个映射.

又因为 $\boldsymbol{\alpha},\boldsymbol{\beta}\in,k\in P$,有

$$\begin{aligned}f\mathscr{A}(\boldsymbol{\alpha}+\boldsymbol{\beta})&=f(\mathbf{A}(\boldsymbol{\alpha}+\boldsymbol{\beta}))\\&=f(\mathscr{A}(\boldsymbol{\alpha})+\mathscr{A}(\boldsymbol{\beta}))\\&=(f\mathscr{A})(\boldsymbol{\alpha})+(f\mathscr{A})(\boldsymbol{\beta})\end{aligned}$$

而$(f\mathscr{A})(f\boldsymbol{\alpha})=f(\mathscr{A}(k\boldsymbol{\alpha}))=f(k\mathscr{A}(\boldsymbol{\alpha}))$

$$=kf(\mathscr{A}(\boldsymbol{\alpha}))=k(f\mathscr{A})(\boldsymbol{\alpha})$$

所以 $f\mathscr{A}$ 是 V 线性函数.

(2)由(1)可知,$\mathscr{A}^*$ 是 V^* 上的变换,对于任意的 $f_1,f_2\in V^*,k\in P$,有

$$\mathscr{A}^*(f_1+f_2)=(f_1+f_3)\mathscr{A}=f_1\mathscr{A}+f_2\mathscr{A}=\mathscr{A}^*(f_1)+\mathscr{A}^*(f_2),$$

$$\mathscr{A}^*(kf_1)=(kf_1)\mathscr{A}=kf_1\mathscr{A}=k\mathscr{A}^*(f_1),$$

(3)由题设知

$$\mathscr{A}(\boldsymbol{\varepsilon}_1\boldsymbol{\varepsilon}_2,\cdots,\boldsymbol{\varepsilon}_n)=(\boldsymbol{\varepsilon}_1.\boldsymbol{\varepsilon}_2,\cdots,\boldsymbol{\varepsilon}_n)\boldsymbol{A}$$

设 $\mathscr{A}^*(f_1,f_2,\cdots,f_n)=(f_1,f_2,\cdots,f_n)\boldsymbol{B}$

其中 $\boldsymbol{A}=(a_{ij})_{n\times n}$，$\boldsymbol{B}=(b_{ij})_{n\times n}$，且 $f_1,f_2,\cdots,f_n$，是 $\boldsymbol{\varepsilon}_1\boldsymbol{\varepsilon}_2,\cdots,\boldsymbol{\varepsilon}_n$ 的对偶基，于是 $f_j\mathscr{A}=\mathscr{A}^*(f_j)$，所以 $a_{ji}=b_{ij}(i,j=1,2,\cdots,n)$，即证 $\mathscr{A}^*$ 在 $f_1,f_2,\cdots,f_n$ 下的矩阵 $\boldsymbol{B}=\boldsymbol{A}'$.

9. 知识点窍 子空间的定义与性质；线性函数的运算

逻辑推理 证明一个集合为子空间的常用方法是用子空间的定义，因此在第(1)问的证明中只需按定义证明即可. 第(2)问的证明采用的思路是构造出符合条件的一组线性函数. 通过利用子空间的性质，将 V 的任一子空间 W 的一组基 $\boldsymbol{\varepsilon}_1,\boldsymbol{\varepsilon}_2,\cdots\boldsymbol{\varepsilon}_r$ 扩充为 V 的一组基 $\boldsymbol{\varepsilon}_1,\boldsymbol{\varepsilon}_2,\cdots,\boldsymbol{\varepsilon}_r,\boldsymbol{\varepsilon}_{r+1},\cdots,\boldsymbol{\varepsilon}_n$. 利用线性函数的运算性质可对 V 的这组基构造出符合条件的一组线性函数，于是可证得命题.

解题过程 (1)因为 $f_1,f_2,\cdots,f_k$ 都是 V 上的 k 个线性函数，所以 $f_iV(1\leqslant i\leqslant k)$，且 $f_1(0)=0(i=1,2,\cdots,k)$，因而 $0\in W$，即证 W 非空.

又因为 $\forall\,\boldsymbol{\alpha},\boldsymbol{\beta}\in V$，$\forall\,\lambda\in P$，有

$$f_i(\boldsymbol{\alpha}+\boldsymbol{\beta})=f_i(\boldsymbol{\alpha})+f_i(\boldsymbol{\beta})=0(i=1,2,\cdots,k)$$

$$f_i(\lambda\alpha)=\lambda f_i(\boldsymbol{\alpha})=0$$

所以 $\boldsymbol{\alpha}+\boldsymbol{\beta}\in W$，$\lambda\boldsymbol{\alpha}\in W$，即证 W 是 V 的一个子空间.

(2)设 W_1 是 V 的任一子空间，且 $\dim(\boldsymbol{W}_1)=m$，则当 $m=n$ 时，只要取 f 为 V 的零函数，就有

$$W_1=V=\{\boldsymbol{\alpha}\in V\,|\,f(\boldsymbol{\alpha})=0\}$$

所以 W_1 是 f 的零化子空间.

当 $m<n$ 时，不妨设 $\boldsymbol{\varepsilon}_1,\boldsymbol{\varepsilon}_2,\cdots,\boldsymbol{\varepsilon}_m$ 为 W_1 的一组基，将其扩充为 V 的一组基 $\boldsymbol{\varepsilon}_1,\boldsymbol{\varepsilon}_2,\cdots,\boldsymbol{\varepsilon}_m,\boldsymbol{\varepsilon}_{m+1},\boldsymbol{\varepsilon}_n$，并取这组基的对偶基 $f_1,f_2,\cdots,f_n$ 的后 $n-m$ 个线性函数，f_{m+1}，$f_{m+2},\cdots,f_n$，则

$$W_1=V=\{\boldsymbol{\alpha}\in V\,|\,f_1(\boldsymbol{\alpha})=0(m+1\leqslant i\leqslant n)\}$$

即 W_1 是，$f_{m+1},f_{m+2},\cdots,f_n$ 的零化子空间，事实上，若令

$$U_1=\{\alpha\in V\,|\,f_1(\boldsymbol{\alpha})=0(m+1\leqslant i\leqslant n)\}$$

则对 $\forall\,\boldsymbol{\alpha}=a_1\boldsymbol{\varepsilon}_1+a_2\boldsymbol{\varepsilon}_2+\cdots+a_m\boldsymbol{\varepsilon}_m\in W_1$，有

$$f_{m+1}(\boldsymbol{\alpha})=f_{m+2}(\boldsymbol{\alpha})=\cdots=f_n(\boldsymbol{\alpha})=0$$

利用基的扩充定理和对偶基

因而 $\boldsymbol{\alpha}\in U_1$，即 $W\subseteq U_1$

反之，$\forall\,\boldsymbol{\beta}=b_1\boldsymbol{\varepsilon}_1+b_2\boldsymbol{\varepsilon}_2+\cdots+b_n\boldsymbol{\varepsilon}_n+b_{m+1}\boldsymbol{\varepsilon}_{m+1}+\cdots+b_n\boldsymbol{\varepsilon}_n\in U_1$，

由 $f_{m+1}(\boldsymbol{\alpha})=f_{m+2}(\boldsymbol{\alpha})=\cdots=f_n(\boldsymbol{\alpha})=0$，可得 $b_{m+1}=b_{m+2}=b\cdots b_n=0$，因而 $\boldsymbol{\beta}=b_1\boldsymbol{\varepsilon}_1+b_2\varepsilon_2+\cdots+b_n\boldsymbol{\varepsilon}_n+b_{n+1}\boldsymbol{\varepsilon}_{n+1}+\cdots b_n\varepsilon_n\in W_1$，即 $\boldsymbol{U}_1\subseteq W_1$，故 $\boldsymbol{U}_1=W_1$.

10. 知识点窍 双线性函数的定义；度量矩阵；矩阵的迹的运算性质

$$((\mathrm{tr}(\boldsymbol{AB}))=\mathrm{tr}(\boldsymbol{BA}),\mathrm{tr}(\boldsymbol{A}+\boldsymbol{B})=\mathrm{tr}(\boldsymbol{A})+\mathrm{tr}(\boldsymbol{B})).$$

逻辑推理 第(1)问的证明只需证明 $f(\boldsymbol{X},\boldsymbol{Y})$ 符合双线性函数的定义，即两条运算性质即可. 第(2)问利用了度量矩阵的定义，分别计算 $mn\times mn$ 个内积表达式，将其组合即得度量矩阵.

解题过程 (1)先证 $f(\boldsymbol{X},\boldsymbol{Y})$是 P^{m+n} 上的双线性函数，对任意 $\boldsymbol{X},\boldsymbol{Y},\boldsymbol{Z}\in P^{m+n}$，且 $k_1,k_2\in P$

由定义有

$$f(\boldsymbol{X},k_1\boldsymbol{Y}+k_2,\boldsymbol{Z})=\mathrm{tr}(\boldsymbol{X}'\boldsymbol{A}(k_1\boldsymbol{Y}+k_2\boldsymbol{Z}))$$
$$=k_1\mathrm{tr}(\boldsymbol{X}'\boldsymbol{A}\boldsymbol{Y})+k_2\mathrm{tr}(\boldsymbol{X}'\boldsymbol{A}\boldsymbol{Z})$$
$$=k_1 f(\boldsymbol{X},\boldsymbol{Y})+k_2 f(\boldsymbol{Y},\boldsymbol{Z})$$

因而 $f(\boldsymbol{X},\boldsymbol{Y})$是 P^{m+n}上的双线性函数.

(2)由 $\boldsymbol{E}_{ij}$，$\boldsymbol{A}\boldsymbol{E}_{kx}=a_{ik}\boldsymbol{E}_{jr}$ 知

$$f(E_{ij},E_{kx})=tr(E_{ij}{}'AE_{ks})=tr(a_iE_{js})$$
$$=\begin{cases}a_{ik},j=s\\0,j\neq s\end{cases}(i\geqslant1,k\leqslant m,j\geqslant1,n\geqslant1)$$

以下设 $f(\boldsymbol{X},\boldsymbol{Y})$在基 $\boldsymbol{E}_{11},\boldsymbol{E}_{12},\cdots,\boldsymbol{E}_{1n}\boldsymbol{E}_{21},\cdots,\boldsymbol{E}_{2n},\cdots,\boldsymbol{E}_{m1},\boldsymbol{E}_{m2},\cdots,\boldsymbol{E}_{m}$ 下的度量矩阵为 $\boldsymbol{B}$，则

$$\boldsymbol{B}=\begin{bmatrix}a_{11}\boldsymbol{E} & a_{12}\boldsymbol{E} & \cdots & a_{1n}\boldsymbol{E}, \\ a_{21}\boldsymbol{E} & a_{12}\boldsymbol{E} & \cdots & a_{2m}\boldsymbol{E} \\ \vdots & \vdots & \ddots & \vdots \\ a_{m1}\boldsymbol{E} & a_{m2}\boldsymbol{E} & \cdots & a_{mn}\boldsymbol{E}\end{bmatrix}$$

其中，$\boldsymbol{E}$ 为 n 阶单位矩阵.

11. 知识点窍 度量矩阵的定义.

解题过程 (1)$f(\boldsymbol{X},\boldsymbol{Y})$在给定基 $\boldsymbol{\varepsilon}_1,\boldsymbol{\varepsilon}_2,\boldsymbol{\varepsilon}_3,\boldsymbol{\varepsilon}_4$ 下的度量矩阵为 $\boldsymbol{A}=(a_{if})_{4\times4}$，则

$$\boldsymbol{A}=\begin{bmatrix}4 & 7 & -5 & -14 \\ -1 & 2 & 2 & -7 \\ 0 & -11 & 1 & 14 \\ 15 & 4 & -15 & -2\end{bmatrix}.$$

（1）中利用度量矩阵与合同的定义直

其中 $a_{ij}=f(\boldsymbol{\varepsilon}_i,\boldsymbol{\varepsilon}_j)$

设 $f(\boldsymbol{X},\boldsymbol{Y})$在给定基 $\boldsymbol{\eta}_1,\boldsymbol{\eta}_2,\boldsymbol{\eta}_3,\boldsymbol{\eta}_4$ 下的度量阵为 $\boldsymbol{B}$，则由

$$(\boldsymbol{\eta}_1,\boldsymbol{\eta}_2,\boldsymbol{\eta}_3,\boldsymbol{\eta}_4)=(\boldsymbol{\varepsilon}_1,\boldsymbol{\varepsilon}_2,\boldsymbol{\varepsilon}_3,\boldsymbol{\varepsilon}_4)\boldsymbol{T}$$

可得

$$\boldsymbol{B}=\boldsymbol{T}'\boldsymbol{A}\boldsymbol{T}=\begin{pmatrix}-6 & 46 & 8 & 24 \\ -18 & 26 & 16 & -72 \\ -2 & -38 & 0 & 0 \\ -6 & 86 & 0 & 0\end{pmatrix}$$

（2）中利用正定矩阵必合同于单位矩阵

12. 知识点窍 对称双线性函数的定义和基本性质.

解题过程 (1)设 $\boldsymbol{\alpha}_1,\boldsymbol{\alpha}_2,\cdots,\boldsymbol{\alpha}_n$ 为复数域上 N 维线性空间 V 的一组基，$f(\boldsymbol{\alpha},\boldsymbol{\beta})$是 V 上的对称双线性函数，则 $f(\boldsymbol{\alpha},\boldsymbol{\beta})$关于基 $\boldsymbol{\alpha}_1,\boldsymbol{\alpha}_2\cdots\boldsymbol{\alpha}_n$ 的度量矩阵 $\boldsymbol{A}$ 为对称矩阵，于是，存在非退化的矩阵 $\boldsymbol{T}$，使

$$T'AT=\begin{bmatrix}E_r & 0\\ 0 & 0\end{bmatrix}=B$$

若令$(\boldsymbol{\varepsilon}_1,\boldsymbol{\varepsilon}_2,\boldsymbol{\varepsilon}_3,\cdots,\boldsymbol{\varepsilon}_n)=(\boldsymbol{\alpha}_1,\boldsymbol{\alpha}_2,\cdots,\boldsymbol{\alpha}_n)T$，则 $\boldsymbol{\varepsilon}_1,\boldsymbol{\varepsilon}_2,\boldsymbol{\varepsilon}_3,\cdots,\boldsymbol{\varepsilon}_n$ 也是 V 的一组基，且 $f(\boldsymbol{\alpha},\boldsymbol{\beta})$关于基 $\boldsymbol{\varepsilon}_1,\boldsymbol{\varepsilon}_2,\boldsymbol{\varepsilon}_3,\cdots,\boldsymbol{\varepsilon}_n$ 的度量矩阵为 $\boldsymbol{B}$，因此

$\forall\,\boldsymbol{\xi}=x_1\boldsymbol{\varepsilon}_1+x_2\boldsymbol{\varepsilon}_2+\cdots+X_n\boldsymbol{\varepsilon}_n,\boldsymbol{n}=y_1\boldsymbol{\varepsilon}_1+y_2\boldsymbol{\varepsilon}_2+\cdots+y_n\boldsymbol{\varepsilon}_n\in V$，有

$$f(\boldsymbol{\xi},\boldsymbol{n})=x_1y_1+x_2y_2+\cdots+x_ry_r$$

$$f(\boldsymbol{\xi},\boldsymbol{\xi})=x_1^2+x_2^2+\cdots+x_r^2\qquad(0\leqslant r\leqslant n)$$

因此

①当 $r=0$ 时，对 V 中任一非零向量 $\boldsymbol{\xi}$，恒有 $f(\boldsymbol{\xi},\boldsymbol{\xi})=0$；

②当 $r=1$ 时，只要取 $\boldsymbol{\xi}=\boldsymbol{\varepsilon}_2\neq0$，就有 $f(\boldsymbol{\xi},\boldsymbol{\xi})=0$；

③当 $r\geqslant2$ 时，只要取 $\boldsymbol{\xi}=i\boldsymbol{\varepsilon}_1+\boldsymbol{\varepsilon}_2\neq0$，就有 $f(\boldsymbol{\xi},\boldsymbol{\xi})=0$.

(2)如果 $f(\boldsymbol{\alpha},\boldsymbol{\beta})$是非退化的，则 $f(\boldsymbol{\xi},\boldsymbol{\eta})=x_1y_1+x_2y_2+\cdots+x_ny_n$

因而只要取

$$\boldsymbol{\xi}=\frac{1}{\sqrt2}\boldsymbol{\varepsilon}_1+\frac{i}{\sqrt2}\boldsymbol{\varepsilon}_2,n=\frac{1}{\sqrt2}\boldsymbol{\varepsilon}_1-\frac{i}{\sqrt2}\boldsymbol{\varepsilon}_2$$

就有

$$f(\boldsymbol{\xi},\boldsymbol{\eta})=\left(\frac{1}{\sqrt2}\right)^2+\left(\frac{i}{\sqrt2}\right)\left(-\frac{i}{\sqrt2}\right)=1,$$

$$f(\boldsymbol{\xi},\boldsymbol{\xi})=\left(\frac{1}{\sqrt2}\right)^2+\left(\frac{i}{\sqrt2}\right)^2=0,$$

$$f(\boldsymbol{\eta},\boldsymbol{\eta})=\left(\frac{1}{\sqrt2}\right)^2+\left(-\frac{i}{\sqrt2}\right)^2=0.$$

即证.

13. **知识点窍** 双线性函数的运算性质.

逻辑推理 必要性的证明中，已知 $f(\boldsymbol{\alpha},\boldsymbol{\beta})$反对称，则 $f(\boldsymbol{\alpha},\boldsymbol{\alpha})=-f(\boldsymbol{\alpha},\boldsymbol{\alpha})$，于是命题得证.

充分性的证明中，已知对 $\forall\,\boldsymbol{\alpha}\in V$，$f(\boldsymbol{\alpha},\boldsymbol{\alpha})=0$，要证 $f(\boldsymbol{\alpha},\boldsymbol{\beta})=-f(\boldsymbol{\beta},\boldsymbol{\alpha})$. 于是可利用 $f(\boldsymbol{\alpha}+\boldsymbol{\beta},\boldsymbol{\alpha}+\boldsymbol{\beta})=0$，结合双线性函数的运算性质来证得命题.

解题过程 ①必要性：因为 $f(\boldsymbol{\alpha},\boldsymbol{\beta})$是反对称的，所以任意 $\boldsymbol{\alpha}\in V$，恒有

$$f(\boldsymbol{\alpha},\boldsymbol{\alpha})=-f(\boldsymbol{\alpha},\boldsymbol{\alpha})$$

故 $\quad f(\boldsymbol{\alpha},\boldsymbol{\alpha})=0$

②充分性：因为 $f(\boldsymbol{\alpha},\boldsymbol{\beta})$是双线性函数的，所以 $\forall\,\boldsymbol{\alpha},\boldsymbol{\beta}\in V$，有

$$0=f(\boldsymbol{\alpha}+\boldsymbol{\beta},\boldsymbol{\alpha}+\boldsymbol{\beta})=f(\boldsymbol{\alpha},\boldsymbol{\alpha})+f(\boldsymbol{\beta},\boldsymbol{\beta})+f(\boldsymbol{\alpha},\boldsymbol{\beta})+f(\boldsymbol{\beta},\boldsymbol{\alpha})=f(\boldsymbol{\alpha},\boldsymbol{\beta})+f(\boldsymbol{\beta},\boldsymbol{\alpha})$$

故 $f(\boldsymbol{\alpha},\boldsymbol{\beta})=-f(\boldsymbol{\beta},\boldsymbol{\alpha})$

14. **知识点窍** (反)对称双线性函数

逻辑推理 分别对对称的和反对称的情形进行讨论. 反对双线性函数的再证明可借鉴教材中定理 6 的证明方法

解题过程 (1)先证 $f(\boldsymbol{\alpha},\boldsymbol{\beta})$是对称的双线性函数的情形.

因为 K 是 V 的子空间，所以 $f(\boldsymbol{\alpha},\boldsymbol{\beta})$是 K 上的对称双线性函数，设 $\dim(K)=r$

则 $f(\boldsymbol{\alpha},\boldsymbol{\beta})$关于 K 的任意一组基的度量矩阵皆为对称矩阵，于是，必存在 K 的一组基 $\boldsymbol{\alpha}_1,\boldsymbol{\alpha}_2,\cdots,\boldsymbol{\alpha}_r$，使 $f(\boldsymbol{\alpha},\boldsymbol{\beta})$在这组基下的度量矩阵为对角矩阵

$$\boldsymbol{D}=\dim(d_1,d_2,\cdots,d)$$

只要令

$$\boldsymbol{\eta}=\frac{f(\boldsymbol{\xi},\boldsymbol{\alpha}_1)}{d_1}\boldsymbol{\alpha}_1+\frac{f(\boldsymbol{\xi},\boldsymbol{\alpha}_2)}{d_2}\boldsymbol{\alpha}_2+\cdots\frac{f(\boldsymbol{\xi},\boldsymbol{\alpha}_n)}{d_n}\boldsymbol{\alpha}_r-\boldsymbol{\xi}$$

且当 $d_i=0(1\leqslant i\leqslant r)$时，就删除 d_i 相应的项，则 $\boldsymbol{0}\neq\boldsymbol{\eta}\in K+L(\boldsymbol{\xi})$，于是对任意 $\boldsymbol{\alpha}\in K$，恒有

$$f(\boldsymbol{\eta},\boldsymbol{\alpha})=0$$

(2)再证 $f(\boldsymbol{\alpha},\boldsymbol{\beta})$是反对称双线性函数的情形.

首先，若对给定 $\boldsymbol{\xi}\notin K$，若存在 $\boldsymbol{\beta}\in K$，使 $f(\boldsymbol{\xi},\boldsymbol{\beta})=0$，则可令 $\boldsymbol{\varepsilon}_1=\boldsymbol{\xi},\boldsymbol{\varepsilon}_{-1}=\lambda\beta$，使得 $f(\boldsymbol{\varepsilon}_1,\boldsymbol{\varepsilon}_{-1})=1$. 又因为 $K+L(\boldsymbol{\xi})$是 V 的子空间，所以 $f(\boldsymbol{\alpha},\boldsymbol{\beta})$也是 $K+L(\boldsymbol{\xi})$上的反对称双线性函数，于是可将 $\boldsymbol{\varepsilon}_i,\boldsymbol{\varepsilon}_{-i}$扩充为$K+L(\boldsymbol{\xi})$的一组基：

$$\boldsymbol{\varepsilon}_1,\boldsymbol{\varepsilon}_{-1},\boldsymbol{\varepsilon}_2,\boldsymbol{\varepsilon}_{-2},\cdots,\boldsymbol{\varepsilon}_n,\boldsymbol{\varepsilon}_{-n},\boldsymbol{\eta}_1,\boldsymbol{\eta}_2\cdots\eta_r$$

使

$$\begin{cases}f(\boldsymbol{\varepsilon}_1,\boldsymbol{\varepsilon}_{-1})=1(i=1,2,\cdots,r)\\ f(\boldsymbol{\varepsilon}_i,\boldsymbol{\varepsilon}_j)=0(i+j\neq0)\\ f(\boldsymbol{\alpha},\boldsymbol{\eta}_k)=0(\boldsymbol{\alpha}\in k+L(\boldsymbol{\xi}),k=1,2,\cdots r)\end{cases}$$

故而

①当 $\boldsymbol{\varepsilon}\neq0$ 时，只要取 $\boldsymbol{\eta}=\boldsymbol{\eta}_1$，则对 $\forall\boldsymbol{\alpha}\in K$，恒有 $f(\boldsymbol{\eta},\boldsymbol{\alpha})=0$，

②当 $\boldsymbol{\varepsilon}=0$ 时，只要取 $\boldsymbol{\eta}=\boldsymbol{\varepsilon}_1$，则由 $\boldsymbol{\xi}=\boldsymbol{\varepsilon}_1,K=L(\boldsymbol{\varepsilon}_1,\boldsymbol{\varepsilon}_{-1},\boldsymbol{\varepsilon}_2,\boldsymbol{\varepsilon}_{-2},\cdots,\boldsymbol{\varepsilon}_r,\boldsymbol{\varepsilon}_{-r})$，对 $\forall\boldsymbol{\alpha}\in K$，也有 $f(\boldsymbol{\eta},\boldsymbol{\alpha})=0$.

③其次，若对给定的 $\boldsymbol{\xi}\notin K$，及任意 $\boldsymbol{\beta}\in K$，使 $f(\boldsymbol{\xi},\boldsymbol{\beta})=0$，则只要取 $\boldsymbol{\eta}=\boldsymbol{\xi}$ 即可.

15. **知识点窍** 双线性函数，子空间.

逻辑推理 (1)利用 子空间的定义证明即可；(2)可结合上题的结论证明

解题过程 因为 $\forall\boldsymbol{\beta}\in\boldsymbol{K}$，恒有 $f(\boldsymbol{0},\boldsymbol{\beta})=0$，所以 $\boldsymbol{0}\in K^{\perp}$，即 $K^{\perp}$ 非空.

另一方面，$\forall\boldsymbol{\alpha}_1,\boldsymbol{\alpha}_2\in K^{\perp}$，$\forall k\in P$，$\forall\boldsymbol{\beta}\in k$，有

$$f(\boldsymbol{\alpha}_1+\boldsymbol{\alpha}_2,\boldsymbol{\beta})=f(\boldsymbol{\alpha}_1,\boldsymbol{\beta})+f(\boldsymbol{\alpha}_2,\boldsymbol{\beta})=0$$

$$f(k\boldsymbol{\alpha}_1,\boldsymbol{\beta})=k\,f(\boldsymbol{\alpha}_1,\boldsymbol{\beta})=0$$

故 $\boldsymbol{\alpha}_1+\boldsymbol{\alpha}_1,k\boldsymbol{\alpha}_1\in K^{\perp}$，从而 $K^{\perp}$是 V 的子空间

(2)由于 K 和 $K^{\perp}$都是 V 的 子空间，故 $K+K^{\perp}\subset V$，下证 $V\subset K+K^{\perp}$. 如果 $K=V$，结论显然成立，不妨设 K 是 V 的一个真子空间，对于任意的 $\boldsymbol{\xi}\in V$.

①若 $\boldsymbol{\xi}\in K$，则必有 $\boldsymbol{\xi}\in K+K^{\perp}$；

②若 $\boldsymbol{\xi}\notin K$，则根据上题结论，存在 $0\neq\boldsymbol{\eta}\in K+L(\boldsymbol{\xi})$，使对任意的 $\boldsymbol{\alpha}\in K$，均有

$f(\boldsymbol{\eta},\boldsymbol{\alpha})=0$. 于是 $\boldsymbol{\eta}\in K^{\perp}$. 又由于 $\boldsymbol{\eta}=\boldsymbol{\beta}+k\boldsymbol{\xi}$,其中 $\boldsymbol{\beta}\in K,k\in P$,故 $k\neq 0$,否则 $\boldsymbol{\eta}=\boldsymbol{\beta}\in K\cap K^{\perp}=\{\mathbf{0}\}$,这与 $\boldsymbol{\eta}\neq 0$ 矛盾.

于是 $\boldsymbol{\xi}=-\frac{1}{k}\boldsymbol{\beta}+\frac{1}{k}\boldsymbol{\eta}\in+K+K^{\perp}$,从而 $V\subset K+K^{\perp}$,

可得 $V=K+K^{\perp}$ 是直和.

16. 知识点窍 非退化双线性函数

逻辑推理 利用度量矩阵构造已知条件与所证问题之间的关系

解题过程 设 $\boldsymbol{\alpha}\in K\cap K^{\perp}$,则存在 $\boldsymbol{\alpha}\in K$,使得对于任意的 $\boldsymbol{\beta}\in K$,有 $f(\boldsymbol{\alpha},\boldsymbol{\beta})=0$,因此,根据非退化的定义,必有 $\boldsymbol{\alpha}=\mathbf{0}$,即 $K\cap K^{\perp}=\{\mathbf{0}\}$,根据上题的结论知 $V=K+K^{\perp}$,

由于 $V=K+K^{\perp}$ 是直和,故可以分别取 K 和 $K^{\perp}$ 的基 $\boldsymbol{\varepsilon}_1,\boldsymbol{\varepsilon}_2,\cdots,\boldsymbol{\varepsilon}_r$ 和 $\boldsymbol{\eta}_1,\boldsymbol{\eta}_2,\cdots,\eta_r$ 凑成 V 的一组基,设 $f(\boldsymbol{\alpha},\boldsymbol{\beta})$,限制在 K 上的关于基 $\boldsymbol{\varepsilon}_1,\boldsymbol{\varepsilon}_2,\cdots,\boldsymbol{\varepsilon}_r$ 的度量矩阵为 $\boldsymbol{A}$,限制在 $K^{\perp}$ 上关于基 $\boldsymbol{\eta}_1,\boldsymbol{\eta}_2,\cdots,\boldsymbol{\eta}_s$ 的度量矩阵为 $\boldsymbol{B}$,则 $f(\boldsymbol{\alpha},\boldsymbol{\beta})$ 关于 V 的基 $\boldsymbol{\varepsilon}_1,\boldsymbol{\varepsilon}_2,\cdots,\boldsymbol{\varepsilon}_r,\boldsymbol{\eta}_1,\boldsymbol{\eta}_2,,\cdots,\boldsymbol{\eta}_r$ 的度量矩阵为

$$\boldsymbol{C}=\begin{pmatrix}\boldsymbol{A} & \boldsymbol{O}\\ \boldsymbol{O} & \boldsymbol{B}\end{pmatrix}.$$

因为 $f(\boldsymbol{\alpha},\boldsymbol{\beta})$ 限制在 K 上是非退化的,所以 $\boldsymbol{A}$ 是非退化的,从而 $\boldsymbol{C}$ 是非退化的充分必要条件是 $\boldsymbol{B}$ 是非退化的,即 $f(\boldsymbol{\alpha},\boldsymbol{\beta})$ 在 $K^{\perp}$ 上是非退化的充要条件是 $f(\boldsymbol{\alpha},\boldsymbol{\beta})$ 在 V 上为非退化的.

17. 知识点窍 非退化对称双线性函数的应用

解题过程 因为 $f(\boldsymbol{\alpha},\boldsymbol{\beta})$ 是 N 维线空间 V 上的非退化对称双线性函数,所以存在 V 的一组基 $\boldsymbol{\varepsilon}_1,\boldsymbol{\varepsilon}_2,\cdots,\boldsymbol{\varepsilon}_n$,使

$$f(\boldsymbol{\varepsilon}_i,\boldsymbol{\varepsilon}_j)=\begin{cases}d_i,i=j\\0,i\neq j\end{cases}$$

再由 V^* 的定义作 $\boldsymbol{\varepsilon}_1^*,\boldsymbol{\varepsilon}_2^*,\cdots,\boldsymbol{\varepsilon}_n^*\in V^*$. 设有线性关系

$$k_1\boldsymbol{\varepsilon}_1^*+k_2\boldsymbol{\varepsilon}_2^*+\cdots+k_n\boldsymbol{\varepsilon}_n^*=0^*$$

则

$$\begin{aligned}0&={}^*(\boldsymbol{\varepsilon}_i)=(k_1\boldsymbol{\varepsilon}_1^*+k_2\boldsymbol{\varepsilon}_2^*+\cdots+{}_n\boldsymbol{\varepsilon}_n^*)(\boldsymbol{\varepsilon}_i)\\&=k_1\boldsymbol{\varepsilon}_1^*(\boldsymbol{\varepsilon}_i)+k_2\boldsymbol{\varepsilon}_2^*(\boldsymbol{\varepsilon}_i)+\cdots+k_n\boldsymbol{\varepsilon}_n^*(\boldsymbol{\varepsilon}_i)\\&=k_1f(\boldsymbol{\varepsilon}_1,\boldsymbol{\varepsilon}_i)+k_2f(\boldsymbol{\varepsilon}_2,\boldsymbol{\varepsilon}_i)+\cdots+k_nf(\boldsymbol{\varepsilon}_n,\boldsymbol{\varepsilon}_i)\\&=k_id_i\,(i=1,2\cdots n)\end{aligned}$$

但 $d_i\neq 0(i=1,2\cdots n)$ 故

$$k_i=0(i=1,2\cdots n)$$

这意味着 $\boldsymbol{\varepsilon}_1^*,\boldsymbol{\varepsilon}_2^*,\cdots,\boldsymbol{\varepsilon}_n^*$ 线性无关,因而 $\boldsymbol{\varepsilon}_1^*,\boldsymbol{\varepsilon}_2^*\cdots\boldsymbol{\varepsilon}_n^*$ 为 V 的一组基,故 V 到 V^* 的映射 $\boldsymbol{\alpha}\to\boldsymbol{\alpha}^*$ 是一个双映射.

另一方面,$\forall\,\boldsymbol{\alpha},\boldsymbol{\beta},\gamma\in\mathbf{V}$, $\forall\,k\in P$ 有

$$(\boldsymbol{\alpha}+\boldsymbol{\beta})^*(\gamma)=f(\boldsymbol{\alpha}+\boldsymbol{\beta},\gamma)=f(\boldsymbol{\alpha},\gamma)+f(\boldsymbol{\beta},\gamma)$$

$$=\boldsymbol{\alpha}^*(\gamma)+\boldsymbol{\beta}^*+(\gamma)$$

$$(k\boldsymbol{\alpha})^*(\gamma)=f(k\boldsymbol{\alpha},r)=k\,f(\alpha,\gamma)=k\boldsymbol{\alpha}^*(\gamma)$$

故 V 到 V^* 的映射 $\boldsymbol{\alpha}\to\boldsymbol{\alpha}^*$ 是一个同构映射.

2)设 V^* 中的线性函数 $f_1,f_2,\cdots,f_n$ 是 V 的基 $\boldsymbol{\varepsilon}_1,\boldsymbol{\varepsilon}_2,\cdots,\varepsilon_n$ 的对偶基，于是存在 V 的唯一一个向量组 $\boldsymbol{\alpha}_1,\boldsymbol{\alpha}_2,\cdots,\boldsymbol{\alpha}$. 使

$$\boldsymbol{\alpha}_i^*(\boldsymbol{\beta})=f(\boldsymbol{\alpha}_i,\boldsymbol{\beta})=f_i(\boldsymbol{\beta})\qquad(\forall\boldsymbol{\beta}\in V,i=1,2,\cdots,n)$$

且 $\boldsymbol{\alpha}_i^*(\boldsymbol{\varepsilon}_j)=f(\boldsymbol{\alpha}_i,\boldsymbol{\varepsilon}_j)=f_i(\boldsymbol{\varepsilon}_j)=\begin{cases}1,i=j\\0,i\neq j\end{cases}=\boldsymbol{\delta}_{ij}$

另一方面，设有线关系

$$k_1\boldsymbol{\alpha}_1+k_2\boldsymbol{\alpha}_2+\cdots+k_n\boldsymbol{\alpha}_n=0$$

则

$$\begin{aligned}0&=f(k_1\boldsymbol{\alpha}_1+k_2\boldsymbol{\alpha}_2+\cdots k_n\boldsymbol{\alpha}_n)(\boldsymbol{\varepsilon}_i)\\&=k_1f(\boldsymbol{\alpha}_1,\boldsymbol{\varepsilon}_1)+k_2f(\boldsymbol{\alpha}_2,\boldsymbol{\varepsilon}_i)+\cdots+k_nf(\boldsymbol{\alpha}_n,\boldsymbol{\varepsilon}_i)\\&=k_i(i=1,2,\cdots n)\end{aligned}$$

故 $k_i=0(i=1,2,\cdots,n)$，这意味着 $\boldsymbol{\alpha}_1,\boldsymbol{\alpha}_2,\cdots,\boldsymbol{\alpha}_n$ 线性无关，因而 $\boldsymbol{\alpha}_1,\boldsymbol{\alpha}_2,\cdots,\boldsymbol{\alpha}_n$ 为 V 的一组基，只要令 $\boldsymbol{\varepsilon}_1^*=\boldsymbol{\alpha}_1,\boldsymbol{\varepsilon}_2^*=\boldsymbol{\alpha}_2,\cdots,\boldsymbol{\varepsilon}_n^*=\boldsymbol{\alpha}_n$ 即证

3)因为 V 是复数域上 1 的 N 维线性空间，$f(\boldsymbol{\alpha},\boldsymbol{\beta})$ 是 N 维线性空间 V 上的非退化对称双线性函数，所以存在 V 的一组基 $\boldsymbol{\eta}_1,\boldsymbol{\eta}_2,\cdots,\boldsymbol{\eta}_n$，使 $f(\boldsymbol{\alpha},\boldsymbol{\beta})$ 在这组基下的度量矩阵为单位矩阵，再由 2 即可知 $\eta_i=\boldsymbol{\eta}_i^*(i=1,2\cdots n)$

18. 解题过程 1)因为 $f(\boldsymbol{\alpha},\boldsymbol{\beta})$ 是非退化的对称双线性函数，所以存在 V 的一组基 $\boldsymbol{\varepsilon}_1,\boldsymbol{\varepsilon}_2,\cdots,\boldsymbol{\varepsilon}_n$，使 $f(\boldsymbol{\alpha},\boldsymbol{\beta})$ 在该基下的度量矩阵为对角矩阵，设其为

$$\mathbf{A}=\text{diag}\{d_1,d_2,\cdots d_n\}$$

其中 $d_i\neq0(i=1,2,\cdots n)$

若 $\mathscr{A}$ 为 V 的一个准正交变换，则由定义有

$$\mathscr{A}(V)=L(\mathscr{A}(\boldsymbol{\varepsilon}_1),\mathscr{A}(\boldsymbol{\varepsilon}_2),\cdots,\mathscr{A}(\boldsymbol{\varepsilon}_n))$$

于是对于线性关系

$$k_1\mathscr{A}(\boldsymbol{\varepsilon}_1)+k_2\mathscr{A}(\boldsymbol{\varepsilon}_2)+\cdots+k_n\mathscr{A}(\boldsymbol{\varepsilon}_n)=0$$

有

$$\begin{aligned}0&=f(0,\mathscr{A}(\boldsymbol{\varepsilon}_i))=f((k_1\mathscr{A}(\boldsymbol{\varepsilon}_1)+k_2\mathscr{A}(\boldsymbol{\varepsilon}_2),\mathscr{A}(\boldsymbol{\varepsilon}_i)\\&=k_1f(\mathscr{A}(\boldsymbol{\varepsilon}_i),\mathscr{A}(\boldsymbol{\varepsilon}_i))+k_2f(\mathscr{A}(\boldsymbol{\varepsilon}_2),\mathscr{A}(\boldsymbol{\varepsilon}_i))+\cdots+k_nf(\mathscr{A}(\boldsymbol{\varepsilon}_n),\mathscr{A}(\boldsymbol{\varepsilon}_i))\\&=k_1f(\boldsymbol{\varepsilon}_1,\boldsymbol{\varepsilon}_i)+k_2f(\boldsymbol{\varepsilon}_2,\boldsymbol{\varepsilon}_i)+\cdots+k_nf(\boldsymbol{\varepsilon}_n,\boldsymbol{\varepsilon}_i)\\&=\begin{cases}k_id_ii=1,2,\cdots,p\\-k_id_i,i=p+1,\cdots,n\end{cases}\end{aligned}$$

但 $d_i\neq0,(i=1,2,\cdots,n)$，故 $k_i=0(i=1,2,\cdots,n)$，这意味着 $\mathscr{A}(\boldsymbol{\varepsilon}_1),\mathscr{U}(\varepsilon_2),\cdots,\mathscr{A}(\boldsymbol{\varepsilon}_n)$ 线性无关，因而，$\mathscr{A}(\boldsymbol{\varepsilon}_1),\mathscr{A}(\boldsymbol{\varepsilon}_2),\cdots,\mathscr{A}(\boldsymbol{\varepsilon}_n)$ 为；$\mathscr{A}(V)$ 的一组，且 $\dim(\mathscr{A}(V))=n$，有因为 V 是有限维的，所以 $\mathscr{A}$ 是可逆变换.

设 $\mathscr{A}$ 的逆变换为 $\mathscr{A}^{-1}$，则 $\mathscr{A}^{-1}$ 仍为线性变换，且任意 $\boldsymbol{\alpha},\boldsymbol{\beta}\in V$，有

$$f(\mathscr{A}^{-1}(\boldsymbol{\alpha}),\mathscr{A}^{-1}(\boldsymbol{\beta}))=f(\mathscr{A}\mathscr{A}^{-1}(\boldsymbol{\alpha}),\mathscr{A}\mathscr{A}^{-1}(\boldsymbol{\beta}))=f(\boldsymbol{\alpha},\boldsymbol{\beta})$$

故 $\mathscr{A}^{-1}$ 也是准正交变换.

2)设 $\mathscr{A}_1,\mathscr{A}_2$ 为 V 的两个准正交变换，则 $\mathscr{A}_2,\mathscr{A}_1$ 也是 V 的一个线性变换，且任意 $\boldsymbol{\alpha},\boldsymbol{\beta}\in V$，有

$$f(\mathscr{A}_2\mathscr{A}_1(\boldsymbol{\alpha}),\mathscr{A}_2\mathscr{A}_1(\boldsymbol{\beta}))=f(\mathscr{A}_1(\boldsymbol{\alpha}),\mathscr{A}_1(\boldsymbol{\beta}))=f(\boldsymbol{\alpha},\boldsymbol{\beta})$$

$\mathscr{A}_2\mathscr{A}_1$ 也是准正交变换.

3)因为 $f(\boldsymbol{\alpha},\boldsymbol{\beta})$ 是非退化对称双线性函数，所以存在 V 的一组基 $\boldsymbol{\varepsilon}_1,\boldsymbol{\varepsilon}_2,\cdots,\boldsymbol{\varepsilon}_n$，使

$$f(\boldsymbol{\varepsilon}_i,\boldsymbol{\varepsilon}_j)=\begin{cases}d_i, i=j,\\0, i\neq j.\end{cases}$$

设 λ 为准正交变换 $\mathscr{A}$ 的任一特征值，$\boldsymbol{\alpha}$ 为其相应的一个特征向量，且

$$\boldsymbol{\alpha}=k_1\boldsymbol{\varepsilon}_1+k_2\boldsymbol{\varepsilon}_2+\cdots+k_n\varepsilon_n$$

则

$$f(\boldsymbol{\alpha},\boldsymbol{\alpha})=f(\mathscr{A}(\boldsymbol{\alpha}),\mathscr{A}(\boldsymbol{\alpha}))=f(\lambda\boldsymbol{\alpha},\lambda\boldsymbol{\alpha})=\lambda^2 f(\boldsymbol{\alpha},\boldsymbol{\alpha}),$$

但 $f(\boldsymbol{\alpha},\boldsymbol{\alpha})=k_1^2d_1^2+k_2^2d_2^2+\cdots+k_n^2d_n^2\neq0$，所以 $\lambda^2=1$，即证 $\lambda=\pm1$.

4)设 $\boldsymbol{\alpha}_1,\boldsymbol{\alpha}_2,\cdots,\boldsymbol{\alpha}_n$ 为 N 维准欧氏空间 V 的正交基，则

$$f(\boldsymbol{\alpha}_i,\boldsymbol{\alpha}_j)=1(i=1,2,\cdots,p)$$

$$f(\boldsymbol{\alpha}_i,\boldsymbol{\alpha}_j)=-1(i=p+1,p+3,\cdots n)$$

$$f(\boldsymbol{\alpha}_i,\boldsymbol{\alpha}_j)=0(i\neq j)$$

若准正交变换 $\mathscr{A}$ 的基 $\boldsymbol{\alpha}_1,\boldsymbol{\alpha}_2,\cdots,\boldsymbol{\alpha}_n$ 下的矩阵为 $\mathbf{A}$，则

$$\mathscr{A}(\boldsymbol{\alpha}_1,\boldsymbol{\alpha}_2,\cdots,\boldsymbol{\alpha}_n)=(\boldsymbol{\alpha}_1,\boldsymbol{\alpha}_2,\cdots,\boldsymbol{\alpha}_n)\mathbf{A}$$

且有 $\mathbf{A}\mathbf{A}'=\begin{bmatrix}E_P & \\ & -E_P\end{bmatrix}$，从而有

$$\mathbf{A}=\begin{bmatrix}1 &&&&& \\ & \ddots &&&& \\ && 1 &&& \\ &&& -1 && \\ &&&& \ddots & \\ &&&&& -1\end{bmatrix},\mathbf{A}'=\begin{bmatrix}1 &&&&& \\ & \ddots &&&& \\ && 1 &&& \\ &&& -1 && \\ &&&& \ddots & \\ &&&&& -1\end{bmatrix}$$